化工社
微视频
学设计
-系列-

AutoCAD + 3ds Max + Photoshop 一站式 高效学习一本通

博蓄诚品 编著

U0287977

化学工业出版社
·北京·

内容简介

本书通过大量的设计实战案例，系统讲述了利用 AutoCAD、3ds Max 和 Photoshop 进行各种设计的方法和技巧。

全书分 3 篇：第 1 ~ 11 章为 AutoCAD 篇，从 AutoCAD 2020 基础知识讲起，全面介绍了 AutoCAD 在室内、机械等行业的应用，包括二维绘图、二维编辑、辅助绘图功能、图块及设计中心、文本与表格、尺寸标注与编辑、三维建模、输出打印等知识；第 12 ~ 22 章为 3ds Max 篇，详细介绍了 3ds Max 2019 在室内设计行业的应用，涵盖了建模、灯光、材质与贴图、摄影机、渲染器、毛发等知识；第 23 ~ 33 章为 Photoshop 篇，介绍了 Photoshop CC 2019 在绘图及图像处理方面的应用，包括选区与填色、路径与钢笔工具、绘图工具、图像修饰工具、文字、图层、通道与蒙版、色彩与色调的调整以及滤镜等知识。

本书内容丰富实用，知识体系完善，讲解循序渐进，操作步骤图解。同时，本书配备了极为丰富的学习资源，有上百集的高清教学视频、全部案例的素材和源文件；拓展学习资源有各类设计模板、案例库、素材库、工具库，各类速查手册、配色宝典等电子书。

本书适合从事平面设计、机械设计、室内设计、建筑设计等行业的人员以及想要学习设计知识的零基础读者自学使用，也可用作高等院校、职业院校或培训学校相关专业的教材及参考书。

图书在版编目（CIP）数据

AutoCAD+3ds Max+Photoshop 一站式高效学习一本通 / 博蓄诚品编著 . —北京：化学工业出版社，2020.7

ISBN 978-7-122-36616-0

Ⅰ . ① A… Ⅱ . ①博… Ⅲ . ①建筑设计 - 计算机辅助设计 -AutoCAD 软件②建筑设计 - 计算机辅助设计 - 三维动画软件③建筑设计 - 计算机辅助设计 - 图象处理软件 Ⅳ . ① TU201.4

中国版本图书馆 CIP 数据核字（2020）第 068595 号

责任编辑：耍利娜　　　　　　　　　　　　装帧设计：王晓宇
责任校对：王鹏飞

出版发行：化学工业出版社（北京市东城区青年湖南街 13 号　邮政编码 100011）
印　　装：北京缤索印刷有限公司
787mm×1092mm　1/16　印张 46¹/₂　字数 1192 千字　2021 年 4 月北京第 1 版第 1 次印刷

购书咨询：010-64518888　　　　　　　　　售后服务：010-64518899
网　　址：http://www.cip.com.cn
凡购买本书，如有缺损质量问题，本社销售中心负责调换。

定　　价：168.00 元

1. 选择本书的理由

随着科技的进步，电子化办公进程愈演愈烈，AutoCAD、3ds Max 以及 Photoshop 在设计行业中的应用也愈来愈广泛。这三者各有侧重，又相辅相成。因此我们组织一线设计师、高校教师共同编写了本书。

（1）学习＋练习＋作业于一体

本书编写模式采用基础知识＋中小实例＋综合案例＋课后作业，内容由浅入深，循序渐进，从入门中学习实战应用，从实战应用中激发学习兴趣。

（2）全书覆盖较完整的知识体系内容

本书以简练的语言，结合平面设计及室内设计等行业的特点，对 AutoCAD、3ds Max 及 Photoshop 进行了全方位的讲解。书中几乎囊括了三种软件的大部分应用知识点，简洁明了、简单易学，从而保证读者能够更快地入门，并学以致用。

（3）理论实战紧密结合，摆脱纸上谈兵

本书包含大量的案例，既有针对一个元素的小案例，也有总结性的大案例，所有的案例均经过了精心设计。读者在学习本书的时候可以通过案例更好、更快、更明了地理解知识和掌握应用，同时这些案例也可以在日后的设计过程中合理引用。

2. 本书包含哪些内容

本书基于AutoCAD 2020、3ds Max 2019和Photoshop CC 2019展开介绍，全书分为 3 篇。

第 1 ~ 11 章为 AutoCAD 篇，主要是对 AutoCAD 知识的讲解，从 AutoCAD 基础知识讲起，全面介绍了 AutoCAD 在室内、机械等行业的应用，内容包括：二维绘图、二维编辑、辅助绘图功能、图块及设计中心、文本与表格、尺寸标注与编辑、三维建模、输出打印等。

第 12 ~ 22 章为 3ds Max 篇，主要是对 3ds Max 知识的讲解，详细介绍了 3ds Max 在室内设计行业的应用，内容涵盖了建模、灯光、材质与贴图、摄影机、渲染器、毛发等。

第 23 ～ 33 章为 Photoshop 篇，主要是对 Photoshop 知识的讲解，介绍了 Photoshop 在绘图及图像处理方面的应用，包括选区与填色、路径与钢笔工具、绘图工具、图像修饰工具、文字、图层、通道与蒙版、色彩与色调的调整以及滤镜等知识。

书中用通俗的语言、合理的结构对 AutoCAD、3ds Max、Photoshop 的知识进行了细致的剖析。几乎每个章节都有大量二维码，手机扫一扫，可以随时随地看视频，体验感非常好。从配套到拓展，资源库一应俱全。全书上百个案例丰富详尽，跟着案例边学边做，学习更高效。读者可联系 QQ1908754590 获取学习资源。

3. 学习本书的方法

想要学好设计，作者提供以下建议给读者参考。

（1）要从概念入手

在学习本书之前，读者应先了解 AutoCAD、3ds Max 以及 Photoshop 这三款软件之间的联系，读懂行业术语，才能更好地与实际相结合。

（2）多动手实践

三款软件的快捷键都很多，只有多上手操作，才能在设计过程中更加得心应手。起步阶段问题自然不少，要做到沉着镇定，不慌不乱，先自己思考问题出在何处，并动手去解决，可能有多种解决方法，但总有一种更高效。

（3）多与他人交流

每个人的思维方式不同、角度各异，所以解决方法也会不同，通过交流可不断吸取别人的长处，丰富自己的经验，帮助自己提高水平。可以在身边找一个一起学习的人，水平高低不重要，重要的是能够志同道合地一起向前走。

4. 本书的读者对象

➢ 从事平面、机械、室内、建筑设计的工作人员

➢ 高等院校或职业院校相关专业的师生

➢ 培训班中学习设计的学员

➢ 对设计有着浓厚兴趣的爱好者

➢ 零基础想进入设计行业的人员

➢ 有空闲时间想掌握更多技能的办公室人员

本书作者在长期的工作实践中积累了大量的经验，在写作的过程中始终坚持严谨细致的态度，力求精益求精，但由于时间与精力有限，疏漏之处在所难免，望广大读者批评指正。

编著者

目录

CONTENTS

Ps Photoshop 篇

/////// 第 23 章 ///////

Photoshop CC 2019 上手必备

第 33 章
综合实战案例

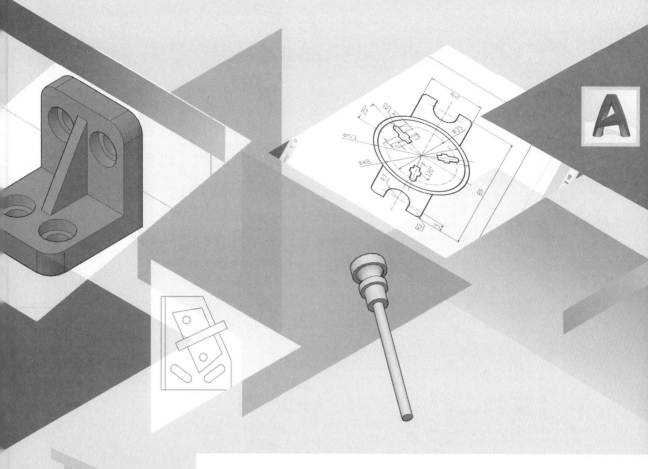

第1章
AutoCAD 2020 基础知识

★ 内容导读

AutoCAD 软件具有绘制二维图形、三维图形、标注图形、协同设计、图纸管理等功能，目前，该软件已广泛应用于建筑设计、工业设计、服装设计、机械设计以及电子电气设计等领域。

本章将会为用户介绍 AutoCAD 2020 的工作界面、图形文件的管理操作、系统选项设置、绘图环境设置以及坐标系统等内容，从而便于读者快速掌握 AutoCAD 的基础知识。

❂ 学习目标

○ 了解坐标系统
○ 掌握图形文件的管理操作
○ 掌握系统参数的设置
○ 掌握绘图环境的设置

1.1 AutoCAD 2020 的工作界面

成功安装 AutoCAD 2020 后，系统会在桌面上创建 AutoCAD 2020 的快捷启动图标，并在程序文件夹中创建 AutoCAD 2020 程序组。用户可以通过下列方式启动 AutoCAD 2020：

- 执行"开始 > 所有程序 >Autodesk>AutoCAD2020- 简体中文（Simplified Chinese）> AutoCAD2020- 简体中文（Simplified Chinese）"命令。
- 双击桌面上的 AutoCAD 快捷启动图标。
- 双击任意一个 AutoCAD 图形文件。

双击打开已有的图纸文件，即可看到 AutoCAD 2020 的工作界面。需要说明的是，默认为黑色界面，在此为了便于显示，将界面做了相应的调整，如图 1-1 所示。

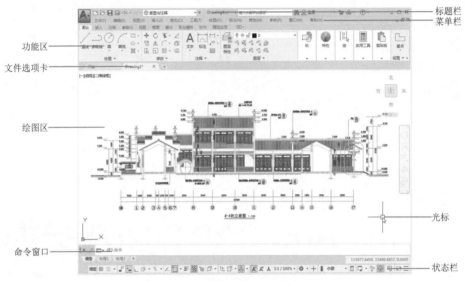

图 1-1 AutoCAD 2020 工作界面

（1）标题栏

标题栏位于工作界面的最上方，它由"菜单浏览器"按钮 、快速访问工具栏、当前图形标题、搜索、Autodesk A360 以及窗口控制等按钮组成，如图 1-2 所示。

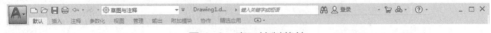

图 1-2 窗口控制菜单

将鼠标光标移至标题栏上，右击鼠标或按 Alt+ 空格键，将弹出窗口控制菜单，从中可执行窗口的还原、移动、最小化、最大化、关闭等操作。

（2）菜单栏

默认情况下，在"草图与注释""三维基础"和"三维建模"工作界面中是不显示菜单栏的。若要显示菜单栏，则可以在自定义快速访问工具栏中单击下拉按钮 ，在弹出的快捷菜单中选择"显示菜单栏"命令即可，显示如图 1-3 所示的菜单栏，其中包括文件、编辑、视图、插入、格式、工具、绘图、标注、修改、参数、窗口、帮助 12 个主菜单。

图 1-3　菜单栏

（3）功能区

在 AutoCAD 中，功能区包含功能区选项卡、功能区按钮和功能区选项组，其中功能区按钮是代替命令的简便工具，利用它们可以完成绘图过程中的大部分工作，而且使用工具进行操作的效率比使用菜单要高得多。使用功能区时无须显示多个工具栏，它通过单一紧凑的工作界面使应用程序变得简洁有序，使绘图窗口变得更大。

在功能区面板中单击面板标题右侧的"最小化面板按钮" ▣▾ 按钮，可以设置不同的最小化选项，如图 1-4 所示。

图 1-4　功能区

（4）绘图区

绘图区是用户的工作窗口，是绘制、编辑和显示图形对象的区域。其中，有"模型"和"布局"两种绘图模式，单击"模型"或"布局"标签可以在这两种模式之间进行切换。一般情况下，用户在模型空间绘制图形，然后转至布局空间安排图纸输出布局。

（5）命令窗口

命令窗口是用户通过键盘输入命令、参数等信息的地方。不过，用户通过菜单和功能区执行的命令也会在命令窗口中显示。默认情况下，命令窗口位于绘图区域的下方，用户可以通过拖动命令窗口的左边框将其移至任意位置，如图 1-5 所示。

图 1-5　命令窗口

文本窗口是记录 AutoCAD 历史命令的窗口，用户可以通过按 F2 键打开"AutoCAD 文本窗口"，以便于快速访问完整的历史记录，如图 1-6 所示。

图 1-6　文本窗口

（6）状态栏

状态栏位于工作界面的最底部，用于显示当前的状态。状态栏的最左侧有"模式"和"布局"两个绘图模式，单击鼠标即可切换模式。状态栏右侧主要用于显示光标坐标轴、控制绘图的辅助功能、控制图形状态的功能等多个按钮，如图 1-7 所示。

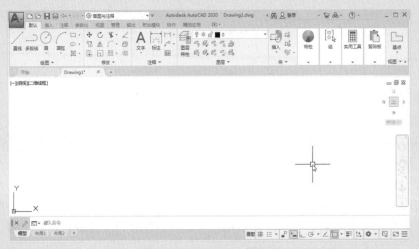

图 1-7 状态栏

第一次打开 AutoCAD 或者切换工作空间后，AutoCAD 的菜单栏默认都是隐藏状态，用户可以根据需要选择显示或隐藏菜单栏。具体操作步骤如下。

Step01 启动 AutoCAD 应用程序，进入工作界面，可以看到当前工作界面中菜单栏是隐藏状态，如图 1-8 所示。

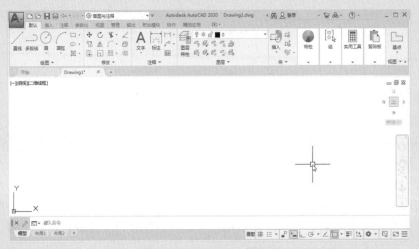

图 1-8 隐藏状态的菜单栏

Step02 单击快速访问工具栏右侧的下拉按钮，在打开的列表中选择"显示菜单栏"选项，如图 1-9 所示。

图 1-9 "显示菜单栏"选项

Step03 显示菜单栏后，再打开上述列表，可以看到原本的"显示菜单栏"选项变成了"隐藏菜单栏"选项，如图 1-10 所示。

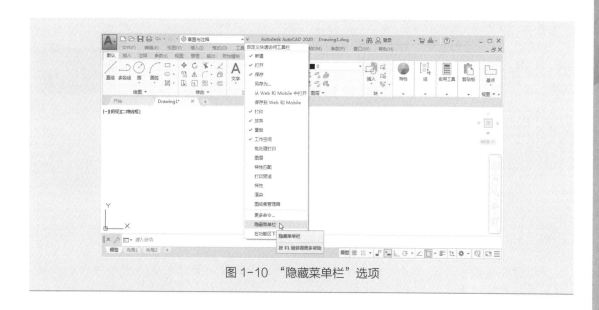

图 1-10 "隐藏菜单栏"选项

1.2　图形文件的管理操作

图形文件的管理是设计过程中的重要环节，为了避免由于误操作导致图形文件的意外丢失，在设计过程中需要随时对文件进行保存。图形文件的操作包括图形文件的新建、打开、保存以及另存为等。

1.2.1　新建图形文件

启动 AutoCAD，打开"开始"界面，单击"开始绘制"图案按钮，即可新建一个新的空白图形文件，如图 1-11 所示。除此之外，用户还可通过以下几种方法来创建图形文件：

- 执行"文件 > 新建"命令。
- 单击文件菜单按钮，在弹出的列表中选择"新建 > 图形"命令。
- 单击快速访问工具栏中的"新建"按钮。
- 单击绘图区上方文件选项栏中的"新图形"按钮。

图 1-11　"开始"界面

● 在命令行中输入 NEW 命令，然后按 Enter 键。

执行以上任意操作后，系统将自动打开"选择样板"对话框，如图 1-12 所示。从文件列表中选择需要的样板，然后单击"打开"按钮即可创建新的图形文件。

在打开图形时，还可以选择不同的计量标准，单击"打开"按钮右侧的下拉按钮，若选择"无样板打开 - 英制"选项，则使用英制单位为计量标准绘制图形；若选择"无样板打开 - 公制"选项，则使用公制单位为计量标准绘制图形。

图 1-12 "选择样板"对话框

 知识延伸

图形样板文件是使用 .dwt 文件扩展名保存的图形文件，并指定图形中的样式、设置和布局，包括标题栏。

课堂练习 新建布局样板文件

新的图形文件是通过默认图形样板文件或用户创建的自定义图形样板文件来创建的，在新建文件时用户可以根据需要选择合适的样板文件。具体操作步骤如下。

Step01 启动 AutoCAD 应用程序，执行"文件 > 新建"命令，打开"选择样板"对话框，从列表中选择合适的样板，如图 1-13 所示。

Step02 单击"打开"按钮，即可创建布局样板文件，如图 1-14 所示。

图 1-13 选择样板

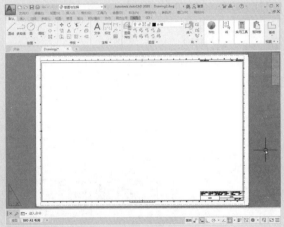

图 1-14 新建布局样板文件

1.2.2 打开图形文件

启动 AutoCAD 后，在打开的"开始"界面中，单击"打开文件"选项按钮，在"选择文件"对话框中，选择所需图形文件即可打开。用户还可以通过以下方式打开已有的图形文件：

- 执行"文件 > 打开"命令。
- 单击"菜单浏览器"按钮 A，在弹出的列表中选择"打开 > 图形"命令。
- 单击快速访问工具栏中的"打开"按钮 ⌷。
- 在命令行中输入 OPEN 命令，然后按 Enter 键。

执行以上任意操作后，系统会自动打开"选择文件"对话框，如图 1-15 所示。在"选择文件"对话框中，单击"查找范围"下拉按钮，在弹出的下拉列表中，选择要打开的图形文件夹，选择图形文件，单击"打开"按钮或者双击文件名，即可打开图形文件，如图 1-16 所示。

图 1-15 "选择文件"对话框　　　　图 1-16 打开图形文件

在该对话框中也可以单击"打开"按钮右侧的下拉按钮，在弹出的下拉列表中选择使用所需的方式来打开图形文件。

AutoCAD 支持同时打开多个文件，利用 AutoCAD 的这种多文档特性，用户可在打开的所有图形之间来回切换、修改、绘图，还可参照其他图形进行绘图，在图形之间复制和粘贴图形对象，或从一个图形向另一个图形移动对象。

操作提示

在"选择文件"对话框中，单击"工具"下拉按钮，选择"查找"选项，在弹出的"查找"对话框中，输入要打开的文件名称，并设置好查找范围。单击"开始查找"按钮，进行查找，稍等片刻即可显示查找结果，双击所需结果文件，返回上一层对话框，选择查找到的文件，单击"打开"按钮即可打开，如图 1-17 所示。

图 1-17 "查找"对话框

1.2.3 保存图形文件

对图形进行编辑后，要对图形文件进行保存。可以直接保存，也可以更改名称后保存为另一个文件。

（1）保存新建的图形

通过下列方式可以保存新建的图形文件。

- 执行"文件 > 保存"命令。
- 单击"菜单浏览器"按钮 ，在弹出的列表中选择"保存"命令。
- 单击快速访问工具栏中的"保存"按钮 。
- 在命令行中输入 SAVE 命令，然后按 Enter 键。

执行以上任意一种操作后，系统将自动打开"图形另存为"对话框，如图 1-18 所示。在"保存于"下拉列表中指定文件保存的文件夹，在"文件名"文本框中输入图形文件的名称，在"文件类型"下拉列表中选择保存文件的类型，最后单击"保存"按钮。

图 1-18 "图形另存为"对话框

（2）图形换名保存

对于已保存的图形，可以更改名称保存为另一个图形文件。先打开该图形，然后通过下列方式进行图形换名保存。

- 执行"文件 > 另存为"命令。
- 单击文件菜单按钮 ，在弹出的菜单中执行"另存为"命令。
- 在命令行中输入 SAVE 命令，然后按 Enter 键。

执行以上任意一种操作后，系统将会自动打开"图形另存为"对话框，设置需要的名称及其他选项后保存即可。

操作提示

保存新创建的文件时，如果所输入的文件名在当前文件夹中已经存在，那么系统将会弹出如图 1-19 所示的提示框。

图 1-19 重名提示框

课堂练习 另存低版本文件

在图纸交流过程中，为了避免遇到低版本软件打不开高版本图形文件的情况，用户在图形绘制完毕后，可以另存一份低版本文件。具体操作步骤如下。

Step01 打开高版本素材图形，如图 1-20 所示。

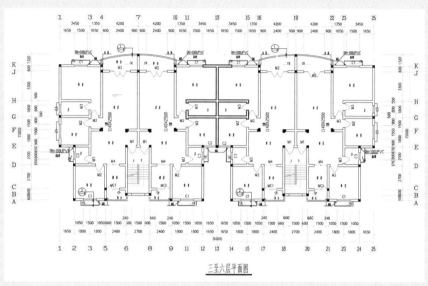

图 1-20　打开高版本素材图形

Step02 执行"文件 > 另存为"命令，打开"图形另存为"对话框，输入文件名，设置文件存储路径以及文件类型，这里将文件存储为 2004 版本，如图 1-21 所示。

图 1-21　设置另存参数

Step03 设置完毕后，单击"保存"按钮即可完成操作。

1.2.4 关闭图形文件

当图形绘制并保存完毕后，即可将当前图形进行关闭。用户可以通过以下方式关闭图形文件：

- 执行"文件 > 关闭"命令。
- 单击"菜单浏览器"按钮，在弹出的列表中选择"关闭 > 图形"命令。
- 在标题栏的右上角单击 ✕ 按钮。
- 在命令行输入 CLOSE 命令，然后按 Enter 键。

如果当前图形没有存盘，在进行关闭操作时系统将弹出 AutoCAD 警告对话框，询问是否保存文件，如图 1-22 所示。单击"是"按钮即可保存当前图形文件并将其关闭；单击"否"按钮可以关闭当前图形，且文件不存盘；单击"取消"按钮，会取消关闭当前图形文件的操作，既不保存也不关闭。

图 1-22　警告提示

1.3　系统选项设置

AutoCAD 的系统参数设置用于对系统进行配置，包括设置文件路径、更改绘图背景颜色、设置自动保存的时间、设置绘图单位等。安装 AutoCAD 软件后，系统将自动完成默认的初始系统配置。用户在绘图过程中，可以通过下列方式进行系统配置：

- 执行"工具 > 选项"命令。
- 单击文件菜单按钮 ，在弹出的列表中执行"选项"命令。
- 在命令行中输入 OPTIONS 命令，然后按 Enter 键。
- 在绘图区域中单击鼠标右键，在弹出的快捷菜单中选择"选项"命令。

执行以上任意一种操作后，系统将打开"选项"对话框，用户可在该对话框中设置所需的系统配置。

1.3.1　显示

打开"显示"选项卡，从中可以设置窗口元素、布局元素、显示精度、显示性能、十字光标大小、淡入度控制显示性能，如图 1-23 所示。

（1）窗口元素

"窗口元素"选项组主要用于设置窗口的颜色、窗口内容显示的方式等相关内容。

（2）显示精度

该选项组用于设置圆弧或圆的平滑度、每条多段线的段数等项目。

（3）布局元素

图 1-23　"显示"选项卡

该选项组用于设置图纸布局相关的内容和控制图纸布局的显示或隐藏。

（4）显示性能

该选项组用于利用光栅与 OLE 平移和缩放、仅亮显光栅图像边框、应用实体填充、仅显示文字边框等参数进行设置。

（5）十字光标大小

该选项用于调整光标的十字线大小。十字光标的值越大，光标两边的延长线就越长。

（6）淡入度控制

该组设置参数可以将不同类型的图形区分开来，操作更加方便，用户可以根据自己的习惯来调整这些淡入度的设置。

课堂练习　设置十字光标

AutoCAD 软件中的鼠标样式是一个十字光标，可以用于定位点、选择和绘制对象。系统默认的十字线较小，用户可以根据需要自行设置光标大小。具体操作步骤如下。

扫一扫 看视频

Step01 启动 AutoCAD 应用程序，可以看到默认的十字光标大小，如图 1-24 所示。

Step02 在命令行中输入 OPTIONS，按回车键后打开"选项"对话框，切换到"显示"选项卡，当前十字光标大小为 5，如图 1-25 所示。

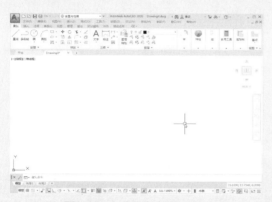

图 1-24　默认十字光标

图 1-25　光标大小为 5

Step03 拖动滑块至最大值 100，如图 1-26 所示。

Step04 单击"确定"按钮关闭对话框，返回 AutoCAD 绘图区，观察设置后的十字光标大小，如图 1-27 所示。

图 1-26　光标大小为 100

图 1-27　设置后的光标效果

1.3.2 打开和保存

在"打开和保存"选项卡中，用户可以进行文件保存、文件安全措施、文件打开、外部参照等方面的设置，如图 1-28 所示。

（1）文件保存

"文件保存"选项组可以设置文件保存的格式、缩略图预览以及增量保存百分比设置等参数。

（2）文件安全措施

该选项组用于设置自动保存的间隔时间，是否创建副本，设置临时文件的扩展名等。

（3）文件打开与应用程序菜单

"文件打开"选项组可以设置在窗口中打开的文件数量等，"应用程序菜单"选项组可以设置最近打开的文件数量。

（4）外部参照

该选项组可以设置调用外部参照时的状况，可以设置启用、禁用或使用副本。

（5）ObjectARX 应用程序

该选项组可以设置加载 ObjectARX 应用程序和自定义对象的代理图层。

1.3.3 打印和发布

在"打印和发布"选项卡中，用户可以设置打印机和打印样式参数，包括出图设备的配置和选项，如图 1-29 所示。

图 1-28 "打开和保存"选项卡

图 1-29 "打印和发布"选项卡

（1）新图形的默认打印设置

用于设置默认输出设备的名称以及是否使用上次的可用打印设置。

（2）打印到文件

用于设置打印到文件操作的默认位置。

（3）后台处理选项

用于设置何时启用后台打印。

（4）打印和发布日志文件

用于设置打印和发布日志的方式及保存打印日志的方式。

（5）自动发布

用于设置是否需要自动发布及自动发布的文件位置、类型等。

（6）常规打印选项

用于设置修改打印设备时的图纸尺寸、后台打印警告、设置 OLE 打印质量以及是否隐藏系统打印机等。

（7）指定打印偏移时相对于

用于设置打印偏移时相对于的对象为可打印区域还是图纸边缘。单击"打印戳记设置"按钮，将弹出"打印戳记"对话框，用户可以从中设置打印戳记的具体参数，如图 1-30 所示。

1.3.4 系统

在"系统"选项卡中，用户可以设置硬件加速、当前定点设备、数据库连接选项等相关选项，如图 1-31 所示。

图 1-30 "打印戳记"对话框

图 1-31 "系统"选项卡

（1）硬件加速

单击"图形性能"按钮，可以进行相应的参数设置。

（2）当前定点设备

"当前定点设备"选项组可以设置定点设备的类型，接受某些设备的输入。

（3）布局重生成选项

该选项提供了"切换布局时重生成""缓存模型选项卡和上一个布局"和"缓存模型选项卡和所有布局"3 种布局重生成样式。

（4）常规选项

该选项组用于设置消息的显示与隐藏及显示"OLE 文字大小"对话框等项目。

（5）信息中心

单击"气泡式通知"按钮，打开"信息中心设置"对话框，从中可以对相应参数进行设置。

（6）数据库连接选项

该选项可以选择"在图形中保存链接索引"和"以只读模式打开表格"。

在绘图过程中，一般会使用 Enter 键或空格键来确认命令或完成绘制。其实鼠标右键也可以用于这个功能，用户可以通过"选项"对话框设置鼠标右键功能。具体操作步骤如下。

扫一扫 看视频

Step01 在命令行中输入 OPTIONS，按回车键后系统会打开"选项"对话框，切换到"用户系统配置"选项卡，如图 1-32 所示。

Step02 在"Windows 标准操作"选项组中单击"自定义右键单击"按钮，打开"自定义右键单击"对话框，在该对话框中选择默认模式和编辑模式都为"重复上一个命令"选项，选择命令模式为"确认"选项，如图 1-33 所示。

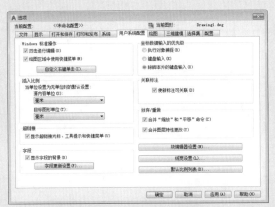

图 1-32　"选项"对话框

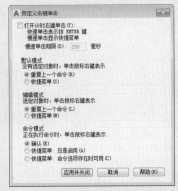

图 1-33　设置右键功能

Step03 单击"应用并关闭"按钮即可完成鼠标右键功能的设置。

1.3.5 系统与用户系统配置

在"用户系统配置"选项卡中，用户可设置 Windows 标准操作、插入比例、超链接、字段、坐标数据输入的优先级等选项。另外还可单击"块编辑器设置""线宽设置"和"默认比例列表"按钮，进行相应的参数设置，如图 1-34 所示。

（1）Windows 标准操作

控制鼠标双击和鼠标右键的操作。

（2）插入比例

控制在图形中插入块和图形时使用的默认比例。

（3）超链接

控制与超链接的显示特性相关的设置。

（4）字段

设置与字段相关的系统配置。

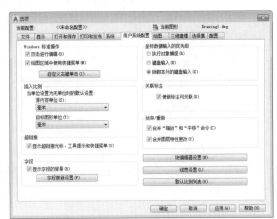

图 1-34　"用户系统配置"选项卡

（5）坐标数据输入的优先级

控制在命令行输入的坐标是否代替运行的对象捕捉。

（6）关联标注

控制是创建关联标注对象还是创建传统的非关联标注对象。

（7）放弃 / 重做

控制"缩放"和"平移"命令的放弃和重做。

（8）块编辑器设置

显示"块编辑器设置"对话框，使用此对话框控制块编辑器的环境设置。

（9）线宽设置

显示"线宽设置"对话框，使用此对话框可以设置线宽选项（例如显示特性和默认选项），还可以设置当前线宽。

（10）默认比例列表

显示"默认比例列表"对话框，使用此对话框可以管理与布局视口和打印相关联的若干对话框中所显示的默认比例列表。可以删除所有自定义比例，并恢复默认比例。

1.3.6 绘图

在"绘图"选项卡中，用户可以在"自动捕捉设置"和"AutoTrack 设置"选区中设置自动捕捉和自动追踪的相关内容，另外还可以拖动滑块调节自动捕捉标记和靶框的大小，如图 1-35 所示。

（1）自动捕捉设置

"自动捕捉设置"选项组用于设置在绘制图形时捕捉点的样式。

（2）对象捕捉选项

该选项组可以设置忽略图案填充对象、使用当前标高替换 Z 值等项目。

（3）AutoTrack 设置

可以设置选项为显示极轴追踪矢量、显示全屏追踪矢量和显示自动追踪工具提示。

图 1-35 "绘图"选项卡

（4）靶框大小

设置对象捕捉靶框的显示尺寸（以设备独立像素为单位）。

（5）设计工具提示设置

控制绘图工具提示的颜色、大小和透明度。

1.3.7 三维建模

在"三维建模"选项卡中，用户可以设置三维十字光标、在视口中显示工具、三维对象和三维导航等选项，如图 1-36 所示。

（1）三维十字光标

"三维建模"选项卡下的"三维十字光标"选项组可用于设置十字光标是否显示 Z 轴，是否在标准十字光标中加入轴标签以及十字光标标签的显示样式等。

（2）三维对象

该选项组用于设置创建三维对象时要使用的视觉样式、曲面上的素线数、设置镶嵌和网格图元选项等。

（3）在视口中显示工具

控制 ViewCube、UCS 图标和视口控件的显示。

（4）三维导航

设定漫游、飞行和动画选项以显示三维模型。

（5）动态输入

控制坐标项的动态输入字段的显示。

图 1-36 "三维建模"选项卡

1.3.8 选择集与配置

在"选择集"选项卡中，用户可以设置拾取框大小、选择集模式、夹点尺寸、预览和夹点的相关内容，如图 1-37 所示。

（1）拾取框大小

通过拖动滑块，设置用户想要的拾取框的大小值。

（2）选择集模式

用于设置先选择后执行、隐含选择窗口中的对象、窗口选择方法和选择效果颜色等选项，设置选择集模式。

（3）夹点尺寸

用于设置夹点框的尺寸（以设备独立像素为单位）。

（4）夹点

在对象被选中后，其上将显示夹点，即一些小方块。可以设置夹点颜色、夹点的显示以及限制夹点数等。

（5）预览

用于命令处于活动状态的选择集、未激活命令时的选择集预览效果。单击"视觉效果设置"按钮后，可在弹出的"视觉效果设置"对话框中调节视觉样式的各种参数，如图 1-38 所示。

图 1-37 "选择集"选项卡

图 1-38 "视觉效果设置"对话框

在"配置"选项卡中，用户可以针对不同的需求在此进行设置并保存，这样以后需要进行相同的设置时，只需调用该配置文件即可。

1.4 绘图环境设置

系统默认的绘图环境不一定符合用户需求，用户可以根据要求对图形单位、图形界限等进行设置，从而提高绘图的效率。

1.4.1 绘图单位

在绘图之前，首先应对绘图单位进行设定，以保证图形的准确性。其中，绘图单位包括长度单位、角度单位、缩放单位、光源单位以及方向控制等。用户可以通过以下方式打开"图形单位"对话框：

- 执行"格式 > 单位"命令。
- 单击"菜单浏览器"按钮，在展开的菜单中选择"图形实用工具 > 单位"命令。
- 在命令行输入 UNITS 命令并按回车键。

执行以上任意操作，都可以打开"图形单位"对话框，从中可对绘图单位进行设置，如图 1-39 所示。

（1）"长度"选项组

在"类型"下拉列表中可以设置长度单位，包括分数、工程、建筑、科学、小数五种单位类型；在"精度"下拉列表中可以对长度单位的精度设置。

图 1-39 "图形单位"对话框

（2）"角度"选项组

在"类型"下拉列表中可以设置角度单位，包括百分度、度 / 分 / 秒、弧度、勘测单位、十进制度数五种单位类型；在"精度"下拉列表中可以对角度单位的精度设置。勾选"顺时针"复选框后，图像以顺时针方向旋转；若不勾选，图像则以逆时针方向旋转。

（3）"插入时的缩放单位"选项组

缩放单位是用于插入图形后的测量单位，默认情况下是"毫米"，一般不做改变，用户也可以在"类别"下拉列表中设置缩放单位。

（4）输出样例

显示用当前单位和角度设置的例子。

（5）"光源"选项组

光源单位是指光源强度的单位，其中包括国际、美国、常规选项。

（6）"方向"按钮

"方向"按钮在"图形单位"的下方。单击"方向"按钮打开"方向控制"对话框，如图 1-40 所示。默认测量角度是东，用户也可以设置测量角度的起始位置。

图 1-40 "方向控制"对话框

017

1.4.2 绘图界限

绘图界限是指在绘图区中设定的有效区域。在实际绘图过程中，如果没有进行设定绘图界限，那么 CAD 系统对作图范围将不作限制，会在打印和输出过程中增加难度。用户可通过以下方法执行设置绘图边界操作：

- 执行"格式 > 图形界限"命令。
- 在命令行输入 LIMITS 命令，然后按 Enter 键。

命令行提示如下：

```
命令：LIMITS
重新设置模型空间界限：
指定左下角点或 [开(ON)/关(OFF)] <0.0000,0.0000>:
指定右上角点 <420.0000,297.0000>:
```

1.5 坐标系统

在绘图时，AutoCAD 通过坐标系确定点的位置。AutoCAD 坐标系分世界坐标系（WCS）和用户坐标系（UCS），用户可通过 UCS 命令进行坐标系的转换。

1.5.1 坐标系概述

（1）世界坐标系

世界坐标系也称为 WCS 坐标系，它是 AutoCAD 中的默认坐标系，通过 3 个相互垂直的坐标轴 X、Y、Z 来确定空间中的位置。世界坐标系的 X 轴为水平方向，Y 轴为垂直方向，Z 轴正方向垂直屏幕向外，坐标原点位于绘图区左下角，如图 1-41 所示为二维图形空间的坐标系，如图 1-42 所示为三维图形空间的坐标系。

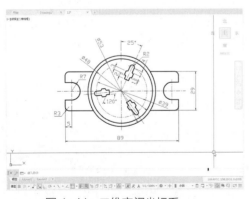

图 1-41　二维空间坐标系

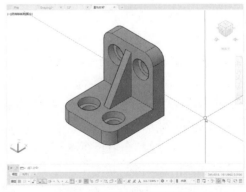

图 1-42　三维空间坐标系

> **知识点拨**
>
> 在 XY 平面上绘制或编辑图形时，只需要输入 X 轴和 Y 轴坐标，Z 轴坐标由系统自动设置为 0。

（2）用户坐标系

用户坐标系也称为 UCS 坐标系，用户坐标系是可以进行更改的，它主要为图形的绘制提供参考。创建用户坐标系可以通过执行"工具 > 新建"菜单命令下的子命令来实现，也可以通过在命令行中输入命令 UCS 来完成。

1.5.2 创建坐标系

坐标系是可变动的，用户可以根据作图需要，来进行更改创建。用户可以通过以下几种方式来创建坐标系：

- 执行"工具 > 新建 UCS"命令，在级联菜单中根据需要选择合适的方式。
- 在命令行中输入 UCS 命令，按 Enter 键确认。

若用户需更改当前坐标系，可从菜单栏执行"工具 > 新建 UCS"命令，根据需求创建合适的坐标。

课堂练习 新建坐标原点

在绘图过程中，固定坐标左图对于距离坐标点较远的图形来说是很麻烦的，这时创建一个用户坐标系是非常有必要的。具体操作步骤如下。

扫一扫 看视频

Step01 打开素材图形，此时图形距离坐标点较远，如图 1-43 所示。

Step02 执行"工具 > 新建 UCS> 原点"命令，根据提示指定新的原点到图形上，如图 1-44 所示。

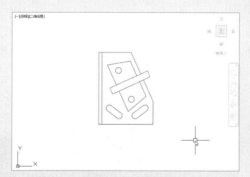

图 1-43 素材图形

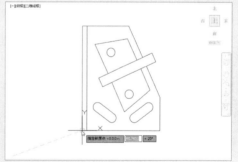

图 1-44 指定新的原点

Step03 在新的原点处单击鼠标即可完成操作，如图 1-45 所示。

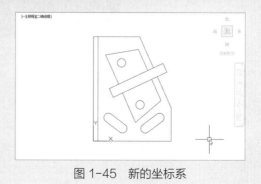

图 1-45 新的坐标系

AutoCAD 默认的工作界面为深色，为了适应不同用户的需求，提供了多种自定义界面风格、颜色等，用户可以根据自己的喜好进行设置。具体操作步骤如下。

Step01 启动 AutoCAD 应用程序，当前工作界面为默认的深色界面，如图 1-46 所示。

Step02 单击"菜单浏览器"按钮，在打开的菜单中单击"选项"按钮，如图 1-47 所示。

扫一扫 看视频

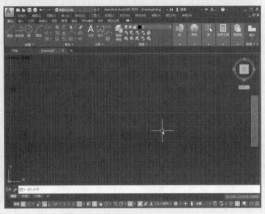

图 1-46　默认工作界面

图 1-47　单击"选项"按钮

Step03 打开"选项"对话框，切换到"显示"选项卡，在"窗口元素"选项组中单击"颜色主题"下拉按钮，在展开的列表中选择"明"选项，如图 1-48 所示。

Step04 单击对话框下方"应用"按钮，可以看到工作界面的边框都变成明亮的浅色，如图 1-49 所示。

图 1-48　选择"明"选项

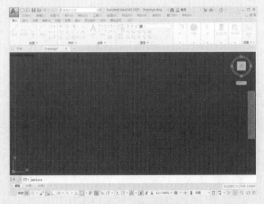

图 1-49　应用效果

Step05 继续在对话框中单击"颜色"按钮，打开"图形窗口颜色"对话框，设置当前背景颜色，打开"颜色"列表，从中选择白色，如图 1-50 所示。

Step06 接着单击"应用并关闭"按钮关闭对话框，再单击"确定"按钮关闭"选项"对话框，即可看到最终的界面效果，如图 1-51 所示。

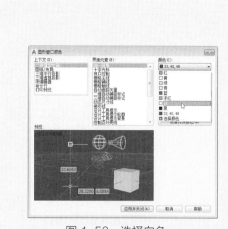

图 1-50　选择白色

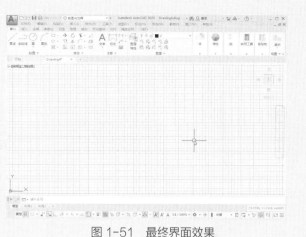

图 1-51　最终界面效果

课后作业

一、填空题

1. WCS 是 AutoCAD 中的 _____ 。

2. UCS 中的 "S" 的缩写单词是 _____ 。

3. _____ 是记录了 AutoCAD 历史命令的窗口，是一个独立的窗口。

4. 所有尺寸标注共用一条尺寸界线的命令的是 _____ 。

5. 在 _____ 空间中，坐标系显示为一个三角形。

二、选择题

1. 在 AutoCAD 中，以下对于坐标系的描述不正确的是（　　）。

A. 世界坐标系和用户坐标系只能存在一个

B. 世界坐标系绝对不可能改变

C. 用户坐标系可以随时改变

D. 坐标系分为世界坐标系和用户坐标系

2. "自动计算机辅助设计" 是 Autodesk 公司出品的（　　）软件。

A. 3DSVIZ　　　　　B. 3DSMAX　　　　　C. AutoCAD　　　　　D.MASCAM

3. 视图 "缩放" 命令中的 "全部" 选项，其意义是（　　）。

A. 从中心开始放大图形

B. 恢复前一个视图

C. 在图形窗口中显示所有的图形对象，即使有些对象超出了绘图界限范围

D. 显示所有在绘图界限范围内的图形对象

4. 在 AutoCAD 中，可以控制坐标点的显示的功能键是（　　）。

A. F6　　　　　B. F7　　　　　C. F8　　　　　D. F9

5. 在 "选项" 对话框的（　　）选项卡下，可以设置夹点大小和颜色。

A. 系统　　　　　B. 显示　　　　　C. 选择集　　　　　D. 打开和保存

三、操作题

1. 新建图形文件，并将其存储为"1 操作题 -1.dwg"。

操作思路如图 1-52、图 1-53 所示。

图 1-52 执行新建命令　　　　　图 1-53 执行保存命令

2. 利用"选项"对话框设置夹点的大小和颜色，如图 1-54 所示。

（1）图形效果

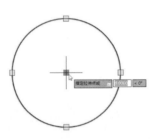

图 1-54 效果展示

（2）操作思路

绘制并选择图形（如图 1-55 所示），可以看到该图形上显示的夹点。利用"选项"对话框和"夹点颜色"对话框可以设置夹点的大小和颜色，分别如图 1-56、图 1-57 所示。

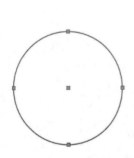

图 1-55 绘制并选择图形　　图 1-56 设置夹点大小　　图 1-57 设置夹点颜色

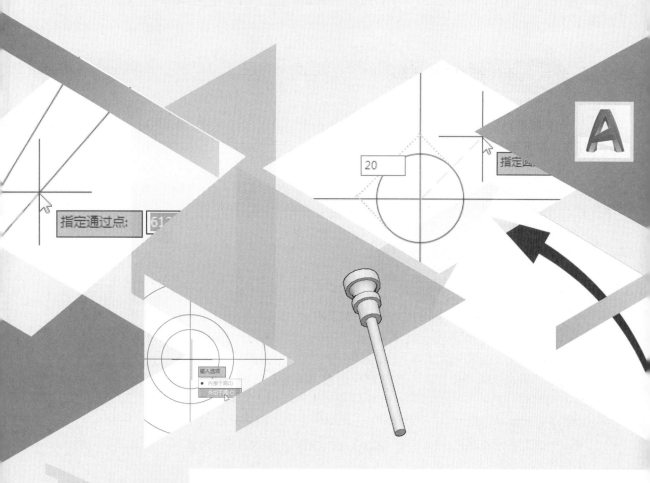

第2章
二维绘图功能

★ 内容导读

AutoCAD 为用户提供了一系列绘图命令，包括点、直线、圆、圆弧、矩形、多边形、多线、多段线等。二维图形的形状都很简单，绘制起来也很容易，但是它们是整个 AutoCAD 的绘图基础。
通过对本章内容的学习，读者可以熟悉并掌握一些制图的绘制方法和技巧，以便能够更好地绘制出复杂的二维图形。

ⓒ 学习目标

○ 了解点的绘制
○ 掌握线的绘制
○ 掌握矩形与多边形的绘制
○ 掌握弧形的绘制
○ 掌握图形图案的填充

2.1 点的绘制

点是构成图形的基础，任何复杂曲线都是由无数个点构成的。AutoCAD 中点的绘制包括单点、多点、定数等分、定距等分四种。

（1）点样式

在绘制点之前，用户需要先设置点样式。系统默认情况下，点对象仅被显示为一个小圆点，通过"点样式"对话框可以更改点的显示类型和尺寸。

用户可以通过以下方法打开"点样式"对话框：

- 执行"格式 > 点样式"命令。
- 在"默认"选项卡的"实用工具"面板中单击"点样式"按钮。
- 在命令行中输入 PTYPE，然后按 Enter 键。

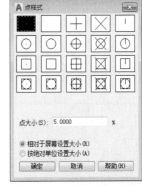

图 2-1 "点样式"对话框

执行"格式 > 点样式"菜单命令，打开"点样式"对话框，如图 2-1 所示。在该对话框中，可以根据需要选择相应的点样式。若选中"相对于屏幕设置大小"选项，则在"点大小"文本框中输入的是百分数；若选中"按绝对单位设置大小"选项，则在文本框中输入的是实际单位。

完成上述设置后，执行"点"命令，新绘制的点以及先前绘制的点的样式将会以新的点类型和尺寸显示。

知识点拨

在命令行中输入 DDPTYPE 命令，然后按 Enter 键确认，即可打开"点样式"对话框。在对话框中输入的点大小是实际单位。

（2）单点与多点

设置点样式后，执行"绘图 > 点 > 单点"命令，通过在绘图区中单击鼠标左键或输入点的坐标值指定点，即可绘制单点。单点的绘制与多点绘制相同，只是执行"单点"命令后，一次只能创建一个点，而执行"多点"命令，则一次可创建多个点。

用户可以通过以下方法调用"多点"命令：

- 执行"绘图 > 点 > 多点"命令。
- 在"默认"选项卡的"绘图"面板中单击"多点"按钮。
- 在命令行中输入 POINT，然后按 Enter 键。

（3）定数等分

使用"定数等分"命令，可以将所选对象按指定的线段数目进行平均等分。这个操作并不将对象实际等分为单独的对象，它仅仅是标明定数等分点的位置，以便将它们作为几何参考点。用户可以通过以下方法调用"定数等分"命令：

- 执行"绘图 > 点 > 定数等分"命令。
- 在"默认"选项卡的"绘图"面板中单击"定数等分"按钮。

- 在命令行中输入 DIVIDE，然后按 Enter 键。

执行以上任意操作，根据提示选择要等分的对象，接着输入等分数目，按回车键即可完成操作。命令行提示内容如下：

```
命令：_divide
选择要定数等分的对象：                                        （选择对象）
输入线段数目或 [ 块 (B)]: 10                        （输入等分数量，按 Enter 键）
```

（4）定距等分

使用"定距等分"命令，可以从选定对象的某一个端点开始，按照指定的长度开始划分，等分对象的最后一段可能要比指定的间隔短。用户可以通过以下方法调用"定距等分"命令：

- 执行"绘图 > 点 > 定距等分"命令。
- 在"默认"选项卡的"绘图"面板中单击"定距等分"按钮。
- 在命令行中输入 MEASURE，然后按 Enter 键。

执行以上任意操作，根据提示选择要等分的对象，接着输入指定长度，按回车键即可完成操作。命令行提示内容如下：

```
命令：_measure
选择要定距等分的对象：                                      （选择等分图形）
指定线段长度或 [ 块 (B)]: 18                        （输入等分数值，按 Enter 键）
```

知识点拨

　　放置点的起始位置从距离对象选取点最近的端点开始，如果对象总长不能被所选长度整除，则最后放置点到对象端点的距离不等于所选长度。

2.2 线的绘制

　　线条的类型有多种，如直线、射线、构造线、多线、多段线、样条曲线以及矩形等。下面将为用户介绍各种线的绘制方法和功能。

2.2.1 绘制直线

　　直线是在绘制图形过程中最基本、常用的绘图命令。用户可以通过以下方法调用"直线"命令：

- 执行"绘图 > 直线"命令。
- 在"默认"选项卡的"绘图"面板中单击"直线"按钮。
- 在命令行中输入 LINE，然后按 Enter 键。

课堂练习 绘制点型火焰探测器符号

　　下面利用所学知识绘制点型火焰探测器符号，具体绘制步骤如下。

Step01 按 F8 开启正交模式，执行"绘图＞直线"命令，在绘图区指定一点作为直线起点，如图 2-2 所示。

Step02 向右侧移动光标，输入长度 100，如图 2-3 所示。

扫一扫 看视频

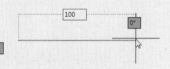

图 2-2　指定直线起点　　　图 2-3　输入长度

Step03 按回车键确认绘制出横向线段，继续向上移动光标，输入长度 100，如图 2-4 所示。

Step04 按回车键确认绘制出竖向线段，按照上述方法绘制封闭的矩形图形，如图 2-5 所示。

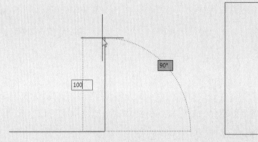

图 2-4　绘制垂直线段　　　图 2-5　绘制矩形

Step05 按 F8 关闭正交模式，执行"工具＞绘图设置"命令，打开"草图设置"对话框，切换到"极轴追踪"选项卡，启用极轴追踪，设置增量角为 60°，如图 2-6 所示。

Step06 执行"绘图＞直线"命令，在矩形内指定一点作为直线起点，向右上方移动光标追踪极轴，输入长度 60，如图 2-7 所示。

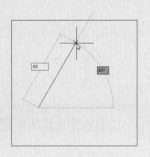

图 2-6　绘制垂直线段　　　图 2-7　绘制第一条斜线

Step07 按回车键确认，绘制出第一条斜线，再向右下移动光标，追踪极轴并输入长度 60，如图 2-8 所示。

Step08 按回车键确认，完成探测器符号的绘制，如图 2-9 所示。

图 2-8　绘制第二条斜线

图 2-9　完成绘制

2.2.2　绘制射线

射线是以一个起点为中心，向某方向无限延伸的直线。在 AutoCAD 中，射线常作为绘图辅助线来使用。用户可以通过以下方法调用"射线"命令：

- 执行"绘图 > 射线"命令。
- 在"默认"选项卡的"绘图"面板中单击"射线"按钮 ✓。
- 在命令行中输入 RAY，然后按 Enter 键。

课堂练习　绘制从坐标原点发出的射线

下面利用所学知识绘制多条从坐标原点发出的射线，具体绘制步骤如下。

Step01 执行"绘图 > 射线"命令，根据提示指定起点，这里输入坐标（0,0），如图 2-10 所示。

Step02 按回车键确认即可将起点指定在坐标原点，接着移动光标指定通过点，如图 2-11 所示。

图 2-10　输入坐标

Step03 在通过点单击即可创建一条射线，移动光标即可指定下一通过点，如图 2-12 所示。

Step04 继续指定多个通过点，绘制出多条射线，如图 2-13 所示。

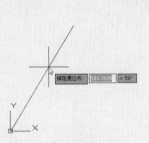

图 2-11　指定通过点

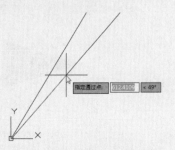

图 2-12　指定下一通过点

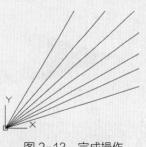

图 2-13　完成操作

2.2.3 绘制构造线

构造线是无限延伸的线，也可以用来作为创建其他直线的参照，创建出水平、垂直或具有一定角度的构造线。在建筑或机械制图中，通常使用构造线作为绘图过程中的辅助线。用户可以通过以下方法调用"构造线"命令：

- 执行"绘图 > 构造线"命令。
- 在"默认"选项卡的"绘图"面板中单击"构造线"按钮 。
- 在命令行中输入快捷命令 XLINE，然后按 Enter 键。

2.2.4 绘制多段线

在绘制多段线时，可以随时选择下一条线的宽度、线型和定位方法，从而连续地绘制出不同属性线段的多段线。用户可以通过以下方法调用"多段线"命令：

- 执行"绘图 > 多段线"命令。
- 在"默认"选项卡的"绘图"面板中单击"多段线"按钮 。
- 在命令行中输入快捷命令 PLINE，然后按 Enter 键。

课堂练习 绘制弧形箭头图形

下面利用所学知识绘制一个弧形的箭头图形，具体绘制步骤如下。

扫一扫 看视频

Step01 按 F8 键开启正交模式，执行"绘图 > 多段线"命令，在绘图区指定一点作为多段线起点，在命令行输入命令 W，如图 2-14 所示。

Step02 按回车键确认，根据提示输入起点宽度为 0，如图 2-15 所示。

Step03 按回车键后再输入端点宽度为 30，如图 2-16 所示。

Step04 按回车键确认，移动光标，输入多段线长度 50，如图 2-17 所示。

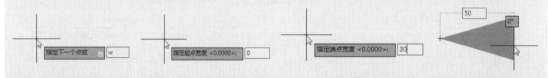

图 2-14 输入命令 W　　图 2-15 指定起点宽度　　图 2-16 指定端点宽度　　图 2-17 输入长度

Step05 按回车键确认绘制出箭头，再输入命令 W，如图 2-18 所示。

Step06 按回车键确认，输入起点宽度为 10，如图 2-19 所示。

图 2-18 输入命令 W　　　　　　图 2-19 指定起点宽度

Step07 按回车键确认，再输入端点宽度为 0，如图 2-20 所示。

Step08 按回车键确认，再输入命令 A，如图 2-21 所示。

图 2-20　指定端点宽度　　　　　　　　　图 2-21　输入命令 A

Step09 按回车键确认，按 F8 键关闭正交模式，再移动光标指定圆弧的端点位置，如图 2-22 所示。

Step10 单击并按回车键，即可完成箭头的绘制，如图 2-23 所示。

图 2-22　指定圆弧端点　　　　　　　　　图 2-23　完成绘制

2.2.5　绘制修订云线

修订云线是由连续的圆弧组成的多段线，主要用于在检查阶段提醒用户注意图形的某个部分。用户可以通过以下方法调用"修订云线"命令：

- 执行"绘图 > 修订云线"命令。
- 在"默认"选项卡的"绘图"面板中单击"修订云线"下拉按钮，从中选择合适的命令。
- 在"注释"选项卡的"标记"面板中单击"修订云线"下拉按钮，从中选择合适的命令。
- 在命令行中输入 REVCLOUD，然后按 Enter 键。

执行以上任意一种操作，命令行提示内容如下：

```
命令：_revcloud
最小弧长：0.5　最大弧长：0.5　样式：普通　类型:矩形
指定第一个角点或 [弧长(A)/对象(O)/矩形(R) 多边形(P) 徒手画(F) 样式(S) 修改(M)]
<对象>：
```

 知识点拨

REVCLOUD 命令在系统注册表中存储上一次使用的圆弧长度。当程序和使用不同比例因子的图形一起使用时，用 Dimscale 乘以此值以保持统一。

2.2.6 绘制样条曲线

样条曲线是指通过一系列指定点的光滑曲线，用来绘制不规则的曲线图形。AutoCAD中包括拟合样条曲线和控制点样条曲线两种，如图2-24、图2-25所示。用户可以通过以下方法执行"样条曲线"命令：

- 执行"绘图>样条曲线"命令。
- 在"默认"选项卡的"绘图"面板中单击"样条曲线拟合"按钮 或"样条曲线控制点"按钮 。
- 在命令行中输入快捷命令SPLINE，然后按Enter键。

执行"样条曲线"命令后，根据命令行提示，依次指定起点、中间点和终点，即可绘制出样条曲线。

待样条曲线绘制完毕之后，可对其进行修改。用户可以通过以下方法可执行"编辑样条曲线"命令。

- 执行"修改>对象>样条曲线"命令。
- 在"默认"选项卡的"修改"面板中单击"编辑样条曲线"按钮 。
- 在命令行中输入SPLINEDIT，然后按Enter键。
- 双击样条曲线。

图2-24　拟合样条曲线　　　　图2-25　控制点样条曲线

执行以上任意一种操作后，命令行提示内容如下：

```
命令：_splinedit
选择样条曲线：
输入选项 [闭合(C)/合并(J)/拟合数据(F)/编辑顶点(E)/转换为多段线(P)/反转(R)/
放弃(U)/退出(X)] <退出>
```

命令行中各选项的含义介绍如下：

- 闭合：用于封闭样条曲线。如样条曲线已封闭，此处显示"打开(O)"，用于打开封闭的样条曲线。
- 合并：用于闭合两条或两条以上的开放曲线。
- 拟合数据：用于修改样条曲线的拟合点。
- 编辑顶点：移动样条曲线的控制点，调节样条曲线形状。
- 转换为多段线：用于将样条曲线转化为多段线。
- 反转：反转样条曲线的方向，起点和终点互换。

2.2.7 绘制多线

多线是一种由多条平行线组成的组合对象，平行线之间的间距和数目是可以调整的，常用于绘制建筑图中的墙体、电子电路图等平行线对象。

（1）多线样式

在绘制多线之前，用户可以设置其线条数目、对齐方式和线型等属性，以便绘制出符合要求的多线样式。用户可以通过以下方法执行"多线样式"命令：

- 执行"格式 > 多线样式"命令。
- 在命令行中输入 MLSTYLE，然后再按 Enter 键。
- 执行"多线样式"命令后，系统将弹出"多线样式"对话框，如图 2-26 所示。

该对话框中各选项的含义如下。

- 新建：用于新建多线样式。单击此按钮，可打开"创建新的多线样式"对话框，如图 2-27 所示。
- 加载：从多线文件中加载已定义的多线。单击此按钮，可打开"加载多线样式"对话框，如图 2-28 所示。
- 保存：用于将当前的多线样式保存到多线文件中。单击此按钮，可打开"保存多线样式"对话框，从中可对文件的保存位置与名称进行设置。

图 2-26　"多线样式"对话框　　图 2-27　"创建新的多线样式"对话框

在"创建新的多线样式"对话框中输入样式名（如输入"大门"），然后单击"继续"按钮，即可打开"新建多线样式"对话框，在该对话框中可设置多线样式的特性，如填充颜色、多线颜色、线型等，如图 2-29 所示。

图 2-28　"加载多线样式"对话框　　图 2-29　"新建多线样式"对话框

"新建多线样式"对话框中各选项的含义如下。

- "说明"文本框：为多线样式添加说明。

- 封口：该选项组用于设置多线起点和端点处的封口样式。"直线"表示多线起点或端点处以一条直线封口；"外弧"和"内弧"选项表示起点或端点处以外圆弧或内圆弧封口；"角度"选项用于设置圆弧包角。

- 填充：该选项组用于设置多线之间内部区域的填充颜色，可以通过"选择颜色"对话框选取或配置颜色系统。

- 图元：该选项组用于显示并设置多线的平行数量、距离、颜色和线型等属性。"添加"可向其中添加新的平行线；"删除"可删除选取的平行线；"偏移"文本框用于设置平行线相对于多线中心线的偏移距离；"颜色"和"线型"选项组用于设置多线显示的颜色或线型。

（2）绘制方法

设置好多线样式后，多线的绘制和直线类似，且用户可以设置多线的对正方式和比例等。用户可以通过以下方法调用"多线"命令。

- 执行"绘图 > 多线"命令。

- 在命令行中输入快捷命令 MLINE，然后按 Enter 键。

执行以上任意一种操作后，命令行提示内容如下：

```
命令：_mline
当前设置：对正 = 上，比例 = 20.00，样式 = STANDARD
指定起点或 [对正 (J) / 比例 (S) / 样式 (ST)]：          （设置对正方式、比例值、样式）
```

2.3　矩形与多边形的绘制

矩形为四条线段首尾相接且四个角均为直角的四边形，而正多边形是由至少三条线段首尾相接组合而成的规则图形，其中，正多边形的概念范围包括矩形。

2.3.1　绘制矩形

矩形命令是 AutoCAD 中最常用的命令之一，它是通过两个角点来定义的。用户可以通过以下方法调用"矩形"命令：

- 执行"绘图 > 矩形"命令。

- 在"默认"选项卡的"绘图"面板中单击"矩形"按钮□。

- 在命令行中输入快捷命令 RECTANG，然后按 Enter 键。

执行以上任意一种操作后，命令行提示内容如下：

```
命令：_rectang
指定第一个角点或 [倒角 (C) / 标高 (E) / 圆角 (F) / 厚度 (T) / 宽度 (W)]：
指定另一个角点或 [面积 (A) / 尺寸 (D) / 旋转 (R)]：
```

（1）坐标矩形

执行"矩形"命令后，先指定一个角点，随后指定另外一个角点，最基本的矩形即可绘制完成。

操作提示

矩形命令具有继承性，即绘制矩形时，前一个命令设置的各项参数始终起作用，直至修改该参数或重新启动 AutoCAD 软件。

（2）倒角、圆角和有宽度的矩形

执行"矩形"命令后，在命令行输入 C 并按 Enter 键，选择"倒角"选项，然后设置倒角距离，即可绘制倒角矩形，如图 2-30 所示。

命令行提示内容如下：

```
命令：_rectang
指定第一个角点或 [倒角(C)/标高(E)/圆角(F)/厚度(T)/宽度(W)]：C（输入C，选
择倒角选项，按Enter键）
指定矩形的第一个倒角距离 <0.0000>：                    （设置两个倒角距离）
指定矩形的第二个倒角距离 <0.0000>：
```

若在命令行中输入 F 并按 Enter 键，选择"圆角"选项，然后设置圆角半径，即可绘制出圆角矩形，如图 2-31 所示。

命令行提示内容如下：

```
命令：_rectang
指定第一个角点或 [倒角(C)/标高(E)/圆角(F)/厚度(T)/宽度(W)]：F（输入F，选
择圆角选项，按Enter键）
指定矩形的圆角半径 <0.0000>：               （输入圆角半径值，按Enter键）
```

若在命令行中输入 W 并按 Enter 键，选择"宽度"选项，然后设置宽度值，即可绘制出带宽度的矩形，如图 2-32 所示。

命令行提示内容如下：

```
命令：_rectang
指定第一个角点或 [倒角(C)/标高(E)/圆角(F)/厚度(T)/宽度(W)]：W（输入W，选
择宽度选项，按Enter键）
指定矩形的线宽 <0.0000>：                   （输入宽度值，按Enter键）
```

图 2-30 倒角矩形

图 2-31 圆角矩形

图 2-32 宽度为 50 的圆角矩形

2.3.2 绘制多边形

正多边形是由多条边长相等的闭合线段组合而成的，其各边相等，各角也相等。默认情况下，正多边形的边数为 4。用户可以通过以下方法调用"多边形"命令：

- 执行"绘图 > 多边形"命令。
- 在"默认"选项卡的"绘图"面板中单击"多边形"按钮。

- 在命令行中输入快捷命令 POLYGON，然后按 Enter 键。

执行以上任意一种操作后，命令行提示内容如下：

```
命令：_polygon 输入侧面数 <4>：5                          （输入多边形边数）
指定正多边形的中心点或［边（E）］：                        （指定多边形中心位置）
输入选项［内接于圆（I）/外切于圆（C）］<I>：              （选择内接于圆或外切于圆）
指定圆的半径：                                           （输入圆半径值）
```

根据命令提示，正多边形可以通过与虚拟的圆内接或外切的方法来绘制，也可以通过指定正多边形某一边端点的方法来绘制。

（1）内接于圆

"内接于圆"方法是先确定正多边形的中心位置，然后输入圆的半径。所输入的半径值是多边形的中心点到多边形任意端点间的距离，整个多边形位于一个虚拟的圆中。

执行"多边形"命令后，根据命令行提示，依次指定侧面数、正多边形中心点和"内接于圆"，即可绘制出内接于圆的正六边形，如图 2-33 所示。

（2）外切于圆

"外切于圆"方法同"内接于圆"的方法一样，确定中心位置，输入圆的半径，但所输入的半径值为多边形的中心点到边线中点的垂直距离。

执行"多边形"命令后，根据命令行提示，依次指定侧面数、正多边 形中心点和"外切于圆"，即可绘制出外切于圆的正六边形，如图 2-34 所示。

 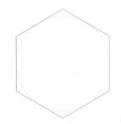

图 2-33　内接于圆的正六边形　　图 2-34　外切于圆的正六边形

（3）利用边长绘制正多边形

该方法是通过输入长度数值或指定两个端点来确定正多边形的一条边，来绘制正多边形。在绘图区域指定两点或在指定一点后输入边长数值，即可绘制出所需的正多边形。

执行"正多边形"命令，根据命令行提示，确定其边数，然后输入 E，确定多边形两个端点即可。命令行提示内容如下：

```
命令：_polygon 输入侧面数 <4>：                    （输入边数，按 Enter 键。默认为 4）
指定正多边形的中心点或［边（E）］：E                 （输入 E，以指定边绘制）
指定边的第一个端点：指定边的第二个端点：           （指定多边形边线的两个端点）
```

2.4　弧形的绘制

弧形图形在工程图中随处可见，如圆、圆弧、椭圆、椭圆弧、圆环，皆是构成图形的最基本的图元。

2.4.1 绘制圆

在绘图过程中，圆也是常绘制的图形之一。用户可以通过以下方法调用"圆"命令：

- 执行"绘图 > 圆"命令，在其级联菜中选择合适的绘制方式。
- 在"默认"选项卡的"绘图"面板中单击"圆"下拉按钮，在展开的下拉菜单中将显示 6 种绘制圆的按钮，从中选择合适的绘制方式，如图 2-35 所示。

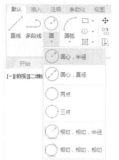

图 2-35 功能区命令

- 在命令行中输入 CIRCLE，然后按 Enter 键。

下面对列表中的几种常用命令的功能进行详细介绍。

- 圆心，半径：通过先指定圆心、再指定半径的方式来绘制圆，如图 2-36 所示。
- 圆心，直径：通过先指定圆心、再指定直径的方式来绘制圆，如图 2-37 所示。

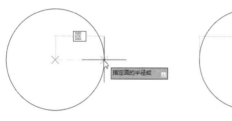

图 2-36　圆心，半径绘制圆

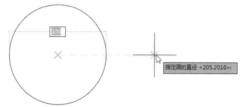

图 2-37　圆心，直径绘制圆

操作提示

在绘制圆的过程中，如果指定的圆半径或直径的值无效，系统会提示"需要数值距离或第二点""值必须为正且非零"等信息，或提示重新输入，或者退出该命令。

- 三点：利用该方式在绘图区随意指定三点位置或者捕捉图形上的三点即可绘制出圆形。
- 相切，相切，半径：选择图形对象的两个相切点，在输入半径值即可绘制圆。

操作提示

在使用"相切，相切，半径"命令时，需要先指定与圆相切的两个对象，系统总是在距拾取点最近的位置绘制相切的圆。拾取相切对象时，所拾取的位置不同，最后得到的结果有可能也不同。

- 相切，相切，相切：执行"相切，相切，相切"命令后，利用鼠标来拾取已知 3 个图形对象即可完成圆形的绘制。

2.4.2 绘制圆弧

绘制圆弧一般需要指定三个点，圆弧的起点、圆弧上的点和圆弧的端点。在 11 种绘制方式中，"三点"命令为系统默认绘制方式，用户可以通过以下方法调用"圆弧"命令。

- 执行"绘图>圆弧"命令，在其级联菜中选择合适的绘制方式。

- 在"默认"选项卡的"绘图"面板中单击"圆弧"下拉按钮，在展开的下拉菜单中选择合适方式，如图2-38所示。

下面将对圆弧列表中的几种常用命令的功能进行详细介绍。

- 三点：通过指定三个点来创建一条圆弧曲线。第一个点为圆弧的起点，第二个点为圆弧上的点，第三个点为圆弧的端点。

- 起点，圆心，端点：指定圆弧的起点、圆心和端点绘制。

- 起点，圆心，角度：指定圆弧的起点、圆心和角度绘制。在输入角度值时，若当前环境设置的角度方向为逆时针方向，且输入的角度值为正，则从起始点绕圆心沿逆时针方向绘制圆弧；若输入的角度值为负，则沿顺时针方向绘制圆弧。

图 2-38　绘制圆弧的命令

- 起点，圆心，长度：指定圆弧的起点、圆心和长度绘制圆弧。所指定的弦长不能超过起点到圆心距离的两倍。如果弦长的值为负值，则该值的绝对值将作为对应整圆的空缺部分圆弧的弦长。

- 圆心，起点命令组：指定圆弧的圆心和起点后，再根据需要指定圆弧的端点，或角度或长度即可绘制。

- 连续：使用该方法绘制的圆弧将与最后一个创建的对象相切。

2.4.3　绘制椭圆

椭圆曲线有长半轴和短半轴之分，长半轴与短半轴的值决定了椭圆曲线的形状。设置椭圆的起始角度和终止角度可以绘制椭圆弧。用户可以通过以下方法调用"椭圆"命令。

- 执行"绘图>椭圆"命令，在其级联菜中选择合适的绘制方式。

- 在"默认"选项卡的"绘图"面板中单击"椭圆"下拉按钮，在展开的下拉菜单中选择合适的绘制方式。

- 在命令行中输入 ELLIPSE，然后按 Enter 键。

（1）圆心

中心点方式是通过指定椭圆的圆心、长半轴的端点以及短半轴的长度绘制椭圆，如图2-39 所示。

（2）轴，端点

该方式是在绘图区域直接指定椭圆的一轴的两个端点，并输入另一条半轴的长度，即可完成椭圆弧的绘制，如图 2-40 所示。

（3）椭圆弧

椭圆弧是椭圆的部分弧线。指定圆弧的起止角和终止角，即可绘制椭圆弧，如图 2-41 所示。用户可以通过以下方法调用"椭圆弧"命令。

- 执行"绘图>椭圆弧"命令。

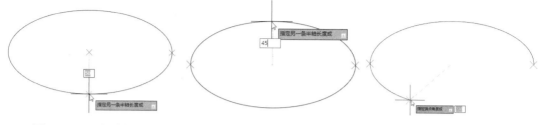

图 2-39　圆心绘制椭圆　　　　图 2-40　轴，端点绘制椭圆　　　　图 2-41　绘制椭圆弧

- 在"默认"选项卡的"绘图"面板中单击"椭圆"下拉按钮，在展开的下拉菜单中选择"椭圆弧"按钮。

 知识点拨

系统变量 Pellipse 决定椭圆的类型，当该变量为 0 时，所绘制的椭圆是由 NURBS 曲线表示的真椭圆；当该变量设置为 1 时，所绘制的椭圆是由多段线近似表示的椭圆，调用 ellipse 命令后没有"圆弧"选项。

2.4.4 绘制圆环

圆环是由两个圆心相同、半径不同的圆组成的。圆环分为填充环和实体填充圆，即带有宽度的闭合多段线。用户可通过以下方法调用"圆环"命令：

- 执行"绘图 > 圆环"命令。
- 在"默认"选项卡的"绘图"面板中单击"圆环"按钮。
- 在命令行输入快捷命令 DONUT，然后按 Enter 键。

执行以上任意一种操作后，命令行提示内容如下：

```
命令：_donut
指定圆环的内径 <0.5000>：
指定圆环的外径 <1.0000>：
指定圆环的中心点或 <退出>：
指定圆环的中心点或 <退出>：
```

📄 课堂练习　　　绘制螺母图形

下面利用所学知识绘制螺母图形，具体绘制步骤如下。

Step01 执行"绘图 > 直线"命令，绘制两条垂直相交的长 65mm 的直线，如图 2-42 所示。

Step02 执行"绘图 > 圆 > 圆心，直径"命令，捕捉直线交点作为圆心，如图 2-43 所示。

扫一扫 看视频

Step03 移动光标，根据提示输入直径 20，如图 2-44 所示。

Step04 按回车键确认即可绘制出一个圆，如图 2-45 所示。

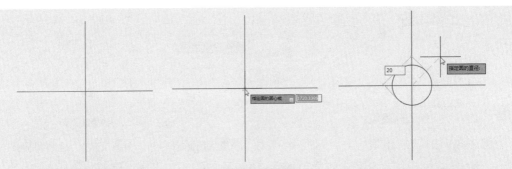

图 2-42　绘制直线　　　　图 2-43　捕捉圆心　　　　图 2-44　输入直径

Step05 照此方式再绘制直径分别为 30mm、52mm 的同心圆，如图 2-46 所示。

Step06 执行"绘图 > 多边形"命令，根据提示输入侧面数 6，按回车键确认后指定圆心作为正多边形的中心点，如图 2-47 所示。

图 2-45　绘制圆　　　　　图 2-46　绘制同心圆　　　　图 2-47　捕捉中心点

Step07 单击确认中心点，再根据提示选择"外切于圆"选项，如图 2-48 所示。

Step08 接着移动光标，捕捉到外侧圆的象限点，如图 2-49 所示。

Step09 单击鼠标绘制出正六边形，完成螺母图形的绘制，如图 2-50 所示。

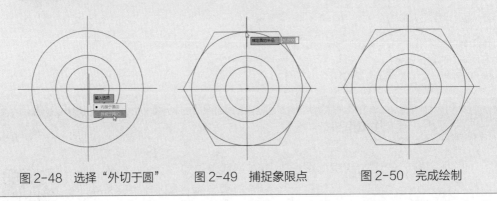

图 2-48　选择"外切于圆"　　图 2-49　捕捉象限点　　　图 2-50　完成绘制

2.5　图形图案的填充

图案填充功能是使用线条或图案来填充指定的图形区域，这样可以清晰表达出指定区域的外观纹理，以增加所绘图形的可读性。

2.5.1 图案填充

在绘图过程中，经常要将某种特定的图案填充到一个封闭的区域内，这就是图案填充。用户可以通过下列方法调用"图案填充"命令。

- 执行"绘图 > 图案填充"命令。
- 在"默认"选项卡的"绘图"面板中单击"图案填充"按钮▦。
- 在命令行中输入 HATCH，然后按 Enter 键。

执行"图案填充"命令后，系统将自动打开"图案填充创建"选项卡，如图 2-51 所示。用户可以直接在该选项卡中设置图案填充的边界、图案、特性以及其他属性。

图 2-51 "图案填充"功能面板

2.5.2 渐变色填充

在 CAD 软件中，除了可对图形进行图案填充，也可对图形进行渐变色填充。用户可以通过以下方式调用"渐变色填充"命令。

- 从菜单栏执行"绘图 > 渐变色"命令。
- 在"默认"选项卡"绘图"面板中单击"填充"下拉列表，从中选择"渐变色"按钮▦。
- 在命令行输入 GRADIENT，然后按回车键。

执行以上任意操作后，即可打开"图案填充创建"功能面板，如图 2-52 所示。

图 2-52 "渐变色填充"功能面板

 知识点拨

在进行渐变色填充时，用户可对渐变色进行透明度的设置。选中所需设置渐变色，单击"特性 > 图案填充透明度"命令，拖动该滑块或在右侧文本框中输入数值即可。数值越大，颜色越透明。

2.5.3 "图案填充创建"选项卡

打开"图案填充创建"选项卡后，可根据作图需要，设置相关参数以完成填充操作。其中各面板作用介绍如下。

（1）"边界"面板

"边界"面板用于选择填充的边界点或边界线段，也可以通过对边界的删除或重新创建等操作来直接改变区域填充的效果。

① 拾取点　单击"拾取点"按钮，可根据围绕指定点构成封闭区域的现有对象来确定边界。

② 选择　单击"选择"按钮，可根据构成封闭区域的选定对象确定边界。使用该按钮时，"图案填充"命令不会自动检测内部对象。必须选择选定边界内的对象，以按照当前孤岛检测样式填充这些对象。每次单击"选择对象"时，图案填充命令将清除上一选择集。

③ 删除　单击"删除"按钮，可以从边界定义中删除之前添加的任何对象。

④ 重新创建　单击"重新创建"按钮，可围绕选定的图案填充或填充对象创建多段线或面域，并使其与图案填充对象相关联。

（2）"图案"面板

该面板用于显示所有预定义和自定义图案的预览图像。在"图案"选项组中，单击其下拉按钮，在打开的下拉列表中，选择图案的类型，如图 2-53 所示。

（3）"特性"面板

执行图案填充的第一步就是定义填充图案类型。在该面板中，用户可根据需要设置填充类型、填充颜色、填充角度以及填充比例等功能，如图 2-54 所示。

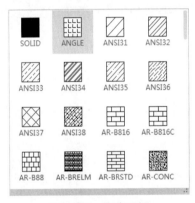

图 2-53　图案面板

图 2-54　特性面板

（4）"原点"面板

该面板用于控制填充图案生成的起始位置。某些图案填充（例如砖块图案）需要与图案填充边界上的一点对齐，默认情况下，所有图案填充原点都对应于当前的 UCS 原点。

（5）"选项"面板

控制几个常用的图案填充或填充选项，如选择是否自动更新图案、自动视口大小调整填充比例值，以及填充图案属性的设置等。

2.5.4　编辑填充图案

填充图形后，若用户觉得效果不满意，则可通过图案填充编辑命令，以对其进行修改编辑。用户可通过以下方法编辑填充图案。

- 执行"修改 > 对象 > 图案填充"命令。
- 在命令行中输入 HATCHEDIT，然后按 Enter 键。
- 直接单击填充图案，打开"图案填充编辑器"选项卡。

知识点拨

选择要编辑的填充图案，在命令行中输入 CH 命令并按 Enter 键或者单击"修改>特性"命令，利用打开的"特性"面板来修改填充图案的样式等属性。

综合实战 绘制拼花图案

下面将利用本章所学的圆、椭圆、图案填充等知识绘制拼花图案，具体操作步骤如下：

扫一扫 看视频

Step01 执行"绘图>圆>直径"命令，绘制直径分别为 1000mm、1160mm、1200mm 的同心圆，如图 2-55 所示。

Step02 执行"绘图>定数等分"命令，将内部的圆等分为 8 份，如图 2-56 所示。

Step03 执行"绘图>椭圆>轴，端点"命令，根据提示指定椭圆轴的两个端点，如图 2-57 所示。

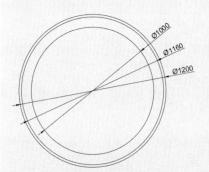

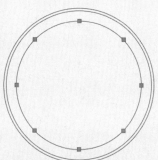

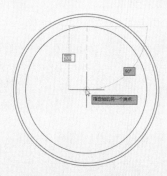

图 2-55 绘制同心圆　　　　图 2-56 定数等分　　　　图 2-57 捕捉椭圆轴端点

Step04 再移动光标指定椭圆另一条半轴长度，这里输入 100，如图 2-58 所示。

Step05 按回车键确认即可绘制出椭圆，如图 2-59 所示。

Step06 照此操作方法再捕捉圆心和等分点绘制周圈 7 个椭圆，如图 2-60 所示。

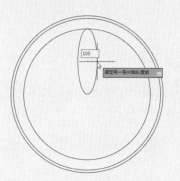

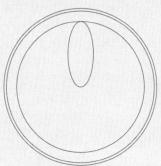

图 2-58 输入长度　　　　图 2-59 绘制椭圆　　　　图 2-60 绘制 7 个椭圆

Step07 执行"绘图>图案填充"命令，选择图案 ANSI31，设置填充比例为5，再分别设置填充角度为0°、45°、90°、135°，填充图案，如图 2-61 所示。

Step08 继续执行"图案填充"命令，选择图案 DOTS，设置填充比例为10，在"图案填充创建"选项卡单击"选择边界对象"按钮，在绘图区选择第一个边界，如图 2-62 所示。

Step09 接着选择第二个边界，如图 2-63 所示。

Step10 按回车键即可创建填充图案，至此完成拼花图案的绘制，如图 2-64 所示。

图 2-61 填充图案

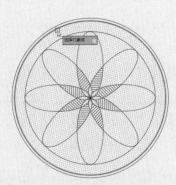

图 2-62 选择第一个边界

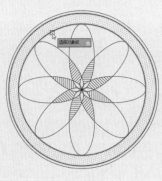

图 2-63 选择第二个边界

图 2-64 完成绘制

📖 课后作业

一、填空题

1. 在 AutoCAD 中，常用于绘制直线段与弧线段转换的命令是_____。

2. 在 AutoCAD 中，可以绘制无限长直线的命令是_____。

3. 用户可以使用_____和_____两种绘图命令绘制墙体。

4. 在 AutoCAD 中，系统默认的圆弧绘制方向是_____。

5. 正多边形是具有____到_____条等长边的封闭多段线。

二、选择题

1. 用"直线"命令绘制一个矩形，该矩形中有（　）个图元实体。

A. 1　　　　　　　B. 2　　　　　　　C. 3　　　　　　　D. 4

2. 下列绘图命令中含有"倒角"选项的是（　　）。

A. 椭圆　　　　　　B. 样条曲线　　　　C. 多边形　　　　D. 矩形

3. 下列绘图命令中，常被用作辅助线的是（　　）。

A. mline　　　　　B. xline　　　　　　C. pline　　　　　D. spline

4. 执行"样条曲线"命令后，下列哪个选项用来输入曲线的偏差值。值越大，曲线越远离指定的点；值越小，曲线离指定的点越近（　　）。

A. 闭合　　　　　　B. 拟合公差　　　　B. 端点切向　　　D. 起点切向

5. 在使用"圆环"命令创建圆环对象时，以下说法正确的是（　　）。

A. 圆环内径必须大于 0

B. 必须指定圆环圆心

C. 外径必须大于内径

D. 运行一次圆环命令只能创建一个圆环对象

三、操作题

1. 绘制如图 2-65 所示的图形。

（1）图形效果

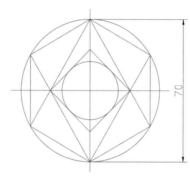

图 2-65　图形效果

（2）操作思路

根据图中给出的尺寸，可以了解到圆的直径为 70mm，正多边形内接于圆，半径为 35mm，内部菱形和圆形的绘制则可以直接捕捉交点和切点。大致的绘制流程参见图 2-66～图 2-68。

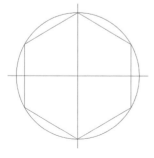

图 2-66　绘图示意

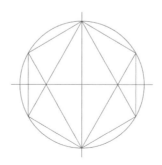

图 2-67　绘图示意

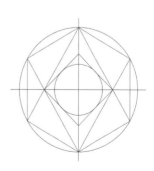

图 2-68　绘图示意

2. 绘制如图 2-69 所示的图形。

（1）图形效果

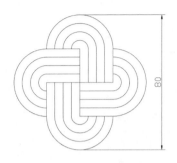

图 2-69　图形效果

（2）操作思路

根据图中给出的尺寸，可以推测最大圆弧直径为 40mm，最小圆弧直径为 10mm。绘制出边长为 40mm 的矩形和同心圆，修剪图形后在矩形内部填充图案，再修剪图形，分别如图 2-70 ～图 2-72 所示。

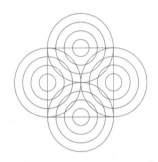

图 2-70　绘制圆、矩形图形

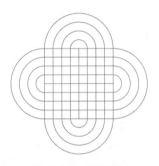

图 2-71　图案填充

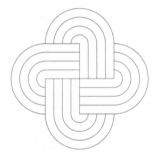

图 2-72　修剪图形

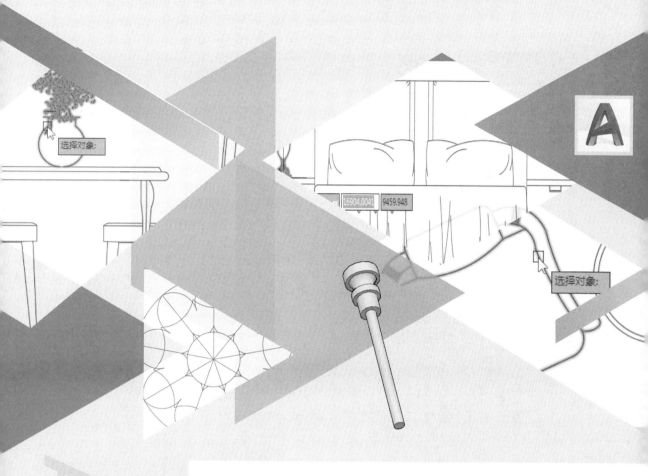

第3章
二维编辑功能

⭐ 内容导读

单纯地使用绘图命令只能创建出一些基本图形对象，要绘制较为复杂的图形，就必须借助于图形编辑命令。AuotoCAD 提供了丰富的图形编辑工具，如移动、旋转、复制、剪切、对齐等。利用它们可以合理地构造和组织图形，保证绘图准确性，简化绘图操作，提高绘图效率。通过对本章内容的学习，读者可以熟悉并掌握绘图的编辑命令，通过综合应用这些编辑命令便可以绘制出复杂的图形。

⚡ 学习目标

○ 了解夹点的应用
○ 掌握图形文件的管理操作
○ 掌握系统参数的设置
○ 掌握绘图环境的设置

3.1 编辑图形

绘制二维图形后，用户可以对其做进一步的编辑操作，以便更加完美地将图纸呈现出来。AutoCAD 提供了多种编辑工具，功能非常完善。

3.1.1 移动图形

"移动"命令用于移动对象，是指对图形对象的重定位，在不改变对象的方向和大小的情况下，将其从当前位置移动到新的位置。用户可以通过以下方法调用"移动"命令。

- 执行"修改 > 移动"命令。
- 在"默认"选项卡的"修改"面板中单击"移动"按钮✛。
- 在命令行中输入 MOVE，然后按 Enter 键。

📋 课堂练习　移动抱枕图形

下面介绍移动命令的应用，具体操作步骤如下。

Step01 打开素材图形，执行"修改 > 移动"命令，选择图形对象，如图 3-1 所示。
Step02 按回车键确认，单击指定移动基点，如图 3-2 所示。

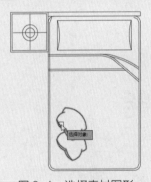

图 3-1　选择素材图形

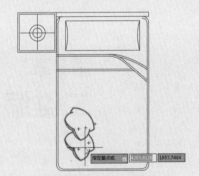

图 3-2　指定移动基点

Step03 移动光标，指定目标点位置，如图 3-3 所示。
Step04 在目标点单击鼠标，即可完成移动操作，如图 3-4 所示。

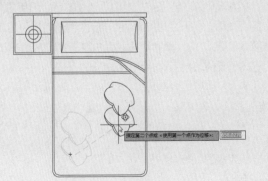

图 3-3　指定目标点

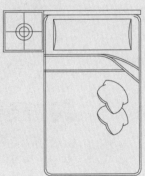

图 3-4　完成移动操作

3.1.2 旋转图形

旋转图形是将图形以指定的角度绕基点进行旋转操作。用户可以通过以下方法调用"旋转"命令。

- 执行"修改 > 旋转"命令。
- 在"默认"选项卡的"修改"面板中单击"旋转"按钮 ↺。
- 在命令行中输入 ROTATE，然后按 Enter 键。

绘图技巧

在输入旋转角度的时候，用户可以输入正值也可以输入负值。输入正值时，图形会按逆时针旋转；输入负值时，图形会按顺时针旋转。

课堂练习 旋转茶桌图形

下面介绍旋转命令的应用，具体操作步骤如下。

Step01 打开素材图形，执行"修改 > 旋转"命令，选择图形对象，如图 3-5 所示。

Step02 按回车键确认，单击指定旋转基点，如图 3-6 所示。

扫一扫 看视频

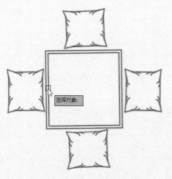

图 3-5 选择图形

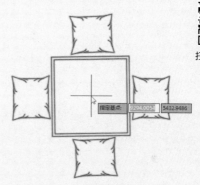

图 3-6 指定旋转基点

Step03 再根据命令行提示输入旋转角度 45°，如图 3-7 所示。

Step04 按回车键确认，即可完成旋转操作，如图 3-8 所示。

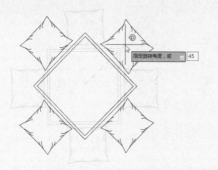

图 3-7 输入旋转角度

图 3-8 完成旋转操作

3.1.3 缩放图形

比例缩放是将选择的对象按照一定的比例来进行放大或缩小。用户可以通过以下方法调用"缩放"命令。

- 执行"修改 > 缩放"命令。
- 在"默认"选项卡的"修改"面板中单击"缩放"按钮 ⬚。
- 在命令行中输入 SCALE，然后按 Enter 键。

课堂练习　缩放盆栽图形

下面介绍缩放命令的应用，具体操作步骤如下。

Step01 打开素材图形，执行"修改 > 缩放"命令，选择图形对象，如图 3-9 所示。

Step02 按回车键确认，单击指定缩放基点，如图 3-10 所示。

图 3-9　选择图形对象　　　　　图 3-10　指定缩放基点

Step03 再根据命令行提示输入缩放比例因子 0.7，如图 3-11 所示。

Step04 按回车键确认即可完成缩放操作，如图 3-12 所示。

扫一扫　看视频

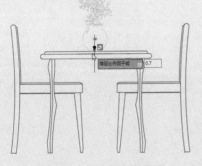

图 3-11　输入比例因子　　　　　图 3-12　完成缩放操作

3.1.4 复制图形

复制对象是将原对象保留，移动原对象的副本图形，复制后的对象将继承原对象的属性。用户可以通过以下方法调用"复制"命令。

- 执行"修改 > 复制"命令。
- 在"默认"选项卡的"修改"面板中单击"复制"按钮⅋。
- 在命令行中输入 COPY，然后按 Enter 键。

绘图技巧

在使用"复制"命令复制对象的时候，系统默认的是一次可以复制多个图形对象，如果用户想一次只复制一个，可以在选择要移动的对象按回车键后在命令窗口中输入命令 o 并选择模式为单个，这样程序就会在复制完一个图形对象后结束操作。

课堂练习 复制台灯图形

下面介绍复制命令的应用，具体操作步骤如下。

Step01 打开素材图形，执行"修改 > 复制"命令，选择图形对象，如图 3-13 所示。

Step02 按回车键确认，单击指定复制基点，如图 3-14 所示。

扫一扫 看视频

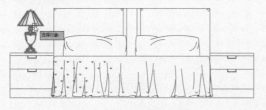

图 3-13 选择图形对象

图 3-14 指定复制基点

Step03 移动光标再指定复制目标点，如图 3-15 所示。

Step04 按回车键确认即可完成复制操作，如图 3-16 所示。

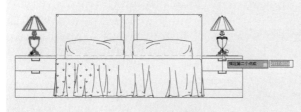

图 3-15 指定目标点

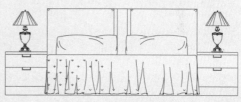

图 3-16 完成复制操作

3.1.5 镜像图形

镜像可以按指定的镜像线翻转对象，创建出对称的镜像图像，该功能经常用于绘制对称图形。用户可以通过以下方法调用"镜像"命令。

- 执行"修改 > 镜像"命令。
- 在"默认"选项卡的"修改"面板中单击"镜像"按钮⚠。
- 在命令行中输入 MIRROR，然后按 Enter 键。

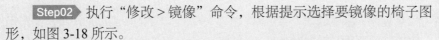

扫一扫 看视频

下面利用本章所学知识绘制，具体绘制步骤如下。

Step01 打开素材图形，如图 3-17 所示。

Step02 执行"修改 > 镜像"命令，根据提示选择要镜像的椅子图形，如图 3-18 所示。

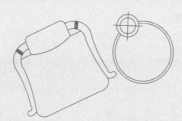

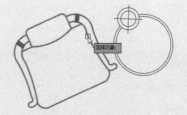

图 3-17　素材图形　　　　　　　　　　图 3-18　选择对象

Step03 按回车键确认，再根据提示指定镜像线的第一点，如图 3-19 所示。

Step04 移动光标指定镜像线的第二点，如图 3-20 所示。

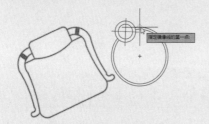

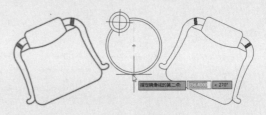

图 3-19　指定第一点　　　　　　　　　图 3-20　指定第二点

Step05 单击鼠标后根据提示选择是否删除源对象，这里选择"否"选项，如图 3-21 所示。

Step06 单击"否"选项后即可完成镜像复制操作，如图 3-22 所示。

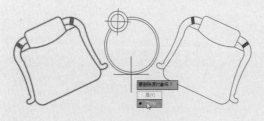

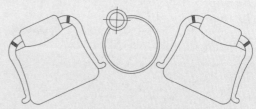

图 3-21　选择"否"选项　　　　　　　图 3-22　完成镜像操作

3.1.6　偏移图形

偏移是对选择的对象进行偏移，偏移后的对象与原来对象具有相同的形状。用户可以通过以下方法调用"偏移"命令。

● 执行"修改 > 偏移"命令。

- 在"默认"选项卡的"修改"面板中，单击"偏移"命令 ⊑。
- 在命令行中输入 OFFSET，然后按 Enter 键。

知识点拨

使用偏移命令时，如果偏移的对象是直线，则偏移后的直线大小不变；如果偏移的对象是圆、圆弧和矩形，其偏移后的对象将被缩小或放大。

课堂练习 绘制垫圈剖面

下面利用本章所学知识绘制，具体绘制步骤如下。

扫一扫 看视频

Step01 执行"绘图 > 直线"命令，绘制尺寸为 150mm × 15mm 的矩形，如图 3-23 所示。

Step02 执行"修改 > 偏移"命令，根据提示输入偏移距离为 33mm，如图 3-24 所示。

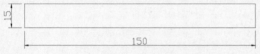

图 3-23 绘制矩形

图 3-24 指定偏移距离

Step03 按回车键确认，单击选择左侧边线，再向右移动光标指定要偏移的那一侧，如图 3-25 所示。

Step04 单击鼠标即可偏移复制一条边线，如图 3-26 所示。

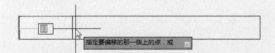

图 3-25 指定要偏移的一侧

图 3-26 偏移线段

Step05 再继续偏移另一侧边线，再按回车键完成偏移操作，如图 3-27 所示。

Step06 执行"绘图 > 图案填充"命令，选择图案 ANSI31，其余参数默认，填充图形的两端，如图 3-28 所示。

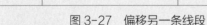

图 3-27 偏移另一条线段

图 3-28 图案填充

Step07 执行"绘图 > 直线"命令，绘制长度为 25mm 的直线作为中心线，完成垫圈的绘制，如图 3-29 所示。

图 3-29 绘制中心线

3.1.7 阵列图形

阵列命令是一种有规则的复制命令，阵列图形的方式包括矩形阵列、路径阵列和环形阵列3种。

（1）矩形阵列

矩形阵列是按任意行、列和层级组合分布对象副本。用户可以通过以下方法调用"矩形阵列"命令。

- 执行"修改 > 阵列 > 矩形阵列"命令。
- 在"默认"选项卡的"修改"面板中单击"矩形阵列"按钮 ⊞。
- 在命令行中输入 ARRAYRECT，然后按 Enter 键。

执行"矩形阵列"命令后，系统将自动将生成3行4列的矩形阵列，用户在"阵列创建"选项卡中可以对该阵列的参数进行设置，如图3-30所示。

图 3-30　矩形"阵列创建"选项卡

（2）路径阵列

路径阵列是沿整个路径或部分路径平均分布对象副本，路径可以是曲线、弧线、折线等所有开放型线段。通过以下方法可以调用"环形阵列"命令。

- 执行"修改 > 阵列 > 路径阵列"命令。
- 在"默认"选项卡的"修改"面板中单击"路径阵列"按钮 ⌒。
- 在命令行中输入 ARRAYPATH，然后按 Enter 键。

执行"路径阵列"命令后，系统将自动生成默认介于值为1017.8073的路径阵列，用户可以在"阵列创建"选项卡中对该阵列的参数进行设置，如图3-31所示。

图 3-31　路径"阵列创建"选项卡

（3）环形阵列

环形阵列是绕某个中心点或旋转轴形成的环形图案平均分布对象副本。通过以下方法可以调用"环形阵列"命令。

- 执行"修改 > 阵列 > 环形阵列"命令。
- 在"默认"选项卡的"修改"面板中单击"环形阵列"按钮 ⊶。
- 在命令行中输入 ARRAYPOLAR，然后按 Enter 键。

执行"环形阵列"命令后，系统将自动生成默认项目数为6的环形阵列，用户可以在"阵列创建"选项卡中对该阵列的参数进行设置，如图3-32所示。

类型	项目		行		层级		特性				关闭
极轴	项目数：6 介于：60 填充：360		行数：1 介于：1017.8073 总计：1017.8073		级别：1 介于：1 总计：1		关联 基点 旋转项目 方向				关闭阵列

图 3-32 环形"阵列创建"选项卡

知识点拨

　　默认情况下，填充角度若为正值，表示将沿逆时针方向环形阵列对象；若为负值则表示将沿顺时针方向环形阵列对象。

课堂练习 阵列复制椅子图形

　　下面介绍缩放命令的应用，具体操作步骤如下。

Step01 打开素材图形，执行"修改 > 阵列 > 环形阵列"命令，选择图形对象，如图 3-33 所示。

Step02 按回车键确认，单击指定圆心作为阵列中心，如图 3-34 所示。

扫一扫 看视频

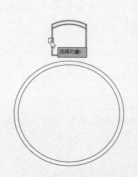

图 3-33 选择图形

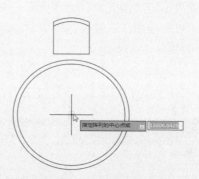

图 3-34 指定阵列中心

Step03 系统会默认创建 6 个椅子图形，如图 3-35 所示。

Step04 在"阵列创建"选项卡中设置项目数为 8，再单击"关闭阵列"按钮完成阵列操作，如图 3-36 所示。

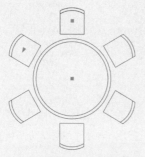

图 3-35 默认阵列复制 6 个图形

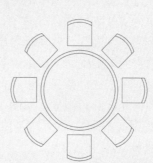

图 3-36 完成环形阵列操作

3.1.8 倒角与圆角

图形的倒角与圆角主要是用来对图形进行修饰。倒角是为同一平面上不平行的两条边创建斜角，而圆角则是通过指定的半径圆弧来连接两条不平行的边。

（1）倒角

倒角是对图形的相邻的两条边进行修饰，既可以修剪多余的线段还可以设置图形中两条边的倒角距离和角度。用户可以通过以下方法调用"倒角"命令。

- 执行"修改 > 倒角"命令。
- 在"默认"选项卡的"修改"面板中单击"倒角"按钮。
- 在命令行中输入 CHAMFER，然后按 Enter 键。

操作提示

倒角时，如果倒角距离设置太大或距离角度无效，系统将会给出提示。因两条直线平行或发散造成不能倒角，系统也会提示。对相交两边进行倒角且倒角后修建倒角边时，AutoCAD 总会保留选择倒角对象时所选取的那一部分。将两个倒角距离均设为 0，则利用"倒角"命令可延伸两条直线使它们相交。

（2）圆角

圆角是指通过指定的圆弧半径大小可以将多边形的边界棱角部分光滑连接起来，是倒角的一部分表现形式。用户可以通过以下方法调用"圆角"命令。

- 执行"修改 > 圆角"命令。
- 在"默认"选项卡的"修改"面板中单击"圆角"按钮。
- 在命令行中输入 FILLET，然后按 Enter 键。

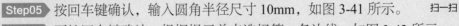

课堂练习 **绘制内六角螺钉立面**

下面利用本章所学知识绘制内六角螺钉立面图，具体绘制步骤如下。

Step01 执行"绘图>直线"命令，绘制尺寸为 110mm×50mm 的矩形，如图 3-37 所示。

Step02 执行"修改>偏移"命令，将图形边线依次进行偏移操作，偏移尺寸如图 3-38 所示。

Step03 执行"修改 > 修剪"命令，修剪多余的线段，如图 3-39 所示。

Step04 执行"修改 > 圆角"命令，接着输入命令 r，如图 3-40 所示。

Step05 按回车键确认，输入圆角半径尺寸 10mm，如图 3-41 所示。

扫一扫 看视频

Step06 再按回车键确认，根据提示单击选择第一条边线，如图 3-42 所示。

Step07 接着单击选择第二条边线，如图 3-43 所示。

Step08 即可完成圆角操作，如图 3-44 所示。

Step09 按照上述操作方法，再编辑另外两条边线，如图 3-45 所示。

Step10 执行"绘图 > 直线"命令，绘制长 120mm 的直线作为中心线，完成内六角螺钉立面图的绘制，如图 3-46 所示。

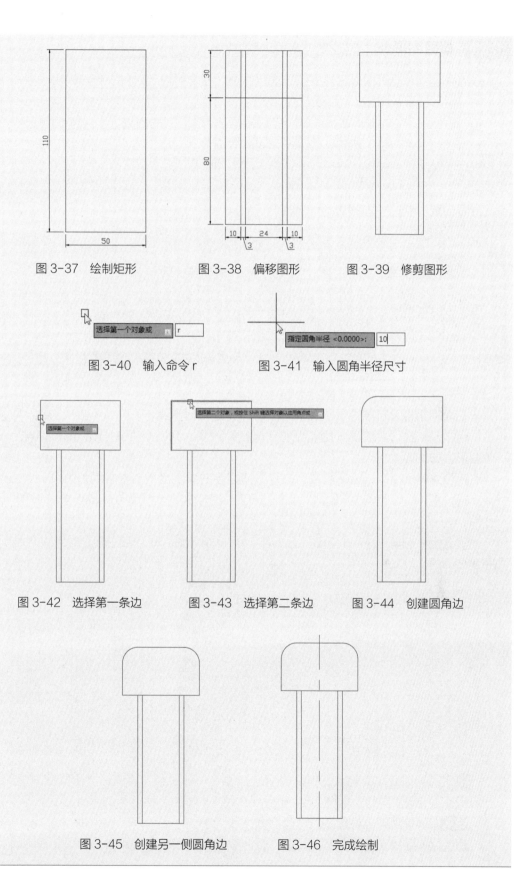

图 3-37　绘制矩形　　　　图 3-38　偏移图形　　　　图 3-39　修剪图形

图 3-40　输入命令 r　　　　　图 3-41　输入圆角半径尺寸

图 3-42　选择第一条边　　　　图 3-43　选择第二条边　　　　图 3-44　创建圆角边

图 3-45　创建另一侧圆角边　　　　图 3-46　完成绘制

3.1.9 修剪图形

修剪命令可对超出图形边界的线段进行修剪。用户可以通过以下方法调用修剪命令。

- 执行"修改 > 修剪"命令。
- 在"默认"选项卡的"修改"面板中单击"修剪"按钮 ✂。
- 在命令行中输入 TRIM，然后按 Enter 键。

执行以上任意一种操作后，命令行提示内容如下：

```
命令： _trim
当前设置：投影 =UCS，边 = 无
选择剪切边 ...
选择对象或 < 全部选择 >：  找到 1 个                    （选择参考边界）
选择对象：
选择要修剪的对象或按住 Shift 键选择要延伸的对象，或者
[ 栏选 (F) / 窗交 (C) / 投影 (P) / 边 (E) / 删除 (R)]：
选择要修剪的对象，或按住 Shift 键选择要延伸的对象，或
[ 栏选 (F) / 窗交 (C) / 投影 (P) / 边 (E) / 删除 (R) / 放弃 (U)]：
```

📋 课堂练习   绘制螺钉

下面利用本章所学知识绘制螺钉图形，具体绘制步骤如下。

扫一扫 看视频

Step01 执行"绘图 > 圆 > 圆心，半径"命令，绘制半径为 11.1mm 的圆形，如图 3-47 所示。

Step02 执行"绘图 > 直线"命令，捕捉圆的象限点绘制中心线，如图 3-48 所示。

Step03 执行"修改 > 偏移"命令，将直线分别向两侧偏移 0.9mm、4.5mm 的距离，如图 3-49 所示。

Step04 删除中心线，再执行"修改 > 修剪"命令，根据提示选择边界线，如图 3-50 所示。

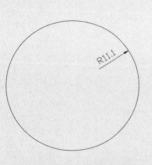

图 3-47　绘制圆

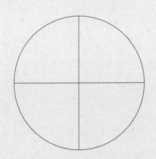

图 3-48　绘制直线

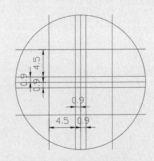

图 3-49　偏移图形

Step05 按回车键确认，根据提示选择要修剪的对象，将光标置于修剪对象上时，拾取框旁会出现 ✖ 符号，如图 3-51 所示。

Step06 单击即可将该线段剪除，如图 3-52 所示。

Step07 继续选择修剪其他线条，按回车键即可完成修剪操作，如图 3-53 所示。

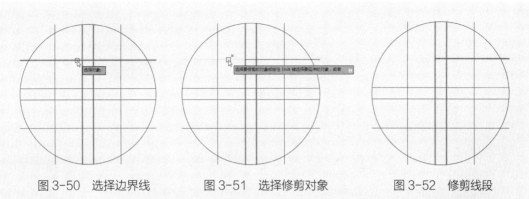

| 图 3-50 选择边界线 | 图 3-51 选择修剪对象 | 图 3-52 修剪线段 |

Step08 按照上述操作方法，修剪其他位置的线段，即可完成螺钉的绘制，如图 3-54 所示。

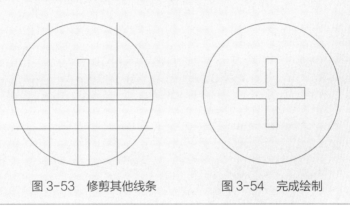

图 3-53 修剪其他线条　　　图 3-54 完成绘制

3.1.10 延伸图形

延伸命令是将指定的图形对象延伸到指定的边界。用户可以通过以下方法调用延伸命令。

- 执行"修改 > 延伸"命令。
- 在"默认"选项卡的"修改"面板中单击"延伸"按钮 --/。
- 在命令行中输入 EXTEND，然后按 Enter 键。

 知识点拨

在 AutoCAD 中，允许用直线、圆弧、圆、椭圆或椭圆弧、多段线、样条曲线、构造线、射线以及文字等对象作为边界边。

课堂练习　延伸拼花图形

下面介绍延伸命令的应用，具体操作步骤如下。

Step01 打开素材图形，执行"修改 > 延伸"命令，选择延伸边界，如图 3-55 所示。
Step02 按回车键确认，再选择要延伸的图形对象，如图 3-56 所示。

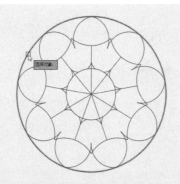
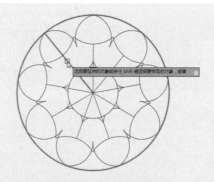

图 3-55　选择延伸边界　　　　　图 3-56　选择延伸对象

Step03 单击对象即可将其延伸，如图 3-57 所示。

Step04 再依次延伸其他图形，按回车键完成延伸操作，如图 3-58 所示。

图 3-57　延伸图形　　　　　图 3-58　完成操作

3.1.11　拉伸图形

拉伸命令用于拉伸窗交窗口部分包围的对象，移动完全包含在窗交窗口中的对象或单独选定的对象。其中，圆、椭圆和块无法拉伸。用户可以通过以下方法调用拉伸命令。

- 执行"修改 > 拉伸"命令。
- 在"默认"选项卡的"修改"面板中单击"拉伸"按钮　。
- 在命令行中输入 STRETCH，然后按 Enter 键。

操作提示

在使用 STRETCH 命令时，AutoCAD 只能识别最新的窗交窗口选择集，以前的选择集将被忽略。

课堂练习　将台灯拉伸为落地灯

下面介绍拉伸命令的应用，具体操作步骤如下。

Step01 打开素材图形，执行"修改 > 拉伸"命令，指定对角点创建选择区，如图 3-59 所示。

Step02 按回车键确认，根据提示任意指定一点作为拉伸基点，如图 3-60 所示。

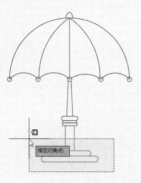

图 3-59 指定对角点

图 3-60 指定拉伸基点

Step03 向下移动光标，在输入框中输入拉伸长度 500，如图 3-61 所示。

Step04 按回车键确认，即可完成拉伸操作，如图 3-62 所示。

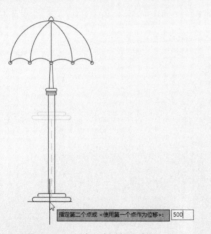

图 3-61 输入拉伸距离

图 3-62 完成操作

3.1.12 打断图形

打断图形指的是删除图形上的某一部分或将图形分成两部分。用户可以通过以下方法调用打断命令。

- 执行"修改 > 打断"命令。
- 在"默认"选项卡的"修改"面板中单击"打断"按钮 □。
- 在命令行中输入 BREAK。

操作提示

如果直接通过拾取方式确定对象上的另一点，系统将删除对象上位于所确定两点之间的那部分对象。如果输入 @ 并按 Enter 键，系统将在选择对象时的拾取点处将对象一分为二。如果在对象的一端之外确定一点，系统将删除位于确定两点之间的那一段对象。

如果对圆执行打断命令，系统将沿逆时针方向将圆从第一个打断点到第二个打断点之间的那段圆弧删除。

3.1.13 合并图形

合并就是使用多个单独的图形形成一个完整的图形，AutoCAD 中可以合并图形包括直线、多段线、圆弧、椭圆弧和样条曲线等。当然，合并图形并不是说任意条件下的图形都可以合并，每一种能够合并的图形都会有条件限制。如果要合并直线，那么待合并的直线必须共线，它们之间可以有间隙。用户可以通过以下方式调用合并命令。

- 执行"修改 > 合并"命令。
- 在"默认"选项卡中，单击"修改"面板中单击"合并"按钮 ➤➤。
- 在命令行输入 JOIN 命令，然后按 Enter 键。

绘图技巧

合并两条或多条圆弧时，将从源对象开始沿逆时针方向合并圆弧。合并直线时，所要合并的所有直线必须共线，即位于同一无限长的直线上，合并多个线段时，其对象可以是直线、多段线或圆弧。但各对象之间不能有间隙，而且必须位于同一平面上。

3.1.14 删除图形

在绘制图形的时候，经常需要删除一些辅助或错误的图形。用户可以通过以下方法调用删除命令。

- 执行"修改 > 删除"命令。
- 在"默认"选项卡的"修改"面板中单击"删除"按钮 ✐。
- 在命令行中输入 ERASE，然后按 Enter 键。
- 选择图形对象，直接按 DELETE 键。

操作提示

在命令行中输入 oops 命令，可以启动恢复删除命令，但只能恢复最后一次利用删除命令删除的对象。

3.1.15 分解图形

用多段线、矩形、正多边形命令绘制出的图形以及图块和尺寸，当对它们进行编辑修改时，系统只将其作为一个图元来处理。分解操作可以将这些对象分为多个图元。用户可以通过以下方式调用分解命令。

- 执行"修改 > 分解"命令。
- 在"默认"选项卡中，单击"修改"面板中单击"分解"按钮 ⬚。
- 在命令行输入 EXPLODE 命令，然后按 Enter 键。

3.2 编辑复杂图形

在 AutoCAD 中，除了使用以上介绍的编辑命令编辑多段线、多线等图形，它们还具有独特的编辑方式。

3.2.1 编辑多段线

多段线绘制完毕之后，用户可对多段线进行相应的编辑操作。通过下列方法可编辑多段线。

- 执行"修改 > 对象 > 多段线"命令。
- 在"默认"选项卡的"修改"面板中单击"编辑多段线"按钮 。
- 在命令行中输入 PEDIT，然后按 Enter 键。

执行以上任意一种操作，选择多段线，系统会弹出"输入选项"快捷菜单，如图 3-63 所示。其中部分选项含义如下。

图 3-63　多段线
编辑菜单

- 合并：只用于二维多段线，该选项可把其他圆弧、直线、多段线连接到已有的多段线上，不过连接端点必须精确重合。
- 宽度：只用于二维多段线，指定多段线宽度。当输入新宽度值后，先前生成的宽度不同的多段线都统一使用该宽度值。
- 编辑顶点：用于提供一组子选项，使用户能够编辑顶点和与顶点相邻的线段。
- 拟合：用于创建圆弧拟合多段线（即由圆弧连接每对顶点），该曲线将通过多段线的所有顶点并使用指定的切线方向。
- 样条曲线：可生成由多段线顶点控制的样条曲线，所生成的多段线并不一定通过这些顶点，样条类型分辨率由系统变量控制。
- 非曲线化：用于取消拟合或样条曲线，回到初始状态。
- 线型生成：可控制非连续线型多段线顶点处的线型。如"线型生成"为关，在多段线顶点处将采用连续线型，否则在多段线顶点处将采用多段线自身的非连续线型。
- 反转：用于反转多段线。

3.2.2 编辑多线

使用多线绘制图形时，其线段难免会有交叉、重叠的现象，此时只需利用"多线编辑工具"功能，即可对线段进行修改编辑。用户可以通过以下几种方式打开"多线编辑工具"面板。

- 执行"修改 > 对象 > 多线"命令。
- 在命令行中输入 MLEDIT，然后按 Enter 键。
- 双击多线图形对象。

执行以上任意操作，都可以打开"多线编辑工具"面板，该面板提供了 12 个编辑工具，如图 3-64 所示。常用的几种编辑工具功能如下。

- 十字闭合：在两条多线间创建一个十字闭合的交点。选择的第一条多线将被剪切。

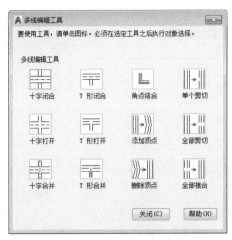

图 3-64　"多线编辑工具"对话框

- 十字打开：在两条多线间创建一个十字打开的交点。如果选择的第一条多线的元素超过两个，则内部元素也被剪切。
- 十字合并：在两个多线间创建一个十字合并的交点。与所选的多线的顺序无关。
- T 形闭合：在两条多线间创建一个 T 形闭合交点。
- T 形打开：在两条多线间创建一个 T 形打开交点。
- T 形合并：在两条多线间创建一个 T 形合并交点。
- 角点结合：在两条多线间创建一个角点结合，修剪或拉伸第一条多线，与第二条多线相交。

3.3　夹点编辑

夹点就是图形对象上的控制点，是一种集成的编辑模式。使用 AutoCAD 的夹点功能，可以对图形对象进行拉伸、移动、复制、缩放以及旋转等操作。

使用夹点功能编辑对象的操作步骤如下：选择要编辑的对象，此时在该对象上将会出现若干小方格，这些小方格称为对象的特征点。将光标移到希望设置为基点的特征点上，单击鼠标，该特征点会以默认红色显示，表示其为基点。在基点上单击鼠标右键，在弹出的快捷菜单中可以对图形进行各种编辑操作，如图 3-65 所示。

图 3-65　夹点右键菜单

- 拉伸：默认情况下激活夹点后，单击激活点，释放鼠标，即可对夹点进行拉伸。
- 移动：可以将图形对象从当前位置移动到新的位置，也可以进行复制。
- 复制：可以将图形对象基于基点进行复制操作。
- 缩放：可以将图形对象相对于基点缩放，同时也可以进行多次复制。
- 旋转：可以将图形对象绕基点进行旋转，还可以进行多次旋转复制。
- 镜像：可以将图形物体基于镜像线进行镜像或镜像复制。

下面利用本章所学的知识绘制间歇轮图形，帮助读者掌握编辑命令的使用方法。绘制步骤如下。

扫一扫　看视频

Step01　执行"绘图 > 直线"命令，绘制长 60mm 的相互垂直的两条直线，如图 3-66 所示。

Step02　执行"绘图 > 圆"命令，绘制半径尺寸分别为 14mm、27mm、32mm 的同心圆，如图 3-67 所示。

Step03　继续执行"绘图 > 圆"命令，捕捉外圆的象限点，绘制一个半径为 9mm 的圆，如图 3-68 所示。

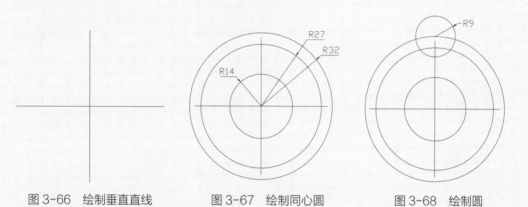

图 3-66　绘制垂直直线　　　图 3-67　绘制同心圆　　　图 3-68　绘制圆

Step04　执行"修改 > 阵列 > 环形阵列"命令，选择半径为 9mm 的圆，指定大圆圆心为阵列中心，默认项目数为 6，对其进行阵列复制操作，如图 3-69 所示。

Step05　继续执行"修改 > 阵列 > 环形阵列"命令，设置项目数为 3，对中心直线进行阵列复制操作，如图 3-70 所示。

Step06　选择阵列复制的圆和直线，执行"修改 > 分解"命令，将其分解，再删除多余的直线，如图 3-71 所示。

图 3-69　环形阵列复制　　　图 3-70　阵列复制中心线　　　图 3-71　分解并删除图形

Step07　执行"修改 > 偏移"命令，设置偏移尺寸为 3mm，将直线分别向两侧进行偏移，如图 3-72 所示。

Step08 执行"修改 > 修剪"命令，修剪并删除多余的线条，如图 3-73 所示。

Step09 执行"绘图 > 圆"命令，捕捉绘制半径为 3mm 的圆，如图 3-74 所示。

图 3-72 偏移图形

图 3-73 修剪并删除线条

图 3-74 绘制圆形

Step10 执行"修改 > 阵列 > 环形阵列"命令，将圆形进行阵列复制，如图 3-75 所示。

Step11 执行"修改 > 分解"命令，分解阵列图形，再执行"修改 > 修剪"命令，修剪图形，如图 3-76 所示。

Step12 设置中心线，完成间歇轮的绘制，如图 3-77 所示。

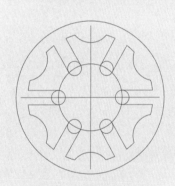
图 3-75 环形阵列复制

图 3-76 修剪图形

图 3-77 完成绘制

课后作业

一、填空题

1. 平面中的点对称可以通过_____实现。

2. "阵列"命令包括_____、_____、_____三种类型。

3. 如果"倒角"命令的两个倒角距离都为___，那么倒角操作将修剪或延伸这两个对象直至相接，而不绘制倒角线。

4. 执行"环形阵列"命令后，系统会默认创建___个副本。

5. 对于已经绘制好的圆形，用户可以通过_____命令来绘制同心圆。

二、选择题

1. Offset 命令选择对象时一次可以选择几个（　　）？

A. 一个 　　　　　　　　　　　　　　B. 两个

C. 框选数 　　　　　　　　　　　　　D. 任意多个

2. 以下哪类对象不可以被镜像（　　）？

A. 用"区域覆盖"Wipeout 命令创建的对象

B. 选择性粘贴中医"Micresoft Excel"方式粘贴的电子表格文件

C. MIRRTEXT 设置为 0 时的多行文字

D. 节点

3. 设置文字在镜像时是否翻转的命令是（　　）。

A. TEXTM 　　　　　　　　　　　　　B. MTEXT

C. TEXTMIRR 　　　　　　　　　　　 D. MIRRTEXT

4. 以下不能应用"修剪"命令进行修剪的是（　　）。

A. 文字 　　　　　　　B. 圆弧 　　　　　　C. 圆 　　　　　　D. 多段线

5. 以下关于"打断"命令的说法，错误的是（　　）。

A. 打断命令可以将一条直线分为两段相连部分

B. 打断命令可以利用键盘输入 br 命令启动

C. 打断命令可以部分删除图元

D. 打断命令可以将图形分成两个相等部分

三、操作题

1. 绘制如 3-78 所示的图形。

（1）图形效果

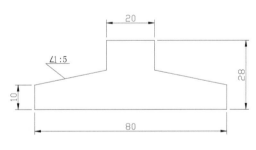

图 3-78　图形效果展示

（2）操作思路

根据图中给出的尺寸，可以绘制出图形的大致轮廓，根据切角比例 1∶5 可以推算出倒角距离为 6 和 30，对边线进行倒角处理，分别如图 3-79 ~ 图 3-81 所示。

图 3-79　绘制直线并偏移　　　　　图 3-80　修剪图形　　　　　图 3-81　倒角图形

2. 绘制如图 3-82 所示的图形。

（1）图形效果

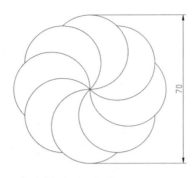

图 3-82　图形效果展示

（2）操作思路

根据图中给出的尺寸，可以了解到圆的直径为 35mm。以圆的象限点为环形阵列中心，对圆进行阵列复制操作，再修剪图形，分别如图 3-83 ~ 图 3-85 所示。

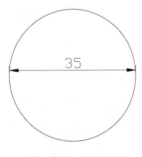

图 3-83　绘制圆

图 3-84　环形阵列

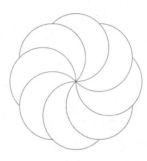

图 3-85　修剪图形

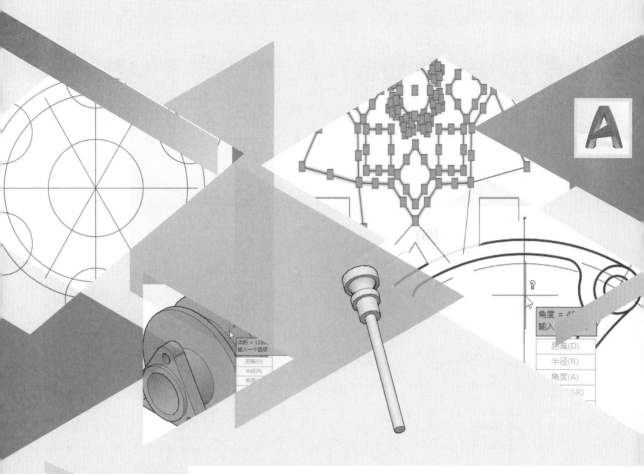

第4章
辅助绘图功能

⭐ 内容导读

在实际绘图过程中，由于每个用户的绘图习惯不同，因此在 AutoCAD 软件中允许用户对辅助绘图功能进行设置，以提高工作效率。辅助绘图功能包括设置绘图辅助功能、夹点捕捉、动态输入、图形的显示以及查询功能的设置，读者通过本章的学习可以详细了解各种功能的操作及设置。熟悉并掌握这些知识，将会对今后的绘图操作提供很大的帮助。

🔩 学习目标

- ○ 了解查询功能的使用
- ○ 掌握图形的选择方式
- ○ 掌握图形特性和图层的设置
- ○ 掌握辅助功能的应用

4.1 绘图辅助功能

在绘制图形过程中，鼠标定位精度较低，这就需要利用状态栏中的显示图形栅格、捕捉模式、正交限制光标、极轴追踪、对象捕捉和对象捕捉追踪等绘图辅助工具来精确绘图。

4.1.1 栅格与捕捉

在绘制图形时，使用捕捉和栅格功能有助于创建和对齐图形中的对象。一般情况下，捕捉和栅格是配合使用的，即捕捉间距与栅格的 X、Y 轴间距分别一致，这样就能保证鼠标拾取到精确的位置。

（1）显示图形栅格

栅格是一种可见的位置参考图标，有助于图形定位。绘图区显示栅格后，栅格会按照设置的间距显示在图形区域中，可以起到坐标纸的作用，以提供直观的距离和位置参照，如图 4-1 所示。用户可以通过以下方式切换栅格的打开与关闭。

- 在状态栏中单击"显示图形栅格"按钮▦。
- 按 F7 键。
- 按 Ctrl + G 组合键。

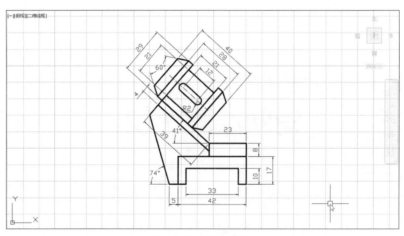

图 4-1　显示栅格

（2）捕捉模式

栅格显示只能提供绘制图形的参考背景，捕捉才是约束鼠标光标移动的工具，栅格捕捉功能用于设置鼠标光标移动的固定步长，即栅格点阵的间距，使鼠标在 X 轴和 Y 轴方向上的移动量总是步长的整数倍，以提高绘图的精度。

用户可以通过下列方式切换"捕捉模式"。

- 在状态栏中单击"捕捉模式"按钮▦。
- 在状态栏中右击"捕捉模式"按钮，在右键菜单中选择"栅格捕捉"选项。
- 按 F9 键进行切换。

（3）设置捕捉与栅格

在"草图设置"对话框的"捕捉和栅格"选项卡中，可对捕捉和栅格进行相关设置，如

图 4-2 所示。

各选项功能如下。

- 启用捕捉：打开或关闭捕捉功能。
- 捕捉间距：用于设置在 X 轴和 Y 轴方向上的
捕捉间距。
- 极轴间距：控制极轴捕捉的增量间距，当选
中极轴捕捉单选按钮时，该功能才可用。
- 捕捉类型：用于设置捕捉样式和捕捉类型。
- 启用栅格：打开或关闭栅格功能。
- 栅格样式：设置点栅格的应用条件。
- 栅格间距：用于设置在 X 轴和 Y 轴方向上的栅格布局。

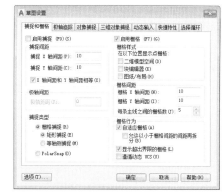

图 4-2　"捕捉和栅格"选项卡

4.1.2　正交模式

正交限制光标模式是在任意角度和直角之间对约束线段进行切换的一种模式，在约束线段为水平或垂直的时候可以使用正交模式。用户可以通过以下方法切换正交模式。

- 在状态栏中单击"正交限制光标"按钮 。
- 按 F8 键进行切换。

课堂练习　　绘制连接板

下面利用正交功能绘制连接板图形，操作步骤如下。

Step01 按 F8 开启正交模式，执行"绘图 > 多段线"命令，指定多段线起点，然后向下移动光标，如图 4-3 所示。

Step02 输入长度 152，然后按回车键确认，再输入命令 a，如图 4-4 所示。

扫一扫 看视频

Step03 按回车键确认，再向右移动光标，如图 4-5 所示。

图 4-3　指定起点

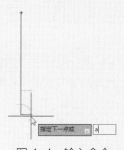

图 4-4　输入命令 a

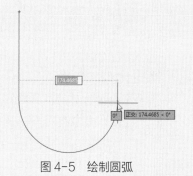

图 4-5　绘制圆弧

Step04 输入长度 200，然后按回车键确认，绘制出圆弧，再输入命令 1，如图 4-6 所示。

Step05 按回车键确认，再绘制长度为 152mm 和 200mm 的多段线，绘制出封闭轮廓，如图 4-7 所示。

Step06 执行"绘图>圆"命令，捕捉圆弧的圆心绘制直径为100mm的圆，如图4-8所示。

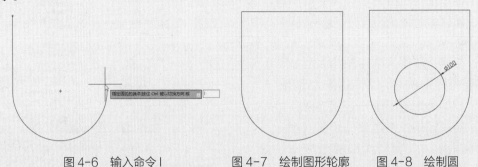

图4-6　输入命令I　　　　图4-7　绘制图形轮廓　　　图4-8　绘制圆

Step07 继续绘制两个直径为16mm的圆，移动到如图4-9所示的位置。

Step08 执行"修改>复制"命令，将两个圆分别向两侧复制，复制距离为66mm，完成连接板的绘制，如图4-10所示。

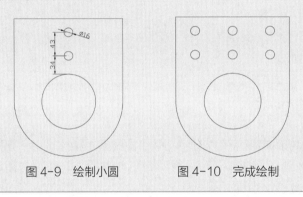

图4-9　绘制小圆　　　　　图4-10　完成绘制

4.1.3 对象捕捉

　　对象捕捉是通过已存在的实体对象的特殊点或特殊位置来确定点的位置。执行自动对象捕捉操作前，首先要设置好对象捕捉点，当光标移动到这些对象捕捉点附近时，系统就会自动捕捉到这些点。用户可以通过以下方法打开或关闭对象捕捉模式。

● 单击状态栏中的"对象捕捉"按钮 □。

● 按F3键进行切换。

　　在"草图设置"对话框中选择"对象捕捉"选项卡，可以设置自动对象捕捉模式。在该选项卡的"对象捕捉模式"选项组中，列出了14种对象捕捉点和对应的捕捉标记，如图4-11所示。需要捕捉哪些对象捕捉点，勾选这些点前面的复选框即可。

　　下面对常用的捕捉模式进行介绍。

● 端点：捕捉直线、圆弧或多段线离拾取点最近的端点，以及离拾取点最近的填充直线、填充多边形或3D面的封闭角点。

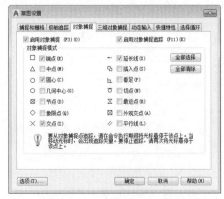

图4-11　"对象捕捉"选项卡

- 中点：捕捉直线、多段线、圆弧的中点。
- 圆心：捕捉圆弧、圆、椭圆的中心。
- 几何中心：捕捉封闭多段线、多边形、样条曲线等图形的中心点。
- 节点：捕捉点对象、标注定义点或标注文字原点。
- 象限点：捕捉到圆弧、圆、椭圆或椭圆弧的象限点。
- 交点：捕捉直线、圆弧、圆、多段线和另一直线、多段线、圆弧或圆的任何组合的最近的交点。如果第一次拾取时选择了一个对象，命令行提示输入第二个对象，并捕捉两个对象真实的或延伸的交点。该模式不能和"外观交点"模式同时有效。
- 延长线：当光标经过对象的端点时，显示临时延长线或圆弧，以便用户在延长线或圆弧上指定点。
- 插入点：捕捉到对象（如属性、块或文字）的插入点。
- 垂足：捕捉直线、圆弧、圆、椭圆或多段线上的一点，已选定的点到该捕捉点的连线与所选择的实体垂直。
- 切点：捕捉圆弧、圆或椭圆上的切点，该点和另一点的连线与捕捉对象相切。
- 最近点：捕捉到对象（如圆弧、圆、椭圆、椭圆弧、直线、点、多段线、射线、样条曲线或构造线）的最近点。
- 外观交点：捕捉在三维空间中不相交但在当前视图中看起来可能相交的两个对象的视觉交点。
- 平行线：可以通过悬停光标来约束新直线段、多段线线段、射线或构造线，以使其与标识的现有线型对象平行。

课堂练习 绘制垫片

下面利用对象捕捉功能绘制垫片图形，具体操作步骤如下。

Step01 在状态栏右键单击"对象捕捉"按钮，在弹出的菜单中单击"对象捕捉设置"选项，打开"草图设置"对话框，勾选"启用对象捕捉"复选框，再勾选"中点""交点"等复选框，如图 4-12 所示。

扫一扫 看视频

Step02 执行"绘图 > 直线"命令，绘制长度分别为 28mm 和 38mm 的相互垂直的直线，如图 4-13 所示。

图 4-12 设置对象捕捉   图 4-13 绘制直线

Step03 执行"修改 > 偏移"命令，将竖直线向两侧分别偏移 12mm 的距离，如图 4-14 所示。

Step04 执行"绘图 > 圆"命令，根据提示捕捉直线的交点作为圆心，如图 4-15 所示。

Step05 移动光标输入半径值 4.5，绘制出一个圆，如图 4-16 所示。

图 4-14　偏移图形　　　　图 4-15　指定圆心　　　　图 4-16　绘制圆形

Step06 执行"绘图 > 圆"命令，捕捉直线交点绘制半径分别为 2mm、4mm、11.5mm 的圆，如图 4-17 所示。

Step07 执行"修改 > 修剪"命令，修剪多余的图形，如图 4-18 所示。

Step08 执行"绘图 > 圆角"命令，设置圆角半径为 2mm，对相交的圆弧进行圆角处理，再删除辅助直线，完成垫片图形的绘制，如图 4-19 所示。

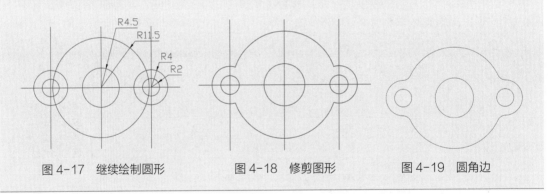

图 4-17　继续绘制圆形　　　　图 4-18　修剪图形　　　　图 4-19　圆角边

4.1.4 极轴追踪

极轴角是指极轴与 X 轴或前面绘制对象的夹角，极轴追踪的追踪路径是由相对于命令起点和端点的极轴定义的。用户可以通过以下方法打开或关闭极轴追踪功能。

- 在状态栏中单击"极轴追踪"按钮 ⊙。
- 按 F10 键进行切换。

在"草图设置"对话框的"极轴追踪"选项卡中，可对极轴追踪进行相关设置，如图 4-20 所示。各选项功能如下。

- 启用极轴追踪：打开或关闭极轴追踪模式。

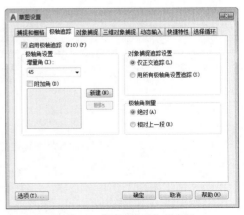

图 4-20　"极轴追踪"选项卡

- 增量角：选择极轴角的递增角度，AutoCAD 按增量角的整体倍数确定追踪路径。
- 附加角：可沿某些特殊方向进行极轴追踪。如在按 30° 增量角的整数倍角度追踪的同时，追踪 15° 角的路径，可勾选"附加角"复选框，单击"新建"按钮，在文本框中输入 15 即可。
  - 角度列表：如果选择"附加角"，将列出可用的附加角度，用户也可以新建或删除角度。
  - 对象捕捉追踪设置：设定对象捕捉追踪选项。
  - 极轴角测量：设定测量极轴追踪对齐角度的基准。

课堂练习　　**绘制蝴蝶螺母**

下面利用极轴追踪等功能绘制蝴蝶螺母图形，具体操作步骤如下。

扫一扫 看视频

Step01 执行"绘图 > 直线"命令，绘制尺寸为 6mm × 6mm 的矩形，如图 4-21 所示。

Step02 执行"修改 > 偏移"命令，将左侧边线依次向右偏移 1mm、3.5mm、0.5mm 的距离，如图 4-22 所示。

Step03 执行"绘图 > 直线"命令，捕捉交点绘制一条斜线，如图 4-23 所示。

Step04 执行"修改 > 修剪"命令，修剪并删除多余的线段，如图 4-24 所示。

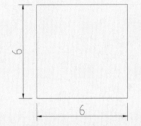　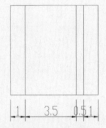　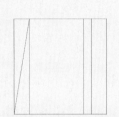　

图 4-21　绘制矩形　　图 4-22　偏移图形　　图 4-23　绘制斜线　　图 4-24　修剪图形

Step05 在状态栏右键单击"极轴追踪"按钮，在打开的列表中选择"正在追踪设置"选项，打开"草图设置"对话框，切换到"极轴追踪"选项卡，如图 4-25 所示。

Step06 勾选"启用极轴追踪"复选框，在"增量角"输入框中输入 106，再选择"附加角"复选框，单击"新建"按钮，新建角度 148，如图 4-26 所示。设置完成后关闭该对话框。

图 4-25　打开"草图设置"对话框　　图 4-26　设置增量角和附加角

Step07 执行"绘图＞直线"命令，指定图形左侧角点作为直线起点，向左上方移动光标，直到追踪到角度106°，如图4-27所示。

Step08 输入直线长度4.5mm，按回车键绘制一条斜线，如图4-28所示。

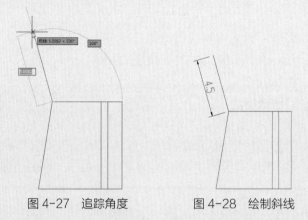

图4-27　追踪角度　　　　　图4-28　绘制斜线

Step09 继续执行"绘图＞直线"命令，追踪角度148°，绘制长度为9mm的斜线，如图4-29所示。

Step10 执行"修改＞偏移"命令，设置偏移尺寸为5mm，将两条斜线分别进行偏移操作，可以看到两条线段并未相交，如图4-30所示。

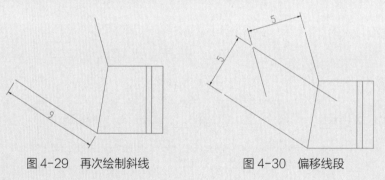

图4-29　再次绘制斜线　　　　图4-30　偏移线段

Step11 执行"修改＞圆角"命令，设置圆角半径为0，分别选择两条偏移后的线段，使其相交，如图4-31所示。

Step12 执行"绘图＞圆弧＞圆心，起点，端点"命令，指定偏移的斜线端点作为圆心绘制一条圆弧，如图4-32所示。

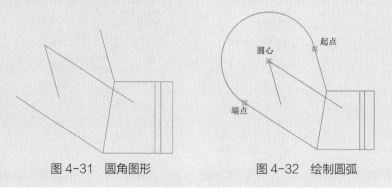

图4-31　圆角图形　　　　　图4-32　绘制圆弧

Step13 删除多余的线段，如图 4-33 所示。

Step14 执行"修改 > 镜像"命令，以右侧边线为镜像线，将图形向右侧镜像复制，再将右侧边线拉伸长度，如图 4-34 所示。

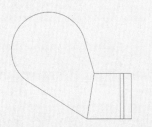 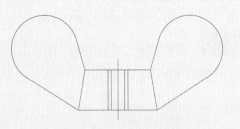

图 4-33　删除多余的线条　　　　　图 4-34　镜像复制图形

Step15 执行"绘图 > 图案填充"命令，选择图案 ANSI31，设置填充比例为 0.2，填充图形中的剖面区域，如图 4-35 所示。

Step16 调整虚线和中心线线型，完成图形的绘制，如图 4-36 所示。

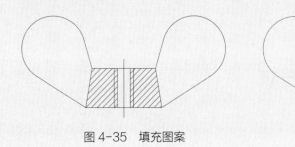

图 4-35　填充图案　　　　　　　　　图 4-36　完成绘制

4.1.5　动态输入

在 AutoCAD 中，启用动态输入功能，便会在指针位置处显示标注输入和命令提示等信息，以帮助用户专注于绘图区域，从而极大地提高设计效率，并且该信息会随着光标移动而更新动态。

在状态栏中单击"动态输入"按钮 ⁺▄ 即可启用动态输入功能。相反，再次单击该按钮，则将关闭该功能。

（1）启用指针输入

在"草图设置"对话框中的"动态输入"选项卡中，勾选"启用指针输入"复选框来启动指针输入功能。单击"指针输入"下的"设置"按钮，在打开的"指针输入设置"对话框设置指针的格式和可见性，如图 4-37、图 4-38 所示。

在执行某项命令时，启用指针输入功能，十字光标右侧工具栏中则会显示当前的坐标点。此时可在工具栏中输入新坐标点，而不用在命令行中进行输入。

（2）启用标注输入

在"动态输入"选项卡中，勾选"可能时启用标注输入"复选框即可启用该功能。单击"标注输入"下的"设置"按钮，在打开的"标注输入的设置"对话框中，则可设置标注输入的可见性，如图 4-39 所示。

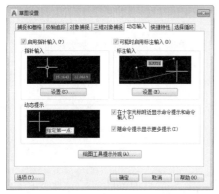

图 4-37 "动态输入"选项卡　　　　图 4-38　设置指针输入　　　　图 4-39　设置标注输入

 知识点拨

若想对动态输入工具栏的外观进行设置，需要在"动态输入"选项卡中，单击"绘图工具提示外观"按钮，在打开的"工具提示外观"对话框中设置工具栏提示的颜色、大小、透明度及应用范围。

4.2 图形的选择方式

选择对象是整个绘图工作的基础。在进行图形编辑操作时，都需先选中要编辑的图形。在 AutoCAD 中，选取图形有多种方法，如单击选取、框选、围选、快速选择。

（1）单击选取

当需要选择某个独立的图形对象时，在绘图区中直接单击该对象，此时图形上会出现夹点，表示图形已被选中，当然也可进行多次单击选择，如图 4-40、图 4-41 所示。

（2）框选

除了单击选择外，还可以进行框选。框选的方法较为简单，在绘图区中，按住鼠标左键，拖动鼠标，直到所选择图形对象已在虚线框内，放开鼠标，即可完成框选。框选方法分为两种：从右至左框选和从左至右框选。

从右至左框选时，在图形中所有被框选到的对象以及与框选边界相交的对象都会被选中，如图 4-42、图 4-43 所示。

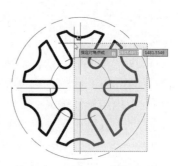

图 4-40　选择一个图形对象　　　图 4-41　选择多个图形对象　　　图 4-42　选择一个图形对象

从左至右框选时，完整位于选框内的图形会被选中，但与框选边界相交的图形对象则不被选中，如图 4-44、图 4-45 所示。

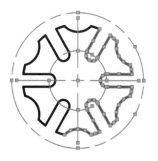 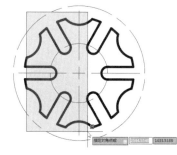 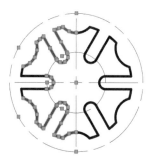

图 4-43　选择多个图形对象　　　图 4-44　选择一个图形对象　　　图 4-45　选择多个图形对象

（3）围选

使用围选的方式来选择图形，其灵活性较大，可通过不规则图形围选所需选择图形。围选的方式可分为圈选和圈交两种。

① 圈选　圈选是一种多边形窗口选择方法，其操作方式与框选相似。在任意位置指定一点作为圈选起点，其后在命令行中输入 WP，然后按回车键，在绘图区中指定其他拾取点，通过不同的拾取点构成任意多边形，如图 4-46 所示。选择完拾取点后按回车键确认，即可选中图形，如图 4-47 所示。完整位于选框内的图形会被选中，但与框选边界相交的图形对象则不被选中。

图 4-46　圈选　　　　　　　　图 4-47　圈选效果

② 圈交　圈交与窗交方式相似。它是绘制一个不规则的封闭多边形作为交叉窗口来选择图形对象的。其完全包围在多边形中的图形与多边形相交的图形将被选中。

指定任意一点，在命令行中输入 CP，然后按回车键确认，即可进行选取操作，如图 4-48 所示。完整位于选框内的图形以及与框选边界相交的图形对象皆会被选中，如图 4-49 所示。

操作提示

用户在选择图形过程中，可随时按 ESC 键，终止目标图形对象的选择操作，并放弃已选中的目标。在 CAD 中，如果没有进行任何编辑操作时，按 Ctrl+A 组合键，则可选择绘图区中的全部图形。

图 4-48　圈交

图 4-49　圈交效果

（4）快速选择

快速选择图形可使用户快速选择具有特定属性的图形对象，如相同的颜色、线型、线宽等。根据图形的图层、颜色等特性创建选择集。

用户可在绘图区空白处，单击鼠标右键，在打开的快捷菜单中选择"快速选择"命令，可打开"快速选择"对话框进行快速选择的设置，如图 4-50 所示。

对话框中常用选项含义如下。

- 应用到：将过滤条件应用到整个图形或当前选择集。
- "选择对象"按钮⊕：临时关闭"快速选择"对话框，允许用户选择要对其应用过滤条件的对象。
- 对象类型：指定要包含在过滤条件中的对象类型。如果过滤条件正应用于整个图形，则"对象类型"列表包含全部的对象类型，包括自定义；否则该列表只包含选定对象的对象类型。
- 特性：列出指定对象类型的可用特性，选择其中一个来用作选择过滤器。如果不想按特性过滤，可以在"运算符"字段中选择"全部选择"。
- 运算符：控制过滤的范围。根据选定的特性，选项可包括"等于""不等于""大于""小于"和"＊通配符匹配"。

图 4-50　"快速选择"对话框

（5）编组选择

编组选择就是将图形进行编组，创建一个选择集，一个图形可以作为多个编组成员的对象，在"对象编组"对话框中可以创建对象编组，也可以编辑编组，进行添加或删除、重命名、重排等操作，如图 4-51 所示。

用户可以通过以下方式打开"对象编组"对话框。

- 在"默认"选项卡"组"面板中单击"下拉菜单"按钮 组▾，在弹出的列表中单击"编组管理器"按钮 品。
- 在命令行输入 CLASSICGROUP 命令并按回车键。

"对象编组"对话框中常用按钮的含义如下。

- 添加：添加编组中的图形。
- 删除：删除编组中的图形。

图 4-51　"对象编组"对话框

- 重命名：重新命名编组。
- 重排：可以重新对编组对象进行排序。
- 分解：取消编组
- 可选择的：设置编组的可选择性。

4.3 图形特性

每个图形对象都有自己的特性，有些特性属于公共特性，适用于多数对象，如颜色、线型、线宽等；有些特性则是专用于某一类对象的特性，如圆的特性包括半径和面积，直线的特性则包括长度和角度等。

对于新创建的图形对象，其特性基本是由"特性"面板中的当前特性所控制，如图4-52所示。默认的"特性"面板有三个下拉列表，分别控制对象的颜色、线宽、线型，且其当前设置都是"ByLayer"，意思是"随层"，表示当前的对象特性随图层而定，并不单独设置。

图4-52 "特性"面板

"特性"面板能查看和修改的图形特性比较有限，"特性"选项板则可以查看并修改十分完整的图形属性。选定单个对象，在"特性"选项板中会显示对象的公共特性和专属特性，如图4-53所示；如果选定多个对象，仅显示所有选定对象的公共特性，如图4-54所示；如果未选定对象，"特性"选项板中仅显示常规特性的当前设置，如图4-55所示。

图4-53 选定单个对象

图4-54 选定多个对象

图4-55 未选定对象

4.3.1 设置颜色

在AutoCAD中，用户可以对线段的颜色按需进行设置。在"默认"选项卡的"特性"面板中单击"对象颜色"下拉按钮，在打开的列表中选择所需颜色即可。若在列表中没有满意的颜色，也可选择"选择颜色"选项，打开"选择颜色"对话框，在该对话框中用户可根据需要选择合适的颜色。

在"选择颜色"对话框中，有 3 种颜色选项卡，下面将分别对其进行介绍。

（1）索引颜色

在 AutoCAD 软件中使用的颜色都为 ACI 标准颜色。每种颜色用 ACI 编号（1 ～ 255 之间）进行标识。而标准颜色名称仅适用于 1 ～ 7 号颜色，分别为：红、黄、绿、青、蓝、洋红、白 / 黑，如图 4-56 所示。

（2）真彩色

真彩色使用 24 位颜色定义显示 1600 多万种颜色。在选择某色彩时，可以使用 RGB 或 HSL 颜色模式。通过 RGB 颜色模式，可选择颜色的红、绿、蓝组合；通过 HSL 颜色模式，可选择颜色的色调、饱和度和亮度要素，如图 4-57 所示为 HSL 颜色模式，而如图 4-58 所示为 RGB 颜色模式。

图 4-56　索引颜色

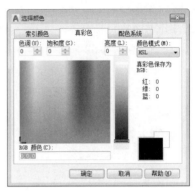
图 4-57　HSL 颜色模式

（3）配色系统

AutoCAD 包括多个标准 Pantone 配色系统。用户可以载入其他配色系统，例如 DIC 颜色指南或 RAL 颜色集。载入用户定义的配色系统可以进一步扩充可供使用的颜色选择，如图 4-59 所示。

图 4-58　RGB 颜色模式

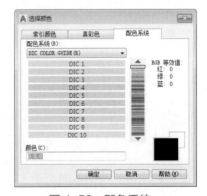
图 4-59　配色系统

4.3.2　设置线型

施工图是由各种线条组成的，不同线型表示不用对象及不同含义。为了使读图人快速直观地了解设计意图及重点，每一条线的颜色、线宽、线型都要有章有据，按国标及行业标准执行。

在"默认"选项卡的"特性"面板中单击"线型"下拉按钮，在打开的列表中选择线型。若列表中没有合适的线型，也可选择"其他"选项，打开"线型管理器"对话框，在该对话框中会显示当前已加载的所有线型，如图 4-60 所示。单击"加载"按钮，打开"加载或重载线型"对话框，从中选择合适的线型即可，如图 4-61 所示。

图 4-60 "线型管理器"对话框

图 4-61 "加载或重载线型"对话框

4.3.3 设置线宽

线宽是指图形在打印时输出的宽度，这种线宽可以显示在屏幕上，并输出到图纸。在制图过程中，使用线宽可以清楚地表达出截面的剖切方式、标高的深度、尺寸线和小标记，以及细节上的不同。如果需要在屏幕显示线宽，在状态栏中单击"显示 / 隐藏线宽"按钮即可。

在"默认"选项卡的"特性"面板中单击"线宽"下拉按钮，在打开的列表中选择合适的线宽。若列表中没有合适的宽度，也可选择"线宽设置"选项，打开"线宽设置"对话框，在该对话框中可以选择线宽并设置线宽单位，还可以调整线宽显示比例，如图 4-62 所示。

图 4-62 "线宽设置"对话框

知识点拨

我们所绘制的图纸是由线组成的，为了表达图纸中的不同内容，并能够分清主次，须使用不同的线型和线宽的图线。

4.4 图层的设置与管理

图层主要用于在图形中组织对象信息以及控制对象线型、颜色及其他属性，是 AutoCAD 提供的强大的功能之一，利用图层可以方便地对图形进行管理。

4.4.1 创建与删除图层

在 AutoCAD 中，创建、删除图层以及对图层的其他管理都是通过"图层特性管理器"

选项板来实现的。用户可通过以下方式打开"图层特性管理器"选项板。

- 执行"格式 > 图层"命令。
- 在"默认"选项卡的"图层"面板中单击"图层特性"按钮🔳。
- 在"视图"选项卡的"选项板"面板中单击"图层特性"按钮🔳。
- 在命令行中输入 LAYER，然后按 Enter 键。

（1）创建新图层

在"图层特性管理器"选项板中，单击"新建图层"按钮🔳，系统将自动创建一个名为"图层 1"的图层，如图 4-63 所示。

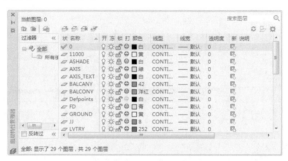

图 4-63　图层特性管理器

图层名称是可以更改的。用户也可以在面板中单击鼠标右键，在弹出的快捷菜单中选择"新建图层"命令来创建一个新图层。

 知识延伸

图层名最长可达 255 个字符，可以使用数字、字母，但不允许使用大于号、小于号、斜杠、反斜杠、引号、冒号、分号、问号、逗号、竖杠或等于号等符号；在当前图形文件中，图层名称必须是唯一的，不能与已有的图层重名；新建图层时，如果选中了图层名称列表中的某一图层（呈高亮显示），那么新建的图层将自动继承该图层的属性。

（2）删除图层

在"图层特性管理器"选项板中，选择某图层后，单击"删除图层"按钮🔳，可删除该图层；如果要删除正在使用的图层或当前图层，系统会弹出"未删除"提示框，如图 4-64 所示。

 知识延伸

用于参照的图层不能被删除，其中包括图层 0、包含对象的图层、当前图层以及依赖外部参照的图层，还有一些局部打开图形中的图层也被视为用于参照而不能删除。

图 4-64　"未删除"提示

4.4.2 管理图层

在"图层特性管理器"选项板中，除了可创建图层并设置图层属性，还可以对创建好的图层进行管理操作，如图层状态控制、置为当前层、改变图层和属性等操作。

（1）图层状态控制

在"图层特性管理器"选项板中，提供了一组状态开关图标，用以控制图层状态，如关闭、冻结、锁定等。

① 开 / 关图层　单击"开"按钮⑨，该图层即被关闭，图标即变成"⑨"。图层关闭后，该图层上的实体不能在屏幕上显示或打印输入，重新生成图形时，图层上的实体将重新生成。

若关闭当前图层，系统会提示是否关闭当前层，只需选择"关闭当前图层"选项即可，如图 4-65 所示。但是当前层被关闭后，若要在该层中绘制图形，其结果将不显示。

② 冻结 / 解冻图层　单击"冻结"按钮☀，当其变成雪花图样"❋"时，即可完成图层的冻结。图层冻结后，该图层上的实体不能在屏幕上显示或打印输出，重新生成图形时，图层上的实体不会重新生成。

③ 锁定 / 解锁图层　单击"锁定"按钮🔓，当其变成闭合的锁图样"🔒"时，图层即被锁定。图层锁定后，用户只能查看、捕捉位于该图层上的对象，可以在该图层上绘制新的对象，而不能编辑或修改位于该图层上的图形对象，但实体仍可以显示和输出。

（2）置为当前层

系统默认当前图层为 0 图层，且只可在当前图层上绘制图形实体，用户可以通过以下方式将所需的图层设置为当前图层。

- 在"图层特性管理器"选项板中选中图层，然后单击"置为当前"按钮📝。
- 在"图层"面板中，单击"图层"下拉按钮，然后单击图层名。
- 在"默认"选项卡的"图层"面板中单击"置为当前"按钮📝，根据命令行的提示，选择一个实体对象，即可将选定对象所在的图层设置为当前图层。

（3）改变图形对象所在的图层

通过下列方式可以更改图形对象所在的图层。

- 选中图形对象，然后在"图层"面板的下拉列表中选择所需图层。
- 选中图形对象，右击打开快捷菜单，然后选择"特性"命令，在"特性"选项板的"常规"选项组中单击"图层"选项右侧的下拉按钮，再从下拉列表中选择所需的图层，如图 4-66 所示。

图 4-65　"关闭当前图层"对话框

图 4-66　"特性"选项板

（4）改变对象的默认属性

默认情况下，用户所绘制的图形对象将使用当前图层的颜色、线型和线宽，可在选中图形对象后，利用"特性"选项板中"常规"选项组里的各选项为该图形对象设置不同于所在图层的相关属性。

（5）线宽显示控制

由于线宽属性属于打印设置，在默认情况下系统并未显示线宽设置效果。要显示线宽设置效果，可执行"格式＞线宽"菜单命令，打开"线宽设置"对话框，勾选"显示线宽"复选框即可。

操作提示

在"线宽设置"对话框中勾选"显示线宽"复选框后，要单击状态栏中的"显示／隐藏线宽"按钮，才能在绘图区显示线宽。

4.4.3 设置图层

在"图层特性管理器"选项板中，可对图层的颜色、线型和线宽进行相应的设置。

（1）颜色的设置

打开图层特性管理器，单击鼠标左键颜色图标■□，打开"选择颜色"对话框，用户可根据自己的需要在"索引颜色""真彩色"和"配色系统"选项卡中选择所需的颜色，如图4-67所示。

（2）线型的设置

单击线型图标 Continuous，系统将打开"选择线型"对话框，如图4-68所示。在默认情况下，系统仅加载一种Continuous（连续）线型。若需要其他线型，则要先加载该线型，即在"选择线型"对话框中，单击"加载"按钮，打开"加载或重载线型"对话框，如图4-69所示。选择所需的线型之后，单击"确定"按钮即将其添加到"选择线型"对话框中。

图 4-67 "选择颜色"对话框

（3）线宽的设置

线宽是 CAD 图形的一个基本属性，用户可以通过图层来进行线宽设置，也可以直接对图形对象单独设置线宽。

在"图层特性管理器"选项板中，若需对某图层的线宽进行设置，可通过以下方法进行操作：单击所需图层的线宽—— 默认图标按钮，打开"线宽"对话框，如图4-70所示。在"线宽"列表中，选择所需线宽后，单击"确定"按钮即可。

图 4-68 "选择线型"对话框　　图 4-69 "加载或重载线型"对话框　　图 4-70 "线宽"对话框

课堂练习 创建"轮廓线"图层

下面将利用本小节学习的图层知识创建"粗实线"图层，具体操作步骤如下。

Step01 执行"格式>图层"命令，打开"图层特性管理器"选项板，如图4-71所示。

Step02 单击"新建图层"按钮，即创建"图层1"，如图4-72所示。

扫一扫 看视频

图4-71 "图层特性管理器"选项板   图4-72 新建图层

Step03 输入新的图层名"粗实线"，按回车键完成操作，如图4-73所示。

Step04 单击该图层的"线宽"图标，打开"线宽"对话框，选择0.30mm线宽，如图4-74所示。

图4-73 输入新的图层名

图4-74 选择线宽

Step05 单击"确定"按钮返回"图层特性管理器"选项板，即可完成"粗实线"图层的创建，如图4-75所示。

图4-75 完成创建

下面将利用本小节学习的图层知识创建"中心线"图层，具体操作步骤如下。

Step01 执行"格式 > 图层"命令，打开"图层特性管理器"选项板，如图 4-76 所示。

Step02 单击"新建图层"按钮，即创建"图层 1"，命名为"中心线"，如图 4-77 所示。

扫一扫 看视频

图 4-76 "图层特性管理器"选项板

图 4-77 新建"中心线"图层

Step03 单击该图层上的"颜色"图标，打开"选择颜色"对话框，从中选择红色，如图 4-78 所示。

Step04 单击"确定"按钮返回"图层特性管理器"选项板，可以看到"中心线"图层的颜色显示，如图 4-79 所示。

图 4-78 选择颜色

图 4-79 "中心线"图层的颜色

Step05 再单击该图层的"线型"图标，打开"选择线型"对话框，当前已加载的线型只有系统默认线型，如图 4-80 所示。

Step06 单击"加载"按钮打开"加载或重载线型"对话框，在"可用线型"列表中选择线型 CENTER，如图 4-81 所示。

Step07 单击"确定"按钮返回"选择线型"对话框，从"已加载的线型"列表选择已加载的线型，如图 4-82 所示。

Step08 单击"确定"按钮关闭对话框，即可完成"中心线"图层的创建，如图 4-83 所示。

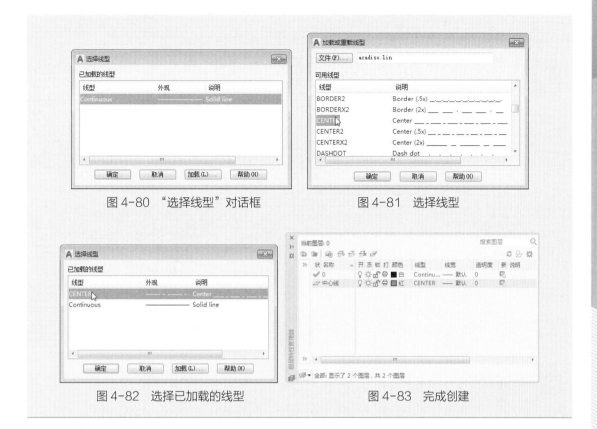

图 4-80　"选择线型"对话框　　　　　　　图 4-81　选择线型

图 4-82　选择已加载的线型　　　　　　　图 4-83　完成创建

4.5　查询功能的使用

灵活地利用查询功能，可以快速、准确地获取图形的数据信息，包括距离查询、半径查询、角度查询、面积 / 周长查询、面域 / 质量查询等。

4.5.1　距离查询

查询距离是测量两个点之间的最短长度值，距离查询是最常用的查询方式。用户可以通过以下方式查询对象距离。

- 执行"工具 > 查询 > 距离"命令。
- 在"默认"选项卡的"实用工具"面板中单击"距离"按钮 ⊫。
- 在命令行输入 MEASUREGEOM，按 Enter 键后再输入 D。

执行以上任意操作，指定要查询距离的两个端点，系统将自动显示出两个点之间的距离，如图 4-84 所示。

4.5.2　角度查询

角度查询是指查询圆、圆弧、直线或顶点的角度。角度查询包括两种类型：查询两点虚线在 XY 平面内的夹角和查询两点虚线与 XY 平面内的夹角。用户可以通过以下方式查询角度。

- 在"工具 > 查询 > 角度"命令。
- 在"默认"选项卡"实用工具"面板中单击"角度"按钮 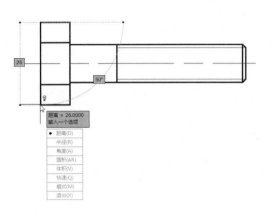。
- 在命令行输入 MEASUREGEOM，按 Enter 键后再输入 A。

执行以上任意操作，指定要查询角度的对象，系统将自动显示出其角度，如图 4-85 所示。

图 4-84　查询距离

图 4-85　查询角度

4.5.3　半径查询

在绘制图形时，使用该命令可以查询圆弧、圆和椭圆的半径。用户可以通过以下方式查询对象半径。

- 在"工具 > 查询 > 半径"命令。
- 在"默认"选项卡"实用工具"面板中单击"半径"按钮 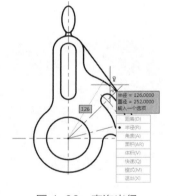。
- 在命令行输入 MEASUREGEOM，按 Enter 键后再输入 R。

执行以上任意操作，选择要查询半径的圆或圆弧对象，系统将自动显示出其半径，如图 4-86 所示。

图 4-86　查询半径

4.5.4　面积查询

利用查询面积功能，可以测量对象及所定义区域的面积和周长。用户可以通过以下方式查询对象面积。

- 执行"工具 > 查询 > 面积"命令。
- 在"默认"选项卡的"实用工具"面板中单击"面积"按钮 。
- 在命令行输入 MEASUREGEOM，按 Enter 键后再输入 AR。

执行以上任意操作，选择要查询图形的各角点，系统将自动显示出其面积，如图 4-87 所示。

4.5.5　体积查询

体积测量命令用于查询对象体积数值，同时还可以对体积进行加减运算。用户可以通过以下方式查询对象体积。

- 在"工具 > 查询 > 体积"命令。
- 在"默认"选项卡"实用工具"面板中单击"体积"按钮 ▣。
- 在命令行输入 MEASUREGEOM，按 Enter 键后再输入 V。

执行以上任意操作，再输入命令 O，选择要查询的实体对象，系统将自动显示出其体积，如图 4-88 所示。

图 4-87 查询面积

图 4-88 查询体积

综合实战 绘制支架

下面利用本章及前面所学的知识绘制支架图形，操作步骤如下。

Step01 执行"格式 > 图层"命令，打开"图层特性管理器"选项板，如图 4-89 所示。

Step02 单击"新建图层"按钮，新建"轮廓线""虚线""中心线"图层，如图 4-90 所示。

扫一扫 看视频

图 4-89 "图层特性管理器"选项板

图 4-90 新建图层

Step03 设置各图层的颜色、线型、线宽参数，双击"轮廓线"图层，设置为当前层，如图 4-91 所示。

Step04 执行"绘图 > 直线"命令，绘制尺寸为 80mm×68mm 的矩形，如图 4-92 所示。

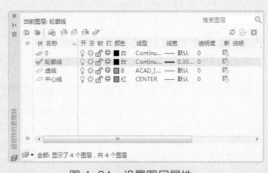

图 4-91　设置图层属性

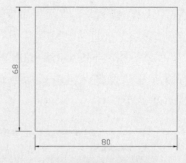

图 4-92　绘制矩形

Step05 执行"修改 > 偏移"命令，将矩形的边线分别进行偏移操作，偏移尺寸如图 4-93 所示。

Step06 执行"修改 > 修剪"命令，修剪多余的线段，如图 4-94 所示。

Step07 执行"修改 > 偏移"命令，将两侧的线段分别向内偏移 8mm、4mm，如图 4-95 所示。

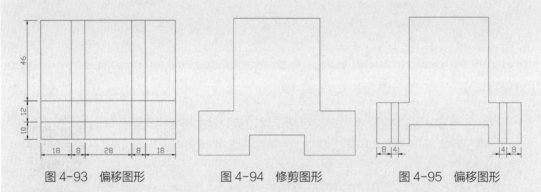

图 4-93　偏移图形　　　　　　图 4-94　修剪图形　　　　　　图 4-95　偏移图形

Step08 执行"修改 > 圆角"命令，设置圆角半径尺寸为 22mm，对图形进行圆角边处理，如图 4-96 所示。

Step09 执行"绘图 > 圆"命令，指定圆弧的圆心为圆心绘制直径为 24mm 的圆，如图 4-97 所示。

Step10 设置"中心线"图层为当前层，执行"绘图 > 直线"命令，捕捉象限点绘制长度分别为 52mm 和 76mm 的中心线，并调整线条使其居中垂直，如图 4-98 所示。

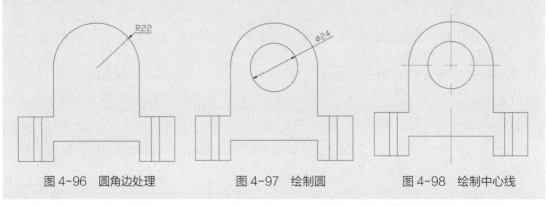

图 4-96　圆角边处理　　　　　图 4-97　绘制圆　　　　　　　图 4-98　绘制中心线

Step11 选择两条中心线，执行"修改 > 特性"命令，打开"特性"选项板，设置线型比例为 0.4，如图 4-99 所示。

Step12 设置后的中心线效果如图 4-100 所示。

图 4-99 设置线型比例

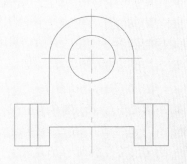

图 4-100 设置后的效果

Step13 设置两侧的线段到"虚线"图层，并设置线型比例为 0.3，完成支架图形的绘制，如图 4-101 所示。

Step14 在状态栏单击"显示线宽"按钮，可以看到线宽效果，如图 4-102 所示。

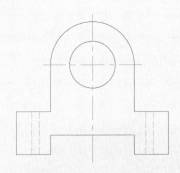

图 4-101 设置虚线

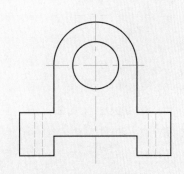

图 4-102 完成绘制

课后作业

一、填空题

1. 用"格式刷"复制源对象的厚度，其目标对象不可以为_____。

2. 在正交方式下绘制直线叫作_____。

3. 在机械制图中画出的_____、_____是在实物上真实存在的轮廓线。

4. 在 AutoCAD 中，用户可以通过_____设置和管理图层。

5. 用于控制"对象追踪"的功能键是_____。

二、选择题

1. 在下列线型中，常用作辅助线线型的是（　　）。

A. 细实线　　　　　　B. 粗实线　　　　　　C. 点划线　　　　　　D. 虚线

2. 要使图元的颜色始终与图层一致，应将其颜色设置为（   ）。

A.Bylayer   B.Byblock   C.Color   D.Red

3. 以下说法中正确的是（   ）。

A. 被关闭的图层不再显示在屏幕上，不能被编辑，但可以打印输出

B. 被锁定的图层仍然显示在屏幕上，不能编辑，但可以打印输出

C. 被冻结的图层仍然显示在屏幕上，但不能被编辑，也不能打印输出

D. 以上说法都是错误的

4. 在缺省设置下，图层的颜色是（   ）。

A. 白色   B. 黑色   C. 随层   D. 黑 / 白

5. 在极轴追踪中新建一个 15° 的增量角和一个 5° 的附加角，以下说法正确的是（   ）。

A. 可以直接沿着 −15° 方向绘制一条直线

B. 可以直接沿着 −5° 方向绘制一条直线

C. 可以沿着 −10° 方向绘制一条直线

D. 可以沿着 10° 方向绘制一条直线

三、操作题

1. 绘制如 4-103 所示的图形。

（1）图形效果

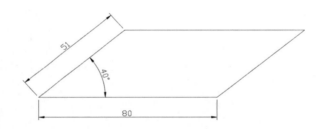

图 4-103　图形效果展示

（2）操作思路

根据图中给出的角度，设置极轴追踪角度，再追踪极轴绘制平行四边形，分别如图 4-104 ~ 图 4-106 所示。

图 4-104　极轴追踪

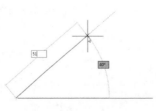

图 4-105　绘制直线

图 4-106　绘制其他直线

2. 为绘制好的机械图形创建图层并设置图层特性，如图 4-107 所示。

（1）图形效果

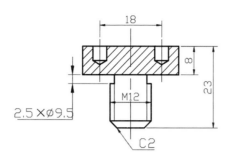

图 4-107　图形效果展示

（2）操作思路

为素材图形创建图层，并设置图层颜色、线型、线宽，分别如图 4-108、图 4-109 所示。

图 4-108　新建图层

图 4-109　设置颜色、线型和线宽

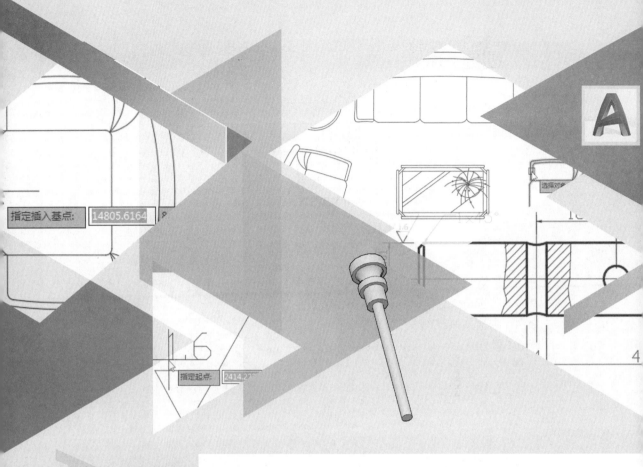

第5章
图块及设计中心

★ 内容导读

在绘制图形时，可以将重复绘制的图形创建成块然后插入到图形中，还可以把已有的图形文件以参照的形式插入到当前图形中（即外部参照），利用设计中心也可插入所需内容。通过对本章内容的学习，用户可以熟悉并掌握块的创建与编辑、块属性的设置、外部参照以及设计中心的应用。

★ 学习目标

- 〇 了解外部参照的使用
- 〇 了解设计中心的使用
- 〇 掌握图块的创建与编辑
- 〇 掌握块属性的编辑与管理

5.1　创建与编辑图块

创建块首先要绘制组成块的图形对象，然后用块命令对其实施定义，这样在以后的工作中便可以重复使用该块了。因为块在图中是一个独立的对象，所以编辑块之前要将其进行分解。

5.1.1　创建块

内部图块是跟随定义它的图形文件一起保存的，存储在图形文件内部，因此只能在当前图形文件中调用，而不能在其他图形中调用。用户可以通过以下方法来创建图块。

- 执行"绘图 > 块 > 创建"命令。
- 在"默认"选项卡的"块"面板中单击"创建"按钮 。
- 在"插入"选项卡的"块定义"面板中单击"创建块"按钮。
- 在命令行中输入 BLOCK，然后按 Enter 键。

执行以上任意操作，皆可打开"块定义"对话框，如图 5-1 所示。在该对话框中进行相关的设置，即可将图形对象创建成块。该对话框中主要选项的含义如下。

- 基点：该选项区中的选项用于指定图块的插入基点。系统默认图块的插入基点值为（0,0,0），用户可直接在 X、Y 和 Z 数值框中输入坐标相对应的数值，也可以单击"拾取点"按钮，切换到绘图区中指定基点。

图 5-1　"块定义"对话框

- 对象：该选项区中的选项用于指定新块中要包含的对象，以及创建块之后如何处理这些对象，是保留还是删除选定的对象，或者是将它们转换成块实例。
- 方式：该选项区中的选项用于设置插入后的图块是否允许被分解、是否统一比例缩放等。
- 在块编辑器中打开：选中该复选框，当创建图块后，进行块编辑器窗口中"参数""参数集"等选项的设置。

课堂练习　创建螺栓图块

下面介绍内部图块的创建，具体操作步骤如下。

Step01 打开素材图形，如图 5-2 所示。

Step02 执行"绘图 > 块 > 创建"命令，打开"块定义"对话框，输入块名称"螺栓"，如图 5-3 所示。

扫一扫 看视频

Step03 单击"选择对象"按钮，在绘图区选择螺栓图形，如图 5-4 所示。

Step04 按回车键返回"块定义"对话框，再单击"拾取点"按钮，在图形中单击指定一点作为图块插入基点，如图 5-5 所示。

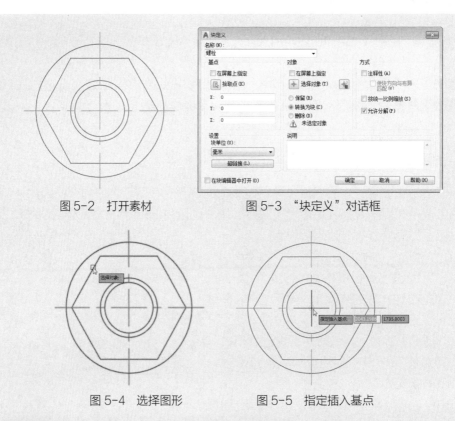

图 5-2 打开素材　　　　　　　图 5-3 "块定义"对话框

图 5-4 选择图形　　　　　　　图 5-5 指定插入基点

Step05 返回"块定义"对话框，可以看到螺栓图形的预览效果以及插入基点坐标，如图 5-6 所示。

Step06 单击"确定"按钮关闭对话框，完成图块的定义，将鼠标移动到图块上，可以看到"块参照"的提示，如图 5-7 所示。

图 5-6 预览图块　　　　　　　图 5-7 完成图块的创建

5.1.2 存储块

存储图块是将块、对象或者某些图形文件保存到独立的图形文件中，又称为外部块。在 AutoCAD 中，使用"写块"命令，可以将文件中的块作为单独的对象保存为一个新文件，被保存的新文件可以被其他对象使用。用户可以通过以下方法调用"写块"命令。

- 在"插入"选项卡的"块定义"面板中单击"写块"按钮。

- 在命令行中输入 WBLOCK，然后按 Enter 键。

执行以上任意操作，即可打开"写块"对话框，如图 5-8 所示。在该对话框中可以设置组成块的对象来源，其主要选项的含义介绍如下。

- 块：将创建好的块写入磁盘。
- 整个图形：将全部图形写入图块。
- 对象：指定需要写入磁盘的块对象，用户可根据需要使用"基点"选项组设置块的插入基点位置；使用"对象"选项组设置组成块的对象。

此外，在该对话框的"目标"选项组中，用户可以指定文件的新名称和新位置以及插入块时所用的测量单位。

图 5-8　"写块"对话框

 知识点拨

外部图块与内部图块的区别是创建的图块作为独立文件保存，可以插入到任何图形中去，并可以对图块进行打开和编辑。

📋**课堂练习**　**存储沙发图块**

下面介绍内部图块的创建，具体操作步骤如下。

Step01 打开素材图形，如图 5-9 所示。

Step02 在命令行中输入 WBLOCK，按回车键后打开"写块"对话框，如图 5-10 所示。

扫一扫 看视频

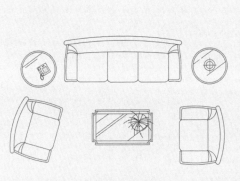

图 5-9　素材图形

图 5-10　"写块"对话框

Step03 单击"选择对象"按钮，在绘图区中选择单人沙发图形，如图 5-11 所示。

Step04 返回"写块"对话框，再单击"拾取点"按钮，在绘图区指定图块插入点，如图 5-12 所示。

Step05 返回"写块"对话框，在"目标"选项组中单击路径浏览按钮 ⋯，打开"浏览图形文件"对话框，设置存储路径并输入新的文件名，如图 5-13 所示。

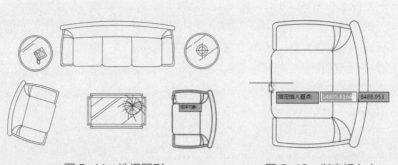

| 图 5-11　选择图形 | 图 5-12　指定插入点 |

Step06 单击"保存"按钮关闭对话框，返回"写块"对话框，再单击"确定"按钮即可将图块存储到指定位置，如图 5-14 所示。

图 5-13　设置文件名和路径

图 5-14　完成创建

5.1.3 插入块

当图形被定义为块后，可使用"插入"命令直接将图块插入到图形中。插入块时可以一次插入一个，也可一次插入呈矩形阵列排列的多个块参照。

用户可以通过以下方法插入图块。

- 执行"插入 > 块选项板"命令。
- 在"默认"选项卡的"块"面板中单击"插入"按钮。
- 在"插入"选项卡的"块"面板中单击"插入"按钮。
- 在命令行中输入快捷命令 BLOCKSPALETTE，然后按 Enter 键。

执行以上任意一种操作后，即可打开"块"选项板，用户可以通过"当前图形""最近使用""其他图形"三个选项卡访问图块，如图 5-15 所示。

图 5-15　"块"选项板

- "当前图形"选项卡：该选项卡将当前图形中的所有块定义显示为图标或列表。
- "最近使用"选项卡：该选项卡显示所有最近插入的块，而不管当前图形为何。选项卡中的图块可以删除。

- "其他图形"选项卡：该选项卡提供了一种导航到文件夹的方法（也可以从其中选择图形以作为块插入或从这些图形定义的块中进行选择）。

选项卡顶部包含多个控件，包括图块名称过滤器以及"缩略图大小和列表样式"选项等。选项卡底部则是"插入选项"参数设置面板，包括插入点、插入比例、旋转角度、重复放置、分解选项。

课堂练习 装配大齿轮轴

下面为大齿轮图装配轴零件图，具体操作步骤如下。

Step01 打开大齿轮素材图，如图 5-16 所示。

Step02 执行"插入 > 块选项板"命令，打开"块"选项板，如图 5-17 所示。

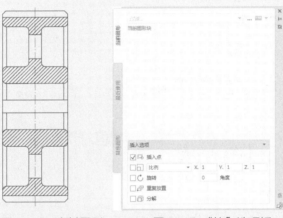

扫一扫 看视频

图 5-16 素材图形　　图 5-17 "块"选项板

Step03 单击右上角的"浏览"按钮，打开"选择图形文件"对话框，选择要插入的"轴"图块，如图 5-18 所示。

Step04 单击"打开"按钮返回"块"选项板，如图 5-19 所示。

图 5-18 选择图块

图 5-19 返回"块"选项板

Step05 在选项板中单击选择"轴"图块，在绘图区中指定图块的插入点，如图 5-20 所示。

Step06 单击即可完成图块的插入操作，如图 5-21 所示。

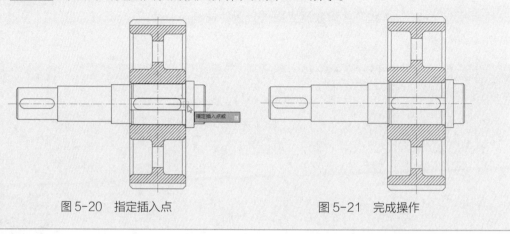

图 5-20　指定插入点　　　　　　　　图 5-21　完成操作

5.2　编辑与管理块属性

块的属性是块的组成部分，是包含在块定义中的文字对象，在定义块之前，要先定义该块的每个属性，然后将属性和图形一起定义成块。

5.2.1　块属性的特点

用户可以在图形绘制完成后（甚至在绘制完成前），调用 ATTEXT 命令将块属性数据从图形中提取出来，并将这些数据写入到一个文件中，这样就可以从图形数据库文件中获取数据信息来。属性块具有如下特点。

- 块属性由属性标记名和属性值两部分组成。如可以把 Name 定义为属性标记名，而具体的姓名 Mat 就是属性值，即属性。
- 定义块前，应先定义该块的每个属性，即规定每个属性的标记名、属性提示、属性默认值、属性的显示格式（可见或不可见）及属性在图中的位置等。一旦定义了属性，该属性以其标记名将在图中显示出来，并保存有关的信息。
- 定义块时，应将图形对象和表示属性定义的属性标记名一起用来定义块对象。
- 插入有属性的块时，系统将提示用户输入需要的属性值。插入块后，属性用它的值表示。因此，同一个块在不同点插入时，可以有不同的属性值。如果属性值在属性定义时规定为常量，系统将不再询问它的属性值。
- 插入块后，用户可以改变属性的显示可见性，对属性做修改，把属性单独提取出来写入文件，以统计、制表使用，还可以与其他高级语言或数据库进行数据通信。

5.2.2　创建并使用带有属性的块

属性块是由图形对象和属性对象组成。对块增加属性，就是使块中的指定内容可以变化。要创建一个块属性，用户可以使用"定义属性"命令，先建立一个属性定义来描述属性特征，包括标记、提示符、属性值、文本格式、位置以及可选模式等。

用户可以通过以下方法定义属性。

- 执行"绘图 > 块 > 定义属性"命令。

- 在"默认"选项卡的"块"面板中单击"定义属性"按钮 。

- 在"插入"选项卡的"块定义"面板中单击"定义属性"按钮 。

- 在命令行中输入 ATTDEF，然后按 Enter 键。

执行以上任意操作，系统将打开"属性定义"对话框，如图 5-22 所示。该对话框中各选项的含义介绍如下。

图 5-22 "属性定义"对话框

（1）模式

"模式"选项组用于在图形中插入块时，设定与块关联的属性值选项。

- 不可见：指定插入块时不显示或打印属性值。

- 固定：在插入块时赋予属性固定值。勾选该复选框，插入块时属性值不发生变化。

- 验证：插入块时提示验证属性值是否正确。勾选该复选框，插入块时系统将提示用户验证所输入的属性值是否正确。

- 预设：插入包含预设属性值的块时，将属性设定为默认值。勾选该复选框，插入块时，系统将把"默认"文本框中输入的默认值自动设置为实际属性值，不再要求用户输入新值。

- 锁定位置：锁定块参照中属性的位置。解锁后，属性可以相对于使用夹点编辑的块的其他部分移动，并且可以调整多行文字属性的大小。

- 多行：指定属性值可以包含多行文字。选定此选项后，可以指定属性的边界宽度。

（2）属性

"属性"选项组用于设定属性数据。

- 标记：标识图形中每次出现的属性。

- 提示：指定在插入包含该属性定义的块时显示的提示。如果不输入提示，属性标记将用作提示。如果在"模式"选项组选择"固定"模式，"提示"选项将不可用。

- 默认：指定默认属性值。单击后面的"插入字段"按钮，显示"字段"对话框，可以插入一个字段作为属性的全部或部分值；选定"多行"模式后，显示"多行编辑器"按钮，单击此按钮将弹出具有"文字格式"工具栏和标尺的在位文字编辑器。

（3）插入点

"插入点"选项组用于指定属性位置。输入坐标值或者勾选"在屏幕上指定"复选框，并使用定点设备根据与属性关联的对象指定属性的位置。

（4）文字设置

"文字设置"选项组用于设定属性文字的对正、样式、高度和旋转。

- 对正：用于设置属性文字相对于参照点的排列方式。

- 文字样式：指定属性文字的预定义样式。显示当前加载的文字样式。

- 注释性：指定属性为注释性。如果块是注释性的，则属性将与块的方向相匹配。
- 文字高度：指定属性文字的高度。
- 旋转：指定属性文字的旋转角度。
- 边界宽度：换行至下一行前，指定多行文字属性中一行文字的最大长度。此选项不适用于单行文字属性。

（5）在上一个属性定义下对齐

该选项用于将属性标记直接置于之前定义的属性的下面。如果之前没有创建属性定义，则此选项不可用。

5.2.3 块属性与增强属性管理器

当图块中包含属性定义时，属性将作为一种特殊的文本对象也一同被插入。此时即可使用"块属性管理器"工具编辑之前定义的块属性，然后使用"增强属性编辑器"工具将属性标记赋予新值，使之符合相似图形对象的设置要求。

（1）块属性管理器

当编辑图形文件中多个图块的属性定义时，可以使用块属性管理器重新设置属性定义的构成、文字特性和图形特性等属性。

在"插入"选项卡的"块定义"面板中单击"管理属性"按钮，将打开"块属性管理器"对话框，如图 5-23 所示。

在该对话框中各选项含义介绍如下。

- 块：列出具有属性的当前图形中的所有块定义。选择要修改属性的块。

图 5-23 "块属性管理器"对话框

- 属性列表：显示所选块中每个属性的特性。
- 同步：更新具有当前定义的属性特性的选定块的全部实例。
- 上移：在提示序列的早期阶段移动选定的属性标签。选定固定属性时，"上移"按钮不可用。
- 下移：在提示序列的后期阶段移动选定的属性标签。选定常量属性时，"下移"按钮不可用。
- 编辑：可打开"编辑属性"对话框，从中可以修改属性特性，如图 5-24 所示。
- 删除：从块定义中删除选定的属性。
- 设置：打开"块属性设置"对话框，从中可以自定义"块属性管理器"中属性信息的列出方式，如图 5-25所示。

图 5-24 "编辑属性"对话框

（2）增强属性编辑器

增强属性编辑器功能主要用于编辑块中定义的标记和值属性，与块属性管理器设置方法基本相同。

在"插入"选项卡的"块"面板中单击"编辑属性"下拉按钮，在展开的下拉列表中单击"单个"按钮，然后选择属性块，或者直接双击属性块，都将打开"增强属性编辑器"

对话框，如图 5-26 所示。

图 5-25 "块属性设置"对话框

图 5-26 "增强属性编辑器"对话框

在该对话框中可指定属性块标记，在"值"文本框为属性块标记赋予值。此外，还可以分别利用"文字选项"和"特性"选项卡设置图块不同的文字格式和特性，如更改文字的格式、文字的图层、线宽以及颜色等属性。

5.3 设计中心的使用

通过 AutoCAD 设计中心用户可以访问图形、块、图案填充及其他图形内容，可以将原图形中的任何内容拖动到当前图形中使用，还可以在图形之间复制、粘贴对象属性，以避免重复操作。

5.3.1 "设计中心"选项板

"设计中心"选项板用于浏览、查找、预览以及插入内容，包括块、图案填充和外部参照。用户可以通过以下方法打开如图 5-27 所示的选项板。

- 执行"工具 > 选项板 > 设计中心"命令。
- 在"视图"选项卡的"选项板"面板中单击"设计中心"按钮 。
- 按 Ctrl+2 组合键。

从上图 5-27 中可以看到，设计中心选项板主要由工具栏、选项卡、内容窗口、树状视图窗口、预览窗口和说明窗口 6 个部分组成。

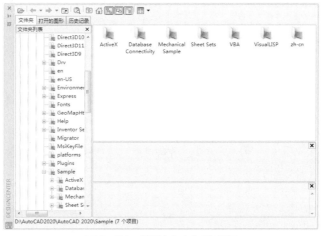

图 5-27 "设计中心"选项板

（1）工具栏

工具栏控制着树状图和内容区中信息的显示。各选项作用如下。

- 加载📂：显示"加载"对话框（标准文件选择对话框）。使用"加载"浏览本地和网络驱动器或 Web 上的文件，然后选择内容加载到内容区域。

- 上一级📁：单击该按钮将会在内容窗口或树状视图中显示上一级内容、内容类型、内容源、文件夹、驱动器等内容。

- 搜索🔍：在"搜索"对话框中可以快速查找诸如图形、块、图层及尺寸样式等图形内容。

- 主页🏠：将设计中心返回到默认文件夹。可以使用树状图中的快捷菜单更改默认文件夹。

- 树状图切换🗂：显示和隐藏树状视图。若绘图区域需要更多的空间，则可以隐藏树状图。树状图隐藏后，可以使用内容区域浏览容器并加载内容。在树状图中使用"历史记录"列表时，"树状图切换"按钮不可用。

- 预览🖼：显示和隐藏内容区域窗格中选定项目的预览。

- 说明📋：显示和隐藏内容区域窗格中选定项目的文字说明。

- 视图▦▾：右拉菜单可以选择显示的视图类型。

（2）选项卡

设计中心共有 3 个选项卡组成，分别为"文件夹""打开的图形"和"历史记录"。

- 文件夹：该选项卡可方便地浏览本地磁盘或局域网中所有的文件夹、图形和项目内容。

- 打开的图形：该选项卡显示了所有打开的图形，以便查看或复制图形内容。

- 历史记录：该选项卡主要用于显示最近编辑过的图形名称及目录。

5.3.2　插入设计中心内容

通过 AutoCAD 设计中心，可以很方便地在当前图形中插入图块、引用图像和外部参照，及在图形之间复制图层、图块、线型、文字样式、标注样式和用户定义等内容。

打开"设计中心"对话框，在"文件夹列表"中，查找文件的保存目录，并在内容区域选择需要插入为块的图形，右击鼠标，在打开的快捷菜单中选择"插入为块"命令，如图 5-28 所示。打开"插入"对话框，从中进行相应的设置，单击"确定"按钮即可，如图 5-29 所示。

　　图 5-28　选择"插入为块"命令　　　　　　　　图 5-29　"插入"对话框

综合实战 创建并添加表面粗糙度符号

下面利用本章所学知识创建表面粗糙度符号并将其添加到机械零件图上，具体操作步骤如下。

扫一扫 看视频

Step01 利用"直线""偏移"命令绘制长度为 8mm 的直线，并将其向下偏移 5.5mm，如图 5-30 所示。

Step02 打开"草图设置"对话框，开启极轴追踪功能，设置增量角为 60°，如图 5-31 所示。

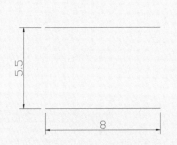

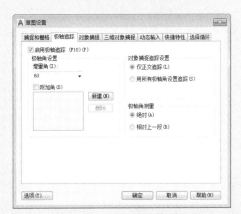

图 5-30　绘制并偏移直线　　　　图 5-31　开启极轴追踪功能

Step03 执行"绘图 > 直线"命令，追踪 60° 角绘制直线，如图 5-32 所示。

Step04 执行"修改 > 偏移"命令，设置偏移尺寸为 2.2mm，将底部横直线向上偏移，如图 5-33 所示。

Step05 执行"修改 > 修剪"命令，修剪并删除多余的线条，如图 5-34 所示。

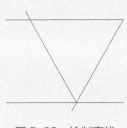

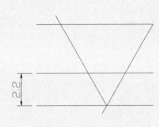

图 5-32　绘制直线　　　　图 5-33　偏移图形　　　　图 5-34　修剪图形

Step06 执行"绘图 > 块 > 定义属性"命令，打开"属性定义"对话框，在"属性"选项组中输入参数内容，再设置文字高度为 1，如 5-35 所示。

Step07 单击"确定"按钮关闭对话框，在绘图区中指定属性起点，如图 5-36 所示。

Step08 单击即可完成属性定义，如图 5-37 所示。

Step09 执行"绘图 > 块 > 创建"命令，打开"块定义"对话框，单击"选择对象"按钮，在绘图区选择粗糙度符号，如图 5-38 所示。

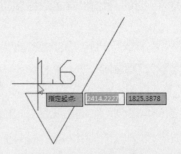

图 5-35　设置属性值 　　　　　　　　　图 5-36　指定属性起点

Step10 按回车键返回"块定义"对话框，单击"拾取点"按钮，在绘图区中指定插入点，如图 5-39 所示。

　　　　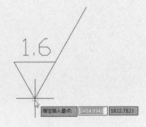

图 5-37　创建属性　　　　图 5-38　选择对象　　　　图 5-39　指定插入点

Step11 单击指定插入点，返回"块定义"对话框，输入块名称"粗糙度符号"，如图 5-40 所示。

Step12 单击"确定"按钮关闭对话框，此时会弹出"编辑属性"对话框，保持默认参数，关闭对话框，如图 5-41 所示。

图 5-40　输入块名称　　　　　　　　　图 5-41　保持默认参数

Step13 保存图形文件，打开素材图形，如图 5-42 所示是标注好的轴零件尺寸图。

Step14 执行"插入>块选项板"命令，打开"块"选项板，在"最近使用的块"列表中可以看到刚刚创建的粗糙符号属性块，如图 5-43 所示。

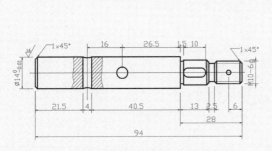

图 5-42 打开素材图形

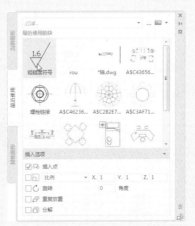

图 5-43 "块"选项板

Step15 单击块，在绘图区中指定插入点，如图 5-44 所示。

Step16 此时会弹出"编辑属性"对话框，保持默认参数，单击"确定"按钮，完成图块的插入，如图 5-45 所示。

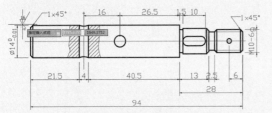

图 5-44 指定插入点

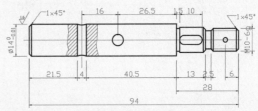

图 5-45 插入块

Step17 执行"直线"命令，绘制基准线，如图 5-46 所示。

Step18 执行"复制""旋转"命令，复制属性块，并将其中一个旋转90°，放置到基准线上，如图 5-47 所示。

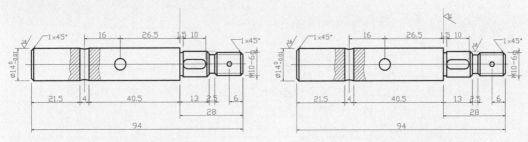

图 5-46 绘制基准线

图 5-47 复制并旋转属性块

Step19 双击竖向属性块，打开"增强属性编辑器"对话框，修改值为 3.2，如图 5-48 所示。

107

Step20 单击"确定"按钮关闭对话框，至此完成本案例的绘制，如图 5-49 所示。

图 5-48　修改值

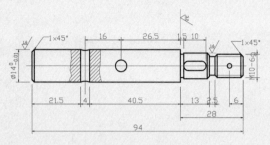

图 5-49　完成绘制

课后作业

一、填空题

1. 带属性的块被分解后，属性显示为_____。

2. 定义图块时，在对象标签页中选择了删除，构成图块的对象就会从绘图区消失。用_____命令可以恢复该图形，而制作的图块依然存在。

3. 使用_____命令，可以将文件中的块作为单独的对象保存为一个新文件，被保存的新文件可以被其他对象使用。

二、选择题

1. 插入块的命令，其功能是（　　）。

A. 只能插入块　　　　　　　　　　B. 只能插入图形文件

C. 可以插入样板文件　　　　　　　D. 可以插入块和图形文件

2. 在用 Eattedit 命令调用的"增强属性编辑器"中，可以修改属性的（　　）。

A. 值　　　　　　B. 提示　　　　　　C. 标记　　　　　　D. 以上均可以

3. 应用"写块"命令定义块时保存的位置是（　　）。

A. 当前图形文件中　　　　　　　　B. 块定义文件中

C. 外部参照文件中　　　　　　　　D. 样板文件中

4. 删除块属性时，以下说法正确的是（　　）。

A. 块属性不能删除

B. 可以从块中删除所有的属性

C. 可以从块定义和当前图形的块参照中删除属性，删除的属性会立即从绘图区中消失

D. 如果需要删除所有属性，则需要重新定义块

5. 创建对象编组和定义块的不同在于（　　）。

A. 是否定义名称　　　　　　　　　B. 是否选择包含对象

C. 是否有基点　　　　　　　　　　D. 是否有说明

三、操作题

1. 从立面图中创建存储块，如图 5-50 所示。

（1）图形效果

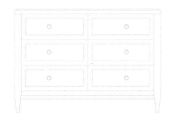

图 5-50 图形效果展示

（2）操作思路

打开如图 5-51 所示的"写块"对话框，在立面图中选择要创建写块的图形对象，指定拾取点再设置存储路径，如图 5-52 所示。

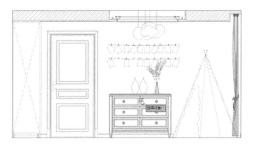

图 5-51 "写块"对话框　　　　图 5-52 选择图形对象

2. 从立面图中创建存储块，如图 5-53 所示。

（1）图形效果

图 5-53 图形效果展示

（2）操作思路

打开"块定义"对话框，选择要创建块的图形对象，再指定拾取点，分别如图 5-54、图 5-55 所示。

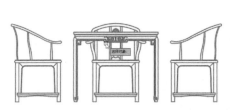

图 5-54 选择图形对象　　　　图 5-55 "块定义"对话框

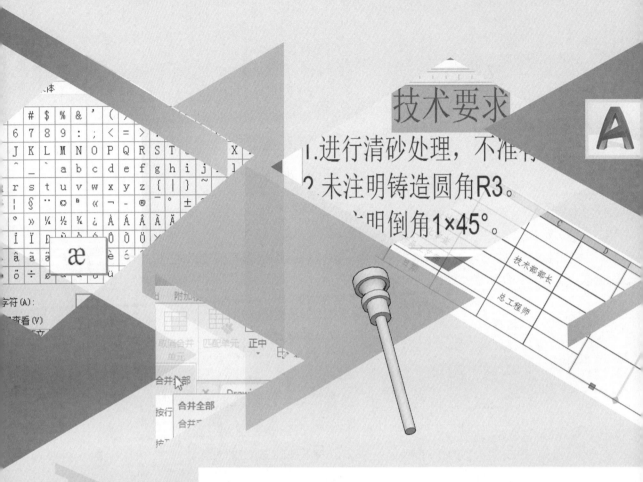

第6章
文本与表格

⭐ 内容导读

文字对象是 AutoCAD 图形中很重要的图形元素，是建筑绘图中不可缺少的组成部分。添加文字标注的目的是表达各种信息，如使用材料列表或添加技术要求等都需要使用到文字注释。通过对本章内容的学习，用户可以熟悉并掌握文字标注与编辑、文字样式的设置、单行和多行文本的应用等内容，从而轻松绘制出更加完善的图纸。

⌖ 学习目标

○ 了解外部表格的调用
○ 了解文本效果的设置
○ 掌握文字样式的创建
○ 掌握单行文本的创建与编辑
○ 掌握多行文本的创建与编辑

6.1 文字样式

在进行文字标注之前,应先对文字样式进行设置,从而方便、快捷地对图形对象进行标注,得到统一、标准、美观的文字注释。定义文字样式包括选择字体文件、设置文字高度、宽度比例等。

在 AutoCAD 中,可以使用"文字样式"对话框来创建和修改文本样式。用户可以通过以下方法打开"文字样式"对话框。

● 执行"格式 > 文字样式"命令。

● 在"默认"选项卡的"注释"面板中单击"文字样式"按钮 A﹒。

● 在"注释"选项卡的"文字"面板中单击右下角箭头 ﹏。

● 在命令行中输入快捷命令 STYLE,然后按 Enter 键。

图 6-1 "文字样式"对话框

执行以上任意一种操作后,都将打开"文字样式"对话框,如图 6-1 所示。在该对话框中,用户可创建新的文字样式,也可对已定义的文字样式进行编辑。

知识点拨

Standard 是 AutoCAD 默认的文字样式,既不能删除,也不能重命名。另外,当前图形文件中正在使用的文字样式不能删除。

6.1.1 创建与删除文字样式

在 AutoCAD 中,对文字样式名的设置包括新建文本样式名,以及对已定义的文字样式更改名称。其中,"新建"和"删除"按钮的作用如下。

● 新建:该按钮用于创建新文字样式。单击该按钮,打开"新建文字样式"对话框,如图 6-2 所示。在该对话框的"样式名"文本框中输入新的样式名,然后单击"确定"按钮。

● 删除:用于删除在样式名下拉列表中所选择的文字样式。单击此按钮,在弹出的对话框中单击"确定"按钮即可,如图 6-3 所示。

图 6-2 "新建文字样式"对话框

图 6-3 单击"确定"按钮

6.1.2 设置字体

在 AutoCAD 中，对文本字体的设置主要是指选择字体文件和定义文字的高度。系统中可使用的字体文件分为两种：一种是普通字体，即 TrueType 字体文件；另一种是 AutoCAD 特有的字体文件（.shx）。

在"字体"和"大小"选项组中，各选项功能如下。

- 字体名：在该下拉列表中，列出了 Windows 注册的 TrueType 字体文件和 AutoCAD 特有的字体文件（.shx）。
- 字体样式：指定字体格式，比如斜体、粗体、粗斜体或者常规字体。
- 注释性：指定文字为注释性。
- 使文字方向与布局匹配：指定图纸空间视口中的文字方向与布局方向匹配。如果未选择"注释性"选项，则该选项不可用。
- 高度：用于设置文字的高度。AutoCAD 的默认值为 0，如果设置为默认值，在文本标注时，AutoCAD 定义文字高度为 2.5mm，用户可重新进行设置。

在字体名中，有一类字体前带有 @，如果选择了该类字体样式，则标注的文字效果为向左旋转 90°。

 知识点拨

只有选择了有中文字库的字体文件，如宋体、仿宋体、楷体或大字体中的 Hztxt.shx 等字体文件，才能正常进行中文标注，否则会出现问号或者乱码。

6.1.3 设置文本效果

在 AutoCAD 中，对修改字体的特性，例如高度、宽度因子、倾斜角以及是否颠倒显示、反向或垂直对齐。"效果"选项组中各选项功能如下。

- 颠倒：颠倒显示字符。用于将文字旋转 180°，如图 6-4 所示。
- 反向：用于将文字以镜像方式显示，如图 6-5 所示。

图 6-4　颠倒效果 　　　　　图 6-5　反向效果

- 垂直：显示垂直对齐的字符。只有在选定字体支持双向时"垂直"才可用。TrueType 字体的垂直定位不可用。
- 宽度因子：设置字符间距。输入小于 1.0 的值将压缩文字。输入大于 1.0 的值则扩大文字。如图 6-6 所示字体的宽度为 1.4。
- 倾斜角度：设置文字的倾斜角。输入一个 -85 ~ 85 之间的值将使文字倾斜。如图 6-7 所示字体的倾斜角度为 -30。

图 6-6　宽度为 1.4 　　　　　图 6-7　倾斜角度为 -30

6.1.4 预览与应用文本样式

在 AutoCAD 中，对文字样式的设置效果，可在"文字样式"对话框的相应区域进行预览。单击"应用"按钮，将当前设置的文字样式应用到 AutoCAD 正在编辑的图形中，作为当前文字样式。

- 应用：用于将当前的文字样式应用到 AutoCAD 正在编辑的图形中。
- 取消：放弃文字样式的设置，并关闭"文字样式"对话框。
- 关闭：关闭"文字样式"对话框，同时保存对文字样式的设置。

📑 课堂练习　　新建文字样式

下面创建新的文字样式，具体操作步骤如下。

Step01 执行"格式 > 文字样式"命令，打开"文字样式"对话框，如图 6-8 所示。

Step02 单击"新建"按钮，打开"新建文字样式"对话框，输入新的样式名"机械注释"，如图 6-9 所示。

图 6-8　打开"文字样式"对话框

图 6-9　新建文字样式

Step03 单击"确定"按钮，进入"机械注释"文字样式，设置字体为"宋体"，字体高度为 10，如图 6-10 所示。

Step04 设置完毕后依次单击"应用""置为当前""关闭"按钮。

图 6-10　设置文字样式

6.2 创建与编辑单行文本

单行文字就是将每一行作为一个文字对象，一次性地在图纸中的任意位置添加所需的文本内容，并且可对每个文字对象进行单独的修改。下面将向用户介绍单行文本的标注与编辑，以及在文本标注中使用控制符输入特殊字符的方法。

6.2.1 创建单行文本

在 AutoCAD 中，用户可以通过以下方法执行"单行文字"命令。

- 执行"绘图 > 文字 > 单行文字"命令。
- 在"默认"选项卡的"注释"面板中单击"单行文字"按钮 A。
- 在"注释"选项卡的"文字"面板中单击"单行文字"按钮 A。
- 在命令行中输入命令 TEXT，然后按 Enter 键。

执行上述命令后，命令行的提示内容如下：

```
指定文字的起点 或 [对正(J)/样式(S)]:
指定高度 <2.5000>:
指定文字的旋转角度 <0>:
```

其中，命令行中各选项的含义如下。

（1）指定文字的起点

在绘图区域单击一点，确定文字的高度后，将指定文字的旋转角度，按 Enter 键即可完成创建。

在执行"单行文字"命令过程中，用户可随时用鼠标确定下一行文字的起点，也可按 Enter 键换行，但输入的文字与前面的文字属于不同的实体。

（2）"对正"选项

该选项用于确定标注文本的排列方式和排列方向。AutoCAD 用辅助直线确定标注文本的位置，分别是顶线、中线、基线和底线。

命令行的提示内容如下：

```
输入选项 输入对正方式 [左上(TL)/中上(TC)/右上(TR)/左中(ML)/正中(MC)/右中
(MR)/左下(BL)/中下(BC)/右下(BR)] <左上(TL)>:
```

- 正中：用于确定标注文本基线的中点。选择该选项后，输入的文本均匀分布在该中点的两侧。
- 中间：文字在基线的水平中点和指定高度的垂直中点上对齐。中间对齐的文字不保持在基线上。"中间"选项与"正中"选项不同，"中间"选项使用的中点是所有文字包括下行文字在内的中点，而"正中"选项使用大写字母高度的中点。

（3）"样式"选项

指定文字样式，文字样式决定文字字符的外观。创建的文字使用当前文字样式。输入问号"？"将列出当前文字样式、关联的字体文件、字体高度及其他参数。

在该提示下按 Enter 键，系统将自动打开"AutoCAD 文本窗口"对话框，在命令行中输入样式名，此窗口便列出指定文字样式的具体设置。

若不输入文字样式名称直接按 Enter 键，则窗口中列出的是当前 AutoCAD 图形文件中所有文字样式的具体设置，如图 6-11 所示。

图 6-11　AutoCAD 文本窗口

如果用户在当前使用的文字样式中设置文字高度，那么在文本标注时，AutoCAD 将不提示"指定高度 <2.5000>"。

6.2.2　使用文字控制符

在文本标注中，经常需要标注一些不能直接利用键盘输入的特殊字符，如直径"Φ"角度"°"等。AutoCAD 为输入这些字符提供了控制符，见表 6-1 所示，可以通过输入控制符来输入特殊的字符。在单行文本标注和多行文本标注中，控制符的使用方法有所不同。

表6-1　特殊字符控制符

控制符	对应特殊字符	控制符	对应特殊字符
%%C	直径（Φ）符号	%%D	度（°）符号
%%O	上划线符号	%%P	正负公差（±）符号
%%U	下划线符号	\U+2238	约等于（≈）符号
%%%	百分号（%）符号	\U+2220	角度（∠）符号

（1）在单行文本中使用文字控制符

在需要使用特殊字符的位置直接输入相应的控制符，那么输入的控制符将会显示在图中特殊字符的位置上，当单行文本标注命令执行结束后，控制符将会自动转换为相应的特殊字符。

（2）在多行文本中使用文字控制符

标注多行文本时，可以灵活地输入特殊字符，因为其本身具有一些格式化选项。在"文字编辑器"选项卡的"插入"面板中单击"符号"下拉按钮，在展开的下拉列表中将会列出特殊字符的控制符选项，如图 6-12 所示。

另外，在"符号"下拉列表中选择"其他"选项，将弹出"字符映射表"对话框，从中选择所需字符进行输入即可，如图 6-13 所示。

图 6-12　控制符　　　　　　　　　　图 6-13　"字符映射表"对话框

在"字符映射表"对话框中，通过"字体"下拉列表选择不同的字体，选择所需字符，单击该字符，可以进行预览，如图 6-14 所示。然后单击"选择"按钮，用户也可以直接双击所需要的字符，此时选中的字符会显示在"复制字符"文本框中，打开多行文本编辑框，选择"粘贴"命令即可插入所选字符，如图 6-15 所示。

图 6-14　控制符预览　　　　　　　　图 6-15　"字符映射表"对话框

操作提示

%%O 和 %%U 是两个切换开关，第一次输入时打开上划线或下划线功能，第二次输入则关闭上划线或下划线功能。

6.2.3　编辑单行文本

若需要对已标注的文本进行修改，如文字的内容、对正方式以及缩放比例等，可通过

DDEDIT 命令编辑和"特性"选项板进行编辑。

（1）用 DDEDIT 命令编辑单行文本

在 AutoCAD 中，用户可以通过以下方法执行文本编辑命令。

- 执行"修改 > 对象 > 文字 > 编辑"命令。
- 在命令行中输入 DDEDIT，然后按 Enter 键。
- 双击文本即可进入文本编辑状态。

执行以上任意一种操作后，在绘图窗口中单击要编辑的单行文字，即可进入文字编辑状态，对文本内容进行相应的修改，如图 6-16 所示。

图 6-16　单行文字编辑状态

（2）用"特性"选项板编辑单行文本

选择要编辑的单行文本，右击弹出快捷菜单，选择"特性"选项，打开"特性"选项板，在"文字"展卷栏中，可对文字进行修改，如图 6-17 所示。

该选项板中各选项的作用如下。

- 常规：用于修改文本颜色和所属的图层。
- 三维效果：用于设置三维材质。
- 文字：用于修改文字的内容、样式、对正方式、高度、旋转角度、倾斜角度和宽度比例等。

图 6-17　单行文字"特性"选项板

课堂练习　绘制连接器符号

下面利用所学知识绘制连接器符号，具体绘制步骤如下。

Step01 执行"绘图 > 直线"命令，绘制两条长度为 8mm 相互垂直的直线，如图 6-18 所示。

Step02 执行"修改 > 旋转"命令，将直线旋转 −45°，如图 6-19 所示。

Step03 执行"修改 > 复制"命令，选择转角直线进行复制操作，移动距离设置为 6mm，如图 6-20 所示。

扫一扫　看视频

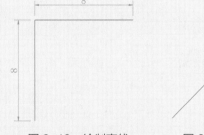

图 6-18　绘制直线

图 6-19　旋转图形

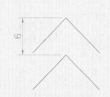

图 6-20　复制图形

Step04 执行"绘图 > 直线"命令，绘制长度为 60mm 的竖直线，将直线中点对齐到拐角直线的交点，如图 6-21 所示。

Step05 执行"修改 > 修剪"命令，修剪多余的线条，如图 6-22 所示。

117

Step06 执行"绘图 > 文字 > 单行文字"命令，在绘图区指定文字的起点，如图 6-23 所示。

Step07 单击后根据提示输入文字高度"10"，如图 6-24 所示。

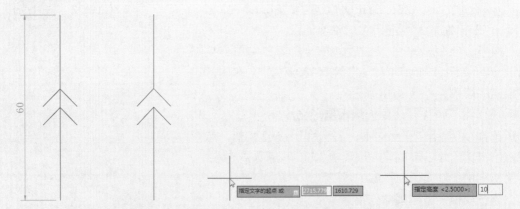

图 6-21　绘制直线　　图 6-22　修剪图形　　图 6-23　指定文字起点　　　　图 6-24　输入文字高度

Step08 按回车键确认，默认文字旋转角度为 0，如图 6-25 所示。

Step09 按回车键确认，输入文字内容"12"，在旁边单击鼠标并按 ESC 键，完成单行文字的创建，将文字移动到图形旁边，如图 6-26 所示。

Step10 继续创建文字并移动到合适位置，完成连接器符号的绘制，如图 6-27 所示。

图 6-25　默认旋转角度　　　图 6-26　创建单行文字　　图 6-27　复制并修改文字

6.3　创建与编辑多行文本

多行文本包含一个或多个文字段落，可作为单一的对象处理。在输入文字标注之前需要先指定文字边框的对角点，文字边框用于定义多行文字对象中段落的宽度。编辑多行文本可用"文字编辑器"面板进行编辑。

6.3.1　创建多行文本

在 AutoCAD 中，用户可以通过以下方法执行"多行文字"命令。

- 执行"绘图 > 文字 > 多行文字"命令。
- 在"默认"选项卡的"注释"面板中单击"多行文字"按钮**A**。
- 在"注释"选项卡的"文字"面板中单击"多行文字"按钮**A**。
- 在命令行中输入快捷命令 MTEXT，然后按 Enter 键。

命令行的提示内容如下：

```
命令：_mtext
当前文字样式："Standard"  文字高度： 2.5  注释性： 否
指定第一角点：
指定对角点或 [高度(H)/对正(J)/行距(L)/旋转(R)/样式(S)/宽度(W)/栏(C)]：
```

其中，命令行中各选项含义如下。

- 对正：用于设置文本的排列方式。
- 行距：指定多行文字对象的行距。行距是一行文字的底部（或基线）与下一行文字底部之间的垂直距离。
- 样式：用于指定多行文字的文字样式。其中"样式名"用于指定文字样式名；"?—列出样式"用于列出文字样式名称和特性。
- 栏：指定多行文字对象的栏选项。"静态"指定总栏宽、栏数、栏间距宽度（栏之间的间距）和栏高；"动态"指定栏宽、栏间距宽度和栏高。动态栏由文字驱动。调整栏将影响文字流，而文字流将导致添加或删除栏；"不分栏"将为当前多行文字对象设置不分栏模式。

在绘图区中通过指定对角点框选出文字输入范围，即可在文本框中输入文字，如图 6-28 所示。

在系统自动打开的"文本编辑器"选项卡中可对文字的样式、格式、段落等属性进行设置，如图 6-29 所示。

图 6-28　文本框

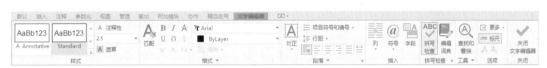

图 6-29　"文字编辑器"选项卡

6.3.2　编辑多行文本

编辑多行文本与编辑单行文本一样，用 DDEDIT 命令和"特性"选项板即可。

（1）用 DDEDIT 命令编辑多行文本

在命令行中输入 DDEDIT 命令，按 Enter 键后选择多行文本作为编辑对象，将会弹出"文字编辑器"选项卡和文本编辑框，如图 6-30 所示。同创建多行文字一样，在"文字编辑器"选项卡中，可对多行文字进行字体属性的设置。

平面布置图

图 6-30　编辑多行文字

（2）用"特性"选项板编辑多行文本

选取多行文本后右击，在打开的快捷菜单中选择"特性"选项版，用户可在该选项板中设置多行文字的内容、文字高度、旋转角度、行间距等参数。

与单行文本的"特性"选项板不同的是，没有"其他"选项组，"文字"选项组中增加了"行距比例""行间距""行距样式"3个选项。但缺少了"倾斜"和"宽度因子"选项，如图6-31所示。

6.3.3 拼写检查

在AutoCAD中，用户可以对当前图形的所有文字进行拼音检查，包括单行文字、多行文本等内容。

执行"工具>拼写检查"命令或在"注释"选项卡的"文字"面板中单击"拼写检查"按钮`ABC`，都将打开"拼写检查"对话框，如图6-32所示。在"要进行检查的位置"下拉列表框中设置要进行检查的位置，单击"开始"按钮，即可进行检查。

图6-31 多行文字"特性"面板

执行"编辑>查找"命令，打开"查找和替换"对话框，可以对已输入的一段文本中的部分文字进行查找和替换。单击"展开"按钮可以展开"搜索选项"和"文字类型"选项组，如图6-33所示。

图6-32 "拼写检查"对话框   图6-33 "查找和替换"对话框

课堂练习 创建零件图技术要求

下面为零件图创建技术要求文字，具体操作步骤如下。

Step01 执行"绘图>文字>多行文字"命令，根据提示单击指定文本框第一角点，如图6-34所示。

Step02 移动光标，指定文本框对角点，如图6-35所示。

扫一扫 看视频

图6-34 指定第一角点

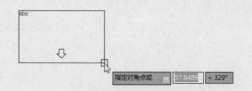

图6-35 指定对角点

Step03 打开文本框和"文字编辑器"选项卡，文字默认高度为2.5，字体为宋体，输入技术要求内容，如图6-36所示。

Step04 设置标题文字高度为 4，内容文字高度为 3，再选择标题文字，在"文字编辑器"选项卡中设置单击"居中"按钮，如图 6-37 所示。

Step05 设置完在绘图区空白处单击即可完成文字的创建，如图 6-38 所示。

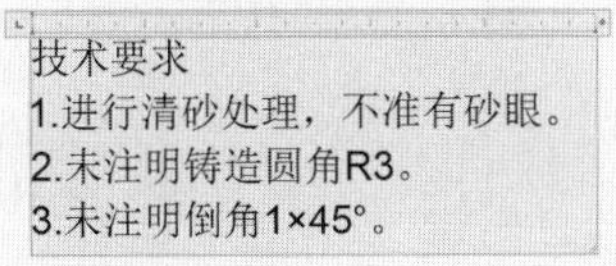

技术要求
1.进行清砂处理，不准有砂眼。
2.未注明铸造圆角R3。
3.未注明倒角1×45°。

图 6-36　输入文字内容

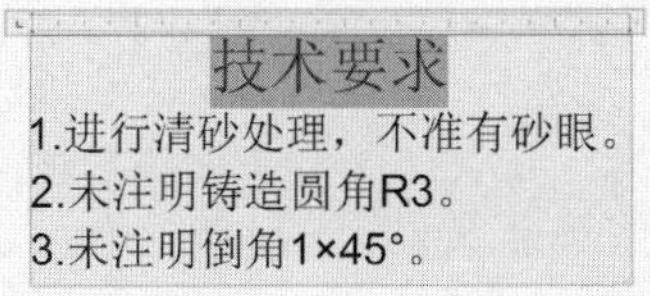

技术要求
1.进行清砂处理，不准有砂眼。
2.未注明铸造圆角R3。
3.未注明倒角1×45°。

图 6-37　设置文字高度和对齐方式

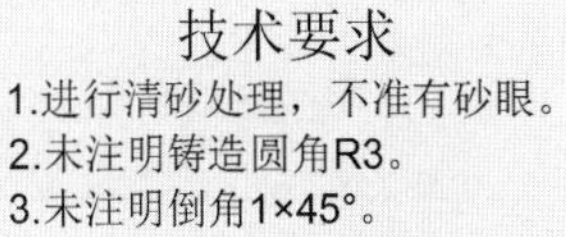

技术要求
1.进行清砂处理，不准有砂眼。
2.未注明铸造圆角R3。
3.未注明倒角1×45°。

图 6-38　完成创建

6.4　创建与编辑表格

在绘制工程图时，常常会利用表格来标识图纸中所需要的参数，如占地面积、容积率、绿植表等。在 AutoCAD 中，用户可使用表格命令，直接插入表格，而不需单独绘制线来制作表格。

6.4.1　设置表格样式

在插入表格之前，需要对表格样式进行设定才行。其方法与设置文字样式相似。用户可以通过以下几种方式打开"表格样式"对话框。

- 执行"格式 > 表格样式"命令。
- 在"默认"选项卡的"注释"面板中，单击下拉箭头，单击"表格样式"按钮 。
- 在"注释"选项卡的"表格"面板中，单击右下角箭头即可。
- 在命令行中输入 TABLESTYLE，然后按 Enter 键。

通过以上任意一种方式都可打开"表格样式"对话框，在该对话框中，用户可对表格的表头、数据以及标题样式进行设置，如图 6-39 所示。

6.4.2　创建表格

表格样式设置完成后，接下来可使用表格功能插入表格了。用户可通过以下方式调用"表格"命令。

- 执行"绘图 > 表格"命令。
- 在"注释"选项卡的"表格"面板中，单击"表格 "命令。
- 在"默认"选项卡的"注释"面板中，单击"表格"命令。
- 在命令行中输入 TABLE，然后按 Enter 键。

执行以上任意一种命令，都会打开"插入表格"对话框，其后在对话框中，设置表格的列数和行数即可插入，如图 6-40 所示。

而当表格创建完成后，用户可对表格进行编辑修改操作。单击表格内部任意单元格，系统会打开"表格单元"选项卡，在该选项卡中，用户可根据需要对表格的行、列以及单元格样式等参数进行设置，如图 6-41 所示。

121

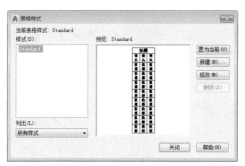

图 6-39　"表格样式"对话框

图 6-40　"插入表格"对话框

图 6-41　"表格单元"选项卡

6.4.3　调用外部表格

用户可将其他办公软件制作好的表格调入至 CAD 图纸中，从而提高工作效率。

用户可执行"绘图 > 表格"命令，在打开的"插入表格"对话框中，单击"自数据链接"单选按钮，并单击右侧"数据链接管理器▣"按钮，其后在"选择数据链接"对话框中，选择"创建新的 Excel 数据链接"选项，打开"输入数据链接名称"对话框，输入文件名，如图 6-42 所示。

在"新建 Excel 数据链接"对话框中，单击"浏览▣"按钮，如图 6-43 所示。打开"另存为"对话框，选择所需插入的 Excel 文件单击"打开"按钮，返回到上一层对话框，最后依次单击"确定"按钮，返回到绘图区，在绘图区指定表格插入点即可插入表格。

图 6-42　浏览文件

图 6-43　选择插入的 Excel 文件

📝 **课堂练习**　**插入 Excel 表格**

下面将 Excel 表格插入到 AutoCAD 中，具体操作步骤如下。

Step01 执行"绘图 > 表格"命令，打开"插入表格"对话框，如图 6-44 所示。

Step02 在"插入选项"选项组中选择"自数据链接"选项，单击"启动"按钮 🖳，打开"选择数据链接"对话框，如图 6-45 所示。

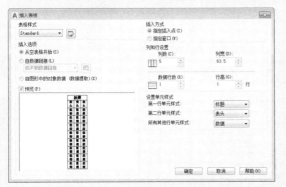

图 6-44 "插入表格"对话框

图 6-45 "选择数据链接"对话框

Step03 单击"创建新的 Excel 数据链接"选项打开"输入数据链接名称"对话框，输入"技术规格"，如图 6-46 所示。

图 6-46 输入数据链接名称

扫一扫 看视频

Step04 打开"新建 Excel 数据链接"对话框，如图 6-47 所示。

Step05 单击"浏览"按钮打开"另存为"对话框，选择要插入的 Excel 文件，如图 6-48 所示。

图 6-47 "新建 Excel 数据链接"对话框

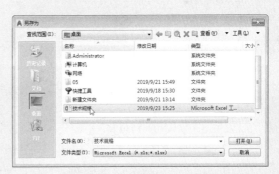

图 6-48 选择 Excel 文件

Step06 单击"打开"按钮返回"新建 Excel 数据链接"对话框，可以预览到表格效果，如图 6-49 所示。

Step07 依次单击"确定"按钮关闭"新建 Excel 数据链接：技术规格"对话框和"选择数据链接"对话框，返回"插入表格"对话框，如图 6-50 所示。

图 6-49 预览表格

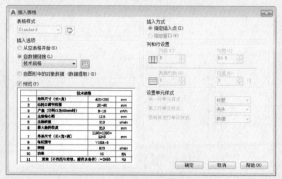

图 6-50 "插入表格"对话框

Step08 单击"确定"按钮,在绘图区指定表格插入点,如图 6-51 所示。

Step09 单击即可完成表格的插入,如图 6-52 所示。

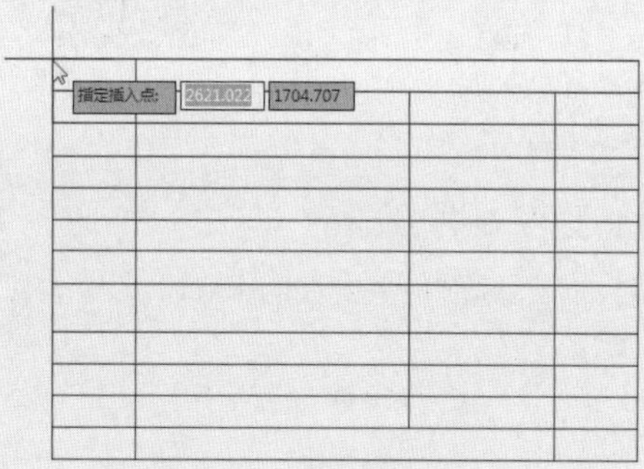

图 6-51 指定表格插入点

	技术规格		
1	给料尺寸(长×宽)	400×250	mm
2	出料口调节范围	20~80	mm
3	产量(出料口为50mm时)	8~10	m³/h
4	主轴偏心距	12.5	
5	主轴转速	310	r/min
6	最大给料粒度	210	mm
7	外形尺寸(长×宽×高)	1180×1090×1245	mm
8	电机型号	Y180L-6	
9	转速	970	r/min
10	功率	15	KN
11	重量(不包括电动机、附件及备件):≈ 2455		Kg

图 6-52 完成操作

综合实战 绘制机械装配图标题栏

设置文字样式与表格样式并创建表格,具体操作步骤如下。

Step01 执行"格式 > 文字样式"命令,打开"文字样式"对话框,设置字体为仿宋 _GB2312,字高为 12,如图 6-53 所示。设置完毕依次单击"应用""关闭"按钮。

Step02 执行"格式 > 表格样式"命令,打开"表格样式"对话框,如图 6-54 所示。

Step03 单击"修改"按钮打开"创建新的表格样式"对话框,输入样式名,如图 6-55 所示。

Step04 单击"继续"按钮,打开"新建表格样式"对话框,设置"数据"表格样式,设置对齐方式为"正中",页边距均为 4,其余参数保持默认,如图 6-56 所示。

图 6-53 设置文字样式

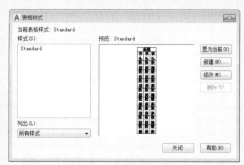

图 6-54 "表格样式"对话框

扫一扫 看视频

图 6-55 新建表格样式

图 6-56 设置表格样式

Step05 单击"确定"按钮返回"表格样式"对话框，依次单击"置为当前""关闭"按钮。执行"绘图>表格"命令，打开"插入表格"对话框，设置列数为8，列宽为100，行数为4，行高为2，第一行和第二行单元样式为"数据"，如图6-57所示。

Step06 单击"确定"按钮，在绘图区指定表格插入点，如图6-58所示。

图 6-57 设置表格行和列

图 6-58 指定插入点

Step07 单击创建表格，且第一个单元格进入输入状态，如图6-59所示。

Step08 输入数据内容，如图6-60所示。

Step09 选择G1和H1两个单元格，如图6-61所示。

Step10 在"表格单元"选项卡的"合并"面板中打开"合并单元"下拉列表，单击"合并全部"按钮，如图6-62所示。

125

第6章 文本与表格

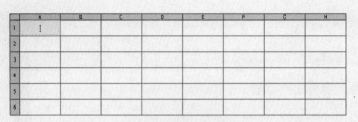

图 6-59　创建表格

设计员				名称	型号		图号	
检图								
主任设计师		技术部部长			第　张		比　例	
标准化审查					第　张		重　量	
产品工艺师		总工程师						
日期								

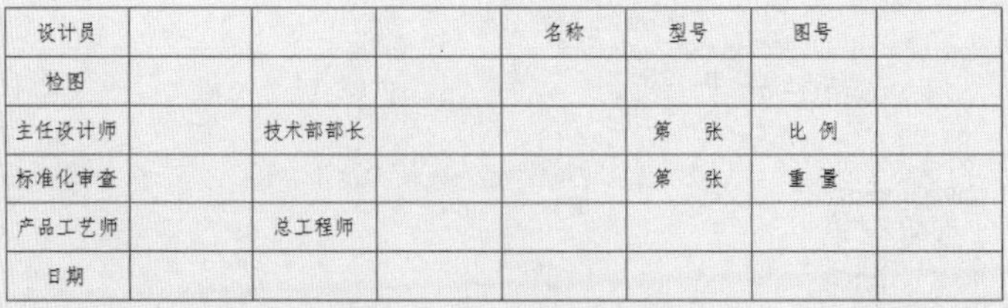

图 6-60　输入表格内容

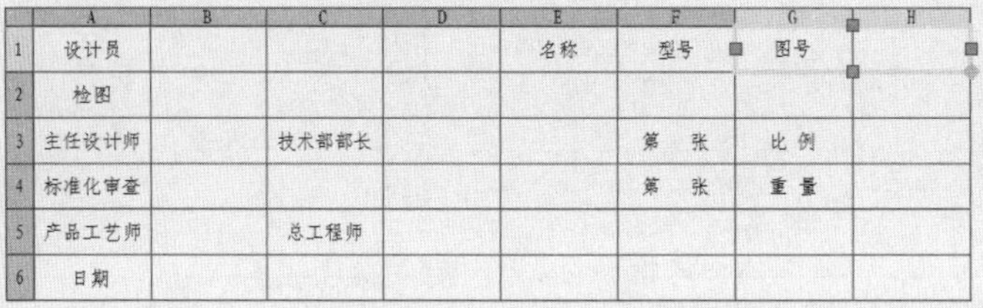

设计员				名称	型号	图号	
检图							
主任设计师		技术部部长			第　张	比　例	
标准化审查					第　张	重　量	
产品工艺师		总工程师					
日期							

图 6-61　选择单元格

Step11 如此即可将两个单元格合并，如图 6-63 所示。

图 6-62　单击"合并全部"按钮

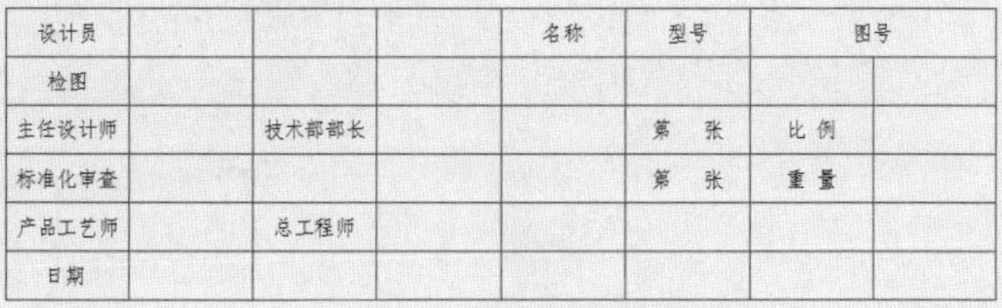

设计员			名称	型号	图号
检图					
主任设计师	技术部部长			第　张	比　例
标准化审查				第　张	重　量
产品工艺师	总工程师				
日期					

图 6-63　合并单元格

Step12 照此操作方法再合并 E2 ～ E4、E5 ～ E6、F5 ～ H6，如图 6-64 所示。

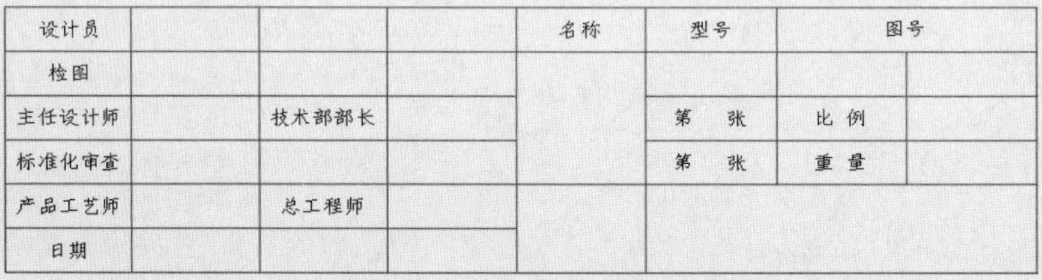

设计员			名称	型号	图号	
检图						
主任设计师	技术部部长			第　张	比　例	
标准化审查				第　张	重　量	
产品工艺师	总工程师					
日期						

图 6-64　合并其他单元格

Step13 选择单元格 E1 ～ E6，在右侧的夹点上单击，该夹点会变成红色，向右移动光标，即可调整该列的整体宽度，如图 6-65 所示。

A
B
C
D
E
F
G
H
设计员
名称
型号
图号
检图
主任设计师
技术部部长
第 张
比 例
标准化审查
第 张
重 量
产品工艺师
总工程师
日期

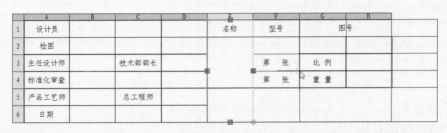

图 6-65　单击夹点

Step14 在目标点单击完成表格的调整，如图 6-66 所示。

A
B
C
D
E
F
G
H
设计员
名称
型号
图号
检图
主任设计师
技术部部长
第 张
比 例
标准化审查
第 张
重 量
产品工艺师
总工程师
日期

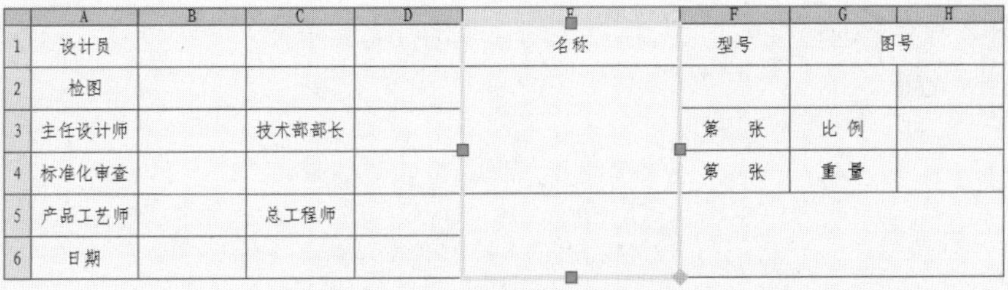

图 6-66　调整单元格宽度

Step15 照此方式再调整其他单元格列宽，完成本案例的制作，如图 6-67 所示。

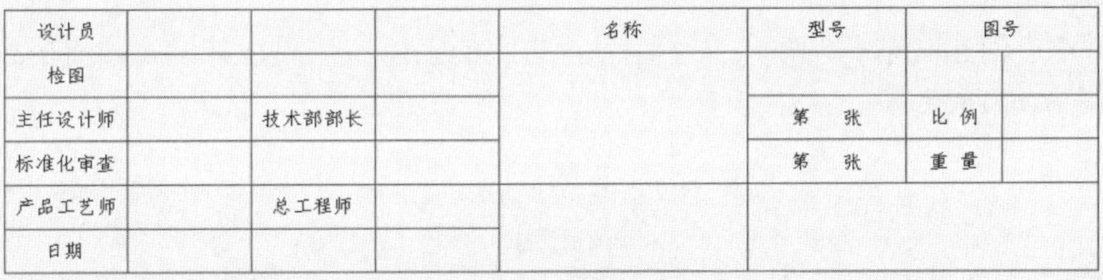

设计员
名称
型号
图号
检图
主任设计师
技术部部长
第 张
比 例
标准化审查
第 张
重 量
产品工艺师
总工程师
日期

图 6-67　完成操作

课后作业

一、填空题

1. 多行文字被分解后会变成__________。
2. 输入文字时，若要输入正负号，应输入______。
3. 输入文字时，输入 0.2%%D，会得到实际文本______。
4. 在创建单行文字时可以设置的文字特性有__________、__________、__________。

二、选择题

1. ED 命令可以用来修改哪些文字对象（　　）。

A. 标注　　B. 参照块　　C. 属性　　D. 外部参照

2. 在使用多行文本编辑器时，其中 %%C、%%D 分别表示（　　）。

A. 直径、半径　　B. 度数、正负　　C. 直径、度数　　D. 正负、下划线

3. 下列哪一类字体是中文字体（　　）。

A. gbenor.shx   B. gbeitc.sgx   C. gbcbig.shx   D. txt.shx

4. 在设置文字样式时，设置了文字的高度，则（　　）。

A. 在输入单行文字时，可以改变文字高度

B. 在输入多行文字时，不可以改变文字高度

C. 在输入单行文字时，不可以概念文字高度

D. 都可以改变文字高度

5. 使用 AutoCAD 自带多行文字编辑器书写"6³"，编辑器中应输入（　　）。

A. 63^   B. 6/3   C. 6^3   D. 6#3

三、操作题

1. 利用多行文字创建机械制图的技术要求，如图 6-68 所示。

（1）图形效果

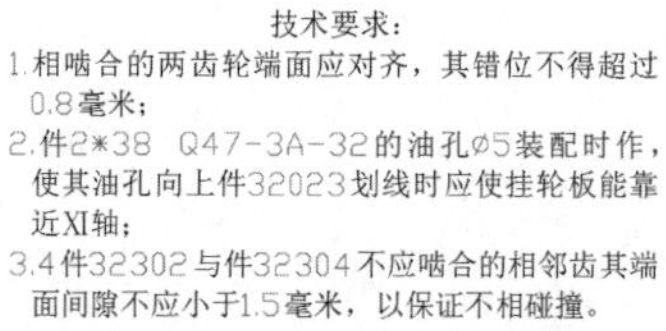

技术要求：
1.相啮合的两齿轮端面应对齐，其错位不得超过
0.8毫米；
2.件2*38 Q47-3A-32的油孔⌀5装配时作，
使其油孔向上件32023划线时应使挂轮板能靠
近XI轴；
3.4件32302与件32304不应啮合的相邻齿其端
面间隙不应小于1.5毫米，以保证不相碰撞。

图 6-68　多行文字效果展示

（2）操作思路

指定对角点创建文本框，输入文字，设置文字的字体、字高，并设置段落格式，分别如图 6-69 ~ 图 6-71 所示。

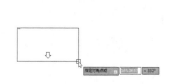

技术要求：
1.相啮合的两齿轮端面应对齐，
其错位不得超过0.8毫米；
2.件2*38 Q47-3A-32的油
孔⌀5装配时作，使其油孔向上件
32023划线时应使挂轮板能靠近
XI轴；
3.4件32302与件32304不应啮
合的相邻齿其端面间隙不应小于
1.5毫米，以保证不相碰撞。

技术要求：
1.相啮合的两齿轮端面应对齐，其错位不得超过
0.8毫米；
2.件2*38 Q47-3A-32的油孔⌀5装配时作，
使其油孔向上件32023划线时应使挂轮板能靠
近XI轴；
3.4件32302与件32304不应啮合的相邻齿其端
面间隙不应小于1.5毫米，以保证不相碰撞。

图 6-69　创建文本框 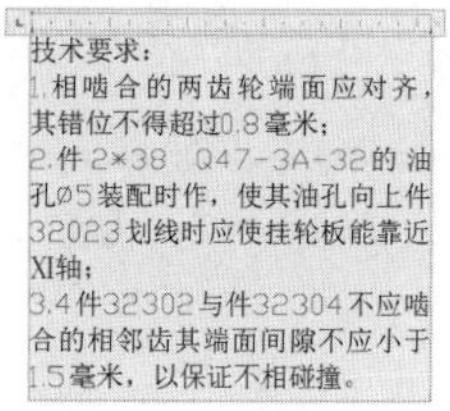　　　图 6-70　输入文字 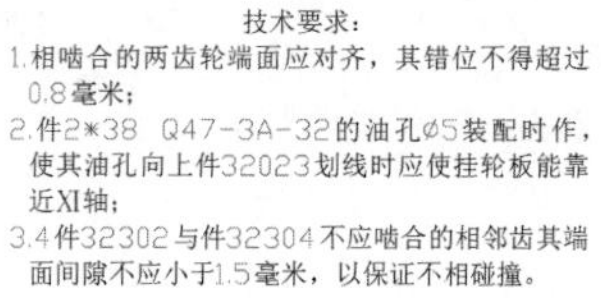　　　图 60-71　设置段落格式

2. 创建灌木地被列表，如图 6-72 所示。

（1）图形效果

灌木地被图例									
序列	植物名称	序列	植物名称	序列	植物名称	序列	植物名称	序列	植物名称
S1	大理石碎拼	S5	红叶小檗色块	S9	群植黄玉兰	S13	群植紫叶碧桃	S17	花叶蔓长春花
S2	龙柏色块	S6	金叶女贞色块	S10	群植红栌	S14	矮生美人蕉色块	S18	蕙兰草坪
S3	洒金柏色块	S7	群植紫玉兰	S11	鸢尾色块	S15	吉祥草花坛	S19	麦冬草坪
S4	大叶黄杨色块	S8	群植白玉兰	S12	群植红绿梅	S16	蔓长春花	S20	马里拉草坪

图 6-72　表格效果

（2）操作思路

设置表格样式，插入表格并输入文字，调整表格，分别如图 6-73～图 6-76 所示。

图 6-73 设置常规、文字选项 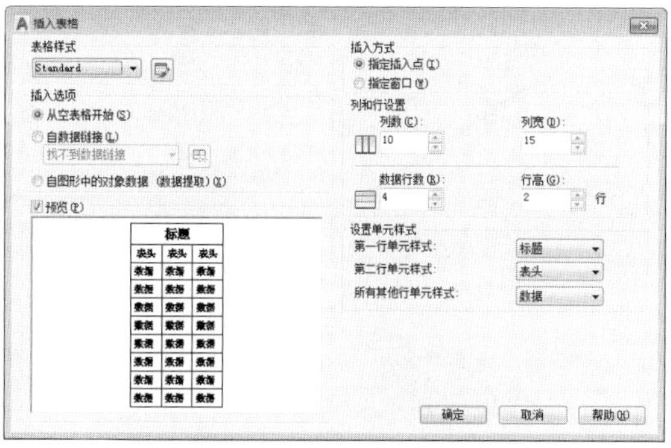　　　　　　图 6-74 行和列设置

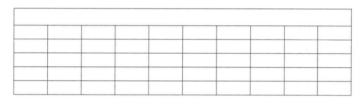

图 6-75 插入表格

灌木地被图例									
序列	植物名称	序列	植物名称	序列	植物名称	序列	植物名称	序列	植物名称
S1	大理石碎拼	S5	红叶小檗色块	S9	群植黄玉兰	S13	群植紫叶碧桃	S17	花叶蔓长春花
S2	龙柏色块	S6	金叶女贞色块	S10	群植红栌	S14	矮生美人蕉色块	S18	葱兰草坪
S3	洒金柏色块	S7	群植紫玉兰	S11	鸢尾色块	S15	吉祥草花坛	S19	麦冬草坪
S4	大叶黄杨色块	S8	群植白玉兰	S12	群植红绿梅	S16	蔓长春花	S20	马里拉草坪

图 6-76 输入文字并设置

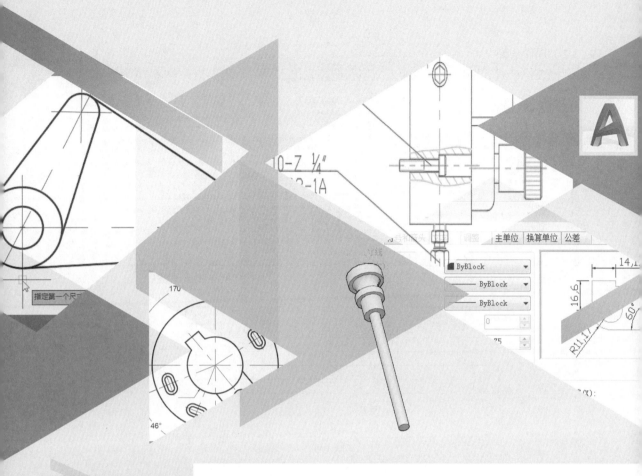

第7章

尺寸标注与编辑

内容导读

尺寸标注是绘图设计过程中的一个重要环节，它是图形的测量注释。在绘制图形时使用尺寸标注，能够为图形的各个部分添加提示和注释等辅助信息。本章将向读者介绍创建与设置标注样式、多重引线标注、编辑标注对象等内容，掌握好这些方法能够有效地节省绘图时间。

学习目标

○ 了解尺寸标注的规则与组成
○ 了解尺寸标注的关联
○ 了解标注对象的编辑
○ 掌握标注样式的创建与设置
○ 掌握尺寸标注的创建
○ 引线和形位公差的创建

7.1 尺寸标注的组成与规则

尺寸标注是工程绘图设计中的一项重要内容，它描述了图形对象的真实大小、形状和位置，是实际生活和生产中的重要依据。下面将为用户介绍尺寸标注的组成、标注的规则以及尺寸标注的一般步骤。

7.1.1 尺寸标注的组成

一个完整的尺寸标注具有尺寸界线、尺寸线、尺寸起止符号和尺寸数字4个要素，如图7-1所示。

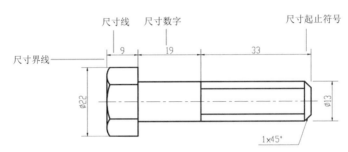

图 7-1　尺寸标注的组成

尺寸标注基本要素的作用与含义如下。

- 尺寸界线：也称为投影线，从被标注的对象延伸到尺寸线。尺寸界线一般与尺寸线垂直，特殊情况下也可以将尺寸界线倾斜。有时也会用对象的轮廓线或中心线代替尺寸界线。
- 尺寸线：表示尺寸标注的范围。通常与所标注的对象平行，一端或两端带有终端号，如箭头或斜线，角度标注的尺寸线圆弧线。
- 尺寸起止符号：位于尺寸线两端，用于标记标注的起始和终止位置。箭头的范围很广，既可以是短划线、点或其他标记，也可以是块，还可以是用户创建的自定义符号。
- 尺寸数字：用于指示测量的字符串，一般位于尺寸线上方或中断处。标注文字可以反映基本尺寸，也可以包含前缀、后缀和公差，还可以按极限尺寸形式标注。如果尺寸界线内放不下尺寸文字，AutoCAD 将会自动将其放到外部。

7.1.2 尺寸标注的规则

国家标准《尺寸注法》（GB/T 4457.4—1984）中，对尺寸标注时应遵循的有关规则做了明确规定。

（1）基本规则
- 图样上所标注的尺寸数为图形的真实大小，与绘图比例和绘图的准确度无关。
- 图形中的尺寸以系统默认值 mm（毫米）为单位时，不需要计算单位代号或名称，如果采用其他单位，则必须注明相应计量的代号或名称，如"度"的符号"°"和英寸""等。
- 图样上所标注的尺寸数值应为工程图形完工的实际尺寸，否则需要另外说明。

- 图像中的每个尺寸一般只标注一次，并标注在最能清晰表现该图形结构特征的视图上。
- 尺寸的配置要合理，功能尺寸应该直接标注，尽量避免在不可见的轮廓线上标注尺寸，数字之间不允许有任何图线穿过，必要时可以将图线断开。

（2）尺寸数字
- 线性尺寸的数字一般应注写在尺寸线的上方，也允许标注在尺寸线的中断处。
- 线性尺寸数字的方向，以平面坐标系的 Y 轴为分界线，左侧按顺时针方向标注在尺寸线的上方，右侧按逆时针方向标注在尺寸线的上方，但在与 Y 轴正负方向成 30° 角的范围内不标注尺寸数字。在不引起误解时，也允许采用引线标注。但在一张图样中，应尽可能采用一种方法。
- 角度的数字一律写成水平方向，一般注写在尺寸线的中断处。必要时也可使用引线标注。
- 尺寸数字不可被任何图线所通过，否则必须将该图线断开。

（3）尺寸线
- 尺寸线用细实线绘制，其终端可以使用箭头和斜线两种形式。箭头适用于各种类型的图样，但在实践中多用于机械制图，斜线多用于建筑制图。斜线用细实线绘制，当尺寸线的终端采用斜线形式时，尺寸线与尺寸界线必须相互垂直。
- 当尺寸线与尺寸界线相互垂直时，同一张图样中只能采用一种尺寸线终端的形式。当采用箭头时，如果空间地位不足，允许用圆点或斜线代替箭头。
- 标注线性尺寸时，尺寸线必须与所标注的线段平行。尺寸线不能用其他图线代替，一般也不得与其他图线重合或画在其延长线上。
- 标注角度时，尺寸线应画成圆弧，其圆心是该角的顶点。
- 当对称机件的图形只画出一半或略大于一半时，尺寸线应略超过对称中心线或断裂处的边界线，此时仅在尺寸线的一端画出箭头。

（4）尺寸界线
- 尺寸界线用细实线绘制，并应由图形的轮廓线、轴线或对称中心线处引出。也可利用轮廓线、轴线或对称中心线作尺寸界线。
- 当表示曲线轮廓上各点的坐标时，可将尺寸线或其延长线作为尺寸界线。
- 尺寸界线一般应与尺寸线垂直，必要时才允许倾斜。在光滑过渡处标注尺寸时，必须用细实线将轮廓线延长，从它们的交点处引出尺寸界线。
- 标注角度的尺寸界线应沿径向引出。标注弦长或弧长的尺寸界线应平行于该弦的垂直平分线，当弧度较大时，可沿径向引出。

（5）标注尺寸的符号
- 标注直径时，应在尺寸数字前加注符号"Φ"；标注半径时，应在尺寸数字前加注符号"R"；标注球面的直径或半径时，应在符号"Φ"或"R"前再加注符号"S"。
- 标注弧长时，应在尺寸数字上方加注符号"⌒"。
- 标注参考尺寸时，应将尺寸数字加上圆括弧。

当需要指明半径尺寸是由其他尺寸所确定时，应用尺寸线和符号"R"标出，但不要注写尺寸数。

知识点拨

尺寸标注中的尺寸线、尺寸界线用细实线。尺寸数字中的数据不一定是标注对象的图上尺寸，因为有时使用了绘图比例。

7.1.3 创建尺寸标注的步骤

尺寸标注是一项系统化的工作，涉及尺寸线、尺寸界线、指引线所在的图层，尺寸文本的样式、尺寸样式、尺寸公差样式等。在 AutoCAD 中对图形进行尺寸标注时，通常按以下步骤进行。

① 创建或设置"尺寸标注"图层，将尺寸标注在该图层上。

② 创建或设置尺寸标注的文字样式。

③ 创建或设置尺寸标注样式。

④ 使用对象捕捉等功能，为图形中的元素创建相应的标注。

7.2 创建与设置标注样式

标注样式可以控制尺寸标注的格式和外观，建立和强制执行图形的绘图标准，这样便于对标注格式和用途进行修改。在 AutoCAD 中，利用"标注样式管理器"对话框可创建与设置标注样式，如图 7-2 所示。用户可以通过以下方法调出该对话框。

- 执行"格式 > 标注样式"命令。
- 在"默认"选项卡的"注释"面板中单击"标注样式"按钮 。
- 在"注释"选项卡的"标注"面板中单击右下角箭头 。
- 在命令行中输入 DIMSTYLE，然后按 Enter 键。

7.2.1 新建标注样式

在"标注样式管理器"对话框中，单击"新建"按钮，即可打开"创建新标注样式"对话框，如图 7-3 所示。其中各选项的含义如下。

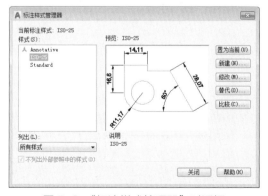

图 7-2 "标注样式管理器"对话框　　　　图 7-3 "创建新标注样式"对话框

- 新样式名：指定新的标注样式名。
- 基础样式：设定作为新样式的基础的样式。对于新样式，仅更改那些与基础特性不同的特性。
- 用于：创建一种仅适用于特定标注类型的标注子样式。
- 继续：单击该按钮可打开"新建标注样式"对话框，从中可以定义新的标注样式特性。

知识延伸

尺寸标注创建完成后，用户可对其进行修改编辑。在命令行中输入 CH 命令，然后按 Enter 键，即可打开"特性"选项板。在该选项板中，用户可以对尺寸标注进行修改。

7.2.2 设置标注样式

为了使绘制出来的图纸更加整洁统一，用户可以对标注样式进行统一修改设置，"修改标注样式"对话框中包含了 7 个选项卡，在各个选项卡中可对标注样式进行相关设置。

图 7-4 "线"选项卡

（1）"线"选项卡

在"线"选项卡中，用户可以设置尺寸线、尺寸界线的参数和特性，如图 7-4 所示。

① 尺寸线 该选项组用于设置尺寸线的特性，如颜色、线宽、基线间距等特征参数，还可以控制是否隐藏尺寸线。

- 颜色：显示并设定尺寸线的颜色。如果单击"选择颜色"，将显示"选择颜色"对话框。
- 线型：设定尺寸线的线型。
- 线宽：设定尺寸线的线宽。
- 超出标记：指定当箭头使用倾斜、建筑标记、积分和无标记时尺寸线超过尺寸界线的距离。
- 基线间距：设定基线标注的尺寸线之间的距离。
- 隐藏：不显示尺寸线。"尺寸线 1"不显示第一条尺寸线，"尺寸线 2"不显示第二条尺寸线。

② 尺寸界线 该选项组用于控制尺寸界线的外观。可以设置尺寸界线的颜色、线宽、超出尺寸线、起点偏移量等特征参数。

- 尺寸界线 1 的线型：设定第一条尺寸界线的线型。
- 尺寸界线 2 的线型：设定第二条尺寸界线的线型。
- 隐藏：不显示尺寸界线。"尺寸界线 1"不显示第一条尺寸界线，"尺寸界线 2"不显示第二条尺寸界线。
- 超出尺寸线：指定尺寸界线超出尺寸线的距离。
- 起点偏移量：设定自图形中定义标注的点到尺寸界线的偏移距离。

● 固定长度的尺寸界线：启用固定长度的尺寸界线，可使用"长度"选项，设定尺寸界线的总长度，起始于尺寸线，直到标注原点。

（2）符号和箭头

在"符号和箭头"选项卡中可以控制标注箭头的外观，如图 7-5 所示

① 箭头　在"符号和箭头"选项卡的"箭头"选项组中，用户可以选择尺寸线和引线标注的箭头形式，还可以设置箭头的大小，共包含 21 种箭头类型，如图 7-6 所示。

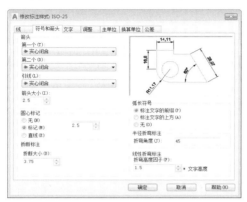

图 7-5　"符号和箭头"选项卡

图 7-6　箭头种类

● 第一个：设定第一条尺寸线的箭头。当改变第一个箭头的类型时，第二个箭头将自动改变以同第一个箭头相匹配。

● 第二个：设定第二条尺寸线的箭头。

● 引线：设定引线箭头。

② 圆心标记　该选项组用于控制直径标注和半径标注的圆心标记和中心线的外观。

● 无：不创建圆心标记或中心线。

● 标记：创建圆心标记。选择该选项，圆心标记为圆心位置的小十字线。

● 直线：表示创建中心线。选择该选项时，表示圆心标记的标注线将延伸到圆外。

（3）"文字"选项卡

在"文字"选项卡中，用户可以设置标注文字的格式、放置和对齐，如图 7-7 所示。

① 文字外观　该选项组用于控制标注文字的样式、颜色、高度等属性。

● 文字样式：列出可用的文本样式。单击后面的"文字样式"按钮，可显示"文字样式"对话框，从中可以创建或修改文字样式。

● 填充颜色：设定标注中文字背景的颜色。

● 分数高度比例：设定相对于标注文字的分数比例。在此处输入的值乘以文字高度，可确定标注分数相对于标注文字的高度。

② 文字位置　在该选项组中，用户可以设置文字的垂直、水平位置，观察方向以及文字从尺寸线偏移的距离。

③ 文字对齐　该选项组用于控制标注文字放置在尺寸界线外侧或里侧时的方向是保持水平还是与尺寸界线平行。

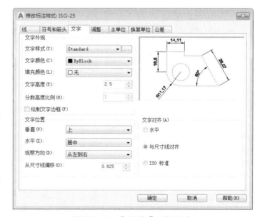

图 7-7　"文字"选项卡

135

- 水平：水平放置文字。
- 与尺寸线对齐：文字与尺寸线对齐。
- ISO 标准：当文字在尺寸界线内时，文字与尺寸线对齐；当文字在尺寸界线外时，文字水平排列。

（4）"调整"选项卡

"调整"选项卡用于设置文字、箭头、尺寸线的标注方式、文字的标注位置和标注的特征比例等，如图 7-8 所示。

① 调整选项 该选项组用于控制基于尺寸界线之间可用空间的文字和箭头的位置。

- 文字或箭头（最佳效果）：按照最佳效果将文字或箭头移动到尺寸界线外。
- 箭头：先将箭头移动到尺寸界线外，然后移动文字。
- 文字：先将文字移动到尺寸界线外，然后移动箭头。
- 文字和箭头：当尺寸界线间距离不足以放下文字和箭头时，文字和箭头都移到尺寸界线外。
- 文字始终保持在尺寸界线之间：始终将文字放在尺寸界线之间。
- 若箭头不能放在尺寸界线内，则将其消除：如果尺寸界线内没有足够的空间，则不显示箭头。

② 文字位置 该选项组用于设定标注文字从默认位置（由标注样式定义的位置）移动时标注文字的位置。

- 尺寸线旁边：如果选定，只要移动标注文字尺寸线就会随之移动。
- 尺寸线上方，带引线：如果选定，移动文字时尺寸线不会移动。如果将文字从尺寸线上移开，将创建一条连接文字和尺寸线的引线。当文字靠近尺寸线时，将省略引线。
- 尺寸线上方，不带引线：如果选定，移动文字时尺寸线不会移动。远离尺寸线的文字不与带引线的尺寸线相连。

③ 标注特征比例 该选项组用于设定全局标注比例值或图纸空间比例。

④ 优化 该选项组用于提供可手动放置文字以及在尺寸界限之间绘制尺寸线的选项。

（5）"主单位"选项卡

"主单位"选项卡用于设定主标注单位的格式和精度，并设定标注文字的前缀和后缀。如图 7-9 所示。

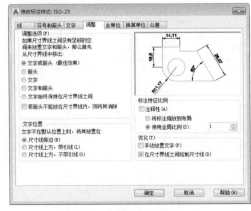

图 7-8 "调整"选项卡

图 7-9 "主单位"选项卡

① 线性标注　该选项组主要用于设定线性标注的格式和精度。

- 单位格式：设定除角度之外的所有标注类型的当前单位格式。
- 精度：显示和设定标注文字中的小数位数。
- 分数格式：设定分数的格式。只有当单位格式为"分数"时，此选项才可用。
- 舍入：为除"角度"之外的所有标注类型设置标注测量值的舍入规则。如果输入 0.25，则所有标注距离都以 0.25 为单位进行舍入。如果输入 1.0，则所有标注距离都将舍入为最接近的整数。小数点后显示的位数取决于"精度"设置。
- 前缀：在标注文字中包含前缀。可以输入文字或使用控制代码显示特殊符号。
- 后缀：在标注文字中包含后缀。可以输入文字或使用控制代码显示特殊符号。

② 测量单位比例　该选项组用于定义线性比例选项，并控制该比例因子是否仅应用到布局标注。

③ 消零　该选项组用于控制是否禁止输出前导零和后续零以及零英尺和零英寸部分。

- 前导：不输出所有十进制标注中的前导零。
- 辅单位因子：将辅单位的数量设定为一个单位。它用于在距离小于一个单位时以辅单位为单位计算标注距离。
- 辅单位后缀：在标注值子单位中包含后缀。可以输入文字或使用控制代码显示特殊符号。
- 0 英尺：如果长度小于一英尺，则消除英尺 - 英寸标注中的英尺部分。
- 0 英寸：如果长度为整英尺数，则消除英尺 - 英寸标注中的英寸部分。

④ 角度标注　该选项组用于显示和设定角度标注的当前角度格式。

（6）"换算单位"选项卡

在"换算单位"选项卡中，可以设置换算单位的格式，如图 7-10 所示。设置换算单位的单元格式、精度、前缀、后缀和消零的方法，与设置主单位的方法相同，但该选项卡中有两个选项是独有的。

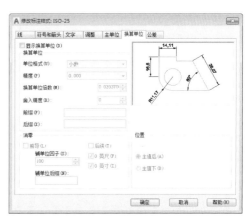

图 7-10　"换算单位"选项卡

- 换算单位倍数：指定一个乘数，作为主单位和换算单位之间的转换因子使用。例如，要将英寸转换为毫米，请输入 25.4。此值对角度标注没有影响，而且不会应用于舍入值或者正、负公差值。
- 位置：该选项组用于控制标注文字中换算单位的位置。

（7）"公差"选项卡

在"公差"选项卡中，可以设置指定标注文字中公差的显示及格式，如图 7-11 所示。

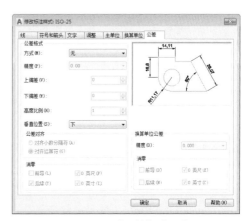

图 7-11　"公差"选项卡

① 公差格式　该选项组用于设置公差的方式、精度、公差值、公差文字的高度与对齐方式等。

- 方式：设定计算公差的方法。
- 精度：设定小数位数。
- 上偏差：设定最大公差或上偏差。如果在"方式"中选择"对称"，则此值将用于公差。
- 下偏差：设定最小公差或下偏差。
- 垂直位置：控制对称公差和极限公差的文字对正。

② 消零　该选项组用于控制是否显示公差文字的前导零和后续零。

③ 换算单位公差　该选项组用于设置换算单位公差的精度和消零。

📑 课堂练习 　创建机械制图标注样式

下面介绍机械制图标注样式的创建，具体操作步骤如下。

Step01 执行"格式 > 文字样式"命令，打开"文字样式"对话框，设置当前样式的字体为 txt.shx，如图 7-12 所示。依次单击"应用""关闭"按钮关闭对话框。

扫一扫 看视频

Step02 执行"格式 > 标注样式"命令，打开"标注样式管理器"对话框，单击"新建"按钮打开"创建新标注样式"对话框，输入新样式名"机械制图"，如图 7-13 所示。

图 7-12　设置文字样式

图 7-13　新建标注样式

Step03 单击"继续"按钮打开"新建标注样式：机械制图"对话框，切换到"主单位"选项卡，设置单位精度为 0.0，小数分隔符为"."句点，如图 7-14 所示。

Step04 在"文字"选项卡中设置文字高度为 2.6，从尺寸线偏移 1，如图 7-15 所示。

Step05 在"符号和箭头"选项卡中设置箭头大小为 1.5，如图 7-16 所示。

Step06 在"线"选项卡中设置尺寸界线超出尺寸线 1，起点偏移量 1.2，如图 7-17 所示。

Step07 设置完毕后单击"确定"按钮关闭对话框，返回"标注样式管理器"对话框，如图 7-18 所示。

Step08 接着创建子样式，单击"新建"按钮，打开"创建新标注样式"对话框，在"用于"列表中选择"半径标注"，如图 7-19 所示。

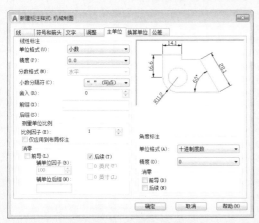

图 7-14　设置主单位

图 7-15　设置文字

图 7-16　设置符号和箭头

图 7-17　设置尺寸界线

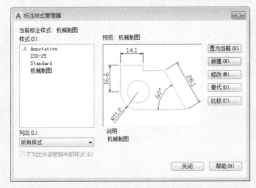

图 7-18　返回"标注样式管理器"对话框

图 7-19　创建"半径标注"子样式

Step09 单击"继续"按钮，打开"新建标注样式：机械制图：半径"对话框，在"文字"选项卡设置文字对齐方式为"水平"，如图 7-20 所示。

Step10 按照上述操作方法创建"直径"子样式，在"新建标注样式：机械制图：直径"对话框的"调整"选项卡的"调整选项"选项组中选择"文字和箭头"选项，如图 7-21 所示。

图 7-20　设置文字对齐方式

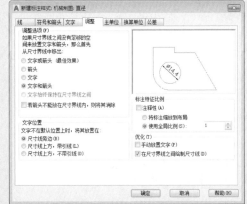
图 7-21　调整文字和箭头

Step11 再创建"角度"子样式，在"新建标注样式：机械制图：角度"对话框的"文字"选项卡中设置文字位置垂直方向为"居中"，如图 7-22 所示。

Step12 设置完毕返回"标注样式管理器"对话框，选择"机械制图"样式，可以看到设置后的尺寸样式效果，如图 7-23 所示。依次单击"置为当前""关闭"按钮。

图 7-22　设置文字位置

图 7-23　预览尺寸样式效果

7.3　尺寸标注的类型

在 AutoCAD 中，系统共提供了多种尺寸标注类型，它们可以在图形中标注任意两点间的距离、圆或圆弧的半径和直径、圆心位置、圆弧或相交直线的角度等。

7.3.1　线性标注

线性标注是最基本的标注类型，它可以在图形中创建水平、垂直或倾斜的尺寸标注。用户可以通过以下方法执行"线性"标注命令。

- 执行"标注 > 线性"命令。
- 在"默认"选项卡的"注释"面板中单击"线性"按钮 ┡┤。

- 在"注释"选项卡的"标注"面板中单击"线性"按钮⊢。
- 在命令行中输入 DIMLINER，然后按 Enter 键。

操作提示

在"选择对象"模式下，系统只允许用拾取框选择标注对象，不支持其他方式。选择标注对象后，AutoCAD 将自动把标注对象的两个端点作为尺寸界线的起点。

课堂练习 创建线性标注

下面介绍线性标注和对齐标注的创建，操作步骤如下。

Step01 打开素材图形，执行"标注 > 对齐"命令，根据提示单击指定第一个尺寸界线原点，如图 7-24 所示。

Step02 向右移动光标，再单击指定第二个尺寸界线原点，如图 7-25 所示。

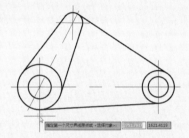
图 7-24 指定第一个尺寸界线原点

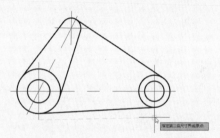
图 7-25 指定第二个尺寸界线原点

Step03 向下移动光标，再指定尺寸线的位置，如图 7-26 所示。

Step04 单击鼠标即可完成线性标注的创建，如图 7-27 所示。

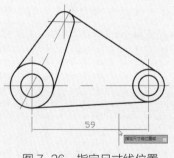
图 7-26 指定尺寸线位置

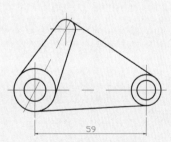
图 7-27 完成创建

7.3.2 对齐标注

对齐标注是指尺寸线平行于尺寸界线原点连成的直线，是线性标注尺寸的一种特殊形式，其创建方式也与线性标注相同，如图 7-28 所示。

用户可以通过以下几种方法调用"对齐"标注命令。

- 执行"标注 > 对齐"命令。

- 在"默认"选项卡的"注释"面板中单击"对齐"按钮✦。
- 在"注释"选项卡的"标注"面板中单击"对齐"按钮✦。
- 在命令行中输入 DIMALIGNED，然后按 Enter 键。

7.3.3 半径 / 直径标注

半径标注主要是标注圆或圆弧的半径尺寸，如图 7-29 所示。用户可以通过以下方法执行"半径"标注命令。

- 执行"标注 > 半径"命令。
- 在"注释"选项卡的"标注"面板中单击"半径"按钮✦。
- 在命令行中输入 DIMRADIUS，然后按 Enter 键。

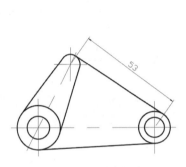 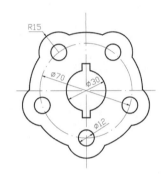

图 7-28 对齐标注 　　图 7-29 半径标注和直径标注

执行"半径"标注命令后，在绘图窗口中选择所需标注的圆或圆弧，并指定好标注尺寸位置，即可完成半径标注。

直径标注主要用于标注圆或圆弧的直径尺寸，如图 7-29 所示。用户可以通过以下方法执行"直径"标注命令。

- 执行"标注 > 直径"命令。
- 在"注释"选项卡的"标注"面板中单击"直径"按钮◯。
- 在命令行中输入 DIMDIAMETER，然后按 Enter 键。

执行"直径"标注命令后，在绘图窗口中，选择要进行标注的圆或圆弧，并指定尺寸标注位置，即可创建出直径标注。

👑 **知识点拨**

当尺寸变量 DIMFIT 取默认值 3 时，半径和直径的尺寸线标注在圆外；当尺寸变量 DIMFIT 的值设置为 0 时，半径和直径的尺寸线标注在圆内。

7.3.4 角度标注

角度标注用于标注圆和圆弧的角度、两条非平行线之间的夹角或者不共线的三点之间的夹角，如图 7-30、图 7-31 所示。

在 AutoCAD 中，用户可以通过以下方法执行"角度"标注命令。

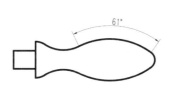

图 7-30　圆弧角度

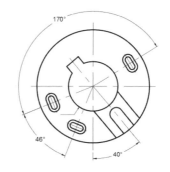

图 7-31　夹角角度

- 执行"标注 > 角度"命令。
- 在"注释"选项卡的"标注"面板中单击"角度"按钮△。
- 在命令行中输入 DIMANGULAR，然后按 Enter 键。

执行以上任意一种操作后，命令行提示内容如下：

```
命令：_dimangular
选择圆弧、圆、直线或 <指定顶点>：
```

- 选择圆弧：使用选定圆弧上的点作为三点角度标注的定义点。圆弧的圆心是角度的顶点。圆弧端点成为尺寸界线的原点。
- 选择圆：系统自动把该拾取点作为角度标注的第二条尺寸界线的起始点。
- 选择直线：用两条直线定义角度。程序通过将每条直线作为角度的矢量，将直线的交点作为角度顶点来确定角度。尺寸线跨越这两条直线之间的角度。如果尺寸线与被标注的直线不相交，将根据需要添加尺寸界线，以延长一条或两条直线。圆弧总是小于 180°。
- 指定三点：创建基于指定三点的标注。角度顶点可以同时为一个角度端点。如果需要尺寸界线，那么角度端点可用作尺寸界线的原点。

7.3.5　基线标注

基线标注是从一个标注或选定标注的基线各创建线性、角度或坐标标注。系统会使每一条新的尺寸线偏移一段距离，以避免与前一段尺寸线重合，如图 7-32 所示。用户可以通过以下方法调用"基线"标注命令。

- 执行"标注 > 基线"命令。
- 在"注释"选项卡的"标注"面板中单击"基线"按钮目。
- 在命令行中输入 DIMBASELINE，然后再按 Enter 键。

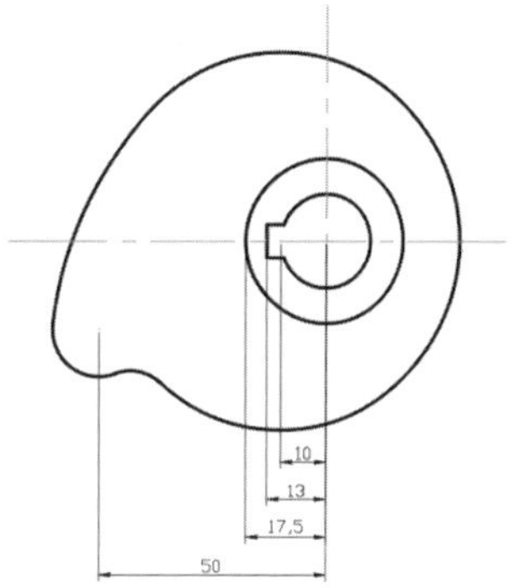

执行以上任意一种操作后，系统将自动指定基准标注的第一条尺寸界线作为基线标注的尺寸界线原点，然后用户根据命令行的提示指定第二条尺寸界线原点。选择第二点之后，将绘制基线标注并再次显示"指定第二条尺寸界线原点"提示。

执行以上任意操作后，命令行提示内容如下：

图 7-32　基线标注

143

```
命令: _dimbaseline
选择基准标注:
指定第二个尺寸界线原点或 [选择(S)/放弃(U)] <选择>:
```

7.3.6 连续标注

连续标注可以创建一系列连续的线性、对齐、角度或坐标标注，每一个尺寸的第二个尺寸界线的原点是下一个尺寸的第一个尺寸界线的原点，在使用"连续标注"之前要标注的对象必须有一个尺寸标注，如图 7-33 所示。通过下列方法可调用"连续"标注命令。

- 执行"标注>连续"命令。
- 在"注释"选项卡的"标注"面板中单击"连续"按钮╫。
- 在命令行中输入 DIMCONTINUE，然后再按 Enter 键。

命令行提示内容如下：

```
命令: _dimcontinue
选择基准标注:
指定第二个尺寸界线原点或 [选择(S)/放弃(U)] <选择>:
```

7.3.7 坐标标注

在绘图过程中，绘制的图形并不能直接观察出点的坐标，那么就需要使用坐标标注，坐标标注主要是标注指定点的 X 坐标或者 Y 坐标，如图 7-34 所示。用户可以通过以下方法调用"坐标"标注命令：

- 执行"标注>坐标"命令。
- 在"注释"选项卡的"标注"面板中单击"坐标"按钮╫。
- 在命令行中输入 DIMORDINATE，然后按 Enter 键。

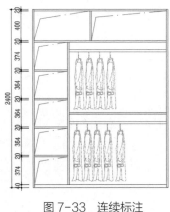

图 7-33 连续标注

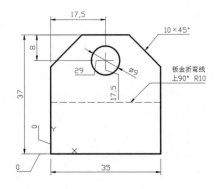

图 7-34 坐标标注

执行以上任意一种操作后，命令行提示内容如下：

```
命令: _dimordinate
指定点坐标:
指定引线端点或 [X 基准(X)/Y 基准(Y)/多行文字(M)/文字(T)/角度(A)]:
标注文字 = 1720
```

其中，命令行中主要选项含义如下。

- 指定引线端点：使用点坐标和引线端点的坐标差可确定其是 X 坐标标注还是 Y 坐标标注。如果 Y 坐标的坐标差较大，标注就测量 X 坐标；否则就测量 Y 坐标。
- X 基准：测量 X 坐标并确定引线和标注文字的方向。
- Y 基准：测量 Y 坐标并确定引线和标注文字的方向。

7.3.8 快速标注

使用快速标注可以快速创建成组的基线、连续、阶梯和坐标标注，快速标注多个圆、圆弧及编辑现有标注的布局。

用户可以通过以下方法执行"快速标注"命令。

- 执行"标注 > 快速标注"命令。
- 在"注释"选项卡的"标注"面板中单击"快速标注"按钮 。
- 在命令行中输入 QDIM，然后按 Enter 键。

执行以上任意一种操作后，命令行提示内容如下：

```
命令：_qdim
选择要标注的几何图形：
指定尺寸线位置或 [ 连续 (C) / 并列 (S) / 基线 (B) / 坐标 (O) / 半径 (R) / 直径 (D) / 基准
点 (P) / 编辑 (E) / 设置 (T)] < 连续 >：
```

其中，命令行中各选项的含义如下。

- 连续：创建一系列连续标注，其中线性标注线端对端地沿同一条直线排列。
- 并列：创建一系列并列标注，其中线性尺寸线以恒定的增量相互偏移。
- 基线：创建一系列基线标注，其中线性标注共享一条公用尺寸界线。
- 半径：创建一系列半径标注，其中将显示选定圆弧和圆的半径值。
- 直径：创建一系列直径标注，其中将显示选定圆弧和圆的直径值。
- 基准点：为基线和坐标标注设置新的基准点。
- 编辑：在生成标注之前，删除出于各种考虑而选定的点位置。

7.3.9 圆心标记

在 AutoCAD2020 中有两种标记圆心的方法，分别是老版本中的"圆心标记"功能以及新版本中的智能"圆心标记"功能，二者皆是对圆或圆弧进行中心标注。

（1）"圆心标记"

用户可以通过以下方法执行"圆心标记"命令。

- 执行"标注 > 圆心标记"命令。
- 在命令行中输入 DIMCENTER，然后按 Enter 键。

在绘图窗口中选择圆弧或圆形，此时在圆心位置将自动显示圆心十字标识，其大小可通过"标注样式"进行调整，可以点、标记、直线三种样式显示，标记和直线样式效果如图 7-35、图 7-36 所示。

（2）智能"圆心标记"

用户可以通过以下方法执行智能"圆心标记"命令。

- 在"注释"选项卡的"中心线"面板中单击"圆心标记"按钮⊕。
- 在命令行中输入 CENTERMARK，然后按 Enter 键。

在绘图窗口中选择圆弧或圆形，此时在圆上将自动显示圆的中心线，中心线的端点超出圆或圆弧 3.5mm，如图 7-37 所示。

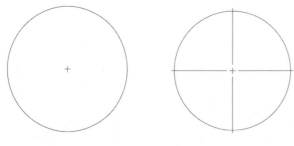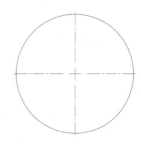

图 7-35 "标记"选项　　　　图 7-36 "直线"选项　　　　图 7-37 智能圆心标记

7.4 引线

引线对象是一条线或样条曲线，其一端带有箭头或设置没有箭头，另一端带有多行文字对象或块。

7.4.1 快速引线

CAD 的快速引线主要用于创建一端带有箭头一端带有文字注释的引线尺寸，其中，引线可以是直线段，也可以是平滑的样条曲线。用户可以在命令行中输入 QLEADER 命令，然后按回车键，即可激活快速引线命令。

命令行提示如下：

```
命令：QLEADER
指定第一个引线点或 [设置(S)] <设置>：
```

选择命令行中的"设置"选项后，可以打开"引线设置"对话框，在该对话框中可以修改和设置引线注释、引线和箭头以及注释文字的附着位置等。

- "注释"选项卡：主要用于设置引线文字的注释类型及其相关的一些选项功能，如图 7-38 所示。
- "引线和箭头"选项卡：主要用于设置引线的类型、点数、箭头以及引线段的角度约束等参数，如图 7-39 所示。

图 7-38 "注释"选项卡

- "附着"选项卡：主要用于设置引线和多行文字之间的附着位置，只有在"注释"选项卡内选择了"多行文字附着"单选按钮时，此选项卡才可以使用，如图 7-40 所示。

图 7-39 "引线和箭头"选项卡 图 7-40 "附着"选项卡

7.4.2 多重引线

多重引线功能是快速引线功能的延伸，它可以方便地为序号标注添加多个引线，可以合并或对齐多个引线标注，在装配图或组装图中有十分重要的作用。

（1）多重引线样式

在为 AutoCAD 图形添加多重引线时，单一的引线样式往往不能满足设计的要求，这就需要预先定义新的引线样式，即指定基线、引线、箭头和注释内容的格式，用于控制多重引线对象的外观。

在 AutoCAD 中，通过"标注样式管理器"对话框可创建并设置多重引线样式，用户可以通过以下方法调出该对话框。

- 执行"格式 > 多重引线样式"命令。
- 在"默认"选项卡的"注释"面板中单击"多重引线样式"按钮 。
- 在"注释"选项卡的"引线"面板中单击右下角箭头 。
- 在命令行中输入 MLEADERSTYLE 命令，然后按 Enter 键。

执行以上任意一种操作后，可打开如图 7-41 所示的"多重引线样式管理器"对话框。单击"新建"按钮，打开"创建新多重引线样式"对话框，从中输入样式名并选择基础样式，如图 7-42 所示。单击"继续"按钮，即可在打开的"修改多重引线样式"对话框中对各选项卡进行详细的设置。

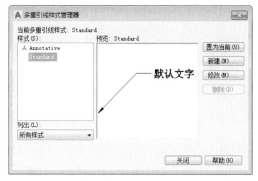

图 7-41 "多重引线样式管理器"对话框 图 7-42 输入新样式名

① 引线格式 在"修改多重引线样式"对话框中，"引线格式"选项卡用于设置引线的类型及箭头的形状，如图 7-43 所示。其中各选项组的作用如下。

147

- 常规：主要用来设置引线的类型、颜色、线型、线宽。在下拉列表中可以选择直线、样条曲线或无选项。
- 箭头：主要用来设置箭头符号和大小。
- 引线打断：主要用来设置引线打断大小参数。

② 引线结构　在"引线结构"选项卡中可以设置引线的段数、引线每一段的倾斜角度及引线的显示属性，如图7-44所示。其中各选项组的作用如下。

- 约束：该选项组中启用相应的复选框可指定点数目和角度值。
- 基线设置：可以指定是否自动包含基线及多重引线的固定距离。
- 比例：启用相应的复选框或选择相应单选按钮，可以确定引线比例的显示方式。

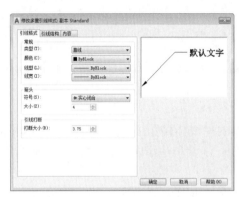

图 7-43　"引线格式"选项卡

图 7-44　"引线结构"选项卡

③ 内容　在"内容"选项卡中，主要用来设置引线标注的文字属性，如图7-45所示。在引线中既可以标注多行文字，也可以在其中插入块，这两个类型的内容主要通过"多重引线类型"下拉列表来切换。

- 多行文字：选择该选项后，则选项卡中各选项用来设置文字的属性，这方面与"文字样式"对话框基本类似，如图7-45所示。然后单击"文字选项"选项组中"文字样式"列表框右侧的按钮，可直接访问"文字样式"对话框。其中"引线连接"选项组，用于控制多重引线的引线连接设置。引线可以水平或垂直连接。
- 块：选择"块"选项后，即可在"源块"列表框中指定块内容，并在"附着"列表框中指定块的中心范围或插入点，还可以在"颜色"列表框中指定多重引线块内容颜色，如图7-46所示。

图 7-45　引线类型为"多行文字"选项

图 7-46　引线类型为"块"选项

（2）创建多重引线

设置好引线样式后就可以创建引线标注了，用户可以通过以下方式调用"多重引线"命令：

- 执行"标注 > 多重引线"命令。
- 在"默认"选项卡"注释"面板中单击"引线"按钮
- 在"注释"选项卡"引线"面板中单击"多重引线"按钮。
- 在命令行输入 MLEADER 命令，然后按 Enter 键。

执行以上任意一种操作后，命令行提示内容如下：

```
命令：_mleader
指定引线箭头的位置或 [引线基线优先 (L) / 内容优先 (C) / 选项 (O)] <选项>：
指定引线基线的位置：
```

（3）添加 / 删除引线

如果创建的引线还未达到要求，用户需要对进行编辑操作，在 AutoCAD 中，可以在"多重引线"选项板中编辑多重引线，还可以利用菜单命令或者"注释"选项卡"引线"面板中的按钮进行编辑操作。用户可以通过以下方式调用编辑多重引线命令。

- 执行"修改 > 对象 > 多重引线"命令的子菜单命令。
- 在"默认"选项卡"注释"面板中，单击"引线"按钮右侧的下拉按钮，从中选择相应的编辑方式，如图 7-47 所示。
- 在"注释"选项卡"引线"面板中，单击相应的按钮。

编辑多重引线的命令包括添加引线、删除引线、对齐和合并四个选项。下面具体介绍各选项的含义。

- 添加引线：在一条引线的基础上添加另一条引线，且标注是同一个。

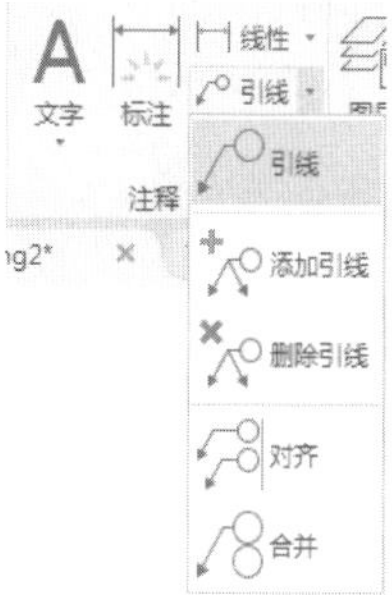

图 7-47　引线"编辑"列表

- 删除引线：将选定的引线删除。
- 对齐：将选定的引线对象对齐并按一定间距排列。
- 合并：将包含块的选定多重引线组织到行或列中，并使用单引线显示结果。

命令行提示内容如下：

```
命令：
选择多重引线：
找到 1 个
指定引线箭头位置或 [删除引线 (R)]：
```

若想删除多余的引线标注，用户可执行"修改 > 对象 > 多重引线 > 删除引线"命令，根据命令行提示选择需删除的引线，按回车键即可。

📑 课堂练习　**标注滚齿机零件**

下面利用多重引线功能标注滚齿机零件图，具体操作步骤如下。

`Step01` 执行"格式 > 多重引线样式"命令，打开"多重引线样式管理器"对话框，如图 7-48 所示。

扫一扫 看视频

Step02 单击"修改"按钮，打开"修改多重引线样式"对话框，在"引线格式"选项卡中设置箭头符号类型为"无"，如图 7-49 所示。

图 7-48 "多重引线样式管理器"对话框

图 7-49 设置引线格式

Step03 在"内容"选项卡中设置文字高度为 10，引线连接连接位置为"第一行加下划线"，基线间隙为 5，如图 7-50 所示。

Step04 设置完毕后依次单击"确定""关闭"按钮。执行"标注 > 多重引线"命令，根据提示指定引线箭头的位置，如图 7-51 所示。

图 7-50 设置文字格式

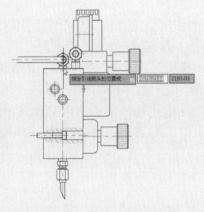

图 7-51 指定引线箭头位置

Step05 再移动光标指定引线基线的位置，如图 7-52 所示。

Step06 单击即可创建文本框，如图 7-53 所示。

Step07 在文本框中输入内容"8-7 1/4"，如图 7-54 所示。

Step08 选择"1/4"，单击鼠标右键，在弹出的快捷菜单中选择"堆叠"命令，可以看到文字的格式发生了变化，如图 7-55 所示。

Step09 单击堆叠文字，在其下方会出现一个符号，单击该符号，在弹出的快捷菜单中选择"对角线"选项，堆叠文字的格式会再次发生变化，如图 7-56、图 7-57 所示。

Step10 按 Shift+'键输入英寸符号，按回车键换行，继续输入文字，如图 7-58 所示。

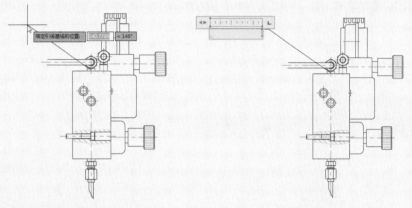

图 7-52 指定引线基线位置　　　　　　图 7-53 创建文本框

图 7-54 输入文字内容　　　图 7-55 堆叠文字　　　图 7-56 选择"对角线"

　　　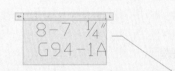　　　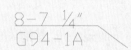

图 7-57 变化堆叠形式　　　图 7-58 换行继续输入文字　　　图 7-59 多重引线标注

Step11 在空白处单击鼠标即可完成多重引线的创建，如图 7-59 所示。

Step12 照此操作方法创建多个多重引线标注，如图 7-60 所示。

Step13 执行"修改>对象>多重引线>添加引线"命令，根据提示选择要添加引线的对象，如图 7-61 所示。

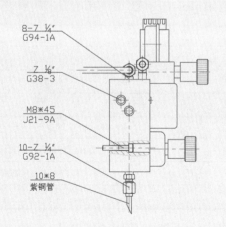　　　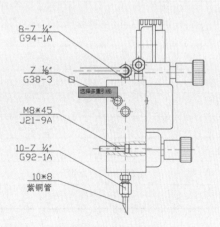

图 7-60 创建多个多重引线标注　　　图 7-61 选择引线

Step14 移动光标，根据提示指定添加的引线箭头位置，如图 7-62 所示。

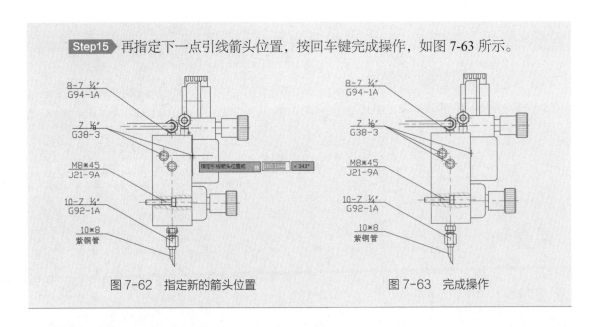

Step15 再指定下一点引线箭头位置，按回车键完成操作，如图 7-63 所示。

图 7-62　指定新的箭头位置　　　　　图 7-63　完成操作

7.5 形位公差

下面将为用户介绍公差标注，其中包括符号表示、使用对话框标注公差等内容。

7.5.1 形位公差的符号表示

在 AutoCAD 中，可通过特征控制框来显示形位公差信息，如图形的形状、轮廓、方向、位置和跳动的偏差等。下面将介绍几种常用公差符号，如表 7-1 所示。

表7-1　公差符号

符号	含义	符号	含义
⊕	定位	▱	平坦度
◎	同心/同轴	○	圆或圆度
＝	对称	—	直线度
//	平行	⌒	平面轮廓
⊥	垂直	⌒	直线轮廓
∠	角	↗	圆跳动
⌀	柱面性	↗↗	全跳动
∅	直径	Ⓛ	最小包容条件（LMC）
Ⓟ	投影公差	Ⓢ	不考虑特征尺寸（RFS）
Ⓜ	最大包容条件（MMC）		

7.5.2 使用对话框标注形位公差

在 AutoCAD 中，用户可以通过以下方法执行"公差"标注命令。

- 执行"标注 > 公差"命令。
- 在"注释"选项卡的"标注"面板中单击"公差"按钮⊞⊡。
- 在命令行中输入 TOLERANCE，然后按 Enter 键。

执行"公差"标注命令后，系统将打开"形位公差"对话框，如图 7-64 所示。

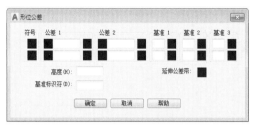

图 7-64　"形位公差"对话框

该对话框中各选项的功能如下。

（1）符号

该选项组用于显示从"特征符号"对话框中选择的几何特征符号。选择一个"符号"框时，显示该对话框，如图 7-65 所示。

（2）公差 1

该选项组用于创建特征控制框中的第一个公差值。公差值指明了几何特征相对于精确形状的允许偏差量。可在公差值前插入直径符号，在其后插入包容条件符号。

- 第一个框：在公差值前面插入直径符号。单击该框插入直径符号。
- 第二个框：创建公差值。在框中输入值。
- 第三个框：显示"附加符号"对话框，从中选择修饰符号，如图 7-66 所示。这些符号可以作为几何特征和大小可改变的特征公差值的修饰符。在"形位公差"对话框中，将符号插入到第一个公差值的"附加符号"框中。

图 7-65　"特征符号"对话框　　　图 7-66　"附加符号"对话框

（3）公差 2

该选项组用于在特征控制框中创建第二个公差值，以与第一个相同的方式指定第二个公差值。

（4）基准 1

该选项组用于在特征控制框中创建第一级基准参照。基准参照由值和修饰符号组成。基准是理论上精确的几何参照，用于建立特征的公差带。其中，第一个框用于创建基准参照值。第二个框用于显示"附加符号"对话框，从中选择修饰符号。这些符号可以作为基准参照的修饰符。在"形位公差"对话框中，将符号插入到第一级基准参照的"附加符号"框中。

（5）基准 2

在特征控制框中创建第二级基准参照，方式与创建第一级基准参照相同。

（6）基准3

在特征控制框中创建第三级基准参照，方式与创建第一级基准参照相同。

（7）高度

创建特征控制框中的投影公差零值。投影公差带控制固定垂直部分延伸区的高度变化，并以位置公差控制公差精度。

（8）延伸公差带

在延伸公差带值的后面插入延伸公差带符号。

（9）基准标识符

创建由参照字母组成的基准标识符。基准是理论上精确的几何参照，用于建立其他特征的位置和公差带。点、直线、平面、圆柱或者其他几何图形都能作为基准。

知识延伸

用公差命令标注形位公差不能绘制引线，必须用引线命令绘制引线。另外一种解决方法是使用引线命令直接标注形位公差，操作时在"引线设置"对话框中将"注释类型"设置为"公差"，然后单击"确定"按钮，弹出"形位公差"对话框，便可标注形位公差。

课堂练习　为零件图创建公差标注

下面为轴　承座剖面创建形位公差标注，具体操作步骤如下。

Step01 打开素材图形，执行"格式＞标注样式"命令，打开"标注样式管理器"对话框，单击"新建"按钮，新建"公差"标注样式，如图7-67所示。

扫一扫　看视频

Step02 单击"继续"按钮，打开"新建标注样式"对话框，在"文字"选项卡设置文字高度为4，从尺寸线偏移1，如图7-68所示。

图 7-67　新建标注样式

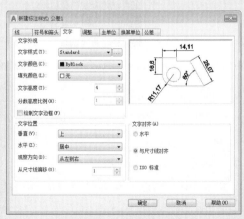

图 7-68　设置文字高度

Step03 单击"文字样式"按钮打开"文字样式"对话框，设置字体为txt.shx，如图7-69所示。

AutoCAD+3ds Max+Photoshop 一站式高效学习一本通

Step04 依次单击"应用""关闭"按钮返回"新建标注样式"对话框，在"符号和箭头"选项卡中设置箭头大小为 2，在"线"选项卡中设置尺寸界线超出尺寸线 2，起点偏移量为 2，如图 7-70 所示。

图 7-69　设置文字字体

图 7-70　设置箭头和线

Step05 依次关闭对话框，执行"标注 > 线性"命令，创建线性标注，如图 7-71 所示。

Step06 双击标注文字，在原标注文字的基础上继续输入文字"0/-0.20"，如图 7-72 所示。

Step07 选择新输入的文字，单击鼠标右键，在弹出的快捷菜单中选择"堆叠"命令，系统会将新输入的文字堆叠起来，如图 7-73 所示。

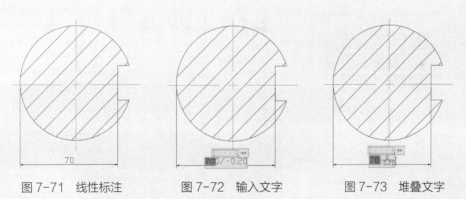

图 7-71　线性标注　　　　图 7-72　输入文字　　　　图 7-73　堆叠文字

Step08 双击堆叠文字。打开"堆叠特性"对话框，设置外观样式为"公差"，如图 7-74 所示。

Step09 设置完毕单击"确定"按钮关闭对话框，在绘图区空白处单击完成标注文字的编辑，创建出基线公差，如图 7-75 所示。

Step10 按照上述操作方法再创建另一处基线公差标注，如图 7-76 所示。

Step11 在命令行输入 QL 命令，创建一段不带文字的引线，如图 7-77 所示。

Step12 执行"标注 > 公差"命令，打开"形位公差"对话框，如图 7-78 所示。

图 7-74　设置外观样式

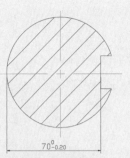

图 7-75　完成编辑

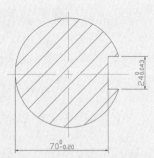

图 7-76　再创建基线公差标注

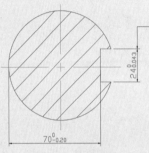

图 7-77　创建引线

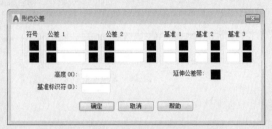

图 7-78　"形位公差"对话框

Step13 在第一行单击"符号"按钮，打开"特征符号"面板，从中选择"对称"符号，如图 7-79 所示。

Step14 返回"形位公差"对话框，输入公差 1 和公差 2 的内容，如图 7-80 所示。

图 7-79　选择"对称"符号

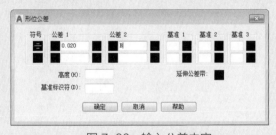

图 7-80　输入公差内容

Step15 单击"确定"按钮，在绘图区中指定公差位置，如图 7-81 所示。

Step16 在该位置单击即可完成形位公差的创建，至此完成本练习的操作，如图 7-82 所示。

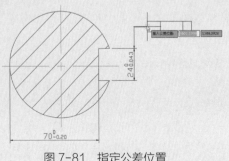

图 7-81　指定公差位置

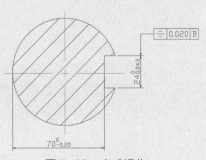

图 7-82　完成操作

7.6 编辑标注对象

下面将为用户介绍标注对象的编辑方法，包括编辑标注、替代标注、更新标注等内容。

7.6.1 编辑标注

使用编辑标注命令可以改变尺寸文本或者强制尺寸界线旋转一定的角度。在命令行中输入 ED 并按 Enter 键，根据命令提示选择需要编辑的标注，即可进行编辑标注操作。命令行提示内容如下：

```
命令：ED
DIMEDIT
输入标注编辑类型 [默认 (H) / 新建 (N) / 旋转 (R) / 倾斜 (O)] <默认>：
```

- 默认：将旋转标注文字移回默认位置。选定的标注文字移回到由标注样式指定的默认位置和旋转角。
- 新建：使用在位文字编辑器更改标注文字。
- 旋转：用于旋转指定对象中的标注文字，选择该项后系统将提示用户指定旋转角度，如果输入 0 则把标注文字按默认方向放置。
- 倾斜：调整线性标注尺寸界线的倾斜角度，选择该项后系统将提示用户选择对象并指定倾斜角度。当尺寸界线与图形的其他要素冲突时，"倾斜"选项将很有用处。

7.6.2 编辑标注文本的位置

编辑标注文字命令可以改变标注文字的位置或是放置标注文字。通过下列方法可执行编辑标注文字命令。

- 执行"标注 > 对齐文字"命令下的子命令。
- 在命令行中输入 dimtedit，然后按 Enter 键。

执行以上任意一种操作后，命令行提示内容如下：

```
命令：dimtedit
选择标注：
为标注文字指定新位置或 [左对齐 (L) / 右对齐 (R) / 居中 (C) / 默认 (H) / 角度 (A)]：
```

其中，上述命令行中各选项的含义如下。

- 标注文字的位置：移动光标更新标注文字的位置。
- 左对齐：沿尺寸线左对正标注文字。
- 右对齐：沿尺寸线右对正标注文字。
- 居中：将标注文字放在尺寸线的中间。
- 默认：将标注文字移回默认位置。
- 角度：修改标注文字的角度。文字的圆心并没有改变。

7.6.3 更新标注

在修改了标注样式后，有时候标注不会自动更新，此时用户可以使用更新标注功能，使其采用当前的尺寸标注样式。通过以下方法可调用尺寸标注的"更新"命令。

- 执行"标注 > 更新"命令。
- 在"注释"选项卡的"标注"面板中单击"更新"按钮。

综合实战 标注卫生间立面图

下面利用本章所学知识，为卫生间立面图创建尺寸标注、材料注释及剖切符号等，具体操作如下。

Step01 打开素材图形，执行"格式 > 标注样式"命令，打开"标注样式管理器"对话框，单击"新建"按钮，新建"立面标注"标注样式，如图 7-83 所示。

Step02 在"主单位"选项卡中设置单位精度为 0，在"调整"选项卡中选择"文字始终保持在尺寸界线之间"选项，在"文字"选项卡中设置文字高度为 60，从尺寸线偏移 10，如图 7-84 所示。

图 7-83　新建标注样式

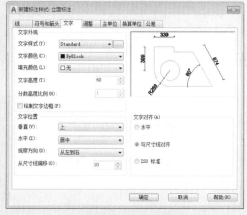

图 7-84　设置文字

Step03 在"符号和箭头"选项卡中设置箭头、引线类型和大小，如图 7-85 所示。

Step04 在"线"选项卡中设置尺寸界线超出尺寸线 20，起点偏移量为 20，固定长度为 120，如图 7-86 所示。

图 7-85　设置符号和箭头

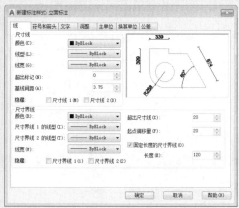

图 7-86　设置尺寸界线

Step05 设置完毕依次关闭对话框，执行"标注 > 线性"命令，创建垂直方向的标注，如图 7-87 所示。

Step06 执行"标注 > 连续"命令，继续标注垂直标注，如图 7-88 所示。

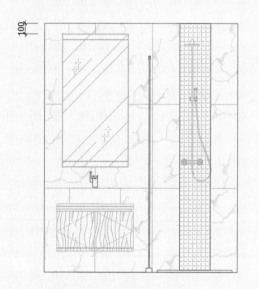

图 7-87 创建线性标注

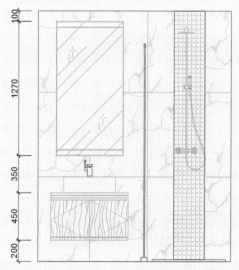

图 7-88 创建连续标注

Step07 执行"标注 > 线性"命令，再标注垂直方向总高度，如图 7-89 所示。

Step08 继续标注水平方向上的尺寸，如图 7-90 所示。

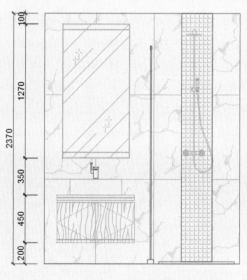

图 7-89 标注总高度

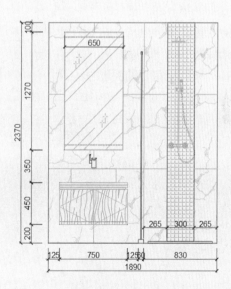

图 7-90 标注水平方向上的尺寸

Step09 在命令行输入 QL 命令，为立面材质创建第一个引线标注，如图 7-91 所示。

Step10 继续创建引线标注，完成立面图的绘制，如图 7-92 所示。

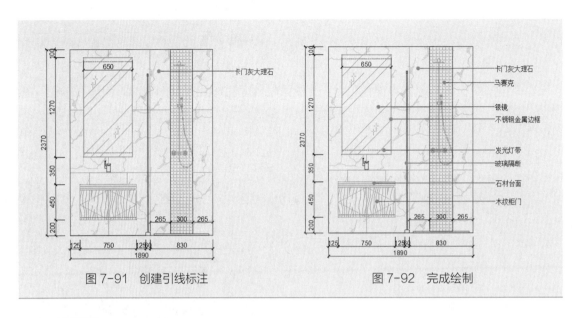

图 7-91　创建引线标注　　　　　　　　图 7-92　完成绘制

课后作业

一、填空题

1. 为了使图形清晰，应尽量将尺寸标注在视图的外面，以免＿＿＿＿＿＿、＿＿＿＿＿和轮廓线相交。

2. 为了将尺寸标注完整，在组合体的视图中，一般需要标注＿＿＿＿＿＿＿＿、＿＿＿＿＿＿、＿＿＿＿＿＿等。

3. 在标注图形时，用户可以使用＿＿＿＿＿＿功能，使其采用当前的尺寸标注样式。

二、选择题

1. 如果将绘制好的图形放大两倍，则（　　）。

A. 原尺寸不变

B. 尺寸数值是原尺寸的 2 倍

C. 尺寸数值不变，字高和箭头是原尺寸的 2 倍

D. 尺寸数值、字高和箭头都是原尺寸的 2 倍

2. 使用"快速标注"命令标注圆或圆弧时，不能自动标注哪个选项（　　）。

A. 半径　　　　　　　　B. 基线　　　　　　　　C. 圆心　　　　　　　　D. 直径

3. 新建标注样式时，作为基础标注的是（　　）。

A. ISO-25　　　　　　　　　　　　　B. 置为当前的标注样式

C. 当前选择的标注样式　　　　　　　　D. 命名排在第一的标注样式

4. 如果选择的比例因子为 2，则半径为 100 的圆将会被标注为（　　）。

A. 200　　　　　　　　B. 100　　　　　　　　C. 50　　　　　　　　D. 由设计者指定

5. 下列哪个命令可以在不分解标注的情况下，取消标注与对象之间的关联性（　　）。

A. DIMDISASSOC　　　　　　　　　　B. DISDIMASSOC

C. DISDIMASSOCIATE　　　　　　　　D. DIMDISASSOCIATE

三、操作题

1. 为机械图形添加标注，如图 7-93 所示。

（1）图形效果

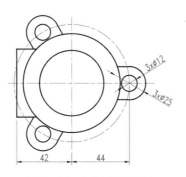

图 7-93　标注效果展示

（2）操作思路

根据图中给出的尺寸，可以了解到最外侧的圆形轴线半径为 44mm，根据外侧小圆半径 6mm 得出零件外圆半径为 38mm，内侧圆直径为 52mm。利用环形阵列可阵列复制外部造型，如图 7-94 ～图 7-96 所示。

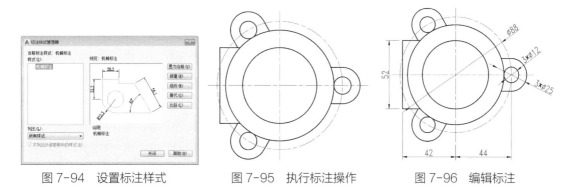

图 7-94　设置标注样式　　　　图 7-95　执行标注操作　　　　图 7-96　编辑标注

2. 为立面图添加标注，如图 7-97 所示。

（1）图形效果

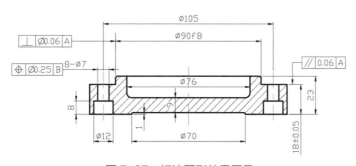

图 7-97　标注图形效果展示

（2）操作思路

首先设置好尺寸样式，然后利用"线性"命令标注出所有圆孔的直径尺寸，最后对标注的尺寸进行编辑，添加公差值，如图 7-98 ～图 7-100 所示。

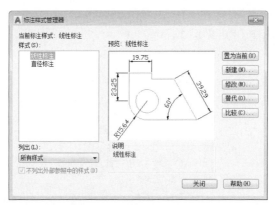

图 7-98　设置标注样式

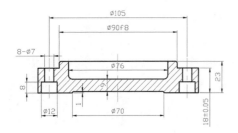

图 7-99　执行标注操作

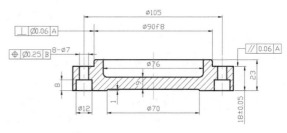

图 7-100　执行引线标注

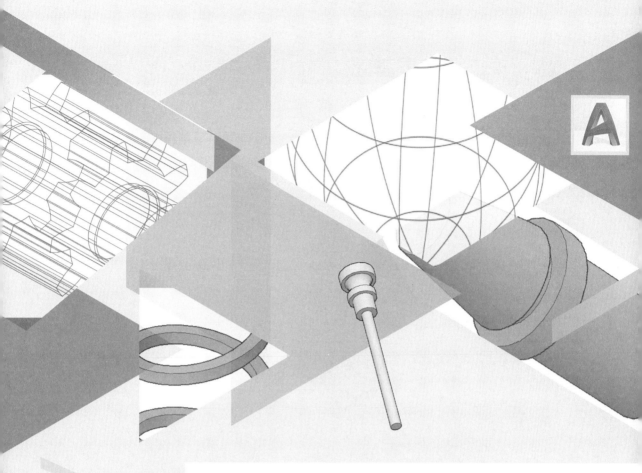

第8章
绘制三维模型

★ 内容导读

使用 AutoCAD 创建三维模型需要在三维建模空间中进行，与传统的
二维草图空间相比，三维建模空间可以看作坐标系的 Z 轴，三维实体
模型则可以还原真实的模型效果。熟悉并掌握三维绘图的基础知识，
如三维视图、坐标系、视觉样式的使用以及三维实体的绘制，由二维
图形生成三维实体的方法等内容。

♂ 学习目标

○ 了解三维绘图基础
○ 了解视觉样式
○ 了解三维模型系统变量
○ 掌握三维实体的创建方法
○ 掌握二维图形生成三维实体的创建方法
○ 掌握布尔运算的应用

使用 AutoCAD 进行三维模型的绘制时，首先要掌握三维绘图的基础知识，如三维视图、三维坐标系和动态 UCS 等，然后才能快速、准确地完成三维模型的绘制。在开始绘制三维模型之前，首先应将工作空间切换为"三维建模"工作空间，如图 8-1 所示。

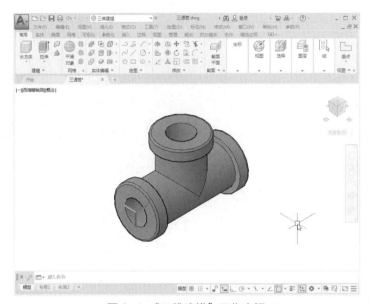

图 8-1 "三维建模"工作空间

用户可以通过以下方法切换至"三维建模"工作空间。

- 执行"工具 > 工作空间 > 三维建模"命令。
- 单击快速访问工具栏中的"工作空间"下拉按钮，在打开的下拉列表中选择"三维建模"选项。
- 单击状态栏中的"切换工作空间"按钮 ✿，在弹出的快捷菜单中选择"三维建模"选项。

8.1.1 设置三维视图

绘制三维模型时，由于模型有多个面，仅从一个角度不能观看到模型的其他面，因此，应根据情况选择相应的观察点。三维视图样式有多种，其中包括俯视、仰视、左视、右视、前视、后视、西南等轴测、东南等轴测、东北等轴测和西北等轴测。

在 AutoCAD 中，用户可以通过以下方法设置三维视图。

- 执行"视图 > 三维视图"命令，在其级联菜中选择合适的视图类型。
- 在"常用"选项卡的"视图"面板中视图列表，从中选择合适的视图，如图 8-2 所示。
- 在"可视化"选项卡的"命名视图"面板中单击"三维导航"下拉按钮，选择相应的视图选项。
- 在绘图窗口左上角单击"视图控件"图标，在打开的列表中选择合适的视图，如图 8-3 所示。

图 8-2 "三维导航"下拉列表　　图 8-3 "视图控件"快捷菜单

8.1.2 三维坐标系

三维坐标分为世界坐标系和用户坐标系两种，其中世界坐标系为系统默认坐标系，它的坐标原点和方向为固定不变的；用户坐标系则可根据绘图需求，改变坐标原点和方向，使用起来较为灵活。

在 AutoCAD 中，使用 UCS 命令可创建用户坐标系。用户可以通过以下方法调用 UCS 命令。

- 执行"工具 > 新建 UCS"命令中的子命令。
- 在"常用"选项卡的"坐标"面板中单击相关新建 UCS 按钮。
- 在命令行中输入 UCS，然后按 Enter 键。

执行以上任意一种操作后，命令行提示内容如下。

```
命令：UCS
指定 UCS 的原点或 [面 (F)/命名 (NA)/对象 (OB)/上一个 (P)/视图 (V)/世界 (W)/
X/Y/Z/Z 轴 (ZA)] <世界 >：
指定 X 轴上的点或 <接受 >：
```

在命令行中，各选项的含义介绍如下。

- 指定 UCS 的原点：使用一点、两点或三点定义一个新的 UCS。
- 面：用于将 UCS 与三维对象的选定面对齐，UCS 的 X 轴将与找到的第一个面上最近的边对齐。
- 命名：按名称保存并恢复通常使用的 UCS 坐标系。
- 对象：根据选定的三维对象定义新的坐标系。新 UCS 的拉伸方向为选定对象的方向。此选项不能用于三维多段线、三维网格和构造线。
- 上一个：恢复上一个 UCS 坐标系。程序会保留在图纸空间中创建的最后 10 个坐标系和在模型空间中创建的最后 10 个坐标系。
- 视图：以平行于屏幕的平面为 XY 平面建立新的坐标系，UCS 原点保持不变。
- 世界：将当前用户坐标系设置为世界坐标系。UCS 是所有用户坐标系的基准，不能被重新定义。
- X/Y/Z：绕指定的轴旋转当前 UCS 坐标系。通过指定原点和正半轴绕 X、Y 或 Z 轴

165

旋转。

- Z 轴：用指定的 Z 的正半轴定义新的坐标系。选择该选项后，可以指定新原点和位于新建 Z 轴正半轴上的点；或选择一个对象，将 Z 轴与离选定对象最近的端点的切线方向对齐。

8.1.3 动态 UCS

使用动态 UCS 功能，可以在创建对象时使 UCS 的 XY 平面自动与实体模型上的平面临时对齐。在状态栏中单击"开 / 关动态 UCS"按钮，即将 UCS 捕捉到活动实体平面。

8.2 三维视觉样式

在等轴测视图中绘制三维模型时，默认状况下是以线框方式显示的。用户可以使用多种不同的视图样式来观察三维模型，如概念、真实、隐藏、着色等。用户可以通过以下方法选择合适的视觉样式。

- 执行"视图 > 视觉样式"命令，在其级联菜单中选择合适的视觉样式。
- 在"常用"选项卡的"视图"面板中单击"视觉样式"下拉按钮，在打开的下拉列表中选择相应的视觉样式选项即可。
- 在"可视化"选项卡的"视觉样式"面板中单击"视觉样式"下拉按钮，在打开的下拉列表中选择相应的视觉样式选项即可。
- 在绘图窗口中单击"视图样式"图标，在打开的快捷菜单中选择相应的视图样式选项即可。

（1）二维线框样式

二维线框视觉样式使用表现实体边界的直线和曲线来显示三维对象。在该模式中光栅和嵌入对象、线型及线宽均是可见的，并且线与线之间都是重复叠加的，如图 8-4 所示。

（2）概念样式

概念视觉样式显示着色后的多边形平面间的对象，并使对象的边平滑化。该视觉样式缺乏真实感，但可以方便用户查看模型的细节，如图 8-5 所示。

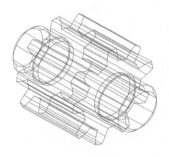

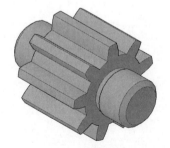

图 8-4　二维线框样式　　　　　　图 8-5　概念样式

（3）隐藏样式

隐藏视觉样式与概念视觉样式相似，但是概念样式是以灰度显示，并略带有阴影光线；而隐藏样式则以白色显示，如图 8-6 所示。

AutoCAD+3ds Max+Photoshop 一站式高效学习一本通

（4）真实样式

真实视觉样式显示着色后的多边形平面间的对象，对可见的表面提供平滑的颜色过渡，其表达效果进一步提高，同时显示已经附着到对象上的材质效果，如图 8-7 所示。

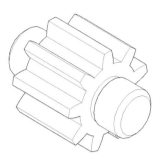

图 8-6　隐藏样式　　　　　　　图 8-7　真实样式

（5）着色样式

着色视觉样式可使实体产生平滑的着色模型，如图 8-8 所示。

（6）带边缘着色样式

带边缘着色视觉样式可以使用平滑着色和可见边显示对象，如图 8-9 所示。

图 8-8　着色样式　　　　　　图 8-9　带边缘着色样式

（7）灰度样式

灰度视觉样式使用平滑着色和单色灰度显示对象，如图 8-10 所示。

（8）勾画样式

勾画视觉样式使用线延伸和抖动边修改器显示手绘效果的对象，如图 8-11 所示。

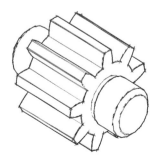

图 8-10　灰度样式　　　　　　图 8-11　勾画样式

167

（9）线框样式

线框视觉样式通过使用直线和曲线表示边界的方式显示对象，如图 8-12 所示。

（10）X 射线样式

X 射线视觉样式可更改面的不透明度使整个场景变成部分透明，如图 8-13 所示。

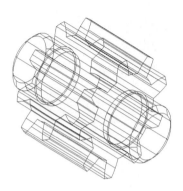

图 8-12　线框样式　　　　　　　　图 8-13　X 射线样式

 知识点拨

视觉样式只是在视觉上产生了变化，实际上模型的颜色、边线等并没有改变。

8.3 三维模型系统变量

在 AutoCAD 中，控制三维模型显示的系统变量有 ISOLINES、DISPSILH 和 FACETRES，这三个系统变量影响着三维模型显示的效果。用户在绘制三维实体之前首先应设置好这三个变量参数。

8.3.1 ISOLINES

使用 ISOLINES 系统变量可以控制对象上每个曲面的轮廓线数目，数目越多，模型精度越高，但渲染时间也越长，有效取值范围为 0 ~ 2047，默认值为 4。如图 8-14、图 8-15 所示分别为值为 4 和 10 的球体效果。

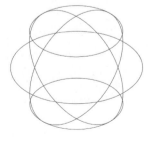

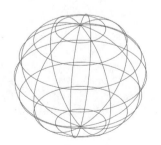

图 8-14　ISOLINES 值为 4　　　　　图 8-15　ISOLINES 值为 10

8.3.2　DISPSILH

使用 DISPSILH 系统变量可以控制实体轮廓边的显示，其取值为 0 或 1，当取值为 0 时，不显示轮廓边；取值为 1 时，则显示轮廓边，如图 8-16、图 8-17 所示。

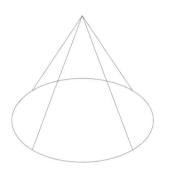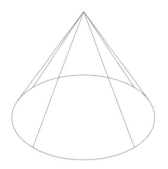

图 8-16　DISPSILH 值为 0　　　图 8-17　DISPSILH 值为 1

8.3.3　FACETRES

使用 FACETRES 系统变量可以控制三维实体在消隐、概念、渲染时表面的棱面生成密度，其值越大，生成的图像越光滑，有效的取值范围为 0.01 ~ 10，默认值为 0.5。如图 8-18、图 8-19 所示为值为 0.1 和 6 时的模型显示效果。

图 8-18　FACETRES 值为 0.1　　　图 8-19　FACETRES 值为 6

8.4　绘制三维实体

基本的三维实体主要包括长方体、球体、圆柱体、圆锥体和圆环体等。下面将介绍这些实体的绘制方法。

8.4.1　长方体

长方体是最基本的实体对象，用户可以通过以下方法调用"长方体"命令。

- 执行"绘图 > 建模 > 长方体"命令。
- 在"常用"选项卡的"建模"面板中单击"长方体"按钮 。
- 在"实体"选项卡的"图元"面板中单击"长方体"按钮 。
- 在命令行中输入 BOX，然后按 Enter 键。

执行"长方体"命令，根据命令行提示指定底面第一角点、第二角点，再指定高度，即可创建长方体，如图 8-20、图 8-21 所示。命令行提示内容如下：

```
命令：box
指定第一个角点或 [中心 (C)]:                          （指定底面矩形一个角点）
指定其他角点或 [立方体 (C)/长度 (L)]:                 （指定底面矩形另一个角点）
指定高度或 [两点 (2P)]:                                        （指定高度）
```

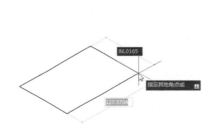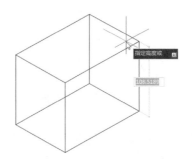

图 8-20　指定底面角点　　　　　　　图 8-21　指定高度

8.4.2　圆柱体

圆柱体是以圆或椭圆为截面形状，沿该截面法线方向拉伸所形成的实体特征。用户可以通过以下方法调用"圆柱体"命令。

- 执行"绘图 > 建模 > 圆柱体"命令。
- 在"常用"选项卡的"建模"面板中单击"圆柱体"按钮█。
- 在"实体"选项卡的"图元"面板中单击"圆柱体"按钮█。
- 在命令行中输入快捷命令 CYLINDER，然后按 Enter 键。

执行"圆柱体"命令后，根据命令行提示指定底面圆心及半径，再指定高度，即可创建圆柱体，如图 8-22、图 8-23 所示。命令行提示内容如下：

```
命令：cylinder
指定底面的中心点或 [三点 (3P)/两点 (2P)/切点、切点、半径 (T)/椭圆 (E)]:
                                                                   （指定底面圆心）
指定底面半径或 [直径 (D)]:                             （指定底面半径）
指定高度或 [两点 (2P)/轴端点 (A)]:                    （指定高度）
```

图 8-22　指定底面圆半径　　　　　　图 8-23　指定高度

8.4.3 楔体

楔体可以看作是以矩形为底面,其一边沿法线方向拉伸所形成的具有楔状特征的实体,也就是 1/2 长方体。其表面总是平行于当前的 UCS,其斜面沿 Z 轴倾斜。用户可以通过以下方法调用"楔体"命令。

- 执行"绘图 > 建模 > 楔体"命令。
- 在"常用"选项卡的"建模"面板中单击"楔体"按钮 ▷。
- 在"实体"选项卡的"图元"面板中单击"楔体"按钮 ▷。
- 在命令行中输入快捷命令 WEDGE,然后按 Enter 键。

楔体的创建方法与长方体类似,执行"楔体"命令,根据命令行提示指定底面角点,再指定高度,即可创建楔体,如图 8-24、图 8-25 所示。命令行提示内容如下:

```
命令: wedge
指定第一个角点或 [中心(C)]:
指定其他角点或 [立方体(C)/长度(L)]:
指定高度或 [两点(2P)] <300>:
```

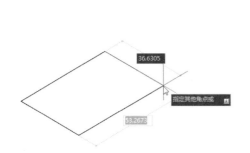

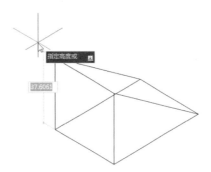

图 8-24 指定底面角点   图 8-25 指定高度

8.4.4 球体

球体是到球心的距离相等的所有点的集合所形成的实体。用户可以通过以下方法调用"球体"命令。

- 执行"绘图 > 建模 > 球体"命令。
- 在"常用"选项卡的"建模"面板中单击"球体"按钮 ◯。
- 在"实体"选项卡的"图元"面板中单击"球体"按钮 ◯。
- 在命令行中输入命令 SPHERE,然后按 Enter 键。

执行"球体"命令后,根据命令行提示指定球体圆心,再指定球体半径,即可完成球体的创建,如图 8-26 所示。

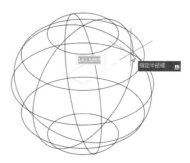

图 8-26 指定球体半径

8.4.5 圆环体

圆环体可以看作是绕圆轮廓线与其共面的直线旋转所形成的实体特征。用户可以通过以下方法调用"圆环体"命令。

- 执行"绘图 > 建模 > 圆环体"命令。
- 在"常用"选项卡的"建模"面板中单击"圆环体"按钮◎。
- 在"视图"选项卡的"图元"面板中单击"圆环体"按钮◎。
- 在命令行中输入快捷命令 TORUS，然后按 Enter 键。

执行"圆环体"命令后，根据命令行提示指定圆心和半径，再指定截面半径，即可创建圆环体，如图 8-27、图 8-28 所示。命令行提示内容如下。

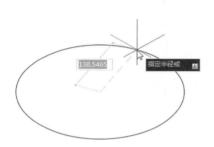
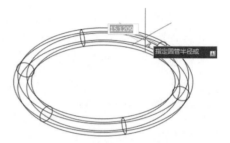

图 8-27 指定圆环半径　　　　　　图 8-28 指定圆环截面半径

```
命令:torus
指定中心点或 [三点(3P)/两点(2P)/切点、切点、半径(T)]:          (指定圆心)
指定半径或 [直径(D)] <80.0000>:                              (指定半径)
指定圆管半径或 [两点(2P)/直径(D)] <24.4666>:                 (指定截面半径)
```

8.4.6　棱锥体

棱锥体可以看作是以一个多边形面为底面，其余各面有一个公共顶点的具有三角形特征的面所构成的实体。用户可以通过以下方法调用"棱锥体"命令。

- 执行"绘图 > 建模 > 棱锥体"命令。
- 在"常用"选项卡的"建模"面板中单击"棱锥体"按钮◊。
- 在"实体"选项卡的"图元"面板中单击"棱锥体"按钮◊。
- 在命令行中输入快捷命令 PYRAMID，然后按 Enter 键。

执行"棱锥体"命令后，根据命令行提示指定底面中心点和底面半径，再指定高度，即可创建棱锥体，如图 8-29、图 8-30 所示。命令行提示内容如下：

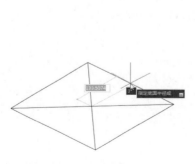
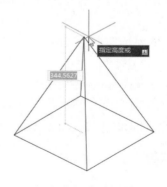

图 8-29 指定底面半径　　　　　　图 8-30 指定高度

```
命令 : _pyramid
4 个侧面   外切
指定底面的中心点或 [ 边 (E) / 侧面 (S)]:
指定底面半径或 [ 内接 (I)]:
指定高度或 [ 两点 (2P) / 轴端点 (A) / 顶面半径 (T)]:
```

8.4.7 多段体

在默认情况下，多段体始终带有一个矩形轮廓，可以指定轮廓高度和宽度。用户可以通过以下方法调用"多段体"命令。

- 执行"绘图 > 建模 > 多段体"命令。
- 在"常用"选项卡的"建模"面板中单击"多段体"按钮 。
- 在"实体"选项卡的"图元"面板中单击"多段体"按钮 。
- 在命令行中输入 POLYSOLID，然后按 Enter 键。

执行"多段体"命令，根据命令行提示设置多段体的高度、宽度，即可创建多段体。命令行提示内容如下：

```
命令 : _Polysolid 高度 = 80.0000, 宽度 = 5.0000, 对正 = 居中
指定起点或 [ 对象 (O) / 高度 (H) / 宽度 (W) / 对正 (J)] < 对象 >:（设置多段体的高度、宽
度等参数）
指定下一个点或 [ 圆弧 (A) / 放弃 (U)]:
```

8.5 二维图形生成三维实体

在 AutoCAD 中，除了使用三维绘图命令绘制实体模型外，还可以对绘制的二维图形进行拉伸、旋转、放样和扫掠等编辑，将其转换为三维实体模型。

8.5.1 拉伸实体

使用拉伸命令，可以绘制各种柱体、台形体和沿指定路径拉伸形成的拉伸实体。用户可以通过以下方法执行"拉伸"命令。

- 执行"绘图 > 建模 > 拉伸"命令。
- 在"常用"选项卡的"建模"面板中单击"拉伸"按钮 。
- 在"实体"选项卡的"实体"面板中单击"拉伸"按钮 。
- 在命令行中输入快捷命令 EXTRUDE，然后按 Enter 键。

命令行提示内容如下：

```
命令 : _extrude
当前线框密度 :  ISOLINES=4，闭合轮廓创建模式 = 实体
选择要拉伸的对象或 [ 模式 (MO)]: _MO 闭合轮廓创建模式 [ 实体 (SO) / 曲面 (SU)] <
实体 >: _SO
选择要拉伸的对象或 [ 模式 (MO)]: 找到 1 个                      (选择对象)
选择要拉伸的对象或 [ 模式 (MO)]:                          (按 Enter 键)
指定拉伸的高度或 [ 方向 (D) / 路径 (P) / 倾斜角 (T) / 表达式 (E)]:        (指定高度)
```

下面利用拉伸实体功能创建间歇轮模型，操作步骤如下。

Step01 打开素材图形，如图 8-31 所示。

Step02 切换到西南等轴测图，执行"绘图 > 建模 > 拉伸"命令，根据提示选择拉伸对象，如图 8-32 所示。

Step03 按回车键确认，沿 Z 轴移动光标，这里直接输入拉伸高度 8，如图 8-33 所示。

Step04 按回车键确认，完成拉伸实体的创建，如图 8-34 所示。

Step05 切换到"概念"视觉样式，可以看到模型效果，如图 8-35 所示。

图 8-31　打开素材图形

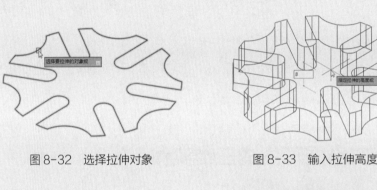

图 8-32　选择拉伸对象　　　　图 8-33　输入拉伸高度

扫一扫 看视频

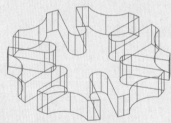

图 8-34　拉伸实体

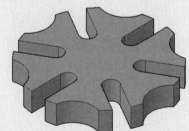

图 8-35　概念效果

8.5.2 旋转实体

使用旋转命令，可将二维闭合的图形以中心轴为旋转中心进行旋转，从而形成三维实体模型。用户可以通过以下方法执行"旋转"命令。

- 执行"绘图 > 建模 > 旋转"命令。
- 在"常用"选项卡的"建模"面板中单击"旋转"按钮🔘。
- 在"实体"选项卡的"实体"面板中单击"旋转"按钮🔘。
- 在命令行中输入 REVOLVE，然后按 Enter 键。

课堂练习 创建导柱模型

下面利用旋转实体功能创建导柱模型，操作步骤如下。

Step01 打开素材图形，如图 8-36 所示。

扫一扫 看视频

图 8-36 素材图形

Step02 切换到西南等轴测图，执行"绘图 > 建模 > 旋转"命令，根据提示选择旋转对象，如图 8-37 所示。

Step03 按回车键确认，根据提示指定旋转轴起点和端点，如图 8-38、图 8-39 所示。

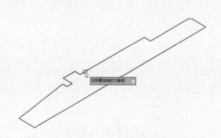

图 8-37 选择旋转对象

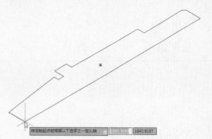

图 8-38 指定旋转轴起点

Step04 移动光标，指定旋转角度，这里直接输入 360，如图 8-40 所示。

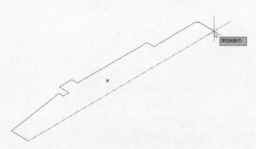

图 8-39 指定旋转轴端点

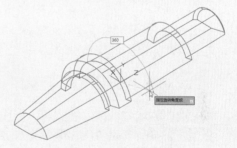

图 8-40 输入旋转角度

Step05 按回车键确认，即可完成实体的创建，如图 8-41 所示。

Step06 切换到"概念"视觉样式，观察模型效果，如图 8-42 所示。

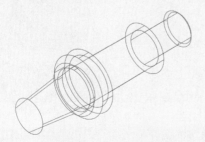

图 8-41 完成创建

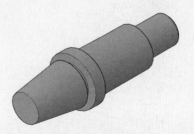

图 8-42 概念效果

8.5.3 放样实体

放样命令用于在横截面之间的空间内绘制实体或曲面。使用放样命令时，至少必须指定两个横截面。用户可以通过以下方法执行"放样"命令。

- 执行"绘图 > 建模 > 放样"命令。
- 在"常用"选项卡的"建模"面板中单击"放样"按钮🔘。
- 在"实体"选项卡的"实体"面板中单击"放样"按钮🔘。
- 在命令行中输入 LOFT，然后按 Enter 键。

📄 课堂练习　创建放样实体

下面介绍放样实体的创建，操作步骤如下。

Step01 ▶ 打开素材图形，如图 8-43 所示。

Step02 ▶ 执行"绘图 > 建模 > 放样"命令，根据提示按次序选择横截面，如图 8-44 所示。

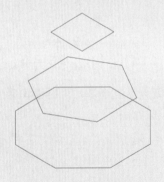
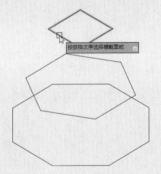

图 8-43　素材图形　　　　　图 8-44　选择横截面

Step03 ▶ 依次选择其他横截面，如图 8-45 所示。

Step04 ▶ 按回车键两次，即可完成放样实体的创建，如图 8-46 所示。

Step05 ▶ 切换到"概念"视觉样式，观察模型效果，如图 8-47 所示。

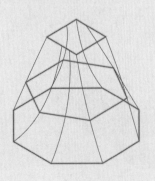
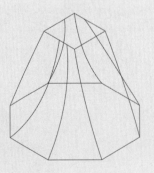
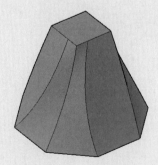

图 8-45　选择全部横截面　　　图 8-46　完成创建　　　　图 8-47　概念效果

8.5.4 扫掠实体

扫掠命令用于沿指定路径以指定轮廓的形状绘制实体或曲面。用户可以通过以下方法执行"扫掠"命令。

- 执行"绘图 > 建模 > 扫掠"命令。
- 在"常用"选项卡的"建模"面板中单击"扫掠"按钮 🕒。
- 在"实体"选项卡的"实体"面板中单击"扫掠"按钮 🕒。
- 在命令行中输入 SWEEP，然后按 Enter 键。

执行"扫掠"命令后，根据命令行的提示信息，选择要扫掠的对象和扫掠路径，按回车键即可创建扫掠实体。

📑 课堂练习 　**创建扫掠实体**

下面介绍扫掠实体的创建，操作步骤如下。

Step01 打开素材图形，执行"绘图 > 建模 > 扫掠"命令，根据提示选择扫掠对象，如图 8-48 所示。

Step02 按回车键确认，再选择扫掠路径，如图 8-49 所示。

扫一扫 看视频

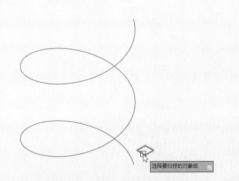

图 8-48　选择扫掠对象

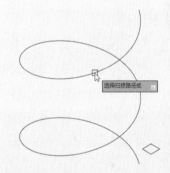

图 8-49　选择扫掠路径

Step03 系统会自动创建出实体，如图 8-50 所示。

Step04 切换到"概念"视觉样式，观察效果，如图 8-51 所示。

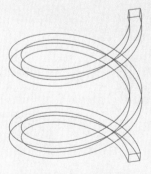

图 8-50　创建实体

图 8-51　概念效果

8.5.5 按住并拖动

按住并拖动命令通过选中有限区域，然后按住该区域并输入拉伸值或拖动边界区域将选择的边界区域进行拉伸。用户可以通过以下方法执行"按住并拖动"命令。

- 在"常用"选项卡的"建模"面板中单击"按住并拖动"按钮🛢。
- 在"实体"选项卡的"实体"面板中单击"按住并拖动"按钮🛢。
- 在命令行中输入 PRESSPULL，然后按 Enter 键。

操作提示

"按住并拖动"的操作方法与拉伸实体类似，但是"按住并拖动"命令的操作对象不仅是二维图形，还可以选择实体的边界进行拉伸。

8.6 布尔运算

布尔运算在三维建模中是一项较为重要的功能。它是将两个或两个以上的图形，通过加减方式结合而生成的新实体。

8.6.1 并集操作

并集命令就是将两个或多个实体对象合并成一个新的复合实体，新实体由各个组成对象的所有部分组成，没有相重合的部分。用户可以通过以下方法调用"并集"命令：

- 执行"修改 > 实体编辑 > 并集"命令。
- 在"常用"选项卡的"实体编辑"面板中单击"并集"按钮🖼。
- 在"实体"选项卡的"布尔值"面板中单击"并集"按钮🖼。
- 在命令行中输入快捷命令 UNION，然后按 Enter 键。

课堂练习 合并模型

下面将两个长方体合并为一个整体，操作步骤如下。

Step01 打开素材模型，如图 8-52 所示。

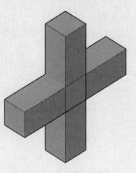

图 8-52 素材模型

> **Step02** 执行"修改 > 实体编辑 > 并集"命令，根据提示选择实体对象，如图 8-53 所示。

> **Step03** 按回车键确认，即可完成并集操作，如图 8-54 所示。

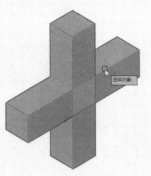

图 8-53　选择对象

图 8-54　并集效果

8.6.2　差集操作

差集命令是从一个或多个实体中减去其中之一或若干部分，得到一个新的实体。用户可以通过以下方法调用"差集"命令。

- 执行"修改 > 实体编辑 > 差集"命令。
- 在"常用"选项卡的"实体编辑"面板中单击"差集"按钮 ⬚。
- 在"实体"选项卡的"布尔值"面板中单击"差集"按钮 ⬚。
- 在命令行中输入快捷命令 SUBTRACT，然后按 Enter 键。

课堂练习　差集运算制作模型

下面利用拉伸、差集命令制作一个管状体模型，操作步骤如下。

> **Step01** 执行"圆"命令，绘制半径分别为 80mm、100mm 的同心圆，如图 8-55 所示。

> **Step02** 执行"绘图 > 建模 > 拉伸"命令，将两个圆分别向上拉伸 160mm 的高度，拉伸成两个圆柱体，切换到"概念"视觉样式，如图 8-56 所示。

图 8-55　绘制同心圆

图 8-56　拉伸实体

> **Step03** 执行"修改 > 实体编辑 > 差集"命令,根据提示先选择大圆柱体,如图 8-57 所示。
>
> **Step04** 按回车键确认,再选择内部的小圆柱体,如图 8-58 所示。
>
> **Step05** 再按回车键确认,即可完成差集操作,制作出管状体模型,如图 8-59 所示。

图 8-57　选择大圆柱体　　　　图 8-58　选择小圆柱体　　　　图 8-59　差集效果

8.6.3 交集操作

交集命令可以从两个以上重叠实体的公共部分创建复合实体。用户可以通过以下方法调用"交集"命令。

- 执行"修改 > 实体编辑 > 交集"命令。
- 在"常用"选项卡的"实体编辑"面板中单击"交集"按钮🔳。
- 在"实体"选项卡的"布尔值"面板中单击"交集"按钮🔳。
- 在命令行中输入快捷命令 INTERSECT,然后按 Enter 键。

📑 **课堂练习**　　交集运算制作模型

下面利用交集命令制作一个扇状体模型,操作步骤如下。

> **Step01** 打开素材模型,如图 8-60 所示。
>
> **Step02** 执行"修改 > 实体编辑 > 交集"命令,根据提示选择交集运算的所有实体,如图 8-61 所示。
>
> **Step03** 按回车键确认即可完成交集运算操作,结果如图 8-62 所示。

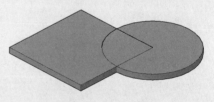

图 8-60　素材模型

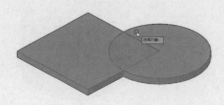 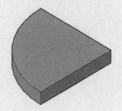

图 8-61　选择实体　　　　　图 8-62　交集效果

下面将利用本章所学知识创建底套模型。操作步骤如下。

Step01 执行"矩形"命令，绘制尺寸为 150mm × 150mm 的矩形，如图 8-63 所示。

Step02 执行"圆角"命令，设置圆角半径为 20mm，对矩形四个角进行圆角处理，如图 8-64 所示。

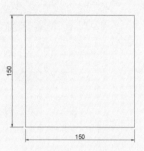

扫一扫 看视频

图 8-63　绘制矩形　　　　图 8-64　圆角操作

Step03 执行"圆"命令，捕捉圆角的圆心绘制半径为 5mm 的四个圆，如图 8-65 所示。

Step04 再执行"圆"命令，捕捉几何中心绘制半径分别为 30mm、40mm 的同心圆，如图 8-66 所示。

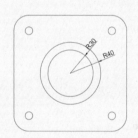

图 8-65　绘制圆形　　　　图 8-66　绘制同心圆

Step05 切换到西南等轴测视图，执行"绘图 > 建模 > 拉伸"命令，将中心的同心圆分别向上拉伸 50mm 的高度，如图 8-67 所示。

Step06 继续执行"绘图 > 建模 > 拉伸"命令，再将轮廓线和四个角的圆向上拉伸 15mm 的高度，如图 8-68 所示。

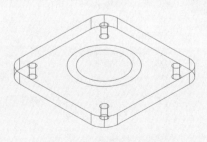

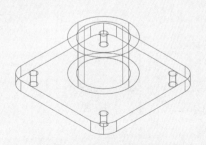

图 8-67　拉伸底部实体　　　　图 8-68　拉伸上方实体

Step07 切换到"概念"视觉样式，如图 8-69 所示。

Step08 执行"修改 > 实体编辑 > 差集"命令，将四个小圆柱体从底座上减去，再将上方的圆柱体制作成管状体，如图 8-70 所示。

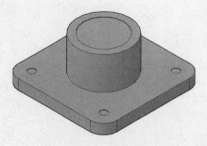
图 8-69　概念样式

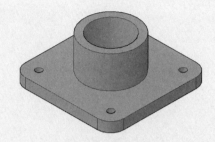
图 8-70　差集操作

课后作业

一、填空题

1. 在三点定义 UCS 时，第三点表示为_____轴正方向。

2._____可以看作是以矩形为底面，其一边沿法线方向拉伸所形成的具有楔状特征的实体，也就是 1/2 长方体。

3. 使用 VPOINT 命令，输入视点坐标（−1,−1,1）后，结果同三维视图的_____
_____。

4._____系统变量可以控制三维实体在消隐、概念、渲染时表面光滑与否。

二、选择题

1. 机械制图中三个基本视图形式是（　　）。

A. 主视图　仰视图　左视图　　　　　　　　B. 主视图　俯视图　左视图

C. 后视图　仰视图　左视图　　　　　　　　D. 后视图　俯视图　左视图

2. 三维图中可以实现消除隐藏线的命令是（　　）。

A. HIDE　　　　　　B. UNDO　　　　　　C. REGEN　　　　　　D. REGENALL

3. 下列（　　）命令能够使创建的模型具有照片质感。

A. 渲染　　　　　　B. 消隐　　　　　　C. 着色　　　　　　D. 材质

4. 在用于观察三维实体的方法中，比较有效方便的一种是（　　）。

A. 三维视图　　　　　　　　　　　　　　　B. 鸟瞰视图

C. 视口　　　　　　　　　　　　　　　　　D. 三维动态观察器

5. 布尔运算中"差集"命令是（　　）。

A. SUBtract　　　　　　B. S　　　　　　C. EXT　　　　　　D. UNI

三、操作题

1. 创建如图 8-71 所示的实体模型。

（1）图形效果

AutoCAD+3ds Max+Photoshop | 站式高效学习 | 本通

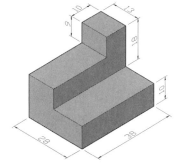

图 8-71　模型效果展示

（2）操作思路

创建三个独立的长方体，将模型对齐，并集运算将其合并为一个整体，参见图 8-72、图 8-73。

图 8-72　创建长方体

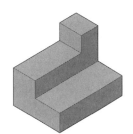

图 8-73　执行并集操作

2. 创建如图 8-74 所示的实体模型。

（1）图形效果

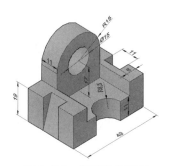

图 8-74　模型效果展示

（2）操作思路

创建不同尺寸的长方体，进行并集操作，制作出倒角边，再创建圆柱体、楔体，并将其从模型中减去，参见图 8-75 ~ 图 8-77。

图 8-75　创建长方体

图 8-76　编辑模型

图 8-77　执行差集操作

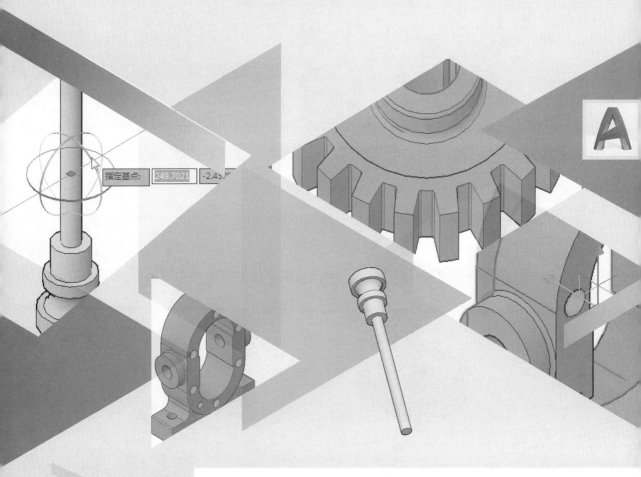

第9章
编辑三维模型

📑 内容导读

用户可以使用三维编辑命令，在三维空间中移动、复制、镜像、对齐以及阵列三维对象，剖切实体以获取实体的截面，编辑它们的面、边或体。通过了解三维实体的编辑命令，如三维移动、旋转、镜像等命令，可以快速地绘制出复杂的三维实体。

🎯 学习目标

○ 了解三维实体面的编辑
○ 掌握三维模型的编辑
○ 掌握三维实体边的编辑

9.1 编辑三维模型

创建的三维对象有时满足不了用户的要求，这就需要将三维对象进行编辑操作，例如对三维图形进行移动、旋转、对齐、镜像、阵列等操作。

9.1.1 移动三维对象

三维移动可将实体在三维空间中移动，在移动时，指定一个基点，然后指定一个目标空间点即可，其原理和二维移动相同。用户可以通过以下方法执行"三维移动"命令：

- 执行"修改 > 三维操作 > 三维移动"命令。
- 在"常用"选项卡的"修改"面板中单击"三维移动"按钮 。
- 在命令行中输入 3DMOVE，然后按 Enter 键。

9.1.2 旋转三维对象

三维旋转命令可以将选择的对象按照指定的角度绕三维空间定义的任何轴（X 轴、Y 轴、Z 轴）进行旋转。用户可以通过以下方法执行"三维旋转"命令：

- 执行"修改 > 三维操作 > 三维旋转"命令。
- 在"常用"选项卡的"修改"面板中单击"三维旋转"按钮 。
- 在命令行中输入 3DROTATE，然后按 Enter 键。

执行"三维旋转"命令后，根据命令行的提示指定基点，拾取旋转轴，然后指定角的起点或输入角度值，按 Enter 键即可旋转完成旋转操作，如图 9-1、图 9-2 所示。

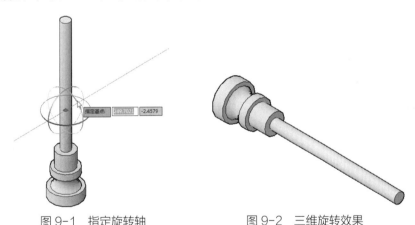

图 9-1 指定旋转轴　　　　　　图 9-2 三维旋转效果

命令行提示内容如下：

```
命令：_3drotate
UCS 当前的正角方向：  ANGDIR=逆时针  ANGBASE=0
选择对象：找到 1 个                                      （选择旋转对象）
选择对象：
指定基点：                                          （指定旋转轴上一点）
** 旋转 **
指定旋转角度或 [基点(B) / 复制(C) / 放弃(U) / 参照(R) / 退出(X)]：   （指定旋转角度）
```

9.1.3 对齐三维对象

三维对齐命令可将源对象与目标对象对齐。用户可以通过以下方法执行"三维对齐"命令：

- 执行"修改 > 三维操作 > 三维对齐"命令。
- 在"常用"选项卡的"修改"面板中单击"三维对齐"按钮 。
- 在命令行中输入 3DALIGN，然后按 Enter 键。

执行"三维对齐"命令后，选中棱锥体，依次指定基点 A、B、C，然后再依次指定目标点 1、2、3，即可按 A 对 1、B 对 2、C 对 3 的顺序将两实体对齐，如图 9-3、9-4 所示。命令行提示内容如下：

```
命令：_3dalign
选择对象：找到 1 个
选择对象：
指定源平面和方向 ...
指定基点或 [复制(C)]：  <打开对象捕捉>              （指定源平面上第一点）
指定第二个点或 [继续(C)] <C>：                      （指定源平面上第二点）
指定第三个点或 [继续(C)] <C>：                      （指定源平面上第三点）
指定目标平面和方向 ...
指定第一个目标点：                                  （指定目标平面上与源平面重合的点）
指定第二个目标点或 [退出(X)] <X>：
指定第三个目标点或 [退出(X)] <X>：
```

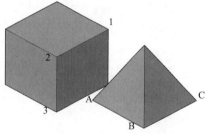

图 9-3　指定源平面和目标平面

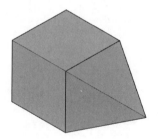

图 9-4　三维对齐效果

9.1.4 镜像三维对象

三维镜像命令可以用于绘制以镜像平面为对称面的三维对象。用户可以通过以下方法执行"三维镜像"命令。

- 执行"修改 > 三维操作 > 三维镜像"命令。
- 在"常用"选项卡的"修改"面板中单击"三维镜像"按钮 。
- 在命令行中输入 MIRROR3D，然后按 Enter 键。

执行"三维镜像"命令后，根据命令行的提示，选取镜像对象后按 Enter 键，然后指定镜像平面上的三个点，即可对实体进行镜像操作。

```
命令：_mirror3d
选择对象：找到 1 个                                 （选择台盆模型）
选择对象：                                          （按 Enter 键）
```

指定镜像平面（三点）的第一个点或 [对象 (O) / 最近的 (L) / Z 轴 (Z) / 视图 (V) / XY 平面 (XY) / YZ 平面 (YZ) / ZX 平面 (ZX) / 三点 (3)] < 三点 >：　　　　　　（指定顶部左边线中点）
在镜像平面上指定第二点：　　　　　　　　　　　　　　　　　　（指定顶部右边线中点）
在镜像平面上指定第三点：　　　　　　　　　　　　　　　　　　（指定底部右边线中点）
是否删除源对象？ [是 (Y) / 否 (N)] < 否 >：　　　　　　　　　（输入 N 按 Enter 键）

9.1.5　阵列三维对象

三维阵列可以在三维空间绘制对象的矩形阵列或环形阵列。用户可以通过以下方法执行"三维阵列"命令。

- 执行"修改 > 三维操作 > 三维阵列"命令。
- 在命令行中输入快捷命令 **3DARRAY**，然后按 Enter 键。

（1）矩形阵列

三维矩形阵列是在行（X 轴）、列（Y 轴）和层（Z 轴）矩形阵列中复制对象。执行"三维阵列"命令后，根据命令行的提示，选择要阵列的对象，按 Enter 键选择"矩形阵列"类型，然后根据命令行提示，依次指定阵列的行数、列数、层数、行间距、列间距及层间距，效果如图 9-5 所示。命令行提示内容如下：

```
命令：3darray
选择对象：指定对角点：找到 1 个
选择对象：
输入阵列类型 [ 矩形 (R) / 环形 (P)] < 矩形 >：
输入行数 (---) <1>：                         （输入阵列的行数）
输入列数 (|||) <1>：                         （输入阵列的列数）
输入层数 (...) <1>：                         （输入阵列的层数）
指定行间距 (---)：                           （输入行间距值）
指定列间距 (|||)：                           （输入列间距值）
指定层间距 (...)：                           （输入层间距值）
```

（2）环形阵列

三维环形阵列是围绕旋转轴按逆时针或顺时针方向来阵列复制选择对象。执行"三维阵列"命令，选择要阵列的对象，按 Enter 键选择"环形阵列"类型，然后根据命令行提示，指定阵列的项目个数和填充角度，确认是否要进行自身旋转后，指定阵列的中心点及旋转轴上的第二点，即可完成环形阵列操作，效果如图 9-6 所示。

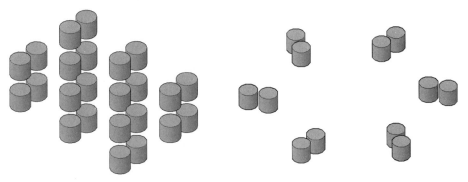

　　图 9-5　三维矩形阵列效果　　　　　　　　　　图 9-6　三维环形阵列效果　　　　**187**

9.2 更改三维模型形状

在绘制三维模型时，不仅可以对整个的三维实体对象进行编辑，还可以单独对三维实体进行剖切、抽壳、倒直角、倒圆角等。

9.2.1 编辑三维实体边

用户可以复制三维实体对象的各个边或改变其颜色。所有三维实体的边都可复制为直线、圆弧、圆、椭圆或样条曲线对象。

（1）提取边

该命令可从三维实体、曲面、网格、面域或子对象的边创建线框几何图形，也可以按住 Ctrl 键选择提取单个边和面，如图 9-7、图 9-8 所示。用户可以通过以下方式执行"提取边"命令。

- 执行"修改 > 三维操作 > 提取边"命令。
- 在"常用"选项卡"实体编辑"面板中单击"提取边"按钮 ⊡。
- 在"实体"选项卡"实体编辑"面板中单击"提取边"按钮 ⊡。
- 在命令行输入 XEDGES 命令并按回车键。

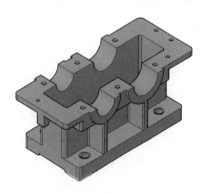

图 9-7　三维实体

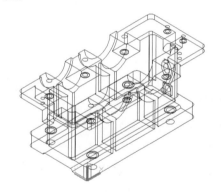

图 9-8　提取边

（2）着色边

若要为实体边改变颜色，可以从"选择颜色"对话框中选取颜色。设置边的颜色将替代实体对象所在图层的颜色设置。用户可以通过以下方法执行"着色边"命令。

- 执行"修改 > 实体编辑 > 着色边"命令。
- 在"常用"选项卡的"实体编辑"面板中单击"着色边"按钮 ⊡。
- 在命令行中输入 SOLIDEDIT 并按 Enter 键，然后依次选择"边""着色"选项。

执行"着色边"命令后，根据命令行的提示，选取需要着色的边，按 Enter 键然后在打开的"选择颜色"对话框中选取所需颜色即可。

（3）复制边

该命令可将现有的实体模型上单个或多个边偏移其他位置，从而利用这些边线创建出新的图形对象。用户可以通过以下方法执行"复制边"命令：

- 执行"修改 > 实体编辑 > 复制边"命令。

AutoCAD+3ds Max+Photoshop | 站式高效学习 | 本通

- 在"常用"选项卡的"实体编辑"面板中单击"复制边"按钮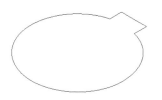。
- 在命令行中输入 SOLIDEDIT 并按 Enter 键，然后依次选择"边""复制"选项。

执行上述命令后，根据命令行的提示，选取边按 Enter 键，然后指定基点与第二点，即可将复制的边放置到指定的位置，如图 9-9、图 9-10 所示。

图 9-9　选择边　　　　　　　　图 9-10　实体边复制效果

（4）圆角边

"圆角边"命令是为实体边建立圆角。用户可以通过以下方法执行"圆角边"命令。
- 执行"修改 > 实体编辑 > 圆角边"命令。
- 在"实体"选项卡的"实体编辑"面板中单击"圆角边"按钮。
- 在命令行中输入 FILLETEDGE，然后按 Enter 键。

执行"圆角边"命令后，根据命令行的提示，选择需要编辑的边后，选择"半径 R"选项，输入半径值，按 Enter 键，即可对实体的边进行倒圆角。

（5）倒角边

使用"倒角边"命令，可以对三维实体以一定距离进行倒角，即在一条边中再创建一个面。用户可以通过以下方法执行"倒角边"命令。
- 执行"修改 > 实体编辑 > 倒角边"命令。
- 在"实体"选项卡的"实体编辑"面板中单击"倒角边"按钮。
- 在命令行中输入 CHAMFEREDGE，然后按 Enter 键。

执行"倒角边"命令后，根据命令行的提示，选择"距离"选项，指定两个距离后，选择边，即可对实体的边进行倒直角。

9.2.2　编辑三维实体面

在对三维实体进行编辑时，能够通过表面拉伸、移动、旋转等命令改变实体模型的尺寸和形状等操作。

（1）拉伸面

使用"拉伸面"命令，可以将选定的三维实体对象表面拉伸到指定高度，或使该表面沿一条路径进行拉伸。此外，还可以将实体对象的面按一定的角度进行拉伸。用户可以通过以下方法执行"拉伸面"命令。
- 执行"修改 > 实体编辑 > 拉伸面"命令。
- 在"常用"选项卡的"实体编辑"面板中单击"拉伸面"按钮。
- 在"实体"选项卡的"实体编辑"面板中单击"拉伸面"按钮。
- 在命令行中输入 SOLIDEDIT 并按 Enter 键，然后依次选择"面""拉伸"选项。

执行"拉伸面"命令后，根据命令行的提示，选择要拉伸的实体面并按 Enter 键，然后指定拉伸高度和倾斜角度，即可对实体面进行拉伸，如图 9-11、图 9-12 所示。

图 9-11　圆锥体　　　　　　　　图 9-12　拉伸底面

（2）移动面

使用"移动面"命令，可以沿着指定的高度或距离移动三维实体的选定面，用户可一次移动一个或多个面。该操作只是对面的位置进行调整，并不能更改面的方向。用户可以通过以下方法执行"移动面"命令。

- 执行"修改 > 实体编辑 > 移动面"命令。
- 在"常用"选项卡的"实体编辑"面板中单击"移动面"按钮✥。
- 在命令行中输入 SOLIDEDIT 并按 Enter 键，然后依次选择"面""移动"选项。

执行"拉伸面"命令后，根据命令行的提示，选择要移动的实体面并按 Enter 键，然后指定基点和位移的第二点，即可对实体面进行移动。

（3）旋转面

使用"旋转面"命令，可以从当前位置起使对象绕选定的轴旋转指定的角度。用户可以通过以下方法执行"旋转面"命令。

- 执行"修改 > 实体编辑 > 旋转面"命令。
- 在"常用"选项卡的"实体编辑"面板中单击"旋转面"按钮⌂。
- 在命令行中输入 SOLIDEDIT 并按 Enter 键，然后依次选择"面""旋转"选项。

执行"旋转面"命令后，根据命令行的提示，选择要旋转的实体面并按 Enter 键，然后依次指定旋转轴上的两个点并输入旋转角度，即可对实体面进行旋转，如图 9-13、图 9-14 所示。

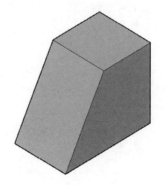

图 9-13　选择旋转面　　　　　　图 9-14　旋转 30°

操作提示

在进行实体面旋转时，若不小心多选了所需编辑的面，此时可在命令行中输入 R 命令并按 Enter 键，再将其删除。

（4）偏移面

使用"偏移面"命令，可以按指定的距离或通过指定点均匀地偏移面。正值增大实体尺寸或体积，负值减小实体尺寸或体积。用户可以通过以下方法执行"偏移面"命令。

- 执行"修改 > 实体编辑 > 偏移面"命令。
- 在"常用"选项卡的"实体编辑"面板中单击"偏移面"按钮 。
- 在"实体"选项卡的"实体编辑"面板中单击"偏移面"按钮 。
- 在命令行中输入 SOLIDEDIT 并按 Enter 键，然后依次选择"面""偏移"选项。

执行"偏移面"命令后，根据命令行的提示，选择要偏移的实体面并按 Enter 键，然后指定偏移距离，即可对实体面进行偏移，如图 9-15、图 9-16 所示。

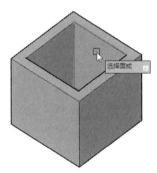
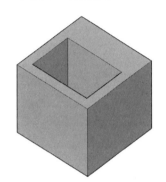

图 9-15　选择偏移面　　　　图 9-16　偏移 20mm

（5）倾斜面

使用"偏移面"命令，可以按指定的角度倾斜三维实体上的面。倾斜角的旋转方向由选择基点和第二点的顺序决定。用户可以通过以下方法执行"倾斜面"命令。

- 执行"修改 > 实体编辑 > 倾斜面"命令。
- 在"常用"选项卡的"实体编辑"面板中单击"倾斜面"按钮 。
- 在"实体"选项卡的"实体编辑"面板中单击"倾斜面"按钮 。
- 在命令行中输入 SOLIDEDIT 并按 Enter 键，然后依次选择"面""倾斜"选项。

执行"倾斜面"命令后，根据命令行的提示，选择要倾斜的实体面并按 Enter 键，然后依次指定倾斜轴上的两个点并输入倾斜角度，即可对实体面进行倾斜。

（6）复制面

使用"复制面"命令，可以将实体中指定的三维面复制出来成为面域。用户可以通过以下方法执行"复制面"命令：

- 执行"修改 > 实体编辑 > 复制面"命令。
- 在"常用"选项卡的"实体编辑"面板中单击"复制面"按钮 。
- 在命令行中输入 SOLIDEDIT 并按 Enter 键，然后依次选择"面""复制"选项。

执行"复制面"命令后，根据命令行的提示，选择要复制的实体面并按 Enter 键，然后依次指定基点和位移的第二点，即可对实体面进行复制。

（7）着色面

在创建和编辑实体模型过程中，为了更方便地观察实体或选取实体各部分，可以使用"着色面"命令修改单个或多个实体面的颜色，以取代该实体面所在图层的颜色。用户可以通过以下方法执行"着色面"命令。

- 执行"修改 > 实体编辑 > 着色面"命令。
- 在"常用"选项卡的"实体编辑"面板中单击"着色面"按钮 。
- 在命令行中输入 SOLIDEDIT 并按 Enter 键，然后依次选择"面""颜色"选项。

执行"着色面"命令后，根据命令行的提示，选择要着色的实体面并按 Enter 键，然后在打开的"选择颜色"对话框中选择需要的颜色，单击"确定"按钮，即可对实体面进行着色。

（8）删除面

使用"删除面"命令，可以删除三维实体上的面，包括圆角或倒角。用户可以使用以下方法执行"删除面"命令。

- 执行"修改 > 实体编辑 > 删除面"命令。
- 在"常用"选项卡的"实体编辑"面板中单击"删除面"按钮 。
- 在命令行中输入 SOLIDEDIT 并按 Enter 键，然后依次选择"面""删除"选项。

执行"删除面"命令后，根据命令行的提示，选择要删除的实体面，然后按 Enter 键，即可将所选的面删除。

9.2.3 剖切

该命令通过剖切现有实体可以创建新实体，可以通过多种方式定义剪切平面，包括指定点或者选择曲面或平面对象。用户可以通过以下方法执行"剖切"命令。

- 执行"修改 > 三维操作 > 剖切"命令。
- 在"常用"选项卡的"实体编辑"面板中单击"剖切"按钮 。
- 在"实体"选项卡的"实体编辑"面板中单击"剖切"按钮 。
- 在命令行中输入快捷命令 SL，然后按 Enter 键。

执行"剖切"命令后，根据命令行的提示，选择对象，然后在实体上依次指定两点，即可将模型剖切，如图 9-17、图 9-18 所示。

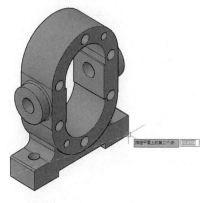

图 9-17　依次指定两点　　　　　　　图 9-18　完成剖切

9.2.4 抽壳

该命令可以将三维实体转换为中空薄壁或壳体。将实体对象转换为壳体时，可以通过将现有面朝其原始位置的内部或外部偏移来创建新面。用户可以通过以下方法执行"抽壳"命令。

- 执行"修改 > 实体编辑 > 抽壳"命令。
- 在"常用"选项卡的"实体编辑"面板中单击"抽壳"按钮。
- 在"实体"选项卡的"实体编辑"面板中单击"抽壳"按钮。

课堂练习 制作轴套模型

下面利用抽壳、倒角边等命令制作轴套模型。具体操作步骤如下。

扫一扫 看视频

Step01 切换到西南等轴测视图。执行"绘图 > 建模 > 圆柱体"命令，绘制底面半径为 10、高度为 11 的圆柱体，如图 9-19 所示。

Step02 执行"修改 > 实体编辑 > 抽壳"命令，根据提示选择圆柱体，如图 9-20 所示。

Step03 再根据提示选择要删除的面，这里分别选择圆柱体的顶面和底面，如图 9-21 所示。

图 9-19 绘制圆柱体

图 9-20 选择圆柱体

图 9-21 选择删除面

Step04 再按回车键确认，根据提示输入抽壳偏移距离为 4，如图 9-22 所示。

Step05 按回车键三次，即可完成模型的抽壳操作，制作出一个管状体，如图 9-23 所示。

Step06 执行"修改 > 实体编辑 > 倒角边"命令，默认倒角距离 1 和 2 都为 1mm，根据提示选择要进行倒角的模型边，如图 9-24 所示。

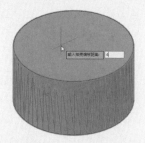
图 9-22 输入抽壳距离

图 9-23 抽壳效果

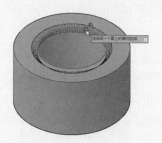
图 9-24 选择边

Step07 按住 Shift 键旋转视图，再选择底部的模型边，如图 9-25 所示。

Step08 按回车键确认，提示用户接受倒角或重新设置距离值，如图 9-26 所示。

Step09 再按回车键确认即可完成倒角边操作，至此完成轴套模型的制作，如图 9-27 所示。

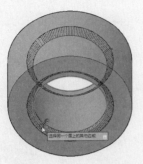

图 9-25 选择底面的边

图 9-26 倒角边提示

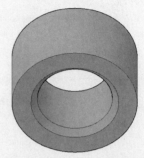

图 9-27 完成操作

📄 综合实战　制作弯管模型

下面利用拉伸、抽壳、差集等命令制作出弯管模型。操作步骤如下。

Step01 在状态栏中右键单击"极轴追踪"按钮，在弹出的快捷菜单中选择"正在追踪设置"选择，打开"草图设置"对话框，在"极轴追踪"选项卡中勾选"启用极轴追踪"复选框，再设置增量角为 60°，如图 9-28 所示。

Step02 执行"直线"命令，绘制边长为 140mm 的等边三角形，如图 9-29 所示。

Step03 执行"圆角"命令，设置圆角半径为 10，对三角形的三个角进行圆角操作，如图 9-30 所示。

Step04 执行"圆"命令，分别捕捉圆心和几何中心，绘制半径为 5mm 和 25mm 的圆，如图 9-31 所示。

图 9-28 设置极轴追踪

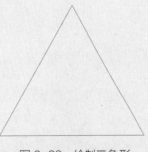

图 9-29 绘制三角形

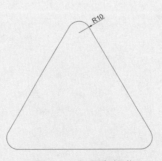

图 9-30 圆角操作

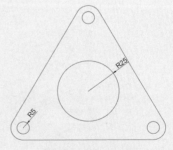

图 9-31 绘制圆

Step05 切换到西南等轴测视图，执行"绘图 > 建模 > 拉伸"命令，选择图形并将其拉伸 18mm 的高度，再切换到概念效果，如图 9-32 所示。

Step06 ▶ 执行"差集"命令，将四个圆柱体从三角模型中挖去，如图 9-33 所示。

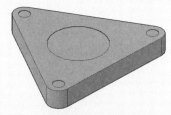
图 9-32　拉伸模型

图 9-33　差集操作

扫一扫 看视频

Step07 ▶ 执行"多段线"命令，绘制长度分别为 140mm 和 190mm 的转角线条，如图 9-34 所示。

Step08 ▶ 执行"圆角"命令，设置圆角半径为 40mm，对多段线进行圆角操作，如图 9-35 所示。

Step09 ▶ 再执行"圆"命令，绘制半径为 25mm 的圆，如图 9-36 所示。

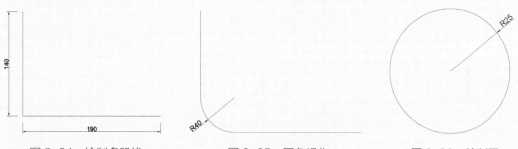

图 9-34　绘制多段线　　　　　图 9-35　圆角操作　　　　　图 9-36　绘制圆

Step10 ▶ 执行"绘图 > 建模 > 扫掠"命令，根据提示先选择圆，再选择多段线，创建一个拐弯的模型，如图 9-37 所示。

Step11 ▶ 执行"修改 > 实体编辑 > 抽壳"命令，选择模型，再选择要删除的两个面，如图 9-38 所示。

Step12 ▶ 按回车键确认，设置抽壳厚度为 10mm，制作出管状体造型，如图 9-39 所示。

Step13 ▶ 对齐两个模型，并对模型执行"并集"操作，完成弯管模型的制作，如图 9-40 所示。

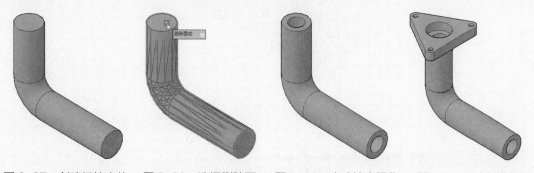

图 9-37　创建扫掠实体　　图 9-38　选择删除面　　图 9-39　完成抽壳操作　　图 9-40　对齐并合并

195

一、填空题

1. 实体倒直角时只能在基面上选取____。

2. 使用_____命令,可以将一个实体分成两个实体。

3. _____命令可将现有的实体模型上单个或多个边复制到其他位置,从而利用这些边线创建出新的图形对象。

4. 利用_____命令可以制作实体中空效果。

二、选择题

1. 可以将三维实体对象分解成原来组成三维实体的部件的命令是( )。

A. 剖切   B. 分解   C. 切割   D. 分割

2. 以下哪个对象不是 AutoCAD 的基本实体类型( )?

A. 球体   B. 长方体   C. 圆顶   D. 圆锥体

3. 下列哪项图形不能被压印( )?

A. 三维网格   B. 圆弧   C. 面域   D. 圆

4. 当复制三维对象的边时,边是作为( )复制的。

A. 圆   B. 直线   C. 圆弧   D. 以上都是

5. 以下关于实体编辑工具栏的叙述,正确的是( )。

A. "复制面"只能对实体的某个平的表面进行操作

B. "移动面"只能对实体的某个平的表面进行操作

C. "拉伸面"只能对实体的某个平的表面进行操作

D. "倾斜面"只能对实体的某个平的表面进行操作

三、操作题

1. 创建如图 9-41 所示的实体模型。

(1)图形效果

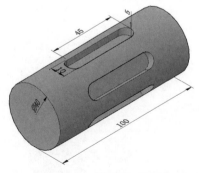

图 9-41 模型效果展示

(2)操作思路

创建一个圆柱体,再将圆角矩形拉伸成实体放置到圆柱体上,阵列复制实体,最后进行差集操作,参见图 9-42 ~ 图 9-44。

图 9-42 绘制图形并拉伸

图 9-43 执行三维阵列操作

图 9-44 执行差集操作

2. 根据零件图创建如图 9-45 所示的实体模型。

（1）图形效果

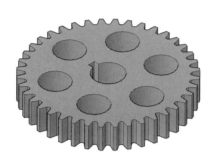
图 9-45 模型效果展示

（2）操作思路

将零件图轮廓转换为多段线，全部拉伸为实体，再进行差集操作，参见图 9-46 ～ 图 9-48。

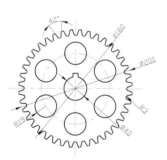
图 9-46 转换多段线

图 9-47 执行拉伸操作

图 9-48 执行差集操作

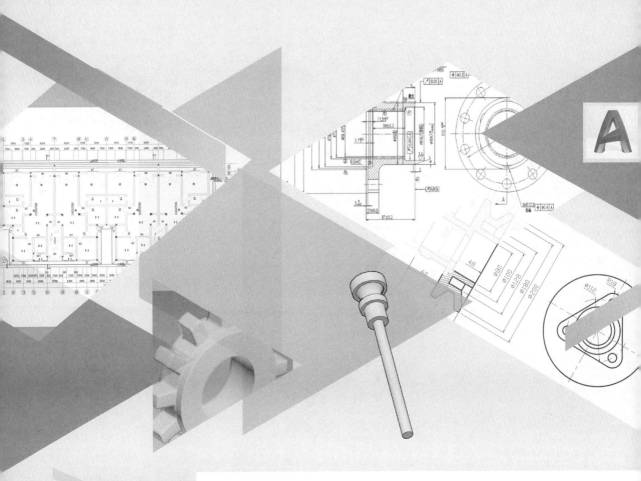

第10章
输出与打印图形

内容导读

图形的输出即将设计的成果显示在图纸上，是整个设计过程的最后一步，将图纸打印出来后，图纸内容可清晰地呈现在用户面前，便于调阅查看。本章主要介绍 AutoCAD 中图形的输入与输出，以及在打印图纸时的布局设置操作。

学习目标

○ 了解图形的输入与输出
○ 了解模型空间与图纸空间
○ 了解布局的页面设置与管理
○ 掌握图形的打印与输出

10.1 图形的输入/输出

下面将为用户介绍图形的输入与输出方法，包括输入图形、输出图形等内容。

10.1.1 输入图形

在 AutoCAD 中，用户可以将各种格式的文件输入到当前图形中。执行"文件 > 输入"命令，打开"输入文件"对话框，如图 10-1 所示。从中选择相应的文件，然后单击"打开"按钮，即可将文件插入。在"文件类型"下拉列表中，可以选择需要输入文件的类型，如图 10-2 所示。

图 10-1 "输入文件"对话框 　　　　图 10-2 输入文件类型

下面介绍 AutoCAD 部分输入文件的类型。

● 3D Studio 文件：可以用于 3ds Max 的 3D Studio 文件，文件中保留了三维几何图形、视图、光源和材质。

● FBX 文件：该文件格式是用于三维数据传输的开放式框架，在 AutoCAD 中，用户可以将图形输出为 FBX 文件，然后在 3ds Max 中查看和编辑该文件。

● 图元文件：即 Windows 图元文件格式（WMF），文件包括屏幕矢量几何图形和光栅几何图形格式。

● PDF 文件：可以将几何图形、填充、光栅图像和 TrueType 文字从 PDF 文件输入到 AutoCAD 中，PDF 文件是发布和共享设计数据以供查看和标记时的一种常用方法，用户可以选择从 PDF 文件指定某一页面，或者可以将全部或部分附着的 PDF 参考底图转换为 AutoCAD 对象。

● Rhino 文件：该文件格式 (*.3dm) 通常用于三维 CAD 系统之间的 NURBS 几何图形的交换。

10.1.2 输出图形

用户要将 AutoCAD 图形对象保存为其他需要的文件格式以供其他软件调用，只需将对象以指定的文件格式输出即可。执行"文件 > 输出"命令，打开"输出数据"对话框，如图 10-3 所示。在"文件类型"下拉列表中，可以选择需要导出文件的类型，如图 10-4 所示。

下面介绍 AutoCAD 部分输出文件的类型。

图 10-3 "输出数据"对话框

图 10-4 输出文件类型

- DWF 文件：这是一种图形 Web 格式文件，属于二维矢量文件。可以通过这种文件格式在因特网或局域网上发布自己的图形。
- DWFx 文件：这是一种包含图形信息的文本文件，可被其他 CAD 系统或应用程序读取。
- 图元文件：即 Windows 图元文件格式（WMF），文件包括屏幕矢量几何图形和光栅几何图形格式。
- 平版印刷：用平版印刷（SLA）兼容的文件格式输出 AutoCAD 实体对象。实体数据以三角形网格面的形式转换为 SLA。SLA 工作站使用这个数据定义代表部件的一系列层面。
- 位图文件：这是一种位图格式文件，在图像处理行业中应用相当广泛。
- 块文件：这是将选定对象保存到指定的图形文件或将块转换为指定的图形文件。

📝 **课堂练习** 　输出成位图

下面将绘制好的 CAD 图纸输出成位图格式，具体操作步骤如下。

Step01 打开素材图形，如图 10-5 所示。

Step02 执行"文件 > 输出"命令，打开"输出数据"对话框，设置输出路径和文件类型，如图 10-6 所示。

扫一扫 看视频

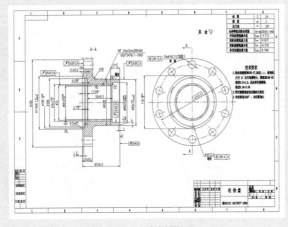

图 10-5 素材图形

图 10-6 "输出数据"对话框

Step03 设置完毕后单击"保存"按钮返回绘图区，选择要输出的图形内容，如图 10-7 所示。

Step04 按回车键确认即可完成输出操作，打开输出的位图图片，如图 10-8 所示。

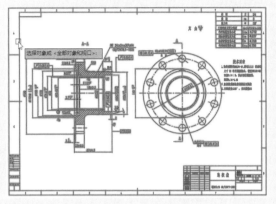

图 10-7 选择图形

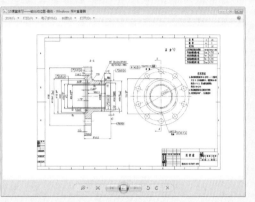

图 10-8 打开位图

10.2 模型空间与图纸空间

在绘图工作中，可以通过 3 种方法来确认当前的工作空间，即图形坐标系图标的显示、图形选项卡的指示和系统状态栏的提示。

10.2.1 模型空间与图纸空间概念

模型空间与图纸空间是两种不同的屏幕工作空间。其中，模型空间用于建立对象模型，而图纸空间则用于将模型空间中生成的三维或二维对象按用户指定的观察方向正投射为二维图形，并且允许用户按需要的比例将图纸摆放在图形界限内的任何位置，如图 10-9、图 10-10 所示。

图 10-9 模型空间

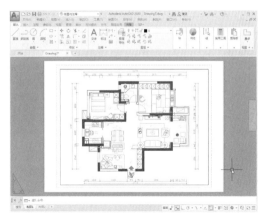

图 10-10 图纸空间

10.2.2 模型空间与图纸空间切换

下面将为用户介绍模型空间与图纸空间的切换方法。

（1）从模型空间向图纸空间的切换

- 将光标放置在文件选项卡上，然后选择"布局 1"或"布局 2"选项。
- 单击绘图窗口左下角的"布局 1"或"布局 2"选项卡。
- 单击状态栏中的"模型"按钮 模型，该按钮会变为"图纸"按钮 图纸。

（2）从图纸空间向模型空间的切换

- 将光标放置在文件选项卡上，然后选择"模型"。
- 单击绘图窗口左下角的"模型"选项卡。
- 单击状态栏中的"图纸"按钮 图纸，该按钮变为"模型"按钮 模型。
- 在命令行中输入 MSPACE 命令按 Enter 键，可以将布局中最近使用的视口置为当前活动视口，在模型空间工作。
- 在存在视口的边界内部双击鼠标左键，激活该活动视口，进入模型空间。

10.3 设置与管理布局

页面设置可以对新建布局或已建好的布局进行图纸大小和绘图设备的设置。页面设置是打印设备和其他影响最终输出外观和格式的设置集合，用户可以修改这些设置并将其应用到其他布局中。

在 AutoCAD 中，用户可以通过以下方法打开"页面设置管理器"对话框，如图 10-11 所示。

图 10-11 "页面设置管理器"对话框

- 执行"文件 > 页面设置管理器"命令。
- 在"输出"选项卡的"打印"面板中单击"页面设置管理器"按钮 。
- 在命令行中输入 PAGESETUP，然后按 Enter 键。
- 在"页面设置管理器"对话框中，单击"修改"按钮，即可打开"页面设置"对话框，如图 10-12 所示。

选择打印机
或绘图仪

选择图纸
的大小

设置图纸的
打印范围

指定打印样式

图纸预览效果

打印比例设置

设置打印方向

图 10-12 "页面设置"对话框

在"页面设置"对话框中，还可以设置打印图形时的打印区域、打印比例等内容。其中各主要选项作用如下。

- 图纸尺寸：该选项组用于确定打印输出图形时的图纸尺寸，用户可以在"图纸尺寸"列表中选择图纸尺寸。列表中可用的图纸尺寸由当前配置的打印设备确定。

- 打印区域：进行打印之前，可以指定打印区域，确定打印内容。在创建新布局时，默认的打印区域为"布局"，即打印图纸尺寸边界内的所有对象；选择"显示"选项，将在打印图形区域中显示所有对象；选择"范围"选项，将打印图形中所有可见对象；选择"视图"选项，可打印保存的视图；选择"窗口"选项，可以定义要打印的区域。

- 打印偏移：该选项组用于确定图纸上的实际打印区域相对于图纸左下角点的偏移量。在布局中，可打印区域的左下角点位于由虚线框确定的页边距的左下角点，即（0,0）。

- 打印比例：该选项组用于确定图形的打印比例。用户可通过"比例"下拉列表确定图形的打印比例，也可以通过文本框自定义图形的打印比例。在布局打印时，模型空间的对象将以其布局视口的比例显示。

- 图形方向：该选项组中，可以通过单击"横向"或"纵向"单选按钮设置图形在图纸上的打印方向。选中"横向"单选按钮时，图纸的长边是水平的；选中"纵向"单选按钮时，图纸的短边是水平的。在横向或纵向方向上，可以勾选"上下颠倒打印"复选框，控制首先打印图形的顶部还是底部。

10.3.1 修改布局环境

在"页面设置"对话框的"打印机/绘图仪"选项组中，用户可以修改和配置打印设备；在右侧的"打印样式表"选项组中，可以设置图形使用的打印样式。

单击"打印机/绘图仪"选项组右侧的"特性"按钮，系统会弹出"绘图仪配置编辑器"对话框。从中可以更改 PC3 文件的打印机端口和输出设置，包括介质、图形、自定义属性等。此外，还可以将这些配置选项从一个 PC3 文件拖到另一个 PC3 文件。

"绘图仪配置编辑器"对话框中有"常规""端口"和"设备和文件设置"选项卡，如图10-13 所示。

- "常规"选项卡：包含有关打印机配置（PC3）文件的基本信息。可在说明区域添加或更改信息。该选项卡中的其余内容是只读的。

- "端口"选项卡：更改配置的打印机与用户计算机或网络系统之间的通信设置。可以指定通过端口打印、打印到文件或使用后台打印。

- "设备和文档设置"选项卡：控制 PC3 文件中的许多设置，如指定纸张的来源、尺寸、类型和去向，控制笔式绘图仪中指定的绘图笔等。单击任意节点的图标以查看和更改指定设置。如果更改了设置，所做更改将出现在设置旁边的尖括号中。更改了值的节点图标上方也将显示检查标记。

图 10-13 "绘图仪配置编辑器"对话框

10.3.2 保存并输入页面设置

在 AutoCAD 中，用户可以将自己绘制的图形保存为样板图形，所有的几何图形和布局设置都可保存为 DWT 文件。

在命令行中输入 LAYOUT 并按 Enter 键，然后根据命令行的提示，选择"另存为"选项，按 Enter 键，即可打开"创建图形文件"对话框。在该对话框中输入要保存的布局样板名称，然后单击"保存"按钮即可，如图 10-14 所示。

要使用现有的布局样板建立新布局，可执行"插入 > 布局 > 来自样板的布局"命令，在打开的"从文件选择样板"对话框中，选择合适的图形文件，然后单击"打开"按钮，如图 10-15 所示。之后系统将会打开"插入布局"对话框，在"布局名称"列表中显示了当前所选布局模板的名称，单击"确定"按钮即可插入该布局。单击状态栏中的布局名称选项卡，便可看见刚插入的布局。

图 10-14 "创建图形文件"对话框　　　　图 10-15 "从文件选择样板"对话框

知识延伸

布局样板是从 DWG 或 DWT 文件中输入的布局，可以利用现有样板中的信息创建新的布局。AutoCAD 提供了若干个布局样板，以供设计新布局环境时使用。

　　使用布局样板创建新布局时，新布局将使用现有样板中的图纸空间、几何图形及其页面设置，并在图纸空间中显示布局几何图形和视口对象。用户可以保留从样板中输入的几何图形，也可以删除这些几何图形，在这个过程中不输入任何模型空间图形。

10.3.3 管理布局

　　布局空间用于设置在模型空间中绘制图形的不同视图，主要是为了在输出图形时进行布置。通过布局空间可以同时输出该图形的不同视口，满足各种不同出图的要求。

　　布局是用来排版出图的，选择布局可以看到虚线框，其为打印范围，模型图在视口内。

　　在 AutoCAD 中，若要删除、新建、重命名、移动或复制布局，可将鼠标光标放置在布局标签上，然后单击鼠标右键，在弹出的快捷菜单中选择相应的命令即可。

　　除上述方法外，用户也可在命令行中输入 LAYOUT 并按 Enter 键，根据命令提示选择相应的选项对布局进行管理。

操作提示

　　在 AutoCAD 中，用户还可在状态栏的空白区域单击鼠标右键弹出的快捷菜单中使用"新建布局"和"从样板"命令来创建布局。

课堂练习　创建图纸布局

　　下面利用布局向导为图纸创建布局，具体操作步骤如下。

扫一扫 看视频

Step01 打开素材图形，如图 10-16 所示。

Step02 执行"插入 > 布局 > 创建布局向导"命令，打开"创建布局"对话框，输入新的布局名称"盘盖图"，如图 10-17 所示。

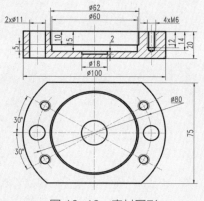

图 10-16　素材图形

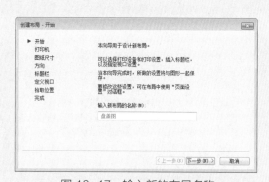

图 10-17　输入新的布局名称

Step03 单击"下一步"按钮进入下一页面，选择打印机 DWG To PDF.pc3，如图 10-18 所示。

Step04 单击"下一步"按钮进入下一页面，设置图纸尺寸为 A4，图形单位为毫米，如图 10-19 所示。

图 10-18　选择打印机　　　　　　　图 10-19　设置打印尺寸及单位

Step05 单击"下一步"按钮进入下一页面，选择图形方向为"纵向"，如图 10-20 所示。

Step06 单击"下一步"按钮进入下一页面，默认不选择标题栏，如图 10-21 所示。

图 10-20　选择图形方向　　　　　　图 10-21　默认不选择标题栏

Step07 单击"下一步"按钮进入下一页面，保持默认设置，如图 10-22 所示。

Step08 单击"下一步"按钮进入下一页面，单击"选择位置"按钮，在布局中指定视口角点，如图 10-23 所示。

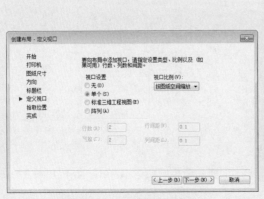

图 10-22　保持默认设置　　　　　　图 10-23　指定视口角点

Step09 指定角点后会提示已创建布局，如图 10-24 所示。

Step10 单击"完成"按钮，即可完成操作且进入"盘盖"布局空间，如图 10-25 所示。

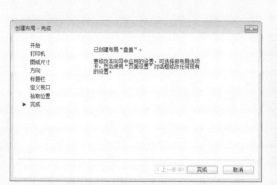

图 10-24 创建布局

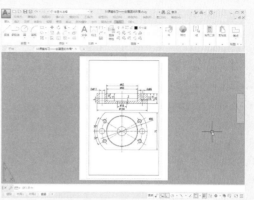

图 10-25 进入布局空间

10.4 打印图形

在模型空间中将图形绘制完毕后，并在布局中设置了打印设备、打印样式、图样尺寸等打印内容后，便可以打印出图。打印之前，有必要按照当前设置，在"布局"模式下进行打印预览。

10.4.1 图形的输出

执行"文件 > 打印"命令，将打开"打印 - 布局 1"对话框，如图 10-26 所示。"打印"对话框和"页面设置"对话框中的同名选项功能完全相同。它们均用于设置打印设备、打印样式、图纸尺寸以及打印比例等内容。

（1）"打印区域"选项组

该选项组用于打印区域。用户可以在下拉列表中选择相应按钮确定要打印哪些选项卡中的内容，通过选择"打印份数"文本框可以确定打印的份数。

（2）"预览"选项组

单击"预览"按钮，系统会按当前的打印设置显示图形的真实打印效果，与"打印预览"具有相同的效果。

 知识点拨

用户可以在图形中创建多个布局，每个布局都可以包含不同的打印设置和图纸尺寸。但是，为了避免在转换和发布图形时出现混淆，通常建议每个图形只创建一个布局。

10.4.2 打印预览

执行"文件 > 打印预览"命令，系统将会打开如图 10-27 所示的图形预览。利用顶部工具栏中的相应按钮，可对图形执行打印、平移、缩放、窗口缩放、关闭等操作。

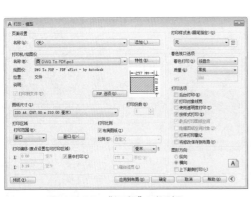

图 10-26 "打印"对话框

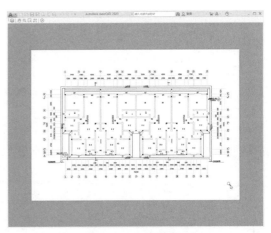

图 10-27 打印预览

综合实战 打印壳体零件图

下面为壳体零件图创建布局并打印出图，其具体操作步骤如下。

Step01 打开素材图形，如图 10-28 所示。

Step02 在状态栏右键单击"模型"，从弹出的快捷菜单中选择"从样板"选项，如图 10-29 所示。

扫一扫 看视频

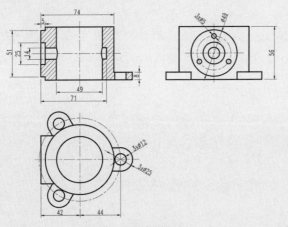

图 10-28 素材图形

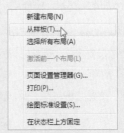

图 10-29 选择"从样板"选项

Step03 打开"从文件选择样板"对话框，在列表中选择合适的样板，如图 10-30 所示。

Step04 单击"打开"按钮，系统会弹出"插入布局"对话框，选择布局，并单击"确定"按钮，如图 10-31 所示。

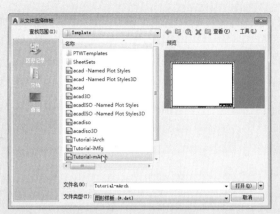

图 10-30　选择布局样板

图 10-31　"插入布局"对话框

Step05 进入新的布局空间，可以看到图形在视口中显示得很小，如图 10-32 所示。

Step06 删除蓝色的视口框，如图 10-33 所示。

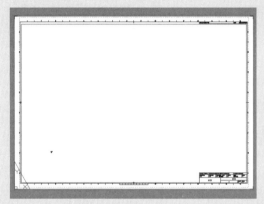

图 10-32　布局空间

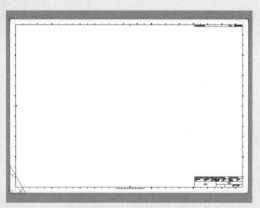

图 10-33　删除视口框

Step07 执行"视图 > 视口 > 一个视口"命令，在视图中指定角点创建视口，如图 10-34 所示。

Step08 此时图纸会最大化显示在视口中，如图 10-35 所示。

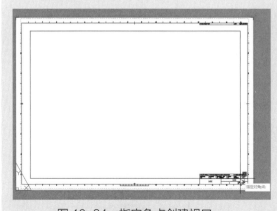

图 10-34　指定角点创建视口

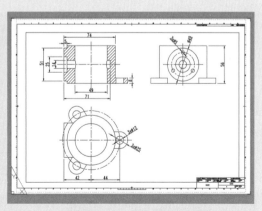

图 10-35　最大化显示图纸

Step09 执行"文件>打印"命令，打开"打印"对话框，选择合适的打印机，设置图纸尺寸为 A3，打印范围为"范围"，勾选"居中打印"和"布满图纸"复选框，如图 10-36 所示。

Step10 单击"预览"按钮，进入预览界面，如图 10-37 所示。

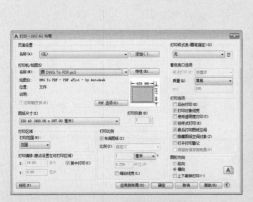

图 10-36　设置打印参数　　　　　　　　　图 10-37　预览图纸

Step11 观察图纸预览效果，单击"打印"按钮即可开始打印，完成本案例的操作。

📖 课后作业

一、填空题

1. 在 AutoCAD 中有两个工作空间，即模型空间和布局空间。在_____中绘制图形时，可以绘制图形的主体模型。

2. AutoCAD 中的打印样式表类型有两种，一种是颜色相关打印样式表，另一种是_____。

3. 使用_____命令，可以将多种其他格式的文件用 AutoCAD 打开。

二、选择题

1. 下面不属于 AutoCAD 工作空间的是（　　）。

A. 模型空间　　　　　　B. 模拟空间　　　　　　C. 图纸空间　　　　　　D. 布局空间

2. 以下说法不正确的是（　　）。

A. 图纸空间称为布局空间

B. 图纸空间完全模拟图纸页面

C. 图纸空间用来在绘图之前或之后安排图形的位置

D. 图纸空间与模型空间相同

3. 在"打印 - 模型"对话框的"打印选项"选项组中可以选择（　　）。

A. 打印区域　　　　　　B. 图纸尺寸　　　　　　C. 打印比例　　　　　　D. 打印对象线宽

4. 在"打印 - 模型"对话框的（　　）选项组中，用户可以选择打印设备。

A. 打印区域　　　　　　B. 图纸尺寸　　　　　　C. 打印比例　　　　　　D. 打印机 / 绘图仪

5. 根据图形打印的设置，下列哪个选项不正确（ ）。

A. 只能打印整体图形

B. 可以根据不同的要求用不同的比例打印图形

C. 可以先输出一个打印文件，把文件放到别的计算机上打印

D. 打印时可以设置纸张的方向

三、操作题

1. 将 3ds 格式的模型文件输入到 AutoCAD，如图 10-38 所示。

（1）模型效果

图 10-38 模型效果展示

（2）操作思路

将 3D 模型导出为 3ds 格式，再用 AutoCAD 进行输入操作，参见图 10-39 ~ 图 10-41。

图 10-39 3D 模型　　　图 10-40 输入 3ds 文件　　　图 10-41 带边缘着色模式

2. 为三视图创建多个视口，如图 10-42 所示。

（1）图形效果

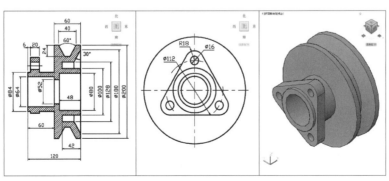

图 10-42 多视口效果预览

211

（2）操作思路

创建三个视口，根据图形类型设置视图样式和视觉样式，如图 10-43 和图 10-44 所示。

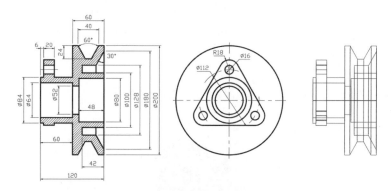

图 10-43　单视口俯视图

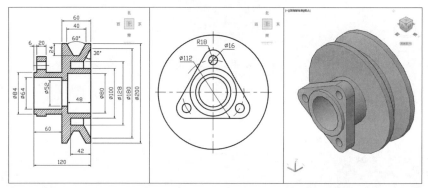

图 10-44　创建多视口并调整视图样式和视觉样式

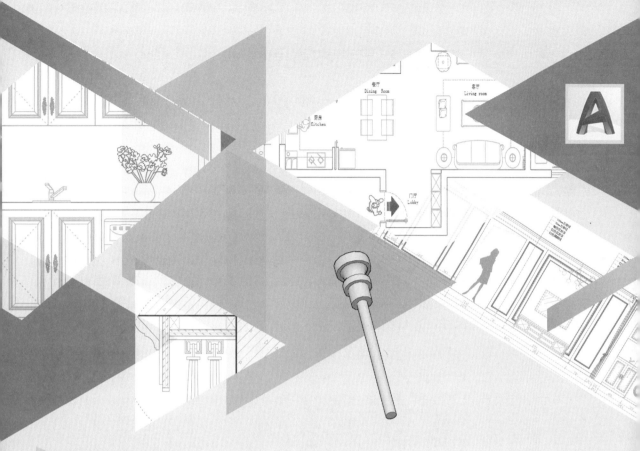

第11章
综合实战案例

★ 内容导读

施工图的内容是绘制出满足施工要求的施工图纸，确定全部施工尺寸、用料及造型，是设计工作中劳动量最大也是完成成果的最后一步。在设计过程中，施工图的绘制是表达设计者设计意图的重要手段之一，是设计者与各相关专业之间交流的标准化语言，是控制施工现场能否充分正确理解消化并实施设计理念的一个重要环节。

本章以室内设计为例，对部分施工图的绘制方法进行了详细的介绍，读者通过本章的学习可以掌握室内设计施工图的绘制技巧并了解部分施工工艺。

★ 学习目标

- ○ 掌握居室建筑主体的绘制
- ○ 掌握居室平面的布置技巧
- ○ 掌握装饰立面图的绘制方法
- ○ 掌握节点图的绘制方法

11.1 绘制居室平面布置图

居室平面布置图是设计方案的第一步，也是最重要的一步。设计者需要全面系统地考虑，使每一个空间都符合需求，每一个空间的使用都发挥到极致，利用 AutoCAD 可以准确清晰地表达出每一个设计意图。

11.1.1 绘制居室建筑主体

扫一扫 看视频

下面利用所学知识绘制居室建筑主体，包括建筑墙体、窗户、水管、烟道等，具体绘制步骤如下。

Step01 在命令行输入 LAYER 命令，按回车键确认打开"图层特性管理器"选项板，创建"墙体""轴线""标注""门""窗"等图层，并设置图层颜色、线型等参数，如图 11-1 所示。

Step02 双击"轴线"图层将其设置为当前层，分别执行"直线""偏移"命令，绘制出墙体轴线，具体尺寸如图 11-2 所示。

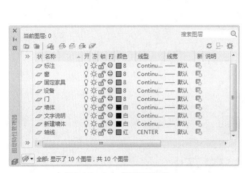

图 11-1 创建图层

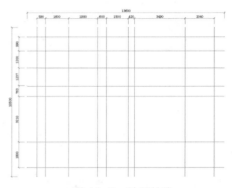

图 11-2 绘制轴线

Step03 选择轴线，按 Ctrl+1 组合键打开"特性"选项板，设置轴线线型比例为 20，如图 11-3 所示。

Step04 设置线型比例后的轴线效果如图 11-4 所示。

图 11-3 设置线型比例

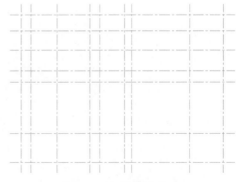

图 11-4 轴线效果

Step05 设置"墙体"图层为当前层。执行"格式 > 多线样式"命令，打开"多线样式"对话框，单击"修改"按钮，打开"修改多线样式"对话框，设置直线的起点与端点封口，再设置图元偏移值，如图 11-5 所示。

Step06 单击"确定"按钮，返回"多线样式"对话框，可以看到设置后的多线预览效果，如图 11-6 所示。

图 11-5　设置多线封口

图 11-6　多线预览效果

Step07 执行"多线"命令，设置对正类型为"无"，比例为 1，捕捉轴线交点绘制建筑墙体，如图 11-7 所示。

Step08 关闭"轴线"图层，双击多线打开"多线编辑工具"面板，如图 11-8 所示。

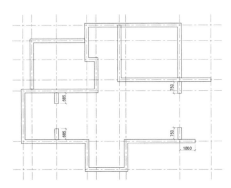

图 11-7　绘制多线

图 11-8　多线编辑工具

Step09 选择"T 形合并"工具编辑多线墙体，如图 11-9 所示。

Step10 依次执行"直线""偏移"命令绘制出门洞和窗洞宽度，如图 11-10 所示。

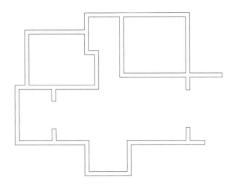

图 11-9　编辑多线

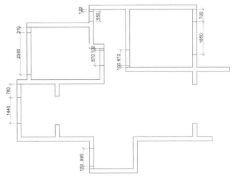

图 11-10　绘制并偏移直线

Step11 执行"修剪"命令，修剪出门洞和窗洞轮廓，如图 11-11 所示。

Step12 全选墙体多线，执行"分解"命令，将图形分解。再依次执行"直线""偏移"命令，在卫生间位置绘制出 130mm 的墙体并偏移出门洞，如图 11-12 所示。

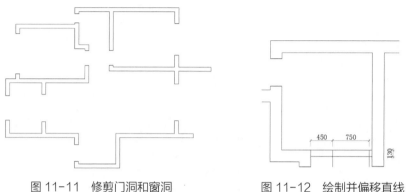

图 11-11 修剪门洞和窗洞 　　　　图 11-12 绘制并偏移直线

Step13 执行"修剪"命令，修剪出卫生间门洞轮廓，如图 11-13 所示。

Step14 接下来绘制主卧室的飘窗凸出墙体，执行"矩形"命令，绘制两个尺寸为 560mm×120mm 的矩形，分别对齐到窗洞外侧，如图 11-14 所示。

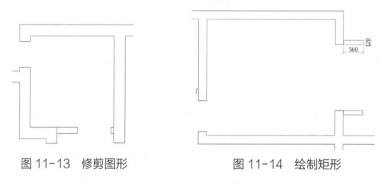

图 11-13 修剪图形 　　　　图 11-14 绘制矩形

Step15 设置"窗"图层为当前层。执行"直线"命令，捕捉窗洞绘制直线，如图 11-15 所示。

Step16 执行"偏移"命令，设置偏移尺寸为 90mm、60mm，偏移窗户轮廓线，如图 11-16 所示。

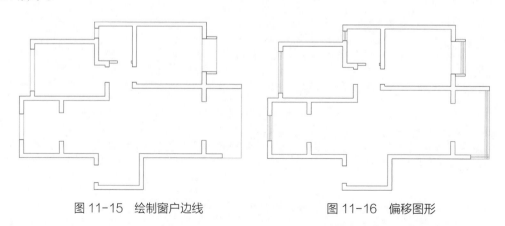

图 11-15 绘制窗户边线 　　　　图 11-16 偏移图形

AutoCAD+3ds Max+Photoshop 一站式高效学习一本通

Step17 执行"修剪"命令，修剪阳台位置的窗户图形，完成窗户图形的绘制，如图 11-17 所示。

Step18 接下来绘制水管及烟道设施。设置"设备"图层为当前层，执行"矩形"命令，在厨房区域绘制尺寸为 490mm×570mm 的矩形，放置到厨房左下角，如图 11-18 所示。

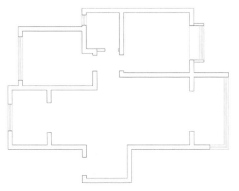

图 11-17　修剪窗户图形

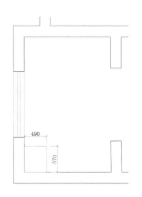

图 11-18　绘制矩形

Step19 分解矩形，执行"偏移"命令，偏移线段，偏移尺寸如图 11-19 所示。

Step20 执行"修剪"命令，修剪出烟道及水管管道图形，如图 11-20 所示。

Step21 执行"圆"命令，绘制半径为 55mm、50mm 的圆作为水管，如图 11-21 所示。

Step22 执行"直线"命令，绘制烟道中空符号，如图 11-22 所示。

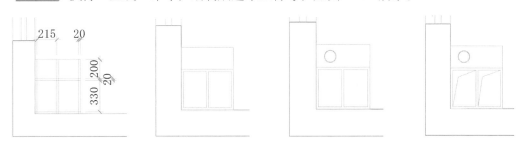

图 11-19　偏移图形　　图 11-20　修剪烟道管道　　图 11-21　绘制圆　　图 11-22　绘制中空符号

Step23 再利用"矩形""圆"命令在卫生间绘制水管管道，如图 11-23 所示。

Step24 绘制好的居室建筑主体如图 11-24 所示。

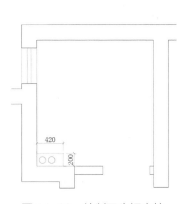

图 11-23　绘制卫生间水管

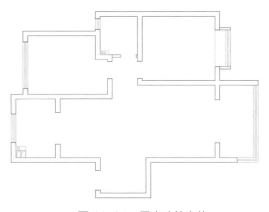

图 11-24　居室建筑主体

217

11.1.2　布置居室平面图

下面来布置绘制好的居室建筑主体，为各个空间绘制并添加家具、电器、厨卫用品、摆设等图形，具体操作步骤如下。

Step01 接下来布置主卧室。将"固定家具"图层设置为当前图层，执行"矩形"命令，绘制尺寸为 600mm×530mm 的矩形，再执行"偏移"命令，将矩形向内偏移 20mm，如图 11-25 所示。

Step02 执行"直线"命令，捕捉内部绘制交叉直线，如图 11-26 所示。

Step03 将图形放置到主卧左上角，再执行"复制"命令，复制图形，绘制出衣柜图形，如图 11-27 所示。

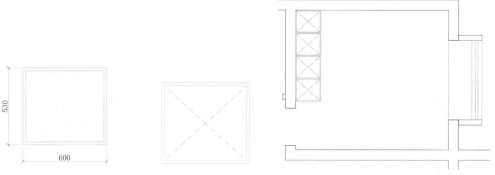

图 11-25　绘制并偏移矩形　图 11-26　绘制交叉直线　　　图 11-27　复制图形

Step04 同样利用"矩形""偏移""直线"命令绘制一个尺寸为 1400mm×350mm 的斗柜图形，如图 11-28 所示。

Step05 执行"插入>块选项板"命令，打开"块"选项板，如图 11-29 所示。

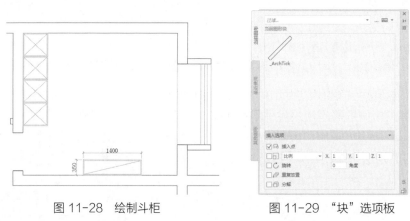

图 11-28　绘制斗柜　　　　　图 11-29　"块"选项板

Step06 单击"浏览"按钮打开"选择图形文件"对话框，选择双人床图块，如图 11-30 所示。

Step07 单击"打开"按钮返回"块"选项板，可以看到选择的双人床图块，如图 11-31 所示。

Step08 单击图块并在绘图区中指定插入点，单击即可完成双人床图块的插入，如图 11-32 所示。

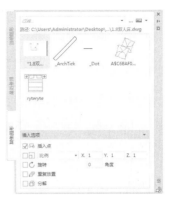

图 11-30 选择图块　　　　　　　　图 11-31 显示图块

Step09 照此操作方法为主卧室中插入平开门、落地灯、绿植、窗帘以及茶座图块，完成主卧室的布置，如图 11-33 所示。

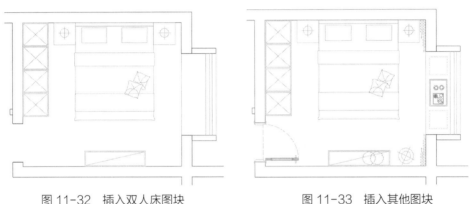

图 11-32 插入双人床图块　　　　　　图 11-33 插入其他图块

Step10 下面布置次卧室。设置"新建墙体"图层为当前层，执行"矩形"命令，绘制两个尺寸为 120mm×600mm 的矩形作为新建墙体，如图 11-34 所示。

Step11 利用"矩形""偏移""直线"命令绘制出衣柜图形，如图 11-35 所示。

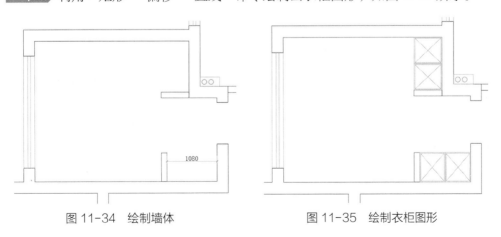

图 11-34 绘制墙体　　　　　　　　图 11-35 绘制衣柜图形

Step12 为次卧室插入双人床图块，再复制窗帘、台灯、门等图块，完成次卧室的布置，如图 11-36 所示。

Step13 下面布置卫生间。设置"固定家具"图层为当前层，执行"矩形"命令，绘制尺寸为970mm×970mm的矩形，如图11-37所示。

Step14 执行"倒角"命令，设置倒角距离为450mm，对矩形进行倒角操作，如图11-38所示。

Step15 执行"偏移"命令，将倒角图形向外依次偏移20mm、10mm、20mm，绘制出淋浴房轮廓，如图11-39所示。

Step16 将图形移动到卫生间区域，如图11-40所示。

图11-36 插入图块

Step17 执行"修剪"命令，修剪墙体外的图形，如图11-41所示。

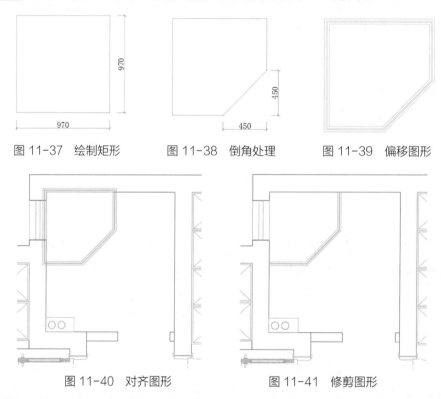

图11-37 绘制矩形　　图11-38 倒角处理　　图11-39 偏移图形

图11-40 对齐图形　　　　图11-41 修剪图形

Step18 执行"矩形"命令，绘制尺寸为280mm×60mm的矩形，对齐到淋浴房图形，作为墙体，如图11-42所示。

Step19 执行"修剪"命令，修剪多余的线条，如图11-43所示。

Step20 利用"直线""偏移""修剪"命令绘制600mm的淋浴房门洞，如图11-44所示。

Step21 再利用"矩形""偏移""直线"命令绘制洗手台、壁柜等图形，如图11-45所示。

Step22 为卫生间插入洗手盆、淋浴、坐便器、玻璃门等图块，完成卫生间的布置，如图11-46所示。

Step23 下面布置厨房和餐厅。执行"多段线"命令，捕捉墙体绘制多段线，再执行"偏移"命令，将多段线向内偏移600mm，绘制出地柜轮廓，再删除外侧的多段线，如图11-47所示。

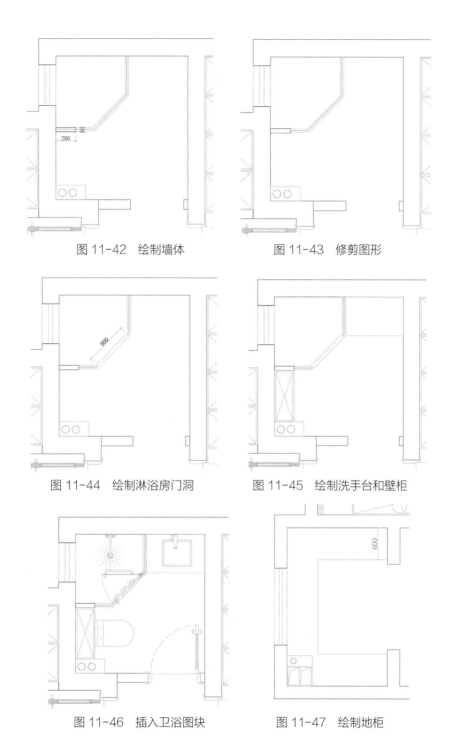

图 11-42　绘制墙体　　　　图 11-43　修剪图形

图 11-44　绘制淋浴房门洞　　　图 11-45　绘制洗手台和壁柜

图 11-46　插入卫浴图块　　　　图 11-47　绘制地柜

Step24 执行"偏移"命令，将墙体轮廓线向内偏移 375mm，设置图形到"固定家具"图层，再设置线型，作为吊柜图形，如图 11-48 所示。

Step25 执行"偏移"命令，偏移厨房位置的墙体，偏移尺寸如图 11-49 所示。

Step26 执行"修剪"命令，修剪出推拉门轨道造型，如图 11-50 所示。

Step27 设置"门"图层为当前层。执行"矩形"命令，绘制尺寸为 800mm×40mm 的矩形作为推拉门，再执行"多段线"命令，绘制宽度为 20mm 的多段线箭头，如图 11-51 所示。

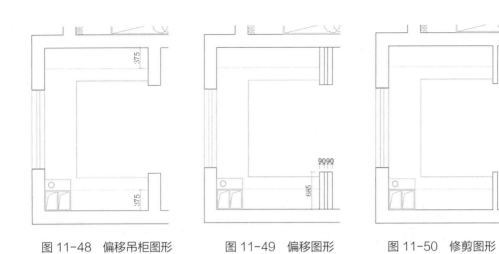

图 11-48　偏移吊柜图形　　　　　图 11-49　偏移图形　　　　　图 11-50　修剪图形

Step28 设置"固定家具"图层为当前层。执行"矩形"命令，绘制 500mm×500mm 的矩形作为恒温酒柜，放置在餐厅区域，如图 11-52 所示。

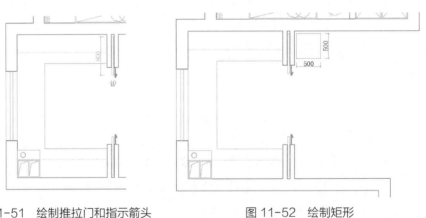

　　　图 11-51　绘制推拉门和指示箭头　　　　　　　　图 11-52　绘制矩形

Step29 为厨房和餐厅区域插入燃气灶、洗菜池、冰箱、餐桌椅等图块，完成厨房的布置，如图 11-53 所示。

Step30 下面布置阳台区域。利用"矩形""偏移""直线"命令绘制 1400mm×600mm 的矩形作为地柜，再绘制宽度为 350mm 的吊柜，如图 11-54 所示。

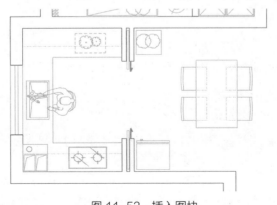

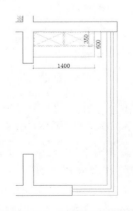

　　　图 11-53　插入图块　　　　　图 11-54　绘制阳台储物柜

Step31 ▶ 为客厅和阳台分别插入洗衣机、立式空调、电视柜、电视机、沙发组合、休闲桌椅以及饰品摆设等图块，再复制窗帘图块，如图 11-55 所示。

Step32 ▶ 利用"矩形""偏移"等命令为门厅区域绘制鞋柜图形，具体尺寸如图 11-56 所示。

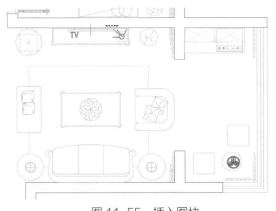

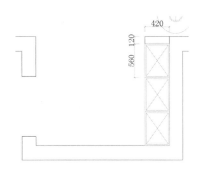

图 11-55 插入图块   图 11-56 绘制玄关鞋柜

Step33 ▶ 最后为门厅插入门以及人物图块，完成居室平面的布置，如图 11-57 所示。

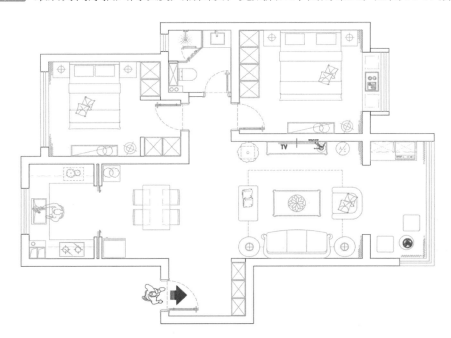

图 11-57 完成布置

11.1.3 标注居室平面图

下面为绘制好的平面图创建文字说明、尺寸标注等，具体操作步骤如下。

Step01 ▶ 执行"格式 > 文字样式"命令，打开"文字样式"对话框，新建"文字注释"样式，设置字体为"宋体"，如图 11-58 所示。

Step02 ▶ 执行"单行文字"命令，设置文字高度为 120，在主卧室分别创建中英文的文字说明，如图 11-59 所示。

223

图 11-58　新建文字样式

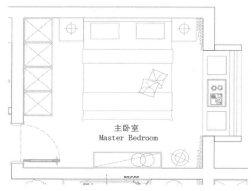

图 11-59　创建文字

Step03 再为其他空间创建文字说明，如图 11-60 所示。

Step04 执行"格式 > 标注样式"命令，新建"平面标注"样式，如图 11-61 所示。

图 11-60　创建全部文字

图 11-61　新建标注样式

Step05 单击"继续"按钮，打开"新建标注样式"对话框，在"主单位"选项卡中设置单位精度为 0，如图 11-62 所示。

Step06 在"调整"选项卡中设置全局比例为 70，选择"文字始终保持在尺寸界线之间"选项，如图 11-63 所示。

图 11-62　设置单位

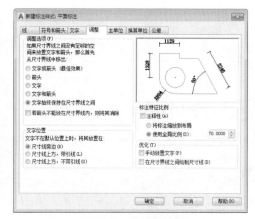

图 11-63　设置比例

Step07 在"符号和箭头"选项卡中设置箭头类型为"建筑标记",箭头大小为 1,如图 11-64 所示。

Step08 在"线"选项卡中设置尺寸界线超出尺寸线为 1,起点偏移量为 1,固定长度为 4,如图 11-65 所示。

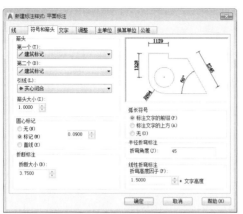
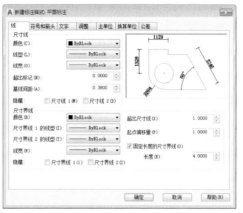

图 11-64　设置箭头　　　　图 11-65　设置尺寸界线

Step09 设置完毕后将该样式置为当前,利用"线性""连续"标注样式为平面图创建尺寸标注,完成居室平面布置图的绘制,如图 11-66 所示。

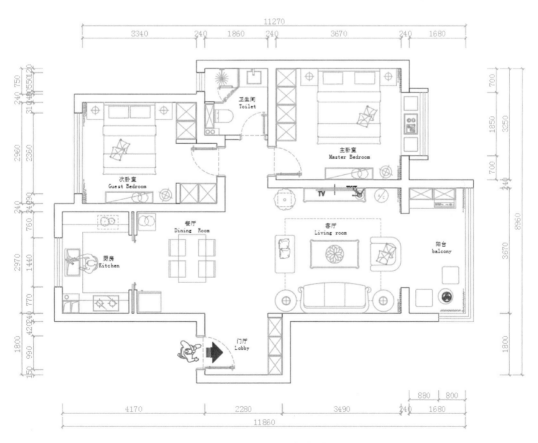

图 11-66　完成绘制

装饰立面图可以反映出房屋的外貌和立面装修的做法,提供给施工人员具体的墙面造型、尺寸及材质等内容。下面介绍客餐厅背景墙立面图的绘制,具体绘制步骤如下。

扫一扫 看视频

Step01 选出要绘制的部分。执行"矩形"命令,在平面图中框选一块,复制并修剪图形,如图 11-67 所示。

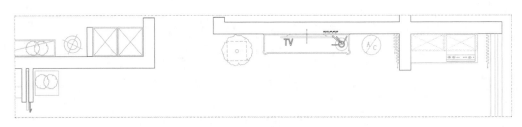

图 11-67 框选平面图

Step02 执行"射线"命令,捕捉墙体结构绘制辅助线,如图 11-68 所示。

Step03 再分别执行"直线""偏移"命令,绘制横向直线,再将其向下偏移 2750mm,如图 11-69 所示。

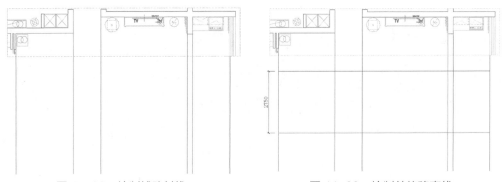

图 11-68 绘制辅助射线   图 11-69 绘制并偏移直线

Step04 执行"修剪"命令,修剪多余的线条,如图 11-70 所示。

图 11-70 修剪图形

Step05 绘制餐厅背景墙造型。执行"偏移"命令,将左侧的边线向右依次偏移,再将上方边线向下依次偏移,偏移尺寸如图 11-71 所示。

Step06 执行"矩形"命令,捕捉交点绘制三个矩形,再执行"偏移"命令,将矩形依次向内偏移 5mm、5mm、15mm、5mm,绘制出镜框轮廓,如图 11-72 所示。

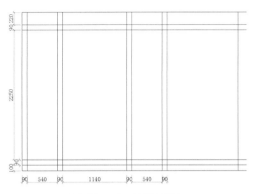

图 11-71　偏移图形

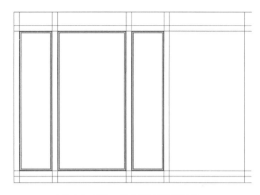

图 11-72　绘制并偏移矩形

Step07 执行"直线"命令，捕捉矩形角点绘制角线，如图 11-73 所示。

Step08 执行"修剪"命令，修剪并删除多余线条，如图 11-74 所示。

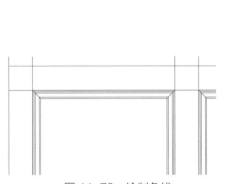

图 11-73　绘制角线

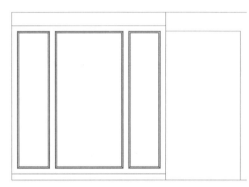

图 11-74　修剪图形

Step09 为背景墙插入装饰画图块，如图 11-75 所示。

Step10 接下来绘制客厅背景墙造型。执行"偏移"命令，偏移墙体边线，偏移尺寸如图 11-76 所示。

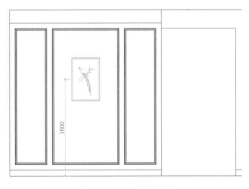

图 11-75　插入图块

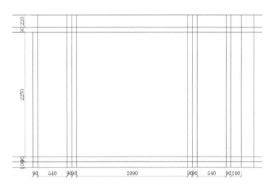

图 11-76　偏移边线

Step11 执行"矩形"命令，捕捉交点绘制三个矩形，再执行"偏移"命令，将矩形向内依次偏移 5mm、5mm、15mm、5mm，如图 11-77 所示。

Step12 执行"修剪"命令，修剪并删除多余的线条，如图 11-78 所示。

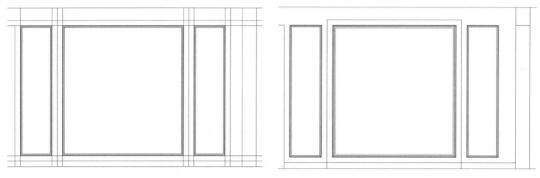

图 11-77　绘制并偏移矩形　　　　　　　　图 11-78　修剪图形

Step13 执行"直线"命令，绘制镜框角线，再执行"偏移"命令，将中间内侧镜框线向内依次偏移 20mm、80mm、15mm，如图 11-79 所示。

Step14 执行"矩形"命令，在客厅右上角绘制尺寸为 200mm×70mm 的矩形作为吊顶，再为客厅吊顶区域插入两种石膏线图块，如图 11-80 所示。

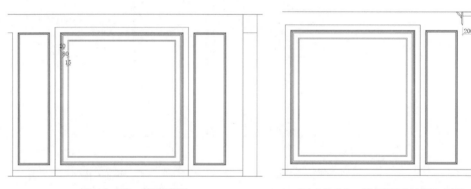

图 11-79　偏移图形　　　　　　　　图 11-80　绘制矩形并插入图块

Step15 执行"镜像"命令，将石膏线图形镜像复制到另一侧，再执行"直线"命令，绘制石膏线轮廓，如图 11-81 所示。

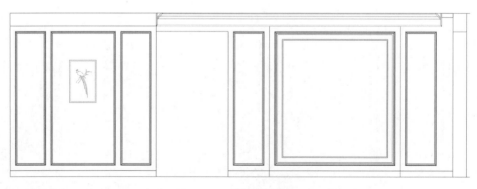

图 11-81　绘制石膏线

Step16 为客厅及通道区域插入电视机、电视柜、吊灯、窗帘、踢脚线等图块，如图 11-82 所示。

Step17 执行"直线"命令，绘制中空符号，如图 11-83 所示。

图 11-82 插入图块

图 11-83 绘制中空符号

Step18 接下来绘制阳台立面结构。执行"偏移"命令,按照如图 11-84 所示的尺寸偏移边线。

Step19 执行"修剪"命令,修剪出壁柜轮廓,如图 11-85 所示。

Step20 执行"偏移"命令,再次偏移线条,如图 11-86 所示。

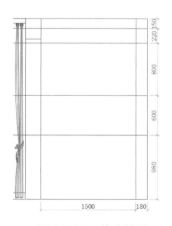

图 11-84 偏移图形

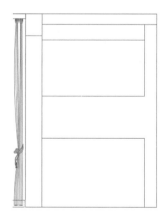

图 11-85 修剪壁柜轮廓

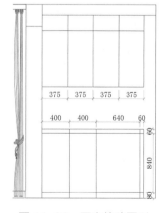

图 11-86 再次偏移图形

Step21 执行"修剪"命令,修剪出吊柜和地柜轮廓,如图 11-87 所示。

Step22 执行"矩形"命令,捕捉绘制地柜上的一块柜门轮廓,再执行"偏移"命令,将矩形向内依次偏移 60mm、5mm、10mm、5mm、5mm、25mm,如图 11-88 所示。

Step23 执行"直线"命令,绘制角线,如图 11-89 所示。

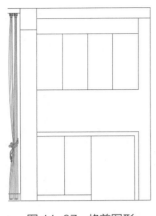

图 11-87 修剪图形

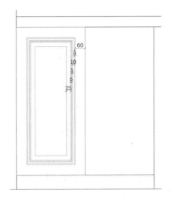

图 11-88 绘制并偏移矩形

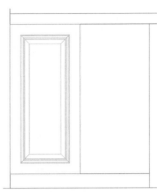

图 11-89 绘制角线

Step24 为柜门插入拉手图块，居中放置到柜门边缘，如图 11-90 所示。

Step25 执行"镜像"命令，镜像复制柜门图形，如图 11-91 所示。

图 11-90 插入拉手图块　　　图 11-91 镜像复制柜门

Step26 照此操作方法绘制吊柜柜门，如图 11-92 所示。

Step27 执行"直线"命令，绘制柜门虚线折线，如图 11-93 所示。

Step28 为阳台立面插入洗衣机、窗帘、拉手等图块，如图 11-94 所示。

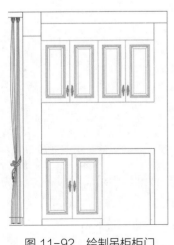

图 11-92 绘制吊柜柜门

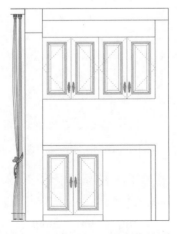

图 11-93 绘制折线

图 11-94 插入图块

AutoCAD+3ds Max+Photoshop 一站式高效学习一本通

Step29 执行"图案填充"命令，选择图案 ANSI31，设置比例为 10，填充餐厅吊顶区域和阳台吊顶区域；再选择实体图案 SOLID，填充客厅和阳台之间的墙体；最后选择图案 ANSI32，填充电视背景墙处的不锈钢包边，如图 11-95 所示。

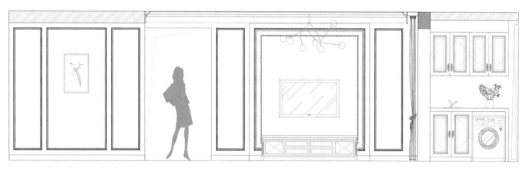

图 11-95 填充图案

Step30 执行"格式 > 标注样式"命令，打开"标注样式管理器"对话框，以"平面标注"为基础样式，新建"立面标注"样式，如图 11-96 所示。

Step31 在"调整"选项卡中设置全局比例为 25，如图 11-97 所示。设置完毕后依次关闭对话框。

图 11-96 新建样式

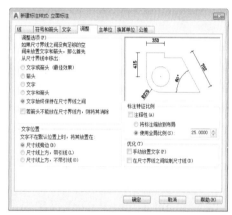

图 11-97 设置全局比例

Step32 利用"线性""连续"标注命令，为该立面图创建尺寸标注，如图 11-98 所示。

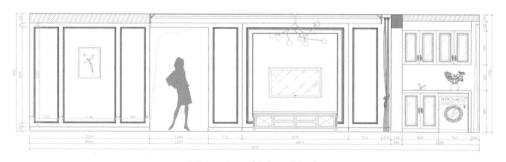

图 11-98 创建尺寸标注

Step33 在命令行输入快捷命令 QL，为立面图创建引线标注，至此完成装饰立面图的绘制，如图 11-99 所示。

231

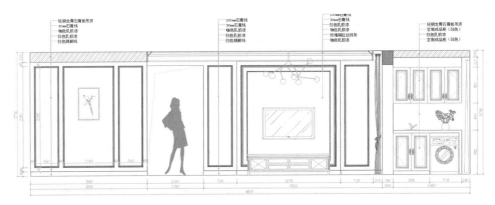

图 11-99 创建引线标注

11.3 绘制节点图

节点设计是指对某个局部结构的做法、工艺、材料以及实施技术进行详细的描绘及说明，一般以节点图的形式来体现，它是反映装饰细节的一个重要部分。下面介绍背景墙装饰结构节点图的绘制，具体绘制步骤如下。

Step01 执行"圆"命令，绘制半径为 240mm 的圆，确定要绘制节点图的范围，如图 11-100 所示。

Step02 复制图形并修剪圆外的图形，删除多余的线条，如图 11-101 所示。

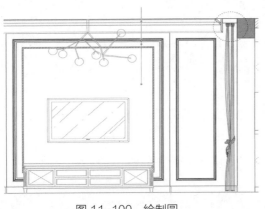

图 11-100 绘制圆

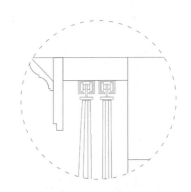

图 11-101 修剪图形

Step03 分解矩形和石膏线条，执行"偏移"命令，偏移出 10mm 的石膏板厚度和 20mm 厚的欧松板厚度，如图 11-102 所示。

Step04 利用"矩形""直线"命令绘制尺寸为 30mm×40mm 的龙骨图形，如图 11-103 所示。

Step05 执行"缩放"命令，设置缩放比例为 3，将节点图放大。再执行"多段线"命令，捕捉墙体绘制宽度为 10mm 的多段线，如图 11-104 所示。

Step06 执行"图案填充"命令，选择图案 CORK，设置比例为 5，填充欧松板部分，如图 11-105 所示。

图 11-102　偏移图形

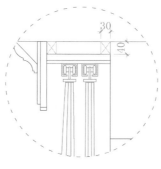

图 11-103　绘制龙骨

图 11-104　绘制多段线

Step07 再执行 "图案填充" 命令，选择图案ANSI31和图案AR-CONC，填充墙体部分，如图 11-106 所示。

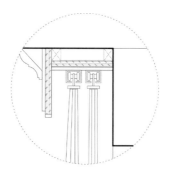

图 11-105　填充欧松板

图 11-106　填充墙体

Step08 执行 "格式 > 标注样式" 命令，打开 "标注样式管理器" 对话框，以 "立面标注" 为基础样式，新建 "节点标注" 样式，设置全局比例为 20，如图 11-107 所示。

图 11-107　新建尺寸样式

Step09 执行 "线性" 标注命令，为图形创建尺寸标注，如图 11-108 所示。

Step10 在命令行中输入快捷命令 ED，修改尺寸标注的数据，如图 11-109 所示。

Step11 最后在命令行输入快捷命令 QL，为节点图创建引线标注，如图 11-110 所示。

233

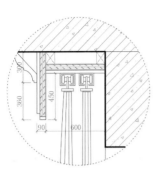

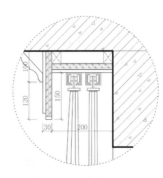

图 11-108　创建尺寸标注　　　　图 11-109　修改尺寸标注　　　　图 11-110　创建引线标注

Step12 执行"样条曲线"命令，绘制一条曲线连接立面图与节点图，完成节点图的绘制，如图 11-111 所示。

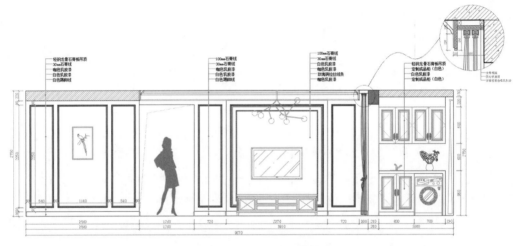

图 11-111　完成绘制

3ds Max 篇

第12章
3ds Max 2019 基础知识

⭐ 内容导读

在建筑与室内设计领域中，3ds Max 可以说是功能最为强大的三维建模软件，同时，该软件还广泛应用于影视设计、工业设计、游戏设计、辅助教学以及工程可视化等领域。

本章将对 3ds Max 2019 的工作界面、图形文件的操作、对象的基本操作等知识进行讲解。通过对本章的学习，用户可以初步认识 3ds Max 2019 并掌握基础操作知识。

📌 学习目标

○ 了解 3ds Max 2019 工作界面的构成
○ 掌握图形文件的操作
○ 掌握单位的设置
○ 掌握对象的基本操作

3ds Max 全称为 3D Studio Max，是 Autodesk 公司开发的一款基于 PC 系统的三维动画渲染和制作软件。其建模功能强大，在角色动画方面具有很强的优势，另外丰富的插件也是其一大亮点。3ds Max 可以说是最容易上手的 3D 软件，和其他相关软件配合流畅，做出来的效果非常逼真，被广泛应用于建筑室内外设计、工业造型设计、影视特效、游戏开发、动漫制作等领域。下面将对常用的几个领域进行介绍。

（1）建筑室内外设计

3ds Max 在建筑室内外设计领域有着悠久的应用历史，可以快速方便地制作出逼真的室内外效果图、建筑表现图及建筑动画等，立体展示建筑特点，多个角度展示设计效果，透视装潢亮点十分便捷。如图 12-1 所示。

图 12-1　建筑室内外设计

（2）工业造型设计

由于工业技术的更新换代越来越快，工业制作变得越来越复杂，其设计和制作若仅靠平面绘图难以表现得清晰明了，使用 3ds Max 则可以为模型赋予不同的材质，再加上强大灯光和渲染功能，可以使对象更有质感更加逼真。如图 12-2 所示。

图 12-2　工业造型设计

（3）影视特效

影视特效如今越来越多地开始使用三维动画和合成特技，一方面三维动画可以制作出现实中没有的东西和景观，另一方面很多场面都需要加入特技来制造更刺激的效果，如烟雾、雨雪、爆炸等，尤其是武侠片或仙侠片，需要辅以三维动画的光效、气效等。如图 12-3 所示。

图 12-3　影视特效

（4）游戏开发

随着设计与娱乐行业对交互性内容的强烈需求，原有的二维动画的方式已经不能满足客户需求了，由此催生了虚拟现实这个行业。当前许多电脑游戏中加入了大量的三维动画，细腻的画面、宏伟的场景和逼真的造型，使游戏的欣赏性和真实性大大增加，使得 3D 游戏的玩家愈来愈多，3D 游戏的市场也不断壮大。如图 12-4 所示。

图 12-4　游戏开发

（5）动漫制作

随着动漫产业的兴起，三维电脑动画正在逐步取代二维传统手绘动画，而 3ds Max 更是制作三维电脑动画片的首选软件。继《玩具总动员》后，全球掀起了一股三维动画片的热潮。如图 12-5 所示。

图 12-5　动漫制作

12.2　3ds Max 的工作界面

启动 3ds Max 2019 后即可进入如图 12-6 所示的工作界面。从图中可以看出，其工作界面由标题栏、菜单栏、主工具栏、视图区、命令面板、状态和提示区以及控制区等几个部分组成，下面将分别对其进行介绍。

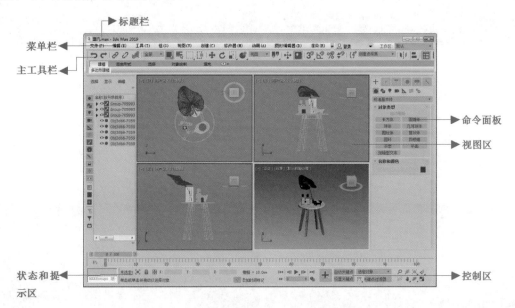

图 12-6　3ds Max 2019 工作界面

（1）标题栏

3ds Max 2019 的标题栏位于工作界面最顶端，左侧主要显示 3ds Max 的基本信息，如版本信息、图纸名称，右侧则显示窗口控制按钮。

（2）菜单栏

菜单栏位于标题栏的下方，包括文件、编辑、工具、组、视图、创建、修改器、动画、图形编辑器、渲染、Civil View、自定义、脚本、Interactive、内容、Arnold、帮助 17 个菜单项，为用户提供了几乎所有 3ds Max 操作命令，其右侧则是用户登录以及工作区类型，如图 12-7 所示。

图 12-7　菜单栏

（3）主工具栏

主工具栏位于菜单栏的下方，是常用工具按钮的集合区，集合了 3ds Max 中使用频率最高的工具，如变换工具、选择工具、捕捉工具以及渲染工具等，如图 12-8 所示。

图 12-8　主工具栏

　工具栏中各按钮的具体含义如表 12-1 所示。

表12-1 按钮及功能说明

按钮	功能	按钮	功能	按钮	功能
↩	取消上一次的操作		设置缩放类型		设置对齐方式
↪	取消上一次撤销操作		选择并放置		打开"场景资源管理器"
	选择并链接	视图 ▾	选择参考坐标系类型		打开"层管理器"
	断开当前选择链接		设置控制轴心		打开功能区
	绑定到空间扭曲		选择并操纵		打开轨迹视图（曲线编辑器）
全部 ▾	选择过滤器列表		键盘快捷键覆盖切换		打开图解视图
	选择对象	3°	捕捉开关		打开材质编辑器
	按名称选择		角度捕捉开关		打开"渲染设置"对话框
	设置选择区域状态	%	百分比捕捉开关		打开渲染帧窗口
	窗口/交叉选择切换		微调器捕捉开关		渲染当前场景
✛	选择并移动		命名选择集		在云中渲染场景
↻	选择并旋转		镜像对象		打开A360库

（4）命令面板

命令面板位于工作视窗的右侧，包括"创建"命令面板、"修改"命令面板、"层次"命令面板、"运动"命令面板、"显示"命令面板和"实用程序"命令面板，3ds Max 中几乎所有创建及修改命令都可以在这里找到，如图 12-9 所示。

图 12-9　命令面板

- "创建"命令面板：在该面板中可以创建几何体、图形、灯光、相机、辅助对象、空间扭曲和系统对象 7 种类型的对象。
- "修改"命令面板：用于修改对象的参数和特征属性。
- "层次"命令面板：用于调解相互连接物体的层级关系。
- "运动"命令面板：用于设置运动参数和显示物体对象的运动轨迹。
- "显示"命令面板：用于对场景中的对象在视图中的显示状态进行控制。

- "实用程序"命令面板：用外部的程序完成一些特殊功能。

（5）视图区

3ds Max 用户界面的最大区域被分割成四个相等的矩形区域，称之为视口（Viewports）或者视图（Views），如图 12-10 所示。

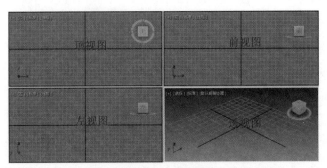

图 12-10　视图区

视图区是主要工作区域，每个视图的左上角都有一个标签，启动 3ds Max 后默认的四个视图的标签是 Top（顶视图）、Front（前视图）、Left（左视图）和 Perspective（透视图）。

- 顶视图：从上往下看到物体的形态。
- 前视图：从前往后看到物体的形态。
- 左视图：从左向右看到物体的形态。
- 透视图：显示物体在三维世界中的形态。
- 底视图：由下往上看到物体的形态。
- 后视图：由后向前看到物体的形态。
- 右视图：从右向左看到物体的形态。
- 用户视图：类轴测图，保留上一视图的视角。
- 摄影机视图：当场景中创建了摄影机后，可以使用这种视图。

操作提示

如果界面被用户调整得面目全非，此时不要紧，只需选择菜单栏上的"自定义 > 选择自定义界面"命令，在出现的选择框里选择还原为启动布局文件，它是 3ds Max 的启动时的默认界面，此时又恢复了原始的界面。

（6）状态和提示区

状态和提示区位于工作界面的左下角，如图 12-11 所示。状态区主要用于建模时对造型的操作说明，提示区主要用于建模时对造型空间位置的提示。

图 12-11　状态和提示区

（7）控制区

控制区分为动画控制区和视图控制区，如图 12-12 所示。动画控制区包括一个动画时间滑块、关键帧设置按钮和七个控制图标；视图控制区中的功能按钮可以改变场景的观察效果，但并不改变场景中的物体。

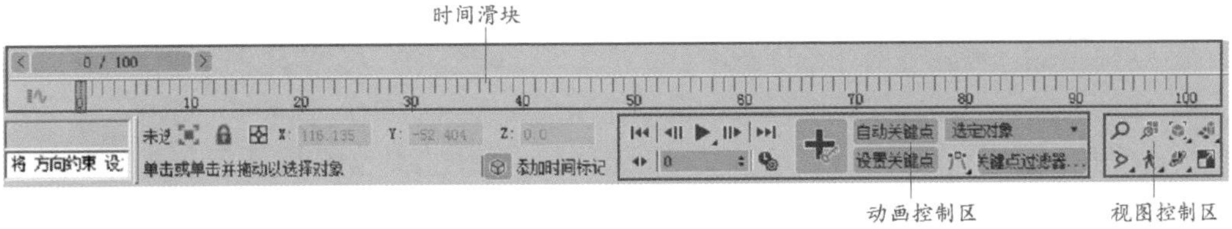

图 12-12　视图控制区

各个部分的作用如下。

- 时间滑块 / 轨迹栏：当拖动时间滑块，可在动画中的各帧之间进行切换并调整动画播放时间的位置。
- 状态栏和提示行：用于显示关于场景和活动命令的提示和信息。
- 动画控制栏：用于制作动画的基本设置和操作工具。
- 视口导航栏：包含所有的视图控制按钮，使用这个区域的按钮可以调整各种缩放选项，控制视口中对象的显示效果，各按钮含义如表 12-2 所示。

表 12-2　视口导航栏按钮介绍

序号	图标	名称	用途
01		缩放	当在"透视图"或"正交"视口中进行拖动时，使用"缩放"可调整视口放大值
02		缩放所有视图	在四个视图中任意一个窗口中按住鼠标左键拖动可以看 4 个视图同时缩放
03		缩放区域	在视图中框选局部区域，将它放大显示
04		最大化显示选定对象	在编辑时可能会有很多物体，当用户要对单个物体进行观察操作时，可以使此命令最大化显示
05		所有视图最大化显示选定对象	选择物体后单击，可以看到 4 个视图同时放大化显示的效果
06		视野	调整视口中可见场景数量和透视范围
07		平移视图	沿着平行于视口的方向移动摄像机
08		环绕子对象	使用视口中心作为旋转的中心。如果对象靠近视口边缘，则可能会旋转出视口
09		最大化视口切换	可在其正常大小和全屏大小之间进行切换

12.3 图形文件的基本操作

为了更好地掌握并应用 3ds Max，在此先介绍关于图形文件的操作方法。在 3ds Max 中，关于文件的基本操作命令都集中"文件"菜单中，如新建、打开、保存、导入、导出等。

12.3.1 新建文件

在使用 3ds Max 进行一项新的工作时，需要创建一个新的文件，这就需要通过"新建"命令来进行创建。

"新建"命令可以清除当前场景的内容，而无须更改系统设置（视口配置、捕捉设置、材质编辑器、背景图像等）。执行"文件 > 新建"命令，在其展开的子菜单中又有新建全部、保留对象、保留对象和层次、从模板新建四个选项，如图 12-13 所示。

- 新建全部：清除当前场景中的内容。
- 保留对象：保留场景中的对象，但移除动画关键点及对象之间的链接。
- 保留对象和层次：保留对象以及它们之间的层次链接，但删除任意动画键。
- 从模板新建：从 3ds Max 自带的模板中选择要创建的场景。选择该选项后，系统会打开"创建新场景"面板，如图 12-14 所示。

图 12-13 "新建"子菜单　　　　图 12-14 "创建新场景"面板

12.3.2 打开文件

"打开"命令用于打开一个已有的场景文件，执行"文件 > 打开"命令，会打开"打开文件"对话框，如图 12-15 所示。选择指定的文件后，单击"打开"按钮即可打开该文件。

图 12-15 "打开文件"对话框

3ds Max 可以打开两种文件类型，分别是场景文件（MAX 文件）和角色文件（CHR 文件）。

- MAX 文件：该文件类型是指完整的场景文件。
- CHR 文件：该文件类型是指用"保存角色"保存的角色文件。

知识点拨

如果要加载的文件包含无法定位的位图，系统将会弹出"缺少外部文件"对话框，如图 12-16 所示。使用此对话框可以浏览缺少的贴图，或不加载这些贴图继续打开文件。

图 12-16 "缺少外部文件"对话框

12.3.3 重置文件

使用"重置"命令可以清除所有数据并重置 3ds Max 的设置（视口配置、捕捉设置、材质编辑器、背景图像等），并且可以移除当前会话期间所做的任何自定义设置，该命令的应用与退出和重新启动 3ds Max 的效果相同。

执行"文件 > 重置"命令，系统会弹出是否重置的提示，如图 12-17 所示。

图 12-17 重置提示

知识延伸

要更改启动默认设置，请启动 3ds Max 并在启动时调整为满意的值，然后将文件作为 maxstart.max 保存到 \\scenes 目录下。

12.3.4 保存文件

执行"文件 > 保存"命令，即可保存当前场景。第一次执行"保存"命令将开启"文件另存为"对话框，用户可以通过此对话框为文件命名、指定路径，如图 12-18 所示；对于已存储过的图形文件，使用"保存"命令可通过覆盖上次保存的场景更新当前的场景。

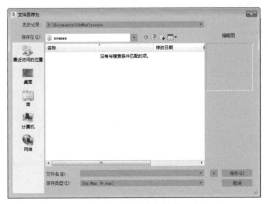

图 12-18 "文件另存为"对话框

当使用 3ds Max 打开旧版本文件并尝试保存时，系统将会弹出警告提示，提示用户即将覆盖过时的文件。

选择"是"按钮，可继续操作并覆盖文件，选择"否"按钮可停止保存操作，且可以使用"另存为"命令以其他名称保存该文件。

如果保存为源文件名称，则可以仍然使用 3ds Max 的当前版本进行编辑，但是再也不能在旧版本的 3ds Max 中对其进行编辑。

12.3.5 归档文件

"归档"命令用于将当前编辑的场景（包括关联的位图和路径）进行归集并生成压缩文件或 TXT 格式文件存盘。执行"文件 > 归档"命令，系统会弹出"文件归档"对话框，如图 12-19 所示。

3ds Max 会自动查找场景中参照的文件，并在可执行文件的文件夹中创建归档文件。在归档处理期间，将显示日志窗口。

12.3.6 导入文件

3ds Max 可以将不同类型的几何体文件以不同方式导入或合并进当前场景，执行"文件 > 导入"命令，在其子菜单中将出现导入、合并、替换、链接 Revit、链接 FBX、链接 AutoCAD 共 6 种导入方式。

- 导入：可以导入多种格式的文件。选择该选项后，系统将会弹出"选择要导入的文件"对话框，其中有 29 种文件类型可选，如图 12-20 所示。

图 12-19 "文件归档"对话框　　图 12-20 "选择要导入的文件"对话框

- 合并：可以将其他 MAX 文件中的几何体与当前场景合并，包括 MAX 文件和 CHR

文件。

- 替换：使用外部文件中的对象替换当前场景中的对象。
- 链接 Revit/FBX/AutoCAD：链接 DWG、DXF、FBX 或 RVT 文件。

12.3.7 导出文件

用户可以将创建好的模型文件导出为不同的几何体文件，执行"文件 > 导入"命令，在其子菜单中将出现导出、导出选定对象、发布到 DWF、游戏导出器共 4 种存储方式。

- 导出：将当前场景导出为其他格式的文件。
- 导出选定对象：将选定的几何体对象导出为其他格式的文件。
- 发布到 DWF：将 3D 模型导出为 DWF 文件。
- 游戏导出器：该选项提供了一个简化的工作流，来将模型和动画剪辑以 FBX 格式导出到游戏引擎中。

课堂练习　导入平面图形

在实际工作中，时常会需要把 CAD 文件导入到 3ds Max 中进行建模等操作。具体操作步骤如下。

Step01 准备绘制好的 CAD 图纸，如图 12-21 所示。

扫一扫 看视频

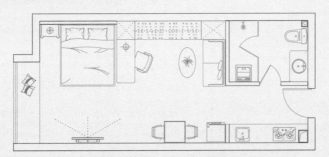

图 12-21　CAD 平面图

Step02 执行"文件 > 导入 > 导入"命令，打开"选择要导入的文件"对话框，选择需要导入的 CAD 文件，如图 12-22 所示。

图 12-22　选择要导入的文件

Step03 单击"打开"按钮，系统会弹出"AutoCAD DWG/DXF 导入选项"对话框，保持默认参数，如图 12-23 所示。

Step04 单击"确定"按钮完成 CAD 平面图的导入操作，如图 12-24 所示。

图 12-23 "AutoCAD DWG/DXF
导入选项"对话框

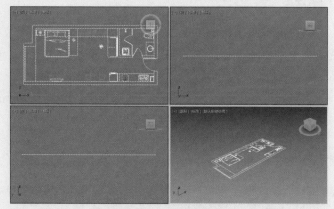

图 12-24 导入平面图

📑 **课堂练习** 合并模型至当前场景

在效果图过程中，合并创建好的场景模型到当前场景，可以大幅度提高模型创建效率。具体操作步骤如下。

Step01 打开模型，可以看到当前场景是一个餐厅场景，如图 12-25 所示。

Step02 执行"文件 > 导入 > 合并"命令，打开"合并文件"对话框，选择预先下载好的花瓶模型，如图 12-26 所示。

扫一扫 看视频

图 12-25 打开场景模型

图 12-26 选择合并文件

Step03 单击"打开"按钮，系统会弹出"合并"对话框，在对象列表中选择要合并的模型文件，如图 12-27 所示。

Step04 单击"确定"按钮即可将模型合并到当前场景中，单击"选择并移动"按钮，移动花瓶模型到合适的位置，完成本案例的操作，如图 12-28 所示。

图 12-27　选择模型对象

图 12-28　合并并调整模型位置

12.4　单位设置

在使用 3ds Max 创建场景之前，用户需要建模场景进行一个基本的设置，如单位、快捷键、视图、界面等信息的设置。

不同行业需要用到的单位不同，比如建筑室内外设计中用的是毫米，而城市规划中用的则是米。单位是连接 3ds Max 的三维世界与物理世界的关键，用户可以通过"单位设置"对话框进行设置。

执行"自定义 > 单位设置"命令，打开"单位设置"对话框，在该对话框中可以设置需要的单位，如图 12-29 所示。"单位设置"对话框建立单位显示的方式，通过它可以在通用单位和标准单位之间进行选择。

各选项含义如下。

● 系统单位设置：单击该按钮以打开"系统单位设置"对话框，可用于设置系统单位比例，如图 12-30 所示。

图 12-29　"单位设置"对话框　　　图 12-30　"系统单位设置"对话框

● 公制：在其下拉列表中选择公制单位，即毫米、厘米、米和千米。
● 美国标准：在其下拉列表中选择"美国标准"单位，即分数英寸、小数英寸、分数

247

英尺、小数英尺、英尺 / 分数英寸和英尺 / 小数英寸。如果选择分数单位，会激活相邻的列表来选择分数组件。

- 自定义：可在其后的数值框中输入数值来定义度量的自定义单位。
- 通用单位：该选项为默认设置，表示 3ds Max 中的通用或系统单位等于 1 英寸。
- 照明单位：在该参数设置区中可以选择灯光值是以美国单位还是国际单位显示。

 知识延伸

注意到"系统单位"和"显示单位"之间的差异十分重要。"显示单位"只影响几何体在视口中的显示方式，而"系统单位"决定几何体实际的比例。例如，如果导入一个含有 1×1×1 的长方体的 DXF 文件（无单位），那么 3ds Max 可能以英寸或是英里的单位导入长方体的尺寸，具体情况取决于"系统单位"。这会对场景产生重要的影响，这也是要在导入或创建几何体之前务必要设置系统单位的原因。

12.5 对象的基本操作

创建对象后，为了达到理想的效果，需要对对象进行一系列的调整操作，包括对象的变换、复制、捕捉、对齐、镜像、隐藏等。

12.5.1 变换操作

移动、缩放、旋转是 3ds Max 中基本的三大变换操作，另外还有镜像、对齐等。下面对这些变换工具的使用进行详细介绍。

（1）选择并移动

"选择并移动"工具可以选择对象并对其进行移动操作。单击工具栏中的"选择并移动"按钮，在视图中选择需要移动的对象，即可沿轴或沿平面自由移动对象，如图 12-31 所示。

激活"选择并移动"工具，执行"编辑 > 变换输入"命令，会打开"移动变换输入"对话框，用户可以通过输入精确的数值来改变对象的位置，如图 12-32 所示。

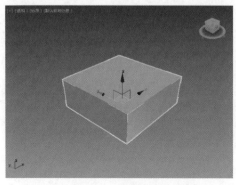

图 12-31 选择并移动对象

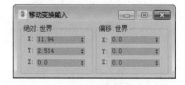

图 12-32 "移动变换输入"对话框

选择对象后，按 Ctrl+V 组合键，即可打开"克隆选项"对话框，选择克隆方式后单击"确定"按钮，即可原地复制模型。

（2）选择并缩放

"选择并缩放"工具可以选择对象并对其进行缩放操作，如图 12-33 所示。在工具栏中包括 3 种缩放工具，分别为"选择并均匀缩放""选择并非均匀缩放""选择并挤压"。

● 选择并均匀缩放：在三个轴上对对象进行等比例缩放变换，缩放结果只改变对象的体积而不改变对象的形状。

● 选择并非均匀缩放：可将对象在指定的坐标轴或坐标平面内进行缩放，缩放结果是对象的体积和形状都发生改变。

● 选择并挤压：可将对象在指定的坐标轴上做挤压变形，缩放结果改变对象的形状而不改变对象的体积。

（3）选择并旋转

"选择并旋转"工具可将选择对象绕定义的坐标轴进行旋转，如图 12-34 所示。

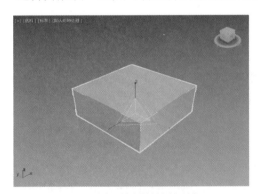
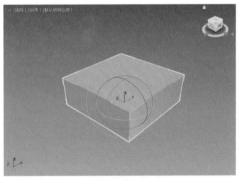

图 12-33　选择并缩放对象　　　　图 12-34　选择并旋转对象

知识点拨

激活"选择并移动"工具，执行"编辑 > 变换输入"命令，会打开"移动变换输入"对话框；激活"选择并旋转"工具，再执行"编辑 > 变换输入"命令，则会打开"旋转变换输入"对话框；激活"选择并缩放"工具，再执行"编辑 > 变换输入"命令，则会打开"缩放变换输入"对话框。

（4）镜像

"镜像"命令可将当前选择的对象按指定的坐标轴进行移动镜像或复制镜像，快速地生成具有对称性质的另一半。在视图中选择要镜像的对象，然后在主工具栏单击"镜像"按钮，系统会弹出"镜像"对话框，如图 12-35 所示。

在该对话框中，用户可以设置对象镜像的坐标轴、镜像对象与原始对象轴点之间的距离以及镜像方式等。

（5）对齐

"对齐"命令可以用来精确地将一个对象和另一个对象按照指定的坐标轴进行对齐操作。在视图中选择要对齐的对象，然后在工具栏中单击"对齐"按钮，系统会弹出"对齐当前选择"对话框，如图12-36所示。在该对话框中用户可对对齐位置、对齐方向进行设置。

图 12-35 "镜像"对话框

图 12-36 "对齐当前选择"对话框

12.5.2 阵列操作

"阵列"命令可以以当前选择对象为参考，进行一系列复制操作。在视图中选择一个对象，然后执行"工具 > 阵列"命令，系统会弹出"阵列"对话框，如图12-37所示。在该对话框中用户可指定阵列尺寸、偏移量、对象类型以及变换数量等。

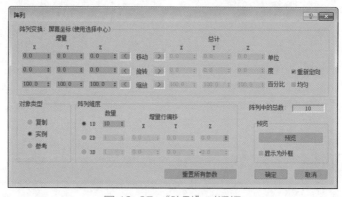

图 12-37 "阵列"对话框

- 增量：用于设置阵列物体在各个坐标轴上的移动距离、旋转角度以及缩放程度。
- 总计：用于设置阵列物体在各个坐标轴上的移动距离、旋转角度和缩放程度的总量。
- 重新定向：选择该复选框，阵列对象围绕世界坐标轴旋转时也将围绕自身坐标轴旋转。
- 对象类型：用于设置阵列复制物体的副本类型。
- 阵列维度：用于设置阵列复制的维数。

（1）线性阵列

线性阵列是沿着一个或多个轴的一系列克隆，其阵列对象可以是任意对象，如树木、汽车、柱子等，如图12-38所示。

（2）环形阵列

环形阵列是围绕着公共中心旋转而不是沿着某条轴旋转，如图 12-39 所示。

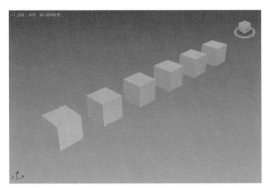

图 12-38　线性阵列

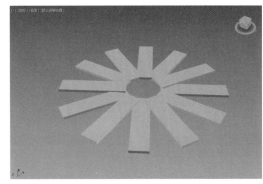

图 12-39　环形阵列

（3）螺旋阵列

螺旋阵列是一种特殊的阵列效果，最简单的螺旋阵列是在旋转圆形阵列的同时将其沿着中心轴垂直移动，如图 12-40 所示。

12.5.3　捕捉操作

捕捉操作能够捕捉处于活动状态位置的 3D 空间的控制范围，而且有很多捕捉类型可用，可以用于激活不同的捕捉类型。

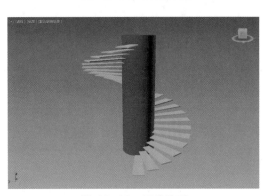

图 12-40　螺旋阵列

（1）捕捉工具

与捕捉操作相关的工具按钮包括捕捉开关、角度捕捉、百分比捕捉、微调器捕捉切换。现分别介绍如下。

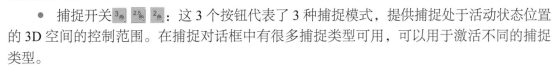

- 捕捉开关 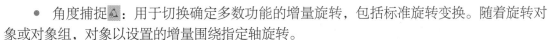：这 3 个按钮代表了 3 种捕捉模式，提供捕捉处于活动状态位置的 3D 空间的控制范围。在捕捉对话框中有很多捕捉类型可用，可以用于激活不同的捕捉类型。

- 角度捕捉 ：用于切换确定多数功能的增量旋转，包括标准旋转变换。随着旋转对象或对象组，对象以设置的增量围绕指定轴旋转。

- 百分比捕捉 ：用于切换通过指定的百分比增加对象的缩放。

- 微调器捕捉切换 ：用于设置 3ds Max 中所有微调器的增量值。

（2）捕捉设置

当用户需要对场景中的模型进行踩点或者取样坐标时，捕捉工具就显得非常重要。右键单击"捕捉开关"按钮，会打开"栅格和捕捉设置"对话框，该对话框的设置可以帮助用户精确快速地找到顶点、边或面。

- "捕捉"选项卡：该选项卡中包含了许多捕捉的可选对象，用户可以根据需要对捕捉的对象进行设置，如图 12-41 所示。

- "选项"选项卡：该选项卡中包含一些主要用于设置捕捉的通用参数，如捕捉半径、角度、百分比等，如图 12-42 所示。

图 12-41 "捕捉"选项卡　　　　图 12-42 "选项"选项卡

12.5.4 隐藏操作

在建模过程中为了便于操作，常常会将用不到的部分物体暂时隐藏，以提高界面的操作速度，在需要的时候再将其显示。

在视口中选择需要隐藏的对象并单击鼠标右键，系统会弹出快捷菜单，如图 12-43 所示。在弹出的快捷菜单中选择"隐藏当前选择"或"隐藏未选择对象"命令，将实现隐藏操作；当不需要隐藏对象时，直接在视口中单击鼠标右键，在弹出的快捷菜单中选择"全部取消隐藏"或"按名称取消隐藏"命令，即可有选择地取消隐藏操作。

图 12-43 右键快捷菜单

12.5.5 冻结操作

在建模过程中为了便于操作，避免场景中对象的误操作，常常将部分物体暂时冻结，在需要的时候再将其解冻。

在视口中选择需要冻结的对象并单击鼠标右键，在弹出的快捷菜单中选择"冻结当前选择"命令，将实现冻结操作；当不需要冻结对象时，同样在视口中单击鼠标右键，在弹出的快捷菜单中选择"全部解冻"命令，场景的对象将不再被冻结。

该操作多用于导入的 CAD 平面图，如图 12-44、图 12-45 所示为对象冻结前后的效果。

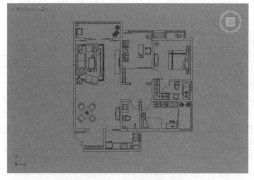

图 12-44 未冻结对象

图 12-45 冻结对象

12.5.6 成组操作

成组操作可将两个或多个对象组合成一个分组对象，并且可以将其视为场景中的单个对

AutoCAD+3ds Max+Photoshop ｜站式高效学习｜本通

象，单击组中任一对象即可选择整个组对象。在"组"菜单中提供了管理组的一系列命令，包括"组""打开""按递归方式打开""关闭""解组""炸开""分离""附加"8个命令。

- 组：可将对象或组的选择集组成为一个组。
- 解组：可将当前组分离为其组件对象或组。
- 打开：可暂时对组进行解组，并访问组内的对象。
- 按递归方式打开：可以暂时取消分组所有级别的组，并访问组中任何级别的对象。
- 关闭：可重新组合打开的组。
- 附加：可使选定对象成为现有组的一部分。
- 分离：可从对象的组中分离选定对象。
- 炸开：可解组组中的所有对象。它与"解组"命令不同，后者只解组一个层级。

📋 课堂练习 按名称选择对象

当创建一个物体时，用户可以给物体定义一个名称。使用"按名称选择对象"工具可以快速选择指定名称的对象。具体操作步骤如下。

Step01 打开素材模型，分别为场景中的对象命名，如图12-46所示。

Step02 在主工具栏单击"名称"按钮📇，打开"从场景选择"对话框，从列表中选择"咖啡杯"，如图12-47所示。

图12-46 素材模型

图12-47 选择对象名称

Step03 单击"确定"按钮，即可选中名为"咖啡杯"的模型，如图12-48所示。

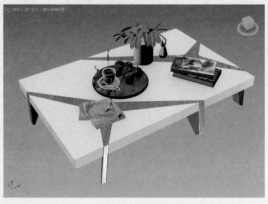

图12-48 选中对象

3ds Max 提供了克隆对象的方法，可以实例复制出等距离的对象。具体操作步骤如下。

Step01 打开素材模型，激活"选择并移动"工具，选择茶壶模型，如图 12-49 所示。

Step02 按住 Shift 键，选择 Y 轴移动对象，即可复制出第一个茶壶模型，如图 12-50 所示。

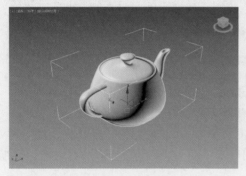
图 12-49　素材模型

图 12-50　复制模型

Step03 释放鼠标后，系统会弹出"克隆选项"对话框，选择复制方式为"实例"，副本数为 6，如图 12-51 所示。

Step04 单击"确定"按钮关闭对话框，即可完成茶壶模型的实例复制，如图 12-52 所示。

图 12-51　"克隆选项"对话框

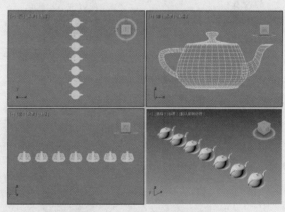
图 12-52　实例复制对象

Step05 选择一个茶壶模型，进入"修改"面板，在"参数"卷展栏中取消勾选"壶盖"复选框，如图 12-53 所示。

Step06 在视口中可以看到，复制的所有茶壶模型的壶盖都不见了，如图 12-54 所示。

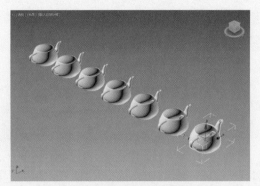

图 12-53　取消勾选"壶盖"复选框　　　图 12-54　设置效果

课堂练习　　镜像复制门模型

下面利用"镜像"命令实现镜像复制门模型，操作步骤如下。

Step01 打开素材模型，如图 12-55 所示。

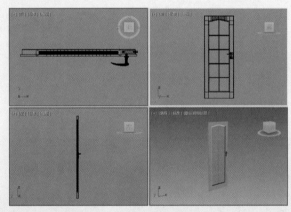

图 12-55　素材模型

Step02 选择门模型，在主工具栏中单击"镜像"按钮，打开"镜像"对话框，选择镜像轴为 X 轴，再选择克隆方式为"实例"，如图 12-56 所示。

图 12-56　设置镜像参数

255

Step03 单击"确定"按钮，完成模型的镜像复制，调整模型位置，完成本次操作，如图 12-57 所示。

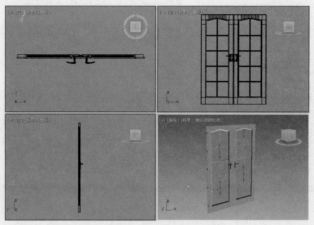

图 12-57　镜像复制模型

📑 综合实战　　设置界面颜色

3ds Max 2019 默认界面的颜色是黑灰色，用户可以根据自己的喜好自由设置界面颜色，也可以直接将界面设置为浅色。具体操作步骤如下。

Step01 启动 3ds Max 2019 应用程序，如图 12-58 所示。

Step02 执行"自定义 > 自定义用户界面"命令，打开"自定义用户界面"对话框，切换到"颜色"选项卡，如图 12-59 所示。

扫一扫　看视频

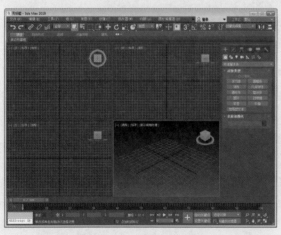

图 12-58　默认工作界面

图 12-59　"自定义用户界面"对话框

Step03 单击"加载"按钮，打开"加载颜色文件"对话框，从 3ds Max 的安装路径 "X:\3ds Max 2019\fr-FR\UI" 文件夹下找到名为 ame-light 的 CLRX 文件，如图 12-60 所示。

Step04 单击"打开"按钮，即可看到 3ds Max 的工作界面变成了浅灰色，如图 12-61 所示。

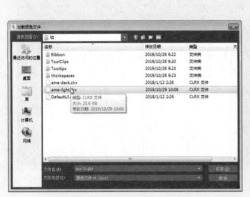

图 12-60 选择 CLRX 文件

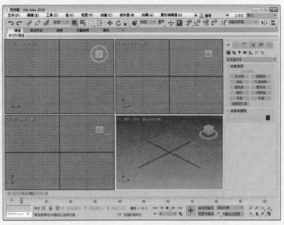

图 12-61 改变界面颜色

课后作业

一、填空题

1. 3ds Max 中提供了三种复制方式，分别是_____、_____、_____。

2. 变换线框使用不同的颜色代表不同的坐标轴：红色代表____轴、绿色代表____轴、蓝色代表___轴。

3. 在 3ds Max 中，不管使用何种规格输出，该宽度和高度的尺寸单位为_____。

4. 3ds Max 的工作界面主要由标题栏、_____、_____、命令面板、工作视口和状态栏等组成。

二、选择题

1. 3ds Max 默认的坐标系是（　　）。

A. 世界坐标系　　　　B. 视图坐标系　　　　C. 屏幕坐标系　　　　D. 网格坐标系

2. 3ds Max 是下列哪个公司的产品（　　）。

A. Adobe　　　　　　B. Autodesk　　　　　C. Ulead　　　　　　D. Discreet

3. 在 3ds Max 中，可以用来切换各个模块的区域的是（　　）。

A. 视图　　　　　　　B. 工具栏　　　　　　C. 命令面板　　　　　D. 标题栏

4. 3ds Max 文件 / 保存命令可以保存的文件类型是（　　）。

A. MAX　　　　　　　B. DXF　　　　　　　C. DWG　　　　　　　D. 3DS

5. 3ds Max 中默认的对齐快捷键是（　　）。

A. W　　　　　　　　B. Shift+j　　　　　　C. Alt+a　　　　　　D. Ctrl+d

三、操作题

1. 将创建好的模型场景归档。

257

操作思路如下:

执行"文件 > 归档"命令,打开"文件归档"对话框,指定文件名和储存路径,单击"保存"按钮,文件即会以 .zip 格式保存到指定位置。大致的操作流程参见图 12-62、图 12-63。

图 12-62 "文件归档"对话框

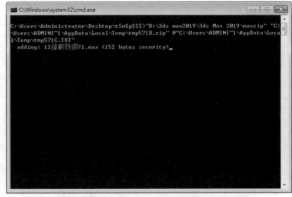

图 12-63 命令行程序

2. 隐藏场景中的模型对象,如图 12-64 所示。

(1)图形效果

图 12-64 效果展示

(2)操作思路

选择要隐藏的对象,单击鼠标右键,在弹出的快捷菜单中选择"隐藏选定对象"选项,即可将其隐藏。操作方法参见图 12-65。

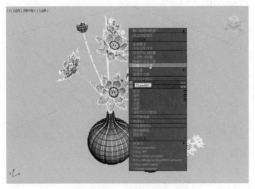

图 12-65 右键菜单命令

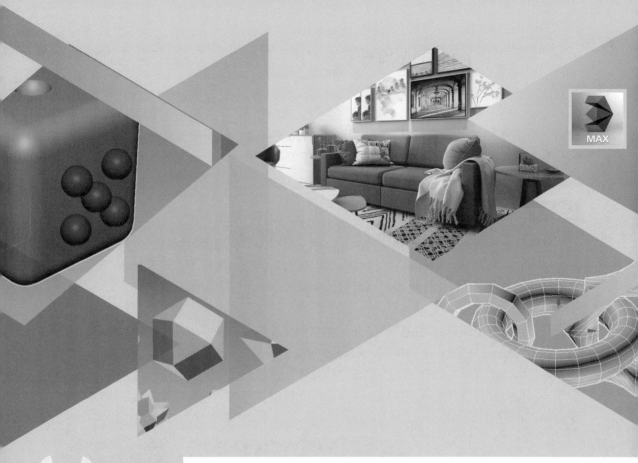

3ds Max 篇

第13章

基础建模

⭐ **内容导读**

3ds Max 为用户提供了常用的基础形体资源，可以快速地在场景中创建出简单规则的形体，如长方体、球体、圆柱体、矩形、星形等，这是最简单的建模方式，非常易于操作和掌握。此外，二维图形和复合建模也是建模过程中较为重要的环节，在实际操作中的应用非常广泛。

本章主要为用户介绍几何体、样条线、复合对象等基础形体的创建及设置方法等，便于读者快速掌握 3ds Max 的基础建模知识。

🎯 **学习目标**

○ 掌握几何体的创建与设置
○ 掌握样条线的创建与设置
○ 掌握复合对象的创建与设置

13.1 创建几何体

几何体是构造三维模型的基础，既可以单独建模，也可以进一步编辑、修改形成新的模型，它在建模过程中的作用就相当于建筑所用的砖瓦、砂石等原材料。3ds Max 提供了标准基本体和扩展基本体两种常用的基础形体资源，可以快速地在场景中创建出简单规则的形体。

13.1.1 标准基本体

标准基本体是现实世界中最常见的几何体，是创建其他模型的基础，包括长方体、圆锥体、球体、几何球体、圆柱体、管状体、圆环、四棱锥、茶壶、平面共 10 种。在"创建"面板的"标准基本体"命令面板可以看到该类型的命令按钮，如图 13-1 所示。

（1）长方体

长方体是基础建模应用最广泛的几何体之一。现实中与长方体接近的物体很多，用户可以直接使用长方体创建出很多模型，如桌子、墙体等。

在"标准基本体"命令面板中单击"长方体"按钮，拖动鼠标创建出长方体，如图 13-2 所示。如果需要修改长方体，可以在"修改"面板的"参数"卷展栏中设置其尺寸、分段数等参数，如图 13-3 所示。

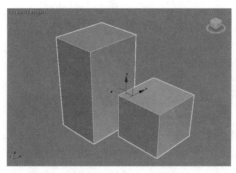

图 13-1 "标准基本体"面板　　　图 13-2 长方体　　　图 13-3 参数设置

如果想要创建正立方体，可以在"创建方法"卷展栏中选择"立方体"选项，直接在视口中拖动鼠标进行创建。

 知识点拨

创建基础模型后，单击鼠标右键即可选择模型。例如，创建模型之前激活的是"选择并移动"工具，那么创建模型并单击鼠标后系统会自动激活"选择并移动"工具。

（2）圆锥体

圆锥体可以用于创建天台、底座等。在"标准基本体"命令面板中单击"圆锥体"按钮，拖动鼠标创建出圆锥体，如图 13-4 所示。如需修改圆锥体，可以在其"修改"面板的"参数"卷展栏中设置其半径、高度、分段、切片等参数，如图 13-5 所示。

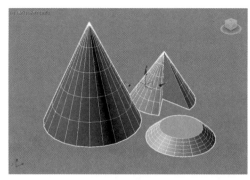

图 13-4　圆锥体　　　　　　　图 13-5　参数设置

（3）球体

无论是建筑建模还是工业建模，球体结构都是必不可少的一种造型。在"标准基本体"命令面板中单击"球体"按钮，拖动鼠标创建出球体，如图 13-6 所示。如需修改球体，可以在其"修改"面板的"参数"卷展栏中设置半径、分段、半球、切片等参数，如图 13-7 所示。

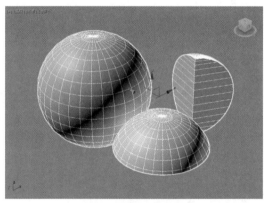

图 13-6　球体　　　　　　　图 13-7　参数设置

（4）几何球体

几何球体是由三角形面拼接而成的，它们不像球体那样可以控制切片局部的大小。几何球体的形状与球体的形状很接近，学习了球体的创建后，几何球体的创建与设置就不难理解了，其模型效果和参数设置面板如图 13-8、图 13-9 所示。

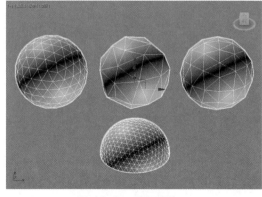

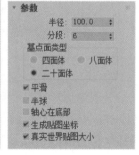

图 13-8　几何球体　　　　　　图 13-9　参数设置

（5）圆柱体

圆柱体在生活中也很常见，可以用于创建玻璃杯、桌腿等模型。在制作圆柱体构成的物体时，可以将其转换为可编辑多边形，再进行细节的调整。

在"标准基本体"命令面板单击"圆柱体"按钮，拖动鼠标创建出圆柱体，如图 13-10 所示。如需修改圆柱体，可以在其"修改"面板的"参数"卷展栏设置半径、高度、分段、切片等参数，如图 13-11 所示。

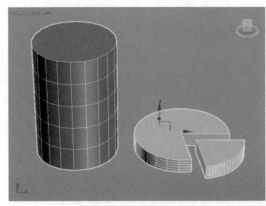

图 13-10　圆柱体　　　　　　　图 13-11　参数设置

（6）管状体

管状体的外形与圆柱体相似，主要用于管道之类模型的制作。在"标准基本体"命令面板中单击"管状体"按钮，拖动鼠标创建出管状体，如图 13-12 所示。如需修改管状体，可以在其"修改"面板的"参数"卷展栏设置半径、高度、分段、切片等参数，如图 13-13 所示。

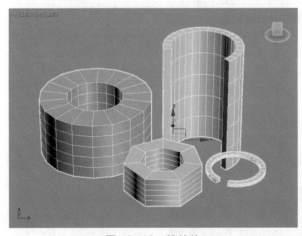

图 13-12　管状体　　　　　　　图 13-13　参数设置

（7）圆环

圆环可以用于创建环形或具有环形横截面的环状物体。在"标准基本体"命令面板中单击"圆环"按钮，拖动鼠标创建出圆环，如图 13-14 所示。如需修改圆环参数，可以在其"修改"面板的"参数"卷展栏中设置半径、旋转、扭曲、分段、边数、平滑、切片等参数，如图 13-15 所示。

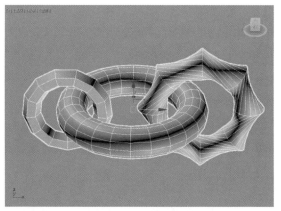

图 13-14　圆环　　　　　　　　　图 13-15　参数设置

（8）四棱锥

四棱锥的底面是正方形或矩形，侧面是三角形，其形状类似圆锥体，创建方法类似圆柱体，参数设置类似长方体，如图 13-16、图 13-17 所示。

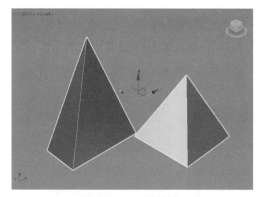

图 13-16　四棱锥　　　　　　　　图 13-17　参数设置

（9）茶壶

茶壶是室内场景中经常使用到的一个物体，使用"茶壶"工具可以方便快捷地创建出一个精度较低的茶壶模型，如图 13-18 所示。在"参数"卷展栏中可以控制茶壶半径及茶壶部件的显示与隐藏，如图 13-19 所示。

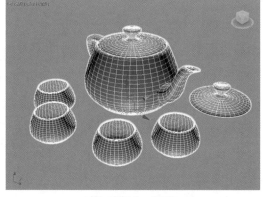

图 13-18　茶壶　　　　　　　　　图 13-19　参数设置

263

（10）平面

平面在建模过程中的使用频率也非常高，常用于创建墙面和地面等。模型效果及"参数"卷展栏如图 13-20、图 13-21 所示。

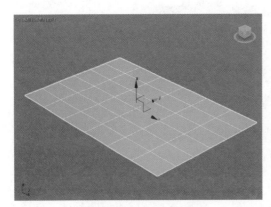
图 13-20　平面

图 13-21　参数设置

（11）加强型文本

加强型文本提供了内置文本对象，可以创建样条线轮廓或实心、挤出、倒角类型的几何体，通过"参数"卷展栏和"几何体"卷展栏的设置可以创建不同的字体样式和特殊效果，如图 13-22、图 13-23 所示。

图 13-22　加强型文本

图 13-23　参数设置

13.1.2 扩展基本体

扩展基本体是基于标准基本体的一种扩展物，共有 13 种，分别是异面体、环形结、切角长方体、切角圆柱体、油罐、胶囊、纺锤、L-Ext、球棱柱、C-Ext、环形波、软管、棱柱，在"创建"面板的"扩展基本体"命令面板中可以看到这些命令按钮，如图 13-24 所示。本小节仅对实际工作中比较常用的一些扩展基本体进行介绍。

图 13-24　"扩展基本体"
面板

（1）异面体

异面体是一种很典型的三维实体，由多个边面组合而成，可以调节异面体边面的状态，也可以调整实体面的数量从而改变其形状。用户可以用它来创建四面体、立方体和星形等。

在"扩展基本体"命令面板中单击"异面体"按钮，拖动鼠标创建出异面体，如图 13-25 所示。如果需要修改其外观和尺寸，可以在"修改"面板的"参数"卷展栏中进行设置，如图 13-26 所示。

图 13-25　异面体　　　　　　　　图 13-26　参数设置

（2）切角长方体

切角长方体是长方体的扩展物体，可以快速创建出自带圆角效果的长方体，在创建模型时应用十分广泛，常被用于创建带有圆角的长方体结构。

在"扩展基本体"命令面板中单击"切角长方体"按钮，拖动鼠标创建出切角长方体，如图 13-27 所示。如果需要修改其外观和尺寸，可以在"修改"面板的"参数"卷展栏中进行设置，如图 13-28 所示。

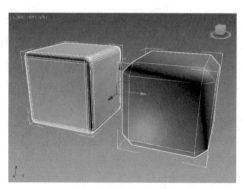 

图 13-27　切角长方体　　　　　图 13-28　参数设置

下面介绍切角长方体"参数"卷展栏中常用选项的含义。

● 长度、宽度、高度：设置切角长方体长度、宽度和高度值。

● 圆角：设置切角长方体的圆角半径。值越大，圆角越明显。

● 长度分段、宽度分段、高度分段、圆角分段：设置切角长方体分别在长度、宽度、高度和圆角上的分段数目。

（3）切角圆柱体

切角圆柱体是圆柱体的扩展物体，可以快速创建出带有圆角效果的圆柱体。在"扩展基本体"命令面板中单击"切角圆柱体"按钮，拖动鼠标即可创建出切角圆柱体，如图 13-29

所示。如果需要修改其外观和尺寸，可以在"修改"面板的"参数"卷展栏中进行设置，如图 13-30 所示。

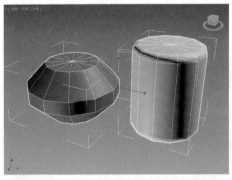

图 13-29　切角圆柱体　　　　　　　　　图 13-30　参数设置

课堂练习　　创建储物柜模型

下面利用前面所学的知识创建一个储物柜模型，具体操作步骤如下。

Step01 在"标准基本体"命令面板中单击"长方体"按钮，在左视图创建一个长 2000mm、宽 900mm、高 20mm 的长方体 Box001，如图 13-31 所示。

Step02 继续在前视图创建长 2000mm、宽 450mm、高 20mm 的长方体 Box002，作为储物柜的侧板，将其与 Box001 对齐，如图 13-32 所示。

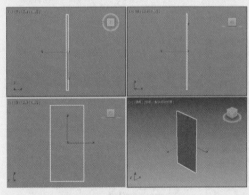

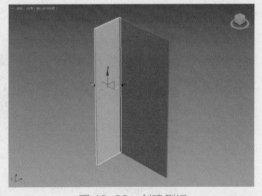

图 13-31　创建背板　　　　　　　　　图 13-32　创建侧板

Step03 激活"选择并移动"工具，按住 Shift 键，沿 Y 轴移动对象，此时系统会弹出"克隆选项"对话框，选择"实例"克隆对象，副本数为 1，如图 13-33 所示。

图 13-33　"实例"克隆对象

Step04 将复制的模型 Box003 对齐到背板另一侧，如图 13-34 所示。

Step05 单击"长方体"按钮，在顶视图中创建长 900mm、宽 450mm、高 20mm 的长方体 Box004，对齐到模型顶部，如图 13-35 所示。

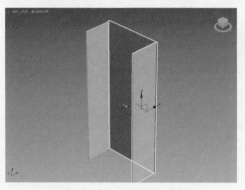
图 13-34　对齐模型

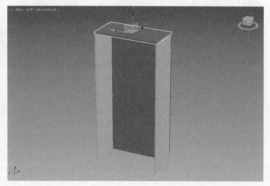
图 13-35　创建长方体

Step06 按 Ctrl+V 克隆模型，右击"选择并移动"工具，在弹出的"移动变换输入"对话框设置 Z 轴的偏移距离为 −1980，按回车键即可完成移动操作，如图 13-36 所示。

Step07 按照上述操作方法，复制出中间的层板，并调整位置，如图 13-37 所示。

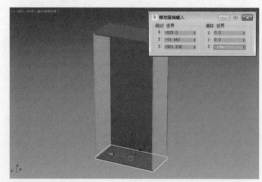
图 13-36　克隆并移动模型

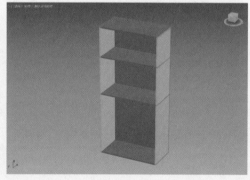
图 13-37　复制层板

Step08 选择层板，按 Ctrl+V 组合键，打开"克隆选项"对话框，选择"复制"克隆方式，如图 13-38 所示。

图 13-38　"复制"克隆对象

Step09 再选择侧板，同样用"复制"克隆方式克隆对象，再调整模型位置，如图 13-39 所示。

Step10 调整模型的尺寸及位置，如图 13-40 所示。

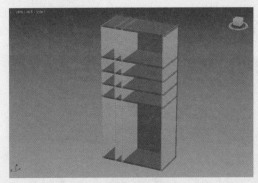

图 13-39 克隆模型

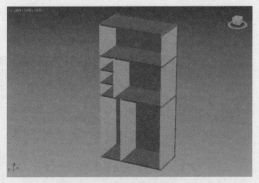

图 13-40 调整模型尺寸

Step11 最后再创建长方体作为柜门，如图 13-41 所示。

Step12 在"标准基本体"命令面板中单击"圆柱体"按钮，创建并复制四个半径为 25mm、高 100mm 的圆柱体作为柜脚，完成模型的创建，如图 13-42 所示。

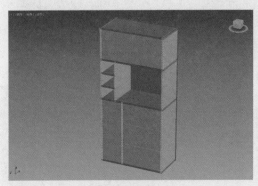

图 13-41 创建柜门

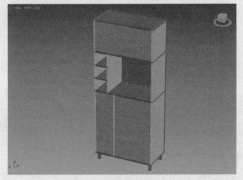

图 13-42 创建柜脚

Step13 为模型添加材质与灯光，渲染效果如图 13-43 所示。

图 13-43 储物柜渲染效果

下面利用本章所学的知识创建时尚台灯模型，具体操作步骤如下。

Step01 在"标准基本体"命令面板中单击"管状体"按钮，创建一个管状体模型作为灯罩，设置半径 1 为 69mm，半径 2 为 70mm，高度为 180mm，边数为 50，如图 13-44、图 13-45 所示。

扫一扫 看视频

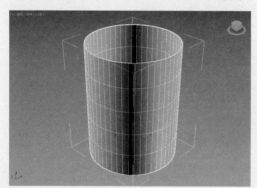

图 13-44 创建管状体

图 13-45 设置参数

Step02 激活"选择并移动"工具，按 Ctrl+V 组合键，打开"克隆选项"对话框，选额"复制"选项，如图 13-46 所示。

图 13-46 "克隆选项"对话框

Step03 设置新复制的模型参数，并调整到合适位置，作为灯柱，如图 13-47、图 13-48 所示。

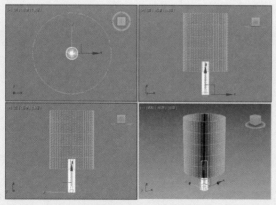

图 13-47 创建灯柱

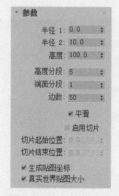

图 13-48 设置参数

Step04 继续克隆模型，设置模型参数并调整位置，作为台灯底座，如图 13-49、图 13-50 所示。

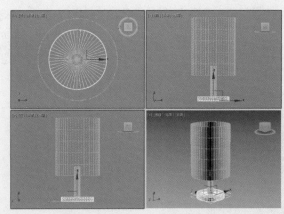

图 13-49 创建底座 　　　　　　　　　　图 13-50 设置参数

Step05 选择灯罩，按 Ctrl+V 组合键克隆模型，再调整模型参数，作为灯罩包边，如图 13-51、图 13-52 所示。

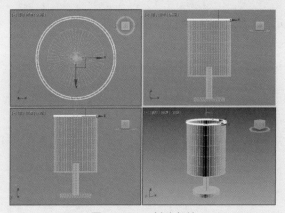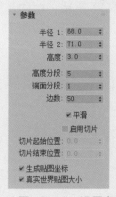

图 13-51 创建包边 　　　　　　　　　　图 13-52 设置参数

Step06 按住 Shift 键向上复制模型，即可完成台灯模型的制作，如图 13-53 所示。
Step07 为模型添加材质与灯光，渲染效果如图 13-54 所示。

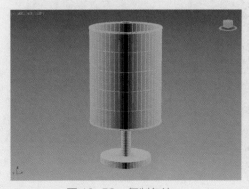

图 13-53 复制包边 　　　　　　　　　　图 13-54 台灯效果

13.2 创建样条线

样条线是由可控制的曲线，由点、线段、线三部分组成，通过数学公式计算生成，在设计中运用线的点、线段以及线的空间位置不同而得到不同的模拟效果，最终得到设计效果。

13.2.1 样条线

在"创建"命令面板的"图形"面板选择"样条线"选项，即可看到该面板中的工具按钮，其中包括线、矩形、圆、椭圆、弧、圆环、多边形、星形、文本、螺旋线、截面等，如图13-55所示。

（1）线

使用"线"工具可以创建多个分段组成的样条线。在"样条线"面板中单击"线"按钮，在视图区中依次单击鼠标即可创建线，如图13-56所示。线在样条线中比较特殊，在"修改"面板中没有携带尺寸参数，因此从"创建"面板切换到"修改"面板时，它会自动

图13-55 "样条线"
面板

转换为可编辑样条线，用户可以利用顶点、线段和样条线子层级进行编辑，如图13-57所示。

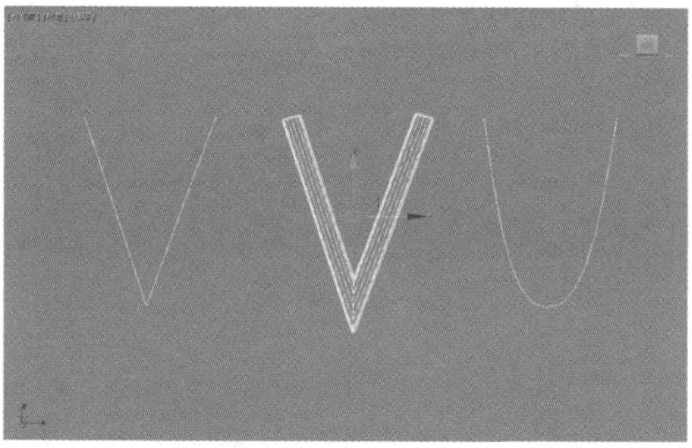

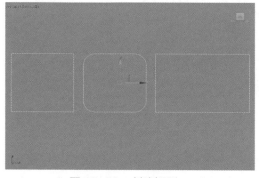

图13-56 创建线

图13-57 子层级

（2）矩形

"矩形"工具可以创建出正方形、长方形、圆角矩形，常用于创建室内外简单形状的拉伸造型，如窗户、书架等。在"样条线"面板中单击"矩形"按钮，拖动鼠标即可创建矩形，如图13-58所示。如果需要修改矩形，可以在"修改"面板的"参数"卷展栏中设置其长度、宽度或角半径，如图13-59所示。

图13-58 创建矩形

图13-59 设置参数

271

（3）圆

"圆"工具常用于创建以圆形为基础的变形对象。在"样条线"面板中单击"圆"按钮，拖动鼠标即可创建圆形，如图 13-60 所示。如果需要修改其尺寸，可以在"修改"面板的"参数"卷展栏设置半径值。

（4）椭圆

使用"椭圆"工具可以创建出椭圆形、圆形以及双层轮廓的样条线，如图 13-61 所示。与圆形工具不同的是，椭圆有两个半径参数，当两个半径数值相同时，椭圆就会变成圆形，如果需要修改其尺寸，在"修改"面板的"参数"卷展栏中设置其长宽半径或轮廓、厚度，如图 13-62 所示。

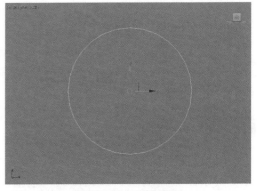

图 13-60　创建圆形

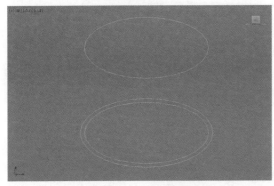

图 13-61　创建椭圆形

图 13-62　设置参数

（5）弧

使用"弧"工具可以创建出由四个顶点组成的打开或闭合的部分圆形。在"样条线"面板中单击"弧"按钮，拖动鼠标即可创建弧形，如图 13-63 所示。通过"参数"卷展栏可以设置弧形的半径、起始角度、打开或闭合等，如图 13-64 所示。

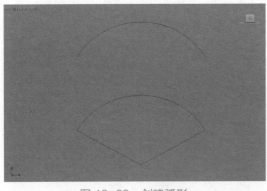

图 13-63　创建弧形

图 13-64　设置参数

（6）圆环

使用"圆环"工具可以利用两个同心圆创建封闭的形状，每个圆都由四个顶点组成，如图 13-65 所示。通过"参数"卷展栏可以修改圆环的两个半径值，如图 13-66 所示。

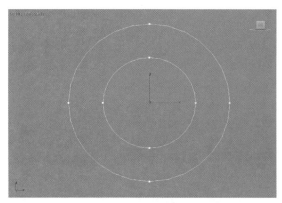

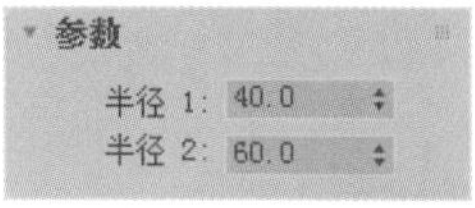

图 13-65 创建圆环

图 13-66 设置参数

（7）多边形

使用"多边形"工具可以创建具有任意面数或顶点数的闭合平面或圆形样条线，如图 13-67 所示。通过"参数"卷展栏可以修改多边形的半径、边数、角半径等参数，如图 13-68 所示。

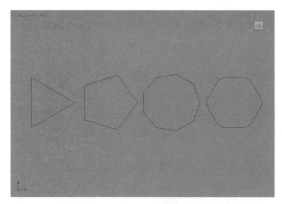

图 13-67 创建多边形

图 13-68 设置参数

（8）星形

使用"星形"工具可以创建具有很多点的闭合星形样条线，如图 13-69 所示。通过"参数"卷展栏可以设置星形的两个半径、点数量、扭曲、圆角半径等参数，如图 13-70 所示。

图 13-69 创建星形

图 13-70 设置参数

（9）文本

使用"文本"工具可以创建文本图形的样条线，如图 13-71 所示。在"参数"卷展栏中可以设置文本的字体、样式、位置、大小、间距等参数，如图 13-72 所示。

图 13-71　创建文本

图 13-72　设置参数

（10）螺旋线

使用"螺旋线"工具可以创建开口的平面或 3D 螺旋线，如图 13-73 所示。在"参数"卷展栏中可以设置其半径、高度、圈数、偏移等参数，如图 13-74 所示。

图 13-73　创建螺旋线

图 13-74　设置参数

13.2.2　扩展样条线

扩展样条线是对原始样条线集的增强，相对使用频率较低，共有 5 种类型，分别是墙矩形、通道、角度、T 形和宽法兰，命令面板如图 13-75 所示。

（1）墙矩形

"墙矩形"工具可以通过两个同心矩形创建封闭的形状，每个矩形都由四个顶点组成，如图 13-76 所示。通过"参数"卷展栏可以设置长度、宽度、厚度、角半径等参数，如图 13-77 所示。

图 13-75　"扩展样条线"面板

图 13-76　创建墙矩形　　　　图 13-77　设置参数

（2）通道

使用"通道"工具可以创建一个闭合的形状为 C 的样条线，如图 13-78 所示。

（3）角度

使用"角度"工具可以创建一个闭合的形状为 L 的样条线，如图 13-79 所示。

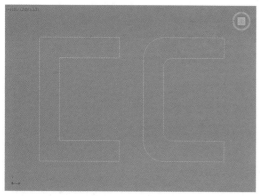

图 13-78　创建通道

图 13-79　创建角度

（4）T 形

使用"T 形"工具可以创建一个闭合的形状为 T 的样条线，如图 13-80 所示。

（5）宽法兰

使用"宽法兰"工具可以创建一个闭合的工字形样条线，如图 13-81 所示。

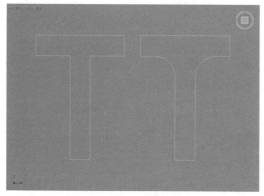

图 13-80　创建 T 形

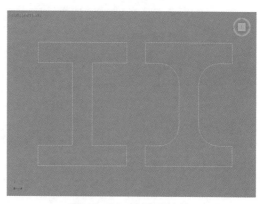

图 13-81　创建宽法兰

如果需要对创建的样条线的节点、线段等进行修改，首先需要转换成可编辑样条线，才可以进行编辑操作。

选择样条线并单击鼠标右键，在弹出的快捷菜单列表中选择"转换为 > 转换为可编辑样条线"选项（如图 13-82 所示），此时将转换为可编辑样条线，在修改器堆栈栏中可以选择编辑样条线方式，如图 13-83 所示。

图 13-82　右键菜单

图 13-83　修改器堆栈

（1）"顶点"子对象

在顶点和线段之间创建的样条线，这些元素称为样条线子对象，将样条线转换为可编辑样条线之后，可以编辑"顶点"子对象、"线段"子对象和"样条线"子对象等。

在激活"顶点"子对象后，在"几何体"卷展栏中会激活许多修改顶点子对象的选项，如图 13-84 所示。

下面介绍卷展栏中各常用选项的含义。

- 创建线：将更多样条线添加到所选样条线。
- 断开：将一个顶点断开成两个。
- 附加：将场景中的其他样条线附加到所选样条线上。
- 附加多个：单击该按钮可以打开"附加多个"对话框，可以从中选择所有要附加的样条线。
- 横截面：在横截面形状外创建样条线框架。
- 优化：单击该按钮，在样条线上可以创建多个顶点。
- 焊接：将断开的点焊接起来。"连接"和"焊接"的作用是一样的，只不过"连接"必须是重合的两点。
- 插入：可以插入点或线。
- 熔合：将两个点重合，但还是两个点。
- 圆角：给直角一个圆滑度。
- 切角：设置样条线切角。
- 隐藏：把选中的点隐藏起来，但其仍然存在。"取消隐藏"则是把隐藏的点都显示出来。
- 删除：删除选定的样条线顶点。

图 13-84　"顶点"子
对象选项

（2）"线段"子对象

激活"线段"子对象，即可进行编辑"线段"子对象操作。和编辑"顶点"子对象相同，激活"线段"子对象后，在命令面板的下方将会出现编辑线段的各选项，如图 13-85 所示。

下面介绍卷展栏中各常用选项的含义。

- 优化：创建多个样条线顶点，而不更改样条线的曲率值。
- 连接：启用该选项时，通过连接新顶点创建一个新的样条线子对象。
- 自动焊接：启用该选项后，会自动焊接在与同一条样条线的另一个端点的阈值距离内放置和移动的端点顶点。
- 插入：插入一个或多个顶点，以创建其他线段。
- 隐藏：隐藏指定的样条线。
- 全部取消隐藏：取消隐藏选项。
- 删除：删除指定的样条线段。
- 拆分：通过添加由微调器指定的顶点数来细分所选线段。
- 分离：将指定的线段与样条线分离。

（3）"样条线"子对象

将创建的样条线转换成可编辑样条线之后，激活"样条线"子对象，在命令面板的下方也会相应地显示编辑"样条线"子对象的各选项，如图 13-86 所示。

图 13-85 "线段"子对象选项

图 13-86 "样条线"子对象选项

下面介绍卷展栏中各常用选项的含义。

- 反转：反转所选样条线的方向。
- 轮廓：在轮廓列表框中输入轮廓值即可创建样条线轮廓。
- 布尔：单击相应的"布尔值"按钮，然后在执行布尔运算，即可显示布尔后的状态。
- 镜像：单击相应的镜像方式，然后再执行镜像命令，即可镜像样条线，勾选下方的"复制"复选框，可以执行复制并镜像样条线命令，勾选"以轴为中心"复选框，可以设置镜像中心方式。
- 修剪：单击该按钮，即可添加修剪样条线的顶点。
- 延伸：将添加的修改顶点，进行延伸操作。

- 分离：将所选的样条线复制到新的样条线对象，并从当前所选的样条线中删除复制的样条线。
- 炸开：通过将每个线段转化为一个独立的样条线或对象，来分裂任何所选样条线。

课堂练习 创建窗格模型

下面利用本章所学的知识创建一个窗格模型，具体操作步骤如下。

扫一扫 看视频

Step01 在"样条线"命令面板中单击"圆"按钮，在前视图绘制半径为 100mm 的圆，如图 13-87 所示。

Step02 单击鼠标右键，在弹出的快捷菜单列表中选择"转换为 > 可编辑样条线"选项，将圆转换为可编辑样条线，打开修改器堆栈，激活"样条线"子对象，再选择样条线，如图 13-88 所示。

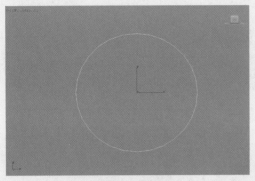

图 13-87 创建圆形

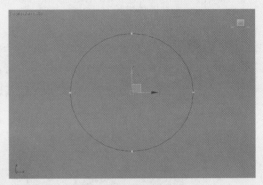

图 13-88 选择样条线

Step03 按 S 键打开捕捉开关，按住 Shift 键，捕捉样条线的顶点复制样条线，如图 13-89 所示。

Step04 保持激活"样条线"子对象，在"几何体"卷展栏中单击"修剪"按钮，修剪样条线，如图 13-90 所示。

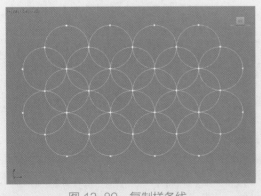

图 13-89 复制样条线

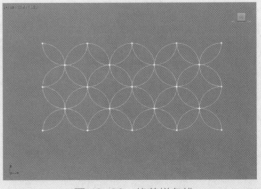

图 13-90 修剪样条线

Step05 退出修改器堆栈，在"样条线"命令面板中单击"矩形"按钮，捕捉绘制矩形，如图 13-91 所示。

Step06 重新设置矩形尺寸，长宽各加 40mm，如图 13-92 所示。

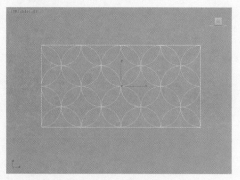 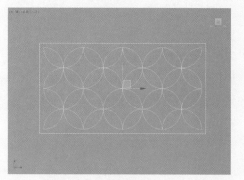

图 13-91　创建矩形　　　　　　　　　图 13-92　修改矩形尺寸

Step07 打开"渲染"卷展栏，选择"在渲染中启用"及"在视口中启用"复选框，再选择"矩形"选项，设置矩形尺寸，参数卷展栏和窗框效果如图 13-93、图 13-94 所示。

 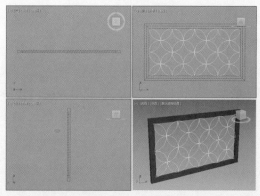

图 13-93　设置渲染参数　　　　　　　　图 13-94　窗框效果

Step08 再选择内部样条线图形，在"渲染"卷展栏中设置渲染参数，其参数面板和模型如图 13-95、图 13-96 所示。

 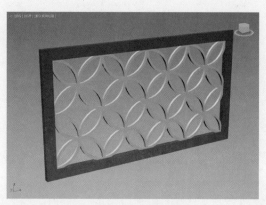

图 13-95　设置渲染参数　　　　　　　　图 13-96　模型效果

13.3 创建复合对象

复合对象是一种非常规的建模方式，适用于特殊造型的模型制作。在"复合对象"面板中提供了 12 种建模类型，包括变形、散布、一致、连接、水滴网格、布尔、图形合并、地形、放样、网格化、ProBoolean 以及 ProCutter。当选择样条线或几何体时，"复合对象"命令面板中会激活不同的按钮，如图 13-97、图 13-98 所示。

图 13-97　选择样条线时

图 13-98　选择几何体时

13.3.1 图形合并

使用"图形合并"命令能够将一个或多个图形嵌入到其他对象的网格中或从网格中将图形移除，创建的二维型沿自身的 –Z 轴向对象表面投影，然后创建新的节点、面和边界。用户可以通过编辑新创建的次对象，完成更复杂的建模效果。其参数面板如图 13-99 所示。

图 13-99　图形合并参数面板

下面介绍卷展栏中各常用选项的含义。

（1）"拾取运算对象"卷展栏

● 拾取图形：单击该按钮，然后单击要嵌入网格对象中的图形，此图形沿图形局部 –Z 轴方向投射到网格对象上。

● 参考 / 复制 / 移动 / 实例：指定如何将图形传输到复合对象上。可以作为参考、副本或移动的对象（如果不保留原始图形）进行转换。

（2）"参数"卷展栏

- 运算对象列表：在复合对象中列出所有操作对象。第一个操作对象是网格对象，以下是任意数目的基于图形的操作对象。
- 删除图形：从复合对象中删除选中图形。
- 提取操作对象：提取选中操作对象的副本或实例。在列表窗中选择操作对象使此按钮可用。
- 实例/复制：指定如何提取操作对象。可以作为实例或副本进行提取。
- 饼切：切去网格对象曲面外部的图形。
- 合并：将图形与网格对象曲面合并。
- 反转：反转"饼切"或"合并"效果。

（3）"显示/更新"卷展栏

- 显示：确定是否显示图形操作对象。
- 更新：当选中"始终"之外的任意选项时更新显示。

操作提示

图形合并是通过将二维图形映射到三维模型上，使得三维模型表面产生二维图形的网格效果，因此可以对图形合并之后的模型进行调整。

13.3.2 布尔

布尔是通过对两个以上的物体进行并集、差集、交集、切割的运算，从而得到新的物体形态。布尔运算包括并集、差集、交集（A-B）、交集（B-A）、切割等运算方式，利用不同的运算方式，会形成不同的物体形状。其参数面板如图13-100所示。

下面介绍卷展栏中各常用选项的含义。

（1）"布尔参数"卷展栏

- 添加运算对象：从视口或场景资源管理器中单击可将操作对象添加到复合对象。
- "运算对象"列表：显示复合对象的操作对象。
- 移除运算对象：将所选操作对象从复合对象中移除。
- 打开布尔操作资源管理器：单击该按钮可以打开"布尔操作资源管理器"窗口。

（2）"运算对象参数"卷展栏

图13-100　布尔参数面板

- 并集：结合两个对象的体积，几何体相交部分或重叠部分会被丢弃。
- 交集：使两个原始对象共同的重叠体积相交，剩余的几何体会被丢弃。
- 差集：从基础对象移除相交的体积。
- 合并：使两个网格相交并结合，而不移除任何原始多边形。
- 附加：将多个对象合并为一个对象，而不影响各对象的拓扑。各对象实质上是复合对象中的独立元素。

- 插入：从操作对象 A 减去操作对象 B 的边界图形，操作对象 B 的图形不受此操作影响。
- 盖印：启用此选项可在操作对象与原始网格之间插入相交边，而不移除或添加面。
- 切面：启用该选项可执行指定的布尔操作，但不会将操作对象的面添加到原始网格中。
- 应用运算对象材质：将已添加操作对象的材质应用于整个复合对象。
- 保留原始材质：保留应用了复合对象的现有材质。
- 显示：显示布尔操作的最终结果。
- 显示为已明暗处理：启用该选项，则在视口中会显示已明暗处理的操作对象。

13.3.3 散布

散布是将源对象选择性散布到分布对象的表面或内部，产生大量同一型或不同型的复制建模方式。其参数面板如图 13-101 所示。

图 13-101 散布参数面板

下面介绍卷展栏中各常用选项的含义。

（1）"拾取分布对象"卷展栏
- 对象：显示使用"拾取"按钮选择的分布对象的名称。
- 拾取分布对象：单击此按钮，在场景中单击一个对象，将其指定为分布对象。

（2）"散布对象"卷展栏
- 使用分布对象：根据分布对象的几何体来散布源对象。
- 仅使用变换：此选项无须分布对象。
- 重复数：指定散布的源对象的重复项数目。
- 基础比例：改变源对象的比例，同样也影响到每个重复项。
- 顶点混乱度：对源对象的顶点应用随机扰动。
- 动画偏移：用于指定每个源对象重复项的动画随机偏移原点的帧数。
- 垂直：启用该选项，则每个重复对象垂直于分布对象中的关联面、顶点或边；禁用该选项，则重复项与源对象保持相同的方向。
- 仅使用选定面：启用该选项，则将分布限制在所选的面内。
- 分布方式：用于指定分布对象几何体确定源对象分布的方式。

（3）"变换"卷展栏
- 旋转：指定随机旋转偏移。

- 局部平移：指定重复项沿其局部轴的平移。
- 在面上平移：用于指定重复项沿分布对象中关联面的重心面坐标的平移。
- 比例：用于指定重复项沿其指定局部轴的缩放。
- 使用最大范围：启用该选项后，则强制所有三个设置匹配最大值。
- 锁定纵横比：启用该项后，则保留源对象的原始纵横比。

（4）"显示"卷展栏

- 显示：指定视口中所显示的所有重复对象的百分比。
- 新增特性：生成新的随机种子数目。
- 种子：可使用该微调器设置种子数目。

（5）"加载／保存预设"卷展栏

用于存储当前值，以用在其他散布对象中。

 知识延伸

> 散布的源对象必须是网格对象或者可以转换为网格对象的对象，否则当前所选对象无效，则"散布"按钮不可用。

13.3.4 放样

放样是通过将一系列的样条线沿一条路径排列并缝合连续表皮来形成相应的三维对象的建模方式，其参数面板如图 13-102 所示。

图 13-102　放样参数面板

下面介绍卷展栏中各常用选项的含义。

（1）"创建方法"卷展栏

- 获取路径：将路径指定给选定图形或更改当前指定的路径。
- 获取图形：将图形指定给选定路径或更改当前指定的图形。
- 移动／复制／实例：用于指定路径或图形转换为放样对象的方式。

（2）"曲面参数"卷展栏

- 平滑长度：沿着路径的长度提供平滑曲面。
- 平滑宽度：围绕横截面图形的周界提供平滑曲面。
- 应用贴图：控制放样贴图坐标，选中此复选项，系统会根据放样对象的形状自动赋予贴图大小。

- 真实世界贴图大小：控制应用于该对象的纹理贴图材质所使用的缩放方法。
- 长度重复：设置沿着路径的长度重复贴图的次数。
- 宽度重复：设置围绕横截面图形的周界重复贴图的次数。
- 面片：放样过程可生成面片对象。
- 网格：放样过程可生成网格对象，这是默认设置。

（3）"路径参数"卷展栏

- 路径：通过输入值或单击微调按钮来设置路径的级别。
- 捕捉：用于设置沿着路径图形之间的恒定距离。
- 路径步数：将图形置于路径步数和顶点上，而不是作为沿着路径的一个百分比或距离。

（4）"蒙皮参数"卷展栏

- 封口始端：如果启用，则路径第一个顶点处的放样端被封口；如果禁用，则放样端为打开或不封口状态。
- 封口末端：如果启用，则路径最后一个顶点处的放样端被封口；如果禁用，则放样端为打开或不封口状态。
- 图形步数：设置横截面图形的每个顶点之间的步数。
- 路径步数：设置路径的每个主分段之间的步数。
- 优化图形：启用后，对于路径的直线线段忽略"路径步数"。
- 自适应路径步数：启用后，分析放样并调整路径分段的数目，并生成最佳蒙皮。
- 轮廓：启用后，则每个图形都将遵循路径的曲率。
- 倾斜：启用后，则只要路径弯曲并改变其局部 Z 轴的高度，图形便围绕路径旋转，倾斜量由 3ds Max 控制。
- 恒定横截面：启用后则在路径中的角处缩放横截面，以保持路径宽度一致。
- 线性插值：启用后，使用每个图形之间的直边生成放样蒙皮。
- 翻转法线：启用后将法线翻转 180°。
- 四边形的边：启用该选项后，切放样对象的两部分具有相同数目的边，则将两部分缝合到一起的面将显示为四方形。
- 变换降级：使放样蒙皮在子对象图形 / 路径变换过程中消失。

📑 课堂练习 创建色子模型

下面利用所学的知识创建色子模型，具体操作步骤如下。

Step01 在"扩展基本体"面板中单击"切角长方体"按钮，创建一个切角长方体，设置长宽高皆为 20mm，圆角为 3mm，圆角分段为 6，如图 13-103、图 13-104 所示。

Step02 在"标准基本体"面板中单击"球体"按钮，创建半径为 2.5mm 的球体，移动到切角长方体上合适的位置，如图 13-105 所示。

Step03 继续创建半径为 1.8mm 的球体，移动到合适的位置，再进行复制操作，如图 13-106 所示。

Step04 选择切角长方体，在"复合对象"面板中单击"布尔"按钮，在"运算对象参数"卷展栏中单击选择"差集"按钮，然后在"布尔参数"卷展栏中单击"添

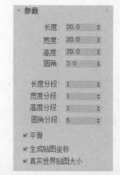

图 13-103　创建切角长方体　　　　图 13-104　放样参数面板

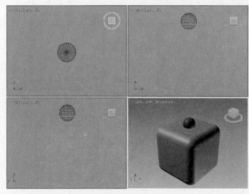

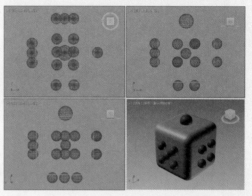

图 13-105　创建球体　　　　　图 13-106　创建并复制球体

加运算对象"按钮，在视口中单击顶部的球体，即可将其从切角长方体中减去，如图 13-107 所示。

Step05 继续单击减去其他球体模型，完成色子模型的制作，如图 13-108 所示。

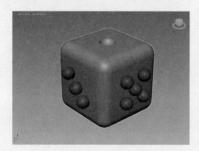

图 13-107　差集运算　　　　　图 13-108　完成模型创建

Step06 为模型添加材质与灯光，渲染效果如图 13-109 所示。

图 13-109　模型效果

扫一扫 看视频

下面利用所学知识创建相框模型，具体操作步骤如下。

Step01 在"样条线"面板中单击"矩形"按钮，在顶视口创建尺寸为 20mm×25mm 的矩形，如图 13-110 所示。

Step02 将其转换为可编辑样条线，打开修改器堆栈，进入"顶点"子层级，选择一个顶点，如图 13-111 所示。

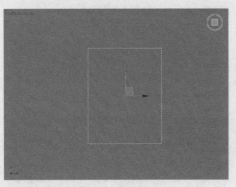

图 13-110　创建矩形

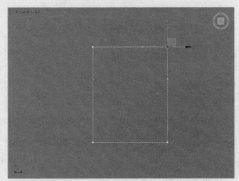

图 13-111　选择顶点

Step03 在修改器面板的"几何体"卷展栏中设置圆角值为 15，将样条线创建出圆角效果，如图 13-112 所示。

Step04 创建尺寸为 3mm×20mm 的矩形，对齐到圆角矩形，如图 13-113 所示。

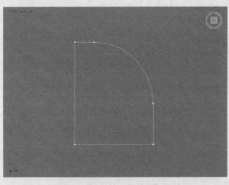

图 13-112　创建圆角

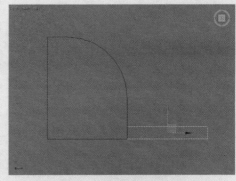

图 13-113　创建并对齐矩形

Step05 再创建 220mm×160mm 的矩形，如图 13-114 所示。

Step06 选择矩形，按 Ctrl+V 组合键，打开"克隆选项"对话框，选择"复制"方式，如图 13-115 所示。

Step07 设置新复制的矩形尺寸为 180mm×120mm，如图 13-116 所示。

Step08 选择外侧矩形，在"复合对象"面板中单击"放样"按钮，在"创建方法"卷展栏中单击"获取图形"按钮，在视口中单击圆角矩形，创建出相框的外框，如图 13-117 所示。

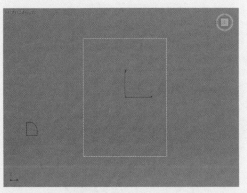

图 13-114 创建矩形　　　　　　　图 13-115 "克隆选项"对话框

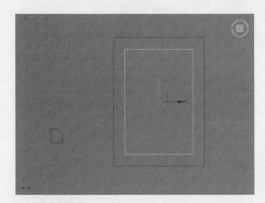

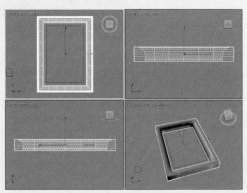

图 13-116 调整尺寸　　　　　　　图 13-117 创建相框边框

Step09 再选择内部矩形，利用"放样"工具制作出内部卡纸造型，如图 13-118 所示。

Step10 最后创建一个尺寸为 200mm×140mm×5mm 的长方体，对齐到模型，完成相框模型的制作，如图 13-119 所示。

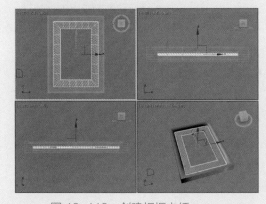

图 13-118 创建相框卡纸　　　　　　图 13-119 完成模型创建

Step11 为模型添加材质与灯光，渲染效果如图 13-120 所示。

图 13-120   渲染效果

本案例将利用前面所学知识创建一个双人沙发模型。具体操作步骤如下。

Step01 在"扩展基本体"面板中单击"切角长方体"按钮，创建一个切角长方体，设置尺寸为 650mm×800mm×200mm，圆角为 10mm，圆角分段为 5，如图 13-121 所示。

扫一扫 看视频

Step02 选择切角长方体，在顶视图中按住 Shift 键，以"实例"对象的方式进行复制并对齐放置，如图 13-122 所示。

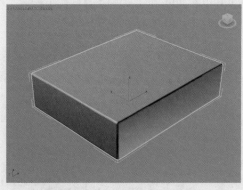

图 13-121   创建切角长方体

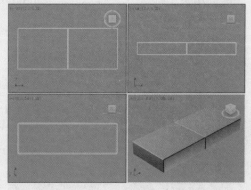

图 13-122   "实例"克隆对象

Step03 切换到前视图，继续向上"复制"克隆对象，如图 13-123 所示。

Step04 选择克隆对象，进入修改面板，设置对象高度为 150mm，圆角 50mm，圆角分段为 10，作为沙发垫，如图 13-124 所示。

Step05 向右"实例"克隆沙发垫对象，调整位置，如图 13-125 所示。

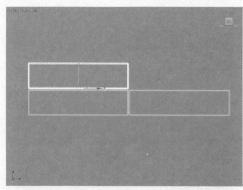

图 13-123 "复制"克隆对象

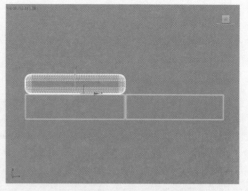

图 13-124 调整对象参数

Step06 单击"切角长方体"按钮，创建一个切角长方体作为沙发靠背，设置尺寸为 500mm × 1600mm × 100mm，圆角为 10mm，圆角分段为 5，如图 13-126 所示。

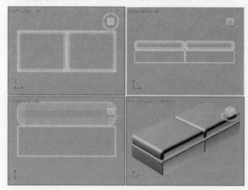

图 13-125 "实例"克隆对象

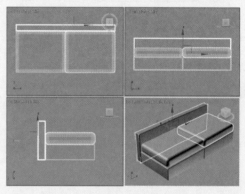

图 13-126 创建靠背

Step07 继续创建切角长方体作为扶手，设置尺寸为 500mm × 100mm × 750mm，圆角为 10mm，圆角分段为 5，如图 13-127 所示。

Step08 "复制"克隆沙发坐垫，调整尺寸为 400mm × 800mm × 150mm，旋转并移动对象位置，作为靠垫，如图 13-128 所示。

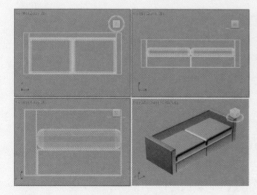

图 13-127 创建扶手

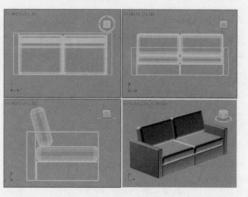

图 13-128 创建靠垫

Step09 在"标准基本体"面板中单击"圆柱体"按钮，创建半径为 30mm、高度为 60mm 的圆柱体作为沙发腿，再复制对象，完成沙发模型的制作，如图 13-129 所示。

Step10 为模型添加材质、灯光及场景，渲染效果如图 13-130 所示。

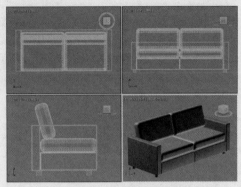

图 13-129　创建沙发腿

图 13-130　渲染效果

📖 课后作业

一、填空题

1. 如果车削生成的对象出现内部翻转的情况，可以勾选＿＿＿＿＿复选框来修正它。

2. 放样物体的变形修改包括＿＿＿、＿＿＿、＿＿＿、＿＿＿、＿＿＿五种。

3. 使用放样工具时，必须具备的两个要素是＿＿＿和＿＿＿。

4. 若要讲生成的轮廓线与原曲线拆分为两个二维图形，应使用＿＿＿命令。

5. 修改星形时，可以修改半径的参数有＿＿个。

二、选择题

1. 以下关于图形的说法错误的是（　　）。

A. 创建椭圆时，可以按住 Ctrl 键同时拖动鼠标，可以创建正圆形

B. 创建文本时，可以通过选择特殊的字体来创建特殊的图形或符号

C. 星形最多可以创建 100 个点

D. 矩形自身不具备类似圆角的功能

2. 复制具有关联性物体的选项为（　　）。

A. 加点　　　　　　　B. 参考　　　　　　　C. 复制　　　　　　　D. 实例

3. 以下哪种建模命令适合制作墙上的洞（　　）。

A. 放样　　　　　　　B. 布尔　　　　　　　C. 离散　　　　　　　D. 连接

4. 在标准几何体中，唯一没有高度的物体是（　　）。

A. 长方体　　　　　　B. 圆锥体　　　　　　C. 四棱锥　　　　　　D. 平面

5. 标准几何体创建命令长方体，按下键盘上的 Ctrl 键后再拖动鼠标，即可创建出（　　）。

A. 四面体　　　　　　B. 梯形　　　　　　　C. 正方形　　　　　　D. 正方体

三、操作题

1.利用可编辑样条线、"挤出"修改器等功能制作如 13-131 所示的书架模型。

（1）图形效果

图 13-131　书架模型

（2）操作思路

利用可编辑样条线创建出书架二维轮廓，并挤出成模型，创建长方体作为挡板。大致的操作步骤如下。

Step01 创建多个矩形并转换为可编辑多边形，加载为一个整体，如图 13-132 所示。

Step02 修剪样条线，如图 13-133 所示。

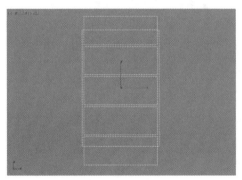

图 13-132　加载样条线

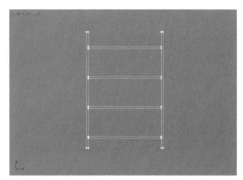

图 13-133　修剪样条线

Step03 挤出模型，创建长方体作为挡板，完成模型的创建。

2.利用样条线和放样命令创建窗帘模型，如图 13-134 所示。

（1）图形效果

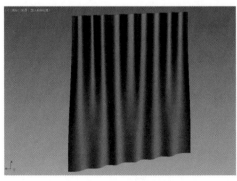

图 13-134　窗帘模型

（2）操作思路

选择路径，激活"放样"命令，拾取第一个截面图形制作出窗帘模型，设置路径长度，再次拾取另一个截面图形，即可制作出飘逸的窗帘效果。大致的操作流程如图 13-135 ～ 图 13-138 所示。

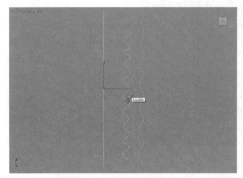

图 13-135　拾取图形

图 13-136　放样模型

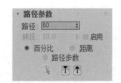

图 13-137　设置路径长度

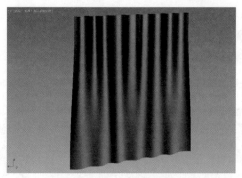

图 13-138　完成模型的创建

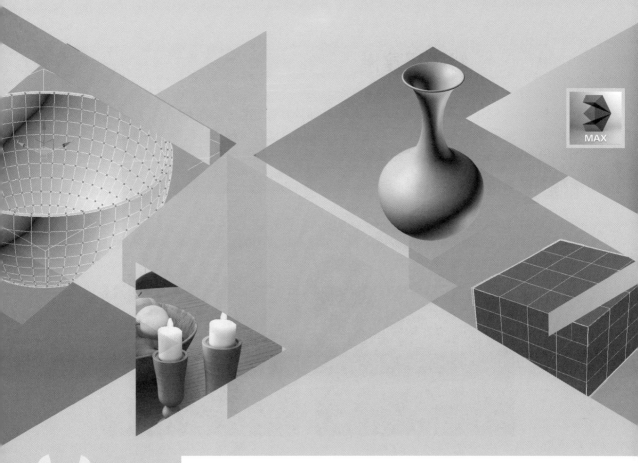

3ds Max篇

第14章
高级建模

★ 内容导读

除了基础建模功能外，3ds Max 还为用户提供了多种高级建模方式，如修改器建模、网格建模、NURBS 建模，本章将对这几种建模方式进行详细讲解。通过对本章的学习，用户可以掌握多种模型创建技巧知识。

⚙ 学习目标

- ○ 掌握修改器的应用与设置
- ○ 掌握多边形网格的创建与编辑
- ○ 掌握 NURBS 对象的创建与编辑

14.1 修改器建模

3ds Max 的建模方式有很多种，其中几何体建模和样条线建模是较为基础的建模方式，而修改器建模则是建立在这两种建模方式之上的。配合这两种建模方式再使用修改器，可以实现很多建模方式达不到的模型效果。

14.1.1 "挤出"修改器

"挤出"修改器可以将二维样条线挤出厚度，从而产生三维实体。如果样条线为封闭的，即可挤出带有底面面积的三维实体；若二维线不是封闭的，那么挤出的实体则是片状的，如图 14-1、图 14-2 所示。

图 14-1 样条线

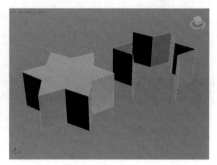

图 14-2 挤出效果栏

添加"挤出"修改器后，命令面板的下方将显示"参数"卷展栏，如图 14-3 所示。下面具体介绍"参数"卷展栏中各选项的含义。

- 数量：设置挤出实体的厚度。
- 分段：设置挤出厚度上的分段数量。
- 封口：该选项组主要设置在挤出实体的顶面和底面上是否封盖实体，"封口始端"在顶端加面封盖物体，"封口末端"在底端加面封盖物体。
- 变形：用于变形动画的制作，保证点面数恒定不变。
- 栅格：对边界线进行重新排列处理，以最精简的点面数来获取优秀的模型。

图 14-3 "参数"卷展栏

- 输出：设置挤出的实体输出模型的类型。
- 生成贴图坐标：为挤出的三维实体生成贴图材质坐标。勾选其复选框，将激活"真实世界贴图大小"复选框。
- 真实世界贴图大小：贴图大小由绝对坐标尺寸决定，与对象相对尺寸无关。
- 生成材质 ID：自动生成材质 ID，设置顶面材质 ID 为 1，底面材质 ID 为 2，侧面材质 ID 则为 3。
- 使用图形 ID：勾选该复选框，将使用线形的材质 ID。
- 平滑：将挤出的实体平滑显示。

14.1.2 "倒角"修改器

"倒角"修改器与基础修改器类似，都可以产生三维效果，而且"倒角"修改器还可以模拟边缘倒角的效果，如图 14-4、图 14-5 所示。

图 14-4　样条线

图 14-5　倒角效果

添加"倒角"修改器后，命令面板的下方将显示"参数"卷展栏及"倒角值"卷展栏，如图 14-6、图 14-7 所示。下面具体介绍"参数"展卷栏中各选项的含义。

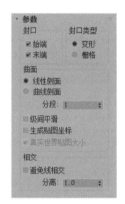

图 14-6　"参数"卷展栏

图 14-7　"倒角值"卷展栏

（1）"参数"卷展栏

- 始端 / 末端：用对象的最低 / 最高局部 Z 值对末端进行封口。
- 变形：为变形创建合适的封口面。
- 栅格：在栅格图案中创建封口面。封装类型的变形和渲染要比渐进变形封装效果好。
- 线性侧面：激活此项后，级别之间的分段插值会沿着一条直线。
- 曲线侧面：激活此项后，级别之间的分段插值会沿着一条 Bezier 曲线。
- 分段：在每个几个级别之间设置中级分段的数量。
- 级间平滑：控制是否将平滑组应用于倒角对象侧面。
- 避免线相交：防止轮廓彼此相交。
- 分离：设置边之间所保持的距离，最小值为 0.01。

（2）"倒角值"卷展栏

- 起始轮廓：设置轮廓从原始图形的偏移距离。非零设置会改变原始图形的大小。

295

- 级别 1：包含两个参数，它们表示起始级别的改变。
- 高度：设置级别 1 在起始级别之上的距离。
- 轮廓：设置级别 1 的轮廓到起始轮廓的偏移距离。

14.1.3 "车削"修改器

"车削"修改器通过绕轴旋转二维样条线或 NURBS 曲线来创建三维实体，该修改器用于创建中心放射物体，用户也可以设置旋转的角度，更改实体的旋转效果，如图 14-8、图 14-9 所示。

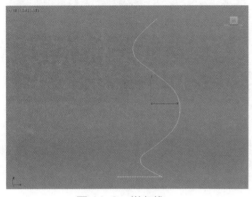

图 14-8　样条线

图 14-9　车削效果

在使用"车削"修改器后，命令面板的下方将显示"参数"卷展栏，如图 14-10 所示。下面具体介绍"参数"卷展栏中各选项的含义。

- 度数：设置车削实体的旋转度数。
- 焊接内核：将中心轴向上重合的点进行焊接精减，以得到结构相对简单的模型。
- 翻转法线：将模型表面的法线方向反向。
- 分段：设置车削线段后，旋转出的实体上的分段，值越高实体表面越光滑。
- 封口：该选项组主要设置在挤出实体的顶面和底面上是否封盖实体。
- 方向：该选项组主要设置实体进行车削旋转的坐标轴。
- 对齐：此区域用来控制曲线旋转式的对齐方式。
- 输出：设置挤出的实体输出模型的类型。
- 生成材质 ID：自动生成材质 ID，设置顶面材质 ID 为 1，底面材质 ID 为 2，侧面材质 ID 则为 3。
- 使用图形 ID：勾选该复选框，将使用线形的材质 ID。
- 平滑：将挤出的实体平滑显示。

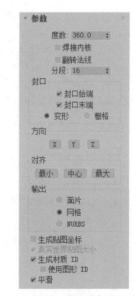

图 14-10　"参数"卷展栏

14.1.4 "弯曲"修改器

"弯曲"修改器可以使物体在 X、Y、Z 三个轴向上进行弯曲，该修改器常被用于管道变形和弯曲等，如图 14-11、图 14-12 所示。

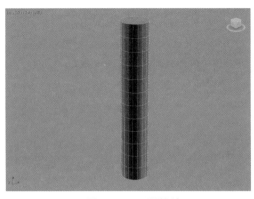

图 14-11 圆柱体

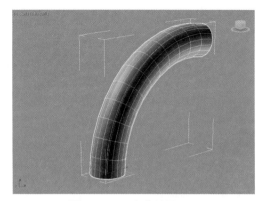

图 14-12 弯曲效果

打开修改器列表框，单击"弯曲"选项，即可调用"弯曲"修改器，命令面板的下方将弹出修改弯曲值的"参数"卷展栏，如图 14-13 所示。下面具体介绍"参数"卷展栏中各选项的含义。

图 14-13 "参数"卷展栏

- 角度：从顶点平面设置要弯曲的角度。
- 方向：设置弯曲相对于水平面的方向。
- 限制效果：将限制约束应用于弯曲效果。
- 上限：以世界单位设置上部边界，此边界位于弯曲中心点上方，超出此边界，弯曲不再影响几何体。
- 下限：以世界单位设置下部边界，此边界位于弯曲中心点下方，超出此边界，弯曲不再影响几何体。

知识点拨

用户可以在堆栈栏中展开"BEND"卷轴栏，在弹出的列表中选择"中心"选项，返回视图区，向上或向下拖动鼠标即可更改限制范围。

14.1.5 "扭曲"修改器

"扭曲"修改器可以使实体呈麻花或螺旋状，它可以沿指定的轴进行扭曲操作，利用该修改器可以制作绳索、冰淇淋或者带有螺旋形状的立柱等，如图 14-14、图 14-15 所示。

图 14-14 三维对象

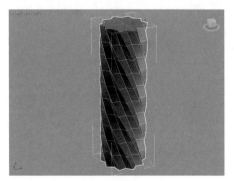

图 14-15 扭曲效果

在使用扭曲修改器后，命令面板的下方将弹出设置实体扭曲的"参数"卷展栏，如图14-16所示。

图14-16 "参数"卷展栏

下面具体介绍"扭曲"修改器中"参数"卷栅栏中各选项的含义。

● 扭曲：设置扭曲的角度和偏移距离，"角度"用于设置实体的扭曲角度。"偏移"用于设置扭曲向上或向下的偏向度。

● 扭曲轴：设置实体扭曲的坐标轴。

● 限制：限制实体扭曲范围，勾选"限制效果"复选框，将激活"限制"命令，在上限和下限选项框中设置限制范围即可完成限制效果。

14.1.6 "晶格"修改器

"晶格"修改器将图形的线段或边转换为柱形结构，并在顶点上产生可选的关节多变体，如图14-17、图14-18所示。使用该修改器可基于网格拓扑创建可渲染的几何体结构，或作为获得线框渲染效果的另一种方法。

图14-17 几何体

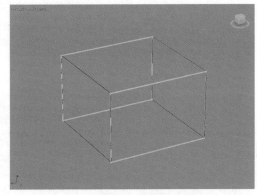

图14-18 晶格效果

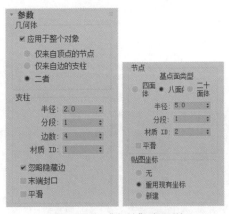

图14-19 "参数"卷展栏

使用"晶格"修改器之后，命令面板下方将弹出"参数"卷展栏，如图14-19所示。下面具体介绍"参数"卷展栏中各常用选项的含义。

● 应用于整个对象：单击该选项，然后选择晶格显示的物体类型，其中包含"仅来自顶点的节点""仅来自边的支柱"和"二者"三个单选按钮。

● 半径：设置物体框架的半径大小。

● 分段：设置框架结构上物体的分段数值。

● 边数：设置框架结构上物体的边。

● 材质ID：设置框架的材质ID号，该设置可以实现物体不同位置赋予不同的材质。

● 平滑：使晶格实体后的框架平滑显示。

● 基点面类型：设置节点面的类型。其中包括四面体、八面体和二十面体。

● 半径：设计节点的半径大小。

14.1.7 FFD 修改器

为模型添加 FFD 修改器后，模型周围会出现橙色的晶格线框架，通过调整晶格线框架的控制点来调整模型的效果，通常使用该修改器制作模型变形效果，如图 14-20、图 14-21 所示。

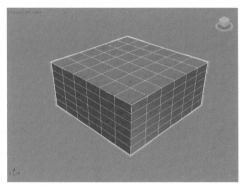

图 14-20　几何体

图 14-21　FFD 效果

在使用 FFD 修改器之后，命令面板的下方将弹出"FFD 参数"卷展栏，如图 14-22 所示。

下面具体介绍"参数"卷展栏中各常用选项的含义。

- 晶格：将绘制链接控制点的线条以形成栅格。
- 源体积：控制点和晶格会以未修改的状态显示。
- 衰减：它决定着 FFD 效果减为零时离晶格的距离，仅用于选择"所有顶点"时。
- 张力/连续性：调整变形样条线的张力和连续性。
- 重置：将所有控制点返回到它们的原始位置。
- 全部动画化：将"点"控制器指定给所有控制点，这样它们在"轨迹视图"中立即可见。
- 与图形一致：在对象中心控制点位置之间沿直线延长线，将每一个 FFD 控制点移到修改器对象的交叉点上，这将增加一个由"偏移"微调器指定的偏移距离。
- 内部点：仅控制受"与图形一致"影响的对象内部点。
- 外部点：仅控制受"与图形一致"影响的对象外部点。
- 偏移：受"与图形一致"影响的控制点偏移对象曲面的距离。

图 14-22　"FFD 参数"
卷展栏

14.1.8 "噪波"修改器

"噪波"修改器可以使对象表面的顶点随机变动，从而让表面变得起伏不规则，常用于制作复杂的地形、地面和水面效果。该修改器可以应用在任何类型的对象上，如图 14-23、图 14-24 所示。

在使用"噪波"修改器之后，命令面板下方将弹出"参数"卷展栏，如图 14-25 所示。

下面具体介绍"参数"卷展栏中各常用选项的含义。

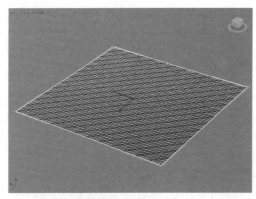

图 14-23 平面

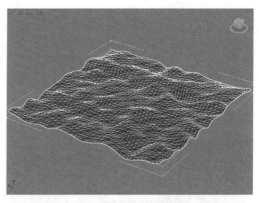

图 14-24 噪波效果

图 14-25 "参数"卷展栏

- 种子：从设置的数中生成一个随机起始点。在创建地形时尤为有用，因为每种设置都可以生成不同的配置。
- 比例：设置噪波影响（不是强度）的大小。较大的值产生更为平滑的噪波，较小的值产生锯齿现象更为严重的噪波。
- 分形：根据当前设置产生分形效果。
- 粗糙度：决定分形变化的程度。
- 迭代次数：控制分形功能所使用的迭代（或是八度音阶）的数目。
- 强度：控制噪波效果的大小。
- 动画噪波：调节"噪波"和"强度"参数的组合效果。
- 频率：设置正弦波的周期。
- 相位：移动基本波形的开始和结束点。

14.1.9 "网格平滑"修改器

"网格平滑"修改器主要用于模型表面锐利面，以增加网格面产生平滑效果，它允许细分几何体，同时可以使角和边变得平滑，如图 14-26、图 14-27 所示。

图 14-26 几何体

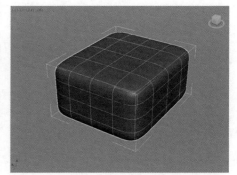

图 14-27 网格平滑效果

在使用"网格平滑"修改器之后，命令面板的下方将弹出"参数"卷展栏，如图 14-28 ~ 图 14-32 所示。

图 14-28 "细分方法"卷展栏

图 14-29 "细分量"卷展栏

图 14-30 "局部控制"卷展栏

图 14-31 "参数"卷展栏

图 14-32 "设置"卷展栏

下面具体介绍常用的卷展栏中各常用选项的含义。

（1）"细分方法"卷展栏

- 细分方法：选择空间确定"网格平滑"操作的输出。

- 应用于整个网络：启用时，在堆栈中向上传递的所有子对象选择被忽略，且"网格平滑"应用于整个对象。

- 旧式贴图：使用 3ds Max 版本 3 算法将"网格平滑"应用于贴图坐标。

（2）"细分量"卷展栏

- 迭代次数：设置网格细分的次数。

- 平滑度：确定对尖锐的锐角添加面以平滑它。

- 迭代次数复选框：允许在渲染时选择一个不同数量的平滑迭代次数应用于对象。

- 平滑度复选框：用于选择不同的"平滑度"值。

（3）"局部控制"卷展栏

- 子对象层级：启用或禁用"边"或"顶点"层级。

- 忽略背面：启用时，会仅选择使其在视口中可见的那些子对象。

- 控制级别：在一次或多次迭代后查看控制网格，并在该级别编辑子对象点和边。

- 折缝：创建曲面不连续，从而获得褶皱或唇妆结构等清晰边界。

- 权重：设置选定顶点或边的权重。

- 等值线显示：启用该选项后，3ds Max 仅显示等值线，即对象在进行光滑处理之前的原始边缘。

- 显示框架：在细分之前，切换修改器对象的两种颜色线框的显示。

（4）"参数"卷展栏

- 强度：使用 0.0 ~ 1.0 的范围设置所添加面的大小。

- 松弛：应用正的松弛效果以平滑所有顶点。

- 投影到限定曲面：将所有点放置到"网格平滑"结果的"限定曲面"上，即在无数次迭代后生成的曲面。

- 平滑结果：对所有曲面应用相同的平滑组。

- 材质：防止在不共享材质 ID 的曲面之间的边创建新曲面。
- 平滑组：防止在不共享至少一个平滑组的曲面之间的边上创建新曲面。

（5）"设置"卷展栏

- 操作于："作用于面"将每个三角形作为面并对所有边进行平滑；"操作于多边形"忽略不可见边，将多边形作为单个面。
- 保持凸面：保持所有输入多边形为凸面（仅在"操作于多边形"模式下可用）。
- "更新选项"组：设置手动或渲染时更新选项，适用于平滑对象的复杂度过高而不能应用自动更新的情况。

（6）"重置"卷展栏

根据选择将子对象层级的几何体编辑、折缝或权重恢复为默认或初始。

14.1.10 "壳"修改器

"壳"修改器是将二维平面物体转换为空间三维物体，倒角边可以设置倒角样条线形成类似于"倒角""挤出"修改器，对内面、外面和边面可以进行快速的多维子材质设置，如图 14-33、图 14-34 所示。

图 14-33　面片

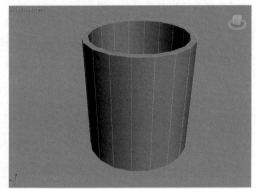
图 14-34　壳效果

在使用"壳"修改器之后，命令面板的下方将弹出"参数"卷展栏，如图 14-35 所示。下面具体介绍"参数"卷展栏中各常用选项的含义。

- 内部量 / 外部量：以 3ds Max 通用单位表示的距离，按此距离从原始位置将内部曲面向内移动以及将外部曲面向外移动。
- 分段：每一边的细分值。

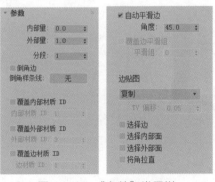
图 14-35　"参数"卷展栏

- 倒角边：启用该选项后，并指定"倒角样条线"，3ds Max 会使用样条线定义边的剖面和分辨率。
- 倒角样条线：单击此按钮，然后选择打开样条线定义边的形状和分辨率。
- 覆盖内部材质 ID：启用此选项，使用"内部材质 ID"参数，为所有的内部曲面多边形指定材质 ID。
- 内部材质 ID：为内部面指定材质 ID。
- 自动平滑边：使用"角度"参数，应用自动、基于角平滑到边面。
- 角度：在边面之间指定最大角，该边面由"自动平滑边"平滑。
- 覆盖边平滑组：使用"平滑组"设置，用于为新多边形指定平滑组。
- 平滑组：为多边形设置平滑组。
- 边贴图：指定应用于新边的纹理贴图类型，包括复制、无、剥离、插补四种。
- TV 偏移：确定边的纹理顶点间隔。
- 将角拉直：调整角顶点以维持直线边。

14.1.11 "细化"修改器

"细化"修改器会对当前选择的曲面进行细分，它在渲染曲面时特别有用，并为其他修改器创建附加的网格分辨率，如图 14-36、图 14-37 所示。如果"堆栈选择级别"为"顶点"或"边"/"边界"，细化将仅影响使用选定顶点或边的面或多边形；如果子对象选择拒绝了堆栈，那么整个对象会被细化。

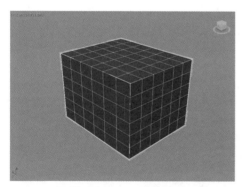

图 14-36　三维对象

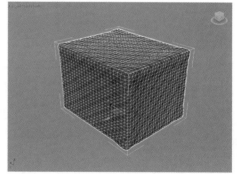

图 14-37　细化效果

在使用"细化"修改器之后，命令面板下方将弹出"参数"卷展栏，如图 14-38 所示。下面具体介绍"参数"卷展栏中各常用选项的含义。

- 操作于：在三角形面或多边形面上执行细分操作（可见边包围的区域）。
- 边 / 面中心：从面或多边形的中心到每条边的终点或角顶点进行细分。
- 张力：决定新面在经过边细分后是平面、凹面还是凸面。
- 迭代次数：应用细分的次数。
- 更新选项："始终"是指几何体更改时便会更新细分；"渲染时"

图 14-38　"参数"
卷展栏

是指仅当渲染对象时才更新细分；"手动"是指仅当单击"更新"按钮时才更新细分。

扫一扫 看视频

下面利用本章所学知识创建一个字典模型，具体操作步骤如下。

Step01 在"样条线"面板中单击"矩形"按钮，在前视图中创建尺寸为 50mm×160mm 的矩形，如图 14-39 所示。

Step02 单击鼠标右键，在弹出的快捷菜单中选择"转换为>可编辑样条线"选项，将矩形转换为可编辑样条线，然后在"修改"面板激活"顶点"子层级，选择样条线的两个顶点，如图 14-40 所示。

图 14-39　创建矩形

图 14-40　选择顶点

Step03 拖动控制柄，调整样条线造型，如图 14-41 所示。

Step04 在修改器列表中选择"挤出"修改器，在"参数"卷展栏设置挤出值为 220mm，创建出字典内部造型，如图 14-42 所示。

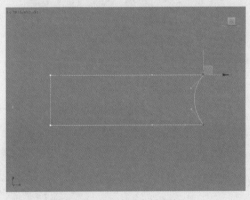

图 14-41　调整顶点控制柄

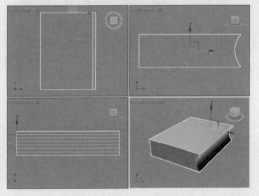

图 14-42　挤出效果

Step05 在"样条线"面板中单击"矩形"按钮，开启捕捉开关，在前视图捕捉模型创建一个矩形，如图 14-43 所示。

Step06 将其转换为可编辑样条线，从修改器堆栈激活"线段"子层级，选择并删除右侧线段，如图 14-44 所示。

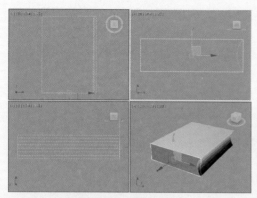

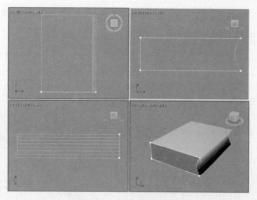

图 14-43　创建矩形　　　　　　　　　　　　图 14-44　删除线段

Step07 再激活"样条线"子层级，在"几何体"卷展栏中设置"轮廓"值为 5mm，样条线效果如图 14-45 所示。

Step08 激活"顶点"子层级，选择右侧的四个顶点，如图 14-46 所示。

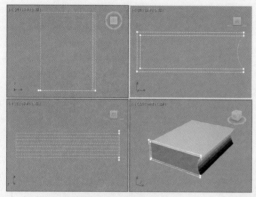

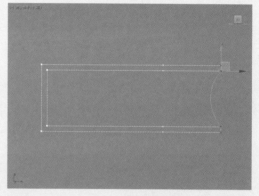

图 14-45　制作轮廓　　　　　　　　　　　　图 14-46　选择顶点

Step09 沿 X 轴向右移动 5mm 的距离，如图 14-47 所示。

Step10 在"几何体"卷展栏中设置"圆角"值为 2.5，再按回车键，可以看到样条线的圆角效果如图 14-48 所示。

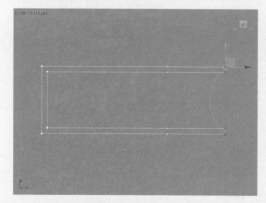

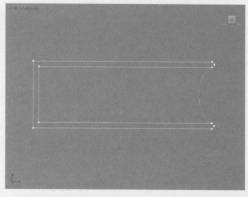

图 14-47　移动顶点　　　　　　　　　　　　图 14-48　顶点圆角处理

Step11 再为样条线添加"挤出"修改器，设置挤出值为 230mm，调整模型位置，完成字典模型的创建，如图 14-49 所示。

Step12 为模型添加材质、灯光及场景等，渲染效果如图 14-50 所示。

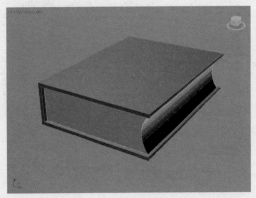

图 14-49　挤出模型

图 14-50　渲染效果

📄 **课堂练习**　创建废纸篓模型

下面利用本章所学知识创建一个废纸篓模型，具体操作步骤如下。

Step01 在"标准几何体"面板中单击"圆锥体"按钮，创建一个圆锥体，模型及参数设置如图 14-51、图 14-52 所示。

扫一扫 看视频

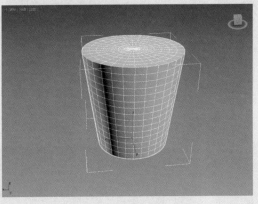

图 14-51　创建圆锥体

图 14-52　设置参数

Step02 为模型添加"扭曲"修改器，在"参数"卷展栏中设置扭曲角度为 90，如图 14-53、图 14-54 所示。

Step03 单击鼠标右键，在弹出的快捷菜单中选择"转换为 > 可编辑多边形"选项，激活"多边形"子层级，选择顶端的面，如图 14-55 所示。

Step04 按 DELETE 键删除多边形，如图 14-56 所示。

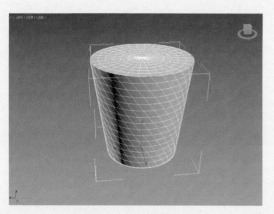

图 14-53 扭曲模型

图 14-54 扭曲角度

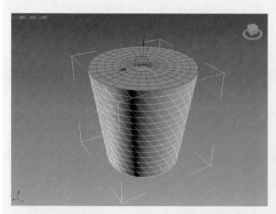

图 14-55 选择多边形

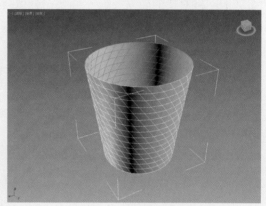

图 14-56 删除多边形

Step05 为其添加"晶格"修改器,保持默认参数,完成废纸篓模型的创建,如图 14-57 所示。

Step06 为模型添加材质、灯光及场景等,渲染效果如图 14-58 所示。

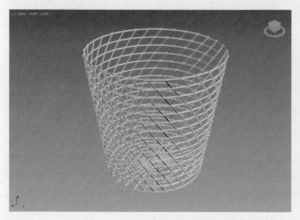

图 14-57 完成模型

图 14-58 渲染效果

"可编辑网格"与"可编辑多边形"有些相似，但是它具有好多"可编辑多边形"不具有的命令与功能。

可编辑网格是一种可变形对象，使用三角多边形，适用于创建简单、少边的对象或用于网格平滑和 HSDS 建模的控制网格。可编辑网格只需要很少的内存，是使用多边形对象进行建模的首选方法。

14.2.1 转换网格对象

像"编辑网格"修改器一样，在三种子对象层级上像操纵普通对象那样，它提供由三角面组成的网格对象的操纵控制：顶点、边和面。可以将 3ds Max 中的大多数对象转化为可编辑网格，但是对于开口样条线对象，只有顶点可用，因为在被转化为网格时开放样条线没有面和边。转换为可编辑网格的方法大致有以下三种。

- 使用鼠标右键：选择对象并单击鼠标右键，在弹出的快捷菜单中选择"转换为 > 转换为可编辑网格"命令，如图 14-59 所示。
- 使用修改器堆栈：在修改器堆栈中选择对象并单击鼠标右键，在弹出的快捷菜单中选择"可编辑网格"命令，如图 14-60 所示。
- 使用工具面板：选择对象，在"工具"面板中单击"塌陷"按钮，再单击"塌陷"卷展栏中的"塌陷选定对象"按钮，如图 14-61 所示。

图 14-59 右键菜单

图 14-60 修改器堆栈右键菜单

图 14-61 塌陷对象

14.2.2 编辑网格对象

将模型转换为可编辑网格后，可以看到其子层级分别为顶点、边、面、多边形和元素五种，与多边形建模的子层级有所不同。网格对象的参数面板包括"选择""软选择""编辑几何体"以及"曲面属性"四个卷展栏，如图 14-62 ～ 图 14-65 所示。

下面具体介绍"参数"展卷栏中各选项的含义。

图 14-62 "选择"
卷展栏

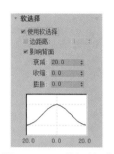

图 14-63 "软选择"
卷展栏

图 14-64 "编辑几何
体"卷展栏

图 14-65 "曲面属
性"卷展栏

（1）"选择"卷展栏

- 按顶点：当处于启用状态时，单击顶点，将选中任何使用此顶点的子对象。
- 忽略背面：启用时，选定子对象只会选择视口中显示其法线的那些子对象。
- 忽略可见边：仅在"多边形"子对象层级可用。当处于禁用状态时，单击一个面，无论"平面阈值"微调器的设置如何，选择不会超出可见边。当处于启用状态时，面选择将忽略可见边，使用"平面阈值"设置作为指导。
- 显示法线：启用时，3ds Max 会在视口中显示法线。
- 隐藏：隐藏任何选定的子对象。
- 命名选择：主要用于在相似对象间、类似修改器和可编辑对象间复制子对象的命名选择集。

（2）"软选择"卷展栏

- 使用软选择：在可编辑对象或"编辑"修改器的子对象层级上影响"移动""旋转"和"缩放"功能的操作，如果在子对象选择上操作变形修改器，那么也会影响应用到对象上的变形修改器的操作。
- 边距离：启用该选项后，将软选择限制到指定的面数，该选择在进行选择的区域和软选择的最大范围之间。
- 影响背面：启用该选项后，那些法线方向与选定子对象平均法线方向相反的、取消选择的面就会受到软选择的影响。
- 衰减：用以定义影响区域的距离，是用当前单位表示的从中心到球体的边的距离。
- 收缩：沿着垂直轴提高并降低曲线的顶点。
- 膨胀：沿着垂直轴展开和收缩曲线。

（3）"编辑几何体"卷展栏

- 创建：可将子对象添加到单个选定的网格对象中。
- 删除：删除选定的子对象以及附加在上面的任何面（仅限于子对象层级）。
- 附加：将场景中的另一个对象附加到选定的网格。

- 分离：将选定子对象作为单独的对象或元素进行分离。
- 断开：为每一个附加到选定顶点的面创建新的顶点，可以移动面角使之互相远离它们曾经在原始顶点连接起来的地方。
- 改向：在边的范围内旋转边（仅限于"边"子层级）。
- 挤出：单击此按钮，然后拖动来挤出选定的边或面，或是调整"挤出"微调器来执行挤出。
- 切片平面：在需要对边执行切片操作的位置处定位和旋转的切片平面创建 gizmo。
- 切片：在切片平面位置处执行切片操作。
- 剪切：允许单击，移动鼠标，然后再次单击，在两条边之间创建一条或多条新边，从而细分边对之间的网格曲面。
- 倒角：单击此按钮，然后垂直拖动任何面，以便将其挤出。释放鼠标按钮，然后垂直移动鼠标光标，以便对挤出对象执行倒角处理。
- 选定项：焊接在"焊接阈值"微调器（位于按钮的右侧）中指定的公差范围内的选定顶点。所有线段都会与产生的单个顶点连接。
- 目标：进入焊接模式，可以选择顶点并将它们移来移去。
- 细化：根据"边""面中心"和"张力"的设置，单击即可细化选定的面。
- 炸开：根据边所在的角度将选定面炸开为多个元素或对象。该功能在"对象"模式以及所有子对象层级中可用。
- 移除孤立顶点：无论当前选择如何，删除对象中所有的孤立顶点。
- 选择开放边：选择所有只有一个面的边。
- 由边创建图形：选择边后，单击该按钮，以便通过选定的边创建样条线形状。
- 视图对齐：将选定对象或子对象中的所有顶点与活动视口平面对齐。
- 栅格对齐：将选定对象或子对象中的所有顶点与当前视口平面对齐。
- 平面化：强制所有选定的子对象共面。
- 塌陷：将选定子对象塌陷为平均顶点。

（4）"曲面属性"卷展栏
- 权重：显示并可以更改顶点的权重。
- 颜色：设置顶点的颜色。
- 照明：用于明暗度的调节。
- **Alpha**：指定顶点的透明值。
- 颜色、照明：用于指定选择顶点的方式，以颜色或照明为准进行选择。
- 范围：指定颜色匹配的范围。
- 选择：单击该按钮后，将选择符合这些范围的点。

📑 **课堂练习** 创建碗模型

下面利用本章所学知识创建一个碗模型，具体操作步骤如下。

Step01 单击"球体"按钮，创建一个球体模型，设置半径为 6mm，分段为 50，如图 14-66 所示。

扫一扫 看视频

Step02 单击鼠标右键，在弹出的快捷菜单中选择"转换为 > 转换为可编辑网格"命令，将其转换为可编辑网格，激活"多边形"子层级，选择球体上半部分，如图 14-67 所示。

图 14-66 创建球体

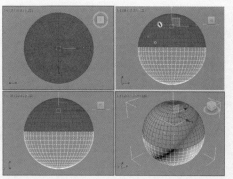

图 14-67 选择多边形

Step03 按 DELETE 键删除所选多边形部分，如图 14-68 所示。

Step04 激活"顶点"子层级，移动调整底部顶点位置，如图 14-69 所示。

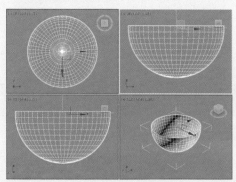

图 14-68 删除多边形

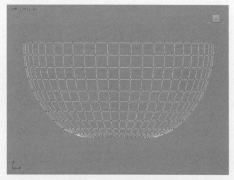

图 14-69 调整顶点

Step05 为网格对象添加"壳"修改器，在"参数"卷展栏中设置"外部量"为 0.2，使面片产生厚度，如图 14-70 所示。

Step06 再为网格对象添加"细分"修改器，在"参数"卷展栏中设置"大小"值为 0.5，如图 14-71 所示。

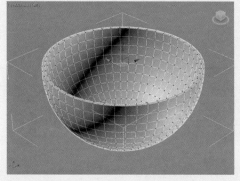

图 14-70 "壳"修改器效果

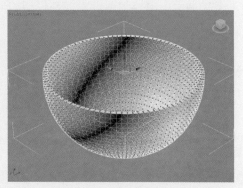

图 14-71 细分效果

Step07 继续为网格对象添加"网格平滑"修改器，设置"细分方法"为 NURBS，"迭代次数"为 2，完成碗模型的创建，如图 14-72 所示。

Step08 为模型添加材质、灯光及场景等，渲染效果如图 14-73 所示。

图 14-72　网格平滑效果

图 14-73　渲染效果

14.3　NURBS 建模

在 3ds Max 中建模的方式之一是使用 NURBS 曲面和曲线。NURBS 表示非均匀有理数 B 样条线，是设计和建模曲面的行业标准，特别适合于为含有复杂曲线的曲面建模，因为这些对象很容易交互操纵，且创建它们的算法效率高，计算稳定性好。

14.3.1　NURBS 对象

NURBS 对象包含曲线和曲面两种，NURBS 建模也就是创建 NURBS 曲线和 NURBS 曲面的过程，使用它可以使以前实体建模难以达到的圆滑曲面的构建变得简单方便。

（1）NURBS 曲面

NURBS 曲面包含点曲面和 CV 曲面两种，含义如下。

- 点曲面：由点来控制模型的形状，每个点始终位于曲面的表面上。
- CV 曲面：由控制顶点来控制模型的形状，CV 形成围绕曲面的控制晶格，而不是位于曲面上。

（2）NURBS 曲线

NURBS 曲线包含点曲线和 CV 曲线两种，含义如下。

- 点曲线：由点来控制曲线的形状，每个点始终位于曲线上。
- CV 曲线：由控制顶点来控制曲线的形状，这些控制顶点不必位于曲线上。

14.3.2　创建 NURBS 对象

3ds Max 提供了 4 种创建 NURBS 对象的方法，下面分别进行介绍。

- 在"创建"命令面板的"NURBS 曲面"面板中提供了"点曲面"和"CV 曲面"两

个按钮，如图 14-74 所示。

- 在对象的修改器堆栈中单击鼠标右键，在弹出的快捷菜单中选择 NURBS 选项，如图 14-75 所示。
- 创建 NURBS 对象，进入"修改"面板，在"常规"卷展栏单击"NURBS 创建工具箱"按钮，即可打开 NURBS 创建工具箱，通过该工具箱可以创建新的 NURBS 对象，如图 14-76 所示。
- 选择对象后单击鼠标右键，在弹出的快捷菜单选择"转换为 > 转换为 NURBS"命令。

图 14-74 "NURBS 曲面"面板

图 14-75 快捷菜单

图 14-76 NURBS 创建工具箱

下面来详细介绍一下 NURBS 创建工具箱中各个编辑工具的作用，如表 14-1 所示。

表 14-1 NURBS 创建工具箱中的编辑工具

名称	作用
创建点	创建一个独立自由的顶点
创建偏移点	在距离选定点一定的偏移位置创建一个顶点
创建曲线点	创建一个依附在曲线上的顶点
创建曲线-曲线点	在两条曲线交叉处创建一个顶点
创建曲面点	创建一个依附在曲面上的顶点
创建曲面-曲线点	在曲面和曲线的交叉处创建一个顶点
创建CV曲线	创建可控曲线，与创建面板中按钮功能相同
创建点曲线	创建点曲线
创建拟合曲线	可以使一条曲线通过曲线的顶点、独立顶点，曲线的位置与顶点相关联
创建变换曲线	创建一条曲线的备份，并使备份与原始曲线相关联
创建混合曲线	在一条曲线的端点与另一条曲线的端点之间创建过渡曲线
创建偏移曲线	创建一条曲线的备份，当拖动鼠标改变曲线与原始曲线之间的距离时，随着距离的改变，其大小也随之改变
创建镜像曲线	创建镜像曲线
创建切角曲线	创建倒角曲线
创建圆角曲线	创建圆角曲线
创建曲面-曲面相交曲线	创建曲面与曲面的交叉曲线
创建U向等参曲线	偏移沿着曲面的法线方向，大小随着偏移量而改变

313

名称	作用
创建 V 向等参曲线	在曲线上创建水平和垂直的 ISO 曲线
创建法向投影曲线	以一条原始曲线为基础，在曲线所组成的曲面法线方向上曲面投影
创建向量投影曲线	与创建标准投影曲线相似，只是投影方向不同。矢量投影是在曲面的法线方向上向曲面投影，而标准投影是在曲线所组成的曲面方向上向曲面投影
创建曲面上的 CV 曲线	这与可控曲线非常相似，只是曲面上的可控曲线与曲面关联
创建曲面上点曲线	创建曲面上的点曲线
创建曲面偏移曲线	创建曲面上的偏移曲线
创建曲面边曲线	创建曲面上的边曲线
创建 CV 曲面	创建可控曲面
创建点曲面	创建点曲面
创建变换曲面	所创建的变换曲面是原始曲面的一个备份
创建混合曲面	在两个曲面的边界之间创建一个光滑曲面
创建偏移曲面	创建与原始曲面相关联且在原始曲面的法线方向指定距离的曲面
创建镜像曲面	创建镜像曲面
创建挤出曲面	将一条曲线拉伸为一个与曲线相关联的曲面
创建车削曲面	即旋转一条曲线生成一个曲面
创建规则曲面	在两条曲线之间创建一个曲面
创建封口曲面	在一条封闭曲线上加上一个盖子
创建 U 向放样曲面	在水平方向上创建一个横穿多条 NURBS 曲线的曲面，这些曲线会形成曲面水平轴上的轮廓
创建 UV 放样曲面	创建水平垂直放样曲面，与水平放样曲面类似。不仅可以在水平方向上放置曲线，还可以在垂直方向上放置曲线
创建单轨扫描	这需要至少两条曲线，一条作路径，另一条作曲面的交叉界面
创建双轨扫描	这需要至少三条曲线，其中两条作路径，其他曲线作为曲面的交叉界面
创建多边混合曲面	在两个或两个以上的边之间创建融合曲面
创建多重曲线修剪曲面	在两个或两个以上的边之间创建剪切曲面
创建圆角曲面	在两个交叉曲面结合的地方建立一个光滑的过渡曲面

14.3.3 编辑 NURBS 对象

在 NURBS 对象的参数面板中共有 7 个卷展栏，分别是"常规""显示线参数""曲面近似""曲线近似""创建点""创建曲线"和"创建曲面"，如图 14-77 所示。

而在选择"曲面 CV"或者"曲面"子层级时，又会分别出现不同的参数卷展栏，如图 14-78、图 14-79 所示。

（1）常规

"常规"卷展栏中包含了附加、导入以及 NURBS 工具箱等，参数面板如图 14-80 所示。各参数含义如下。

- 附加：将另一个对象附加到 NURBS 对象上。

图 14-77 "NURBS 曲面"参数面板

图 14-78 "曲面 CV"参数面板

图 14-79 "曲面"参数面板

图 14-80 "常规"卷展栏

- 附加多个：将多个对象附加到 NURBS 曲面上。
- 重新定向：移动并重新定向正在附加或导入的对象，这样其局部坐标系的创建与 NURBS 对象局部坐标系的创建相对齐。
- 导入：将另一个对象导入到 NURBS 对象上。
- 导入多个：导入多个对象。
- 显示：启用复选框后，会显示相关对象。
- "NURBS 创建工具箱"按钮：单击后打开 NURBS 创建工具箱。
- 细分网格：选择此单选按钮后，NURBS 曲面在着色视口中显示为着色晶格。
- 明暗处理晶格：选择此单选按钮后，NURBS 曲面在着色视口中显示着色晶格。

（2）显示线参数

"显示线参数"卷展栏提供了曲面的线条数及显示方式，参数面板如图 14-81 所示。各参数含义如下。

图 14-81 "显示线参数"卷展栏

- U 向线数 /V 向线数：视口中用于近似 NURBS 曲面的线条数，分别沿着曲面的局部 U 向和 V 向维度。
- 仅等参线：选择此单选按钮后，所有视口将显示曲面的等参线表示。
- 等参线和网格：选择此单选按钮后，线框视口将显示曲面的等参线表示，而着色视口将显示着色曲面。
- 仅网格：选择此单选按钮后，线框视口将曲线显示为线框网格，而着色视口将显示着色曲面。

（3）曲面近似

为了渲染和显示视口，可以使用"曲面近似"卷展栏，控制 NURBS 模型中的曲面子对象的近似值求解方式。参数面板如图 14-82 所示，各参数含义如下。

- 基础曲面：启用此选项后，设置将影响选择集中的整个曲面。
- 曲面边：启用该选项后，设置影响由修剪曲线定义的曲面边的细分。

图 14-82 "曲面近似"卷展栏

315

- 置换曲面：只有在选中"渲染器"的时候才启用。
- 细分预设：用于选择低、中、高质量层级的预设曲面近似值。
- 细分方法：如果已经选择视口，该组中的控件会影响 NURBS 曲面在视口中的显示。如果选择"渲染器"，这些控件还会影响渲染器显示曲面的方式。
- 规则：根据 U 向步数、V 向步数在整个曲面内生成固定的细化。
- 参数化：根据 U 向步数、V 向步数生成自适应细化。
- 空间：生成由三角形面组成的统一细化。
- 曲率：根据曲面的曲率生成可变的细化。
- 空间和曲率：通过所有三个值使空间方法和曲率方法完美结合。
- 高级参数：单击可以显示"高级曲面近似"对话框。

图 14-83 "曲线近似"卷展栏

（4）曲线近似

在模型级别上，近似空间影响模型中的所有曲线子对象。参数面板如图 14-83 所示，各参数含义如下。

- 步数：用于近似每个曲线段的最大线段数。
- 优化：启用此复选框可以优化曲线。
- 自适应：基于曲率自适应分割曲线。

（5）创建点 / 曲线 / 曲面

这三个卷展栏中的工具与 NURBS 工具箱中的工具相对应，主要用来创建点、曲线、曲面对象，如图 14-84 ～图 14-86 所示。

图 14-84 "创建点"卷展栏　　图 14-85 "创建曲线"卷展栏　　图 14-86 "创建曲面"卷展栏

综合实战　　创建靠枕模型

下面利用本章所学的修改器及可编辑网格等知识创建一个靠枕模型，具体操作步骤如下。

Step01 单击"圆柱体"按钮，在前视图创建一个圆柱体，设置半径为 80mm、高度为 800mm，再设置分段及边数等参数，如图 14-87、图 14-88 所示。

Step02 将圆柱体转换为可编辑网格，在修改器堆栈中激活"顶点"子层级，在左视图中调整顶点位置，如图 14-89 所示。

Step03 再选择一侧的部分顶点，如图 14-90 所示。

扫一扫 看视频

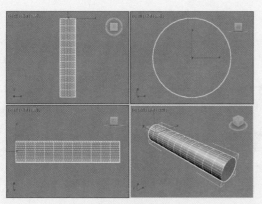

图 14-87 创建圆柱体　　　　　　　　　图 14-88 设置参数

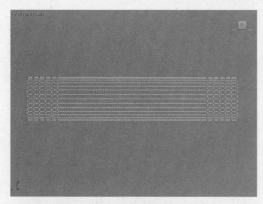

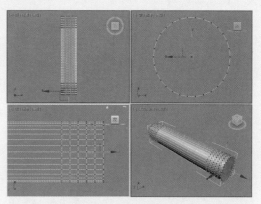

图 14-89 调整顶点　　　　　　　　　　图 14-90 选择顶点

Step04 激活"选择并缩放"工具，在前视图均匀缩放顶点，如图 14-91 所示。

Step05 继续缩放顶点，调整出靠枕两侧束口轮廓，如图 14-92 所示。

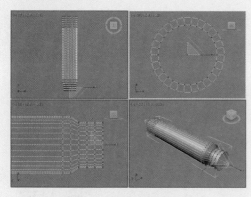

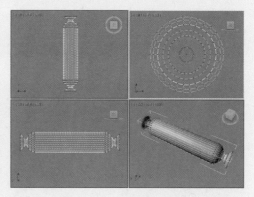

图 14-91 缩放对象　　　　　　　　　　图 14-92 调整束口轮廓

Step06 激活"多边形"子层级，选择并删除靠枕两端的多边形面，如图 14-93 所示。

Step07 激活"顶点"子层级，仔细调整两端束口位置的形状，如图 14-94 所示。

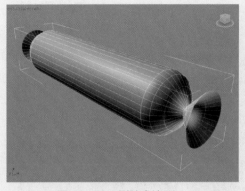

图 14-93　删除多边形

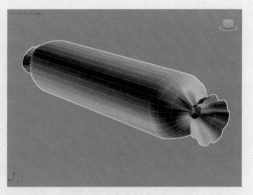

图 14-94　调整束口形状

Step08 为模型添加"细分"修改器，在"参数"卷展栏中设置"大小"值为 20，模型效果如图 14-95 所示。

Step09 继续为模型添加"壳"修改器，在"参数"卷展栏中设置"内部量"值为 1.5，模型效果如图 14-96 所示。

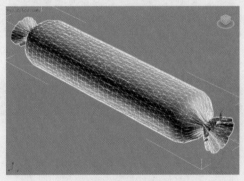

图 14-95　细分效果

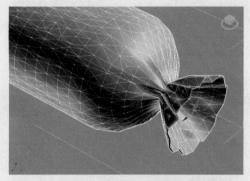

图 14-96　壳效果

Step10 最后为模型添加"网格平滑"修改器，在"细分量"卷展栏中设置"迭代次数"为 2，模型效果如图 14-97、图 14-98 所示。

图 14-97　网格平滑效果

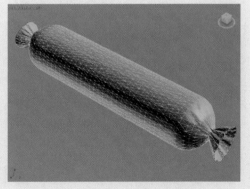

图 14-98　网格平滑效果

Step11 单击"线"按钮，在前视图创建束绳轮廓的样条线，如图 14-99 所示。

Step12 激活"顶点"子层级，选择除端点外的全部顶点，单击鼠标右键，在弹出的快捷菜单中选择"平滑"选项，如图 14-100 所示。

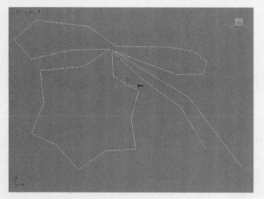

图 14-99 创建样条线　　　　　　　　　　　图 14-100 平滑顶点

Step13 继续调整样条线轮廓，如图 14-101 所示。

Step14 将调整好的样条线移动到靠枕模型上，调整位置及轮廓，如图 14-102 所示。

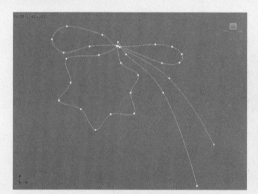

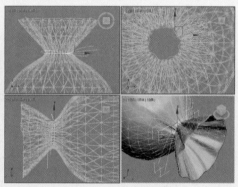

图 14-101 调整样条线轮廓　　　　　　　　图 14-102 移动样条线

Step15 在"渲染"卷展栏中勾选"在渲染中启用"和"在视口中启用"复选框，再设置径向厚度为 3，参数面板及模型效果如图 14-103、图 14-104 所示。

图 14-103 "渲染"设置　　　　　　　　　　图 14-104 启用渲染效果

Step16 复制样条线到靠枕另一侧，再调整顶线，完成靠枕模型的制作，如图 14-105、图 14-106 所示。

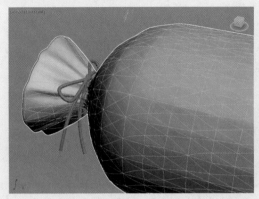

图 14-105　复制并调整样条线

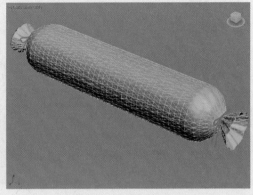

图 14-106　完成制作

Step17 为模型添加材质、灯光及场景等，渲染效果如图 14-107 所示。

图 14-107　渲染效果

课后作业

一、填空题

1. NURBS 曲线造型包括____种线条类型。

2. 两个网格物体之间在进行外形上的变形动画时，要求_____和_____相同。

3. 可以使用_____修改器改变面的 ID 号。

4. "光滑"修改器的效果使____和____变圆，就像抛光一样。

5. 为模型添加的"弯曲"修改器，用可以通过调节_____参数设置选取对象的弯曲角度值，调节_____参数修正弯曲的水平面上的方向。

二、选择题

1. 以下哪种物体不能直接转换为 NURBS 物体（　　）？

A. 标准几何体 　　　　　　　　　　　　 B. 扩展几何体

C. 放样几何体　　　　　　　　　　　　D. 布尔运算得到的几何体

2.（　　）修改器可以减少对象中面和顶点的数目。

A. 晶格　　　　　　　B. 优化　　　　　　C. 扭曲　　　　　　D. 噪波

3. 有关噪波修改器的说法错误的是（　　）。

A. 通过调节"种子"值，可以使噪波随机产生不同效果

B. 勾选"分形"可以使噪波效果更剧烈

C. 为平面对象添加"噪波"修改器可以制作山脉、水面等

D. 噪波动画需要手工设置关键点才能产生

4. 制作水面的雨滴动画所使用的修改器是（　　）。

A. 扭曲　　　　　　　B. 波浪　　　　　　C. 噪波　　　　　　D. 涟漪

5. 以下说法正确的是（　　）。

A. 弯曲修改器的参数变化不可以形成动画　　B. Edit mesh 中有 3 种次物体类型

C. 放样是使用二维对象生成三维物体　　　　D. Scale 放样又称为适配放样

三、操作题

1. 利用"车削"修改器创建花瓶模型，如图 14-108 所示。

（1）图形效果

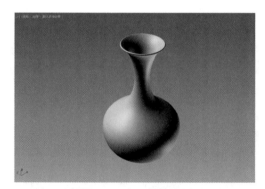

图 14-108　花瓶模型

（2）操作思路

绘制样条线并设置轮廓，再添加"车削"修改器，即可制作出花瓶模型。

Step01　绘制样条线，调整轮廓，如图 14-109 所示。

Step02　进入"样条线"子层级，设置轮廓，如图 14-110 所示。

图 14-109　创建样条线　　　　　　　　　　图 14-110　设置样条线轮廓

Step03 添加"车削"修改器，在参数面板中单击"最大"按钮，即可完成花瓶模型的创建。

2. 利用"噪波"修改器制作水纹效果，如图 14-111 所示。

（1）图形效果

图 14-111　水纹效果

（2）操作思路

创建平面，为其添加"噪波"修改器，使其产生波纹，再添加"网格平滑"修改器，使波纹变得平滑。赋予水材质后即可看到效果。大致的操作流程如图 14-112 ~ 图 14-115 所示。

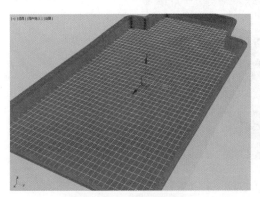

图 14-112　创建平面

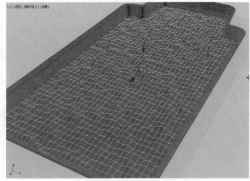

图 14-113　水纹效果

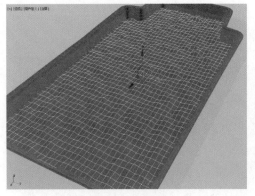

图 14-114　水纹效果

图 14-115　水纹效果

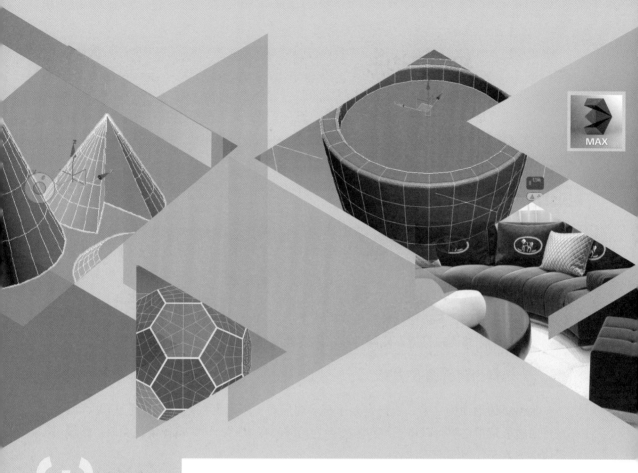

第15章
多边形建模

📑 内容导读

多边形建模又称为 Polygon 建模，是目前所有三维软件中最为流行的建模方法，非常适合初学者学习。可编辑多边形的表面由一个个的多边形组成，随机性很强，建模时主要依靠用户的经验和对形体的把握能力。这种建模方法常用于室内设计模型、人物角色模型和工业设计模型等。

本章主要介绍多边形的相关知识和技巧、多边形建模的方法以及多边形编辑工具的使用。通过对本章的学习，用户可以掌握多边形建模的操作知识。

📌 学习目标

○ 了解多边形的创建方法
○ 了解可编辑多边形的构成元素
○ 掌握子对象的编辑功能

多边形建模是一种最为常见的建模方式。其原理是首先将一个模型对象转化为可编辑多边形，然后对顶点、边、多边形、边界、元素这几种级别进行编辑，使模型逐渐产生相应的变化，从而达到建模的目的。

15.1.1 什么是多边形建模

多边形建模是 3ds Max 中最为强大的建模方式，提供了许多高效的工具，为实际创作带来很大的便利。用户可以对模型的网格密度进行较好的控制，制作动物、人物、景观等非常复杂的模型。

作为当今的主流建模方式，多边形建模已经被广泛应用到游戏角色、影视、工业造型、室内外等模型制作中。多边形建模方法在编辑上更加灵活，对硬件的要求也很低，其建模思路与网格建模的思路比较接近，比网格建模的功能更加全面，对面数也没有任何要求。

15.1.2 转换为可编辑多边形

在学习多边形建模之前，用户需要了解多边形对象不是直接创建的，而是转换而成的。在进行多边形建模之前可以将三维对象转换为可编辑多边形，同编辑样条线类似。转换可编辑多边形的方法包括以下几种。

- 使用右键菜单：选择对象并单击鼠标右键，在弹出的快捷菜单中选择"转换为 > 转换为可编辑多边形"命令，如图 15-1 所示。
- 使用修改器：选择物体后，切换到"修改"面板，在修改器列表中选择"编辑多边形"修改器，如图 15-2 所示。
- 使用堆栈：在修改器堆栈中选择对象名称并单击鼠标右键，在弹出的快捷菜单中选择"可编辑多边形"选项，如图 15-3 所示。

图 15-1　右键菜单

图 15-2　"编辑多边形"修改器

图 15-3　堆栈右键菜单

15.2　公用属性卷展栏

选择可编辑多边形，进入修改面板后，可以看到"选择""软选择""编辑几何体""细分曲面""细分置换""绘制变形"6个公用的卷展栏，如图15-4所示。

15.2.1　"选择"卷展栏

"选择"卷展栏提供了各种工具，用于访问不同的子对象层级和显示设置以及创建与修改选定内容，此外还显示了与选定实体有关的信息，如图15-5所示。卷展栏中各选项含义如下。

图 15-4　公用卷展栏　　　图 15-5　"选择"卷展栏

- 顶点：访问"顶点"子对象层级，可从中选择光标下的顶点；区域选择将选择区域中的顶点。
- 边：访问"边"子对象层级，可从中选择光标下的多边形的边，区域选择将选择区域中的多条边。
- 边界：访问"边界"子对象层级，可从中选择构成网格中孔洞边框的一系列边。
- 多边形：访问"多边形"子对象层级，可选择光标下的多边形。区域选择选中区域中的多个多边形。
- 元素：访问"元素"子对象层级，通过它可以选择对象中所有相邻的多边形。区域选择用于选择多个元素。
- 按顶点：启用时，只有通过选择模型上的顶点，才能选择子对象。
- 忽略背面：未启用该选项时，当选择此对象，模型背部的此对象也会被选中；启用后，将只影响朝向用户的子对象。
- 按角度：启用时，选择一个多边形也会基于复选框右侧的数字"角度"设置选择相邻多边形。该值可以确定要选择的邻近多边形之间的最大角度。
- 收缩：通过取消选择最外部的子对象缩小子对象的选择区域。如果不再减少选择大小，则可以取消选择其余的子对象。
- 扩大：朝所有可用方向外侧扩展选择区域。在该功能中，将边界看作一种边选择。
- 环形：通过选择所有平行于选中边的边来扩展边选择。
- 循环：在与所选边对齐的同时，尽可能远地扩展边选定范围。

15.2.2 "软选择"卷展栏

"软选择"卷展栏可以将选择的对象在一定范围内以衰减的方式降低选择强度，使选择的范围由强到弱，交接处的过渡非常自然。在对子对象选择进行变换时，在场中被部分选定的子对象也会平滑地进行操作；这种效果随着距离或部分选择的"强度"而衰减，如图 15-6 所示。卷展栏中各选项含义如下。

● 使用软选择：在可编辑对象或"编辑"修改器的子对象层级上影响"移动""旋转"和"缩放"功能的操作，如果在子对象选择上操作变形修改器，那么也会影响应用到对象上的变形修改器的操作。

● 边距离：启用该选项后，将软选择限制到指定的面数，该选择在进行选择的区域和软选择的最大范围之间。影响区域根据"边距离"空间沿着曲面进行测量，而不是真实空间。

● 影响背面：启用该选项后，那些法线方向与选定子对象平均法线方向相反的、取消选择的面会受到软选择的影响。

● 衰减：用以定义影响区域的距离，它是用当前单位表示的从中心到球体的边的距离。

● 收缩：沿着垂直轴提高并降低曲线的顶点。

● 膨胀：沿着垂直轴展开和收缩曲线。

● 软选择曲线：以图形的方式显示软选择是如何进行工作的。

● 绘制：在使用当前设置的活动对象上绘制软选择。

● 模糊：绘制以软化现有绘制的软选择的轮廓。

● 复原：绘制以当前设置还原对活动对象的软选择。

● 选择值：绘制软选择的最大相对选择值。

● 笔刷大小：用以绘制选择的圆形笔刷的半径。

● 笔刷强度：绘制软选择将绘制的子对象设置成最大值的速率。

● 笔刷选项：可以打开"绘制选项"对话框，在该对话框中可设置笔刷的相关属性。

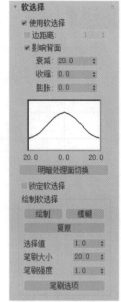

图 15-6 "软选择"
卷展栏

15.2.3 "编辑几何体"卷展栏

"编辑几何体"卷展栏提供了用于在顶（对象）层级或子对象层级更改多边形对象几何体的全局控件，如图 15-7 所示。卷展栏中各选项含义如下。

● 重复上一个：重复最近使用的命令。

● 约束：可以使用现有的几何体约束子对象的变换。

● 保持 UV：启用此选项后，可以编辑子对象，而不影响对象的 UV 贴图。

● 创建：创建新的几何体。

● 塌陷：通过将其顶点与选择中心的顶点焊接，使连续选定子对象的组产生塌陷。

● 附加：使场景中的其他对象属于选定的多边形对象。

图 15-7 "编辑几何体"
卷展栏

- 分离：将选定的子对象和关联的多边形分隔为新对象或元素（仅限于子对象层级）。
- 切片平面：为切片平面创建 Gizmo，可以定位和旋转它，来指定切片位置。
- 重置平面：将切片平面恢复到默认位置和方向（仅限子对象层级）。
- 快速切片：可以将对象快速切片，而不操纵 Gizmo。
- 切割：用于创建一个多边形到另一个多边形的边，或在多边形内创建边。
- 网格平滑：使用当前设置平滑对象。
- 细化：根据需要设置细分对象中的所有多边形。
- 平面化：强制所有选定的子对象成为共面。
- X/Y/Z：平面化选定的所有子对象，并使该平面与对象的局部坐标系中的相应平面对齐。
- 视图对齐：使对象中的所有顶点与活动视口所在的平面对齐。
- 栅格对齐：将选定对象中的所有顶点与当前视图的构造平面对齐，并将其移动到该平面上；或者在子对象层级，只影响选定的子对象。
- 松弛：可以规格化网格空间，工作方式与"松弛"修改器相同。

15.2.4 "细分曲面"卷展栏

将细分应用于采用网格平滑格式的对象，以便可以对分辨率较低的"框架"网格进行操作，同时查看更为平滑的细分结果。该卷展栏既可以在所有子对象层级使用，也可以在对象层级使用，如图 15-8 所示。卷展栏中各选项含义如下。

图 15-8 "细分曲面"卷展栏

- 平滑结果：对所有的多边形应用相同的平滑组。
- 使用 NURMS 细分：通过 NURMS 方法应用平滑。
- 等值线显示：启用该选项后，3ds Max 仅显示等值线，即对象在进行光滑处理之前的原始边缘。
- 显示框架：在修改或细分之前，切换显示可编辑多边形对象的两种颜色线框。
- 迭代次数：用于另外选择一个要在渲染时应用于对象的平滑迭代次数。
- 平滑度：用于另外选择一个要在渲染时应用于对象的平滑度值。
- 平滑组：防止在面间的边处创建新的多边形。
- 材质：防止为不共享"材质 ID"的面间的边创建新多边形。

15.2.5 "细分置换"卷展栏

指定用于细分可编辑多边形对象的曲面近似设置。这些控件的工作方式与 NURBS 曲面的曲面近似设置相同，对可编辑多边形对象应用置换贴图时会使用这些控件，如图 15-9 所示。卷展栏中各选项含义如下。

- 细分置换：启用时，可以使用在"细分预设"和"细分方法"组中指定的方法和设置，将多边形进行细分以精确地置换多边形对象。
- 分割网格：影响位移多边形对象的接缝，也会影响纹理贴图。启用时，会将多边形对象分割为各个多边形，然后使其发生位移。

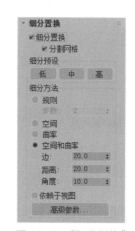

图 15-9 "细分置换"卷展栏

- 细分预设：用于选择低、中或高质量的预设曲面近似值。
- 细分方法：如果已经选择上述"视口"，该组中的控件会影响多边形在视口中的显示；如果已经选择上述"渲染器"，这些控件还会影响该渲染器显示的方式。
- 依赖于视图：（仅限"渲染器"）启用时，要在计算细化期间考虑对象到摄影机的距离，从而可以通过对渲染场景距离范围内的对象不生成纹理细密的细化来缩短渲染时间。

15.2.6 "绘制变形"卷展栏

该卷展栏可以推、拉或者在对象曲面上拖动鼠标光标来影响顶点。在对象层级上，该卷展栏可以影响选定对象中的所有顶点；在子对象层级上，它仅会影响选定顶点以及识别软选择，通常使用该工具模拟山脉模型、布纹理模型、凹凸质感模型等，参数面板如图 15-10 所示。卷展栏中各选项含义如下。

- 推/拉：将顶点移入对象曲面内（推）或移出曲面外（拉）。推拉的方向和范围由"推/拉值"设置所确定。
- 松弛：将每个顶点移到由它的临近顶点平均位置所计算出来的位置上，来规格化顶点之间的距离。
- 复原：通过绘制可以逐渐擦除或者反转"推拉"或"松弛"的效果。
- 推/拉方向：此设置用于指定对定点的推或拉是根据原始法线、变形法线进行，还是沿着指定轴进行。
- 推/拉值：确定单个推拉操作应用的方向和最大范围。
- 笔刷大小：设置圆形笔刷的半径。
- 笔刷强度：设置笔刷应用推拉值的速率。

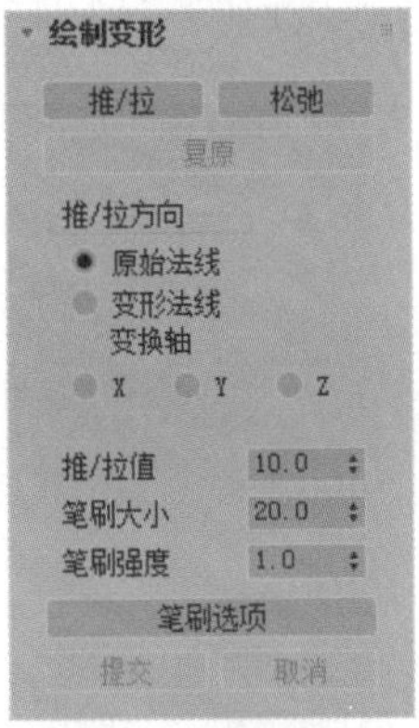

图 15-10 "绘制变形"卷展栏

- 笔刷选项：单击此按钮以打开"绘制选项"对话框，在该对话框中可以设置各种笔刷相关的参数。
- 提交：使变形的更改永久化，将它们烘焙到对象几何体中。
- 取消：取消自最初应用绘制变形以来的所有更改，或取消最近的提交操作。

15.3 子层级参数卷展栏

在多边形建模时，可以针对某一个级别的对象进行调整。当选择某一子层级时，参数面板也会发生相应的变化。比如选择"顶点"子层级时，就会出现"编辑顶点"卷展栏。

15.3.1 "编辑顶点"卷展栏

顶点是空间中的点，它们定义组成多边形对象的其他子对象（边和多边形）的结构。当移动或编辑顶点时，也会影响其连接的几何体。选择"顶点"子层级后，即可打开"编辑顶点"卷展栏，其中提供了特定于顶点的编辑命令，如图 15-11 所示。卷展栏中各选项含义如下。

- 移除：删除选定的顶点，并结合使用它们的多边形。
- 断开：在与选定顶点相连的每个多边形上，都创建一个新顶点，

图 15-11 编辑顶点

这可以使多边形的转角相互分开，使它们不再相连于原来的顶点上。

- 挤出：挤出顶点时，它会沿法线方向移动，并且创建新的多边形，形成挤出的面，将顶点与对象相连。

- 焊接：对焊接助手中指定的公差范围内选定的连续顶点进行合并。

- 切角：单击该按钮，然后再活动对象中拖动顶点。

- 目标焊接：可以选择一个顶点，并将它焊接到相邻目标顶点。目标焊接只焊接成对的连续顶点；也就是说，顶点有一个边相连。

- 连接：在选中的顶点对之间创建新的边。

- 移除孤立顶点：将不属于任何多边形的所有顶点删除。

- 移除未使用的贴图顶点：某些建模操作会留下未使用的贴图顶点，它们会显示在"展开 UVW"编辑器中，但是不能用于贴图。

- 权重：设置选定顶点的权重。

- 折缝：设置选定顶点的折缝值。

15.3.2 "编辑边"卷展栏

边是连接两个顶点的直线，它可以形成多边形的边。选择"边"子层级后，即可打开"编辑边"卷展栏，该卷展栏包括特定于编辑边的命令，如图 15-12 所示。卷展栏中各选项含义如下。

图 15-12　编辑边

- 插入顶点：用于手动细分可视的边。激活该命令后单击某条边即可在该位置处添加顶点。

- 移除：删除选定边并组合使用这些边的多边形。

- 分割：沿着选定边分割网格。

- 挤出：直接在视口中操纵时，可以手动挤出边。

- 焊接：对焊接助手中指定的阈值范围内的选定边进行合并。

- 切角：边切角可以砍掉选定边，从而为每个切角边创建两个或更多新的边。

- 目标焊接：用于选择变并将其焊接到目标边。

- 桥：使用多边形的"桥"连接对象的边。

- 连接：使用当前的"连接边"设置在选定边对之间创建新边。

- 利用所选内容创建图形：选择一个或多个边后，单击该按钮，以便通过选定的边创建样条线形状。

- 硬：导致显示选定边并将其渲染为未平滑的边。

- 平滑：通过在相邻的面之间自动共享平滑组，设置选定边以将其显示为平滑边。

- 显示硬边：启用该选项后，所有硬边都使用通过临近色样定义的硬边颜色显示在视口中。

15.3.3 "编辑边界"卷展栏

边界是网格的线性部分，通常可以描述为孔洞的边缘。选择"边界"子层级后，即可打开"编辑边界"卷展栏，如图 15-13 所示，卷展栏中各选项含义如下。

- 挤出：通过直接在视口中操纵，对边界进行手动挤出处理。

- 插入顶点：用于手动细分边界边。
- 切角：单击该按钮，然后拖动活动对象中的边界。
- 封口：使用单个多边形封住整个边界环。
- 桥：用"桥"连接多边形对象上的边界对。
- 连接：在选定边界边对之间创建新的边，这些边通过其中点相连。

15.3.4 "编辑多边形"/"编辑元素"卷展栏

多边形是通过曲面连接的三条或多条边的封闭序列，它提供了可渲染的可编辑多边形对象曲面。"多边形"与"元素"子层级兼容，可在二者之间切换，将保留所有现有选择。在"编辑元素"卷展栏中包含常见的多边形和元素命令，而在"编辑多边形"卷展栏中包含"编辑元素"卷展栏中的这些命令以及多边形特有的多个命令，如图 15-14、图 15-15 所示。

图 15-13 编辑边界

图 15-14 编辑多边形

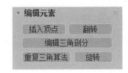

图 15-15 编辑元素

"编辑多边形"卷展栏中各选项含义如下。

- 插入顶点：用于手动细分多边形，单击多边形即可在该位置处添加顶点。
- 挤出：直接在视口中操纵时，可以执行手动挤出操作。
- 轮廓：用于增加或减小每组连续的选定多边形的外边。
- 倒角：通过直接在视口中操纵执行手动倒角操作。
- 插入：执行没有高度的倒角操作，即在选定多边形的平面内执行该操作。
- 桥：使用多边形的"桥"连接对象上的两个多边形或选定多边形。
- 翻转：反转选定多边形的法线方向，从而使其面向读者。
- 从边旋转：通过在视口中直接操纵执行手动旋转操作。
- 沿样条线挤出：沿样条线挤出当前的选定内容。
- 编辑三角剖分：使用户可以通过绘制内边修改多边形细分为三角形的方式。
- 重复三角算法：允许 3ds Max 对当前选定的多边形自动执行最佳的三角剖分操作。
- 旋转：用于通过单击对角线修改多边形细分为三角形的方式。

📑 **课堂练习** 创建烛台模型

下面利用本章所学知识创建一个碗模型，具体操作步骤如下。

Step01 单击"圆柱体"按钮，创建一个半径为 30mm、高度为 150mm 的圆柱体，再设置高度分段和边数，如图 15-16、图 15-17 所示。

扫一扫 看视频

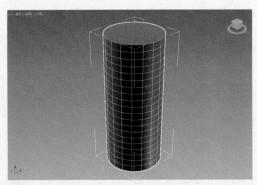

图 15-16 创建圆柱体

图 15-17 圆柱体参数

Step02 单击鼠标右键，在弹出的快捷菜单中选择"转换为>转换为可编辑多边形"命令，将圆柱体转换为可编辑多边形，激活"顶点"子层级，选择如图 15-18 所示的顶点。

Step03 在"软选择"卷展栏中勾选"使用软选择"复选框，设置衰减值为 20，可以看到所选择顶点的衰减效果，如图 15-19 所示。

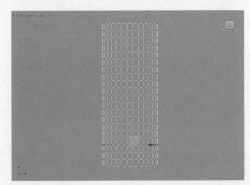

图 15-18 选择顶点

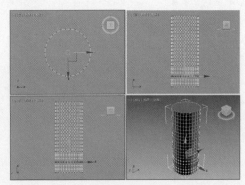

图 15-19 启用"软选择"

Step04 激活"选择并均匀缩放"工具，在顶视图中缩放顶点，如图 15-20 所示。

Step05 设置衰减值为 10，再次缩放顶点，如图 15-21 所示。

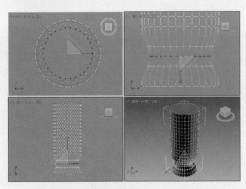

图 15-20 缩放顶点

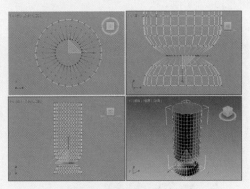

图 15-21 再次缩放顶点

Step06 重新选择顶点，如图 15-22 所示。

Step07 在顶视图中缩放顶点，如图 15-23 所示。

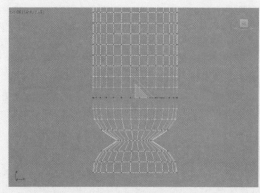
图 15-22　选择顶点

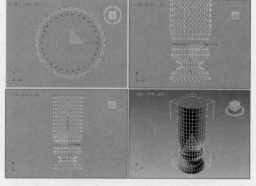
图 15-23　缩放顶点

Step08 设置衰减值为 10，再次缩放顶点，如图 15-24 所示。

Step09 照此操作方法继续缩放顶点，调整多边形轮廓，如图 15-25 所示。

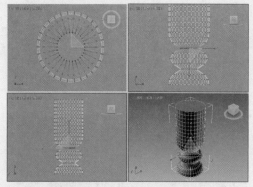
图 15-24　再次缩放顶点

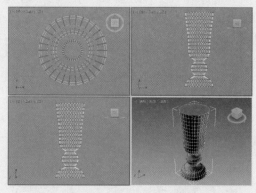
图 15-25　调整整体轮廓

Step10 取消勾选"使用软选择"复选框，激活"多边形"子层级，选择顶部的面，如图 15-26 所示。

Step11 在"编辑多边形"卷展栏中单击"插入"设置按钮，设置"插入"值为 5，如图 15-27 所示。

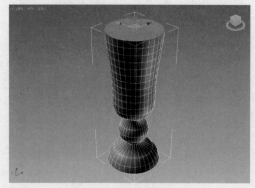
图 15-26　选择顶部面

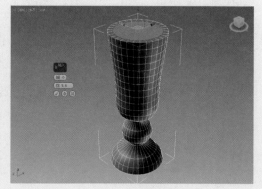
图 15-27　插入多边形

Step12 再单击"挤出"设置按钮，设置"挤出"值为 −5，如图 15-28 所示。

Step13 激活"边"子层级，选择如图 15-29 所示的边。

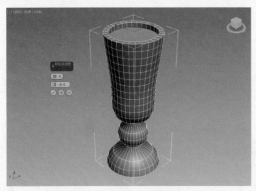

图 15-28 挤出多边形

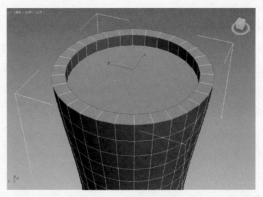

图 15-29 选择边

Step14 在"编辑边"卷展栏中单击"切角"设置按钮，设置"边切角量"为 1，分段为 5，效果如图 15-30 所示。

Step15 为多边形添加"细分"修改器，保持默认参数，效果如图 15-31 所示。

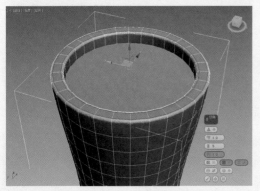

图 15-30 切角效果

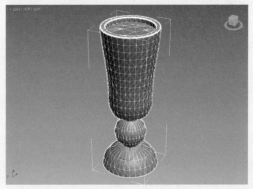

图 15-31 细分效果

Step18 最后为多边形添加"网格平滑"修改器，保持默认参数，完成烛台模型的制作，如图 15-32 所示。

Step17 为模型添加材质、灯光及场景等，渲染效果如图 15-33 所示。

图 15-32 网格平滑效果

图 15-33 渲染效果

下面利用本章所学知识创建一个欧式沙发凳模型，具体操作步骤如下。

Step01 单击"长方体"按钮，创建尺寸长 450mm、宽 450mm、高 250mm 的长方体，如图 15-34 所示。

扫一扫 看视频

Step02 将其转换为可编辑多边形，激活"边"子层级，按 Ctrl+A 组合键全选边，如图 15-35 所示。

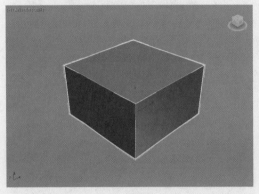

图 15-34 创建长方体

图 15-35 选择边

Step03 在"编辑边"卷展栏中单击"切角"设置按钮，设置"边切角量"为 20，"分段"值为 6，效果如图 15-36 所示。

Step04 在前视图中选择如图 15-37 所示的边线。

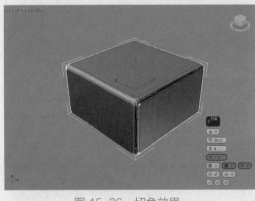

图 15-36 切角效果

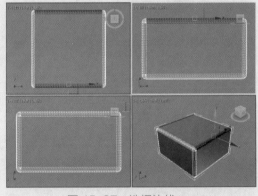

图 15-37 选择边线

Step05 单击"连接"设置按钮，设置"分段"值为 2，效果如图 15-38 所示。

Step06 在左视图中选择如图 15-39 所示的边。

Step07 再单击"连接"设置按钮，设置"分段"值为 2，效果如图 15-40 所示。

Step08 继续在左视图中选择如图 15-41 所示的边线。

Step09 单击"连接"设置按钮，设置"分段"值为 1，"滑块"值为 80，效果如图 15-42 所示。

Step10 在左视图中选择如图 15-43 所示的边。

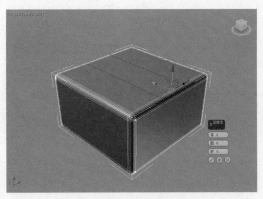

图 15-38　创建连接边

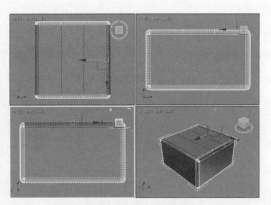

图 15-39　选择边线

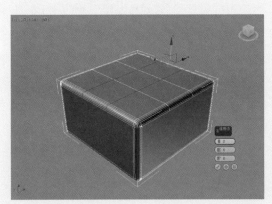

图 15-40　创建连接边

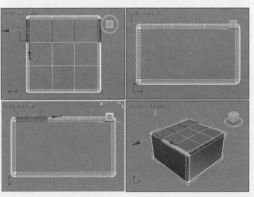

图 15-41　选择边线

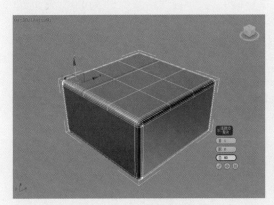

图 15-42　创建连接边

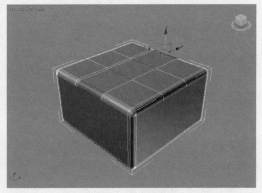

图 15-43　选择边线

Step11 单击"连接"设置按钮，设置"分段"值为 1，"滑块"值为 80，效果如图 15-44 所示。

Step12 在左视图中选择如图 15-45 所示的边。

Step13 单击"连接"设置按钮，设置"分段"值为 1，"滑块"值为 −75，效果如图 15-46 所示。

Step14 在左视图中选择如图 15-47 所示的边。

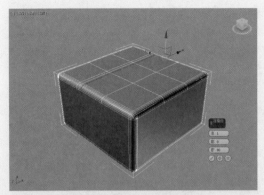

图 15-44　创建连接边

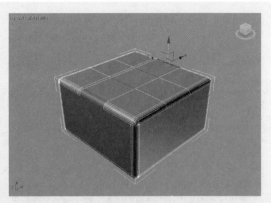

图 15-45　选择边线

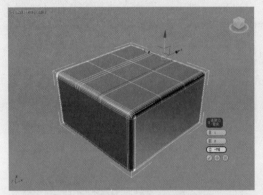

图 15-46　创建连接边

图 15-47　选择边线

Step15 单击"连接"设置按钮，设置"分段"值为 1，"滑块"值为 80，效果如图 15-48 所示。

Step16 按照上述操作方法，再创建 Y 轴方向的边线，如图 15-49 所示。

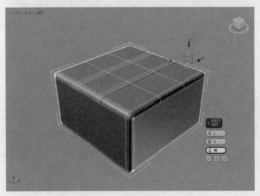

图 15-48　创建连接边

图 15-49　创建 Y 轴连接边

Step17 激活"顶点"子层级，在顶视图选择如图 15-50 所示的顶点。

Step18 在"编辑顶点"卷展栏中单击"切角"设置按钮，设置"顶点切角量"值为 8，如图 15-51 所示。

Step19 将顶点沿 Z 轴向下移动 10mm 的距离，如图 15-52 所示。

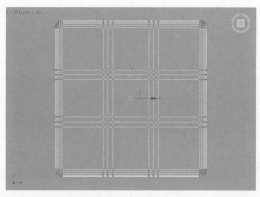

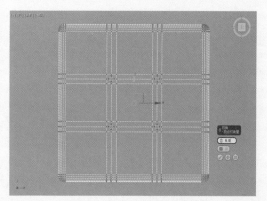

图 15-50　选择顶点　　　　　　　　　　图 15-51　顶点切角处理

Step20 选择如图 15-53 所示的顶点。

Step21 继续沿 Z 轴向下移动，如图 15-54 所示。

Step22 为多边形添加"网格平滑"修改器，在"细分量"卷展栏中设置"迭代次数"为 3，如图 15-55 所示。

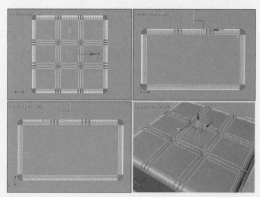

图 15-52　移动顶点　　　　　　　　　　图 15-53　选择顶点

图 15-54　移动顶点　　　　　　　　　　图 15-55　网格平滑效果

Step23 单击"长方体"按钮，创建长 400mm、宽 400mm、高 80mm 的长方体，移动到多边形正下方，如图 15-56 所示。

Step24 将其转换为可编辑多边形，激活"边"子层级，全选边，如图 15-57 所示。

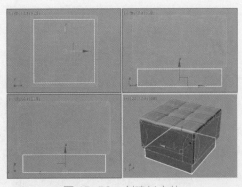

图 15-56　创建长方体

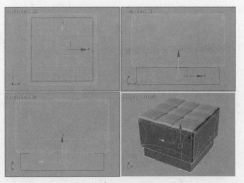

图 15-57　选择边

Step25 单击"切角"设置按钮，设置"边切角量"为 5，"分段"值为 5，完成欧式沙发凳模型的制作，如图 15-58 所示。

Step26 为模型添加材质、灯光及场景等，渲染效果如图 15-59 所示。

图 15-58　边切角处理

图 15-59　渲染效果

综合实战　创建冷水壶模型

下面利用本章所学知识创建一个冷水壶模型，具体操作步骤如下。

Step01 单击"圆柱体"按钮，创建一个半径为 50mm、高 200mm 的圆柱体，并设置分段、边数等参数，如图 15-60、图 15-61 所示。

扫一扫　看视频

图 15-60　创建圆柱体

图 15-61　设置参数

Step02 选择对象并单击鼠标右键，在弹出的快捷菜单中选择"转换为 > 转换为可编辑多边形"命令，将圆柱体转换为可编辑多边形，激活"多边形"子层级，选择多边形顶部的面，如图 15-62 所示。

Step03 按 DELETE 键删除所选面，如图 15-63 所示。

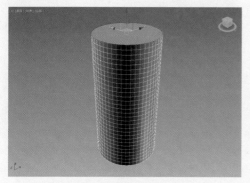

图 15-62 选择多边形顶部的面

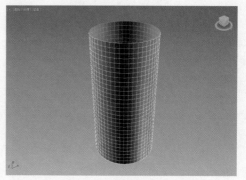

图 15-63 删除所选面

Step04 激活"顶点"子层级，选择多边形顶部的一圈顶点，如图 15-64 所示。

Step05 打开"软选择"卷展栏，勾选"使用软选择"复选框，设置"影响背面"选项组中的衰减值为 50，如图 15-65 所示。

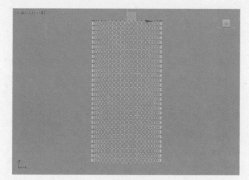

图 15-64 选择顶部的一圈顶点

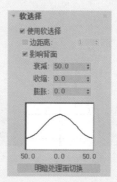

图 15-65 设置衰减值

Step06 此时可以看到选择顶点的衰减效果，如图 15-66 所示。

Step07 激活"选择并缩放"工具，在顶视图中缩放顶点，如图 15-67 所示。

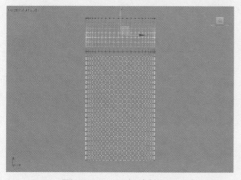

图 15-66 衰减效果

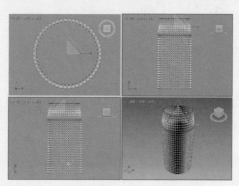

图 15-67 缩放顶点

Step08 设置衰减值为 25，再次缩放顶点，如图 15-68 所示。

Step09 继续设置衰减值为 10，缩放顶点，如图 15-69 所示。

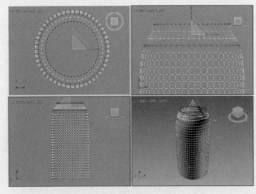 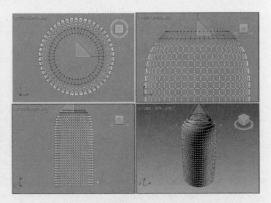

图 15-68 缩放顶点　　　　　　　　　　　　图 15-69 缩放顶点

Step10 接下来在前视图中选择顶部一个点，如图 15-70 所示。

Step11 设置衰减值为 30，调整顶点位置，如图 15-71 所示。

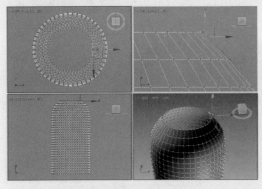 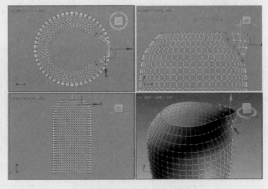

图 15-70 选择顶部一个点　　　　　　　　　图 15-71 调整顶点位置

Step12 继续设置衰减值，并调整壶嘴造型，如图 15-72 所示。

Step13 照此方法调整水壶底部造型，如图 15-73 所示。

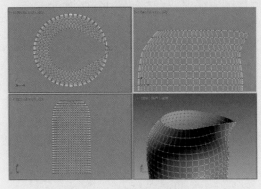 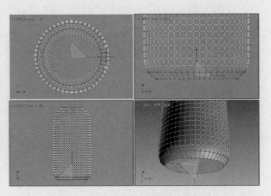

图 15-72 调整壶嘴造型　　　　　　　　　　图 15-73 调整水壶底部造型

Step14 激活"边"子层级，取消选择"使用软选择"复选框，选择模型底部的边，如图 15-74 所示。

Step15 在"编辑边"卷展栏中单击"切角"设置按钮，设置"边切角量"和"分段"都为 5，并且可以预览到切角效果，如图 15-75 所示。

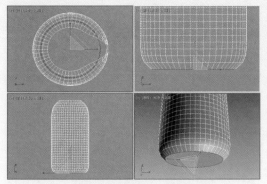

图 15-74 选择底部的边

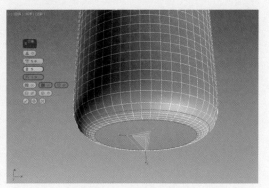

图 15-75 切角效果

Step16 回到"可编辑多边形"层级，为模型添加"壳"修改器，在"参数"卷展栏中设置"外部量"值为 1.5，为多边形添加一个厚度，如图 15-76 所示。

Step17 再次将模型转换为可编辑多边形，激活"多边形"子层级，在左视图中选择上下各四个面，如图 15-77 所示。

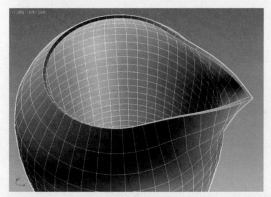

图 15-76 添加厚度

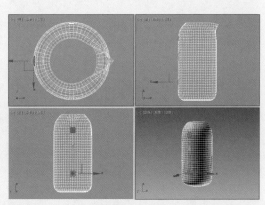

图 15-77 选择上下各四个面

Step18 在"编辑多边形"卷展栏中单击"挤出"设置按钮，设置挤出值为 6，在前视图中可以看到挤出效果，如图 15-78 所示。

Step19 设置控制轴心方式为"使用轴点中心" ，激活"选择并均匀缩放"工具，在左视图中缩放选择的面，如图 15-79 所示。

Step20 激活"顶点"子层，在前视图中调整顶点，如图 15-80 所示。

Step21 再激活"多边形"子层级，保持选择原来的面，单击"挤出"设置按钮，设置挤出值为 10，如图 15-81 所示。

Step22 再激活"顶点"子层级，利用"选择并移动"工具和"选择并旋转"工具调整顶点，如图 15-82 所示。

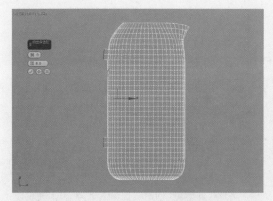

图 15-78 挤出效果

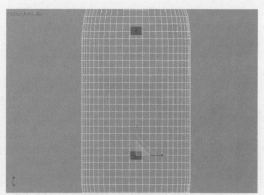

图 15-79 缩放选择的面

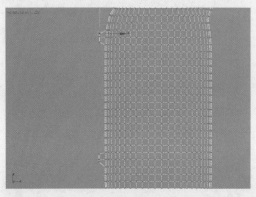

图 15-80 调整顶点

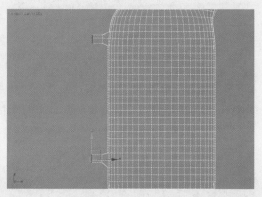

图 15-81 挤出效果

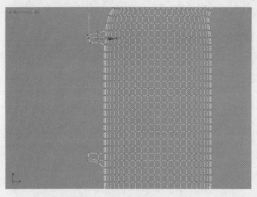

图 15-82 调整顶点

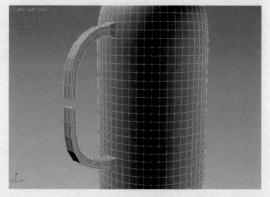

图 15-83 挤出把手造型

Step23 照此操作方法，将上下两端挤出把手造型，如图 15-83 所示。

Step24 激活"多边形"子层级，选择上下两端的面，再按 DELETE 键删除，如图
15-84、图 15-85 所示。

Step25 激活"边界"子层级，选择上下把手的边界，如图 15-86 所示。

Step26 在"编辑边界"卷展栏中单击"桥"设置按钮，设置桥分段为 1，即可将
上下把手连接在一起，如图 15-87 所示。

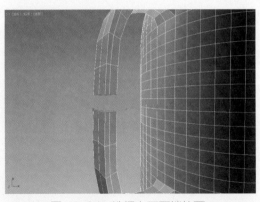

图 15-84　选择上下两端的面

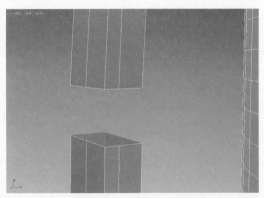

图 15-85　删除所选面

图 15-86　选择上下把手的边界

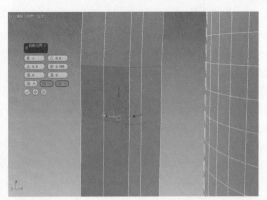

图 15-87　将上下把手连接在一起

Step27 ▷ 再激活"顶点"子层级，通过调整顶点调整把手造型，如图 15-88 所示。

Step28 ▷ 最后为多边形添加"网格平滑"修改器，在"细分量"卷展栏中设置"迭代次数"值为 2，完成冷水壶壶体的制作，如图 15-89 所示。

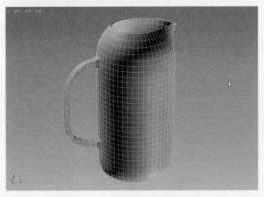

图 15-88　调整把手造型

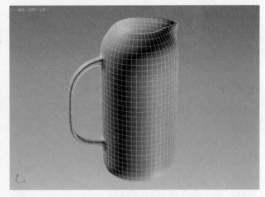

图 15-89　网络平滑效果

Step29 ▷ 接下来制作壶盖。单击"圆柱体"按钮，创建一个半径为 33mm、高 10mm 的圆柱体，设置边数为 30，如图 15-90 所示。

Step30 ▷ 将其转换为可编辑多边形，激活"边"子层级，选择底部的边，如图 15-91 所示。

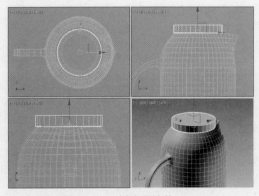

图 15-90　创建圆柱体

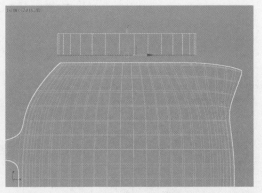

图 15-91　选择底部的边

Step31 在"编辑边"卷展栏中单击"切角"设置按钮，设置"边切角量"为 1，"分段"为 5，效果如图 15-92 所示。

Step32 再选择顶部的边，单击"切角"设置按钮，设置"边切角量"和"分段"都为 8，效果如图 15-93 所示。

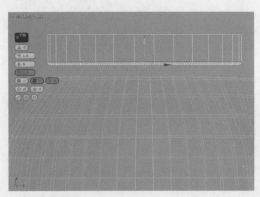

图 15-92　切角设置

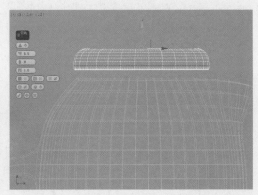

图 15-93　顶部边的切角设置

Step33 选择壶体，单击鼠标右键，选择"隐藏选定对象"选项，将其隐藏，再选择壶盖模型，激活"多边形"子层级，选择底部的面，如图 15-94 所示。

Step34 在"编辑多边形"卷展栏中单击"插入"设置按钮，设置插入量为 2，效果如图 15-95 所示。

图 15-94　选择底部的面

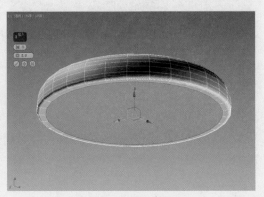

图 15-95　插入效果

Step35 单击"挤出"设置按钮,设置挤出值为 15,效果如图 15-96 所示。

Step36 激活"边"子层级,选择底部的边,如图 15-97 所示。

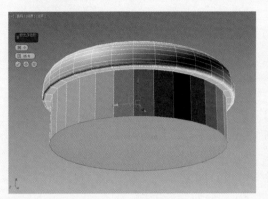

图 15-96　挤出效果

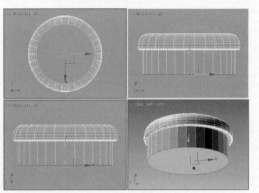

图 15-97　选择底部的边

Step37 在"编辑边"卷展栏中单击"切角"设置按钮,设置"边切角量"为 2,"分段"为 5,效果如图 15-98 所示。

Step38 完成壶盖模型的制作,取消隐藏壶体模型,完成本案例模型的制作,如图 15-99 所示。

Step39 为模型添加材质、灯光及场景等,渲染效果如图 15-100 所示。

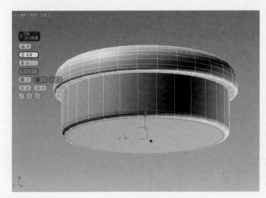

图 15-98　切角效果

图 15-99　完成模型制作

图 15-100　渲染效果

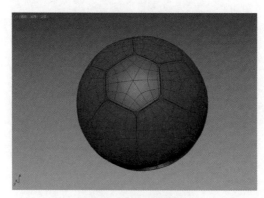

课后作业

一、填空题

1. 3ds Max 中可将模型转换为___种编辑模式。

2. 可编辑多边形包括_____、_____、_____、_____、_____5 个子层级。

3. 启用_____选项后，所有硬边都是用通过邻近色样定义的硬边颜色显示在视口中。

4. 在编辑多边形对象之前首先要明确多边形物体不是_____。

5. _____是一种可变形对象，适用于创建简单、少边的对象。

二、选择题

1. 下列选项中，哪一卷展栏不属于多边形参数设置面板（　　）？

A. 软选择卷展栏　　　　　　　　　　　　B. 细分曲面卷展栏

C. 硬选择卷展栏　　　　　　　　　　　　D. 细分置换卷展栏

2. （　　）卷展栏提供了用于在对对象层级或子对象层级更改多边形对象几何体的全局控件。

A. 选择　　　　　　B. 编辑几何体　　　　C. 细分曲面　　　　　D. 细分置换

3. 下列描述中正确的是（　　）。

A. 软选择卷展栏控件允许部分地选择显示选择邻接处中的子对象

B. 边是网格的线性部分，可以描述为孔洞的边缘

C. 在编辑几何体卷展栏中包含常见的多边形和元素命令

D. 移动或编辑顶点时，不会影响连接的几何体

4. 下列哪一卷展栏既可以在所有子对象层级中使用，也可以在对象层级使用（　　）。

A. 细分曲面卷展栏　　　　　　　　　　　B. 细分置换卷展栏

C. 编辑边卷展栏　　　　　　　　　　　　D. 编辑边界卷展栏

5. 为多边形制作倒角效果需要用到编辑边卷展栏中哪个命令（　　）。

A. 挤出　　　　　　B. 连接　　　　　　　C. 切角　　　　　　　D. 桥

三、操作题

利用可编辑多边形创建足球模型，如图 15-101 所示。

（1）图形效果

图 15-101　足球模型

AutoCAD+3ds Max+Photoshop 一站式高效学习一本通

（2）操作思路

利用"异面体"命令创建出二十面的异面体，转换为可编辑多边形后再进行边线的编辑，添加"球形化"修改器、"网格平滑"修改器来制作足球模型。

Step01 创建异面体，转换为可编辑多边形，如图 15-102 所示。

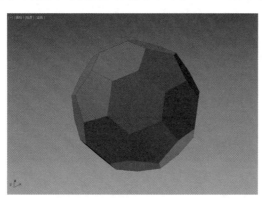

图 15-102 创建异面体

Step02 挤出边并将模型细化，如图 15-103 所示。

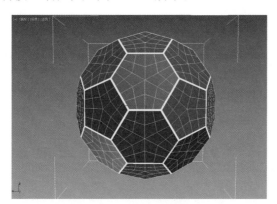

图 15-103 挤出边

Step03 为模型添加"球形化"和"网格平滑"修改器，如图 15-104 所示。

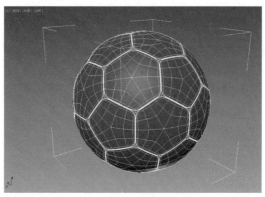

图 15-104 添加修改器

第16章
灯光技术

★ 内容导读

灯光是 3ds Max 中模拟自然光照最重要的手段，没有光便无法体现物体的形状、质感以及颜色等。因此，可以说灯光是画面视觉信息与视觉造型的基础，是 Max 场景的灵魂。但是，复杂的灯光设置，多变的运用效果，也让许多新手极为困扰。

本章将对 3ds Max 中的灯光知识进行全面讲解，以使广大用户轻松创造出更真实的 Max 场景。

◆ 学习目标

○ 了解灯光的种类
○ 了解灯光阴影的类型
○ 掌握标准灯光的应用
○ 掌握光度学灯光的应用
○ 掌握 VRay 光源的应用

3ds Max 篇

16.1 光度学灯光

光度学灯光使用光度学值，通过这些值可以更精确地定义灯光，就像在真实世界一样。3ds Max 提供了目标灯光、自由灯光和太阳定位器三种光度学灯光类型，如图 16-1 所示。用户可以创建具有各种分布和颜色特性的灯光，或导入照明制造商提供的特定光度学文件。本章主要介绍常用的目标灯光和自由灯光。

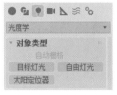

图 16-1 光度学灯光

16.1.1 目标灯光

目标灯光是效果图制作中非常常用的一种灯光类型，常用来模拟制作射灯、筒灯等，可以增大画面的灯光层次。其参数面板包括"常规参数"卷展栏、"分布（光度学 Web）"卷展栏、"强度/颜色/衰减"卷展栏、"图形/区域阴影"卷展栏、"阴影参数"卷展栏、"VRay 阴影参数"卷展栏和"高级效果"卷展栏。

（1）"常规参数"卷展栏

该卷展栏中的参数用于启用和禁用灯光及阴影，并排除或包含场景中的对象，用户还可以设置灯光分布的类型，如图 16-2 所示。卷展栏中各选项的含义介绍如下。

- 启用：启用或禁用灯光。
- 目标：启用该选项后，目标灯光才有目标点。
- 目标距离：用来显示目标的距离。
- （阴影）启用：控制是否开启灯光的阴影效果。
- 使用全局设置：启用该选项后，该灯光投射的阴影将影响整个场景的阴影效果。
- 阴影类型：设置渲染场景时使用的阴影类型，包括高级光线跟踪、区域阴影、阴影贴图、光线跟踪阴影、VR 阴影和 VR 阴影贴图几种类型。
- 排除：将选定的对象排除于灯光效果之外。
- 灯光分布（类型）：设置灯光的分布类型，包括光度学 Web、聚光灯、统一漫反射、统一球形四种类型，如图 16-3 所示。

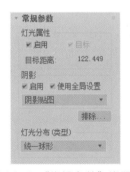

图 16-2 "常规参数"卷展栏

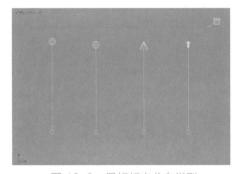

图 16-3 目标灯光分布类型

（2）"分布（光度学 Web）"卷展栏

当使用光域网分布创建或选择光度学灯光时，"修改"面板上将显示"分布（光度学 Web）"卷展栏，使用这些参数选择光域网文件并调整 Web 的方向，如图 16-4 所示。卷展栏中各选项的含义介绍如下。

- Web 图：在选择光度学文件之后，该缩略图将显示灯光分布图案的示意图，如图 16-5 所示。
- 选择光度学文件：单击此按钮，可选择用作光度学 Web 的文件，该文件可采用 IES、LTLI 或 CIBSE 格式。一旦选择某一个文件后，该按钮上会显示文件名。
- X 轴旋转：沿着 X 轴旋转光域网。
- Y 轴旋转：沿着 Y 轴旋转光域网。
- Z 轴旋转：沿着 Z 轴旋转光域网。

图 16-4 "分布（光度学 Web）"卷展栏

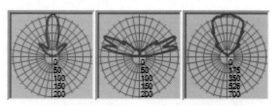

图 16-5 灯光分布示意图

图 16-6 "强度 / 颜色 / 衰减"卷展栏

（3）"强度 / 颜色 / 衰减"卷展栏

通过"强度 / 颜色 / 衰减"卷展栏，可以设置灯光的颜色和强度。此外，用户还可以选择设置衰减极限，如图 16-6 所示。卷展栏中各选项的含义介绍如下。

- 灯光选项：拾取常见灯规范，使之近似于灯光的光谱特征。默认为 D65 Illuminant 基准白色。
- 开尔文：通过调整色温微调器设置灯光的颜色。
- 过滤颜色：使用颜色过滤器模拟置于光源上的过滤色的效果。
- 强度：在物理数量的基础上指定光度学灯光的强度或亮度。
- 结果强度：用于显示暗淡所产生的强度，并使用与强度组相同的单位。
- 暗淡百分比：启用该切换后，该值会指定用于降低灯光强度的倍增。如果值为 100%，则灯光具有最大强度；百分比较低时，灯光较暗。
- 远距衰减：用户可以设置光度学灯光的衰减范围。
- 使用：启用灯光的远距衰减。
- 开始：设置灯光开始淡出的距离。
- 显示：在视口中显示远距衰减范围设置。
- 结束：设置灯光减为 0 的距离。

16.1.2 自由灯光

自由灯光与目标灯光相似，唯一的区别就在于自由灯光没有目标点，如图 16-7 所示。

AutoCAD+3ds Max+Photoshop ｜站式高效学习一本通

用户可以使用变换工具或者灯光视口定位灯光对象和调整其方向，也可以使用"放置高光"命令来调整灯光的位置。

16.1.3 光域网的使用

光域网是灯光的一种物理性质，确定光在空气中发散的方式。不同的灯，在空气中的发散方式是不一样的，比如手电筒，它会发出一个光束；还有壁灯、台灯等，它们发散出的光又是另外一种形状。

在 3ds Max 中，如果给灯光指定一个特殊的文件，就可以产生与现实生活相同的发散效果。

光域网标准文件的后缀名为 .ies，用户可以从网上进行下载。它能使我们的场景渲染出来的射灯效果更真实，层次更明显，效果更好，如图 16-8 所示。

图 16-7　自由灯光分布类型

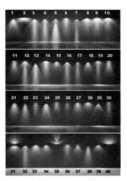
图 16-8　光域网灯光效果

课堂练习　利用目标灯光模拟射灯

下面利用目标灯光来模拟射灯光源效果，具体操作步骤如下。

Step01 打开素材场景模型，如图 16-9 所示。

Step02 按 F9 键渲染场景，效果如图 16-10 所示。

扫一扫 看视频

图 16-9　素材场景模型

图 16-10　渲染场景

Step03 在"光度学"命令面板中单击"目标灯光"按钮,在前视图中创建目标灯光,如图 16-11 所示。

Step04 在其他视图中调整目标灯光的角度和位置,如图 16-12 所示。

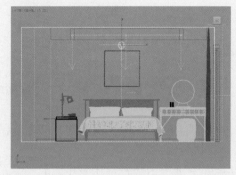

图 16-11 创建目标灯光

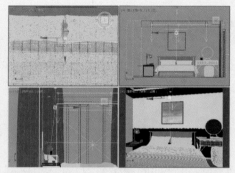

图 16-12 调整目标灯光的角度和位置

Step05 切换到修改面板,在"常规参数"卷展栏中设置阴影类型为"VRay shadow",灯光分布类型为"光度学 Web",如图 16-13 所示。

Step06 在"分布(光度学 Web)"卷展栏中单击"选择光度学文件"按钮,打开"打开光域 Web 文件"对话框,选择合适的光域网文件,如图 16-14 所示。

图 16-13 设置常规参数

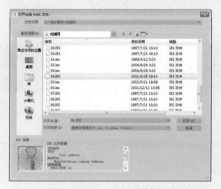

图 16-14 选择光域网文件

Step07 添加光域网文件后,可以看到目标灯光的造型发生了变化,如图 16-15 所示。

Step08 渲染场景,灯光效果如图 16-16 所示。

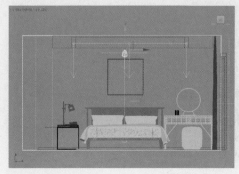

图 16-15 目标灯光造型变化

图 16-16 渲染后的灯光效果

Step09 在"强度／颜色／衰减"卷展栏中设置灯光强度和颜色，如图 16-17 所示。

Step10 再次渲染场景，最终射灯光源效果如图 16-18 所示。

图 16-17 设置灯光强度和颜色

图 16-18 最终射灯光源效果

16.2 标准灯光

标准灯光是基于计算机的对象，其模拟灯光，如家用或办公室灯，舞台和电影工作时使用的灯光设备，以及太阳光本身。不同种类的灯光对象可用不同的方式投影灯光，用于模拟真实世界不同种类的光源。

3ds Max 中的标准灯光主要包括聚光灯、平行光、泛光及天光等 6 种类型，如图 16-19 所示。

图 16-19 标准灯光

16.2.1 聚光灯

聚光灯是 3ds Max 中最常用的灯光类型，通常由一个点向一个方向照射。聚光灯包括目标聚光灯和自由聚光灯两种，但照明原理都类似闪光灯，即投射聚集的光束，其中自由聚光灯没有目标对象。

聚光灯的参数面板包括"常规参数"卷展栏、"强度／颜色／衰减"卷展栏、"聚光灯参数"卷展栏、"高级效果"卷展栏、"阴影参数"卷展栏、"光线跟踪阴影参数"卷展栏。下面将对主要参数进行详细介绍。

（1）"常规参数"卷展栏

该卷展栏主要控制标准灯光的开启与关闭以及阴影的控制，如图 16-20 所示，其中各选项的含义如下。

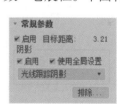

- 启用：控制是否开启灯光。
- 目标距离：如果启用该选项，灯光将成为目标。

图 16-20 "常规参数"卷展栏

- 阴影：控制是否开启灯光阴影。
- 使用全局设置：如果启用该选项后，该灯光投射的阴影将影响整个场景的阴影效果。

如果关闭该选项，则必须选择渲染器使用哪种方式来生成特定的灯光阴影。

- 阴影类型：切换阴影类型以得到不同的阴影效果。
- "排除"按钮：将选定的对象排除于灯光效果之外。

（2）"强度／颜色／衰减"卷展栏

在标准灯光的"强度／颜色／衰减"卷展栏中，可以对灯光最基本的属性进行设置，如图16-21所示，其中各选项的含义如下。

- 倍增：该参数可以将灯光功率放大一个正或负的量。
- 颜色：单击色块，可以设置灯光发射光线的颜色。
- 衰退：用来设置灯光衰退的类型和起始距离。
- 类型：指定灯光的衰退方式。
- 开始：设置灯光开始衰退的距离。
- 显示：在视口中显示灯光衰退的效果。
- 近距衰减：该选择项组中提供了控制灯光强度淡入的参数。
- 远距衰减：该选择项组中提供了控制灯光强度淡出的参数。

图 16-21 "强度／颜色／衰减"卷展栏

知识点拨

解决灯光衰减的方法

灯光衰减时，距离灯光较近的对象可能过亮，距离灯光较远的对象表面可能过暗。这种情况可通过不同的曝光方式解决。

（3）"聚光灯参数"卷展栏

该卷展栏主要控制聚光灯的聚光区及衰减区，如图16-22所示，其中各选项的含义如下。

- 显示光锥：启用或禁用圆锥体的显示。
- 泛光化：启用该选项后，灯光在所有方向上能投射光线。
- 聚光区／光束：调整灯光圆锥体的角度。
- 衰减区／区域：调整灯光衰减区的角度。
- 圆／矩形：确定聚光区和衰减区的形状。如果想要一个标准圆形的灯光，应选择圆；如果想要一个矩形的光束（如灯光通过窗户或门投影），应选择矩形。

图 16-22 "聚光灯参数"卷展栏

- 纵横比：设置矩形光束的纵横比。
- 位图拟合：如果灯光的投影纵横比为矩形，应该设置纵横比以匹配特定的位图。当灯光用作投影灯时，该选项非常有用。

（4）"阴影参数"卷展栏

所有的标准灯光类型都具有相同的阴影参数设置，通过设置阴影参数，可以使对象投影产生密度不同或颜色不同的阴影效果。阴影参数直接在"阴影参数"卷展栏中进行设置，如图16-23所示。各参数选项的含义如下。

- 颜色：单击色块，可以设置灯光投射的阴影颜色，默认为黑色。
- 密度：用于控制阴影的密度，值越小阴影越淡。

图 16-23 "阴影参数"卷展栏

- 贴图：使用贴图可以应用各种程序贴图与阴影颜色进行混合，产生更复杂的阴影效果。
- 灯光影响阴影颜色：灯光颜色将与阴影颜色混合在一起。
- 大气阴影：应用该选项组中的参数，可以使场景中的大气效果也产生投影，并能控制投影的不透明度和颜色数量。
- 不透明度：调节阴影的不透明度。
- 颜色量：调整颜色和阴影颜色的混合量。

自由聚光灯和目标聚光灯的参数基本是一致的，唯一区别在于自由聚光灯没有目标点，因此只能通过旋转来调节灯光的角度。

 知识点拨

当泛光灯应用光线跟踪阴影时，渲染速度比聚光灯要慢，但渲染效果一致，在场景中应尽量避免这种情况。

16.2.2 平行光

平行光包括目标平行灯和自由平行灯两种，主要用于模拟太阳在地球表面投射的光线，即以一个方向投射的平行光。目标平行光是具体方向性的灯光，常用来模拟太阳光的照射效果，当然也可以模拟美丽的夜色。

平行光的参数面板包括"常规参数"卷展栏、"强度/颜色/衰减"卷展栏、"平行光参数"卷展栏、"高级效果"卷展栏、"阴影参数"卷展栏等，如图 16-24 所示，其参数含义与聚光灯参数基本一致，这里就不再进行重复讲解。

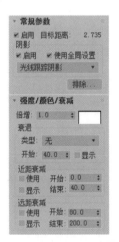

图 16-24　平行光参数面板

16.2.3 泛光

泛光的特点是以一个点为发光中心，向外均匀地发散光线，常用来制作灯泡灯光、蜡烛光等。泛光的参数面板包括"常规参数"卷展栏、"强度/颜色/衰减"卷展栏、"阴影参数"卷展栏等，如图 16-25 所示，其参数含义与聚光灯参数基本一致，这里就不再进行重复讲解。

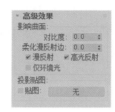

图 16-25　泛光参数面板

16.2.4　天光

天光灯光通常用来模拟较为柔和的灯光效果，也可以设置天空的颜色或将其指定为贴图，对天空建模作为场景上方的圆屋顶。如图 16-26 所示为其参数卷展栏，其中各选项的含义如下。

- 启用：启用或禁用灯光。
- 倍增：将灯光的功率放大一个正或负的量。
- 使用场景环境：使用环境面板上设置的环境给光上色。
- 天空颜色：单击色样可显示颜色选择器，并选择为天光染色。
- 贴图：使用贴图影响天光颜色。
- 投射阴影：使天光投射阴影。默认为禁用。
- 每采样光线数：用于计算落在场景中指定点上天光的光线数。
- 光线偏移：对象可以在场景中指定点上投射阴影的最短距离。

图 16-26　天光参数面板

📋 **课堂练习**　利用目标平行光模拟太阳光

下面利用目标平行光来模拟太阳光光源效果，具体操作步骤如下。

Step01 打开素材场景模型，如图 16-27 所示。

Step02 渲染场景效果，可以看到当前场景光线偏暗，如图 16-28 所示。

扫一扫 看视频

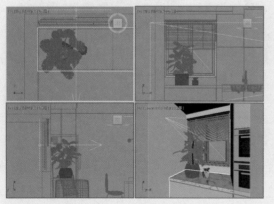

图 16-27　打开素材场景

图 16-28　渲染场景

Step03 在"标准"灯光面板单击"目标平行光"按钮，在视图中创建目标平行光。调整灯光位置及角度，再设置平行光参数，如图 16-29、图 16-30 所示。

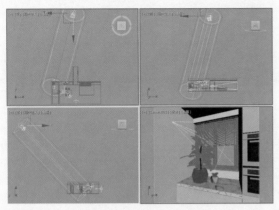

图 16-29　创建目标平行光

图 16-30　设置平行光参数

Step04 渲染场景，观察光源效果，如图 16-31 所示。

Step05 在"常规参数"卷展栏中设置阴影类型为"VRayShadow"，再设置灯光强度为 1.5，重新渲染场景，效果如图 16-32 所示。

图 16-31　渲染场景

图 16-32　调整参数渲染场景

16.3　VRay 渲染器

VRay 渲染器除了支持 3ds Max 默认灯光类型之外，还提供了一种 VRay 渲染器专属的灯光类型：VRay 灯光、VRayIES 和 VRay 太阳光，VRay 灯光可以模拟出任何灯光环境，使用起来比 3ds Max 默认灯光更为简便，实现的效果也更加逼真。

16.3.1　VRay 灯光

VRay 灯光是 VRay 渲染器自带的灯光之一，使用频率非常高。默认的光源形状为具有光源指向的矩形光源，其灯光参数控制面板如图 16-33 所示。

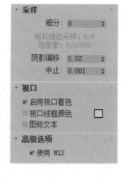

图 16-33　VRay 灯光参数面板

其中，各卷展栏的常用选项含义如下。

（1）"VRay 灯光 参数"卷展栏

● 开：灯光的开关。勾选此复选框，灯光才被开启。

● 类型：有 5 种灯光类型可以选择，分别是平面、穹顶、球体、网格以及圆盘，如图 16-34 所示。

● 长度 / 宽度：面光源的长度和宽度。

● 单位：VRay 的默认单位，以灯光的亮度和颜色来控制灯光的光照强度。

● 倍增器：用于控制光照的强弱。

● 颜色：光源发光的颜色。

● 纹理：控制是否使用纹理贴图作为半球光源。

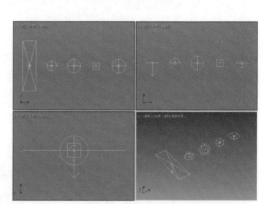

图 16-34　VRay 灯光类型

（2）"选项"卷展栏

● "排除"按钮：用来排除灯光对物体的影响。

● 投射阴影：控制是否对物体的光照产生阴影。

● 双面：控制是否在面光源的两面都产生灯光效果。

● 不可见：用于控制是否在渲染的时候显示 VRay 灯光的形状。如图 16-35、图 16-36 所示分别为灯光可见和不可见的效果。

图 16-35　灯光可见

图 16-36　灯光不可见

- 不衰减：勾选此复选框，灯光强度将不随距离而减弱。
- 天光入口：勾选此复选框，将把 VRay 灯光转化为天光。
- 存储发光图：勾选此复选框，同时为发光贴图命名并指定路径，这样 VRay 灯光的光照信息将保存。在渲染发光图时会很慢，但最后可直接调用发光贴图，减少渲染时间。
  - 影响漫反射：控制灯光是否影响材质属性的漫反射。
  - 影响镜面：控制灯光是否影响材质属性的高光。
  - 影响反射：控制灯光是否影响材质属性的反射。

（3）"采样"卷展栏

- 细分：控制 VRay 灯光的采样细分。如图 16-37、图 16-38 所示分别为不同细分值的灯光效果。

图 16-37　细分值为 5

图 16-38　细分值为 25

- 阴影偏移：控制物体与阴影偏移距离。
- 中止：控制灯光中止的数值，一般情况下不用修改该参数。

 知识点拨

　　其他部分的选项，读者可以自己做测试，通过测试就会更深刻地理解它们的用途。测试是学习 VRay 最有效的方法，只有通过不断的测试，才能真正理解每个参数的含义，才能做出逼真的效果。所以读者在学习 VRay 的时候，应避免死记硬背，要从原理层次去理解参数，这才是学习 VRay 的方法。

16.3.2　VRayIES

　　VRayIES 是 VRay 渲染器提供的用于添加 IES 光域网文件的光源。选择了光域网文件（*.IES），那么在渲染过程中光源的照明就会按照选择的光域网文件中的信息来表现，就可以做出普通照明无法做到的散射、多层反射、日光灯等效果。

　　"VRayIES 参数"卷展栏如图 16-39、图 16-40 所示，其中参数含义与 VRay 灯光和 VRay 阳光类似。

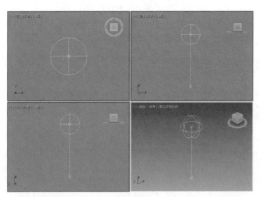
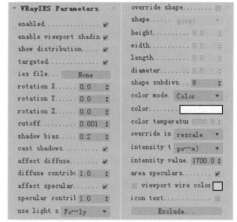

图 16-39 VRayIES   图 16-40 VRayIES 参数面板

参数卷展栏中常用选项的含义如下。

- 启用（enabled）：此选项用于控制是否开启灯光。
- IES 文件（ies file）：载入光域网文件的通道。
- 图形细分（shape subdivs）：控制阴影的质量。
- 颜色（color）：控制灯光产生的颜色。
- 功率（intensity value）：控制灯光的照射强度。

16.3.3 VRay 太阳光

VRay 太阳光是 VRay 渲染器用于模拟太阳光的，它通常和 VR 天空配合使用，如图 16-41 所示。其卷展栏如图 16-42 所示。

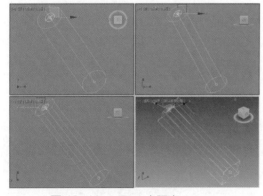
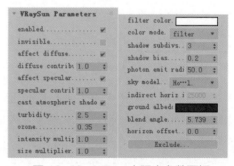

图 16-41 VRay 太阳光   图 16-42 VRay 太阳光参数面板

参数卷展栏中常用选项的含义如下。

- 启用（enabled）：此选项用于控制阳光的开光。
- 不可见（invisible）：用于控制在渲染时是否显示 VRay 阳光的形状。
- 浊度（turbidity）：影响太阳和天空的颜色倾向。当数值较小时，空气晴朗干净，颜色倾向为蓝色；当数值较大时，空气浑浊，颜色倾向为黄色甚至橘黄色。
- 臭氧（ozone）：表示空气中的氧气含量。较小的值阳光会发黄，较大的值阳光会发蓝。
- 强度倍增（intensity multiplier）：用于控制阳光的强度。

知识点拨

早晨的空气浑浊度低，黄昏的空气浑浊度高。冬天的氧气含量高，夏天的氧气含量低，高原的氧气含量低，平原的氧气含量高。

- 大小倍增（size multiplier）：控制太阳的大小，主要表现在控制投影的模糊程度。较大的值阴影会比较模糊。
- 过滤颜色（filter color）：用于自定义太阳光的颜色。
- 阴影细分（shadow subdivs）：用于控制阴影的品质。较大的值模糊区域的阴影将会比较光滑，没有杂点。
- 阴影偏移（shadow bias）：用来控制物体与阴影偏移距离，较高的值会使阴影向灯光的方向偏移。如果该值为 1.0，阴影无偏移；如果该值大于 1.0，阴影远离投影对象；如果该值小于 1.0，阴影靠近投影对象。
- 光子发射半径（photon emit radius）：用于设置光子放射的半径。这个参数和 photon map 计算引擎有关。
- 天空模型（sky model）：选择天空的模型，可以选晴天，也可以选择阴天。
- 地面反照率（ground albedo）：通过颜色控制画面的反射颜色。
- 排除（Exclude）：将物体排除于阳光照射范围之外。

操作提示

在创建 VRay 太阳光时，将强度倍增值控制在 0.03 ~ 0.07 之间可以得到比较好的光照效果。

课堂练习 利用 VR 灯光模拟台灯光源

下面利用 VR 灯光来模拟台灯光源效果，具体操作步骤如下。

Step01 ▶ 打开素材场景，如图 16-43 所示。

Step02 ▶ 渲染场景，当前台灯处于自然光下的效果，如图 16-44 所示。

扫一扫 看视频

图 16-43 素材场景

图 16-44 渲染效果

Step03 创建 VRay 球体灯光，将其移动到台灯灯泡处，如图 16-45 所示。

Step04 设置灯光半径为 30mm，在"选项"卷展栏中勾选相关参数，设置采样细分值为 15，如图 16-46 所示。

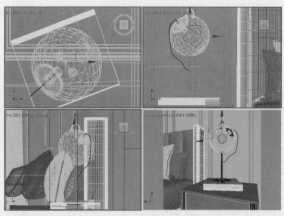
图 16-45 创建 VRay 球体灯光

图 16-46 设置基本参数

Step05 再次渲染场景，观察添加灯光后的效果，如图 16-47 所示。可以看到灯泡虽然亮了，但并未起到照明效果。

Step06 重新设置灯光强度为 300，再设置灯光颜色，如图 16-48 所示。

Step07 再次渲染场景，效果如图 16-49 所示。

图 16-47 再次渲染场景

图 16-48 设置灯光强度和颜色

图 16-49 最终效果

课堂练习 利用 VR 灯光模拟灯带光源

下面利用 VR 灯光来模拟灯带效果，具体操作步骤如下。

Step01 打开素材场景模型，如图 16-50 所示。

Step02 渲染场景，观察初始场景光线效果，如图 16-51 所示。

Step03 创建一个 VRay 平面光，将其移动到柜子下方，如图 16-52 所示。

Step04 设置灯光尺寸为 1200×70，并在"选项"卷展栏中勾选相关参数，设置细分值，如图 16-53 所示。

图 16-50 素材场景

图 16-51 渲染效果

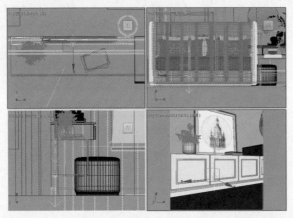
图 16-52 创建 VRay 平面光

图 16-53 设置选项

Step05 渲染场景，观察添加模拟灯光后的效果，如图 16-54 所示。当前光源有些曝光，并且效果偏冷。

Step06 在灯光参数面板中重新设置灯光强度和颜色，降低灯光强度，并将灯光颜色设为暖色，如图 16-55 所示。

Step07 再次渲染场景，最终效果如图 16-56 所示。

图 16-54 渲染效果

图 16-55 设置灯光强度和颜色

图 16-56 最终效果

下面利用 VR 太阳光模拟太阳光源效果，具体操作步骤如下。

Step01 打开素材场景模型，如图 16-57 所示。

Step02 渲染场景，观察当前场景的光源效果，如图 16-58 所示。

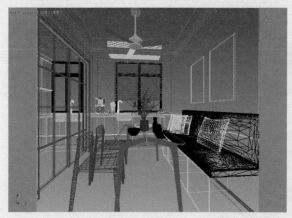

图 16-57 素材场景

图 16-58 初步渲染

Step03 为场景创建 VRay 太阳光，并在弹出的提示框单击"否"按钮，调整太阳光的位置及倾斜角度，用于模拟午后的阳光角度，如图 16-59 所示。

Step04 再次渲染场景，观察添加了太阳光后的效果，如图 16-60 所示。

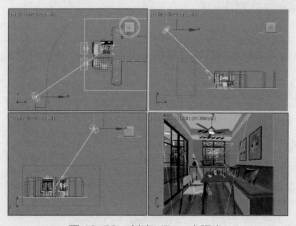

图 16-59 创建 VRay 太阳光

图 16-60 渲染场景

Step05 在参数面板中设置浊度、臭氧、强度倍增、大小倍增以及阴影细分，如图 16-61 所示。

Step06 再次渲染场景，观察最终的阳光效果，如图 16-62 所示。

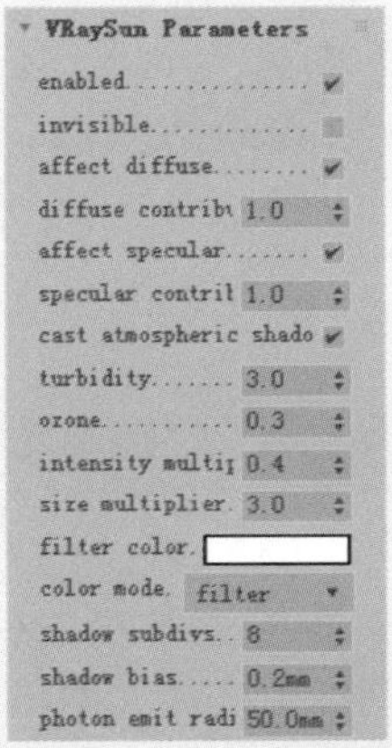

图 16-61　设置参数　　　　　图 16-62　最终效果

16.4　阴影类型

对于标准灯光和光度学灯光中的所有类型的灯光，在"常规参数"卷展栏中，除了可以对灯光进行开关设置外，还可以选择不同形式的阴影方式。

16.4.1　阴影贴图

阴影贴图是最常用的阴影生成方式，它能产生柔和的阴影，且渲染速度快。不足之处是会占用大量的内存，并且不支持使用透明度或不透明度贴图的对象。使用阴影贴图，灯光参数面板中会出现如图 16-63 所示的"阴影贴图参数"卷展栏。

卷展栏中各选项的含义如下。

- 偏移：位图偏移面向或背离阴影投射对象移动阴影。
- 大小：设置用于计算灯光的阴影贴图大小。
- 采样范围：采样范围决定阴影内平均有多少区域，影响柔和阴影边缘的程度。范围为 0.01 ～ 50.0。
- 绝对贴图偏移：勾选该复选框，阴影贴图的偏移未标准化，以绝对方式计算阴影贴图偏移量。
- 双面阴影：勾选该复选框，计算阴影时背面将不被忽略。

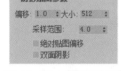

图 16-63　"阴影贴图"参数卷展栏

16.4.2　区域阴影

所有类型的灯光都可以使用"区域阴影"参数。创建区域阴影，需要设置"虚设"区域阴影的虚拟灯光的尺寸。使用"区域阴影"后，会出现相应的参数卷展栏，在卷展栏中可以选择产生阴影的灯光类型并设置阴影参数，如图 16-64 所示。

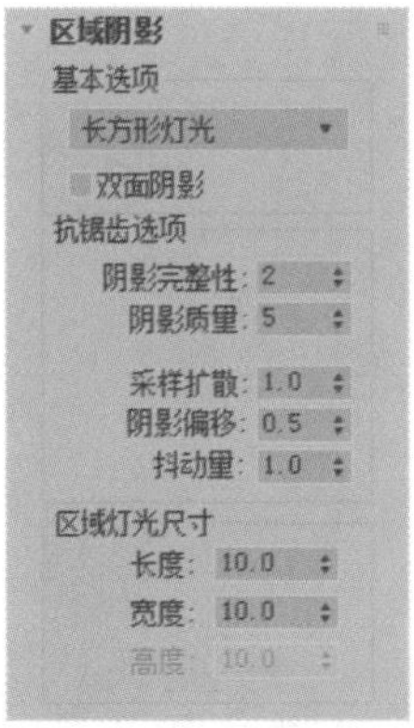

卷展栏中各选项的含义如下。

- 基本选项：在该选项组中可以选择生成区域阴影的方式，包

图 16-64　"区域阴影"卷展栏

括简单、矩形灯、圆形灯、长方形灯光、球形灯等多种方式。

- 阴影完整性：用于设置在初始光束投射中的光线数。
- 阴影质量：用于设置在半影（柔化区域）区域中投射的光线总数。
- 采样扩散：用于设置模糊抗锯齿边缘的半径。
- 阴影偏移：用于控制阴影和物体之间的偏移距离。
- 抖动量：用于向光线位置添加随机性。
- 区域灯光尺寸：该选项组提供尺寸参数来计算区域阴影，该组参数并不影响实际的灯光对象。

16.4.3 VRay 阴影

在 3ds Max 标准灯光中，VRay 阴影是其中一种阴影模式。在室内外等场景的渲染过程中，通常是将 3ds Max 的灯光设置为主光源，配合 VRay 阴影进行画面的制作，因为 VRay 阴影产生的模糊阴影的计算速度要比其他类型的阴影速度快。

图 16-65 "VRay 阴影"卷展栏

选择"VRay 阴影"选项后，参数面板中会出现相应的卷展栏，如图 16-65 所示。

- 透明阴影：当物体的阴影是由一个透明物体产生的时，该选项十分有用。
- 偏移：给顶点的光线追踪阴影偏移。
- 区域阴影：打开或关闭面阴影。
- 盒：假定光线是由一个长方体发出的。
- 球体：假定光线是由一个球体发出的。
- 细分：较高的细分值会使阴影更加光滑无噪点。

综合实战 为卧室场景创建灯光

下面为创建好的卧室场景创建室内外灯光，具体操作步骤如下。

Step01 打开素材场景模型，如图 16-66 所示。

Step02 首先创建室内光源。在顶视图创建一个 VRay 平面光，并调整位置及角度，如图 16-67 所示。

扫一扫 看视频

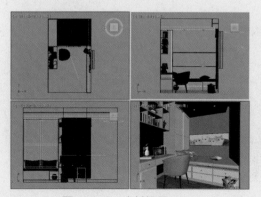

图 16-66 素材场景

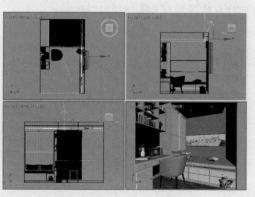

图 16-67 创建 VRay 平面光

Step03 渲染场景，观察灯带光源效果，如图 16-68 所示。

Step04 设置 VRay 灯光倍增、颜色、细分等参数，如图 16-69 所示。

图 16-68 渲染场景 　　　　　　 图 16-69 设置灯光参数

Step05 再次渲染场景，灯带光源效果如图 16-70 所示。

Step06 在前视图创建一盏目标灯光，移动到射灯旁边，调整目标点位置，如图 16-71 所示。

 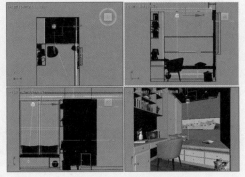

图 16-70 再次渲染 　　　　　　 图 16-71 创建目标灯光

Step07 在修改面板中设置阴影类型为 VRayShadow，再设置灯光分布类型为"光度学 Web"，如图 16-72 所示。

Step08 渲染场景，观察添加了射灯的光源效果，如图 16-73 所示。

图 16-72 设置阴影和分布类型 　　　　　 图 16-73 渲染场景

Step09 设置目标灯光强度及灯光颜色，如图 16-74 所示。

Step10 再次渲染场景，如图 16-75 所示。

图 16-74 设置灯光强度和颜色　　　　图 16-75 渲染场景

Step11 复制目标灯光，调整位置及目标角度，如图 16-76 所示。

Step12 继续渲染场景，可以看到场景中的射灯光源效果，如图 16-77 所示。

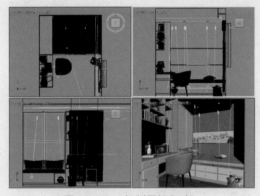

图 16-76 复制目标灯光　　　　　　图 16-77 渲染场景

Step13 在前视图创建一盏 VRay 平面光作为室内补光，设置灯光倍增、颜色、细分等参数，调整灯光的位置，如图 16-78、图 16-79 所示。

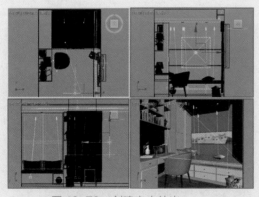

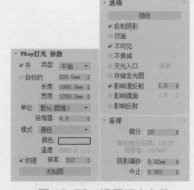

图 16-78 创建室内补光　　　　　　图 16-79 设置灯光参数

Step14 渲染场景，观察添加室内补光后的效果，如图 16-80 所示。

Step15 创建室外光源。复制作为室内补光的 VRay 灯光，将其旋转并移动到窗外位置，调整灯光尺寸及强度，如图 16-81、图 16-82 所示。

图 16-80 室内补光效果

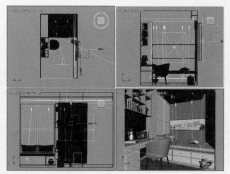

图 16-81 复制补光

图 16-82 调整灯光参数

Step16 渲染场景，观察添加室外补光后的效果，如图 16-83 所示。

Step17 在窗外创建一盏目标平行光，调整角度及高度，如图 16-84 所示。

图 16-83 渲染场景

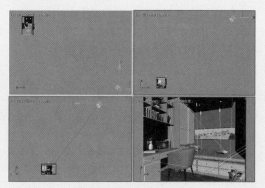

图 16-84 创建太阳光

Step18 设置目标平行光的阴影类型、倍增值、平行光参数以及 VRay 阴影参数，如图 16-85 所示。

Step19 再次渲染场景，观察最终的光源效果，如图 16-86 所示。

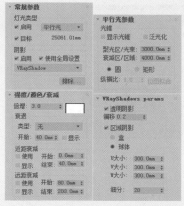

图 16-85 设置平行光参数

图 16-86 最终效果

一、填空题

1. 添加灯光是场景描绘中必不可少的环节。通常在场景中表现照明效果应添加_____；若是需要设置舞台灯光，应添加_____。

2. 灯光按功能分类有_____、_____和背光源。

3. 在 3ds Max 中可以使用_____来模拟筒灯和射灯。

4. 通常可以使用_____作为基础灯照亮背景。

5. 3ds Max 中的标准灯光有____种。

二、选择题

1. 下列不属于 3ds Max 默认灯光类型的是（　　）。

A. Omni　　　　　　　B. Reflection　　　　　C. Diffu　　　　　　　D. Extra light

2. 在标准灯光中，（　　）灯光在创建的时候不需要考虑位置的问题。

A. 目标平行光　　　　B. 天光　　　　　　　C. 泛光灯　　　　　　D. 目标聚光灯

3. 在光度学灯光中，关于灯光分布的 4 种类型中，（　　）可以载入光域网使用。

A. 统一球体　　　　　B. 聚光灯　　　　　　C. 光度学 Web　　　　D. 统一漫反射

4. 以下不能产生阴影的灯光是（　　）。

A. 泛光灯　　　　　　B. 自由平行光　　　　C. 目标聚光灯　　　　D. 天空光

5. Omni 是哪一种灯光（　　）。

A. 聚光灯　　　　　　B. 目标聚光灯　　　　C. 泛光灯　　　　　　D. 目标平行光

三、操作题

1. 利用 VRay 灯光制作台灯光源效果，如图 16-87 所示。

（1）灯光效果

图 16-87　台灯光源效果

（2）操作思路

创建 VRay 球体光，设置灯光参数，用于模拟台灯光源。大致的操作流程参见图 16-88、图 16-89。

图 16-88　原始效果

图 16-89　创建灯

2. 利用 **VRayIES** 和光域网制作筒灯光源，如图 **16-90** 所示。

（1）灯光效果

图 16-90　光源效果

（2）操作思路

为壁灯创建 **VRayIES**，为其添加光域网，设置灯光参数。大致的操作流程参见图 16-91、图 16-92。

图 16-91　原始效果

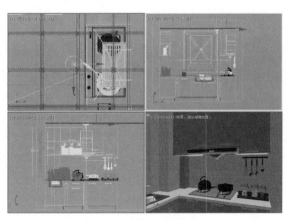

图 16-92　创建 VRayIES

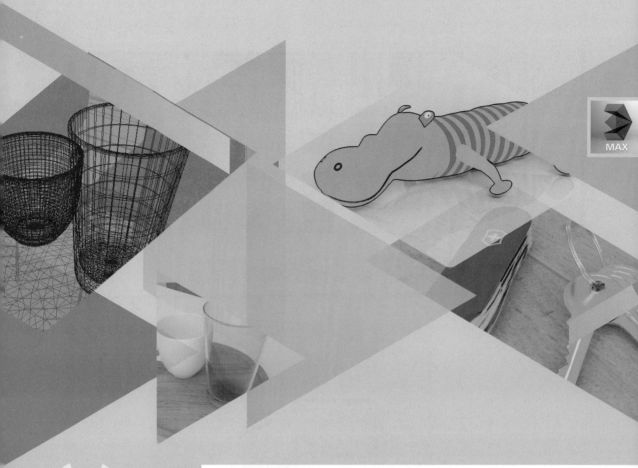

MAX

第17章
材质技术

⭐ 内容导读

材质是三维世界的一个重要概念，是对现实世界中各种材质视觉效果的模拟。在 3ds Max 中创建一个模型，其本身不具备任何表面特征，但是通过材质自身的参数控制可以模拟现实世界中的种种视觉效果。本章将对材质编辑器的设置等内容进行介绍。通过对本章内容的学习能够让读者学会使用编辑器、熟悉材质的制作流程，充分认识材质与物体的联系以及重要性。

🔄 学习目标

○ 了解材质编辑器
○ 掌握基础材质类型的应用
○ 掌握 VRay 材质类型的应用

3ds Max 篇

17.1 认识材质

材质主要用于描述对象如何反射和传播光线，材质中的贴图主要用于模拟对象质地，提供纹理图案、反射、折射等其他效果（贴图还可以用于环境和灯光投影）。

17.1.1 材质编辑器

材质编辑器是一个独立的窗口，用户可以通过材质编辑器创建各类材质并将材质赋予场景对象。3ds Max 为用户提供了精简和 Slate 两种类型的材质编辑器。

- 精简材质编辑器：这是一个相当小的对话框，其中包含各种材质的快速预览，如图 17-1 所示。如果用户要指定已经设计好的材质，那么精简材质编辑器是一个实用的界面，也是工作中比较常用的界面。

- Slate 材质编辑器：Slate 材质编辑器是一个较大的对话框，其中材质和贴图显示为可以关联在一起以创建材质树的节点，如图 17-2 所示。

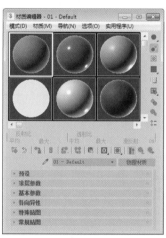

图 17-1　精简材质编辑器

图 17-2　Slate 材质编辑器

（1）示例窗

使用示例窗可以预览材质和贴图，每个窗口可以预览单个材质或贴图。将材质从示例窗拖动到视口中的对象，即可将材质赋予场景对象。

示例窗中样本材质的状态主要有 3 种。实心三角形表示已应用于场景对象且该对象被选中，空心三角形则表示应用于场景对象但对象未被选中，无三角形表示该材质未被应用，如图 17-3 所示。

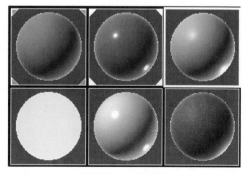

图 17-3　示例窗

（2）工具

位于"材质编辑器"示例窗右侧和下方的是用于管理和更改贴图及材质的按钮和其他控件。其中，位于右侧的工具栏主要用于对示例窗中的样本材质球进行控制，如显示背景或检

373

查颜色等。位于下方的工具主要用于材质与场景对象的交互操作，如将材质指定给对象、显示贴图应用等。如表 17-1 所示为材质编辑器中各工具按钮的作用。

表 17-1　材质编辑器中的工具按钮

名称	作用
● 采样类型	控制示例窗显示的对象类型，包括球体、圆柱体和立方体类型
● 背光	打开或关闭选定示例窗中的背景灯光
▨ 背景	在材质后面显示方格背景图像，在观察透明材质时非常有用
▣ 采样UV平铺	为示例窗中的贴图设置UV平铺显示
▥ 视频颜色检查	检查当前材质中NTSC和PAL制式不支持的颜色
▦ 生成预览	用于产生、浏览和保存材质预览渲染
✎ 选项	打开"材质编辑器选项"对话框
✎ 按材质选择	选定使用当前材质的所有对象
⁞≡ 材质/贴图导航器	单击打开"材质/贴图导航器"窗口
▧ 获取材质	为选定材质打开"材质/贴图浏览器"面板
◈ 将材质放入场景	编辑好材质后，单击该按钮可更新已应用于对象的材质
▣ 将材质指定给选定对象	将材质赋予选定的对象
🗑 重置贴图/材质为默认设置	删除修改的所有属性，将材质属性恢复到默认值
▨ 生成材质副本	在选定的示例图中创建当前材质的副本
▩ 使唯一	将实例化的材质设置为独立的材质
▣ 放入库	重新命名材质并将其保存到当前打开的库中
0 材质ID通道	为应用后期制作效果设置唯一的通道ID
▣ 视口中显示明暗处理材质	在视口的对象上显示2D材质贴图
▮▮ 显示最终结果	在实例图中显示材质以及应用的所有层次
▨ 转到父对象	将当前材质上移一级
▨ 转到下一个同级项	选定同一层级的下一贴图或材质

（3）参数卷展栏

在示例窗的下方是材质参数卷展栏，不同的材质类型具有不同的参数卷展栏。3ds Max 2019 材质器打开后的默认材质为物理材质，其卷展栏如图 17-4 所示。在各种贴图层级中，也会出现相应的卷展栏，这些卷展栏可以调整顺序，如图 17-5 所示。

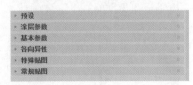

图 17-4　"基本材质参数"卷展栏

图 17-5　"贴图参数"卷展栏

17.1.2　材质的管理

材质的管理主要通过"材质/贴图浏览器"窗口实现，通过该窗口用户可执行制作副本、存入库、按类别浏览等操作，如图 17-6 所示。各选项的含义如下。

- 搜索框：在文本框中可输入材质名称，便于快速查找材质。

- "材质/贴图浏览器选项"按钮▼：单击该按钮可以打开一个快捷菜单，显示用于管理"材质/贴图浏览器"的常规选项。

- Scene Materials（场景材质）：用于显示当前场景中使用的材质。

- Sample Slots（示例窗）：用于显示材质编辑器中的所有材质。

- 材质：此列表分为若干可展开或折叠的组，将显示与活动渲染器兼容的所有材质类型，并显示材质层级关系。

图 17-6　材质/贴图浏览器

17.2 基础材质类型

3ds Max 2019 共提供了 17 种自带材质类型，每一种材质都具有相应的功能，如默认的物理材质可用于表现真实世界中材质的最合理明暗处理效果，或适合表现金属和玻璃的"光线跟踪"材质等。本节将对常用材质类型的相关知识进行介绍。

17.2.1 标准材质

标准材质是最常用的材质类型，可以模拟表面单一的颜色，为表面建模提供非常直观的方式。使用标准材质时可以选择各种明暗器，为各种反射表面设置颜色以及使用贴图通道等，这些设置都可以在参数面板的卷展栏中进行。下面为用户介绍标准材质较为常用的参数面板。

（1）"基本参数"卷展栏

在"基本参数"卷展栏中，标准材质使用 4 色模型来模拟这种现象，主要包括环境光、漫反射、高光反射和过滤颜色，如图 17-7 所示。各属性的含义如下。

- 环境光：环境光颜色是对象在阴影中的颜色。

- 漫反射：漫反射是对象在直接光照条件下的颜色。

- 高光反射：高光是发亮部分的颜色。

- 自发光：可以模拟制作自发光的效果。

- 不透明度：控制材质的不透明度。

- 高光级别：控制反射高光的强度。数值越大，反射强度越高。

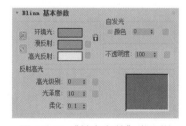

图 17-7　"基本参数"卷展栏

- 光泽度：控制高亮区域的大小，即反光区域的尺寸。

- 柔化：影响反光去和不反光去衔接的柔和度。

（2）"扩展参数"卷展栏

在"扩展参数"卷展栏中提供了透明度和反射相关的参数，通过该卷展栏可以制作更具有真实效果的透明材质，如图 17-8 所示。各属性的含义如下。

- 衰减：向内或向外增加不透明度。

- 类型：选择如何应用不透明度。

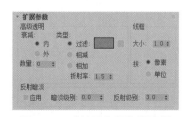

图 17-8　"扩展参数"卷展栏

- 线框：该选项组中的参数用于控制线框的单位和大小。
- 反射暗淡：该选项组提供的参数可使阴影中的反射贴图显得暗淡。

（3）"贴图"卷展栏

在"贴图"卷展栏中，用户可以访问材质的各个组件，部分组件还能使用贴图代替原有的颜色，如图 17-9 所示。

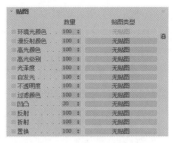

图 17-9 "贴图"卷展栏

17.2.2 Ink'n Paint 材质

Ink'n Paint 材质提供带有墨水边界的平面明暗处理，可以模拟卡通的材质效果。其参数面板包括"基本材质扩展"卷展栏、"绘制控制"卷展栏、"墨水控制"卷展栏和"超级采样/抗锯齿"卷展栏。下面介绍常用卷展栏中各选项含义。

（1）"绘制控制"卷展栏

绘制是材质的主颜色，并具有三个组件，如图 17-10 所示。该卷展栏各选项的含义介绍如下。

- 亮区：对象中亮区的填充颜色，默认为淡蓝色。
- 暗区：第一个数字设置是显示在对象不亮面上的亮区颜色的百分比。默认为 70.0。
- 高光：反射高光的颜色。默认为白色。
- "贴图"复选框：微调器和按钮之间的复选框，可启用或禁用贴图。

（2）"墨水控制"卷展栏

墨水是材质中的划线、轮廓，该卷展栏如图 17-11 所示。卷展栏各选项的含义如下。

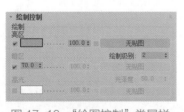

图 17-10 "绘图控制"卷展栏

图 17-11 "墨水控制"卷展栏

- "墨水"复选框：启用时，会对渲染施墨。
- 墨水质量：影响笔刷的形状及其使用的示例数量。
- 墨水宽度：以像素为单位的墨水宽度。
- 可变宽度：启用此选项后，墨水宽度可以在最大值和最小值之间变化。
- 钳制：启用"可变宽度"后，有时场景照明使一些墨水线变得很细，几乎不可见。如果出现这种情况，可启用"钳制"，它会强制墨水宽度始终保持在最大值和最小值之间。
- 轮廓：对象外边缘处（相对于背景）或其他对象前面的墨水。
- 重叠：当对象的某部分自身重叠时所使用的墨水。
- 延伸重叠：与重叠相似，但将墨水应用到较远的曲面而不是较近的曲面。

- 小组：边界间绘制的墨水。
- 材质 ID：不同材质 ID 值之间绘制的墨水。

17.2.3 双面材质

使用"双面"材质可以为对象的前面和后面指定两个不同的材质。在双面材质的"基本参数"卷展栏中，包括半透明、正面材质和背面材质 3 个选项，如图 17-12 所示。其中，各选项的含义如下。

- 半透明：设置一个材质通过其他材质显示的数量，范围为 0 ~ 100%。设置为 100% 时，可以在内部面上显示外部材质，并在外部面上显示内部材质。
- 正面材质：用于设置正面的材质。
- 背面材质：用于设置背面的材质。

17.2.4 多维 / 子对象材质

使用多维 / 子对象材质可以采用几何体的子对象级别分配不同的材质，常被用于包含许多贴图的复杂物体上。其参数面板如图 17-13 所示。

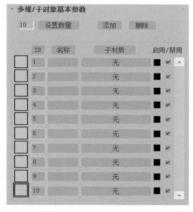

图 17-12 "双面基本参数"卷展栏　　图 17-13 "多维 / 子对象基本参数"卷展栏

下面介绍参数面板中按钮和选项的含义。

- 数量：此字段显示包含在多维 / 子对象材质中的子材质的数量。
- 设置数量：用于设置子材质的参数，单击该按钮，即可打开"设置材质数量"对话框，在其中可以设置材质数量。
- 添加：单击该按钮，在子材质下方将默认添加一个标准材质。
- 删除：删除子材质。单击该按钮，将从下向上逐一删除子材质。
- ID/ 名称 / 子材质：单击按钮即可按类别将列表排序。
- 子材质列表：该列表中每个子材质都有一个单独的项，一次最多显示 10 个子材质。

17.2.5 顶 / 底材质

使用"顶 / 底"材质可以为对象的顶部和底部指定两个不同的材质，并允许将两种材质混合在一起，得到类似"双面"材质的效果，"顶 / 底"材质参数提供了访问子材质、混合、坐标等参数，其参数卷展栏如图 17-14 所示。

该卷展栏各选项的含义如下。

- 顶材质：可单击顶材质后的按钮，显示顶材质的命令和类型。
- 底材质：可单击底材质后的按钮，显示底材质的命令和类型。
- 坐标：用于控制对象如何确定顶和底的边界。
- 混合：用于混合顶子材质和底子材质之间的边缘。
- 位置：用于确定两种材质在对象上划分的位置。"混合"和"位置"参数都可以被记录成动画。

17.2.6 混合材质

混合材质可以将两种不同的材质融合在一起，控制材质的显示程度，还可以制作成材质变形的动画，常被用于制作刻花镜、带有花样的抱枕和部分锈迹的金属等。混合材质由两个子材质和一个遮罩组成，子材质可以是任何材质的类型，遮罩则可以访问任意贴图中的组件或者是设置位图等，其参数卷展栏如图 17-15 所示。

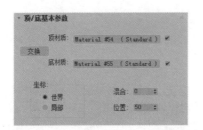

图 17-14 "顶/底基本参数"卷展栏

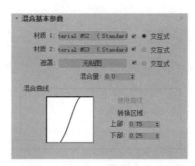

图 17-15 "混合基本参数"卷展栏

下面具体介绍卷展栏中各常用选项的含义。

- 材质 1 和材质 2：可以设置各种类型的材质。默认材质为标准材质，单击后方的选项框，在弹出材质面板中可以更换材质。
- 遮罩：使用各种程序贴图或位图设置遮罩。遮罩中较黑的区域对应材质 1，较亮较白的区域对应材质 2。
- 混合量：决定两种材质混合的百分比，当参数为 0 时，将完全显示第一种材质；当参数为 100 时，将完全显示第二种材质。
- 混合曲线：影响进行混合的两种颜色之间的变换的渐变或尖锐程度，只有制定遮罩贴图后，才会影响混合。

课堂练习 制作卡通材质

下面利用双面材质创建卡通材质，具体操作步骤如下。

Step01 打开素材场景模型，如图 17-16 所示。

Step02 按 F9 键渲染场景，效果如图 17-17 所示。

Step03 打开材质编辑器，选择一个未使用的材质球，设置为 Ink'n Paint 材质，在"绘制控制"卷展栏中设置亮区颜色、暗区参数以及高光参数，如图 17-18 所示。

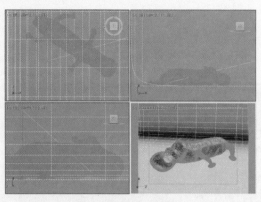

图 17-16　素材场景

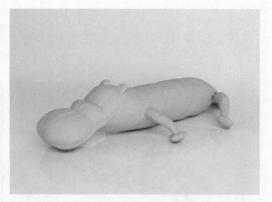

图 17-17　初始渲染效果

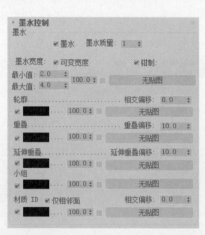

图 17-19　设置"墨水控制"卷展栏

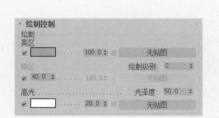

图 17-18　设置"绘制控制"卷展栏

Step04 在"墨水控制"卷展栏中勾选"可变宽度"和"钳制"复选框，再勾选"延伸重叠"复选框，如图 17-19 所示。

Step05 创建的材质球预览效果如图 17-20 所示。

Step06 照此方法再创建多个颜色的材质球，如图 17-21 所示。

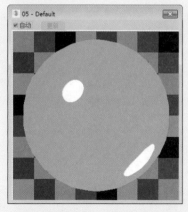

图 17-20　材质效果

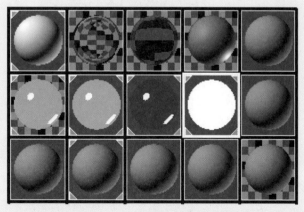

图 17-21　创建其他颜色的材质

> **Step07** 将材质分别指定给多边形的各个部分，视口效果如图 17-22 所示。
>
> **Step08** 为绿色材质和白色材质的"亮区"通道添加位图贴图，效果如图 17-23 所示。

图 17-22　赋予材质

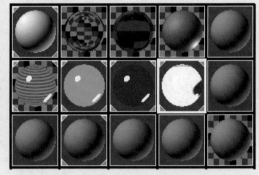

图 17-23　添加贴图

> **Step09** 最后渲染场景，材质渲染效果如图 17-24 所示。

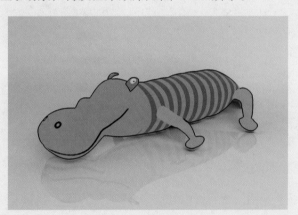

图 17-24　材质渲染效果

17.3　VRayMtl 材质

VRayMtl 是目前 3ds Max 效果图制作中使用最为广泛的材质类型，可以模拟超级真实的反射、折射及纹理效果。VRayMtl 是最常用的一个材质，专门配合 VRay 渲染器使用。因此当使用 VRay 渲染器时，使用这个材质会比 3ds Max 标准材质（Standard）在渲染速度和细节质量上高很多。

17.3.1　基本参数

VRayMtl 的基本参数面板如图 17-25 所示。其中，各选项的含义如下。

- 漫反射：是物体的固有色，可以是某种颜色也可以是某张贴图，贴图优先。
- 粗糙：数值越大，粗糙效果越明显，可以用来模拟绒布的效果。

- 反射：可以用颜色控制反射，也可以用贴图控制，但都基于黑灰白，黑色代表没有反射，白色代表完全反射，灰色代表不同程度的反射。
- 光泽：物体高光和发射的亮度和模糊。值越高，高光越明显，反射越清晰。
- 菲涅尔反射：选择选项后可增强反射物体的细节变化。
- 菲涅尔 IOR：当值为 0 时，菲涅尔效果失效；当值为 1 时，材质完全失去反射属性。
- 最大深度：就是反射次数，值为 1 时，反射 1 次；值为 2 时，反射 2 次，以此类推，反射次数越多，细节越丰富，但一般而言，5 次以内就足够了，大的物体需要丰富的细节，但小的物体细节再多也观察不到，只会增加计算量。

图 17-25 "VRay 材质 基本参数"卷展栏

- 背面反射：勾选后可增加背面反射效果。
- 暗淡距离：该选项用来控制暗淡距离的数值。
- 细分：提高它的值，能有效降低反射时画面出现的噪点。
- 折射：可以由旁边的色条决定，黑色时不透明，白色时全透明；也可以由贴图决定，贴图优先。
- 光泽：控制折射表面光滑程度，值越高，表面越光滑；值越低，表面越粗糙。降低"光泽度"的值可以模拟磨砂玻璃效果。
- IOR：折射的程度。
- 阿贝数：色散的程度。
- 最大深度：折射次数。
- 影响阴影：勾选后阴影会随着烟雾颜色而改变，使透明物体阴影更加真实。
- 细分：控制折射的精细程度。
- 雾颜色：透明玻璃的颜色，非常敏感，改动一点就能产生很大变化。
- 烟雾倍增：控制"烟雾颜色"的强弱程度，值越低，颜色越浅。
- 烟雾偏移：用来控制雾化偏移程度，一般默认即可。
- 半透明：半透明效果的类型有 3 种，包括硬、软、混合模式。
- 散射系数：物体内部的散射总量。
- 正 / 背面系数：控制光线在物体内部的散射方向。
- 厚度：用于控制光线在物体内部被追踪的深度，也可以理解为光线的最大穿透能力。
- 背面颜色：用来控制半透明效果的颜色。
- 灯光倍增：设置光线穿透能力的倍增值。值越大，散射效果越强。
- 自发光：该选项控制自发光的颜色。
- 倍增：该选项控制自发光的强度。
- 补偿相机曝光：该选项用于增强相机曝光值。

17.3.2 双向反射分布函数

该卷展栏主要用于控制物体表面的反射特性。当反射的颜色不为黑色和反射模糊不为 1 时，这个功能才有效果，其参数面板如图 17-26 所示。

图 17-26　"双向反射分布函数"卷展栏

- 类型：VRayMtl 提供了 4 种双向反射分布类型，包括 Phong、Blinn、Ward、Microfacet GTR。
- 各向异性：各向异性控制高光区域的形状。
- 旋转：控制高光形状的角度。

关于双向反射分布现象，在物理世界中到处可见。我们可以看到不锈钢锅底的高光形状是呈两个锥形的，这是因为不锈钢表面是一个有规律的均匀凹槽，也就是常见的拉丝效果，当光照射到这样的表面上就会产生双向反射分布现象。

如图 17-27、图 17-28 所示为现实世界中的不锈钢锅底效果以及利用 VRayMtl 材质的基本参数和双向反射分布函数表现出的效果。

图 17-27　不锈钢锅底

图 17-28　双向反射分布函数效果

17.3.3 选项

该参数面板如图 17-29 所示。下面介绍一下相关参数的含义。

- 跟踪反射：控制光线是否追踪反射。不勾选该项，VRay 将不渲染反射效果。
- 跟踪折射：控制光线是否追踪折射。不勾选该项，VRay 将不渲染折射效果。
- 双面：控制 VRay 渲染的面为双面。
- 背面反射：勾选该项时，强制 VRay 计算反射物体的背面反射效果。

图 17-29　"选项"卷展栏

知识点拨

由于其他部分的参数在做效果图的时候用得不多，所以这里就不多做介绍。如果读者有兴趣，可以参考官方的相关资料。

课堂练习 制作玻璃材质

通透、折射、焦散是玻璃特有的物理特性，经常用于窗户玻璃、器皿等物体，因此在玻璃材质的设置过程中要注意折射参数的设置。下面利用本章所学知识创建玻璃材质，具体操作步骤如下。

扫一扫 看视频

Step01 打开素材场景模型，如图 17-30 所示。

Step02 选择未使用的材质球，设置材质类型为 VRayMtl，在"基本参数"卷展栏中设置漫反射颜色、反射颜色、折射颜色以及雾颜色，反射颜色和折射颜色为白色，在"反射"选项组中设置细分值为 20，在"折射"选项组中勾选"影响阴影"复选框，设置细分值为 16，IOR 为 1.55，设置烟雾偏移 −0.25，再设置烟雾倍增为 0.5，如图 17-31 所示。

图 17-30　素材场景

图 17-31　设置基本参数

Step03 漫反射颜色和雾颜色参数设置如图 17-32、图 17-33 所示。

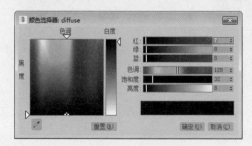

图 17-32　漫反射颜色

图 17-33　雾颜色

Step04 设置好的玻璃材质球预览效果如图 17-34 所示。

Step05 将材质指定给茶几模型，再制作其他物体的材质，渲染场景，效果如图 17-35 所示。

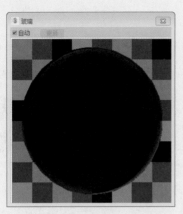

图 17-34 材质球预览效果

图 17-35 材质渲染效果

课堂练习 制作梳妆镜材质

下面利用本章所学知识制作梳妆镜材质，其中包括金属框架和镜面两种材质的制作，具体操作步骤如下。

扫一扫 看视频

Step01 打开素材场景模型，如图 17-36 所示。

Step02 首先创建金属材质。选择未使用的材质球，设置材质类型为 VRayMtl，在"基本参数"卷展栏中设置漫反射颜色为黑色，再设置反射颜色，在"反射"选项组中设置光泽度为 0.92，菲涅尔 IOR 为 100，细分值为 20，如图 17-37 所示。

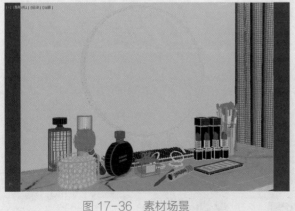

图 17-36 素材场景

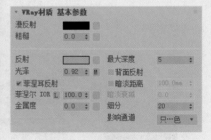

图 17-37 设置基本参数

Step03 反射颜色参数设置如图 17-38 所示。

Step04 设置好的金属材质球预览效果如图 17-39 所示。

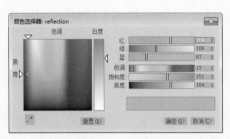

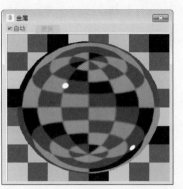

图 17-38 反射颜色　　　　　　图 17-39 金属材质球预览效果

Step05 接下来创建镜面材质。再选择一个未使用的材质球，设置材质类型为 VRayMtl，在"基本参数"卷展栏中设置漫反射颜色为黑色，再设置反射颜色，在"反射"选项组中设置光泽度为 0.99，菲涅尔 IOR 为 100，细分值为 20，如图 17-40 所示。

Step06 设置好的镜面材质球预览效果如图 17-41 所示。

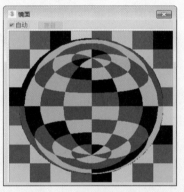

图 17-40 设置基本参数　　　　　图 17-41 镜面材质球预览效果

Step07 将材质分别指定给梳妆镜模型，渲染场景，效果如图 17-42 所示。

图 17-42 材质渲染效果

17.4 VRay材质类型

VRay材质可以得到较好的物理上的正确照明（能源分布）、较快的渲染速度，更方便的反射/折射参数。在VRay材质中可以运用不同的纹理贴图、控制反射/折射，增加凹凸和置换贴图、强制直接GI计算，为材质选择不同的BRDF类型。

17.4.1 VRay灯光材质

VRay灯光材质是VRay渲染器提供的一种特殊材质，可以模拟物体发光发亮的效果，并且这种自发光效果可以对场景中的物体也产生影响，常用来制作顶棚灯带、霓虹灯、火焰等材质，这种材质在进行渲染的时候要比3ds Max默认的自发光材质快很多。

在使用VR灯光材质的时候还可以使用纹理贴图来作为自发光的光源。其"参数"卷展栏如图17-43所示，各参数的作用如下。

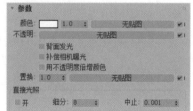

图17-43 "参数"卷展栏

- 颜色：主要用于设置自发光材质的颜色，默认为白色。可单击色样打开颜色选择器，以选择所需的颜色。不同的灯光颜色对周围对象表面的颜色会有不同的影响，也可以为颜色后的通道添加适合的贴图，使之更加符合场景需求。

- 倍增：用于设置自发光材质的亮度，相当于灯光的倍增器。

- 不透明：可以给自发光的不透明度指定材质贴图，让材质产生自发光的光源。

- 背面发光：用于设置材质是否两面都产生自发光。

- 补偿相机曝光：控制相机曝光补偿的数值。

- 用不透明度倍增颜色：勾选该项以后，将按照控制不透明度与颜色相乘。

17.4.2 VRay材质包裹器材质

VRay材质包裹器材质主要用于控制材质的全局光照、焦散和不可见。也就是说，通过VRay包裹材质可以将标准材质转换为VRay渲染器支持的材质类型。一个材质在场景中过于亮或色溢太多，嵌套这个材质，可以控制生成/接收GI的数值。其参数面板如图17-44所示，其中，各选项的含义介绍如下。

- 基本材质：用于设置嵌套的材质。
- 生成GI：设置产生全局光及其强度。
- 生成焦散：设置材质是否产生焦散效果。
- 接收GI：设置接收全局光及其强度。
- 接收焦散：设置材质是否接收焦散效果。
- 无光曲面：设置物体表面为具有阴影遮罩属性的材质，使该物体在渲染时不可见，但该物体仍然出现在反射/折射中，并且仍然能够产生间接照明。
- Alpha参考：设置物体在Alpha通道中显示的强

图17-44 "参数"卷展栏

AutoCAD+3ds Max+Photoshop｜站式高效学习｜本通

度。光数值为 1 时，表示物体在 Alpha 通道中正常显示；数值为 0 时，表示物体在 Alpha 通道中完全不显示。

- 阴影：用于控制遮罩物体是否接收直接光照产生的阴影效果。
- 影响 Alpha：用于设置直接光照是否影响遮罩物体的 Alpha 通道。
- 颜色：用于控制被包裹材质的物体接收的阴影颜色。
- 亮度：用于控制遮罩物体的亮度。
- 反射量：用于控制遮罩物体的反射程度。
- 折射量：用于控制遮罩物体的折射程度。
- GI 量：用于控制遮罩物体接收间接照明的程度。

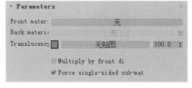

图 17-45 "参数" 卷展栏

17.4.3 VRay2SidedMtl 材质

VRay2SidedMtl 材质可以模拟带有双面属性的材质效果，其材质参数面板如图 17-45 所示。

- Front material（正面材质）：在该通道上添加正面材质。
- Back material（背面材质）：在该通道上添加背景材质。
- Translucency（半透明）：在该通道上添加半透明贴图。
- Force single-sided sub-materials（强制单面子材质）：勾选该选项可以控制强制单面的子材质效果。

课堂练习 制作自发光灯具材质

下面利用本章所学知识创建自发光材质，具体操作步骤如下。

Step01 打开素材场景模型，如图 17-46 所示。

Step02 选择未使用的材质球，设置材质类型为 VRayLightMtl，设置颜色强度为 10，勾选 "背面发光" 复选框，如图 17-47 所示。

扫一扫 看视频

图 17-46 素材场景

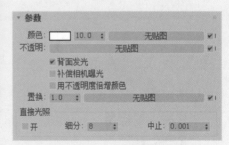

图 17-47 设置材质参数

Step03 创建的自发光材质球如图 17-48 所示。

Step04 将材质指定给猫头鹰样式的样条线模型，渲染场景，效果如图17-49 所示。

图 17-48　材质球预览效果

图 17-49　材质渲染效果

厨房灶台上最常见的材质是不锈钢、玻璃、陶瓷等，下面利用本章所学知识制作灶台上常用的一些材质，具体操作步骤如下。

扫一扫　看视频

Step01 打开素材场景模型，如图 17-50 所示。

Step02 首先制作人造石材质。按 M 键打开材质编辑器，选择一个未使用的材质球，设置材质类型为 VRayMtl，在"基本参数"卷展栏中设置漫反射颜色与反射颜色，设置反射光泽度为 0.95，细分值为 20，如图 17-51 所示。

图 17-50　打开素材场景

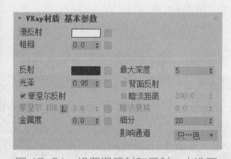

图 17-51　设置漫反射和反射—人造石

Step03 漫反射颜色与反射颜色参数设置如图 17-52、图 17-53 所示。

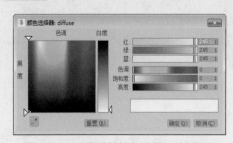

图 17-52　漫反射颜色设置—人造石

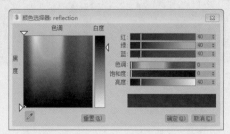

图 17-53　反射颜色设置—人造石

Step04 为材质命名为"人造石"，设置好的材质球预览效果如图 17-54 所示。

Step05 将材质指定给橱柜台面和墙面模型，如图 17-55 所示。

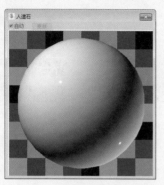 

图 17-54 人造石材质球预览效果　　　图 17-55 给模型指定人造石材质

Step06 制作黑色烤漆材质。选择未使用的材质球，设置材质类型为 VRayMtl，在"基本参数"卷展栏中设置漫反射颜色和反射颜色，再设置反射光泽度为 0.97，细分值为 20，如图 17-56 所示。

Step07 反射颜色为白色，漫反射颜色参数设置如图 17-57 所示。

Step08 为材质命名为"黑色烤漆玻璃"，设置好的黑色烤漆玻璃材质球预览效果如图 17-58 所示。将材质指定给燃气灶的台面。

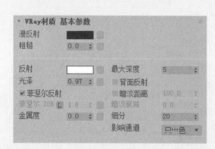 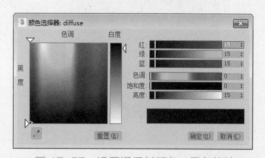

图 17-56 设置漫反射与反射—黑色烤漆　　　图 17-57 设置漫反射颜色—黑色烤漆

Step09 制作黑色塑料材质。选择未使用的材质球，设置材质类型为 VRayMtl，在"基本参数"卷展栏中设置漫反射颜色和反射颜色，取消勾选"菲涅尔反射"选项，再设置反射光泽度为 0.55，细分值为 15，如图 17-59 所示。

图 17-58 黑色烤漆材质球预览效果　　　图 17-59 设置漫反射与反射—黑色塑料

Step10 漫反射颜色和反射颜色参数设置如图 17-60、图 17-61 所示。

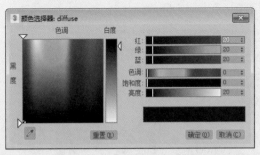 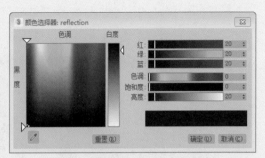

图 17-60 设置漫反射颜色—黑色塑料   图 17-61 设置反射颜色—黑色塑料

Step11 将材质命名为"黑色塑料",设置好的黑色塑料材质球预览效果如图 17-62 所示。将材质指定给燃气灶的打火按钮。

Step12 制作磨砂不锈钢材质。选择未使用的材质球,设置材质类型为 VRayMtl,在"基本参数"卷展栏中设置反射颜色为白色,取消勾选"菲涅尔反射"选项,再设置反射光泽度为 0.75,细分值为 20,如图 17-63 所示。

 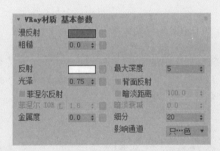

图 17-62 黑色塑料材质球预览效果   图 17-63 设置漫反射与反射—磨砂不锈钢

Step13 在"双向反射分布函数"卷展栏中设置分布类型为 Blinn,如图 17-64 所示。

Step14 将材质命名为"磨砂不锈钢",设置好的材质球预览效果如图 17-65 所示。

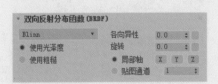

图 17-64 设置双向反射分布函数   图 17-65 磨砂不锈钢材质球预览效果

Step15 制作亮面不锈钢材质。选择未使用的材质球,设置材质类型为 VRayMtl,

在"基本参数"卷展栏中设置漫反射颜色为黑色，反射颜色为白色，取消勾选"菲涅尔反射"选项，再设置反射光泽度为0.98，最大深度值为10，细分值为20，如图17-66所示。

Step16 将材质命名为"亮面不锈钢"，设置好的材质球预览效果如图17-67所示。将创建好的两种不锈钢材质指定给各个厨具及燃气灶支架。

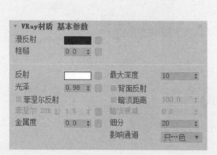

图 17-66　设置漫反射与反射—亮面不锈钢　　图 17-67　亮面不锈钢材质球预览效果

Step17 制作白瓷材质。选择未使用的材质球，设置材质类型为VRayMtl，设置漫反射颜色为白色，为反射通道添加衰减贴图，设置衰减类型为Fresnel，如图17-68、图17-69所示。

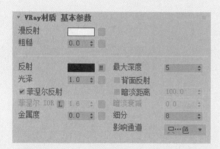

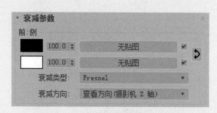

图 17-68　设置漫反射与反射—白瓷　　　　图 17-69　设置衰减类型

Step18 将材质命名为"白瓷"，创建好的材质球预览效果如图17-70所示。将材质指定给调味盒模型。

Step19 制作调味瓶封口塑料材质。选择未使用的材质球，设置材质类型为VRayMtl，在"基本参数"卷展栏中设置漫反射颜色和反射颜色，设置反射光泽度为0.8，激活"菲涅尔IOR"，设置数值为1.7，细分值为15，如图17-71所示。

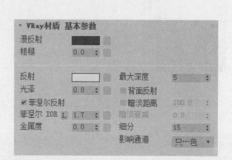

图 17-70　白瓷材质球预览效果　　　图 17-71　设置漫反射与反射—调味瓶封口塑料

Step20 漫反射颜色与反射颜色参数的设置如图 17-72、图 17-73 所示。

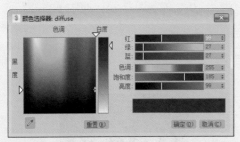
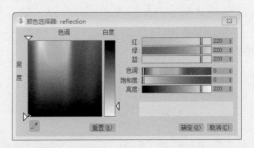

图 17-72　设置漫反射颜色—调味瓶封口塑料　　图 17-73　设置反射颜色—调味瓶封口塑料

Step21 创建好的塑料材质球预览效果如图 17-74 所示。

Step22 制作调料瓶玻璃材质。选择未使用的材质球，设置材质类型为 VRayMtl，在"基本参数"卷展栏的"反射"选项组中设置反射光泽度为 0.98，最大深度值为 10，细分值为 15；在"折射"选项组中设置折射颜色，折射光泽度为 0.99，IOR 值为 1.47，最大深度值为 10，细分值为 15；再设置雾颜色，烟雾倍增值为 0.11，如图 17-75 所示。

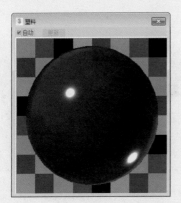

图 17-74　调味瓶封口塑料材质球预览效果　　图 17-75　设置 VRay 材质基本参数

Step23 折射颜色和雾颜色参数设置如图 17-76、图 17-77 所示。

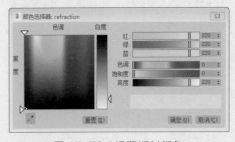
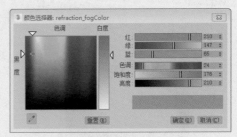

图 17-76　设置折射颜色　　　　　　图 17-77　设置雾颜色

Step24 创建好的玻璃材质球预览效果如图 17-78 所示。

Step25 将创建的材质指定给调味瓶模型，最后渲染场景，效果如图 17-79 所示。

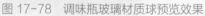

图 17-78　调味瓶玻璃材质球预览效果

图 17-79　渲染效果

课后作业

一、填空题

1. 材质编辑器中的 Color Conrtols 用于设置着色光线，其中调节的三个主要参数为____
_____、_____、_____。

2. _____可以使物体表面的内外两面分别指定不同的材质。

3. _____用于表现材质表面颜色。

4. 按____快捷键可以激活材质编辑器。

5. 使用 UVW 移除实用程序可以移除模型对象的_____或_____。

二、选择题

1. 能够显示当前材质球的材质层次结构的是（　　）。

A. 根据材质选择　　　　　　　　　　B. 材质编辑器选项

C. 材质 / 贴图导航器　　　　　　　　D. 制作预示动画

2. 3ds Max 2019 中共有（　　）种材质类型。

A. 12　　　　　　　　B. 15　　　　　　　　C. 19　　　　　　　　D. 21

3. 材质编辑器中最多可显示的样本球个数为（　　）。

A. 8　　　　　　　　B. 9　　　　　　　　C. 13　　　　　　　　D. 24

4. 以下不属于标准材质中贴图通道的是（　　）。

A. Bump　　　　　　B. Reflection　　　　C. Diffuse　　　　　D. Extra light

5. 金属材质的选项为（　　）。

A. Blinn　　　　　　B. Phong　　　　　　C. Metal　　　　　　D. Multi-layer

三、操作题

1. 创建不锈钢材质，效果如图 17-80 所示。

（1）图形效果

（2）操作思路

选择材质球，设置材质类型，再设置漫反射和反射参数，即可制作出不锈钢材质。大致
的参数设置流程参见图 17-81、图 17-82。

393

图 17-80　不锈钢材质

图 17-81　不锈钢材质参数

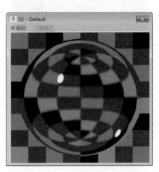

图 17-82　不锈钢材质预览

2. 创建白瓷材质，效果如图 17-83 所示。

（1）图形效果

图 17-83　白瓷材质

（2）操作思路

选择材质球，设置材质类型，再设置漫反射和反射参数，即可制作出白瓷材质。大致的参数设置流程参见图 17-84、图 17-85。

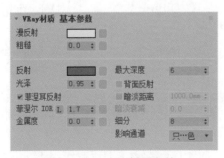

图 17-84　白瓷材质参数

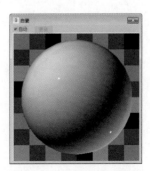

图 17-85　白瓷材质预览

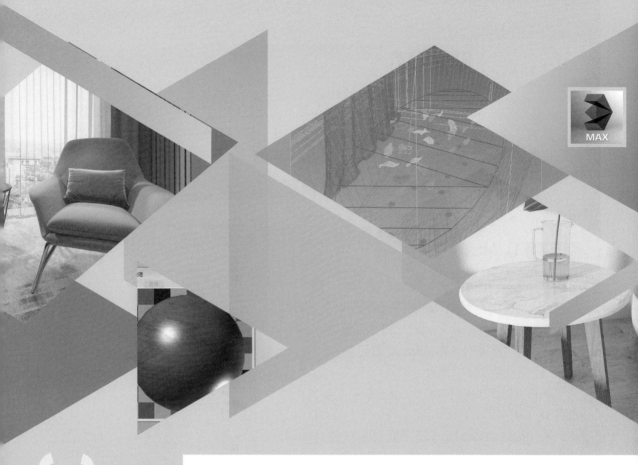

第18章

贴图技术

⭐ 内容导读

贴图，顾名思义就是指在材质上贴一张图片。当然在 3ds Max 中的贴图不仅仅是指图片（位图贴图），也可以是程序贴图，将这些贴图加载在贴图通道中，可以制作出不一样的效果。贴图和材质是不可分割的，通常放在一起使用。

本章将对常用 3ds Max 自带贴图和 VRay 贴图进行介绍。通过对本章内容的学习读者能够学会使用贴图、编辑贴图，充分认识贴图与材质的联系以及贴图在材质制作过程中的作用。

⚙ 学习目标

○ 了解贴图类型

○ 了解贴图坐标

○ 掌握各类贴图的应用

贴图是指在 3ds Max 贴图通道中添加的位图或程序贴图，从而使得材质产生更多细节变化，比如花纹、凹凸、衰减等效果。读者要了解的是，贴图不是材质，使用贴图的前提是材质，也就是说贴图是依附于材质表面的。例如大理石材质，首先是大理石材质的材质属性，其次才是大理石花纹。

在材质中，贴图可以模拟纹理、应用设计、反射、折射和其他效果，也可以用作环境和投射灯光。

18.1.1 认识贴图

在材质编辑器中打开"贴图"卷展栏，即可为任意通道添加贴图。单击"贴图浏览器"按钮，即可打开"材质/贴图浏览器"面板，较为常用的贴图都集中在"通用"贴图列表和 VRay 贴图列表中。

（1）"通用"贴图列表

展开"通用"贴图列表，可以看到 41 种贴图类型，如图 18-1 所示。

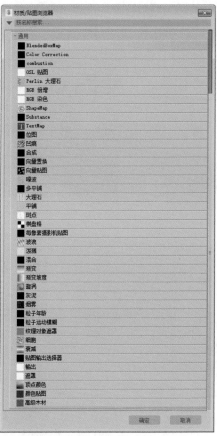

图 18-1 "通用"贴图列表

● BlendedBoxMap（混合框贴图）：通过映射原理，为模型制作 6 面贴图；还可以通过融合值参数的调整，使多种复杂的材质颜色无缝融合。

● Color Correction（颜色修正）：为使用基于堆栈的方法修改并入基本贴图的颜色提供了一类工具。

● combustion：可以同时使用 Autodesk Combustion 软件和 3ds Max 以交互方式创建贴图。使用 Combustion 在位图上进行绘制时，材质将会自动更新。

● OSL 贴图：2019 版本新增贴图，包含 100 多种着色器。

● PerLin 大理石：通过两种颜色混合，产生类似于珍珠岩纹理的效果。

● RGB 倍增：主要配合凹凸贴图使用，允许将两种颜色或贴图的颜色进行相乘处理，从而增加图像的对比度。

● RGB 染色：通过 3 个颜色通道来调整贴图的色调。

● Substance：使用这个包含 Substance 参数化纹理的库，可以获得各种范围的材质。

● 位图：通常在这里加载位图贴图，这是最为重要的贴图类型。

● 凹痕：可以作为凹凸贴图，产生一种风化和腐蚀的效果。

● 合成：可以将两个或三个以上的子材质叠加在一起。

● 向量置换：该贴图允许在三个维度上置换网格。

● 向量贴图：使用向量贴图，可以将基于向量的图形（包括动画）用作对象的纹理。

- 噪波：通过两种颜色或贴图的随机混合，产生一种无序的杂点效果。
- 多平铺：通过多平铺贴图，可以同时将多个纹理平铺加载到 UV 编辑器。
- 大理石：产生岩石断层效果。
- 平铺：可以模拟类似带有缝隙瓷砖的效果。
- 斑点：产生亮色杂斑纹理效果。
- 棋盘格：产生黑白交错的棋盘格图案。
- 每像素摄影机贴图：将渲染后的图像作为物体的纹理贴图，以当前摄影机的方向贴在物体上，可以进行快速渲染。
- 波浪：可以创建波状的类似水纹的贴图效果。
- 泼溅：产生类似于油彩飞溅的效果。
- 混合：将两种贴图混合在一起，通常用于制作一些多个材质渐变融合或相互覆盖的效果。
- 渐变：使用 3 种颜色创建渐变图像。
- 渐变坡度：可以产生多色渐变效果。
- 漩涡：可以创建两种颜色的漩涡形图形。
- 灰泥：用于制作腐蚀生锈的金属和物体破败的效果。
- 烟雾：产生丝状、雾状或絮状等无序的纹理效果。
- 粒子年龄：专用于粒子系统，通常用于制作彩色粒子流动的效果。
- 粒子运动模糊：根据粒子速度产生模糊效果。
- 纹理对象遮罩：使用该贴图可以通过将其他对象用作遮罩，来定位纹和设置纹理动画。
- 细胞：细胞贴图是一种程序贴图，生成用于各种视觉效果的细胞图案。
- 衰减：产生两色过渡效果，这是最为重要的贴图。

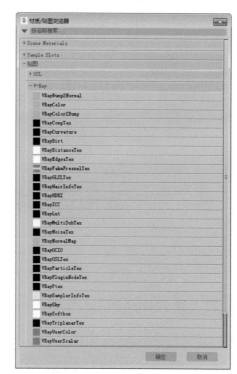

图 18-2　VRay 贴图列表

- 贴图输出选择器：该贴图是多输出贴图（如 Substance）和它连接到的材质之间的必需中介，它的功能是告诉材质将使用哪个贴图输出。
- 输出：专门用来弥补某些无输出设置的贴图类型。
- 遮罩：使用一张贴图作为遮罩。
- 顶点颜色：根据材质或原始顶点颜色来调整 RGB 或 RGBA 纹理。
- 颜色贴图：可生成纯色色样和位图。
- 高级木材：2019 版本新增贴图，能够以高度自定义的方式生成木材纹理，包含与枫木、樱桃木及橡木相关的预设。

（2）VRay 贴图列表

VRay 渲染器不仅有专用的材质，也有专用的贴图，在"材质 / 贴图浏览器"面板的 VRay 贴图列表中就包含了 28 种贴图类型，如图 18-2 所示。

18.1.2 贴图坐标

每一个贴图都拥有一个空间方位。将带有贴图的材质应用于对象时，此对象必须拥有贴图坐标，以 U、V、W 轴表示的局部坐标。

为材质添加贴图后，除了基本参数卷展栏外，还有"坐标"卷展栏，如图 18-3 所示。用户可通过该卷展栏设置贴图的显示方式、大小、角度等。该卷展栏中各选项含义如下。

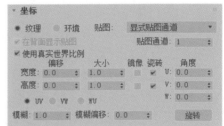

图 18-3 "坐标"卷展栏

- 纹理：将该贴图作为纹理应用于对象表面。
- 环境：使用该贴图作为环境贴图。
- 贴图：右侧列表印选择"纹理"或"环境"而异。
- 在背面显示贴图：启用该选项后，平面贴图将会被投影到对象背面，并且能够对其进行渲染。
- 使用真实世界比例：启用该选项后，会使用真实"宽度"和"高度"值而不是 UV 值将贴图应用于对象，在视口和材质编辑器中将预览不到贴图效果。
- 偏移：在 UV 坐标中更改贴图位置，移动贴图以符合它的大小。
- 大小：确定贴图的真实宽度和高度。
- 镜像：水平或垂直镜像贴图。
- 瓷砖：水平或垂直启用或禁用平铺。
- UVW 角度：绕 U、V、W 轴旋转贴图。
- 模糊：基于贴图离视图的距离影响贴图的锐度或模糊度，而与贴图离视图的距离无关。
- 模糊偏移：影响贴图的锐度或模糊度。
- 旋转：显示图解的"旋转贴图坐标"对话框，用于通过在弧形球图上拖动来旋转贴图。

操作提示

某些对象（如可编辑的网格）没有自动贴图坐标。对于此对象类型，使用"UVW 贴图"修改器为其指定一个坐标。如果指定一个使用贴图通道的贴图，而没有为对象应用"UVW 贴图"修改器，此时渲染器会显示一个警告，其中列出需要使用贴图坐标的对象。

18.2　常用贴图类型

3ds Max 常用的贴图类型有很多，比较常用的贴图都集中在"通用"贴图和 VRay 贴图列表中。"通用"贴图列表是 3ds Max 自带的。

18.2.1 位图贴图

位图贴图是由彩色像素的固定矩阵生成的图像，可以用来模拟多种材质，也可以使用动画或视频文件替代位图来创建动画材质。其参数面板和材质效果如图 18-4、图 18-5 所示。
参数面板中各选项的含义如下。

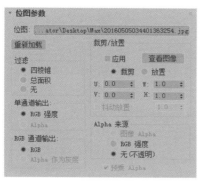

图 18-4 "位图参数"卷展栏

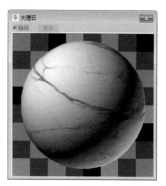

图 18-5 贴图预览效果

- 位图：用于选择位图贴图，通过标准文件浏览器选择位图，选中之后，该按钮上会显示位图的路径名称。

- 重新加载：对使用相同名称和路径的位图文件进行重新加载。在绘图程序中更新位图后，无须使用文件浏览器重新加载该位图。

- 四棱锥：四棱锥过滤方法，在计算的时候占用较少的内存，运用最为普遍。

- 总面积：总面积过滤方法，在计算的时候占用较多的内存，但能产生比四棱锥过滤方法更好的效果。

- RGB 强度：使用贴图的红、绿、蓝通道强度。

- Alpha ：使用贴图 Alpha 通道的强度。

- 应用：启用该选项可以应用裁剪或减小尺寸的位图。

- 裁剪 / 放置：控制贴图的应用区域。

操作提示

"过滤"选项组用来选择抗锯齿位图中平均使用的像素方法。"Alpha 来源"选项组中的参数用于根据输入的位图确定输出 Alpha 通道的来源。

18.2.2 衰减贴图

衰减贴图可以模拟对象表面由深到浅或者由浅到深的过渡效果，在创建不透明的衰减效果时，衰减贴图提供了更大的灵活性。其参数面板和材质效果如图 18-6、图 18-7 所示。

图 18-6 "衰减参数"卷展栏

图 18-7 贴图预览效果

399

参数面板中各选项的含义如下。

- 前 : 侧 : 用来设置衰减贴图的前和侧通道参数。
- 衰减类型 : 设置衰减的方式，共有朝向 / 背离、垂直 / 平行、Fresnel、阴影 / 灯光、距离混合 5 种选项，如图 18-8 所示。默认使用的是垂直 / 平行。
- 衰减方向 : 设置衰减的方向。
- 对象 : 从场景中拾取对象并将其名称放到按钮上。
- 覆盖材质 IOR : 允许更改为材质所设置的折射率。
- 折射率 : 设置一个新的折射率。
- 近端距离 : 设置混合效果开始的距离。
- 远端距离 : 设置混合效果结束的距离。
- 外推 : 启用此选项之后，效果继续超出"近端"和"远端"距离。

图 18-8 "衰减类型"列表

 知识点拨

Fresnel 类型是基于折射率来调整贴图的衰减效果的，在面向视图的曲面上产生暗淡反射，在有角的面上产生较为明亮的反射，创建就像在玻璃面上一样的高光。

18.2.3 混合贴图

混合贴图可混合两种颜色或两种贴图，将两种颜色或材质合成在曲面的一侧，可以使用指定混合级别调整混合的量。其参数面板和材质效果如图 18-9、图 18-10 所示。

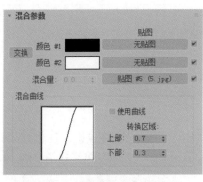

图 18-9 "混合参数"卷展栏

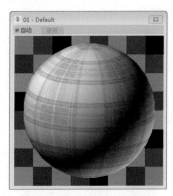

图 18-10 贴图预览效果

参数面板中各选项的含义如下。

- 交换 : 交换两种颜色或贴图。
- 颜色 #1/ 颜色 #2 : 单击色样可显示颜色选择器，以选择要混合的两种颜色。单击贴图按钮可选择或创建要混合的位图或程序贴图。
- 混合量 : 确定混合的比例。
- 使用曲线 : 确定"混合曲线"是否对混合产生影响。
- 转换区域 : 调整上限和下限的级别。如果两个值相等，两个材质会在一个明确的边上相接。

18.2.4 渐变贴图

渐变贴图是指从一种颜色到另一种颜色进行着色，使用两种或三种颜色将颜色渐变应用到材质，其参数面板和材质效果如图 18-11、图 18-12 所示。

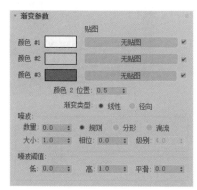

图 18-11 "渐变参数"卷展栏

图 18-12 贴图预览效果

参数面板中各选项的含义如下。

- 颜色 #1/ 颜色 #2/ 颜色 #3：设置渐变在中间进行插值的三个颜色。
- 贴图：添加贴图后显示贴图而不是颜色。
- 颜色 2 位置：控制中间颜色的中心点。数值介于 0 ~ 1 之间，为 0 时，颜色 2 会替换颜色 3；为 1 时，颜色 2 会替换颜色 1。
- 渐变类型：包括线性、径向两种，通过任一选项，可以使用"坐标"卷展栏中的"角度"参数旋转渐变。
- 数量：当值为非 0 时，应用噪波效果。
- 规则：生成普通噪波。
- 分形：使用分形算法生成噪波。
- 湍流：生成应用绝对值函数来制作故障线条的分形噪波。
- 大小：缩放噪波功能。值越小，噪波碎片越小。
- 相位：控制噪波函数的动画速度。
- 级别：设置湍流的分形迭代次数。
- 噪波阈值：如果噪波值高于"低"阈值并低于"高"阈值，动态范围会拉伸到填满0 ~ 1。

18.2.5 渐变坡度贴图

渐变坡度贴图与渐变贴图不同，可以随机控制颜色种类的个数，还可以利用"噪波"选项组来设置噪波的类型和大小，使渐变色的过渡看起来不是那么规则，从而增加渐变的真实程度。其参数面板和材质效果如图 18-13、图 18-14 所示。

参数面板中各选项的含义如下。

- 渐变栏：可以在渐变栏中设置渐变的颜色。双击底部标志即可打开颜色选择器。
- 渐变类型：可以选择渐变的类型，包括 4 角点、Pong、对角线、法线、格子、径向、螺旋、扇叶、贴图、线性、长方体、照明共 12 种。
- 插值：选择插值的类型，包括缓出、缓入、缓入缓出、实体、线性、自定义共 6 种。

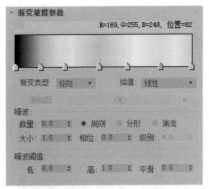

图 18-13 "渐变坡度参数"卷展栏

图 18-14 贴图预览效果

平铺贴图

平铺贴图使用颜色或材质贴图创建砖或其他平铺材质。通常包括已定义的建筑砖图案，也可以自定义图案，其参数面板和材质效果如图 18-15 ~ 图 18-17 所示。

图 18-15 "标准控制"卷展栏　　图 18-16 "高级控制"卷展栏　　图 18-17 贴图预览效果

参数面板中各选项的含义如下。

- 预设类型：列出定义的建筑瓷砖砌合、图案、自定义图案，包括自定义平铺、连续砌合、常见的荷兰式砌合、英式砌合、1/2 连续砌合、堆栈砌合、连续砌合（Fine）、堆栈砌合（Fine）共 8 种。这样可以通过选择"高级控制"和"堆垛布局"卷展栏中的选项来设计自定义的图案。

操作提示　　　　　　　　　　　　　　　　　　　　　　　　　　　　

只有在"标准控制"卷展栏＞图案设置＞预设类型中选择"自定义平铺"选项时，"堆垛布局"组才处于激活状态。

- 显示纹理样例：更新并显示贴图指定给瓷砖或砖缝的纹理。
- 纹理：控制用于瓷砖的当前纹理贴图的显示。
- 水平 / 垂直数：控制行 / 列的瓷砖数。
- 颜色变化：控制瓷砖的颜色变化。
- 淡出变化：控制瓷砖的淡出变化。
- 纹理：控制砖缝的当前纹理贴图的显示。
- 水平 / 垂直间距：控制瓷砖间的水平 / 垂直砖缝的大小。
- 粗糙度：控制砖缝边缘的粗糙度。

 知识点拨

　　默认状态下贴图的水平间距和垂直间距是锁定在一起的，用户可以根据需要解开锁定来单独对它们进行设置。

18.2.7 棋盘格贴图

　　棋盘格贴图可以产生类似棋盘的、由两种颜色组成的方格图案，并允许贴图替换颜色，默认为黑白方块图案。其参数面板和材质效果如图 18-18、图 18-19 所示。

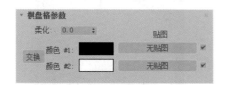

图 18-18 "棋盘格参数"卷展栏

图 18-19 贴图预览效果

参数面板中各选项的含义如下。
- 柔化：模糊方格之间的边缘，很小的柔化值就能生成很明显的模糊效果。
- 交换：单击该按钮可交换方格的颜色。
- 颜色 #1/ 颜色 #2：用于设置方格的颜色，允许使用贴图代替颜色。

18.2.8 噪波贴图

　　噪波贴图基于两种颜色或材质的交互创建曲面的随机扰动，是三维形式的湍流图案，一般在凹凸通道中使用，用户可以通过设置"噪波参数"卷展栏来制作出紊乱不平的表面。其参数面板和材质效果如图 18-20、图 18-21 所示。
　　参数面板中各选项的含义如下。
- 噪波类型：共有规则、分形、湍流 3 种类型。

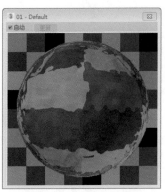

图 18-20 "噪波参数"卷展栏　　　　图 18-21 贴图预览效果

- 噪波阈值：控制噪波的效果。
- 级别：决定有多少分形能量用于分形和湍流噪波函数。
- 相位：控制噪波函数的动画速度。
- 交换：交换两个颜色或贴图的位置。
- 颜色 #/ 颜色 #2：设置噪波颜色，允许使用贴图代替颜色。

18.2.9 烟雾贴图

烟雾贴图可以生成无序、基于分形的湍流图案，主要用于设置动画的不透明度贴图，以模拟一束光线中的烟雾效果或其他云状流动效果。其参数面板和材质效果如图 18-22、图 18-23 所示。

图 18-22 "烟雾参数"卷展栏　　　　图 18-23 贴图预览效果

参数面板中各选项的含义如下。

- 大小：更改烟雾团的比例。
- 迭代次数：设置应用分形函数的次数。
- 相位：转移烟雾图案中的湍流。
- 指数：使代表烟雾的颜色 #2 更清晰、更缭绕。
- 交换：交换颜色。
- 颜色 #1：表示效果的无烟雾部分。
- 颜色 #2：表示烟雾部分。

18.2.10 凹痕贴图

凹痕贴图根据分形噪波产生随机图案，在曲面上生成三维凹凸效果，图案的效果取决于贴图类型，一般用于模拟破旧的材质效果。其参数面板和材质效果如图 18-24、图 18-25 所示。

图 18-24 "凹痕参数"卷展栏　　　　图 18-25 贴图预览效果

参数面板中各选项的含义如下。

* 大小：设置凹痕的相对大小。
* 强度：决定两种颜色的相对覆盖范围。值越大，颜色 #2 的覆盖范围越大；值越小，颜色 #1 的覆盖范围越大。
* 迭代次数：用于设置创建凹痕的计算次数。
* 颜色 #1/ 颜色 #2：在相应的颜色组件中允许选择两种颜色。
* 贴图：允许使用贴图替换颜色。

18.2.11 VRayHDRI 贴图

HDRI 是 High Dynamic Range Image（高动态范围贴图）的简写，它是一种特殊的图形文件格式，它的每一个像素除了含有普通的 RGB 信息以外，还包含有该点的实际亮度信息，所以它在作为环境贴图的同时，还能照亮场景，为真实再现场景所处的环境奠定了基础。其参数面板如图 18-26 所示。

参数面板中主要选项的含义如下。

* 位图：单击后面的"浏览"按钮选取贴图的路径。
* 贴图类型：控制 HDRI 的贴图方式，包括成角、立方、球形、镜像球、3ds Max standard 共 5 种。
* 水平旋转：控制 HDRI 在水平方向上的旋转角度。
* 水平翻转：使 HDRI 在水平方向上翻转。
* 垂直旋转：控制 HDRI 在垂直方向上的旋转角度。
* 垂直翻转：使 HDRI 在垂直方向上翻转。
* 全局倍增：用于设置 HDRI 贴图的亮度。
* 渲染倍增：设置渲染时的光强度倍增。

图 18-26 HDRI"参数"
卷展栏

* 插值：选择插值方式，包括双线性、双立方、双二次、默认四种。

18.2.12 VRay 边纹理贴图

VRay 边纹理贴图可以模拟制作类似线框材质的物体表面的网格颜色效果。其参数面板和材质效果如图 18-27、图 18-28 所示。

参数面板中各选项的含义如下。

- 颜色：设置线框的颜色。
- 隐藏边：开启该选项后可以渲染隐藏的边。
- 世界宽度：使用世界单位设置线框的宽度。
- 像素宽度：使用像素单位设置线框的宽度。

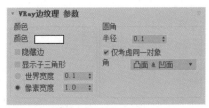

图 18-27 "VRay 边纹理 参数"卷展栏

18.2.13 VRay 天空贴图

VRay 天空贴图可以模拟浅蓝色渐变的天空效果，并且可以控制亮度。其参数面板如图 18-29 所示。

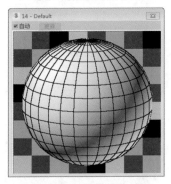

图 18-28 贴图预览效果

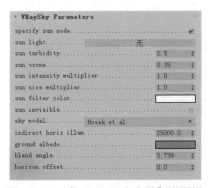

图 18-29 "VRay 天空参数"卷展栏

参数面板中各选项的含义如下。

- specify sun node（指定太阳节点）：当不勾选该选项时，VRay 天空的参数将从场景中的 VR 太阳光的参数里自动匹配；当勾选该选项时，用户可以从场景中选择不同的光源，这种情况下，VR 天空将用自身参数来改变天光的效果。
- sun light（太阳光）：单击后面的按钮可以选择太阳光源。
- sun turbidity（太阳浊度）：控制太阳的浑浊度。
- sun ozone（太阳臭氧）：控制太阳臭氧层的厚度。
- sun intensity multiplier（太阳强度倍增）：控制太阳的亮点。
- sun filter color（太阳过滤颜色）：控制太阳的颜色。
- sun invisible（太阳不可见）：控制太阳本身是否可见。
- sky model（天空模型）：可以选择天空的模型类型。
- indirect horiz illum（间接水平照明）：控制间接水平照明的强度。

📝 **课堂练习**　制作格子抱枕材质

下面将利用本章所学贴图知识制作抱枕及其他材质，具体操作步骤如下。

Step01 打开素材场景模型，如图 18-30 所示。

Step02 首先制作木地板材质。按 M 键打开材质编辑器，选择一个未使用的材质球，设置材质类型为 VRayMtl，为漫反射通道添加位图贴图，设置反射颜色、光泽度、菲涅尔 IOR 以及细分值，如图 18-31 所示。

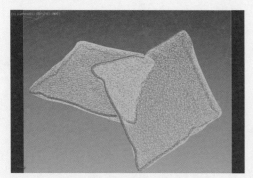

图 18-30 打开素材场景

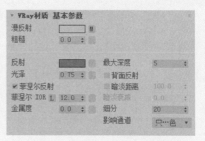

图 18-31 设置基本参数

Step03 反射颜色参数设置如图 18-32 所示。

Step04 打开"贴图"卷展栏，将漫反射通道的位图贴图复制到凹凸通道，设置凹凸值为 3，如图 18-33 所示。

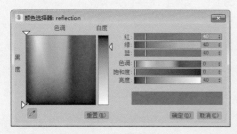

图 18-32 反射颜色

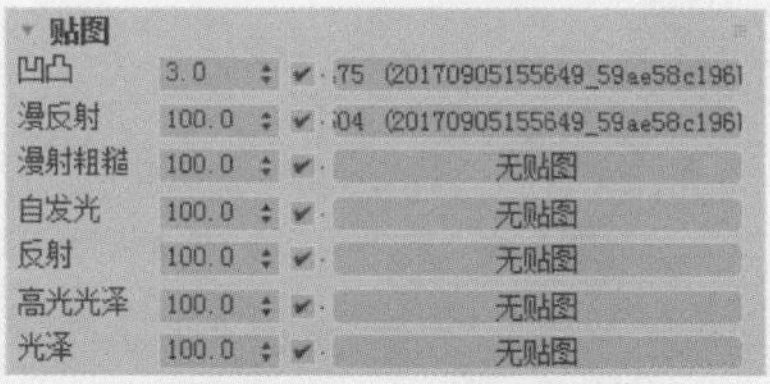

图 18-33 复制贴图

Step05 在"坐标"卷展栏取消勾选"使用真实世界比例"选项，在"位图参数"卷展栏预览所添加的木地板贴图，如图 18-34 所示。

Step06 为材质命名为"木地板"，材质球预览效果如图 18-35 所示。

图 18-34 贴图预览

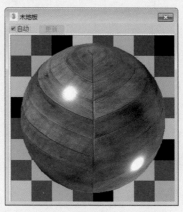

图 18-35 材质球预览

Step07 接着创建抱枕材质。选择一个未使用的材质球,设置材质类型为 VRayMtl,打开"贴图"卷展栏,为凹凸通道添加位图贴图,为漫反射通道添加衰减贴图,如图 18-36 所示。

Step08 进入位图参数面板,在"坐标"卷展栏取消勾选"使用真实世界比例"选项,在"位图参数"卷展栏预览所添加的贴图,如图 18-37 所示。

图 18-36 添加贴图

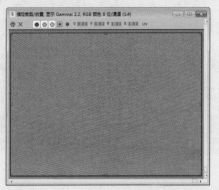

图 18-37 贴图预览

Step09 打开漫反射通道的衰减参数面板,为前通道添加棋盘格贴图,再实例复制棋盘格贴图到侧通道,设置衰减类型为 Fresnel,如图 18-38 所示。

Step10 进入棋盘格参数面板,在"坐标"卷展栏取消勾选"使用真实世界比例"复选框,在"棋盘格参数"卷展栏中设置颜色 1 和颜色 2,如图 18-39 所示。

图 18-38 设置衰减参数

图 18-39 设置棋盘格颜色

Step11 颜色 1 和颜色 2 的参数设置如图 18-40、图 18-41 所示。

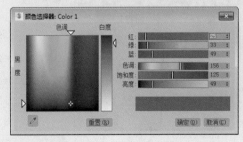

图 18-40 颜色 1 参数

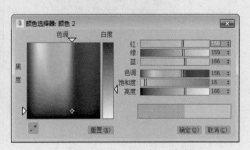

图 18-41 颜色 2 参数

Step12 为创建好的材质命名为"抱枕 1"，材质球预览效果如图 18-42 所示。

Step13 复制抱枕材质，命名为"抱枕 2"，进入漫反射通道的衰减参数面板，再进入棋盘格参数面板，在"棋盘格参数"卷展栏中设置颜色 1 和颜色 2，如图 18-43 所示。

图 18-42　材质球预览　　　　图 18-43　设置棋盘格颜色

Step14 设置好的材质球预览效果如图 18-44 所示。

Step15 将创建好的材质分别指定给地板和抱枕对象，这里为木地板和抱枕 2 分别添加"UVW 贴图"修改器，在"参数"卷展栏中，选择贴图方式并设置参数，如图 18-45、图 18-46 所示。

图 18-44　材质球预览　　　图 18-45　设置木地板材质　　　图 18-46　设置抱枕 2 材质

Step16 渲染场景，效果如图 18-47 所示。

图 18-47　渲染效果

下面利用本章所学的位图贴图等知识制作边几材质，具体操作步骤如下。

Step01 打开素材场景模型，如图 18-48 所示。

Step02 先制作边几木纹理材质。按 M 键打开材质编辑器，选择一个未使用的材质球，设置材质类型为 **VRayMtl**，在基本参数面板为漫反射通道添加位图贴图，设置反射颜色、光泽度、最大深度以及细分值，再取消勾选"菲涅尔反射"选项，如图 18-49 所示。

扫一扫 看视频

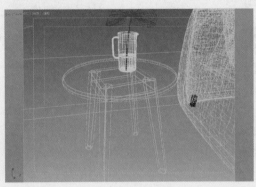

图 18-48　素材场景

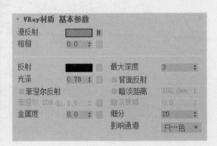

图 18-49　设置基本参数

Step03 反射颜色参数设置如图 18-50 所示。

Step04 漫反射通道添加的位图贴图预览效果如图 18-51 所示。

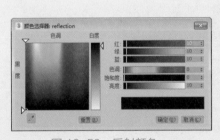

图 18-50　反射颜色

图 18-51　贴图预览

Step05 打开"贴图"卷展栏，将漫反射通道的贴图复制到凹凸贴图，并设置凹凸值为 20，如图 18-52 所示。

Step06 制作好的木纹理材质球预览效果如图 18-53 所示。

Step07 接下来制作大理石台面材质。按 M 键打开材质编辑器，选择一个未使用的材质球，设置材质类型为 **VRayMtl**，打开"贴图"卷展栏，为漫反射通道添加位图贴图，并复制到凹凸贴图，设置凹凸值为 2，再为反射通道添加颜色修正贴图，如图 18-54 所示。

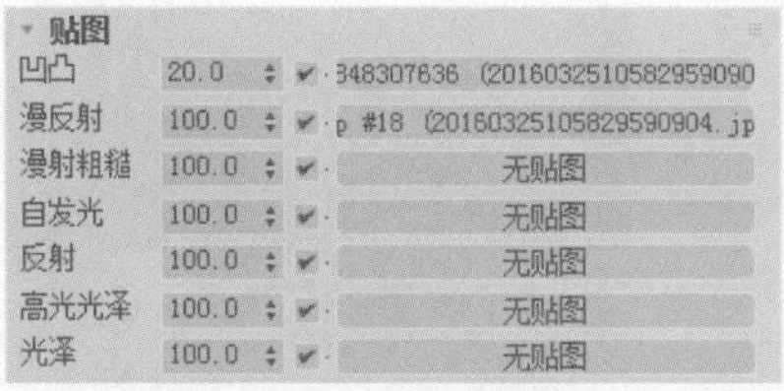

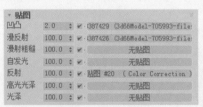

图 18-52 设置凹凸贴图

图 18-53 材质预览

Step08 漫反射通道与凹凸通道贴图预览效果如图 18-55 所示。

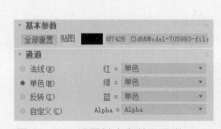

图 18-54 添加贴图

图 18-55 贴图预览

Step09 打开反射通道的颜色修正参数面板，在"基本参数"卷展栏中添加位图贴图，贴图同图 18-55，在"通道"卷展栏中选择"单色"选项，在"亮度"卷展栏中设置亮度和对比度，如图 18-56、图 18-57 所示。

图 18-56 设置基本参数和通道

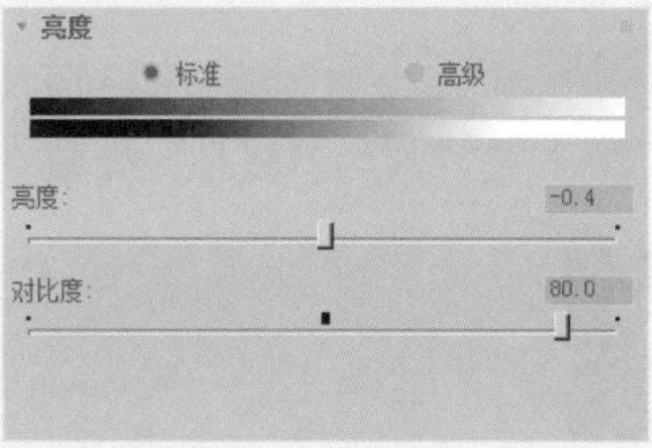

图 18-57 设置亮度和对比度

Step10 返回基本参数面板，设置反射光泽、菲涅尔 IOR 和细分值，如图 18-58 所示。

Step11 设置好的大理石材质球预览效果如图 18-59 所示。

Step12 将创建好的材质分别指定给边几模型的台面和腿模型，并为边几腿模型添加"UVW 贴图"修改器，取消勾选"真实世界贴图大小"选项，选择贴图方式为"长方体"，其余参数默认，如图 18-60 所示。

Step13 渲染场景，效果如图 18-61 所示。

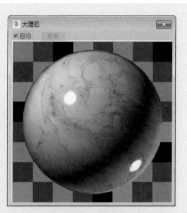

图 18-58　设置基本参数　　　　图 18-59　材质预览

图 18-60　设置 UVW 贴图　　　　图 18-61　渲染效果

下面利用前面所学的衰减贴图和噪波贴图等知识制作水材质，具体操作步骤如下。

Step01 打开素材场景模型，如图 18-62 所示。

扫一扫 看视频

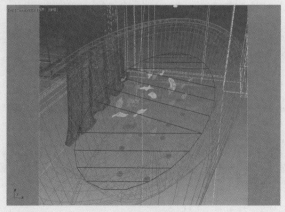

图 18-62　场景模型

Step02 首先制作水材质。按 M 键打开材质编辑器，选择一个未使用的材质球，设置材质类型为 VRayMtl，设置漫反射颜色，在"反射"选项组中设置反射颜色、光泽度、最大深度以及细分值；在"折射"选项组中设置折射颜色、光泽度、IOR、最大深度以及细分值；再设置雾颜色及烟雾倍增值，如图 18-63 所示。

Step03 漫反射颜色和反射颜色参数设置分别如图 18-64、图 18-65 所示。

Step04 折射颜色和雾颜色参数设置分别如图 18-66、图 18-67 所示。

Step05 打开"贴图"卷展栏，为凹凸通道添加衰减贴图，进入衰减参数面板，为前通道添加噪波贴图，并实例复制到侧通道，设置衰减类型为 Fresnel，如图 18-68 所示。

图 18-63　设置基本参数

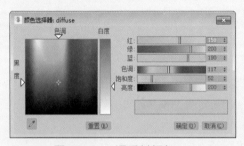

图 18-64　漫反射颜色

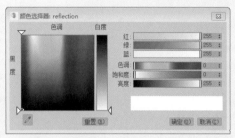

图 18-65　反射颜色

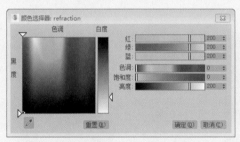

图 18-66　折射颜色

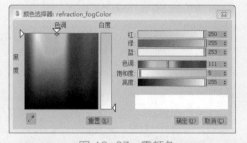

图 18-67　雾颜色

Step06 进入噪波参数面板，设置大小为 100，其余参数默认，如图 18-69 所示。

图 18-68　设置衰减参数

图 18-69　设置噪波参数

Step07 设置好的水材质球预览效果如图 18-70 所示。

Step08 将材质指定给场景中的水模型，渲染场景，效果如图 18-71 所示。

图 18-70　材质预览

图 18-71　渲染效果

课堂练习 制作局部白模效果

　　白模材质主要用于测试灯光效果，在效果图的渲染测试过程中使用可以节省很多时间，从而提高工作效率。下面将利用 VRay 边纹理贴图制作白模材质，具体操作步骤如下。

Step01 打开素材场景模型，如图 18-72 所示。

Step02 渲染场景，效果如图 18-73 所示。

图 18-72　素材模型

图 18-73　渲染效果

Step03 按 M 键打开材质编辑器，选择一个未使用的材质球，设置材质类型为 VRayMtl，设置漫反射颜色，并为漫反射通道添加 VRay 边纹理贴图，如图 18-74 所示。

Step04 漫反射颜色参数设置如图 18-75 所示。

Step05 进入 VRay 边纹理参数面板，设置边纹理颜色为黑色，其余参数默认，如图 18-76 所示。

Step06 创建好的白模材质球预览效果如图 18-77 所示。

图 18-74 设置漫反射

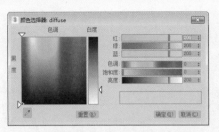

图 18-75 漫反射颜色

图 18-76 设置 VRay 边纹理参数

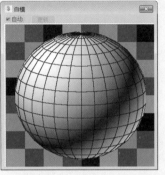

图 18-77 材质预览

Step07 将材质指定给沙发椅组合模型，视口效果如图 18-78 所示。

Step08 渲染场景，白模效果如图 18-79 所示。

图 18-78 赋予材质

图 18-79 渲染效果

综合实战 创建沙发组合材质

下面利用本章所学知识制作沙发组合的材质，具体操作步骤如下。

Step01 打开素材场景模型，如图 18-80 所示。

Step02 首先创建沙发布材质。按 M 键打开材质编辑器，选择一个未使用的材质球，设置材质类型为 **VRayMtl**，在"贴图"卷展栏中为凹凸通道添加位图贴图，为漫反射通道添加衰减贴图，如图 18-81 所示。

扫一扫 看视频

图 18-80 打开素材场景

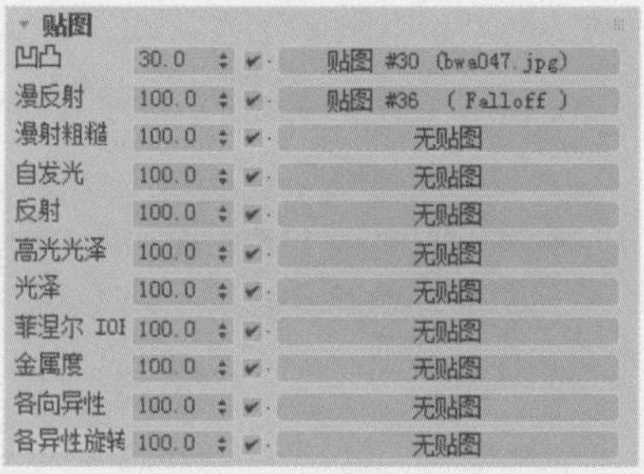

图 18-81 添加贴图

Step03 凹凸通道的位图贴图预览如图 18-82 所示。

Step04 进入衰减参数面板，为通道添加相同的贴图，并设置衰减类型为 Fresnel，如图 18-83 所示。

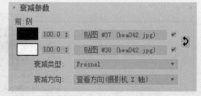

图 18-82 位图贴图

图 18-83 设置衰减参数

Step05 为材质命名为"沙发布 1"，材质球预览效果如图 18-84 所示。

Step06 照上述操作方法再创建两种沙发布材质，如图 18-85、图 18-86 所示。

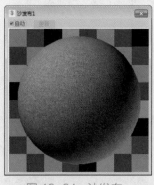

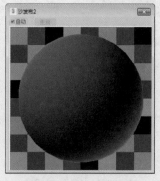

图 18-84 沙发布

图 18-85 沙发布

图 18-86 沙发布

Step07 创建黑色金属材质。按 M 键打开材质编辑器，选择一个未使用的材质球，设置材质类型为 VRayMtl，在"基本参数"卷展栏设置漫反射颜色和反射颜色，再设置反射光泽度和细分值，如图 18-87 所示。

Step08 漫反射颜色和反射颜色的参数设置如图 18-88 所示。

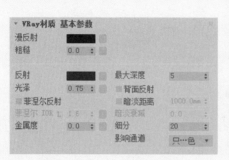

图 18-87　设置基本参数

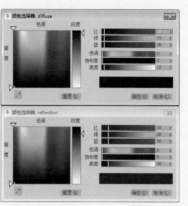

图 18-88　设置漫反射和反射

Step09 在"双向反射分布函数"卷展栏中设置分布类型为 Ward，如图 18-89 所示。

Step10 为材质命名为"黑色金属"，材质球预览效果如图 18-90 所示。

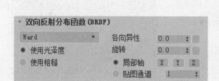

图 18-89　设置双向反射分布函数

图 18-90　材质预览

Step11 创建木纹理材质。按 M 键打开材质编辑器，选择一个未使用的材质球，设置材质类型为 VRayMtl，在"贴图"卷展栏中为凹凸通道添加位图贴图，设置凹凸值为 10，为漫反射通道添加衰减贴图，如图 18-91 所示。

Step12 在"位图参数"卷展栏中裁剪图像，如图 18-92 所示。

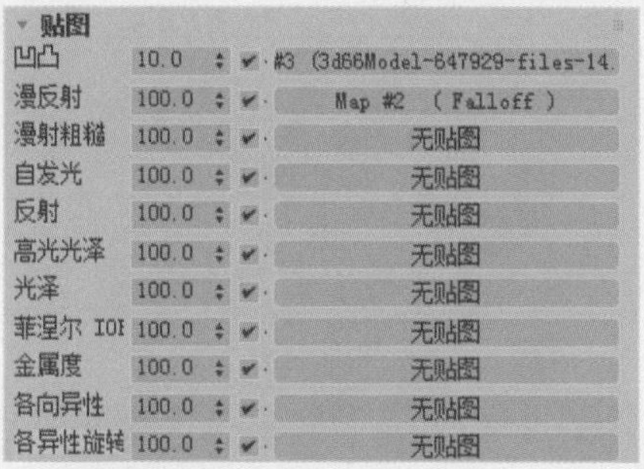

图 18-91　添加贴图

图 18-92　位图贴图

Step13 进入衰减参数面板，为通道添加与凹凸通道相同的位图贴图，如图 18-93 所示。

Step14 返回"基本参数"卷展栏，设置反射颜色、反射光泽度、菲涅尔 IOR 以及细分值，如图 18-94 所示。

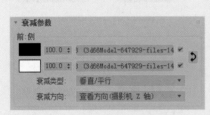

图 18-93　设置衰减参数

图 18-94　设置基本参数

Step15 反射颜色参数设置如图 18-95 所示。

Step16 为材质命名为"木纹理"，材质球预览效果如图 18-96 所示。

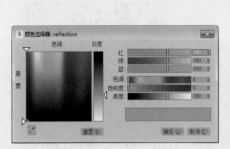

图 18-95　反射颜色

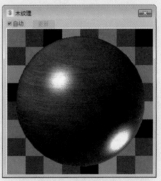

图 18-96　材质预览

Step17 接下来创建地毯材质。按 M 键打开材质编辑器，选择一个未使用的材质球，设置材质类型为 VRayMtl，在"贴图"卷展栏为漫反射通道添加衰减贴图，为凹凸通道添加位图贴图，如图 18-97 所示。

Step18 在"位图参数"卷展栏中勾选"应用"选项，单击"查看图像"按钮，设置裁剪区域，预览效果如图 18-98 所示。

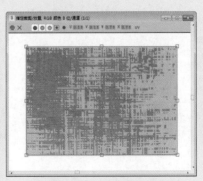

图 18-97　添加贴图　　　　　　　　图 18-98　裁剪贴图

Step19 进入衰减参数面板，为前、侧通道添加同凹凸通道一样的位图贴图，如图 18-99 所示。

Step20 为材质命名为"地毯"，材质球预览效果如图 18-100 所示。

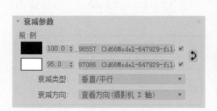

图 18-99 设置衰减参数

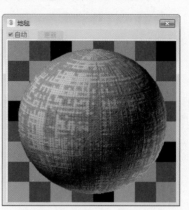

图 18-100 材质预览

Step21 将创建好的材质分别指定给沙发、抱枕、茶几等模型，渲染场景，效果如图 18-101 所示。

图 18-101 渲染效果

课后作业

一、填空题

1. Bitmap 是指_____。

2. 3ds Max 的默认材质是_____。

3. 为漫反射通道添加了位图贴图后，并在材质编辑器中打开"视口中显示明暗处理材质"按钮，但透视图中的物体仍不显示贴图纹理，是因为_____。

4. 制作白模材质需要用到_____贴图。

5. 使用凹凸贴图时，贴图中_____产生凸起效果，_____产生凹陷效果。

二、选择题

1. 场景中镜子的反射效果，应在"材质与贴图浏览器"中选择（　　）贴图方式。

A. 位图　　　　　　　　B. 平面镜像　　　　　　C. 水　　　　　　　　　D. 木纹

2. 可以使物体表面形成风化腐蚀效果的贴图是（　　）。

A. 凹痕　　　　　　　　B. 渐变　　　　　　　　C. 泼溅　　　　　　　　D. 衰减

3. 渐变贴图的颜色有（　　）种。

A. 1　　　　　　　　　　B. 2　　　　　　　　　　C. 3　　　　　　　　　　D. 4

4. 常用的贴图类型支持 64 位真色彩的图像文件格式是（　　）。

A. PNGB　　　　　　　　B. Targa lmage File　　　C. RAL lamge File　　　D. BMP

5. 纹理坐标系用在下面哪种贴图上（　　）。

A. 自发光贴图　　　　　B. 反射贴图　　　　　　C. 折射贴图　　　　　　D. 环境贴图

三、操作题

1. 利用位图贴图创建陶罐材质，效果如图 18-102 所示。

（1）图形效果

图 18-102　材质效果

（2）操作思路

为多个通道添加贴图，再设置反射参数，制作出陶罐材质。陶罐的参数设置流程参见图 18-103、图 18-104。

图 18-103　陶罐材质参数　　　　　　　　　图 18-104　材质预览

2. 利用位图贴图制作毛巾材质，如图 18-105 所示。

（1）图形效果

图 18-105　毛巾材质效果

（2）操作思路

为漫反射通道和置换通道添加贴图，制作出毛巾材质。大致的操作流程参见图 18-106、图 18-107。

图 18-106　毛巾材质参数　　　　图 18-107　材质预览

3ds Max 篇

第19章
摄影机技术

⭐ **内容导读**

3ds Max 中的摄影机与现实世界中的摄影机十分相似,摄影机的位置、摄影角度、焦距等都可以随意调整,这样不仅方便观看场景中各部分的细节,而且可以利用摄影机的移动创建浏览动画,另外使用摄影机还可以制作一些特殊效果,如景深、运动模糊等。

本章主要向读者介绍标准摄影机和 VRay 摄影机的基础知识及应用,通过本章学习可以掌握摄影机在效果图制作中的操作技巧。

👉 **学习目标**

○ 了解摄影机类型
○ 掌握标准摄影机的应用
○ 掌握 VRay 摄影机的应用

19.1　摄影机简介

摄影机好比人的眼睛，创建场景对象，布置灯光，调整材质所创作的效果图都要通过这双眼睛来观察。

真实世界中的摄影机是使用镜头将环境反射的灯光聚焦到具有灯光敏感性曲面的焦点平面，3ds Max 中摄影机相关的参数主要包括焦距和视野。

（1）焦距

焦距是指镜头和灯光敏感性曲面的焦点平面间的距离。焦距影响成像对象在图片上的清晰度。焦距越小，图片中包含的场景越多；焦距越大，图片中包含的场景越少，但会显示远距离成像对象的更多细节。

（2）视野

视野控制摄影机可见场景的数量，以水平线度数进行测量。视野与镜头的焦距直接相关，例如 35mm 的镜头显示水平线约为 54°，焦距越大则视野越窄，焦距越小则视野越宽。

19.2　标准摄影机类型

摄影机可以从特定的观察点来表现场景，模拟真实世界中的静止图像、运动图像或视频，并能够制作某些特殊的效果，如景深和运动模糊等。3ds Max 2019 共提供了物理、目标和自由三种摄影机类型。

19.2.1　物理摄影机

物理摄影机可模拟用户可能熟悉的真实摄影机设置，例如快门速度、光圈、景深和曝光。借助增强的控件和额外的视口内反馈，让创建逼真的图像和动画变得更加容易。其参数面板包括"基本""物理摄影机""曝光""散景（景深）""透视控制""镜头扭曲""其他"7个卷展栏。本小节主要介绍常用的 4 个卷展栏，如图 19-1 ～图 19-4 所示。

图 19-1　"基本"卷展栏　　图 19-2　"物理摄影机"卷展栏　　图 19-3　"曝光"卷展栏　　图 19-4　"散景（景深）"卷展栏

423

（1）"基本"卷展栏

- 目标：启用该选项后，摄影机包括目标对象，并与目标摄影机的行为相似。
- 目标距离：设置目标与焦平面之间的距离，会影响聚焦、景深等。
- 显示圆锥体：在显示摄影机圆锥体时选择"选定时""始终"或"从不"。
- 显示地平线：启用该选项后，地平线在摄影机视口中显示为水平线。

（2）"物理摄影机"卷展栏

- 预设值：选择胶片模型或电荷耦合传感器。选项包括 35mm（全画幅）胶片（默认设置），以及多种行业标准传奇设置。每个设置都有其默认宽度值。"自定义"选项用于选择任意宽度。
- 宽度：可以手动调整帧的宽度。
- 焦距：设置镜头的焦距，默认值为 40mm。
- 指定视野：启用该选项时，可以设置新的视野值。默认的视野值取决于所选的胶片 / 传感器预设值。
- 缩放：在不更改摄影机位置的情况下缩放镜头。
- 光圈：将光圈设置为光圈数，或"F 制光圈"。此值将影响曝光和景深。光圈值越低，光圈越大并且景深越窄。
- 使用目标距离：使用"目标距离"作为焦距。
- 自定义：使用不同于"目标距离"的焦距。
- 镜头呼吸：通过将镜头向焦距方向移动或远离焦距方向来调整视野。镜头呼吸值为 0.0 表示禁用此效果。默认值为 1.0。
- 启用景深：启用该选项时，摄影机在不等于焦距的距离上生成模糊效果。景深效果的强度基于光圈设置。
- 快门类型：选择测量快门速度使用的单位：帧（默认设置），通常用于计算机图形；秒或分秒，通常用于静态摄影；度，通常用于电影摄影。
- 持续时间：根据所选的单位类型设置快门速度。该值可能影响曝光、景深和运动模糊。
- 偏移：启用该选项时，指定相对于每帧的开始时间的快门打开时间，更改此值会影响运动模糊。
- 启用运动模糊：启用该选项后，摄影机可以生成运动模糊效果。

（3）"曝光"卷展栏

- 曝光控制已安装：单击以使物理摄影机曝光控制处于活动状态。
- 手动：通过 ISO 值设置曝光增益。当此选项处于活动状态时，通过此值、快门速度和光圈设置计算曝光。该数值越高，曝光时间越长。
- 目标：设置与三个摄影曝光值的组合相对应的单个曝光值设置。每次增加或降低 EV 值，对应的也会分别减少或增加有效的曝光，如快门速度值中所做的更改表示的一样。因此，值越高，生成的图像越暗；值越低，生成的图像越亮。默认设置为 6.0。
- 光源：按照标准光源设置色彩平衡。
- 温度：以色温形式设置色彩平衡，以开尔文度表示。
- 自定义：用于设置任意色彩平衡。单击色样以打开"颜色选择器"，可以从中设置希望使用的颜色。

- 启用渐晕：启用时，渲染模拟出现在胶片平面边缘的变暗效果。
- 数量：增加此数量以增加渐晕效果。

（4）"散景（景深）"卷展栏

- 圆形：散景效果基于圆形光圈。
- 叶片式：散景效果使用带有边的光圈。使用"叶片"值设置每个模糊圈的边数，使用"旋转"值设置每个模糊圈旋转的角度。
- 自定义纹理：使用贴图来替换每种模糊圈（如果贴图为填充黑色背景的白色圈，则等效于标准模糊圈）。将纹理映射到与镜头纵横比相匹配的矩形，会忽略纹理的初始纵横比。
- 影响曝光：启用时，自定义纹理将影响场景的曝光。
- 中心偏移（光环效果）：使光圈透明度向中心（负值）或边（正值）偏移。正值会增加焦区域的模糊量，而负值会减小模糊量。
- 光学渐晕（CAT眼睛）：通过模拟猫眼效果使帧呈现渐晕效果。
- 各向异性（失真镜头）：通过垂直（负值）或水平（正值）拉伸光圈模拟失真镜头。

19.2.2 目标摄影机

目标摄影机用于观察目标点附近的场景内容，它有摄影机、目标两部分，可以很容易地单独进行控制调整，并分别设置动画。其参数面板包括"参数""景深参数""运动模糊参数"卷展栏3种，如图19-5 ~ 图19-7所示。

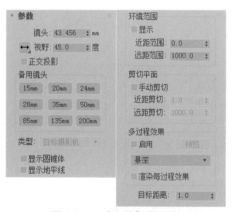

图 19-5 "参数"卷展栏

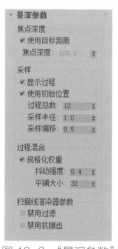

图 19-6 "景深参数"卷展栏

图 19-7 "运动模糊参数"卷展栏

（1）"参数"卷展栏

- 镜头：以毫米为单位设置摄影机的焦距。
- 视野：用于决定摄影机查看区域的宽度，可以通过水平、垂直或对角线这3种方式测量应用。
- 正交投影：启用该选项后，摄影机视图为用户视图；关闭该选项后，摄影机视图为标准的透视图。
- 备用镜头：该选项组用于选择各种常用预置镜头。
- 类型：切换摄影机的类型，包含目标摄影机和自由摄影机两种。

- 显示圆锥体：显示摄影机视野定义的锥形光线。
- 显示地平线：在摄影机中的地平线上显示一条深灰色的线条。
- 显示：显示出在摄影机锥形光线内的矩形。
- 近距 / 远距范围：设置大气效果的近距范围和远距范围。
- 手动剪切：启用该选项可以定义剪切的平面。
- 近距 / 远距剪切：设置近距和远距平面。
- 多过程效果：该选项组中的参数主要用来设置摄影机的景深和运动模糊效果。默认选择"景深"，当选择"运动模糊"时，下方会切换成"运动模糊参数"卷展栏。
- 目标距离：当使用目标摄影机时，设置摄影机与其目标之间的距离。

（2）"景深参数"卷展栏
- 使用目标距离：启用该选项后，系统会将摄影机的目标距离用作每个过程偏移摄影机的点。
- 焦点深度：当关闭"使用目标距离"选项，该选项可以用来设置摄影机的偏移深度。
- 显示过程：启用该选项后，"渲染帧窗口"对话框中将显示多个渲染通道。
- 使用初始位置：启用该选项后，第一个渲染过程将位于摄影机的初始位置。
- 过程总数：设置生成景深效果的过程数。增大该值可以提高效果的真实度，但是会增加渲染时间。
- 采样半径：设置生成的模糊半径。数值越大，模糊越明显。
- 采样偏移：设置模糊靠近或远离"采样半径"的权重。增加该值将增加精神模糊的数量级，从而得到更加均匀的景深效果。
- 规格化权重：启用该选项后可以产生平滑的效果。
- 抖动强度：设置应用于渲染通道的抖动程度。
- 平铺大小：设置图案的大小。
- 禁用过滤：启用该选项后，系统将禁用过滤的整个过程。
- 禁用抗锯齿：启用该选项后，可以禁用抗锯齿功能。

（3）"运动模糊参数"卷展栏
- 显示过程：启用该选项后，"渲染帧窗口"对话框中将显示多个渲染通道。
- 过程总数：用于生成效果的过程数。增加此值可以增加效果的精确性，但渲染时间会更长。
- 持续时间（帧）：用于设置在动画中将应用运动模糊效果的帧数。
- 偏移：设置模糊的偏移距离。
- 抖动强度：用于控制应用于渲染通道的抖动程度，增加此值会增加抖动量，并且生成颗粒状效果，尤其在对象的边缘上。
- 平铺大小：设置图案的大小。

19.2.3 自由摄影机

自由摄影机在摄影机指向的方向查看区域，与目标摄影机非常相似。不同的是自由摄影机比目标摄影机少了一个目标点，自由摄影机由单个图标表示，可以更轻松地设置摄影机动画。自由摄影机的参数面板与目标摄影机的参数面板相同，这里就不多做赘述。

下面为创建好的模型场景创建目标摄影机，以渲染出最合适角度的效果图，具体操作步骤如下。

Step01 打开素材场景模型，如图 19-8 所示。

Step02 渲染场景，观察效果，如图 19-9 所示。

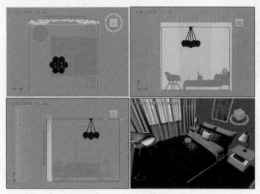

图 19-8　素材场景

图 19-9　初始渲染效果

Step03 在"摄影机"面板单击"目标"按钮，在顶视图中创建一盏摄影机，如图 19-10 所示。

Step04 激活透视视口，按 C 键切换到摄影机视口，可以看到当前摄影机视口位于视口中间位置，如图 19-11 所示。

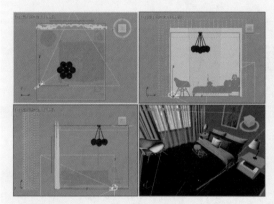

图 19-10　创建目标摄影机

图 19-11　摄影机视口

Step05 选择摄影机及目标点，沿 Z 轴向上移动，调整摄影机高度，摄影机视口的视角会随着摄影机的调整而改变，如图 19-12 所示。

Step06 在修改面板的"参数"卷展栏中设置摄影机镜头为 24mm，再勾选"手动剪切"选项，设置剪切距离，如图 19-13 所示。

Step07 继续调整摄影机位置，如图 19-14 所示。

Step08 渲染场景，效果如图 19-15 所示。

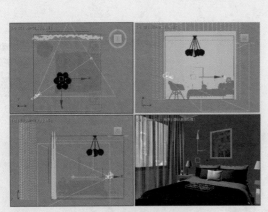

图 19-12　调整摄影机高度　　　　　图 19-13　设置摄影机参数

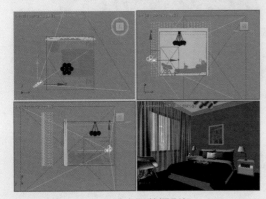

图 19-14　再次调整摄影机　　　　　图 19-15　渲染效果

19.3　VRay摄影机类型

VRay 摄影机是安装了 VRay 渲染器后新增加的一种摄影机类型，包括 VRay 穹顶摄影机和 VRay 物理摄影机两种。

19.3.1　VRay 穹顶摄影机

VRay 穹顶摄影机主要用于渲染半球圆顶的效果，通过"翻转 X""翻转 Y"和"FOV"选项来设置摄影机参数，其参数面板如图 19-16 所示。

下面具体介绍卷展栏中各选项的含义。

- 翻转 X：使渲染图像在 X 坐标轴上翻转。
- 翻转 Y：使渲染图像在 Y 坐标轴上翻转。
- FOV：设置摄影机的视觉大小。

图 19-16　"VRay 穹顶摄影机
参数"卷展栏

19.3.2　VRay 物理摄影机

与 3ds Max 自带的摄影机相比，VRay 物理摄影机可以模拟真实成像，更轻松地调节透视关系，单靠摄影机就能很好地控制曝光。简单地讲，如果发现灯光不够亮，直接修改 VRay 摄影机的部分参数就能提高画面质量，而不用重新修改灯光的亮度。其参数面板如图 19-17 所示。

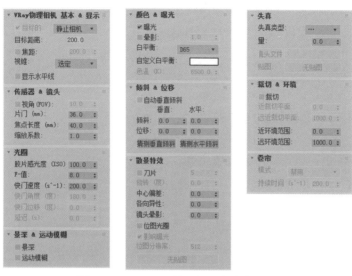

图 19-17　VRay 物理摄影机参数面板

下面具体介绍主要卷展栏中各选项的含义。

（1）"基本&显示"卷展栏

- 类型：VRay 物理摄影机内置静止相机、电影相机、视频相机 3 种类型，用户可以在这里进行选择。
- 目标的：勾选此项，摄影机的目标点将放在焦平面上。
- 目标距离：摄影机到目标点的距离，默认情况下不启用此选项。
- 焦距：控制摄影机的焦长。

（2）"传感器&镜头"卷展栏

- 视角（FOV）：镜头所能覆盖的范围。一个摄影机镜头能覆盖多大范围的景物，通常以角度来表示，这个角度就是视角 FOV。
- 片门：也叫薄膜口，控制相机看到的景色范围，值越大，看到的景越多，一般默认即可。
- 焦点长度：指镜头长度，控制摄影机的焦距，焦距越小，摄影机的可视范围就越大，一般设为 35。
- 缩放系数：控制相机视图的缩放。值越大，相机视图拉得越近，看到的内容越少。

（3）"光圈"卷展栏

- 胶片感光度：不同的胶片感光系数对光的敏感度是不一样的，数值越高胶片感光度就越高，颗粒越粗，最后的图像就会越亮；反之图像就会越暗。
- F-值：控制渲染图最终亮度，值越小越亮，同时与景深有关系，大光圈景深小，小光圈景深大。数值一般控制在 5 ~ 8 之间。
- 快门速度：控制进光时间，数值越小，进光时间越长，渲染图片越亮。
- 快门角度：只有选择电影摄影机类型此项才激活，用于控制图片的明暗。

- 快门位移：只有选择电影摄影机类型此项才激活，用于控制快门角度的偏移。
- 延迟：只有选择视频摄影机类型此项才激活，用于控制图片的明暗。

（4）"景深&运动模糊"卷展栏

- 景深：选择选项就可以开启物理摄影机的景深效果。
- 运动模糊：选择选项就可以开启物理摄影机的运动模糊效果。快门速度可以控制运动模糊的强度。

（5）"颜色&曝光"卷展栏

- 曝光：选择选项后自动控制相机曝光。
- 晕影：模拟真实摄影机的渐晕效果。
- 白平衡：控制渲染图片的色偏。
- 自定义白平衡：自定义图像颜色色偏。
- 色温：衡量发光物体的颜色。

（6）"散景特效"卷展栏

- 刀片：控制散景产生的小圆圈的边，默认为5。
- 旋转：散景小圆圈的旋转角度。
- 中心偏差：散景偏移原物体的距离。
- 各向异性：控制散景的各向异性，值越大散景的小圆圈拉得越长，变成椭圆。

课堂练习 制作景深效果

下面将利用 VRay 物理摄影机制作景深效果，具体操作步骤如下。

Step01 打开素材场景模型，可以看到场景中有一架创建好的 VRay 物理摄影机，如图 19-18 所示。

Step02 渲染摄影机视口，效果如图 19-19 所示。

扫一扫 看视频

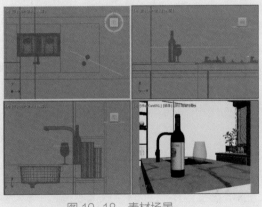

图 19-18　素材场景

图 19-19　初始渲染效果

Step03 调整摄影机的目标点，将其置于红酒瓶和酒杯之间，如图 19-20 所示。

Step04 在"景深&运动模糊"卷展栏中勾选"景深"选项，如图 19-21 所示。

Step05 渲染场景，观察散景效果，如图 19-22 所示。

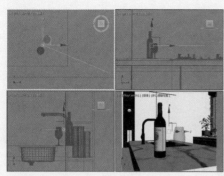
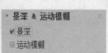

图 19-20　调整摄影机的目标点　　　图 19-21　设置景深　　　图 19-22　最终渲染效果

📄 **综合实战**　利用 VRay 物理摄影机渲染场景

　　下面为创建好的场景创建 VRay 物理摄影机并设置参数，观察渲染场景的效果。具体操作步骤如下。

　　Step01 打开素材场景模型，当前场景中已经有一架目标摄影机，如图 **19-23** 所示。

　　Step02 渲染场景，观察当前效果，如图 **19-24** 所示。

图 19-23　打开素材场景　　　　　　　图 19-24　初始渲染效果

　　Step03 沿着目标摄影机再创建一架 VRay 物理摄影机，调整高度及角度，如图 **19-25** 所示。

　　Step04 切换到新的摄影机视口，如图 **19-26** 所示。

扫一扫 看视频

图 19-25　创建 VRay 物理摄影机　　　图 19-26　切换到摄影机视口

Step05 渲染当前视口，观察当前摄影机下的效果，如图 19-27 所示。

Step06 选择 VRay 物理摄影机，进入修改面板，在"光圈"卷展栏中设置胶片感光度和快门速度，如图 19-28 所示。

图 19-27　渲染场景

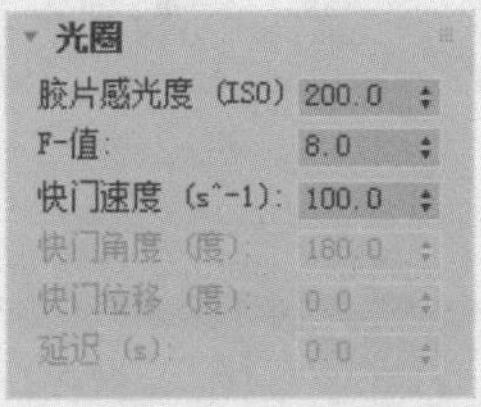

图 19-28　设置"光圈"卷展栏

Step07 渲染场景，此时会发现，场景的光线相对变亮了一些，如图 19-29 所示。

Step08 继续在"光圈"卷展栏中调整参数，降低 F- 值和快门速度，如图 19-30 所示。

图 19-29　渲染场景

图 19-30　设置 F- 值和快门速度

Step09 渲染场景，此时场景的光线比较明亮，接近最初的光线效果，但是整体色调偏红，如图 19-31 所示。

图 19-31　渲染场景

Step10 降低"快门速度"值，在"颜色&曝光"卷展栏中设置白平衡颜色为白色，如图 19-32 所示。

Step11 再次渲染场景，最终效果如图 19-33 所示。

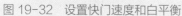

图 19-32 设置快门速度和白平衡

图 19-33 最终效果

课后作业

一、填空题

1. 目标摄影机由_____、_____、_____组成。

2. 3ds Max 自身提供了_____、_____、_____三种类型的摄影机。

3. 在摄影机参数中可用于控制镜头尺寸大小的是_____和_____。

4. VR 穹顶摄影机通常被用于渲染_____效果。

5. 摄影机校正修改器使用的是_____透视方式。

二、选择题

1. 要使摄影机的构图与透视视口的构图一样，需要使用哪个命令（   ）。

A. Views/Show Transform Gizmo　　　　B. Views/Show Background

C. Views/Match Camera to view　　　　D. Views/Show Key Times

2. 在摄影机参数中，定义摄影机在场景中所看到区域的参数是（   ）。

A. 视野　　　　B. 正交投影　　　　C. 近距剪切　　　　D. 远距剪切

3. 类似于通道望远镜观察的镜头是（   ）。

A. 长镜头　　　　B. 短镜头　　　　C. 大镜头　　　　D. 小镜头

4. 摄影机默认的镜头长度是（   ）。

A. 24.123mm　　　　B. 48.214mm　　　　C. 36.24mm　　　　D. 43.456mm

5. 3ds Max 中摄影机视角的计量方式有水平、角度等（   ）种。

A. 2　　　　B. 3　　　　C. 4　　　　D. 5

三、操作题

1. 创建 VRay 物理摄影机，场景渲染效果如图 19-34 所示。

433

（1）图形效果

图 19-34　VRay 物理摄影机渲染效果

（2）操作思路

为场景创建 VRay 物理摄影机，设置摄影机参数并渲染场景。设置流程参见图 19-35、图 19-36。

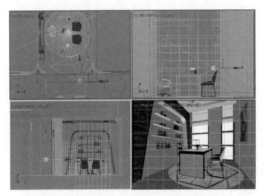

图 19-35　创建 VRay 物理摄影机　　　　图 19-36　摄影机参数

2. 创建目标摄影机，场景渲染效果如图 19-37 所示。

（1）图形效果

图 19-37　目标摄影机渲染效果

（2）操作思路

为场景创建目标摄影机，设置摄影机参数并渲染场景。大致的操作流程参见图19-38、图19-39。

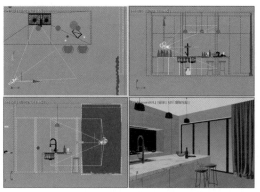

图 19-38 创建目标摄影机   图 19-39 摄影机参数

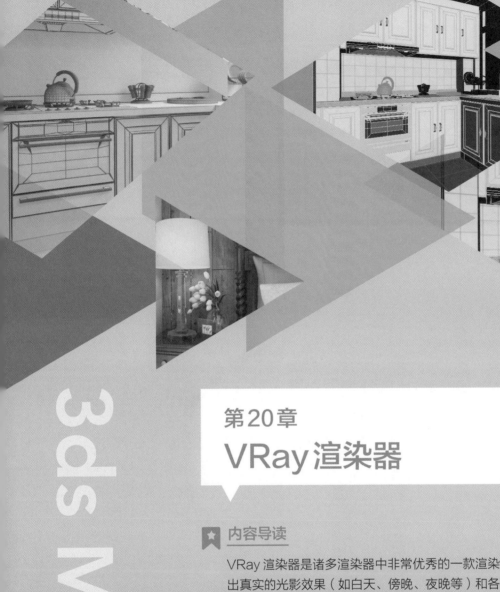

3ds Max 篇

第20章
VRay 渲染器

★ **内容导读**

VRay 渲染器是诸多渲染器中非常优秀的一款渲染工具，它可以表现出真实的光影效果（如白天、傍晚、夜晚等）和各种不同的物体质感（如金属、玻璃、陶瓷、布料等）。对建筑效果图进行渲染，可以烘托建筑的色彩、造型及环境效果。

本章将对 VRay 渲染器的参数设置及实际应用进行详细的介绍，通过对本章内容的学习，读者可以更为轻松地制作出高品质的效果图。

ᠿ **学习目标**

○ 了解渲染器类型
○ 了解各渲染参数的含义
○ 掌握测试渲染参数的设置
○ 掌握高清效果渲染参数的设置

20.1 渲染器类型

3ds Max 的渲染器类型很多，到 3ds Max 2019 版本时已经做了多次更新，包括扫描线渲染器、Arnold 渲染器、ART 渲染器、Quicksilver 硬件渲染器、VUE 文件渲染器共 5 种。此外，用户还可以使用外置的渲染器插件，比如 VRay 渲染器、Brazil 渲染器等。

（1）扫描线渲染器

扫描线渲染器是 3ds Max 默认的渲染器，它是一种多功能渲染器，可以将场景渲染为从上到下生成的一系列扫描线。该渲染器的渲染速度是最快的，但是真实度一般。

（2）Arnold 渲染器

Arnold 渲染器是一款高级的、跨平台的渲染 API，与传统用于 CG 动画的扫描线渲染器不同，它是逼真照片级的光线追踪渲染器，是基于物理算法的电影级别渲染引擎。

（3）ART 渲染器

ART 渲染器是一种仅适用 CPU 并且基于物理的快速渲染器，适用于建筑、产品和工业设计渲染与动画。

（4）Quicksilver 硬件渲染器

Quicksilver 硬件渲染器使用图形硬件生成渲染。Quicksilver 硬件渲染器的一个优点是它的速度快。默认设置提供快速渲染。

（5）VUE 文件渲染器

VUE 文件渲染器可以创建 VUE(.vue) 文件。VUE 文件使用可编辑 ASCII 格式。

（6）VRay 渲染器

VRay 渲染器是渲染效果相对比较优质的渲染器，也是本章重点讲解的渲染器。

20.2 VRay 渲染器

VRay 渲染器是模拟真实光照的一款全局光渲染器，无论是静止画面还是动态画面，其真实性和可操作性都非常惊艳，是目前业界非常受欢迎的渲染引擎。

在使用 VRay 渲染器之前，需要将其设置为默认渲染器。按快捷键 F10 打开渲染设置面板，在"公用"选项卡的"指定渲染器"卷展栏中指定需要的渲染器，这里我们选择 V-Ray 渲染器，单击"保存为默认设置"即可将其设为默认渲染器，如图 20-1、图 20-2 所示。

VRay 渲染器参数主要包括公用、V-Ray、GI、设置和 Render Elements 共 5 个选项卡，如图 20-3 所示。下面将对常用的参数

图 20-1 VRay 渲染器参数

图 20-2 VRay 渲染器参数

图 20-3 VRay 渲染器参数

437

选项进行介绍。

20.2.1 公用参数

"公用参数"卷展栏用于设置所有渲染输出的公用参数。其参数面板如图 20-4 所示。下面介绍该卷展栏中常用参数的含义。

- 单帧：仅当前帧。
- 要渲染的区域：分为视图、选定对象、区域、裁剪、放大 5 种。
- 选择的自动区域：该选项控制选择的自动渲染区域。
- "输出大小"下拉列表：下拉列表中可以选择几个标准的电影和视频分辨率以及纵横比。
- 光圈宽度（毫米）：指定用于创建渲染输出的摄影机光圈宽度。
- 宽度和高度：以像素为单位指定图像的宽度和高度。
- "预设分辨率"按钮：包括 320×240、640×480、720×486 以及 800×600 可供用户选择。
- 图像纵横比：设置图像的纵横比。
- 像素纵横比：设置显示在其他设备上的像素纵横比。
- 大气：启用此选项后，渲染任何应用的大气效果，如体积雾。

图 20-4 "公用参数"卷展栏

- 效果：启用此选项后，渲染任何应用的渲染效果，如模糊。
- 置换：渲染任何应用的置换贴图。
- 渲染为场：为视频创建动画时，将视频渲染为场，而不是渲染为帧。
- 渲染隐藏几何体：渲染场景中所有的几何体对象，包括隐藏的对象。
- 需要时计算高级照明：启用此选项后，当需要逐帧处理时，3ds Max 计算光能传递。
- 保存文件：启用此选项后，进行渲染时 3ds Max 会将渲染后的图像或动画保存到磁盘。
- 将图像文件列表放入输出路径：启用此选项可创建图像序列文件，并将其保存。
- 渲染帧窗口：在渲染帧窗口中显示渲染输出。
- 网络渲染：启用网络渲染。如果启用"网络渲染"，在渲染时将看到"网络作业分配"对话框。
- 跳过现有图像：启用此选项且启用"保存文件"后，渲染器将跳过序列中已渲染到磁盘中的图像。

20.2.2 帧缓冲区

帧缓冲区卷展栏下的参数可以代替 3ds Max 自身的帧缓冲窗口。这里可以设置渲染图像的大小，以及保存渲染图像等，其参数设置面板如图 20-5 所示。下面介绍该卷展栏中常用参数的含义。

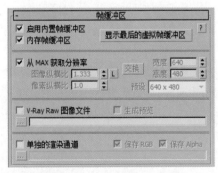

图 20-5 "帧缓冲区"卷展栏

- 启用内置帧缓冲区：可以使用 VRay 自身的渲染窗口。
- 内存帧缓冲区：勾选该选项，可将图像渲染到内存，再由帧缓冲区窗口显示出来，可以方便用户观察渲染过程。
- 从 Max 获取分辨率：当勾选该选项时，将从 3ds Max 的渲染设置对话框的公用选项卡的"输出大小"选项组中获取渲染尺寸。
- 图像纵横比：控制渲染图像的长宽比。
- 宽度 / 高度：设置像素的宽度 / 高度。
- V-Ray Raw 图像文件：控制是否将渲染后的文件保存到所指定的路径中。
- 单独的渲染通道：控制是否单独保存渲染通道。
- 保存 RGB/Alpha：控制是否保存 RGB 色彩 /Alpha 通道。
- ▦按钮：单击该按钮可以保存 RGB 和 Alpha 文件。

20.2.3 全局开关

全局开关展卷栏下的参数主要用来对场景中的灯光、材质、置换等进行全局设置，比如是否使用默认灯光、是否开启阴影、是否开启模糊等，新版本的 3ds Max 中"全局开关"卷展栏中分为基本模式、高级模式、专家模式三种，而专家模式的面板参数是最全面的，如图 20-6 所示。下面介绍该卷展栏中常用参数的含义。

- 置换：控制是否开启场景中的置换效果。
- 强制背面隐藏：背面强制隐藏与创建对象时背面消隐选项相似，强制背面隐藏是针对渲染而言的，勾选该选项后反法线的物体将不可见。
- 灯光：控制是否开启场景中的光照效果。当关闭该选项时，场景中放置的灯光将不起作用。
- 隐藏灯光：控制场景是否让隐藏的灯光产生光照。这个选项对于调节场景中的光照非常方便。
- 阴影：控制场景是否产生阴影。
- 默认灯光：在关闭灯光的情况下可以控制默认灯光的开关。

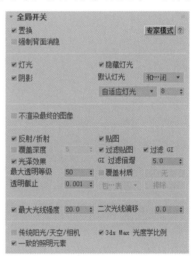

图 20-6 "全局开关"卷展栏

- 不渲染最终的图像：控制是否渲染最终图像。
- 反射 / 折射：控制是否开启场景中的材质的反射和折射效果。
- 覆盖深度：控制整个场景中的反射、折射的最大深度，后面的输入框数值表示反射、折射的次数。
- 光泽效果：是否开启反射或折射模糊效果。
- 贴图：控制是否让场景中的物体的程序贴图和纹理贴图渲染出来。
- 过滤贴图：这个选项用来控制 VRay 渲染时是否使用贴图纹理过滤。
- 过滤 GI：控制是否在全局照明中过滤贴图。
- 最大透明等级：控制透明材质被光线追踪的最大深度。值越高，被光线追踪的深度越深，效果越好，但渲染速度会变慢。
- 透明截止：控制 VRay 渲染器对透明材质的追踪终止值。

439

- 覆盖材质：当在后面的通道中设置了一个材质后，那么场景中所有的物体都将使用该材质进行渲染，这在测试阳光的方向时非常有用。
- 二次光线偏移：设置光线发生二次反弹的时候的偏移距离，主要用于检查建模时有无重面。
- 传统阳光 / 天空 / 相机：由于 3ds Max 存在版本问题，因此该选项可以选择是否启用旧版阳光 / 天光 / 相机的模式。
- 3ds Max 光度学比例：默认情况下是勾选该选项的，也就是默认使用 3ds Max 光度学比例。

20.2.4 图像采样（抗锯齿）

抗锯齿在渲染设置中是一个必须调整的参数，其数值的大小决定了图像的渲染精度和渲染时间，但抗锯齿与全局照明精度的高低没有关系，只作用于场景物体的图像和物体的边缘精度，其参数设置面板，如图 20-7 所示。下面介绍该卷展栏中常用参数的含义。

- 类型：设置图像采样器的类型，包括渐进和块两种。当选择"渐进"采样器，下方会出现"渐进图像采样器"卷展栏，提供相关设置参数，如图 20-8 所示。当选择"块"采样器，则会出现"块图像采样器"卷展栏，如图 20-9 所示。

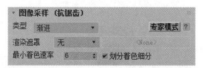

图 20-7 "图像采样（抗锯齿）"卷展栏

图 20-8 "渐进图像采样器"卷展栏

图 20-9 "块图像采样器"卷展栏

- 渲染遮罩：启用渲染蒙版功能。
- 最小着色速率：只影响三射线，提高最小着色速率可以增加阴影 / 折射模糊 / 反射模糊的精度。推荐数值 1 ~ 6。
- 划分着色细分：当关闭抗锯齿过滤器时，常用于测试渲染，渲染速度非常快、质量较差。

20.2.5 图像过滤

在该卷展栏中可以对抗锯齿的过滤方式进行选择，VRay 渲染器提供了多种抗锯齿过滤器，主要针对贴图纹理或图像边缘进行平滑处理，选择不同的过滤器就会显示该过滤器的相关参数及过滤效果，如图 20-10 所示。下面介绍该卷展栏中常用参数的含义。

- 图像过滤器：选择复选框可开启子像素过滤。在测试渲染阶段，建议取消勾选该选项以加快渲染速度。

图 20-10 "图像过滤"卷展栏

- 过滤器：提供了 17 种过滤器类型，包括区域、清晰四方形、Catmull-Rom、图版匹配 / MAX R2、四方形、立方体、视频、柔化、Cook 变量、混合、Blackman、Mitchell-Netravali、VRayLanczosFilter、VRaySincFilter、VRayBoxFilter、VRayTriangleFilter、VRayMitNetFilter。在效果图渲染制作过程中，较为常用的是 Mitchell- Netravali 和 Catmull-Rom，前者可以得到较为平滑的边缘效果，后者边缘则比较锐利。

- 大小：指定图像过滤器的大小。部分过滤器的大小是固定值，不可调节。

20.2.6　全局 DMC

全局 DMC 也就是以往老版本面板中的全局确定性蒙特卡洛，该卷展栏可以说是 VRay 的核心，贯穿于 VRay 的每一种模糊计算，包括抗锯齿、景深、间接照明、面积灯光、模糊反射 / 折射、半透明、运动模糊等。其参数面板如图 20-11 所示。下面介绍该卷展栏中常用参数的含义。

图 20-11　"全局 DMC"卷展栏

- 锁定噪波图案：对动画的所有帧强制使用相同的噪点分布形态。

- 使用局部细分：关闭该选项时，VRay 会自动计算着色效果的细分。启用该选项时，材质 / 灯光 /GI 引擎可以指定各自的细分。

- 细分倍增：场景全部细分的 Subdives 值的总体倍增值。

- 最小采样：确定在使用早起终止算法之前必须获得的最少的样本数量。

- 自适应数量：用于控制重要性采样使用的范围。默认值为 1，表示在尽可能大的范围内使用重要性采样，0 则表示不进行重要性采样。减小数值会降低噪波和黑斑，但渲染速度也会减慢。

- 噪波阈值：在计算一种模糊效果是否足够好时，控制 VRay 的判断能力，在最后的结果中直接转化为噪波。较小的值表示较少的噪波、使用更多的样本并得到更好的图像质量。

20.2.7　环境

环境卷展栏分为 GI 环境、反射 / 折射环境、折射环境、二次无光环境 4 个选项组，如图 20-12 所示。下面介绍该卷展栏中常用参数的含义。

（1）全局照明（GI）环境

- 开启：控制是否开启 GI 环境覆盖。
- 颜色：设置天光的颜色。
- 倍增：设置天光亮度的倍增。值越高，天光的亮度越高。

（2）反射 / 折射环境

图 20-12　"环境"卷展栏

- 开启：当勾选该选项后，当前场景中的反射环境将由它来控制
- 颜色：设置反射环境的颜色。
- 倍增：设置反射环境亮度的倍增。值越高，反射环境的亮度越高。

（3）折射环境

- 开启：当勾选该选项后，当前场景中的折射环境由它来控制。
- 颜色：设置折射环境的颜色。
- 倍增：设置反射环境亮度的倍增。值越高，折射环境的亮度越高。

（4）二次无光环境

- 开启：当勾选该选项后，将指定的颜色和纹理用于反射 / 折射中可见的遮罩物体。
- 颜色：为反射 / 折射中可见的遮罩物体指定环境颜色。

20.2.8 颜色映射

颜色映射卷展栏下的参数用来控制整个场景的色彩和曝光方式，下面仅以专家模式面板进行介绍，其参数设置面板如图 20-13 所示。下面介绍该卷展栏中常用参数的含义。

- 类型：包括线性叠加、指数、HSV 指数、强度指数、Gamma 校正、强度伽玛、莱因哈德 7 种模式。
- 伽玛：控制最终输出图像的伽玛校正值。
- 倍增器：控制最终输出图像的暗部亮度与亮部亮度。
- 子像素贴图：勾选后，物体的高光区与非高光区的界限处不会有明显的黑边。

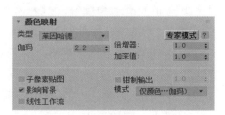

图 20-13 "颜色映射"卷展栏

- 钳制输出：勾选该选项后，在渲染图中有些无法表现出来的色彩会通过限制来自动纠正。
- 影响背景：控制是否让曝光模式影响背景。当关闭该选项时，背景不受曝光模式的影响。
- 线性工作流：该选项就是一种通过调整图像的灰度值，来使得图像得到线性化显示的技术流程。

20.2.9 全局光照

在修改 VRay 渲染器时，首先要开启全局照明，这样才能出现真实的渲染效果。开启 GI 后，光线会在物体与物体间互相反弹，因此光线计算得会更准确，图像也更加真实。其参数面板如图 20-14 所示。下面介绍该卷展栏中常用参数的含义。

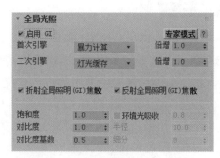

图 20-14 "全局光照"卷展栏

- 启用 GI：勾选该选项后，将开启 GI 效果。
- 首次引擎 / 二次引擎：VRay 计算光的方法是真实的，光线发射出来然后进行反弹，再进行反弹。
- 倍增：控制首次反弹和二次反弹光的倍增值。
- 折射全局照明焦散：控制是否开启折射焦散效果。
- 反射全局照明焦散：控制是否开启反射焦散效果。
- 饱和度：可以用来控制色溢，降低该数值可以降低色溢效果。
- 对比度：控制色彩的对比度。

- 对比度基数：控制饱和度和对比度的基数。
- 环境光吸收：该选项可以控制 AO 贴图的效果。
- 半径：控制环境阻光（AO）的半径。
- 细分：环境阻光（AO）的细分。

20.2.10 发光贴图

在 VRay 渲染器中，发光贴图是计算场景中物体的漫反射表面发光时会采取的一种有效的方法。发光贴图是一种常用的全局照明引擎，它只存在于首次反弹引擎中，因此在计算 GI 的时候，并不是场景的每一个部分都需要同样的细节表现，它会自动判断在重要的部分进行更加准确的计算，在不重要的部分进行粗略的计算。其参数面板如图 20-15 所示。下面介绍该卷展栏中常用参数的含义。

图 20-15 "发光贴图"卷展栏

- 当前预设：设置发光贴图的预设类型，共有自定义、非常低、低、中、中 - 动画、高、高 - 动画、非常高 8 种。
- 最小 / 最大速率：主要控制场景中比较平坦、面积比较大 / 细节比较多、弯曲较大的面的质量受光。
- 细分：数值越高，表现光线越多，精度也就越高，渲染的品质也越好。
- 插值采样：这个参数是对样本进行模糊处理，数值越大渲染越精细。
- 插值帧数：该数值用于控制插补的帧数。
- 使用相机路径：勾选该选项将会使用相机的路径。
- 显示计算阶段：勾选后，可看到渲染帧里的 GI 预计算过程，建议勾选。
- 显示直接光：在预计算的时候显示直接光，以方便用户观察直接光照的位置。
- 显示采样：显示采样的分布以及分布的密度，帮助用户分析 GI 的精度够不够。
- 颜色阈值：这个值主要是让渲染器分辨哪些是平坦区域，哪些不是平坦区域，它是按照颜色的灰度来区分的。值越小，对灰度的敏感度越高，区分能力越强。
- 法线阈值：这个值主要是让渲染器分辨哪些是交叉区域，哪些不是交叉区域，它是按照法线的方向来区分的。值越小，对法线方向的敏感度越高，区分能力越强。
- 距离阈值：这个值主要是让渲染器分辨哪些是弯曲表面区域，哪些不是弯曲表面区域，它是按照表面距离和表面弧度的比较来区分的。值越高，表示弯曲表面的样本越多，区分能力越强。
- 细节增强：是否开启细部增强功能，勾选后细节非常精细，但是渲染速度非常慢。
- 比例：细分半径的单位依据，有屏幕和世界两个单位选项。屏幕是指用渲染图的最后尺寸来作为单位；世界是用 3ds Max 系统中的单位来定义的。
- 半径：半径值越大，使用细部增强功能的区域也就越大，渲染时间也越慢。
- 细分倍增：控制细部的细分，但是这个值和发光贴图里的细分有关系。值越低，细部就会产生杂点，渲染速度比较快；值越高，细部就可以避免产生杂点，同时渲染速度会变慢。
- 随机采样：控制发光贴图的样本是否随机分配。
- 多过程：当勾选该选项时，VRay 会根据最大比例和最小比例进行多次计算。

- 检查采样可见性：在灯光通过比较薄的物体时，很有可能会产生漏光现象，勾选该选项可以解决这个问题。
- 计算采样数：用在计算发光贴图过程中，主要计算已经被查找后的插补样本的使用数量。较低的数值可以加速计算过程，但是渲染质量较低；较高的值计算速度会减慢，渲染质量较好。推荐使用 10 ~ 25 之间的数值。
- 插值类型：VRay 提供了 4 种样本插补方式，为发光贴图的样本的相似点进行插补。
- 查找采样：它主要控制哪些位置的采样点是适合用来作为基础插补的采样点。VRay 内部提供了 4 种样本查找方式。
- 模式：包括单帧、多帧增量、从文件、添加到当前贴图、增量添加到当前贴图、块模式、动画（预处理）、动画（渲染）8 种模式。
- 保存：将光子图保存到硬盘。
- 重置：将光子图从内存中清除。
- 不删除：当光子渲染完以后，不把光子从内存中删掉。
- 自动保存：当光子渲染完以后，自动保存在硬盘中，单击 ▓▓ 按钮就可以选择保存位置。
- 切换到保存的贴图：当勾选了自动保存选项后，在渲染结束时会自动进入"从文件"模式并调用光子贴图。

20.2.11 灯光缓存

灯光缓存与发光贴图比较相似，都是将最后的光发散到摄影机后得到最终图像，只是灯光缓存与发光贴图的光线路径是相反的，发光贴图的光线追踪方向是从光源发射到场景的模型中，最后再反弹到摄影机，而灯光缓存是从摄影机开始追踪光线到光源，摄影机追踪光线的数量就是灯光缓存的最后精度。其参数面板如图 20-16 所示。下面介绍该卷展栏中常用参数的含义。

- 细分：用来决定灯光缓存的样本数量。值越高，样本总量越多，渲染效果越好，渲染速度越慢。
- 采样大小：控制灯光缓存的样本大小，小的样本可以得到更多的细节，但是需要更多的样本。
- 比例：在效果图中使用"屏幕"选项，在动画中使用"世界"选项。
- 折回：控制折回的阈值数值。
- 显示计算阶段：勾选该选项以后，可以显示灯光缓存的计算过程，方便观察。
- 使用相机路径：勾选改选项后将使用摄影机作为计算的路径。

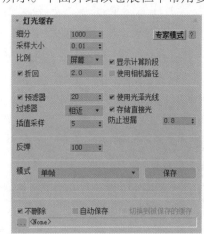

图 20-16 "灯光缓存"卷展栏

- 预滤器：当勾选该选项以后，可以对灯光缓存样本进行提前过滤，它主要是查找样本边界，然后对其进行模糊处理。后面的值越高，对样本进行模糊处理的程度越深。
- 过滤器：该选项是在渲染最后成图时，对样本进行过滤，其下拉列表中共有 3 个选项。

- 插值采样：这个参数是对样本进行模糊处理，较大的值可以得到比较模糊的效果，较小的值可以得到比较锐利的效果。
- 使用光泽光线：是否使用平滑的灯光缓存，开启该功能后会使渲染效果更加平滑，但会影响到细节效果。
- 存储直接光：勾选该选项以后，灯光缓存将储存直接光照信息。当场景中有很多灯光时，使用这个选项会提高渲染速度。因为它已经把直接光照信息保存到灯光缓存中，在渲染出图的时候，不需要对直接光照再进行采样计算。
- 防止泄漏：启用额外的计算，来放置灯光缓存漏光和减少闪烁。
- 反弹：指定灯光缓存计算的 GI 反弹次数。

20.2.12 系统

设置选项卡主要包括默认置换和系统两个卷展栏，下面对"系统"卷展栏下的主要参数进行介绍。该卷展栏下的参数不仅对渲染速度有影响，而且还会影响渲染的显示和提示功能，同时还可以完成联机渲染，其参数设置面板，如图 20-17 所示。下面介绍该卷展栏中常用参数的含义。

- 动态分割渲染块：控制是否进行动态分割。
- 序列：控制渲染块的渲染顺序，共有以下 6 种方式，分别是从上到下、从左到右、棋盘格、螺旋、三角剖分、稀耳伯特曲线。
- 反转渲染块序列：勾选该选项后，渲染顺序将和设定的顺序相反。
- 上次渲染：确定在渲染开始时，在 3ds Max 默认的帧缓冲区框以哪种方式处理渲染图像。
- 动态内存限制：控制动态内存的总量。
- 默认几何体：控制内存的使用方式，共有 3 种方式。
- 最大树深度：控制根节点的最大分支数量。较高的值会加快渲染速度，同时会占用较多的内存。
- 最小叶片尺寸：控制叶节点的最小尺寸，当达到叶节点尺寸以后，系统停止计算场景。
- 面 / 级别系数：控制一个节点中的最大三角面数量，当未超过临近点时计算速度快。
- 高性能光线跟踪：控制是否使用高性能光线跟踪运动模糊。
- 节省内存：控制是否需要节省内存。
- 帧标记：当勾选该选项后，就可以显示水印。
- 全宽度：水印的最大宽度。当勾选该选项后，它的宽度和渲染图像的宽度相当。
- 对齐：控制水印里的字体排列位置，包括左、中、右 3 个选项。

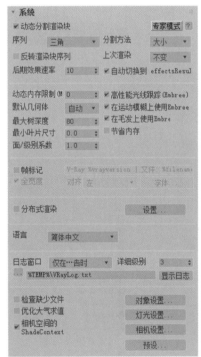

图 20-17 "系统"卷展栏

下面将创建好的整个模型场景渲染为白模效果，以观察灯光效果及摄影机角度，具体操作步骤如下。

扫一扫　看视频

Step01 打开素材场景模型，如图 20-18 所示。

Step02 按 F10 打开"渲染设置"面板，切换到 V-Ray 选项卡的"全局开关"卷展栏，勾选"覆盖材质"选项，如图 20-19 所示。

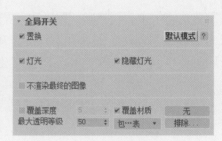

图 20-18　打开素材场景　　　　　　　　　图 20-19　勾选"覆盖材质"

Step03 单击其后的 无 按钮，打开"材质 / 贴图浏览器"对话框，在 V-Ray 材质列表中选择 VRayMtl 材质，如图 20-20 所示。

Step04 按 M 键打开材质编辑器，从"全局开关"卷展栏中将刚添加的 VRayMtl 材质拖到材质编辑器的任意空白材质球上，在弹出的"实例（副本）材质"对话框中选择"实例"选项，单击"确定"按钮，如图 20-21 所示。

图 20-20　选择 VRayMtl 材质　　　　　　　图 20-21　实例复制材质

Step05 在 VRay 材质基本参数面板中设置漫反射颜色，如图 20-22、图 20-23 所示。

Step06 为漫反射通道添加 VRay 边纹理贴图，在参数面板中设置纹理颜色，其余参数默认，如图 20-24、图 20-25 所示。

图 20-22　设置漫反射颜色

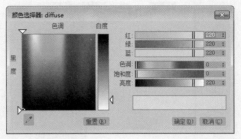

图 20-23　漫反射颜色参数

图 20-24　设置边纹理颜色

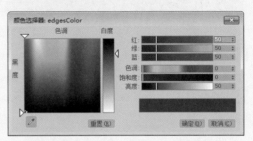

图 20-25　边纹理颜色参数

Step07　材质预览效果如图 20-26 所示。

Step08　渲染场景，最终的白模效果如图 20-27 所示。

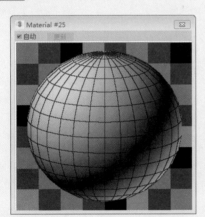

图 20-26　材质预览

图 20-27　白模效果

📝 课堂练习　设置测试渲染参数

下面介绍测试渲染参数的设置，具体设置步骤如下。

Step01　打开素材场景模型，如图 20-28 所示。

Step02　按 F10 键打开"渲染设置"面板，在"公用"选项卡的"公用"卷展栏设置图像输出大小，一般测试渲染时使用默认，或者根据需要自定义一个合适的比例，如图 20-29 所示。

图 20-28　打开素材场景

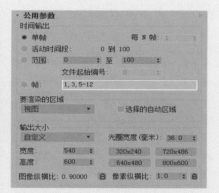

图 20-29　设置输出尺寸

Step03 切换到 V-Ray 选项卡，在"全局开关"卷展栏中设置灯光采样方式为"完整灯光求值"，如图 20-30 所示。

Step04 打开"图像采样（抗锯齿）"卷展栏，设置图像采样器类型为"渐进"，如图 20-31 所示。

图 20-30　设置灯光采样方式

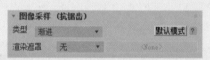

图 20-31　"渐进"图像采样器

Step05 在"图像过滤"卷展栏中取消勾选"图像过滤器"选项，如图 20-32 所示。

Step06 在"全局 DMC"卷展栏中勾选"使用局部细分"选项，设置最小采样、自适应数量和噪波阈值，如图 20-33 所示。

图 20-32　取消图像过滤

图 20-33　设置局部细分参数

Step07 打开"颜色映射"卷展栏，设置类型为"指数"，如图 20-34 所示。

Step08 切换到 GI 选项卡，设置首次引擎为"发光贴图"，二次引擎为"灯光缓冲"，如图 20-35 所示。

图 20-34　"指数"曝光方式

图 20-35　设置反弹方式

Step09 打开"发光贴图"卷展栏，设置预设级别为"非常低"，细分值和插值采样都为 20，如图 20-36 所示。

Step10 打开"灯光缓存"卷展栏，设置细分为 200，如图 20-37 所示。

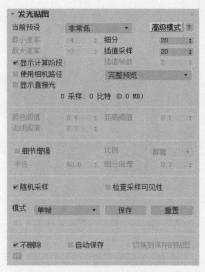

图 20-36 设置发光贴图　　　　图 20-37 设置灯光缓存

Step11 渲染场景，观察测试渲染效果和渲染速度，如图 20-38 所示。

图 20-38 测试渲染效果

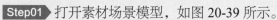

综合实战　渲染高清效果图

　　在渲染高清效果图时，参数的设置往往影响着渲染时间的长短以及最终渲染效果的质量，具体操作步骤如下。

Step01 打开素材场景模型，如图 20-39 所示。

Step02 按 F10 键打开"渲染设置"面板，在"公用"选项卡的"公用"卷展栏设置图像输出大小，这里设置一个较大的输出尺寸，如图 20-40 所示。

扫一扫 看视频

Step03 打开"帧缓冲"卷展栏，勾选"启用内置帧缓冲区（VFB）"选项，如图 20-41 所示。

图 20-39 打开素材场景

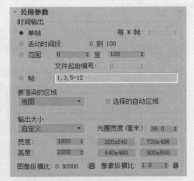

图 20-40 设置输出尺寸

Step04 打开"图像采样（抗锯齿）"卷展栏，设置图像采样器类型为"块"，如图 20-42 所示。

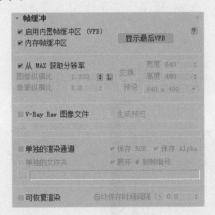

图 20-41 启用内置帧缓冲区

图 20-42 选择"块"图像采样器

Step05 在"图像过滤"卷展栏中勾选"图像过滤器"选项，选择 Mitchell-Netravali 过滤器，如图 20-43 所示。

Step06 在"块图像采样器"卷展栏中设置细分和噪波阈值，在"全局 DMC"卷展栏中设置最小采样、自适应数量和噪波阈值，如图 20-44 所示。

图 20-43 选择图像过滤器

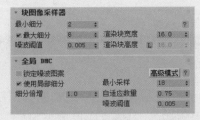

图 20-44 设置图像采样和局部细分

Step07 打开"发光贴图"卷展栏，设置预设级别为"高"，再设置较高的细分和插值采样，选择"显示计算阶段"，设置样本显示方式为"完整预览"，如图 20-45 所示。

Step08 打开"灯光缓存"卷展栏，设置细分为 1200，选择"显示计算阶段"选项，如图 20-46 所示。

图 20-45 设置发光贴图

图 20-46 设置灯光缓存

Step09 渲染场景，可以将效果与上一案例中的测试渲染效果做对比，如图 20-47、图 20-48 所示。

图 20-47 高清效果

图 20-48 测试效果

课后作业

一、填空题

1. 渲染的快捷键有_____、_____两种。

2. 渲染种类包括_____、_____、_____、_____4 种。

3. 勾选_____选项后，才能设置材质细分参数。

4. 常用的两种过滤器为_____和_____。

5. 3ds Max 自带渲染器包括_____、_____、_____、_____共 5 种。

二、选择题

1. 单独制定要渲染的帧数应使用（　　）。

A. Single B. Active C. Range D. Frames

2. 下列说法中正确的是（　　）。

A. 不管使用何种规格输出，该宽度和高度的尺寸单位为像素

B. 不管使用何种规格输出，该宽度和高度的尺寸单位为毫米

C. 尺寸越大，渲染时间越长，图像质量越低

D. 尺寸越大，渲染时间越短，图像质量越低

3. 渲染对话框中如果要对模型进行净化渲染应该选择哪项（　　）？

A. 帧　　　　　　　　B. 单帧　　　　　　　C. 活动时间段　　　　D. 范围

4. 以下哪一个为 3ds Max 默认的渲染器（　　）？

A. Scanline　　　　　B. Brazil　　　　　　C. Vray　　　　　　　D. Insight

5. 在 3ds Max 的渲染器为默认扫描线渲染器时，渲染面板的基本组成部分为（　　）。

A. 公用、渲染器、高级照明和光线跟踪器

B. 渲染器、高级照明、公用

C. 公用、渲染器、渲染元素、光线跟踪器

D. 公用、渲染器、渲染元素、光线跟踪器和高级照明

三、操作题

1. 制作白模渲染效果，如图 20-49 所示。

（1）图形效果

图 20-49　VRay 物理摄影机渲染效果

（2）操作思路

创建白模材质，在"渲染设置"面板中指定覆盖材质。设置流程参见图 20-50、图 20-51。

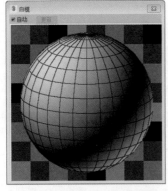

图 20-50　创建 VRay 物理摄影机

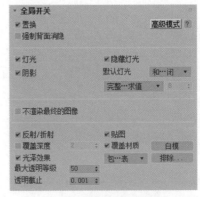

图 20-51　摄影机参数

2. 测试效果与高质量效果对比，如图 20-52、图 20-53 所示。

操作思路如下：

在"渲染设置"参数面板中分别设置测试渲染参数和高质量渲染参数，并对比渲染效果。

图 20-52　测试效果

图 20-53　高质量效果

第21章

毛发技术

📑 内容导读

现实中存在很多带有"毛发"的物体，我们的头发、玩偶玩具等。这些看似精细的模型效果，在 3ds Max 中都可以轻松地模拟出来。毛发系统也是 3ds Max 制作游戏动画中非常重要的一个部分。在 3ds Max 中默认的毛发工具是 Hair 和 Fur（WSM）修改器，当然在安装 VRay 渲染器后，也可以找到 Vray 毛发。因此在 3ds Max 中有两种毛发，分别是 Hair 和 Fur（WSM）修改器和 VRay 毛发。
本章将详细介绍毛发的相关知识及创建方法。

⟳ 学习目标

○ 掌握 Hair 和 Fur 的使用方法
○ 掌握 VRay 毛发对象的使用方法

21.1 Hair和Fur（WSM）修改器

Hair 和 Fur（WSM）修改器专门用来模拟制作毛发的效果，功能非常强大，不仅可以制作静态的毛发，还可以模拟真实的毛发运动。Hair 和 Fur（WSM）修改器的参数包括"选择""工具""设计""常规参数""材质参数""自定义明暗器""海市蜃楼参数""成束参数""卷发参数""纽结参数""多股参数"等卷展栏。

21.1.1 选择

"选择"卷展栏提供了各种工具，用于访问不同的子对象层级和显示设置，以及创建与修改选定内容，此外还显示了与选定实体有关的信息，如图 21-1 所示。

- 导向：单击该按钮后，将启用"设计"卷展栏中的"设计发型"按钮。
- 面、多边形、元素：可选择三角形面、多边形、元素对象。
- 按顶点：启用该选项，只需要选择子对象的顶点就可以选中子对象。
- 忽略背面：启用该选项，选择子对象时只影响面对着用户的面。
- 命名选择集：可用来复制粘贴选择集。

21.1.2 工具

该卷展栏提供了使用"毛发"完成各种任务所需的工具，包括从现有的样条线对象创建发型，重置毛发，以及为修改器和特定发型加载并保存一般预设，如图 21-2 所示。

图 21-1 "选择"卷展栏

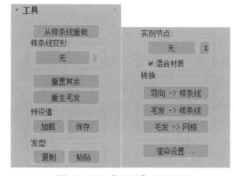

图 21-2 "工具"卷展栏

- 从样条线重梳：使用样条线来设计毛发样式。
- 样条线变形：可以允许用线来控制发型与动态效果。
- 重置其余：在曲面上重新分布头发的数量，以得到较为均匀的效果。
- 重生毛发：忽略全部样式信息，将毛发复位到默认状态。
- 加载、保存：加载、保存预设的毛发样式。
- 无：如果要指定毛发对象，可以单击该按钮，然后选择要使用的对象。
- X：如果要停止使用实例节点，可以单击该按钮。
- 混合材质：启用该选项后，应用于生长对象的材质以及应用于毛发对象的材质将合并为单一的多子对象材质，并应用于生长对象。

- 导向→样条线：将所有导向复制为新的单一样条线对象。
- 毛发→样条线：将所有毛发复制为新的单一样条线对象。
- 毛发→网格：将所有毛发复制为新的单一网格对象。

21.1.3 设计

使用"Hair 和 Fur"修改器的"导向"子对象层级，可以在视口中交互地设计发型。交互式发型控件位于"设计"卷展栏中。该卷展栏提供了"设计发型"按钮，如图 21-3 所示。

- 设计发型：单击该按钮可以设计毛发的发型。
- 由头梢选择头发、选择全部顶点、选择导向顶点、由根选择导向：选择毛发的方式，用户可按实际需求来选择方式。
- 反选、轮流选、扩展选定对象：指定选择对象的方式。
- 隐藏选定对象、显示隐藏对象：隐藏或显示选定的毛发。
- 发梳：在该模式下，可以通过拖曳光标来梳理毛发。
- 剪毛发：在该模式下可以修剪导向毛发。
- 选择：单击该模式可以进入选择模式。
- 距离褪光：启用该选项时，边缘产生褪光现象，产生柔和的边缘效果。
- 忽略背面毛发：启用该项后背面的头发将不受画刷影响。
- 画刷大小滑块：通过拖动滑块来改变画刷的大小。
- 平移、站立、蓬松发根：进行平移、站立、蓬松发根的操作。
- 丛：强制选定的导向之间相互更加靠近或更加分散。
- 旋转：以光标位置为中心来旋转导向毛发的顶点。
- 比例：执行放大或缩小操作。
- 衰减：将毛发长度制作成衰减的效果。
- 重梳：使用引导线对毛发进行梳理。
- 重置其余：在曲面上重新分布数量，侧刀均匀的结果。
- 锁定 / 解除锁定：锁定或解锁导向毛发。
- 拆分选定毛发组 / 合并选定毛发组：将毛发拆分或合并。

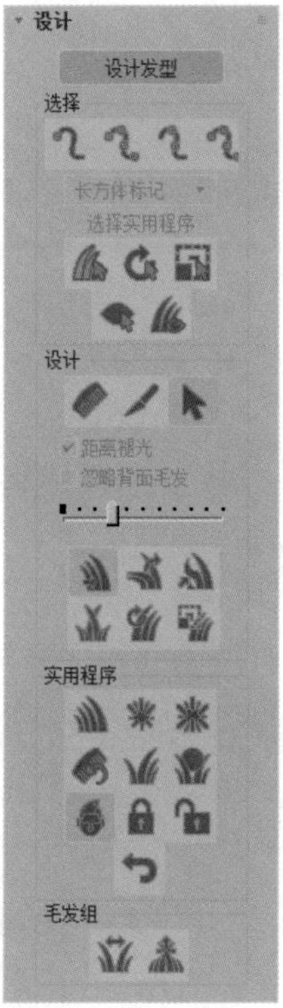

图 21-3 "设计"卷展栏

21.1.4 常规参数

该卷展栏允许在根部和梢部设置毛发数量和密度、长度厚度以及其他各种综合参数，其参数面板如图 21-4 所示。

- 毛发数量、毛发段：设置生成的毛发总数、每根毛发的分段。
- 毛发过程数：设置毛发过程数。
- 密度、比例：设置毛发的密度及缩放比例。
- 剪切长度：设置将整体的毛发长度进行缩放的比例。
- 随机比例：设置渲染毛发时的随机比例。
- 根厚度、梢厚度：设置发根的厚度及发梢的厚度。

图 21-4 "常规参数"卷展栏

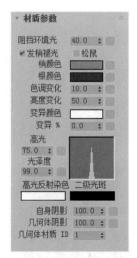

- 置换：设置毛发从根到生长对象曲面的置换量。

21.1.5 材质参数

该卷展栏上的参数均应用于由 Hair 生成的缓冲渲染毛发。如果是几何体渲染的毛发，则毛发颜色派生自生长对象，参数面板如图 21-5 所示。

- 阻挡环境光：在照明模型时，控制环境或漫反射对模型影响的偏差。
- 发梢褪光：开启该选项后，毛发将朝向发梢而产生淡出到透明的效果。
- 梢 / 根颜色：设置距离生长对象曲面最远或最近的毛发梢部的颜色。
- 色调 / 亮度变化：设置毛发颜色或亮度的变化量。
- 变异颜色：设置变异毛发的颜色。
- 变异 %：设置接受"变异颜色"的毛发的百分比。
- 高光：设置在毛发上高亮显示的相对大小。
- 光泽度：设置在毛发上高亮显示的相对大小。
- 高光反射染色：设置反射高光的颜色。
- 自身阴影：设置自身阴影的大小。
- 几何体阴影：设置毛发从场景中的几何体接收到的阴影的量。

21.1.6 海市蜃楼、成束、卷发参数

海市蜃楼、成束、卷发参数可以控制毛发是否产生束状、卷曲等效果，其参数面板如图 21-6 所示。

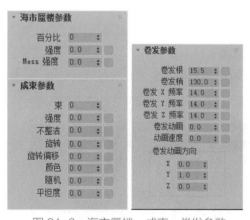

图 21-5 "材质参数"卷展栏　　　图 21-6 海市蜃楼、成束、卷发参数

- 百分比：控制海市蜃楼的百分比。
- 强度：控制海市蜃楼的强度。
- 束：相对于总体毛发数量，设置毛发束数量。
- 强度：强度越大，束中各个梢彼此之间的吸引越强。
- 不整洁：值越大，越不整洁地向内弯曲束，每个束的方向是随机的。
- 旋转：扭曲每个束。

- 旋转偏移：从根部偏移束的梢。较高的"旋转"和"旋转偏移"值使束更卷曲。
- 颜色：非零值可改变束中的颜色。
- 随机：控制随机的效果。
- 平坦度：控制平坦的程度。
- 卷发根：设置头发在其根部的置换量。
- 卷发梢：设置头发在其梢部的置换量。
- 卷发 X/Y/Z 频率：控制在 3 个轴中的卷发频率。
- 卷发动画：设置波浪运动的幅度。
- 动画速度：设置动画噪波场通过空间时的速度。
- 卷发动画方向：设置卷发动画的方向向量。

21.1.7 纽结、多股参数

纽结、多股参数可以控制毛发的扭曲、多股分支效果。如图21-7
所示为参数面板。

- 纽结根 / 梢：设置毛发在其根部 / 梢部的纽结置换量。
- 纽结 X/Y/Z 频率：设置在 3 个轴中的纽结频率。
- 数量：设置每个聚集块的头发数量。
- 根展开：设置为根部聚集块中的每根毛发提供的随机补偿量。
- 梢展开：设置为梢部聚集块中的每根毛发提供的随机补偿量。
- 随机化：设置随机处理聚集块中的每根毛发的长度。

图 21-7　纽结、多股参数

课堂练习 制作毛绒玩具熊效果

下面利用 Hair 和 Fur 修改器为玩具熊添加毛绒效果，具体操作步骤如下。

Step01　打开素材场景模型，如图 21-8 所示。

Step02　渲染场景，观察当前玩具熊的效果，如图 21-9 所示。

扫一扫 看视频

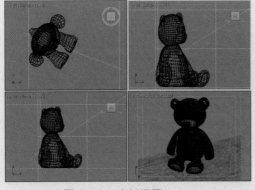

图 21-8　素材场景

图 21-9　初始渲染效果

Step03　选择玩具熊的要添加毛发的部分，如图 21-10 所示。

Step04　为其添加 Hair 和 Fur 修改器，场景预览效果如图 21-11 所示。

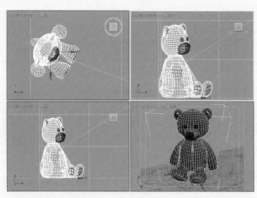

图 21-10　选择对象

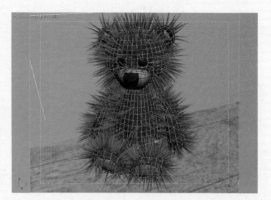

图 21-11　场景预览

Step05 在"常规参数"卷展栏中设置毛发数量、随机比例、根厚度以及梢厚度，在"材质参数"卷展栏中设置梢颜色和根颜色，在"卷发参数"卷展栏中设置卷发根和卷发梢值，如图 21-12 所示。

Step06 梢颜色和根颜色设置参数如图 21-13 所示。

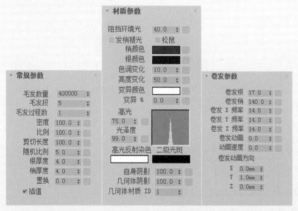

图 21-12　设置常规参数和材质参数

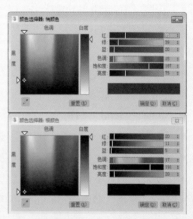

图 21-13　颜色参数

Step07 此时的场景预览效果如图 21-14 所示。

Step08 渲染场景，最终的毛绒玩具熊效果如图 21-15 所示。

图 21-14　场景预览

图 21-15　最终渲染效果

21.2　VRay毛发

VRay 毛发是 VRay 渲染器附带的工具，因此在使用之前一定要查看一下是否成功安装了 VRay 渲染器，如图 21-16 所示。

VRay 毛发可以模拟多种毛发的效果，其参数更为直观、简单，常用来模拟制作地毯、草地、皮毛等毛发效果。选择毛皮需要附着的对象，在创建命令面板的 VRay 创建面板中可以看到 VRayFur 按钮被激活，单击该按钮即可，如图 21-17 所示。

图 21-16　指定 VRay 渲染器

21.2.1　参数

VRayFur 的"参数"卷展栏如图 21-18 所示所示，卷展栏中常用参数的含义如下。

- 源对象（Source object）：指定需要添加毛发的物体。
- 长度（Length）：设置毛发的长度。
- 厚度（Thickness）：设置毛发的厚度。该选项只有在渲染时才会看到变化。
- 重力（Gravity）：控制毛发在 Z 轴方向被下拉的力度，也就是通常所说的重量。
- 弯曲（Bend）：设置毛发的弯曲程度。
- 锥度（Taper）：用来控制毛发锥化的程度。
- 结数（Knots）：用来控制毛发弯曲时的光滑程度。
- 平面法线（Lvl of detai）：这个选项用来控制毛发的呈现方式。
- 方向参量（Direction var）：控制毛发在方向上的随机变化。
- 长度参量（Length var）：控制毛发长度的随机变化。
- 厚度参量（Thickness var）：控制毛发粗细的随机变化。
- 重力参量（Curl var）：控制毛发受重力影响的随机变化。
- 每个面（Per face）：用来控制每个面产生的毛发数量，因为物体的每个面不都是均匀的，所以渲染出来的毛发也不均匀。
- 每区域（Per are）：用来控制每单位面积中的毛发数量。
- 参考帧（Reference frame）：明确源物体获取到计算面大小的帧，获取的数据将贯穿于整个动画过程，确保所给面的毛发数量在动画中保持不变。

图 21-17　VRay 创建面板

21.2.2　贴图

展开"贴图"卷展栏，参数面板如图 21-19 所示，各参数含义如下。

- 基础贴图通道 Base map chan：选择贴图的通道。
- 弯曲方向贴图 Bend direction map（RGB）：用彩色贴图来控制毛发的弯曲方向。
- 初始方向贴图 Initial direction map（RGB）：用彩色贴图来控制毛发根部的生长方向。

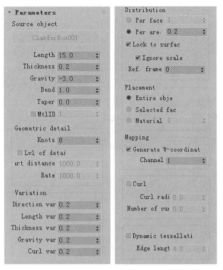

图 21-18 "参数"卷展栏

图 21-19 "贴图"卷展栏

- 长度贴图（Length map）（mono）：用灰度贴图来控制毛发的长度。
- 厚度贴图（Thickness map）（mono）：用灰度贴图来控制毛发的粗细。
- 重力贴图（Gravity map）（mono）：用灰度贴图来控制毛发受重力的影响。
- 弯曲贴图（Bend map）（mono）：用灰度贴图来控制毛发的弯曲程度。
- 密度贴图（Density map）（mono）：用灰度贴图来控制毛发的生长密度。

21.2.3 视口显示

展开"视口显示"卷展栏，如图 21-20 所示，常用参数含义如下。

图 21-20 "视口显示"卷展栏

- 视口预览（Preview in viewpor）：当勾选该选项时，可以在视图中预览毛发的大致情况。
- 自动更新（Automatic update）：当勾选该选项时，改变毛发参数的时候，系统会在视图中自动更新毛发的显示情况。
- 手动更新（Manual update）：单击该按钮可以手动更新毛发在视图中的显示情况。

📝 **综合实战** 制作毛巾效果

下面利用 VRay 毛发制作毛巾效果，具体操作步骤如下。

Step01 打开素材场景模型，如图 21-21 所示。

Step02 渲染场景，观察当前的毛巾效果，如图 21-22 所示。

扫一扫 看视频

461

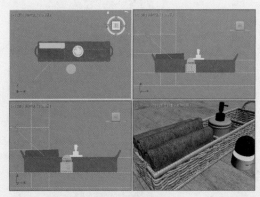

图 21-21　素材场景

图 21-22　初始渲染效果

Step03 选择毛巾模型，在 VRay 命令面板中单击 VRayFur 按钮，为毛巾模型创建 VRay 毛发，如图 21-23 所示。

Step04 在默认参数下渲染场景，观察添加 VRay 毛发后的毛巾效果，如图 21-24 所示。VRay 毛发随机创建的颜色是紫色，所以渲染出的毛发效果也是紫色。

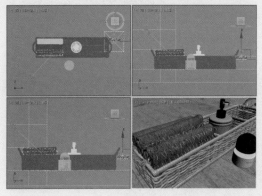

图 21-23　创建 VRay 毛发

图 21-24　毛发默认参数效果

Step05 设置 VRay 毛发颜色为灰蓝色，颜色参数如图 21-25 所示。

Step06 渲染场景，可以看到毛发颜色发生了变化，如图 21-26 所示。

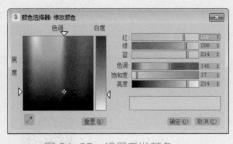

图 21-25　设置毛发颜色

图 21-26　设置毛发颜色效果

Step07 在参数面板中设置毛发长度、厚度、重量以及每单位面积中的毛发数量，如图 21-27 所示。再为另外两个毛巾模型添加 VRay 毛发，并设置毛发参数。

Step08 再次渲染场景，最终的渲染效果如图 21-28 所示。

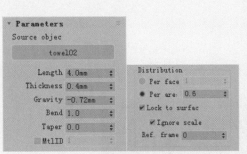

图 21-27　设置 VRay 毛发参数

图 21-28　最终效果

课后作业

一、填空题

1. 3ds Max 中的 Hair 和 Fur（WSM）效果可以在＿＿＿＿＿＿中添加。

2. 对象初次应用 Hair 和 Fur 修改器时，整个对象都将收到修改器的影响，通过访问＿＿＿＿＿＿并做出选择，可指定对象局部生长毛发。

3. 使用"设计"卷展栏中的"头发修剪"工具，可以根据笔刷位置对头发导向进行＿＿＿＿，以便进行修剪。

4. 用户可以在"常规参数"卷展栏中设置毛发的＿＿＿＿、＿＿＿＿、＿＿＿＿及其他综合参数。

5. 设置较高的＿＿＿＿＿参数可以使卷发看起来更加自然。

二、选择题

1. 下列说法不正确的是（　　）。

A. 为几何体创建毛发对象时，应注意适当增加网格数

B. 增加根厚度会影响毛发几何体的整体厚度

C. 可以通过拾取样条线来改变头发的样式

D. 设计发型时，选定导向不会受到影响

2. 以下哪种对象不能应用 Hair 和 Fur 修改器（　　）。

A. 可编辑网格　　　　B. 可编辑多边形　　　C. 基本体模型　　　　D. 样条线

3. 以下说法不正确的是（　　）。

A. "毛发数量"在某些情况下，是一个近似值

B. 根厚度只影响原生毛发，不影响实例化毛发

C. 梢厚度只影响原生毛发，不影响实例化毛发

D. 为了获取最佳效果，可以保持密度为 100，设置"毛发数量"来控制毛发的实际数量　　463

4. 以下说法不正确的是（　　）。

A. VRay 毛发不是 3ds Max 自带的，而是一个插件

B. 只有选择对象后，才能创建 VRay 毛发

C. 在制作 VRay 毛发的过程中，用户可以预览到毛发的效果

D. 方向变化、长度变化、厚度变化、重力变化主要用于控制毛发的随机效果

5. VRay 毛发的分布方式有（　　）种。

A. 1　　　　　　　　B. 2　　　　　　　　C. 3　　　　　　　　D. 4

三、操作题

1. 利用 Hair 和 Fur 修改器制作草皮效果，如图 21-29 所示。

（1）图形效果

图 21-29　草皮效果

（2）操作思路

为模型添加 Hair 和 Fur 修改器，设置部分显示毛发，设置毛发参数，再为其添加草皮材质。设置流程参见图 21-30、图 21-31。

图 21-30　设置毛发参数

图 21-31　草皮材质

2. 利用 VRay 毛发制作毛球挂件效果，如图 21-32 所示。

（1）图形效果

图 21-32　毛球挂件效果

（2）操作思路

为球体创建 VRay 毛发，设置毛发参数，再赋予材质。大致的流程参见图 21-33、图 21-34。

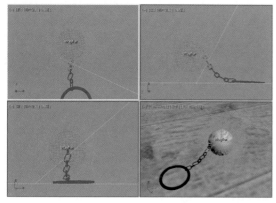

图 21-33　创建 VRay 毛发

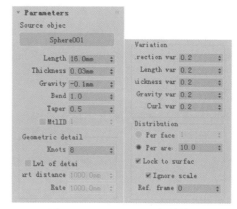

图 21-34　VRay 毛发参数

3ds Max 篇

第22章
综合实战案例

★ 内容导读

客厅是室内装饰中重要的一个组成部分，客厅的家居风格、摆设、色彩搭配等能很好地反映出居室主人的性格、眼光、个性等。本章实例是一个北欧风格的餐厅，北欧风格注重简约流畅的造型、简洁明快的色彩，常以生机勃勃的绿植进行点缀，它们通常被放置在墙角、窗台、桌子上等。

本章将综合利用前面所学的知识，创建客厅场景模型并创建材质、灯光等，制作出一个舒适、温馨的北欧风格客厅场景效果图。

☼ 学习目标

○ 掌握模型的创建方法
○ 掌握材质的创建方法
○ 掌握灯光效果的制作方法
○ 掌握渲染参数的设置

22.1 创建客厅场景模型

建模是制作效果图的第一步，在建模之前首先应确定系统单位，再根据图纸创建需要的模型。

22.1.1 设置系统单位

系统单位的设置尤为重要，这样可以保证创建出的模型与显示世界中的物体尺寸一致，后期为场景导入成品模型时也不会出现尺寸偏差。具体操作步骤如下。

启动 3ds Max 应用程序，将新文件存储为"客厅场景 .dwg"。从菜单栏执行"自定义 > 单位设置"命令，打开"单位设置"对话框，选择"公制"选项，设置单位为"毫米"，再单击"系统单位设置"按钮，打开"系统单位设置"对话框，设置系统单位为"毫米"，如图 22-1 所示。

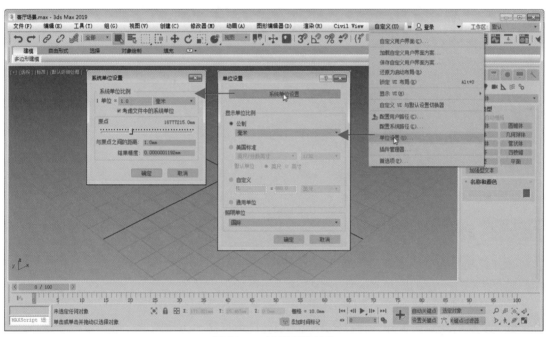

图 22-1 设置系统单位

22.1.2 导入 AutoCAD 文件

在建模之前导入已经绘制好的 AutoCAD 图形，可以起到很好的辅助、参考作用。具体操作步骤如下。

Step01 从菜单栏执行"文件 > 导入 > 导入"命令，打开"选择要导入的文件"对话框，选择要导入的 AutoCAD 文件，单击"打开"按钮，如图 22-2 所示。

Step02 此时系统会弹出"AutoCAD DWG/DWF 导入选项"对话框，保持默认参数，如图 22-3 所示。

Step03 单击"确定"按钮，将 AutoCAD 图纸导入到 3ds Max 中，如图 22-4 所示。

图 22-2　选择要导入的文件　　　　　　图 22-3　导入选项

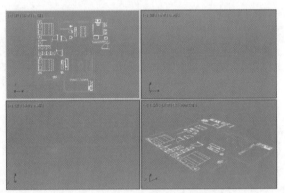

图 22-4　导入 AutoCAD 图纸

22.1.3　创建建筑主体

扫一扫　看视频

墙体建模是模型创建的第一步，墙体是建筑的主体，只有确定了墙体模型，才好进行下一步的建模等操作。具体操作步骤如下。

Step01　切换到顶视图，删除多余图形，仅留墙体，如图 22-5 所示。

Step02　为防止误操作，可以将剩余的墙体图形冻结。全选图形，单击鼠标右键，在弹出的快捷菜单中选择"冻结当前选择"选项，如图 22-6 所示。

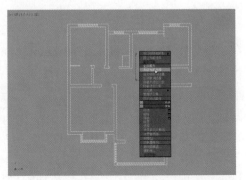

图 22-5　删除多余图形　　　　　　图 22-6　冻结当前图形

Step03 冻结后的图形呈浅灰色，且无法被选择，如图 22-7 所示。

Step04 右键单击"捕捉开关"按钮，打开"栅格和捕捉设置"窗口，勾选"顶点"选项，如图 22-8 所示。

图 22-7 冻结图形效果

图 22-8 设置捕捉点

Step05 切换至"选项"选项卡，勾选"捕捉到冻结对象"选项，以便于后面捕捉绘制墙体，如图 22-9 所示。设置完毕直接关闭窗口即可。

Step06 激活"捕捉开关"，单击"线"按钮，捕捉平面图端点绘制样条线轮廓，如图 22-10 所示。

图 22-9 捕捉到冻结对象

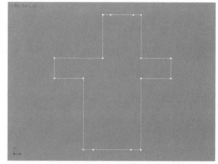

图 22-10 捕捉绘制样条线

Step07 进入修改面板，打开修改器列表，从中选择"挤出"修改器，设置挤出值为 2750mm，便将墙体模型挤压出来了，如图 22-11、图 22-12 所示。

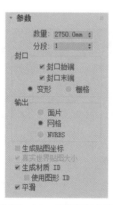

图 22-11 设置挤出值

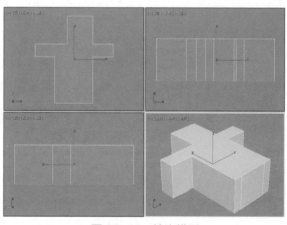

图 22-12 挤出模型

469

Step08 单击鼠标右键，在弹出的快捷菜单中选择"转换为>转换为可编辑多边形"选项，如图 22-13 所示。

Step09 在修改器堆栈中激活"边"子层级，选择如图 22-14 所示的边线。

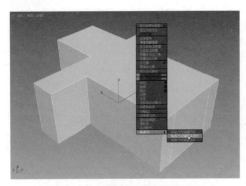

图 22-13 转换为可编辑多边形

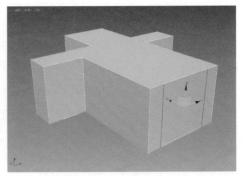

图 22-14 选择边

Step10 在修改面板的"编辑边"卷展栏中单击"连接"设置按钮，默认分段值为 1，创建一条横向连接的边，如图 22-15 所示。

Step11 在下方的显示 / 状态区设置 Z 轴值为 2400，即可看到该边线位置发生了变动，如图 22-16 所示。

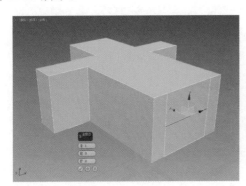

图 22-15 连接边

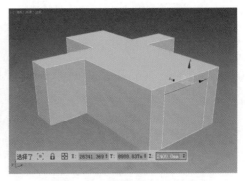

图 22-16 设置边线的 Z 轴高度

Step12 激活"多边形"子层级，并选择多边形，如图 22-17 所示。

Step13 在"编辑多边形"卷展栏中单击"挤出"设置按钮，设置挤出高度为 240，如图 22-18 所示。

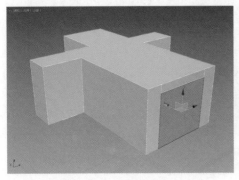

图 22-17 选择多边形

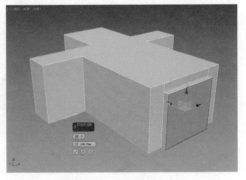

图 22-18 挤出多边形

Step14 按 DELETE 键删除多边形，如图 22-19 所示。

Step15 再激活"边"子层，转到模型另一侧，选择如图 22-20 所示的边线。

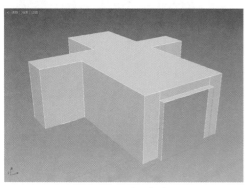

图 22-19 删除多边形

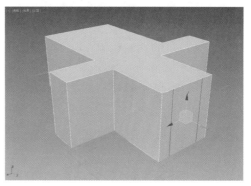

图 22-20 选择边

Step16 在"编辑边"卷展栏中单击"连接"设置按钮，设置分段值为 2，如图 22-21 所示。

Step17 为创建的两条连接边分别设置 Z 轴高度为 900 和 2400，效果如图 22-22 所示。

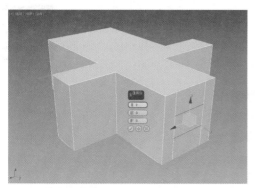

图 22-21 连接边

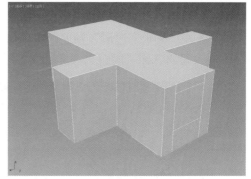

图 22-22 设置边线的 Z 轴高度

Step18 激活"多边形"子层级，选择窗口多边形，在"编辑多边形"子层级中单击"挤出"设置按钮，设置挤出高度为 240，如图 22-23 所示。

Step19 同样按 DELETE 键删除该面，完成建筑墙体模型的创建，如图 22-24 所示。

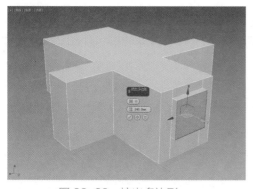

图 22-23 挤出多边形

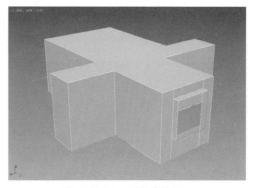

图 22-24 删除多边形

Step20 为了便于后期观察场景，这里需要将模型翻转法线。按 Ctrl+A 组合键全选多边形，再单击鼠标右键，在弹出的快捷菜单中选择"翻转法线"选项，如图 22-25 所示。

471

Step21 退出修改器子层级，完成建筑主体的创建，如图 22-26 所示。

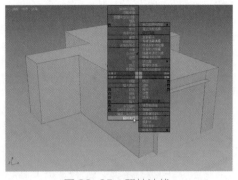
图 22-25 翻转法线

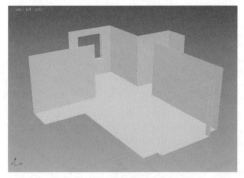
图 22-26 完成建筑主体的创建

22.1.4 创建顶面、地面、墙面模型

创建好的主体建筑中墙、顶、地是一体的，为了便于后期添加材质，这里需要将其各自分离出来，另外还需要创建石膏线、墙面装饰等模型。具体操作步骤如下。

Step01 激活"多边形"子层级，选择模型顶面，如图 22-27 所示。

Step02 在"编辑多边形"卷展栏中单击"分离"按钮，在弹出的"分离"对话框中输入新的名称"顶面"，如图 22-28 所示。

扫一扫 看视频

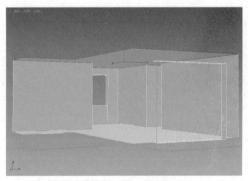
图 22-27 选择顶面

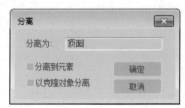
图 22-28 分离顶面

Step03 再使用同样的操作方法分离地面，如图 22-29 所示。

Step04 执行"文件 > 导入 > 导入"命令，导入尺寸为石膏线轮廓，如图 22-30 所示。

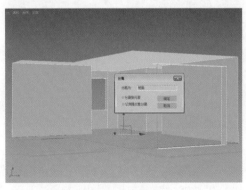
图 22-29 分离地面

图 22-30 导入石膏线

Step05 激活"捕捉开关"，单击"矩形"按钮，在顶视图中捕捉绘制矩形，如图 22-31 所示。

Step06 重新设置矩形尺寸为 1360mm × 3760mm，如图 22-32 所示。

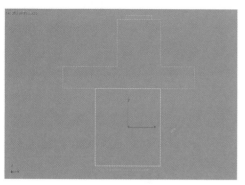

图 22-31　绘制矩形

图 22-32　重新设置尺寸

Step07 保持选择矩形，在"复合对象"命令面板中单击"放样"按钮，然后在"创建方法"卷展栏中单击"获取图形"按钮，在视口中再单击石膏线轮廓，如图 22-33、图 22-34 所示。

图 22-33　复合对象

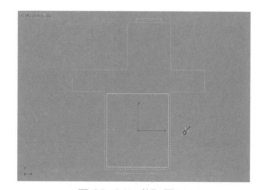

图 22-34　获取图形

Step08 创建出石膏线模型，在"蒙皮参数"卷展栏中勾选"优化图形"选项，并调整位置，对齐到顶面，如图 22-35 所示。

Step09 将其转换为可编辑多边形，激活"顶点"子层级，选择靠近门洞的顶点，向内移动 150mm 的距离，如图 22-36 所示。

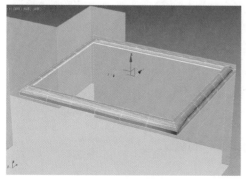

图 22-35　创建复合对象

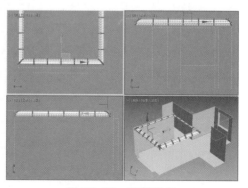

图 22-36　调整顶点

Step10 退出子层级，完成建筑主体模型的制作，如图 22-37 所示。

22.1.5 合并其他模型

下面将沙发组合、电视柜组合、灯具、窗帘以及装饰品等模型合并到当前的客厅场景中，并合理摆放。具体操作步骤如下。

Step01 执行"文件 > 导入 > 合并"命令，打开"合并文件"对话框，选择要合并至当前场景的模型文件，单击"打开"按钮，如图 22-38 所示。

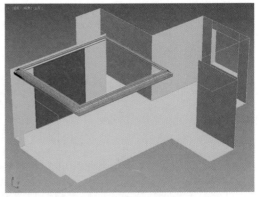

图 22-37　完成主体模型

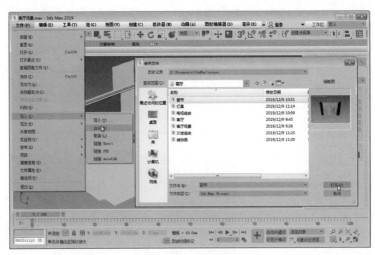

图 22-38　合并对象

Step02 打开文件后，系统会弹出"合并"对话框，在列表中选择所有物体或者手动选择需要合并的对象，如图 22-39 所示。

Step03 单击"确定"按钮即可将模型合并到当前场景，再依次合并灯具、沙发、装饰品等模型对象，调整好位置，创建好的客厅场景模型效果如图 22-40 所示。

图 22-39　选择要合并的对象

图 22-40　客厅场景

22.2 制作场景材质

场景模型制作完毕后就需要对各个对象创建材质，如乳胶漆、地板、布料、玻璃、不锈钢等，以便更好地表现对象效果。

22.2.1 制作墙顶地材质

场景中面积最大的就数墙面、顶面、地面，接下来就先介绍乳胶漆、木纹理、木地板、窗帘等材质的制作。具体操作步骤如下。

Step01 制作乳胶漆材质。按 M 键打开材质编辑器，选择未使用的材质球，设置材质类型为 VRayMtl，设置漫反射颜色为白色，为其命名为"乳胶漆 1"，如图 22-41、图 22-42 所示。

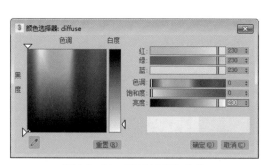

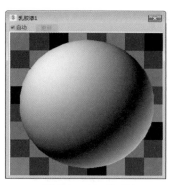

图 22-41 漫反射颜色参数   图 22-42 乳胶漆

Step02 选择未使用的材质球，命名为"乳胶漆 2"，设置材质类型为 VRayMtl，设置漫反射颜色为灰蓝色，如图 22-43、图 22-44 所示。

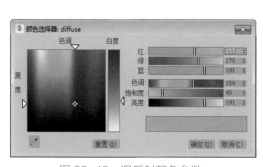

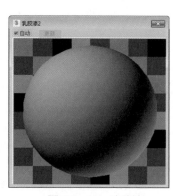

图 22-43 漫反射颜色参数   图 22-44 乳胶漆

Step03 制作木地板材质。选择未使用的材质球，命名为"木地板"，设置材质类型为 VRayMtl，在"贴图"卷展栏中为漫反射通道和凹凸通道添加位图贴图，设置凹凸值，再为反射通道添加衰减贴图，如图 22-45 所示。

Step04 进入漫反射通道的"位图参数"卷展栏，勾选"应用"选项，单击"查看图像"按钮，预览贴图并调整裁剪位置，如图 22-46 所示。

図 22-45　添加通道贴图 | 図 22-46　漫反射通道贴图

Step05 进入凹凸通道的"位图参数"卷展栏，勾选"应用"选项，单击"查看图像"按钮，预览贴图并调整裁剪位置，如图 22-47 所示。

Step06 进入反射通道的衰减参数面板，设置衰减颜色并设置衰减类型为 Fresnel，如图 22-48 所示。

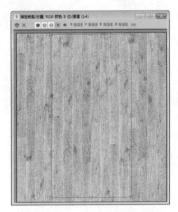
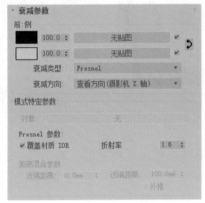

図 22-47　凹凸通道贴图 | 図 22-48　设置衰减参数

Step07 前、侧通道衰减颜色参数如图 22-49 所示。

Step08 返回基本参数面板，设置反射光泽度和细分值，如图 22-50 所示。

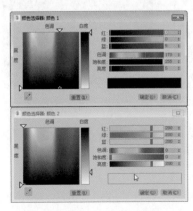
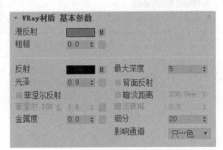

図 22-49　衰减颜色参数 | 図 22-50　设置反射参数

Step09 设置好的木地板材质预览效果如图 22-51 所示。

Step10 将材质分别指定给场景中的顶面、墙面、地面，并为地面模型添加 UVE 贴图，设置贴图参数，如图 22-52 所示。

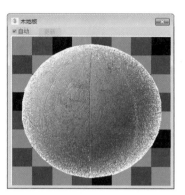

图 22-51 木地板材质球

图 22-52 设置贴图参数

Step11 制作窗帘材质。选择未使用的材质球，设置材质类型为 VRayMtl，设置漫反射颜色为白色，为折射通道添加衰减贴图，设置折射细分值为 15，如图 22-53 所示。

Step12 进入衰减参数面板，设置衰减颜色，如图 22-54 所示。

图 22-53 设置基本参数

图 22-54 设置衰减参数

Step13 衰减颜色参数如图 22-55 所示。

Step14 设置好的窗帘材质预览效果如图 22-56 所示。

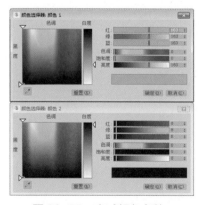

图 22-55 衰减颜色参数

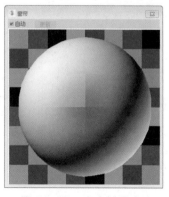

图 22-56 窗帘材质球

Step15 渲染场景，顶面、墙面、地面添加材质后的效果如图 22-57 所示。

图 22-57　墙面、顶面、地面渲染效果

22.2.2　制作沙发组合材质

沙发区域最多的材质就是布料、沙发、抱枕、盖毯、地毯等，此外就是茶几的油漆材质，本小节就来介绍一下各种布料以及油漆材质的制作。具体操作步骤如下。

Step01 制作沙发布材质。选择一个空白材质球，设置材质类型为 VRayMtl，为漫反射通道添加衰减贴图，设置反射颜色、光泽度及细分值，如图 22-58 所示。

Step02 进入衰减参数面板，为衰减通道添加相同的位图贴图，并设置通道值和衰减类型，如图 22-59 所示。

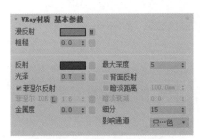

图 22-58　设置基本参数

图 22-59　设置衰减参数

Step03 衰减通道的贴图如图 22-60 所示。

Step04 返回到"贴图"卷展栏，将漫反射通道的贴图实例复制到凹凸通道，如图 22-61 所示。

图 22-60　衰减参数通道贴图

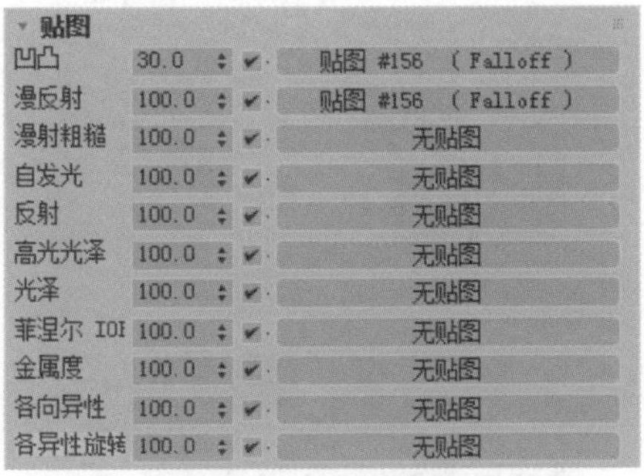

图 22-61　通道贴图

Step05 制作好的沙发布材质预览效果如图 22-62 所示。

Step06 制作抱枕材质。选择未使用的材质球，设置材质类型为 VRayMtl，为漫反射通道添加衰减贴图，为凹凸通道添加位图贴图，再设置凹凸阈值，如图 22-63 所示。

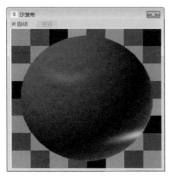

图 22-62 沙发布材质球

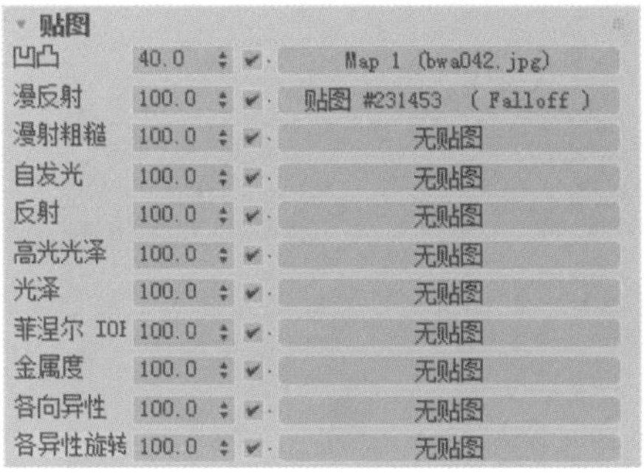

图 22-63 通道贴图

Step07 凹凸通道的位图贴图如图 22-64 所示。

Step08 再进入衰减参数面板，为衰减通道添加相同的位图贴图，再设置阈值，如图 22-65 所示。

图 22-64 凹凸通道贴图

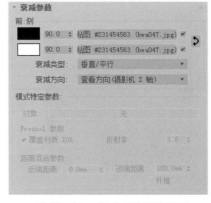

图 22-65 衰减参数通道贴图

Step09 设置好的沙发布材质预览效果如图 22-66 所示。

Step10 制作地毯材质。选择一个空白材质球，设置材质类型为 VRayMtl，分别为凹凸通道和漫反射通道添加位图贴图，并设置凹凸阈值，如图 22-67 所示。

图 22-66 沙发布材质球

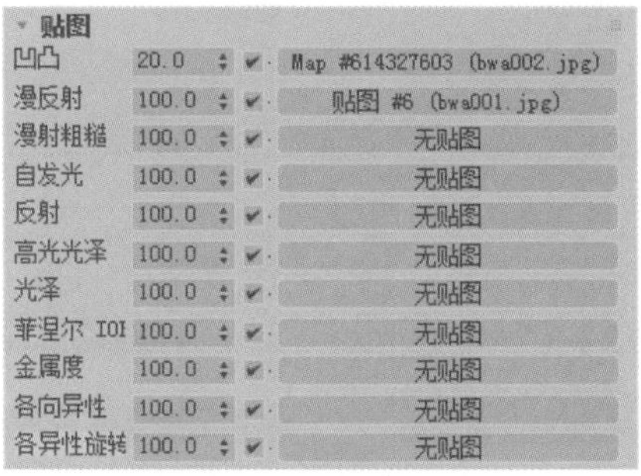

图 22-67 通道贴图

Step11 凹凸通道和漫反射通道添加的位图贴图如图 22-68、图 22-69 所示。

图 22-68　凹凸通道贴图

图 22-69　漫反射通道贴图

Step12 设置好的地毯材质预览效果如图 22-70 所示。

Step13 制作油漆材质。选择未使用的材质球，设置材质类型为 **VRayMtl**，设置漫反射颜色和反射颜色，再设置反射光泽度及细分值，如图 **22-71** 所示。

图 22-70　地毯材质球

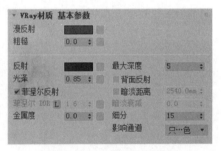
图 22-71　设置基本参数

Step14 漫反射颜色和反射颜色参数如图 22-72 所示。

Step15 制作好的油漆材质预览效果如图 22-73 所示。

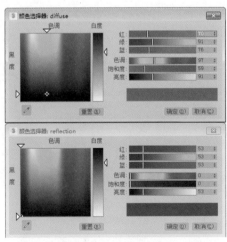
图 22-72　颜色参数

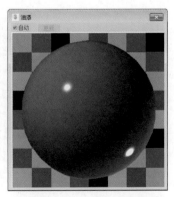
图 22-73　油漆材质球

Step16 制作围巾材质。选择未使用的材质球，为漫反射通道添加衰减贴图，为凹凸通道添加位图贴图，设置凹凸阈值，如图 22-74 所示。

Step17 进入衰减参数面板，为衰减通道添加相同的位图贴图，再设置衰减值，如图 22-75 所示。

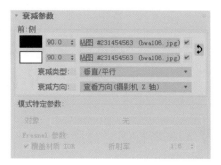

图 22-74 通道贴图　　　　　　　　　　图 22-75 衰减参数贴图

Step18 衰减通道的位图贴图如图 22-76 所示。

Step19 返回上一级，凹凸通道的位图贴图如图 22-77 所示。

图 22-76 衰减通道贴图　　　　　　　　图 22-77 凹凸通道贴图

Step20 制作好的围巾材质预览效果如图 22-78 所示。

Step21 渲染沙发组合区域，效果如图 22-79、图 22-80 所示。

图 22-78 围巾材质球　　　　　　　　　图 22-79 沙发组合渲染效果

481

图 22-80　沙发组合渲染效果

22.2.3　制作电视组合材质

电视组合除电视柜和电视机外，还有绿植、花瓶干枝、书籍等装饰物品，本小节就介绍一下常见的几种材质的制作。具体操作步骤如下。

Step01 制作木纹理材质。选择未使用的材质球，设置材质类型为 VRayMtl，在"贴图"卷展栏中为漫反射通道添加位图贴图，再为反射通道添加衰减贴图，如图 22-81 所示。

Step02 漫反射通道的位图贴图如图 22-82 所示。

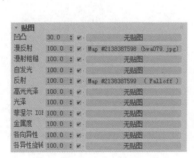

图 22-81　设置通道贴图　　　　图 22-82　漫反射通道贴图

Step03 进入衰减参数面板，设置通道颜色，再设置衰减类型为 Fresnel，如图 22-83 所示。

Step04 颜色 1 为黑色，颜色 2 参数如图 22-84 所示。

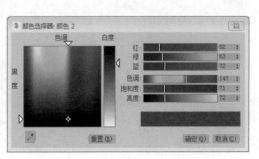

图 22-83　设置衰减参数　　　　图 22-84　衰减颜色参数

Step05 返回基本参数面板，设置反射光泽度和细分值，如图 22-85 所示。

Step06 设置好的木纹理材质预览效果如图 22-86 所示。

图 22-85　设置基本参数

图 22-86　木纹理材质球

Step07 制作电视机屏幕材质。选择未使用的材质球，设置材质类型为 VRayMtl，设置漫反射颜色和反射颜色，再设置反射光泽度和细分值，如图 22-87 所示。

Step08 漫反射颜色和反射颜色参数如图 22-88 所示。

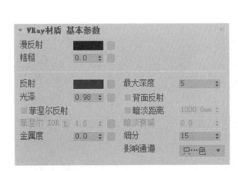

图 22-87　设置基本参数

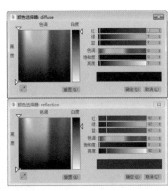

图 22-88　颜色参数

Step09 设置好的电视屏幕材质预览效果如图 22-89 所示。

Step10 制作玻璃材质。选择未使用的材质球，设置材质类型为 VRayMtl，设置漫反射颜色为白色，为反射通道添加衰减贴图，再设置反射光泽度、菲涅尔 IOR 及细分值，如图 22-90 所示。

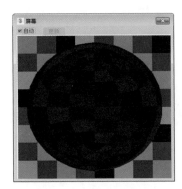

图 22-89　电视屏幕材质球

图 22-90　设置基本参数

Step11 设置好的白瓷材质预览效果如图 22-91 所示。

Step12 制作叶子材质。选择未使用的材质球，设置材质类型为 VRayMtl，为漫反射通道和半透明通道添加相同的位图贴图，为凹凸通道、反射通道、光泽通道添加相同的位图贴图，再设置通道阈值，如图 22-92 所示。

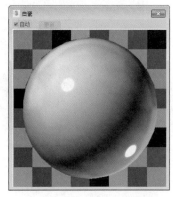

图 22-91　白瓷材质球　　　　　　图 22-92　设置通道贴图

Step13 两种位图贴图如图 22-93、图 22-94 所示。

图 22-93　漫反射通道贴图　　　　　图 22-94　凹凸通道贴图

Step14 返回基本参数面板，设置反射颜色、菲涅尔 IOR 及细分值，如图 22-95 所示。

Step15 反射颜色参数如图 22-96 所示。

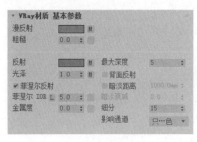
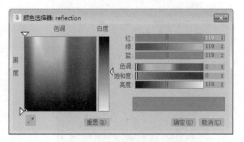

图 22-95　设置基本参数　　　　　　图 22-96　反射颜色参数

Step16 设置好的叶子材质预览效果如图 22-97 所示。

Step17 制作书籍材质。选择未使用的材质球，设置材质类型为 VRayMtl，为凹凸通道、漫反射通道及反射通道分别添加位图贴图，并设置通道阈值，如图 22-98 所示。

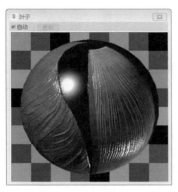

图 22-97 叶子材质球　　　　图 22-98 设置通道贴图

Step18 各通道贴图如图 22-99 ~ 图 22-101 所示。

图 22-99 凹凸通道贴图　　图 22-100 漫反射通道贴图　　图 22-101 反射通道贴图

Step19 返回参数面板，设置反射颜色为白色，再设置光泽度和细分值，如图 22-102 所示。

Step20 设置好的书籍材质预览效果如图 22-103 所示。

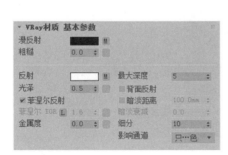　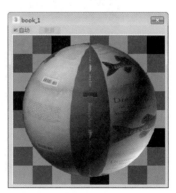

图 22-102 设置基本参数　　　图 22-103 书籍材质球

Step21 制作玻璃材质。选择未使用的材质球，设置材质类型为 VRayMtl，设置漫反射颜色、折射颜色，为反射通道添加衰减贴图，再设置反射参数和折射参数，如图 22-104 所示。 **485**

Step22 漫反射颜色和折射颜色参数如图 22-105 所示。

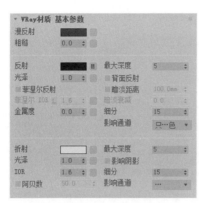

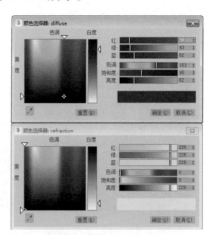

图 22-104　设置基本参数　　　　　图 22-105　颜色参数

Step23 制作好的玻璃材质预览效果如图 22-106 所示。

Step24 渲染场景，电视组合效果如图 22-107、图 22-108 所示。

图 22-106　玻璃材质球　　　　　图 22-107　电视组合效果

图 22-108　电视组合效果

22.2.4　制作灯具材质

本案例的场景中包括吊灯、落地灯两种类型的灯具，有木材、金属等材质。下面就介绍灯具中各类材质的制作，具体操作步骤如下。

Step01 制作金属灯架材质。选择未使用的材质球，设置材质类型为 VRayMtl，设置漫反射颜色和反射颜色，再设置反射光泽度，如图 22-109 所示。

Step02 漫反射颜色和反射颜色参数如图 22-110 所示。

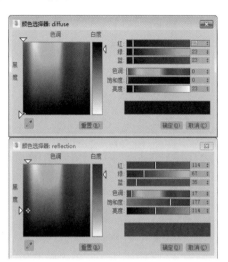

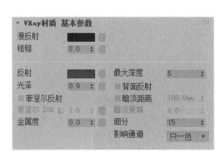

图 22-109　设置基本参数　　　　图 22-110　颜色参数

Step03 设置好的金属材质预览效果如图 22-111 所示。

Step04 制作玻璃灯罩材质。选择未使用的材质球，设置材质类型为 VRayMtl，设置漫反射颜色、反射颜色及折射颜色，再设置反射和折射细分值，如图 22-112 所示。

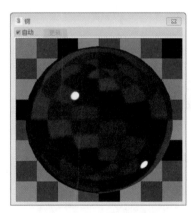

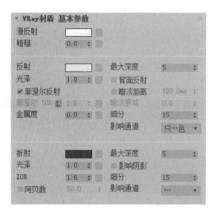

图 22-111　金属材质球　　　　图 22-112　设置基本参数

Step05 漫反射颜色、反射颜色及折射颜色参数如图 22-113 所示。

Step06 设置好的玻璃灯罩材质预览效果如图 22-114 所示。

Step07 渲染吊灯区域，效果如图 22-115 所示。

Step08 制作落地灯灯罩材质。选择未使用的材质球，设置材质类型为 VRaySidedMtl，设置正面材质类型为 VRayMtl，如图 22-116 所示。

Step09 进入正面材质参数面板，设置漫反射颜色和折射颜色，并设置折射光泽度和细分，如图 22-117 所示。

487

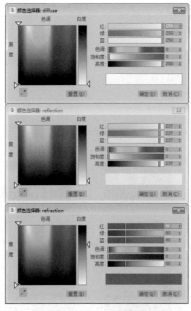

图 22-113　颜色参数

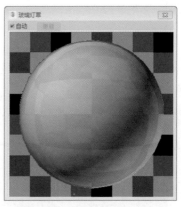

图 22-114　玻璃灯罩材质球

图 22-115　吊灯渲染效果

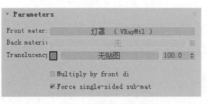

图 22-116　设置材质类型

图 22-117　设置 VRay 材质基本参数

Step10 漫反射颜色和折射颜色参数如图 22-118 所示。

Step11 制作好的灯罩材质预览效果如图 22-119 所示。

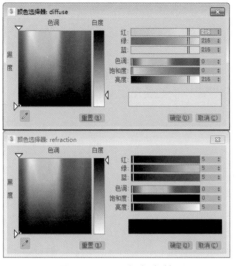

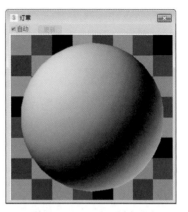

图 22-118　颜色参数　　　　　　　　　图 22-119　灯罩材质球

Step12 制作木质灯架材质。选择未使用的材质球，设置材质类型为 WRayMtl，为漫反射通道、反射通道和光泽通道添加相同的位图贴图，如图 22-120 所示。

Step13 所添加的位图贴图如图 22-121 所示。

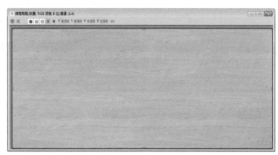

图 22-120　通道贴图　　　　　　　　　图 22-121　位图贴图

Step14 返回基本参数面板，设置反射细分值为 15，制作好的木纹理材质预览效果如图 22-122 所示。

Step15 渲染落地灯场景，效果如图 22-123 所示。

图 22-122　木纹理材质球　　　　　　　图 22-123　落地灯渲染效果

22.3 创建场景灯光

灯光是表达基调和图像外观效果的重要因素，可以为场景提供更大的深度，展现丰富的层次。本案例表现的是采光丰富的客厅效果，室内外光线充足。

22.3.1 创建室外光源

本场景中的室外光源主要利用 VRay 面光来表现。具体操作步骤如下。

Step01 在"VRay 光源"面板中单击"VRay 灯光"按钮，在前视图门洞处创建一盏灯光，设置灯光尺寸、强度、颜色等参数，如图 22-124、图 22-125 所示。

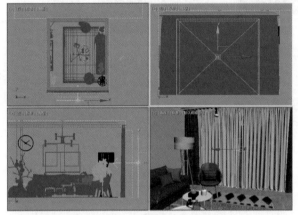

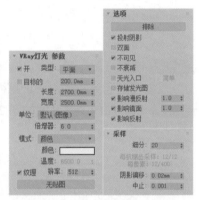

图 22-124　创建 VRay 面光　　　　图 22-125　设置灯光参数

Step02 继续在门洞外创建 VRay 灯光，设置灯光尺寸、强度等参数，如图 22-126、图 22-127 所示。

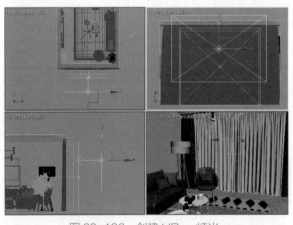

图 22-126　创建 VRay 灯光　　　　图 22-127　设置灯光参数

Step03 激活"选择并旋转"工具，在左视图中旋转灯光，如图 22-128 所示。

Step04 继续创建 VRay 灯光并进行旋转，设置灯光尺寸、强度、颜色等参数，如图 22-129 所示。

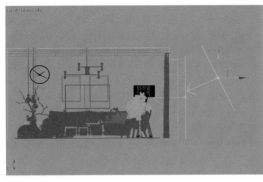

图 22-128　旋转灯光

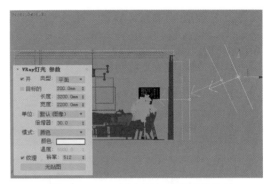

图 22-129　创建 VRay 灯光并旋转

**Step05** 复制灯光到另一侧窗口外，并旋转角度，设置灯光尺寸及强度，如图 22-130、图 22-131 所示。

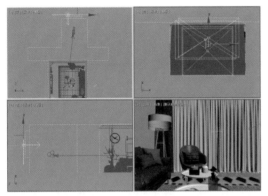

图 22-130　复制并调整灯光

图 22-131　设置灯光尺寸及强度

22.3.2　创建室内光源

场景中的室内光源主要来源于吊灯及落地灯，这里可以利用 VRay 灯光和目标灯光来模拟室内照明。具体操作步骤如下。

Step01 创建落地灯灯光。在 "VRay 光源" 面板中单击 "VRay 灯光" 按钮，创建一个球体灯光，放置到落地灯灯罩位置，设置灯光半径、强度及颜色等参数，如图 22-132、图 22-133 所示。

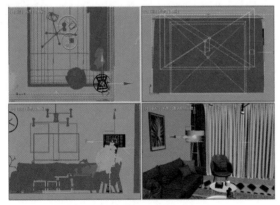

图 22-132　创建 VRay 球体灯光

图 22-133　设置灯光参数

Step02 创建烛光。单击"VRay 灯光"按钮，创建一个球体灯光，放置到蜡烛烛火位置，设置灯光半径、强度、颜色、温度等参数，如图 22-134、图 22-135 所示。

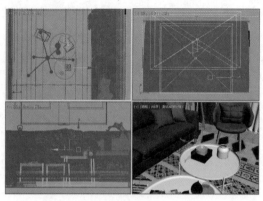 

图 22-134　创建 VRay 球体灯光　　　　图 22-135　设置灯光参数

Step03 最后创建补光。单击"VRay 灯光"按钮，创建一个 VRay 面光，放置到吊灯下方位置，设置灯光尺寸、强度、颜色等参数，如图 22-136、图 22-137 所示。至此完成场景的创建。

 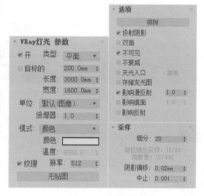

图 22-136　创建 VRay 面光　　　　　图 22-137　设置灯光参数

22.3.3 测试场景灯光

灯光和材质都已经创建完毕，在渲染最终效果之前可以先对场景进行一个测试渲染，以便于观察模型和灯光是否正常，再做出适当的调整。具体操作步骤如下。

扫一扫　看视频

Step01 单击"目标"摄影机按钮，创建镜头为 35mm 的摄影机并调整高度和角度，如图 22-138 所示。

Step02 选择透视视图，按 C 键切换到摄影机视图，如图 22-139 所示。

Step03 打开材质编辑器，选择未使用的材质球，设置材质类型为 VRayMtl，设置漫反射颜色，并为漫反射通道添加 VRay 边纹理贴图，如图 22-140 所示。

Step04 进入 VRay 边纹理参数面板，设置纹理颜色，如图 22-141 所示。

Step05 漫反射颜色参数如图 22-142 所示。

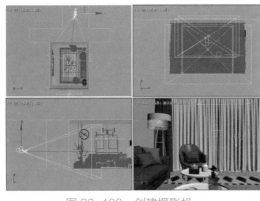

图 22-138　创建摄影机

图 22-139　切换到摄影机视图

图 22-140　设置漫反射颜色

图 22-141　设置边纹理颜色

Step06 边纹理颜色参数如图 22-143 所示。

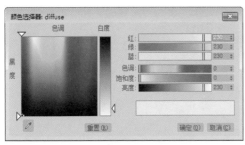

图 22-142　漫反射颜色参数

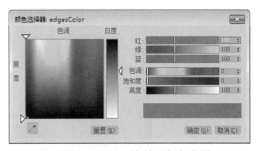

图 22-143　边纹理颜色参数

Step07 设置好的边纹理材质球预览效果如图 22-144 所示。

Step08 按 F10 键打开"渲染设置"面板，打开"全局开关"卷展栏，勾选"覆盖材质"选项，将创建的边纹理材质拖动复制到选项右侧的材质按钮，如图 22-145 所示。

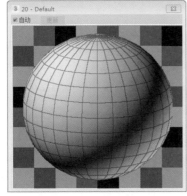

图 22-144　材质球

图 22-145　覆盖材质

Step09 单击"排除"按钮，打开"排除 / 包含"对话框，从场景对象列表中选择"窗帘"对象，再单击"添加"按钮 ，将其添加到"排除"列表，如图 22-146 所示。

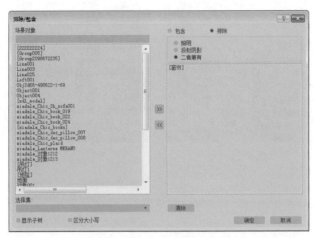

图 22-146　排除窗帘对象

Step10 渲染场景，从白模效果中观察模型及灯光是否有疏漏，如图 22-147 所示。

图 22-147　白模效果

22.4 渲染高清效果图

对场景测试渲染的灯光及模型满意后，就可以正式渲染最终高清效果图了。下面介绍渲染参数的设置。

Step01 打开"渲染设置"面板，在"公用参数"卷展栏中设置输出尺寸，如图 22-148 所示。

Step02 在"帧缓冲"卷展栏中取消勾选"启用内置帧缓冲区（VFB）"选项，如图 22-149 所示。

Step03 在"全局开关"卷展栏设置灯光求值方式为"完整灯光求值"，再取消勾选"覆盖材质"选项，如图 22-150 所示。

图 22-148　设置输出尺寸　　　　　　图 22-149　取消勾选"启用内置帧缓冲区"

Step04 在"图像采样（抗锯齿）"卷展栏中设置采样器为"块"，在"图像过滤"卷展栏中设置过滤器类型为 Mitchell-Netravali，如图 22-151 所示。

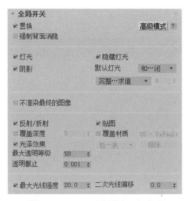

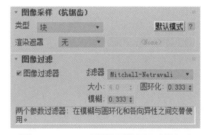

图 22-150　设置灯光求值　　　　　　图 22-151　设置采样器和过滤器

Step05 在"全局 DMC"卷展栏中勾选"使用局部细分"选项，设置最小采样、自适应数量及噪波阈值，在"颜色映射"卷展栏中选择曝光类型为"指数"，设置暗部倍增，在"全局光照"卷展栏中设置首次引擎为"发光贴图"，二次引擎为"灯光缓存"如图 22-152 所示。

Step06 在"发光贴图"卷展栏设置预设级别为"中"，设置细分和插值采样等参数，再勾选相关选项，其余默认，如图 22-153 所示。

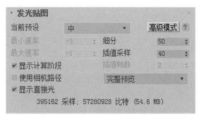

图 22-152　设置局部细分、曝光以及 GI　　　　　图 22-153　设置发光贴图

Step07 在"灯光缓存"卷展栏设置细分为 1000，勾选相关选项，如图 22-154 所示。

Step08 参数设置完毕，按 F9 键渲染场景，最终效果如图 22-155 所示。

图 22-154 设置灯光缓存

图 22-155 最终效果

第23章

Photoshop CC 2019 上手必备

内容导读

本章主要针对 Photoshop 软件的基础知识来进行介绍，包括如何新建、打开、置入、保存文件等基础操作；如何调整图像；如何利用辅助工具设计作品等。通过本章节的学习，读者可以学会简单的 Photoshop 操作。

学习目标

○ 了解图像的基础知识
○ 掌握文件的基础操作
○ 掌握图像的基本操作
○ 掌握辅助工具的应用

23.1 了解 Photoshop CC

Photoshop CC 软件是 Adobe 公司旗下非常强大的一款图像处理软件，主要处理由像素组成的数字图像，在平面设计、网页设计、三维设计、字体设计、影视后期处理等领域应用广泛，深受广大设计人员及设计爱好者的喜爱。

2003 年，Adobe Photoshop 8.0 更名为 Adobe Photoshop CS；2013 年 7 月，Adobe 公司推出了新版本的 Photoshop CC，自此，Photoshop CS6 作为 Adobe CS 系列的最后一个版本被新的 CC 系列所取代。

23.2 新版 Photoshop 的工作界面

Photoshop CC 2019 的工作界面主要由菜单栏、选项栏、标题栏、工具箱、状态栏、面板、图像编辑窗口等部分组成。启动 Photoshop CC 软件，打开一幅图像或新建文档后，即可显示出完整的软件界面，如图 23-1 所示。

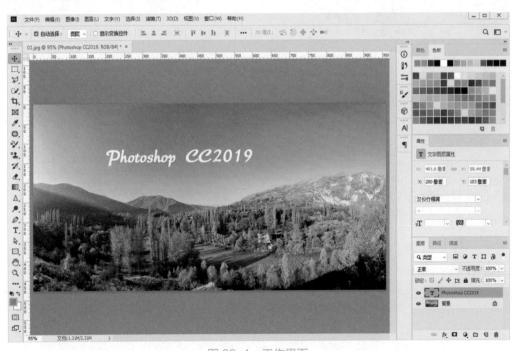

图 23-1　工作界面

（1）菜单栏

Photoshop CC 的菜单栏中包含"文件""编辑""图像""图层""文字""选择""滤镜""3D""视图""窗口"和"帮助"共 11 个菜单，每个菜单里又包含有相应的子菜单，如图 23-2 所示。

文件(F)　编辑(E)　图像(I)　图层(L)　文字(Y)　选择(S)　滤镜(T)　3D(D)　视图(V)　窗口(W)　帮助(H)

图 23-2　菜单栏

需要执行某个命令时，首先单击相应的菜单名称，然后从下拉菜单列表中选择相应的命令即可执行操作。

一些常用的菜单命令右侧显示有该命令的快捷键，如需执行"图层>图层编组"命令，按 Ctrl+G 组合键，即可对选中的图层快速编组。有意识地记忆一些常用命令的快捷键，可以加快操作速度，提高工作效率。

（2）选项栏

在工具箱中选择了工具后，工具选项栏就会显示出相应的工具选项，在工具选项栏中可以对当前所选工具的参数进行设置。工具选项栏所显示的内容随选取工具的不同而不同。

（3）标题栏

打开或新建一个文档后，Photoshop CC 会自动创建一个标题栏。在标题栏中会显示该文件的名称、格式、窗口缩放比例、颜色模式等信息，如图 23-3 所示。

（4）工具箱

Photoshop CC 的工具箱中包含大量的工具，如图 23-4 所示。这些工具可以在处理图像的过程中制作出精美的效果，是处理图像的好帮手。

图 23-4　工具箱

操作提示

单击工具箱顶部的"折叠"◄◄按钮，可以将其由双栏变为单栏；单击"折叠"►►按钮，即可由单栏变为双栏。

执行"窗口>工具"命令可以显示或隐藏工具箱。选择工具时，直接单击工具箱中的需要的工具即可。工具箱中的许多工具并没有直接显示出来，而是以成组的形式隐藏在右下角带小三角形的工具按钮中，使用鼠标按住该工具不放，即可显示该组所有工具。

操作提示

在选择工具时，可配合 Shift 键选择。如"魔棒"工具组，按 Shift+W 组合键，可在"快速选择工具" 和"魔棒工具" 之间进行转换。

（5）状态栏

状态栏位于工作界面的最底部，显示当前文档的大小、文档尺寸、窗口缩放比例等信息。单击状态栏右侧的三角形按钮 ，在弹出的菜单中可选择不同的选项在状态栏中显示，如图 23-5 所示。

其中，各命令含义如下所示。

● 文档大小：在图像所占空间中显示当前所编辑图像的文档大小情况。

● 文档配置文件：在图像所占空间中显示当前所编辑图像的模式，如 RGB 模式、灰度模式、CMYK 模式等。

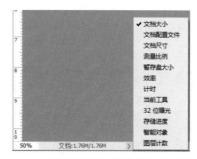

图 23-5　状态栏

499

- 文档尺寸：显示当前所编辑图像的尺寸大小。
- 测量比例：显示当前进行测量时的比例尺。
- 暂存盘大小：显示当前所编辑图像占用暂存盘的大小情况。
- 效率：显示当前所编辑图像操作的效率。
- 计时：显示当前所编辑图像操作所用的时间。
- 当前工具：显示当前进行编辑图像时用到的工具名称。
- 32 位曝光：编辑图像曝光只在 32 位图像中起作用。
- 存储进度：显示当前文档尺寸的速度。
- 智能对象：显示当前文件中智能对象的状态。
- 图层计数：显示当前图层和图层组的数量。

（6）面板

面板是 Photoshop CC 软件中最重要的组件之一，默认状态下，面板是以面板组的形式停靠在软件界面的最右侧，单击某一个面板图标，就可以打开对应的面板，如图 23-6 所示。

单击展开面板组左上角的"折叠为图标" ▶▶ 按钮，可以将面板组收缩为图标，如图 23-7 所示。

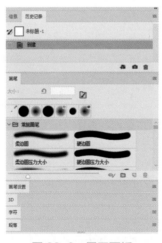

图 23-6　展开面板　　　　　图 23-7　折叠面板

面板可以自由地拆开、组合和移动，用户可以根据需要自由地摆放或叠放各个面板，为图像处理提供便利的条件。选择"窗口"菜单中的各个面板的名称可以显示或隐藏相应的面板。

（7）图像编辑窗口

文件窗口也就是图像编辑窗口，它是 Photoshop CC 设计制作作品的主要场所。针对图像执行的所有编辑功能和命令都可以在图像编辑窗口中显示，通过图像在窗口中的显示效果，来判断图像最终输出效果。

默认状态下打开文件，文件均以选项卡的方式存在于界面中，用户可以将一个或多个文件拖出选项卡，单独显示。

23.3　图像的基础知识

图像的基础知识包括像素与分辨率、位图与矢量图以及常见的色彩模式，了解和学习图像的基础知识，可以帮助用户更好地处理图像。

23.3.1　像素与分辨率

计算机图像中，图像的尺寸及清晰度由图像的像素与分辨率控制。

（1）像素

像素是组成位图图像的最基本单元，是一个小的方形的颜色块。一个图像通常由许多像素组成，这些像素被排成横行或纵列，每个像素都是方形的，放大位图图像时，即可以看到像素，如图 23-8 和图 23-9 所示。

图 23-8　位图图像

图 23-9　放大效果

构成一张图像的像素点越多，色彩信息越丰富，效果就越好，文件所占空间也越大。

（2）分辨率

分辨率在数字图像的显示及打印等方面，起着至关重要的作用，常以"宽 × 高"的形式来表示。分辨率对于用户来说显得有些抽象，一般情况下，分为图像分辨率、屏幕分辨率以及打印分辨率。

- 图像分辨率：通常以像素 / 英寸（ppi）来表示，是指图像中每单位长度含有的像素数目。图像的分辨率和尺寸一起决定文件的大小和输出质量。
- 屏幕分辨率：指显示器分辨率，即显示器上每单位长度显示的像素或点的数量，通常以点 / 英寸（dpi）来表示。一般显示器的分辨率为 72dpi 或 96dpi。
- 打印分辨率：即激光打印机（包括照排机）等输出设备产生的每英寸油墨点数（dpi）。大部分桌面激光打印机的分辨率为 300 ～ 600dpi，而高档照排机能够以 1200dpi 或更高的分辨率进行打印。

23.3.2　位图与矢量图

位图和矢量图是图片的两大类型。其中，位图是 Photoshop CC 中最常见的图片类型。

（1）位图图像

位图图像也称为点阵图像或栅格图像，是由像素的单个点组成的。图像的大小取决于像

501

素数目的多少，图形的颜色取决于像素的颜色，如图 23-10、图 23-11 所示。

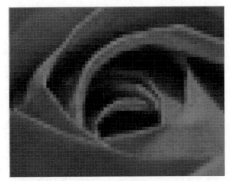

图 23-10　位图图像

图 23-11　位图图像

位图图像可以很容易地在不同软件之间交换文件，而缺点则是在缩放和旋转时会产生图像的失真现象，同时文件较大，对内存和硬盘空间容量的需求也较高。

（2）矢量图像

矢量图像也称为面向对象的图像或绘图图像，在数学上定义为一系列由线连接的点。矢量文件中的每个对象都是一个自成一体的实体，它具有颜色、形状、轮廓、大小和屏幕位置等属性。

矢量图形文件所占的磁盘空间比较少，非常适用于网络传输，也经常被应用在标志设计、插图设计以及工程绘图等专业设计领域。但矢量图的色彩较之位图相对单调，无法像位图般真实地表现自然界的颜色变化，如图 23-12、图 23-13 所示。

图 23-12　矢量图像

图 23-13　矢量图像

23.3.3　常见色彩模式

Photoshop 中的颜色模式有八种，分别为位图模式、灰度模式、双色调模式、RGB 颜色模式、CMYK 颜色模式、索引颜色模式、Lab 颜色模式和多通道模式。其中 Lab 包括了 RGB 和 CMYK 色域中所有颜色，具有最宽的色域。接下来将针对不同的颜色模式进行介绍。

（1）位图模式

位图模式使用两种颜色值（黑色或白色）中的一个表示图像中的像素。RGB 颜色模式和位图模式的显示效果如图 23-14、图 23-15 所示。

图 23-14 RGB 颜色模式

图 23-15 位图模式

操作提示

若要将一幅彩色图像转换为位图模式，需先将该图像转换为灰度模式，删除掉像素中的色相和饱和度信息，只保留亮度值，然后再转换为灰度模式。

（2）灰度模式

灰度模式在图像中使用不同的灰度级。在 8 位图像中，最多有 256 级灰度。灰度图像中的每个像素都有一个 0（黑色）～ 255（白色）之间的亮度值。在 16 位和 32 位图像中，图像的级数比 8 位图像要大得多。RGB 颜色模式和灰度模式的显示效果如图 23-16、图 23-17 所示。

图 23-16 RGB 颜色模式

图 23-17 灰度模式

（3）双色调模式

该模式通过 1 ～ 4 种自定义油墨创建单色调、双色调（两种颜色）、三色调（三种颜色）和四色调（四种颜色）的灰度图像。

（4）RGB 颜色模式

RGB 颜色模式是图像处理中最常用的一种模式，也是目前运用最广泛的颜色模式之一。由于 RGB 颜色合成可以产生白色，所以也被称为"加色模式"。"加色模式"一般用于光照、视频和显示器。

新建的 Photoshop 图像的默认模式为 RGB，计算机显示器使用 RGB 模型显示颜色。

（5）CMYK 颜色模式

CMYK 颜色模式是一种印刷模式，以打印在纸上的油墨的光线吸收特性为基础。

503

（6）索引颜色模式

索引颜色模式是网上和动画中常用的图像模式，相较于其他颜色模式的位图图像，索引颜色模式的位图图像占用更少的空间。RGB 颜色模式和索引颜色模式的显示效果如图 23-18、图 23-19 所示。

图 23-18　RGB 颜色模式

图 23-19　索引颜色模式

将图像转换为索引颜色模式后，Photoshop 将构建一个颜色查找表（CLUT），用以存放并索引图像中的颜色。若原图像中的某种颜色不在该表中，则程序将选择最接近的一种，或使用仿色以现有颜色来模拟改颜色。

（7）Lab 颜色模式

Lab 颜色由亮度分量和两个色度分量组成，该模式是目前包括颜色数量最广的模式，也是最接近真实世界颜色的一种色彩模式。L 代表光亮度分量，范围为 0 ~ 100；a 分量表示从绿色到红色的光谱变化；b 分量表示从蓝色到黄色的光谱变化。

（8）多通道模式

多通道模式在每个通道中包含 256 个灰阶，对有特殊打印要求的图像非常有用。

 知识点拨

① 索引颜色和 32 位图像无法转换为多通道模式。

② 若图像处于 RGB、CMYK 或 Lab 颜色模式，删除其中某个颜色通道，图像将会自动转换为多通道模式。

23.4　文件的基本操作

在用户使用 Photoshop 软件处理图像之前，首先应该了解 Photoshop 软件中的一些基本操作，如新建文件、打开置入文件等。了解完基础知识，才可以更好地处理图像。本小节将针对 Photoshop 文件的基本操作来进行介绍。

23.4.1　新建文件

在 Photoshop 软件中，若需制作一个新的文件，可以执行"文件＞新建"命令或者按

Ctrl+N 组合键，弹出"新建文档"对话框，如图 23-20 所示。

图 23-20 "新建文档"对话框

对话框左侧列出了最近使用的尺寸设置。对话框顶端列出了一些常用工作场景中的不同尺寸设置，选中一个选项卡后，在对话框中会显示预设的尺寸，单击所需选项，在右侧对创建的文档参数进行修改，修改完毕后单击"创建"按钮即可创建新文档。

接下来对"新建文档"对话框中的部分选项含义进行介绍。

- 名称：用于设置新建文件的名称，默认为"未标题-1"。
- 方向：用于设置文档为竖版或横版。
- 分辨率：用于设置新建文件的分辨率大小。同样的打印尺寸下，分辨率高的图像更清楚更细腻。
- 颜色模式：用于设置新建文档的颜色模式。默认为"RGB 颜色"模式。
- 背景内容：用于设置背景颜色。最终的文件将包含单个透明的图层。
- 颜色配置文件：用于选择一些固定的颜色配置方案。
- 像素长宽比：用于选择固定的文件长宽比例。

23.4.2 打开 / 关闭文件

在 Photoshop 软件中，打开或关闭文件有多种方式。接下来将针对不同的打开文件或关闭文件的方式进行介绍。

（1）打开文件

执行"文件＞打开"命令或按 Ctrl+O 组合键，在弹出的"打开"对话框中，选中需要打开的文件，单击"打开"按钮即可打开选中的文件，如图 23-21、图 23-22 所示。

若需要打开的文件是最近使用过的，执行"文件＞最近打开的文件"命令，在弹出的子菜单中，选中需要打开的文件名称并单击，即可在 Photoshop 软件中打开选中的文件，如图 23-23、图 23-24 所示。

执行"文件＞打开为"命令，在弹出的"打开"对话框中选中需要打开的文件，设置打开文件所使用的文件格式，单击"打开"按钮，即可打开文件。

图 23-21 "打开"对话框

图 23-22 打开文件

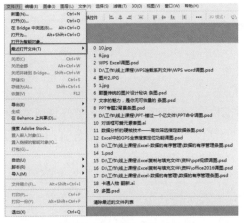

图 23-23 "打开"命令

图 23-24 打开文件

执行"文件>打开为智能对象"命令，在弹出的"打开"对话框中，选中需要打开的文件，单击"打开"按钮即可打开选中的文件。

若 Photoshop CC 软件已经运行，也可以直接打开需要打开文件所在的位置，直接拖拽进 Photoshop 软件的窗口，即可打开文件。

（2）关闭文件

执行"文件>关闭"命令或按 Ctrl+W 组合键，即可将当前文件关闭。或者鼠标左键单击文档窗口右上角的"关闭" × 按钮，将当前文件关闭。

若当前文件被修改过或是新建的文件，在关闭文件的时候，会弹出"Adobe Photoshop"对话框，如图 23-25 所示。单击"是"按钮，可保存对文件的更改后再关闭文件；单击"否"按钮，即不保存文件的更改直接关闭文件。

若想要关闭全部所有文件，执行"文件＞关闭全部"命令或按 Alt+Ctrl+W 组合键即可。

执行"文件>退出"命令，或单击软件窗口右上角的"关闭" × 按钮，即可关闭所有文件并退出 Photoshop CC。

图 23-25 "Adobe Photoshop"对话框

23.4.3 置入 / 导入文件

置入文件可以将照片、图片或任何 Photoshop 支持的文件作为智能对象添加到文档中。导入文件可以将变量数据组、视频帧到图层、注释、WIA 支持等格式的文件导入至 Photoshop 软件中进行编辑。

（1）置入文件

执行"文件>置入嵌入对象"命令，在弹出的"置入嵌入的对象"对话框中选中需要的文件，单击"置入"按钮即可将选中的文件置入。

执行"文件>置入链接的智能对象"命令，在弹出的"置入链接的对象"对话框中选中需要的文件，单击"置入"按钮即可将选中的文件置入。与"置入嵌入对象"命令不同的是，该命令置入的对象在原文件中修改保存后，会同步更新至使用该对象的文档中。

（2）导入文件

使用导入命令，可导入相应格式的文件，其中包括变量数据组、视频帧到图层、注释、WIA 支持等 4 种格式的文件。操作时执行"文件>导入"命子菜单中的命令即可。

23.4.4 保存文件

保存文件是 Photoshop 等软件中非常重要的一步。为防止软件故障或使用者误操作或电脑故障等，在编辑过程中即时保存文件是非常重要的。

执行"文件>存储"命令或按 Ctrl+S 组合键，即可对文件进行保存，并替换掉上一次保存的文件。若当前文件是第一次保存，则会弹出"另存为"对话框，如图 23-26 所示。在"另存为"对话框中设置完成后单击"保存"按钮即可保存文件。

图 23-26 "另存为"对话框

若要保留修改过的文件，又不想覆盖之前存储过的原文件，可以执行"文件>存储为"命令或按 Ctrl+Shift+S 组合键，在弹出的"另存为"对话框中，重新命名需要保存的文件，并设置文件的路径和类型等，设置完成后，单击"保存"按钮，即可将文件另存为一个新的文件。

📋 **课堂练习** 置入配景素材

接下来将练习置入配景素材，这里会用到打开文件、置入文件等操作。

扫一扫 看视频

Step01 执行"文件>打开"命令，在弹出的"打开"对话框中，选中本章素材"背景 .jpg"，单击"打开"按钮打开选中的文件，如图 23-27、图 23-28 所示。

图 23-27 "打开"对话框

图 23-28 打开素材

Step02 执行"文件>置入嵌入对象"命令，在弹出的"置入嵌入的对象"对话框中选中素材"热气球 .png"，单击"置入"按钮将选中的文件置入，如图 23-29、图 23-30 所示。

图 23-29 "置入嵌入的对象"对话框

图 23-30 置入素材

Step03 调整素材"热气球 .png"的大小并放置于合适位置，如图 23-31 所示。

Step04 多次重复步骤 03，完成后效果如图 23-32 所示。至此，配景素材置入完成。

图 23-31 移动素材位置

图 23-32 效果图

23.5 图像的基本操作

在 Photoshop 软件的使用过程中，常常会遇到图像尺寸与需要尺寸不符、画布尺寸修改、移动图像等问题，针对这些问题，Photoshop 软件中也有相对应的命令来进行操作。本小节将针对这些基础操作来进行介绍。

23.5.1 调整图像尺寸

执行"图像>图像大小"命令或按 Alt+Ctrl+I 组合键，弹出"图像大小"对话框，如图 23-33 所示。在"图像大小"对话框中设置参数，即可调整图像尺寸。

其中，部分选项的含义如下。

- 缩放样式 ✱.：用于调整文档中某些包含图层样式的图层的样式效果。

- 选择尺寸显示单位⏷：用于设置图像尺寸显示单位。

- 调整为：用于快速选择预设的像素比例。

- 宽度 / 高度：用于设置图像的尺寸。单击"限制长宽比"⑧按钮，可以在修改图像宽度或者高度时保持宽度和高度的比例不变。

- 分辨率：用于设置图像分辨率大小。

- 重新采样：用于更改图像的像素总数，也就是"图像大小"对话框中显示的宽度和高度的像素数。

23.5.2 调整画布尺寸

执行"图像＞画布大小"命令或按 Alt+Ctrl+C 组合键，弹出"画布大小"对话框，如图 23-34 所示。在"画布大小"对话框中设置参数，即可调整画布尺寸。

图 23-33 "图像大小"对话框

图 23-34 "画布大小"对话框

其中，部分选项的含义如下。

- "当前大小"选项组：用于显示文档的实际大小，以及图像的宽度和高度的实际尺寸。

- 宽度 / 高度：用于设置修改画布的尺寸大小。当输入的"宽度"和"高度"值大于原始画布尺寸时，会增加画布尺寸，如图 23-35、图 23-36 所示；当输入的"宽度"和"高度"值小于原始画布尺寸时，会裁切超出画布区域的图像，如图 23-37、图 23-38 所示。

图 23-35 原图图像

图 23-36 增加画布尺寸

图 23-37 原图图像

图 23-38 裁切画布尺寸

- 相对复选框：选中该复选框时，"宽度"和"高度"文本框中的数值将代表实际增加或减少的区域的大小，而不是整个文档的大小。

- 定位：用于设置当前图像在修改后画布上的位置。

- 画布扩展颜色：用于填充新画布的颜色。若图像背景颜色为透明，则该选项不可用，新增加的画布也是透明的。

23.5.3 移动图像

在 Photoshop 软件中，移动图像或是将其他文档中的图像拖拽到当前文档，都需要使用"移动工具" ⊕，如图 23-39 所示是"移动工具" ⊕的选项栏。

图 23-39 "移动工具"选项栏

在"图层"面板中，选中要移动对象所在的图层，使用"移动工具" ⊕在图像编辑窗口上拖拽即可移动选中的图层。

也可以直接在图像编辑窗口上选择要移动的图层。勾选"移动工具" ⊕的选项栏中的"自动选择"选项，在下拉菜单中选择"图层"，使用"移动工具" ⊕在画布中单击选择需要移动的图层，可以自动选择移动工具下面包含像素的最顶层的图层。若在下拉菜单中选择"组"，在画布中单击时，可以自动选择移动工具下面包含像素的最顶层的图层所在的组。

操作提示

选中需要移动的图像后，按键盘上的箭头键将对象微移 1 个像素；按住 Shift 键并按键盘上的箭头键可将对象微移 10 个像素。

23.5.4 变换图像

执行"编辑>变换"命令，在"变换"菜单中可以看到多种变换命令，如图 23-40 所示。通过这些变换命令，可以对选中的对象进行变换操作。

各个变换命令的含义如下。

- 再次：重复执行上次执行的变换命令。
- 缩放：对变换图像进行缩放。
- 旋转：围绕中心点转动变换对象。
- 斜切：在任意方向上倾斜对象。
- 扭曲：在各个方向上伸展变换对象。
- 透视：对变换对象应用单点透视。
- 变形：对变换对象进行扭曲。
- 旋转180度、顺时针旋转90度、逆时针旋转90度：通过指定度数，沿顺时针或逆时针旋转变换对象。
- 水平翻转、垂直翻转：垂直或水平翻转变换对象。

图 23-40 "变换"菜单

 知识点拨

选中对象，按 Ctrl+T 组合键可以快速进入自由变换，如图 23-41 所示。

图 23-41 自由变换图像

课堂练习　更换画框中的画

接下来将练习为画框更换画。这里会用到移动图像、变换图像等操作。

扫一扫 看视频

Step01 执行"文件>打开"命令,在弹出的"打开"对话框中,选中本章素材"画框 .jpg",单击"打开"按钮打开选中的文件,如图 23-42、图 23-43 所示。

图 23-42 "打开"对话框

图 23-43 打开素材

Step02 执行"文件>置入嵌入对象"命令,在弹出的"置入嵌入的对象"对话框中选中素材"画 .jpg",单击"置入"按钮置入选中的文件,如图 23-44、图 23-45 所示。

图 23-44 "置入嵌入的对象"对话框

图 23-45 置入素材

Step03 选中置入的素材"画.jpg"，执行"编辑＞变换＞缩放"命令，将其缩放至合适大小，如图 23-46 所示。

Step04 单击工具箱中的"移动工具"✛按钮，将素材"画.jpg"移动至合适位置，如图 23-47 所示。

图 23-46　缩放素材大小

图 23-47　移动素材位置

Step05 选中置入的素材"画.jpg"，执行"编辑＞变换＞斜切"命令，将其调整至合适形状，如图 23-48、图 23-49 所示。

图 23-48　变换素材

图 23-49　效果图

至此，画框中的画更换完成。

23.6　辅助工具的应用

辅助工具可以帮助用户更好地设计作品，拥有更良好的操作体验。Photoshop 软件提供了多种辅助工具，如"缩放工具"🔍、"抓手工具"✋、"吸管工具"✒、"标尺工具"▭等。

23.6.1 缩放工具

在绘图过程中，用户常常需要根据自身需求放大或缩小图像的显示比例。为方便用户操作，Photoshop 中提供了"缩放工具"🔍。"缩放工具"🔍的选项栏如图 23-50 所示。

图 23-50 "缩放工具"选项栏

单击工具箱中的"缩放工具" 按钮，将鼠标移至图像编辑窗口，此时，鼠标光标为 状，在图像编辑窗口单击鼠标左键，图像的显示比例放大，如图 23-51 所示。

按住 Alt 键，此时鼠标光标变为 状，在图像编辑窗口单击鼠标左键，图像的显示比例缩小，如图 23-52 所示。

图 23-51 放大图像显示比例

图 23-52 缩小图像显示比例

若要放大或缩小图像某块区域的显示比例，使用"缩放工具" 在需要缩放的图像区域拖拽即可以该区域为中心缩放图像，如图 23-53、图 23-54 所示。

图 23-53 位图图像

图 23-54 从区域中心缩放图像

知识延伸

使用"缩放工具" 在需要放大或缩小的区域拖拽时，选中"放大" 按钮，按住鼠标左键不动可以放大图像显示比例，向左拖拽鼠标会缩小图像显示比例，向右拖拽鼠标会放大图像显示比例。

按住 Ctrl 键，同时按住"+"键可以放大图像显示比例；同时按住"-"键则可以缩小图像显示比例；按住 Ctrl+0 组合键，图像会自动调整为适应屏幕的最大显示比例；按住 Ctrl+1 组合键，图像按实际像素比例显示。

23.6.2 抓手工具

在 Photoshop 软件的实际使用中，"抓手工具" 常与"缩放工具" 一起使用，使用 513

频率很高。当放大图像至屏幕不能完全显示后，即可以使用"抓手工具"🖐在不同的可视区域中拖动图像以便于浏览。

单击工具箱中的"抓手工具"🖐，单击图像并拖动鼠标，向所需观察的图像区域移动即可，如图 23-55、图 23-56 所示。

图 23-55　按住鼠标移动图像　　　　　图 23-56　所需观察区域

若使用其他工具编辑图像时，想要快速切换至抓手工具，可以按住 Space 键，即可切换至抓手工具状态，同时按住鼠标左键拖动鼠标。松开 Space 键，自动切换回之前使用的工具。

23.6.3　吸管工具

任何图像都离不开颜色。Photoshop 软件中的"吸管工具"🖊可以帮助用户采集色样，指定新的前景色或背景色。如图 23-57 所示为"吸管工具"🖊的选项栏。

图 23-57　"吸管工具"选项栏

其中，各选项的含义如下。
- 取样大小：用于更改吸管的取样大小。"取样点"采集的颜色为所单击像素的精确值。"3×3 平均""5×5 平均""11×11 平均""31×31 平均""51×51 平均""101×101 平均"采集的颜色为所单击区域内指定数量像素的平均值。
- 样本：用于确定取样图层。
- 显示取样环：用于确定是否显示取样环。

 知识延伸

使用其他工具编辑图像时，按住 Alt 键可将当前工具快速切换至"吸管工具"🖊。若想使用"吸管工具"🖊吸取图像编辑窗口之外的颜色，可以按住鼠标左键将鼠标光标拖动至图像编辑窗口之外。

23.6.4　标尺工具

"标尺工具"📏可用于测量图像中点与点之前的距离、角度等数据。如图 23-58 所示为"标尺工具"📏的选项栏。

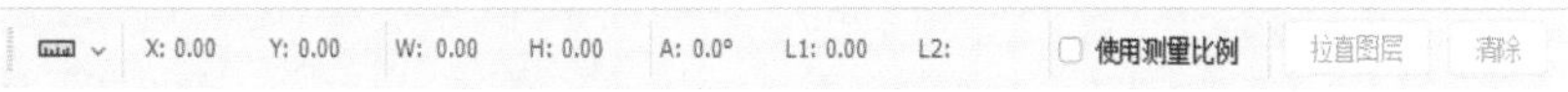

图 23-58　"标尺工具"选项栏

其中，各选项的含义如下。

- X/Y：测量的起始坐标。
- W/H：测量的起始点到终点在 X 轴和 Y 轴上移动的水平距离（W）和垂直距离（H）。
- A：相对于轴测量的角度值。
- L1/L2：移动的总长度。测量两点间距离时，L1 表示移动的总长度。
- 使用测量比例：勾选该复选框后，将使用预设的测量比例进行测量。
- 拉直图层：绘制测量线后单击该按钮，画面将以测量线为基准自动旋转。
- 清除：用于清除画面中的测量线。

操作提示

使用"标尺工具"绘制一条测量线后，若想继续测量长度和角度，可按住 Alt 键，当鼠标光标变为状时，按住鼠标左键绘制测量线，绘制完成后，选项栏中将显示两个测量线之间的夹角及长度。

23.6.5　裁剪工具

"裁剪工具"可用于调整图像构图以及拉直图像等。在 Photoshop 软件中，"裁剪工具"是非破坏性的。如图 23-59 所示为"裁剪工具"的选项栏。

图 23-59　"裁剪工具"选项栏

其中，各选项的含义如下。

- 选择预设长宽比或裁剪尺寸：用于选择裁剪框的比例或大小。
- 高度和宽度互换：用于更换高度值和宽度值。
- 清除长宽比值：清除设定的长宽比值。
- 拉直：用于拉直图像。选中该按钮后鼠标在图像编辑窗口变为状，按住鼠标左键拖动绘制参考线，即可以绘制的参考线为基准旋转图像。
- 设置裁剪工具的叠加选项：用于选择裁剪时显示叠加参考线的视图。
- 设置其他裁切选项：用于指定其他裁剪选项。
- 删除裁剪的像素：勾选该复选框，将删除裁剪区域外部的像素；取消勾选该复选框，将在裁剪边界外部保留像素，可用于以后的调整。
- 内容识别：用于填充图像原始大小之外的空隙。
- 复位裁剪框、图像旋转以及长宽比设置：恢复默认设置。
- 取消当前裁剪操作：取消裁剪操作。
- 提交当前裁剪操作：应用裁剪操作。

知识延伸

裁剪工具组中的"透视裁剪工具"■可以帮助用户修正图片。打开任意图片，激活"透视裁剪工具"■，在图像上指定要裁剪的区域，按回车键即可完成透视裁剪操作，如图23-60、图23-61所示。

图 23-60 绘制裁剪区域

图 23-61 修正图片

📄 **综合实战** 制作相框效果

接下来为图像制作相框效果。这里会用到打开文件、调整画布大小等操作以及"矩形工具"□等工具。

扫一扫 看视频

Step01 执行"文件>打开"命令，在弹出的"打开"对话框中，选中本章素材"人像 .jpg"，单击"打开"按钮打开选中的文件，如图23-62、图23-63所示。

图 23-62 "打开"对话框

图 23-63 打开素材

Step02 按 Ctrl+A 组合键全选图像，如图 23-64 所示。

Step03 按 Ctrl+Shift+J 组合键将选中的内容直接剪切至新图层，如图 23-65 所示。

图 23-64 全选图像

图 23-65 将选中内容剪切至新图层

Step04 执行"图像>画布大小"命令，在弹出的"画布大小"对话框中设置参数，如图 23-66 所示。设置完成后单击"确定"按钮，效果如图 23-67 所示。

图 23-66 "画布大小"对话框

图 23-67 调整画布大小

Step05 单击工具箱中的"矩形工具"▭按钮，在"矩形工具"▭的选项栏中设置参数，设置完成后在画板中绘制合适大小的矩形，如图 23-68 所示。

Step06 选中绘制的矩形，鼠标右键在弹出的菜单中，选择"混合选项"选项，在弹出的"图层样式"对话框中，设置内阴影参数和投影，完成后单击"确定"按钮，效果如图 23-69 所示。

图 23-68 绘制矩形

图 23-69 设置内阴影和投影

Step07 选中"图层1"，鼠标右键在弹出的菜单中，选择"混合选项"选项，在弹出的"图层样式"对话框中，设置内发光参数，如图 23-70 所示。完成后单击"确定"按钮，效果如图 23-71 所示。

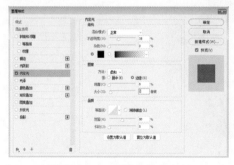

图 23-70 设置内发光参数

图 23-71 效果图

至此，完成相框效果的制作。

![课后作业]

一、填空题

1. Photoshop 软件中，制作用于印刷的图书封面，使用_____色彩模式制作最佳。

2. Photoshop 软件中，制作一个网页广告，使用_____色彩模式制作最佳。

3. Photoshop 软件中，_____色彩模式色域最大。

4. _____是 Photoshop 图像最基本的组成单元。

5. 图像分辨率的单位是____。

二、选择题

1. 用于商业摄影的图片，为确保在使用 Photoshop 进行后期处理时有最大的修改余地，拍摄时应该保存（　　）格式。

  A. JEPG（.jpg）   B. TIFF（.tif）

  C. RAW（.raw）   D. Photoshop（.psd）

2. 用于印刷品中的高分辨率 TIFF 图若想用于网页，最好以（　　）文件格式保存。

  A. RAW（.raw）   B. JEPG（.jpg）

  C. SVG(.svg)   D. Photoshop（.psd）

3. 如果想在 Photoshop 中全面使用各种功能，应选择（　　）色彩模式。

  A. RGB 模式   B. CMYK 模式   C. Lab 模式   D. 多通道模式

4. 当将 CMYK 模式的图像转换为多通道模式时，产生的通道名称为（　　）。

  A. 青色、洋红和黄色   B. 四个名称都是 Alpha 通道

  C. 四个名称为 Black（黑色）的通道   D. 青色、洋红、黄色和黑色

5. 当图像是（　　）模式时，可以转换为位图模式。

  A. RGB   B. 灰度   C. 多通道   D. 索引颜色

三、操作题

1. 制作 2 寸人物证件照

（1）图像效果，如图 23-72 所示

图 23-72　2 寸人物照效果图

（2）操作思路

2 寸照片尺寸为 35mm×49mm，打开素材图像后，通过"画布大小"命令调整图像宽度和高度，调整下图像位置。

2. 替换电脑桌面背景

（1）图像效果，如图 23-73 所示

图 23-73　电脑桌面效果图

（2）操作思路

打开素材后置入要替换的图片背景，使用变换命令调整图像大小及形状，移动至合适位置。

第24章
选区与填色

内容导读

本章主要针对 Photoshop 软件中的选区与填色来进行介绍。选区是 Photoshop 软件中处理图像时非常重要的部分，通过本章节的学习，读者可以学会如何创建选区、编辑选区，同时学会一些填色知识。

学习目标

○ 掌握选区工具的应用
○ 掌握选区的编辑操作
○ 掌握填色工具的应用

24.1 创建选区工具

若想在 Photoshop 软件中创建选区有多种工具和命令。这些工具和命令，可以帮助用户创建选区，从而更好地处理图像。接下来，将针对不同的创建选区的工具进行介绍。

24.1.1 选框工具

选框工具组中的工具创建的选区均为规则形状的，如矩形选区或者圆形选区等。该工具组中包含"矩形选框工具"[]、"椭圆选框工具"○、"单行选框工具"===、"单列选框工具" ∥ 4 种，如图 24-1 所示。

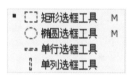

图 24-1 选框工具组

接下来，将针对这 4 种选框工具进行介绍。

（1）矩形选框工具

"矩形选框工具"[]可以绘制矩形选区和正方形选区。鼠标左键单击工具箱中的"矩形选框工具"[]按钮，在图像编辑窗口中按住鼠标左键并拖动，释放鼠标左键即可创建矩形选区。

操作提示

使用"矩形选框工具"[]创建选区时，如果按住 Shift 键进行拖动，可建立正方形选区；按住 Alt+Shift 组合键拖动，可建立以起点为中心的正方形选区。

（2）椭圆选框工具

"椭圆选框工具"○可以绘制椭圆选区和正圆选区。鼠标右键单击工具箱中的"矩形选框工具"[]，在弹出的选框工具列表中选择"椭圆选框工具"○，在图像编辑窗口中按住鼠标左键并拖动，释放鼠标左键即可创建椭圆选区，如图 24-2、图 24-3 所示。

图 24-2 矩形选区

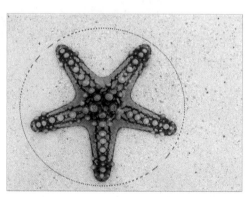

图 24-3 椭圆选区

与"矩形选框工具" 📷 不同的是，"椭圆选框工具" ⭕ 的选项栏中多了一个"消除锯齿"的选项。该选项通过柔化边缘像素与背景像素之间的颜色过渡，使选区变平滑，如图 24-4、图 24-5 所示分别为未勾选与勾选"消除锯齿"选项的效果。

图 24-4　未勾选"消除锯齿"选项效果　　图 24-5　勾选"消除锯齿"选项效果

操作提示

使用"椭圆选框工具" ⭕ 创建选区时，如果按住 Shift 键进行拖动，可建立正圆形选区；按住 Alt+Shift 组合键拖动，可建立以起点为中心的正圆形选区。

（3）单行选框工具、单列选框工具

"单行选框工具" 📷 、"单列选框工具" 📷 可以创建高度或宽度为 1 像素的选区，将这些选区填充颜色，可以得到水平或垂直直线，常用于制作网格效果。单击工具箱中的"单行选框工具" 📷 ，在图像编辑窗口中单击即可创建选区，如图 24-6 所示。

24.1.2 套索工具

套索工具组是常用的不规则形状选区工具组，使用该工作组中的工具可以手工绘制选区。套索工具组包含"套索工具" ⭕ 、"多边形套索工具" 📷 、"磁性套索工具" 📷 3 种工具，如图 24-7 所示。

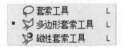

图 24-6　"单行选框工具"创建选区　　图 24-7　套索工具组

接下来，将针对这 3 种套索工具进行介绍。

（1）套索工具

"套索工具" ⭕ 可以自由地绘制形状不规则的选区。单击工具箱中的"套索工具" ⭕ 按钮，在图像上按住鼠标左键沿着要选择的区域拖动，绘制完成后，松开鼠标左键，选区将自动闭合，如图 24-8、图 24-9 所示。

图 24-8 套索工具绘制选区

图 24-9 闭合选区

（2）多边形套索工具

"多边形套索工具" ᑍ多用于创建不规则形状的多边形选区。

单击工具箱中的"多边形套索工具" ᑍ按钮，在图像上单击确定起点，然后围绕要选择对象的轮廓在转折点上单击，确定多边形的其他顶点，在结束处双击即可封闭选区，或者将鼠标光标置于起点处，待光标变为ᑍ状时，单击即可，如图 24-10、图 24-11 所示。

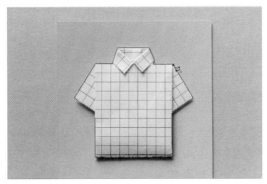
图 24-10 多边形套索工具绘制选区

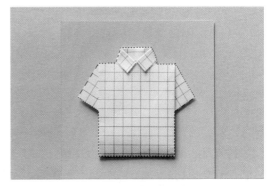
图 24-11 绘制完成的选区

操作提示

使用"多边形套索工具" ᑍ创建选区时，若想删除刚刚建立的顶点，可按 Delete 键进行删除。

（3）磁性套索工具

"磁性套索工具" ᑍ可以通过颜色上的差异识别对象的边缘，适用于快速选择与背景对比强烈且边缘复杂的对象。

单击工具箱中的"磁性套索工具" ᑍ按钮，在图像上单击确定起点，然后沿着图像边缘移动鼠标光标，即可在图像边缘自动生成锚点，如图 24-12 所示。当起点与终点重合时，光标变为ᑍ状，单击鼠标左键，即可封闭选区，如图 24-13 所示。

选中"磁性套索工具" ᑍ时，通过在其选项栏设置合适的羽化、对比度、频率等参数，可以更加精确地框选选区，如图 24-14 所示为"磁性套索工具" ᑍ的选项栏。

图 24-12 磁性套索工具绘制选区

图 24-13 封闭选区

图 24-14 "磁性套索工具"选项栏

其中，部分选项的含义如下。

- 羽化：用于柔化选区边缘，从而达到渐变自然的效果。
- 宽度：用于指定"磁性套索工具"在选取时光标两侧的检测范围。
- 对比度：用于指定"磁性套索工具"在选取时对图像边缘的灵敏度，取值范围为 0 ~ 100%。较高的数值将只检测与其周边对比鲜明的边缘，较低的数值将检测低对比度边缘。
- 频率：用于设置锚点数量，取值范围为 0 ~ 100。数值越大生成的锚点数越多，捕捉到的边缘越准确，能更快地固定选区边框。

 知识点拨

在使用"磁性套索工具"绘制选区时，也可以单击鼠标手动增加锚点；绘制选区过程中，若对绘制的锚点不满意，按 Delete 键即可删除上一个锚点。

24.1.3 智能选区工具

智能选区工具包含"快速选择工具"和"魔棒工具"两种，主要根据图像颜色的变化来选择图像。

（1）快速选择工具

"快速选择工具"可以利用可调整的圆形画笔笔尖快速创建选区，使用方法简单快捷。使用该工具绘制选区时，选区会向外拓展并自动查找和跟随图像中定义的边缘。

单击工具箱中的"快速选择工具"按钮，在需要选择的图像上单击并拖动鼠标，即可创建选区，如图 24-15、图 24-16 所示。

若对选中的选区不满意，想扩大或缩小某些区域，单击选项栏中的"添加到选区"按钮或"从选区减去"按钮，添加或减去选区即可。

图 24-15　使用快速选择工具创建选区　　　　图 24-16　创建完成的选区

 知识点拨

　　使用"快速选择工具" 创建选区时，按 Shift 键在图像上拖动鼠标，可将拖动经过的图像区域添加到选区，按 Alt 键可从选区减去。

（2）魔棒工具

　　"魔棒工具" 可以选取颜色在一定容差范围差值之内的区域。如图 24-17 所示为"魔棒工具" 的选项栏。

图 24-17　"魔棒工具"选项栏

　　其中，部分重要选项的含义如下。

- 容差：用于确定选取像素的色彩范围。取值范围为 0 ~ 255，数值越小，选取的颜色范围与鼠标单击位置的颜色越接近，选取范围越小；反之越大。如图 24-18、图 24-19 所示分别为容差值为 10 和 30 时的框选范围。

图 24-18　容差为 10 的框选范围　　　　图 24-19　容差为 30 的框选范围

- 消除锯齿：用于平滑选区边缘。
- 连续：勾选该复选框时，只选择相邻且颜色在容差范围内的区域；若未勾选该复选框，将选取整个图像中容差范围内的区域。

● 对所有图层取样：勾选该复选框时，在所有可见图层中选择容差范围内的颜色区域；若未勾选该复选框，将只在当前图层中选择容差范围内的颜色区域。

单击工具箱中的"魔棒工具" ，在选项栏中设置合适参数，在图像上单击即可选中选区，如图 24-20、图 24-21 所示。

图 24-20　将鼠标置于要选中的区域

图 24-21　单击创建选区

24.2　编辑选区

选区创建完成后，仍可对其进行调整边缘、扩大选取、选取相似等操作，对选区的编辑，可以帮助用户更好地选择对象。

24.2.1　移动选区

选区创建完成后，在选项栏中单击"新选区"  按钮，将鼠标光标置于选区内，鼠标光标变为 状时，拖动鼠标即可移动选区，如图 24-22、图 24-23 所示。

图 24-22　将鼠标置于选区内

图 24-23　移动选区

操作提示

利用"移动工具" 可移动选区及选区内图像的位置，若选区在背景图层中，原选区区域则会以背景色覆盖，如图 24-24、图 24-25 所示。若选区所在图层为普通图层，则原选区区域变为透明区域。

图 24-24　选中选区　　　　　　　　图 24-25　移动选区

24.2.2　反选选区

　　选区创建完成后，执行"选择＞反选"命令或按 Shift+Ctrl+I 组合键即可选择反向的选区，即原图像中未被选择的部分，如图 24-26、图 24-27 所示。

图 24-26　原选区范围　　　　　　　　图 24-27　反向选区

24.2.3　变换选区

　　执行"选择＞变换选区"命令可以对选区的外观进行缩放、旋转、斜切、扭曲、透视、变形等操作。

　　以放大选区为例，打开素材，单击工具箱中的"椭圆选区工具"按钮，在图像编辑窗口中绘制选区，执行"选择＞变换选区"命令，选区周围出现自由变形调整框，如图 24-28 所示。调整该调整框，即可放大选区，如图 24-29 所示。

图 24-28　打开选区自由变形调整框　　　　　　　　图 24-29　变换选区

24.2.4 修改选区

"修改"命令可对选区进行进一步的细致调整。该组中包含有"边界""平滑""扩展""收缩""羽化"五种命令。执行"选择>修改"命令,弹出菜单栏,如图 24-30 所示。

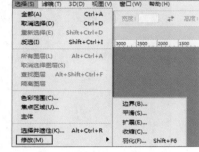

接下来,将针对这五种命令进行介绍。

（1）"边界"命令

图 24-30　修改命令菜单

"边界"命令可将原选区转换为以原选区边界为中心向内、向外扩张指定宽度的选区。通过该命令可以给图像添加边框等。

创建选区后,执行"选择>修改>边界"命令,在弹出的"边界选区"对话框中设置宽度,单击"确定"按钮即可以设置的宽度向内外扩张,如图 24-31、图 24-32 所示。

图 24-31　原选区　　　　　　　图 24-32　扩张选区

（2）"平滑"命令

"平滑"命令可以使选区的拐角处变平滑。

创建选区后,执行"选择>修改>平滑"命令,在弹出的"平滑选区"对话框中设置参数,设置完成后单击"确定"按钮即可平滑选区,如图 24-33、图 24-34 所示。

图 24-33　原选区　　　　　　　图 24-34　平滑选区

（3）"扩展"命令

"扩展"命令可将原选区以指定参数扩大范围。

创建选区后,执行"选择>修改>扩展"命令,在弹出的"扩展选区"对话框中设置参数,设置完成后单击"确定"按钮,即可将原选区扩大,如图 24-35、图 24-36 所示。

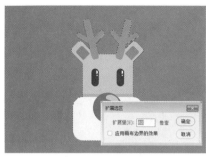

图 24-35　原选区　　　　　　　　　　　　图 24-36　扩展选区

（4）"收缩"命令

"收缩"命令可将原选区以指定参数缩小范围。

创建选区后，执行"选择＞修改＞收缩"命令，在弹出的"收缩选区"对话框中设置参数，设置完成后单击"确定"按钮，即可将原选区缩小，如图 24-37、图 24-38 所示。

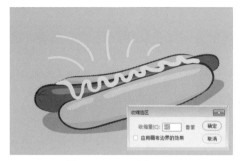

图 24-37　原选区　　　　　　　　　　　　图 24-38　缩小选区

（5）"羽化"命令

"羽化"命令可将选区边缘生成由选区中心向外渐变的半透明效果，模糊选区的边缘。

创建选区后，执行"选择＞修改＞羽化"命令，在弹出的"羽化选区"对话框中设置参数，设置完成后单击"确定"按钮，即可，如图 24-39、图 24-40 所示。

图 24-39　原选区　　　　　　　　　　　　图 24-40　羽化选区边缘

24.2.5　描边选区

使用"描边"命令可以在选区、路径或图层的边缘绘制边框。

创建选区后，执行"编辑＞描边"命令或右键单击选区，在弹出的快捷菜单中执行"描边"命令或按 Alt+E+S 组合键，弹出"描边"对话框，如图 24-41 所示。在"描边"对话框中设置参数，即可为选区添加描边，如图 24-42 所示。

图 24-41 "描边"对话框　　　　图 24-42 描边选区

其中，"描边"对话框中的部分选项含义如下。

- 宽度：用于设置描边宽度。
- 颜色：用于设置描边颜色。默认描边颜色为前景色，用户可单击色块，在弹出的"拾色器（描边颜色）"对话框中重新设置。
- 位置：用于确定描边在选区的内部、中间还是外部。
- 模式：用于设置描边与图像之间的混合模式效果。
- 不透明度：用于设置描边透明度。

操作提示

只有在选择选区工具的情况下，单击鼠标右键才可以弹出与选区编辑相关的菜单栏。

24.2.6　填充选区

"填充"命令可以在选区内或当前图层填充颜色。

创建选区后，执行"编辑＞填充"命令或右键单击选区，在弹出的快捷菜单中执行"填充"命令或按 Shift+F5 组合键，弹出"填充"对话框，如图 24-43 所示。在"填充"对话框中设置参数，完成后单击"确定"按钮，即可填充选区，如图 24-44 所示。

图 24-43 "填充"对话框　　　图 24-44 填充选区

其中，"填充"对话框中的部分选项含义如下。

- 内容：用于设置填充选区的选项，包括"前景色""背景色""颜色""内容识别"

"图案"等。

- 模式：用于设置填充内容与原图像之间的混合模式效果。
- 不透明度：用于设置填充内容透明度。
- 保留透明区域：勾选该复选框后，可保护原图像以外的透明区域不被填充。

操作提示

按 Ctrl + Delete 组合键，可以直接用背景色填充选区；按 Alt + Delete 组合键，可以直接用前景色填充选区。

课堂练习 制作景深效果

接下来制作景深效果。本练习会通过羽化选区边缘达到景深效果。

Step01 打开本章素材文件"水果.jpg"，如图24-45所示。按Ctrl+J组合键复制一层。

Step02 选中复制素材，执行"滤镜>模糊>高斯模糊"命令，在弹出的"高斯模糊"对话框中设置"半径"为"5"，效果如图24-46所示。

图 24-45 打开素材文件

图 24-46 添加高斯模糊滤镜效果

扫一扫 看视频

Step03 单击工具箱中的"多边形套索工具" 按钮，勾选出选区，如图24-47所示。

Step04 单击鼠标右键，在弹出的菜单栏中选择"羽化"选项，在弹出的"羽化选区"对话框中设置"羽化半径"为"50"，单击"确定"按钮，按 Delete 键删除选区，按 Ctrl+D 组合键取消选区，效果如图 24-48 所示。

图 24-47 创建选区

图 24-48 景深效果

至此，景深效果制作完成。

接下来为卡通小狮子添加描边，可以练习创建选区与描边选区等操作。

Step01 打开本章素材文件"卡通小狮子 .png"，如图 24-49 所示。按 Ctrl+J 组合键复制一层。

Step02 选中复制图层，单击工具箱中的"魔棒工具"按钮，在素材背景及阴影处单击创建选区，如图 24-50 所示。

扫一扫 看视频

图 24-49　打开素材文件

图 24-50　创建选区

Step03 执行"选择>反选"命令选择反向的选区，执行"编辑>描边"命令，弹出"描边"对话框，在"描边"对话框中设置参数，如图 24-51 所示。单击"确定"按钮，按 Ctrl+D 组合键取消选区，效果如图 24-52 所示。

图 24-51　"描边"对话框

图 24-52　效果展示

至此，为卡通小狮子添加描边制作完成。

24.2.7　存储选区

选区创建后，可以将其存储为新的或现有的通道，以便在需要时重新载入使用。

执行"选择>存储选区"命令或右键单击选区，在弹出的快捷菜单中执行"存储选区"命令，弹出"存储选区"对话框，如图 24-53 所示。在"存储选区"对话框中设置参数，完成后单击"确定"按钮，即可将选区存储为通道，如图 24-54 所示。

图 24-53 "存储选区"对话框　　　　图 24-54 "图层"面板

其中，"存储选区"对话框中的选项含义如下。
- 文档：用于选取选区的目标图像，默认是当前图像。
- 通道：用于选取选区的目标通道。默认情况下，选区存储在新通道中。也可以选择将选区存储到选中图像的任意现有通道中，或存储到图层蒙版中。
- 名称：将选区存储为新通道的名称。
- 操作：用于选择选区运算的操作方式。

操作提示

选区保存在通道后，也可以删除。

24.2.8 载入选区

将选区载入图像可以重新使用以前存储过的选区。

执行"选择＞载入选区"命令，弹出"载入选区"对话框，在"通道"选项中选择需要的通道名称即可将其载入选区，如图 24-55、图 24-56 所示。

图 24-55 "载入选区"对话框　　　　图 24-56 载入选区

其中，"载入选区"对话框中的选项含义如下。
- 文档：用于选择包含要载入选区的文件。
- 通道：用于选择包含要载入选区的通道。
- 反相：勾选该复选框，可以反向选择选区。

● 操作：用于选择选区运算的操作方式。默认只能选择"新建选区"选项；若当前图像中有其他选区存在，则四种操作选项都可以选择。

课堂练习　替换图片背景

接下来将为图片替换背景，这里会用到反选选区等操作和"快速选择工具"、"多边形套索工具"等工具。

Step01　执行"文件＞打开"命令，在弹出的"打开"对话框中，选中素材"女孩.jpg"，单击"打开"按钮，打开选中文件，如图 24-57、图 24-58 所示。

图 24-57　"打开"对话框

图 24-58　打开素材

Step02　单击工具箱中的"快速选择工具"按钮，在背景处单击并拖动鼠标创建选区，如图 24-59 所示。

Step03　单击工具箱中的"多边形套索工具"按钮，在背景处绘制添加选区，如图 24-60 所示。

扫一扫 看视频

图 24-59　创建选区

图 24-60　添加选区

Step04　执行"选择＞反选"命令，即可选中人像，如图 24-61 所示。按 Ctrl+J 组合键将选区复制在新图层，如图 24-62 所示。按 Ctrl+C 组合键复制人物图层。

图 24-61　反选选区

图 24-62　复制人物图层

Step05 执行"文件＞打开"命令，在弹出的"打开"对话框中，选中素材"树林 .jpg"，单击"打开"按钮，打开选中文件，如图 24-63、图 24-64 所示。

图 24-63　"打开"对话框

图 24-64　打开素材

Step06 按 Ctrl+V 组合键，将人物复制在素材"树林 .jpg"之中，如图 24-65 所示。

Step07 按 Ctrl+T 组合键，调整人物大小及位置，如图 24-66 所示。

图 24-65　将人物复制在树林素材中

图 24-66　调整人物大小及位置

Step08 单击工具箱中的"多边形套索工具" 按钮，在选项栏中设置羽化值为 5。然后在人物足部绘制选区，如图 24-67 所示。

Step09 按 Delete 键删除选区，按 Ctrl+D 取消选区，如图 24-68 所示。至此，图片背景替换完成。

图 24-67　绘制选区　　　　　　　图 24-68　效果图

　　接下来将制作动物从屏幕中出来的效果，这里会用到"磁性套索工具"🪢等工具和删除选区等操作。

Step01　执行"文件＞打开"命令，在弹出的"打开"对话框中，选中本章素材"屏幕 .jpg"，单击"打开"按钮，打开选中文件，如图 24-69、图 24-70 所示。

扫一扫 看视频

图 24-69　"打开"对话框　　　　　图 24-70　打开素材文件

Step02　执行"文件＞置入嵌入对象"命令，在弹出的"置入嵌入的对象"对话框中，选中本章素材"恐龙 .jpg"，单击"置入"按钮，置入文件，如图 24-71、图 24-72 所示。

图 24-71　"置入嵌入的对象"对话框　　图 24-72　置入素材文件

Step03 调整置入素材大小，如图 24-73 所示。

Step04 在"图层"面板中隐藏置入的"恐龙"图层，选中"背景"图层，单击工具箱中的"磁性套索工具" 按钮，在手机屏幕边缘单击并沿着边缘移动鼠标，绘制选区，如图 24-74 所示。

图 24-73　调整置入素材大小

图 24-74　创建选区

Step05 在"图层"面板中显示"恐龙"图层并选中，单击鼠标右键，在弹出的菜单栏中执行"栅格化图层"命令，栅格化图层，此时效果如图 24-75 所示。

Step06 单击工具箱中的"磁性套索工具" 按钮，在选项栏中单击"添加到选区" 按钮，在恐龙脖子处单击并沿着恐龙轮廓移动鼠标，选取头部素材，如图 24-76 所示。

图 24-75　栅格化图层

图 24-76　添加选区

Step07 执行"选择＞反选"命令，反选选区，并按 Delete 键删除，按 Ctrl+D 组合键取消选区，效果如图 24-77、图 24-78 所示。

图 24-77　反选选区

图 24-78　删除选区并取消选区

至此，动物从屏幕中出来的效果制作完成。

24.3 选区填色

除了通过命令填充选区外，也可以通过工具箱中的"渐变工具"  和"油漆桶工具"为选区填色。本小节将针对这两种工具进行详细介绍。

24.3.1 渐变工具

"渐变工具"可以用来创建多种颜色间的混合效果，不仅可以用来填充图像，也可以填充图层蒙版、快速蒙版和通道等，如图 24-79 所示为"渐变工具"的选项栏。

图 24-79 "渐变工具"选项栏

其中，部分常用选项含义如下。

- 渐变颜色：用于显示当前渐变颜色。单击可弹出"渐变编辑器"对话框，如图 24-80 所示。在该对话框中可对渐变的颜色等进行编辑。
- 渐变类型：用于选择渐变的类型，包括"线性渐变"、"径向渐变"、"角度渐变"、"对称渐变"、"菱形渐变"五种。如图 24-81 所示依次为这五种渐变类型的效果。
- 模式：用于设置渐变填充的色彩和底图的混合模式。
- 不透明度：用于控制渐变填充的不透明度。
- 反向：勾选该复选框，将反向渐变效果。
- 仿色：勾选该复选框，可使渐变效果过渡更加平滑。
- 透明区域：勾选该复选框，可以创建包含透明像素的渐变。

图 24-80 "渐变编辑器"对话框

图 24-81 渐变类型

24.3.2 油漆桶工具

"油漆桶工具"可以在图像中填充颜色或图案。若创建了选区，填充的区域为当前选区中颜色值与单击像素相似的相邻像素；若未创建选区，填充当前图层中颜色值与单击像素相似的相邻像素。如图 24-82 所示为"油漆桶工具"的选项栏。

图 24-82 "油漆桶工具"选项栏

其中,"油漆桶工具" 对话框中的选项含义如下。

- 设置填充区域的源:用于设置填充颜色还是图案。
- 模式:用于设置填充内容的混合模式。
- 不透明度:用于设置填充内容的不透明度。
- 容差:用于设置单击像素相似颜色的程度。容差越小,填充范围越小。
- 消除锯齿:勾选该复选框,可以平滑填充选区的边缘。
- 连续的:勾选该复选框,只填充与单击像素相邻的像素。
- 所有图层:勾选该复选框,可以对所有可见图层中颜色填充颜色。

课堂练习 制作简洁账户登录界面

接下来将制作账户登录界面,这里会用到"矩形选框工具" □、"椭圆选框工具" ○、"渐变工具" ■、"油漆桶工具" 等工具。

Step01 新建一个 800×600 像素的空白文档,如图 24-83 所示。单击"图层"面板中的"创建新图层" □ 按钮,创建新图层,如图 24-84 所示。

扫一扫 看视频

图 24-83 "新建文档"对话框

图 24-84 创建图层

Step02 单击工具箱中的"渐变工具" ■ 按钮,在选项栏中单击"渐变颜色",在弹出的"渐变编辑器"对话框设置渐变参数,如图 24-85 所示。设置完成后单击"确定"按钮,在图像编辑窗口中单击鼠标左键并拖动绘制渐变,如图 24-86 所示。

Step03 单击"图层"面板中的"创建新图层" □ 按钮,创建新图层。单击工具箱中的"椭圆选框工具" ○,在图像编辑窗口中合适位置按 Shift 键绘制正圆选区,执行"编辑>填充"命令,在弹出的"填充"对话框设置参数填充颜色,如图 24-87 所示。

Step04 重复步骤 03,绘制人物头像,如图 24-88 所示。

Step05 单击"图层"面板中的"创建新图层" □ 按钮,创建新图层。单击工具箱中的"矩形选框工具" □ 按钮,在图像编辑窗口中合适位置绘制矩形选区并填充颜色,如图 24-89 所示。

图 24-85　设置渐变参数

图 24-86　绘制渐变

图 24-87　绘制并填充正圆选区

图 24-88　绘制人物头像

 **Step06** 选中步骤 05 中绘制的矩形所在的图层，单击工具箱中的"油漆桶工具" ，更改部分矩形颜色，如图 24-90 所示。

图 24-89　绘制并填充矩形选区

图 24-90　更改矩形填充颜色

Step07 选中人物头像所在的图像，按住 Alt 键复制，如图 24-91 所示，单击工具箱中的"油漆桶工具" ，更改头像颜色，按 Ctrl+T 组合键变换图像大小，并移动至合适位置，如图 24-92 所示。

Step08 单击"图层"面板中的"创建新图层" 按钮，创建新图层。单击工具箱中的"矩形选框工具" 按钮，在图像编辑窗口中合适位置绘制矩形选区并填充颜色，如图 24-93 所示。

AutoCAD+3ds Max+Photoshop 丨 站式高效学习一本通

图 24-91 复制人物头像

图 24-91　复制人物头像　　　　图 24-92　变换并移动人物头像位置

Step09 单击"图层"面板中的"创建新图层" 按钮，创建新图层。单击工具箱中的"椭圆选框工具"，在图像编辑窗口中合适位置绘制椭圆选区，执行"编辑>描边"命令，在弹出的"描边"对话框中设置参数描边选区，如图 24-94 所示。

图 24-93　绘制并填充矩形选区　　　　图 24-94　绘制并描边椭圆选区

Step10 单击"图层"面板中的"创建新图层" 按钮，创建新图层。单击工具箱中的"矩形选框工具" 按钮，在图像编辑窗口中合适位置绘制矩形选区并填充颜色，如图 24-95 所示。

Step11 单击工具箱中的"横排文字工具" T 按钮，在选项栏中设置字体大小颜色等参数，在步骤 10 中绘制的矩形上输入文字，如图 24-96 所示。

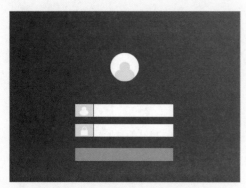

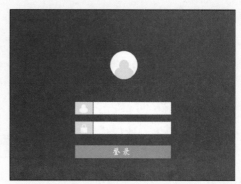

图 24-95　绘制矩形选区并填充颜色　　　　图 24-96　输入文字

至此，登录界面绘制完成。

本案例将绘制卡通人效果。这里会用到"矩形选框工具" ⬚、"椭圆选框工具" ○、"渐变工具" ▦、"油漆桶工具" ⬧等工具。

Step01 新建一个 800 像素 ×600 像素的空白文档，如图 24-97 所示。打开 Alt+Delete 组合键为背景图层填充前景色，单击"图层"面板中的"创建新图层" ⬚ 按钮，创建新图层，如图 24-98 所示。

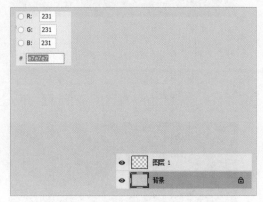

图 24-97 "新建文档"对话框　　图 24-98 填充背景图层颜色并新建图层

Step02 单击工具箱中的"矩形选框工具" ⬚ 按钮，在图像编辑窗口中绘制矩形，如图 24-99 所示。

Step03 执行"编辑>填充"命令，在弹出的"填充"对话框中设置参数，完成后单击"确定"按钮，即可填充选区，如图 24-100 所示。按 Ctrl+D 组合键取消选区。

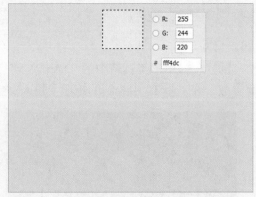

图 24-99 绘制矩形选区　　图 24-100 填充矩形选区

Step04 重复上述操作，绘制其他部位并填色，如图 24-101 所示。

Step05 单击工具箱中的"椭圆选框工具" ○ 按钮，按住 Shift 键在图像编辑窗口中绘制正圆，如图 24-102 所示。

Step06 执行"编辑>填充"命令，在弹出的"填充"对话框中选择"内容"为黑色，完成后单击"确定"按钮，即可填充选区，如图 24-103 所示。

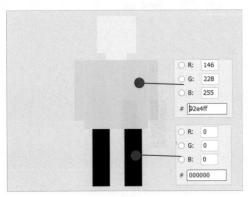

图 24-101　绘制人体其他部位并填色

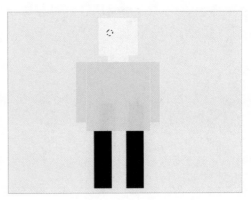

图 24-102　绘制正圆选区

Step07 重复上述操作，绘制其他椭圆选区并填充，如图 24-104 所示。

图 24-103　填充选区

图 24-104　绘制并填充选区

Step08 单击工具箱中的"套索工具" ♀ 按钮，在图像上按住鼠标左键绘制选区，如图 24-105 所示。执行"编辑>填充"命令，在弹出的"填充"对话框中选择"内容"为黑色，完成后单击"确定"按钮，填充选区，如图 24-106 所示。

图 24-105　绘制头发选区

图 24-106　填充选区

Step09 重复上述操作，绘制唇部和衣领并填色，如图 24-107、图 24-108 所示。至此，卡通人绘制完成。

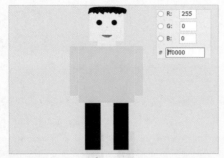

图 24-107 绘制唇部并填色

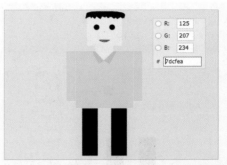

图 24-108 绘制衣领并填色

课后作业

一、填空题

1. _____单击一次，即可以选择所有相似颜色的相邻像素。

2. _____命令可以对已经创建好的选区作出平滑、扩展、收缩等命令。

3. 在色彩范围对话框中若想调整颜色的范围，应调整_____。

4. 套索工具包括____种。

5. _____命令可以旋转缩放选区。

二、选择题

1. ( ) 属于规则选区工具。

A. 矩形选框工具   B.画笔工具   C. 套索工具   D. 快速选择工具

2. 打开 ( ) 组合键可以反选选区。

A. Ctrl+D   B. Ctrl+A   C. Shift+Ctrl+I   D. Alt+Ctrl+A

3. 为了确定磁性套索工具对图像边缘的敏感程度，应调整下列 ( ) 数值。

A. 容差   B. 对比度   C. 频率   D. 宽度

4. "变换选区" 命令不可以对选区做出 ( ) 操作。

A. 缩放   B. 变形   C. 羽化   D. 旋转

5. 抠图时，( ) 适合快速选择背景颜色比较单一的图像。

A. 矩形选框工具   B. 单列选框工具   C. 磁性套索工具   D. 魔棒工具

三、操作题

1. 绘制电脑显示屏

（1）图像效果，如图 24-109 所示

图 24-109 电脑显示屏效果图

（2）操作思路

通过"椭圆选框工具" ○绘制圆角，"矩形选框工具" ☐绘制主体部分，填充颜色后新建图层继续绘制其他部位。

2. 替换人物背景

（1）图像效果，如图 24-110 所示

图 24-110　替换人物背景效果图

（2）操作思路

置入素材文件后使用"磁性套索工具" ⚲绘制人物选区，搭配其他选区工具完善选区，反选选区后按 Delete 键删除多余部分，调整人物至合适大小及位置。

Ps

第25章

路径与钢笔工具

★ **内容导读**

本章主要针对 Photoshop 软件中的钢笔工具和路径来进行讲解。钢笔工具是 Photoshop 软件中最常使用的工具之一，通过钢笔工具，用户可以自由地绘制路径。通过本章的学习，读者可对钢笔工具和路径产生有初步的了解，并学会操作。

✪ **学习目标**

○ 了解路径选择工具的应用
○ 掌握钢笔工具的应用
○ 掌握锚点工具的应用
○ 掌握路径的编辑操作

25.1 钢笔工具组

钢笔工具组是 Photoshop 软件中经常用到的工具组，包含“钢笔工具”、“自由钢笔工具”、“弯度钢笔工具”、“添加锚点工具”、“删除锚点工具”和“转换点工具”六种工具，如图 25-1 所示。

25.1.1 钢笔工具

“钢笔工具”是最基本的矢量绘图工具，使用该工具可以绘制任意形状的直线或曲线路径。通过“钢笔工具”的选项栏，用户可以设置“钢笔工具”绘制图像的模式等，如图 25-2 所示。

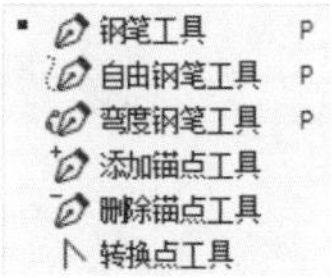

图 25-1 钢笔工具组

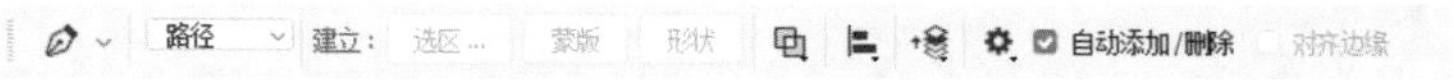

图 25-2 “钢笔工具”的选项栏

课堂练习 绘制鲸鱼路径

下面练习绘制鲸鱼路径。

Step01 打开 Photoshop 软件，执行“文件>新建”命令，在弹出的“新建文档”对话框中设置参数后，单击“确定”按钮，创建空白文档。设置前景色为粉色，按 Alt+Delete 组合键填充，如图 25-3、图 25-4 所示。

扫一扫 看视频

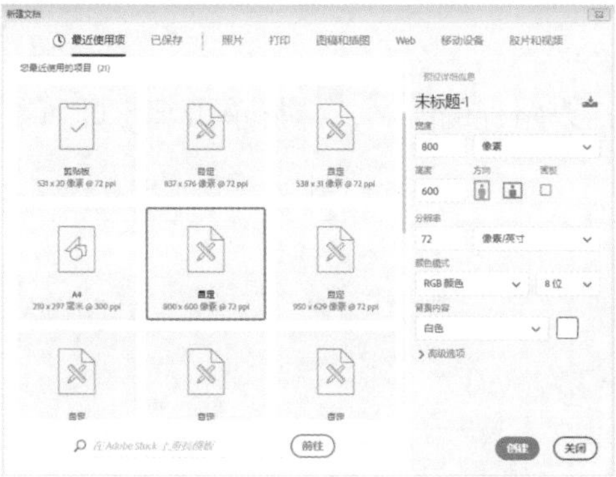

图 25-3 “新建文档”对话框

图 25-4 填充文档

Step02 单击工具箱中的“钢笔工具”按钮，在图像编辑窗口合适位置单击创建第一个锚点，在下一锚点处单击并按住鼠标左键拖拽鼠标，绘制曲线路径，如图 25-5 所示。

Step03 重复步骤 02，绘制其余锚点，最后回到第一个锚点处，单击闭合锚点，如图 25-6 所示。

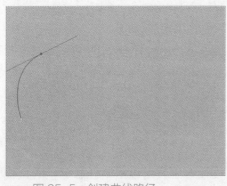

图 25-5　创建曲线路径

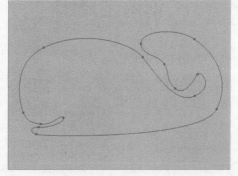

图 25-6　创建闭合路径

Step04　单击工具箱中的"钢笔工具" 按钮，在图像编辑窗口合适位置绘制眼部路径，如图 25-7 所示。

Step05　单击工具箱中的"直接选择工具" 按钮，调整路径锚点，完成后效果如图 25-8 所示。

图 25-7　创建眼部路径

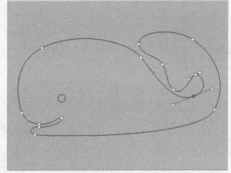

图 25-8　效果展示

至此，完成鲸鱼路径的绘制。

按住 Ctrl 键在空白处单击或按 Esc 键可结束路径的绘制，捕捉单击起点则可以绘制出闭合路径。

操作提示

按住 Alt 键则可暂时将"钢笔工具"更改为"转换点工具" ⊾。

25.1.2　自由钢笔工具

"自由钢笔工具" ⊘可以自由、随意地绘制路径。在绘制过程中，不需要手动添加锚点，系统会根据绘制的路径自动添加锚点。选中"自由钢笔工具" ⊘时，可以看到其选项栏如图 25-9 所示。

图 25-9　"自由钢笔工具"选项栏

与"钢笔工具" ⊘ 的选项栏不同的是，"自由钢笔工具" ⊘ 的选项栏少了"自动添加/删除"选项，多了"磁性的"选项。勾选该复选框后，"自由钢笔工具" ⊘ 具有和"磁性套索工具" ⊅ 一样的功能。

单击工具箱中的"自由钢笔工具" ⊘ 按钮，在选项栏中勾选"磁性的"复选框，在图像编辑窗口中单击确定路径起始点后，沿图像边缘移动鼠标，即可根据颜色反差建立路径，如图 25-10、图 25-11 所示。

图 25-10　沿图像边缘移动鼠标　　　　图 25-11　建立路径

操作提示

按 Ctrl+Enter 组合键可将路径变为选区。

25.1.3 弯度钢笔工具

"弯度钢笔工具" ⊘ 可以直观地绘制曲线或直线段。通过"弯度钢笔工具" ⊘ 用户无须切换工具就能创建、切换、编辑、添加或删除平滑点或角点。

操作提示

使用"弯度钢笔工具" ⊘ 时，单击创建锚点，则路径的下一段弯曲；双击创建锚点，则路径的下一段为直线段。

📄 课堂练习　绘制云形路径

下面将通过绘制云形路径对"弯度钢笔工具" ⊘ 进行讲解。

Step01 打开 Photoshop 软件，执行"文件＞新建"命令，在弹出的"新建文档"对话框中设置参数，如图 25-12 所示，完成后单击"创建"按钮，创建新文档。设置前景色为蓝色，按 Alt+Delete 组合键填充颜色，如图 25-13 所示。

扫一扫 看视频

Step02 单击工具箱中的"弯度钢笔工具" ⊘ 按钮，在图像编辑窗口中合适位置单击，如图 25-14 所示。移动鼠标至下一处需要建立锚点的位置双击，创建第二个锚点，此时，第一个锚点和第二个锚点之间建立了一段直线路径，如图 25-15 所示。

图 25-12 "新建文档"对话框

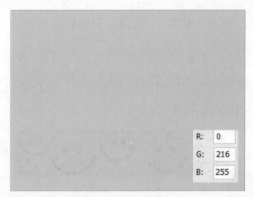

图 25-13 填充颜色

图 25-14 创建锚点

图 25-15 创建直线路径

Step03 移动鼠标至下一处需要建立锚点的位置单击,创建第三个锚点,如图 25-16 所示。移动鼠标至下一处需要建立锚点的位置双击,创建第四个锚点,如图 25-17 所示。

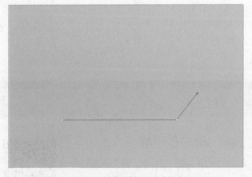

图 25-16 创建第三个锚点

图 25-17 创建第四个锚点

Step04 重复上述步骤,绘制路径,待鼠标变为 状时,双击鼠标闭合路径,如图 25-18 所示。

Step05 将鼠标光标置于锚点处变为 状时,按住鼠标拖拽移动锚点至合适位置,如图 25-19 所示。

图 25-18 闭合路径

图 25-19 移动锚点

至此，云形路径绘制完成。

操作提示

在选中"弯度钢笔工具" 的情况下，要将平滑锚点转换为角点，或反之，双击该点即可。

25.1.4 添加锚点工具

"添加锚点工具" 可以在路径上添加锚点，增强对路径的控制。

单击工具箱中的"添加锚点工具" 按钮，移动鼠标至路径上，待鼠标变为 状时，在路径段上单击即可添加锚点，如图 25-20、图 25-21 所示。

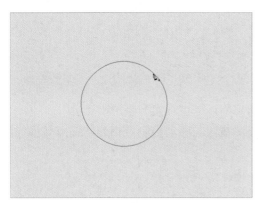

图 25-20 移动鼠标至路径上

图 25-21 添加锚点

25.1.5 删除锚点工具

"删除锚点工具" 可以删除路径上不必要的点，降低路径的复杂性。

单击工具箱中的"删除锚点工具" 按钮，移动鼠标至要删除的锚点处，待鼠标变为 状时，在锚点上单击即可删除该锚点，如图 25-22、图 25-23 所示。

按 Delete 键也可将选中的锚点删除，但与直接按 Delete 键删除锚点不同的是，使用"删除锚点工具"🖊删除锚点不会打断路径，而按 Delete 键会同时删除锚点两侧的线段，从而打断路径。

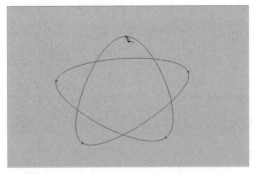
图 25-22　移动鼠标至锚点处

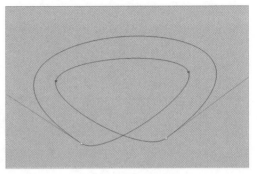
图 25-23　删除锚点

25.1.6　转换点工具

"转换点工具"⑂可以转换锚点的类型，将锚点在平滑和尖角之间转换。

单击工具箱中的"转换点工具"⑂按钮，移动鼠标至要转换锚点类型的锚点处，若该锚点是平滑锚点，单击后则变为尖角锚点，如图 25-24、图 25-25 所示。

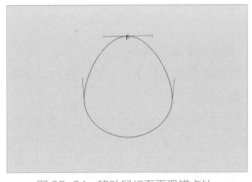
图 25-24　移动鼠标至平滑锚点处

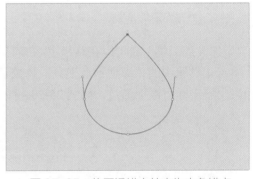
图 25-25　将平滑锚点转变为尖角锚点

若该锚点是尖角锚点，单击并拖动该锚点即可将该锚点转换为平滑锚点。

若选中平滑锚点一侧的控制点拖动，可将该侧线段与移动控制点相连的锚点转换为尖角锚点，如图 25-26、图 25-27 所示。

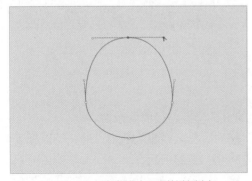
图 25-26　选中锚点一侧的控制点

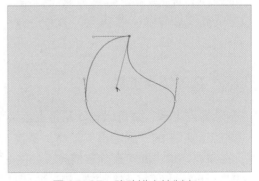
图 25-27　移动锚点控制点

接下来将使用钢笔工具更换图片背景。这里会用到"钢笔工具" ▱等工具和变换选区等操作。

Step01 执行"文件>打开"命令，在弹出的"打开"对话框中，选中素材"人物 .jpg"，单击"打开"按钮，打开选中文件，如图 25-28、图 25-29 所示。

图 25-28　"打开"对话框　　　　　　图 25-29　打开人物素材

Step02 单击工具箱中的"钢笔工具" ▱按钮，在人物边缘绘制曲线路径，如图 25-30 所示。

Step03 按 **Ctrl+Enter** 组合键，将路径变为选区，如图 25-31 所示。按 **Ctrl+C** 组合键复制人物图层。

扫一扫 看视频

图 25-30　绘制路径　　　　　　　　图 25-31　将路径变为选区

Step04 执行"文件>打开"命令，在弹出的"打开"对话框中，选中素材"树 .jpg"，单击"打开"按钮，打开选中文件，如图 25-32、图 25-33 所示。

图 25-32　"打开"对话框　　　　　　图 25-33　打开树素材

按 Ctrl+V 组合键，将人物复制在素材"树 .jpg"之中，如图 25-34 所示。

Step06 按 Ctrl+T 组合键，调整人物大小及位置，如图 25-35 所示。

图 25-34　复制选区　　　　　　　　　　图 25-35　调整人物素材大小及位置

Step07 按住 Ctrl 键单击"图层面板"中人物图层缩略图，快速选中选区，如图 25-36 所示。

Step08 单击"图层"面板中的"创建新图层" ■ 按钮，创建新图层。选中新图层，单击工具箱中的"渐变工具" ■ 按钮，为选区填充渐变，如图 25-37 所示。按 Ctrl+D 组合键取消选区。

图 25-36　快速选中选区　　　　　　　　图 25-37　为选区填充渐变

Step09 在图层面板中设置渐变图层混合模式为"正片叠底"，并调整其不透明度为"30%"，设置完成后效果如图 25-38 所示。

Step10 单击工具箱中的"椭圆选框工具" ○ 按钮，在合适位置绘制椭圆选区，如图 25-39 所示。

图 25-38　调整渐变图层　　　　　　　　图 25-39　绘制椭圆选区

Step11 单击"图层"面板中的"创建新图层" 按钮，创建新图层。设置前景色为黑色，打开 Alt+Delete 组合键，在选区内填充前景色，调整该图层至人物图层之下，如图 25-40 所示。

Step12 选中步骤 11 中新建的图层，执行"滤镜＞模糊＞高斯模糊"命令，在弹出的"高斯模糊"对话框中设置参数，完成后单击"确定"按钮，效果如图 25-41 所示。

图 25-40 填充选区并调整顺序

图 25-41 模糊选区

Step13 选中人物图层，单击工具箱中的"套索工具" 按钮，在选项栏中设置羽化值为"5 像素"，在人物图层上与地面相接位置绘制选区，并按 Delete 键删除，如图 25-42、图 25-43 所示。

图 25-42 绘制并删除选区

图 25-43 效果图

至此，图片背景更换完成。

25.2 路径工具

路径是一种具有矢量特征的轮廓，可以使用颜色填充或描边，其主要作用是帮助用户进行精确定位和调整，同时配合创建不规则以及复杂的图像区域。

接下来，将针对路径工具进行讲解。

25.2.1 路径面板

执行"窗口＞路径"命令，弹出"路径"面板，如图 25-44 所示。

图 25-44 "路径"面板

555

在此，将对"路径"面板中的部分选项进行讲解。

- 用前景色填充路径 ●：单击该按钮，将用工具箱中的前景色填充路径。
- 用画笔描边路径 ○：单击该按钮，将用设置好的画笔工具描边路径。
- 将路径作为选区载入 ⊙：用于将路径转换为选区。
- 从选区生成工作路径 ◇：用于将选区转换为路径。
- 添加蒙版 ▣：用于为当前所选路径创建矢量蒙版。
- 创建新路径 ⊡：用于创建新路径。
- 删除当前路径 🗑：用于删除当前选中的路径。

25.2.2 路径选择工具

路径创建完成后，还可以使用路径选择工具组进行编辑与调整，该工具组包括"路径选择工具" ▶、"直接选择工具" ▷ 两种工具。接下来针对这两种工具进行讲解。

（1）路径选择工具

使用"路径选择工具" ▶ 可以选择创建出的路径，也可以用来组合、对齐、分布路径，如图 25-45 所示为"路径选择工具" ▶ 的选项栏。

图 25-45 "路径选择工具"选项栏

其中，部分选项的作用如下。

- 路径操作 ⊡：用于新建图层、组合路径等。单击"路径操作" ⊡ 按钮，弹出下拉菜单栏如图 25-46 所示。
- 路径对齐方式 ⊫：用于设置路径的对齐与分布。单击"路径对齐方式" ⊫ 按钮，弹出的下拉菜单栏如图 25-47 所示。

图 25-46 路径操作下拉菜单栏

图 25-47 路径对齐方式下拉菜单栏

- 路径排列方式 ⊡：用于设置路径的排列顺序。

在"路径"面板中单击要编辑的路径，使路径在视图中显示，单击工具箱中的"路径选择工具" ▶ 按钮，移动鼠标至需要选择的路径上单击，选中该路径，按住鼠标拖动，即可移动路径，若要选择多个相邻路径，拖动鼠标框选需要选择的路径即可。

（2）直接选择工具

"直接选择工具" ▷ 可以直接选择路径中的锚点、线段等，调整路径形状。

单击工具箱中的"直接选择工具" ▷ 按钮，移动鼠标至路径上方，单击选中锚点即可移动锚点，改变该锚点的方向线等，如图 25-48、图 25-49 所示。

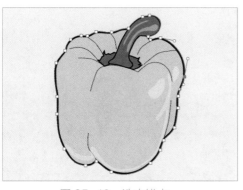

图 25-48　选中锚点

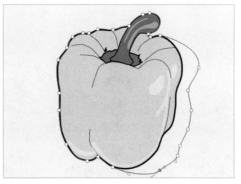

图 25-49　移动锚点

操作提示

英文状态下，按 Shift+A 组合键可在"路径选择工具" ▶ 和"直接选择工具" ▷ 两种工具之间快速切换。

课堂练习　　制作人物素材

接下来将练习制作人物素材。这里会用到"自由钢笔工具" ▱ 、"直接选择工具" ▷ 等工具和反选选区等操作。

扫一扫 看视频

Step01 执行"文件>打开"命令，在弹出的"打开"对话框中，选中素材"男人 .jpg"，单击"打开"按钮，打开选中文件，如图 25-50、图 25-51 所示。

图 25-50　"打开"对话框

图 25-51　打开人物素材

Step02 单击工具箱中的"自由钢笔工具" ▱ 按钮，在选项栏中勾选"磁性的"选项，在人物边缘处单击并按住鼠标左键沿人物边缘拖动，绘制曲线路径，如图 25-52 所示。

Step03 单击工具箱中的"添加锚点工具" ▱ 按钮，在合适位置添加锚点。单击工具箱中的"直接选择工具" ▷ 按钮，调整路径锚点，如图 25-53 所示。

图 25-52　绘制曲线路径

图 25-53　调整锚点

> **Step04** 按 Ctrl+Enter 组合键，将路径变为选区，如图 25-54 所示。

> **Step05** 执行"选择＞反选"命令反选选区，如图 25-55 所示。

图 25-54　将路径变为选区

图 25-55　反选选区

> **Step06** 在"图层"面板双击背景图层，在弹出的"新建图层"对话框中，设置参数并单击"确定"按钮，将背景图层转换为普通图层，按 Delete 键删除选区，按 Ctrl+D 组合键取消选区，如图 25-56 所示。

> **Step07** 重复上述操作，删除其他背景，如图 25-57 所示。

图 25-56　删除选区

图 25-57　选中并删除其他背景

> **Step08** 单击工具箱中的"裁剪工具" 口 按钮，根据人物大小调整裁剪框，完成后双击图像即可，如图 25-58、图 25-59 所示。

图 25-58　裁剪图像　　　　　　　图 25-59　效果图

至此，人物素材制作完成。

25.3　编辑路径

路径创建完成后，还可以继续对其进行复制路径、填充路径、存储路径等操作。通过这些操作，可以更好地绘制路径。

25.3.1　复制路径

路径创建完成后，若需要在当前文档复制路径或将当前文档的路径复制到其他文档中，有多种实现的方法。

（1）在当前文档复制路径

● 使用"路径选择工具" ▶ 选择路径，按住 Alt 键拖动即可复制路径，如图 25-60、图 25-61 所示。此时复制路径和原路径在同一路径层中。

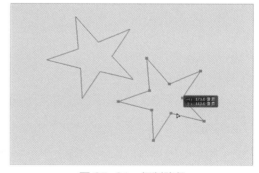

图 25-60　原路径　　　　　　　图 25-61　复制路径

● 使用"路径选择工具" ▶ 选择路径，执行"编辑＞拷贝"命令和"编辑＞粘贴"命令或按 Ctrl+C、Ctrl+V 组合键，可在原地复制路径，此时复制路径和原路径在同一路径层中。

● 在"路径"面板中，选中要复制的路径，拖拽至"创建新路径" ◻ 按钮上，即可复制路径，此时复制路径和原路径不在同一路径层中。

● 在"路径"面板中，选中要复制的路径，按住 Alt 键向上或向下拖拽，即可复制路径，此时复制路径和原路径不在同一路径层中。

（2）将路径复制到其他文档

若想将当前文档中的路径复制到其他文档中，使用"路径选择工具" ▶ 选中要复制的路径或在"路径"面板中选中要复制的路径，执行"编辑＞拷贝"命令或按 Ctrl+C 组合键，在目标文档中执行"编辑＞粘贴"命令或按 Ctrl+V 组合键，即可复制。

25.3.2 删除路径

若要删除绘制好的路径，使用"路径选择工具" ▶ 选中要删除的路径，按 Delete 键删除即可。也可以在"路径"面板中选中要删除的路径，单击"删除当前路径" 🗑 按钮即可。

25.3.3 存储路径

在 Photoshop 软件中，首次绘制的路径会默认为工作路径。工作路径是临时路径，若不存储就在"路径"面板中取消选择工作路径，再次开始绘图时，新绘制的路径会替代原有路径，且系统不做任何提示。为避免这种情况，方便用户后期调整，可将绘制的路径存储起来。

双击"路径"面板中的工作路径，或单击"路径"面板的"扩展按钮" ≡，在弹出的快捷菜单中执行"存储路径"命令，弹出"存储路径"对话框，如图 25-62 所示。设定路径名称后单击"确定"按钮即可存储路径。

图 25-62 "存储路径"对话框

也可以鼠标选中"路径"面板中的工作路径，拖动其至"创建新路径" 🔲 按钮上，即可存储工作路径并默认存储名为"路径 1"。

25.3.4 描边路径

"描边路径"命令用于绘制路径的边框，可以以绘画工具当前的设置沿任何路径绘制描边。

> 📑 **课堂练习** 为卡通猫头鹰添加描边
>
> 下面练习为卡通猫头鹰添加描边。这里会用到创建路径、描边路径等操作。
>
> **Step01** 打开本章素材文件"猫头鹰.png"，如图25-63所示。按Ctrl+J组合键复制。
>
> **Step02** 单击工具箱中的"钢笔工具" ✍ 按钮，在复制图层中绘制路径，如图25-64所示。
>
> **Step03** 单击工具箱中的"画笔工具" ✏ 按钮，在选项栏中设置参数，如图 25-65所示。在"路径"面板中选中要描边的路径，单击"路径"面板中的"用画笔描边路径" ○ 按钮，即可以画笔工具描边路径，如图25-66所示。

图 25-63　打开素材

图 25-64　绘制路径

图 25-65　画笔工具参数

图 25-66　描边路径

扫一扫　看视频

至此，为卡通猫头鹰添加描边制作完成。

若想设置路径描边的选项，在"路径"面板中选中要描边的路径或用"路径选择工具" ▶ 选中要描边的路径，右键单击鼠标左键，在弹出的快捷菜单中执行"描边路径"命令，弹出"描边路径"对话框，如图 25-67 所示。选择合适的工具，单击"确定"即可。

图 25-67　"描边路径"对话框

操作提示

在打开"描边路径"对话框之前，需要先设置绘画工具的选项，才能以设置的选项绘制描边。

若勾选"描边路径"对话框中的"模拟压力"复选框，则可以模拟手绘描边效果；若取消勾选该复选框，描边为线性均匀的效果。

25.3.5　填充路径

"填充路径"命令用于为开放路径或闭合路径填充颜色或图案。选中要填充的路径后，单击鼠标右键，在弹出的快捷菜单中选择"填充路径"命令，弹出"填充路径"对话框，如

图 25-68 所示。

其中，部分选项含义如下。

- 内容：用于设置填充到路径中的对象，共有"前景色""背景色""颜色…""内容识别""图案""历史记录""黑色""50% 灰色""白色"九种类型。
- 混合：用于设置填充的混合模式及不透明度。
- 羽化半径：用于定义羽化边缘在路径内外的伸展距离。
- 消除锯齿：用于平滑填充边缘。

图 25-68 "填充路径"对话框

在"填充路径"对话框中的"内容"列表中选择"颜色"选项，在弹出的"拾色器（填充颜色）"对话框中可以选择合适的颜色，如图 25-69 所示，颜色填充效果如图 25-70 所示。

图 25-69 "拾色器（填充颜色）"对话框

图 25-70 颜色填充效果

在"填充路径"对话框中的"内容"列表中选择"图案"选项，在"自定图案"列表中可以选择需要的图案，如图 25-71 所示，图案填充效果如图 25-72 所示。

图 25-71 "填充路径"对话框

图 25-72 图案填充效果

课堂练习　制作建筑剪影

接下来制作建筑剪影效果，这里会用到"钢笔工具" ✑ 等工具和填充路径等操作。

Step01 执行"文件＞打开"命令，在弹出的"打开"对话框中，选中素材"建

筑 .jpg", 单击 "打开" 按钮, 打开选中文件, 如图 25-73、图 25-74 所示。

图 25-73 "打开" 对话框　　　　　　　　图 25-74 打开素材

Step02 单击工具箱中的 "钢笔工具"  按钮, 在建筑边缘绘制曲线路径, 如图 25-75 所示。

Step03 执行 "窗口>路径" 命令, 在弹出的 "路径" 面板中, 双击工作路径, 在弹出的 "存储路径" 对话框中设置名称并存储, 完成后 "路径" 面板如图 25-76 所示。

扫一扫 看视频

图 25-75 绘制路径　　　　　　　　图 25-76 存储路径

Step04 单击 "路径" 面板中的 "将路径作为选区载入"  按钮, 将 "剪影主体" 路径转换为选区, 如图 25-77 所示。

Step05 单击 "图层" 面板中的 "创建新图层"  按钮, 创建新图层。打开 Alt+Delete 组合键快速为选区填充前景色, 按 Ctrl+D 组合键取消选区, 如图 25-78 所示。

图 25-77 将路径转换为选区　　　　　　　　图 25-78 填充选区

Step06 ▶ 重复上述操作，绘制细节并填充颜色，如图 25-79 所示。

Step07 ▶ 在"图层"面板双击背景图层，在弹出的"新建图层"对话框中，设置参数并单击"确定"按钮，将背景图层转换为普通图层，右键单击原背景图层，在弹出的快捷菜单中执行"删除图层"命令，删除背景层，如图 25-80 所示。

图 25-79　绘制细节并填色　　　　　　　　　　　图 25-80　删除背景

至此，建筑剪影制作完成。

📑 综合实战　　制作个性头像

接下来通过路径与钢笔工具制作个性头像，这里会用到"弯度钢笔工具" ✍、"画笔工具" ✎ 等工具。

扫一扫　看视频

Step01 ▶ 打开素材文件"背景 .jpg"，如图 25-81、图 25-82 所示。

图 25-81　"打开"对话框　　　　　　　　　　图 25-82　打开背景素材

Step02 ▶ 执行"文件＞置入嵌入对象"命令，置入素材文件"女生 .jpg"，如图 25-83 所示。在"图层"面板中选中置入对象，单击鼠标右键，在弹出的菜单中执行"栅格化图层"命令将置入素材栅格化。

Step03 ▶ 单击工具箱中的"弯度钢笔工具" ✍ 按钮，在图像编辑窗口中绘制路径，如图 25-84 所示。

图 25-83　置入人物素材

图 25-84　绘制路径

Step04 单击工具箱中的"画笔工具" ✔ 按钮，在选项栏中选择合适的画笔样式。执行"窗口＞路径"命令，弹出"路径"面板，单击"路径"面板底部的"用画笔描边路径" ○ 按钮，效果如图 25-85 所示。

Step05 单击"路径"面板底部的"将路径作为选区载入" ○ 按钮，将路径转换为选区，如图 25-86 所示。

图 25-85　描边路径

图 25-86　将路径转换为选区

Step06 单击工具箱中的任意选区工具，在图像编辑窗口中单击鼠标右键，在弹出的快捷菜单中执行"选择反向"命令，反选选区，并按 Delete 键删除选区，如图 25-87、图 25-88 所示。

图 25-87　反选选区

图 25-88　删除选区

Step07 移动人像图层至合适位置，并调整大小，如图 25-89、图 25-90 所示。

565

Ps

第25章　路径与钢笔工具

图 25-89　移动图像位置并调整大小　　　　　图 25-90　效果图

至此，个性头像制作完成。

课后作业

一、填空题

1. 选中路径后，按_____组合键可以将路径转换为选区。

2. 在路径曲线线段上，方向线和方向点的位置决定了曲线段的_____。

3. 将选区范围转换为路径时，所创建的路径的状态是_____。

4. 单击"用前景色填充路径" ● 按钮时，按____键可以弹出"填充路径"对话框。

5. 建立路径时，按____键拖拽曲线点可改变曲线点两端的方向。

二、选择题

1. 使用"钢笔工具" ⌀ 可以绘制的最简单的线条是（　　）。

A. 曲线　　　　　　　　B. 直线　　　　　　　　C. 像素　　　　　　　　D. 锚点

2. 建立路径时，按（　　）键拖拽曲线点可改变曲线点位置。

A. Ctrl　　　　　　　　B. Alt　　　　　　　　C. Shift　　　　　　　　D. Shift+Alt

3. 选中路径后，使用（　　）并按住 Alt 键拖拽路径可将路径复制。

A. 移动工具　　　　　B. 钢笔工具　　　　　C. 直接选择工具　　　D. 弯度钢笔工具

4. Photoshop 软件中（　　）操作不能将路径转换为相应的选区。

A. 按 Ctrl 键单击"路径"面板上的路径缩略图

B. 选中路径缩略图并拖拽至"将路径作为选区载入" ⊙ 按钮上

C. 选中路径后，按数字键盘上的 Enter 键

D. 选中路径后，按 Ctrl+Enter 组合键

5. 若需要暂时隐藏路径，可以执行（　　）操作。

A. 在"路径"面板中单击选中路径左侧的眼睛图标

B. 在"路径"面板中按 Ctrl 键单击选中的路径

C. 在"路径"面板中按 Alt 键单击选中的路径

D. 单击"路径"面板中的空白区域

三、操作题

　　1.制作植物素材

　　（1）图像效果，如图 25-91 所示

图 25-91　植物素材效果图

　　（2）操作思路

　　使用"钢笔工具" ✎绘制曲线路径，调整路径锚点后，将路径转换为选区，反选选区后删除多余部分，裁剪画布大小即可。

　　2.替换窗外风景

　　（1）图像效果，如图 25-92 所示

图 25-92　替换窗外风景效果图

　　（2）操作思路

　　置入风景素材，变换至合适形状后，使用钢笔工具绘制路径并转换为选区，删除多余部分即可。

Ps

第26章

绘图工具

内容导读

本章主要针对 Photoshop 软件中的绘图工具来进行介绍。Photoshop
软件中的绘图工具包括画笔工具组、形状工具组两组。熟练使用这两
组绘图工具，可以帮助用户创建更为丰富的绘画效果。

学习目标

○ 了解历史记录画笔的使用
○ 了解形状工具的使用
○ 掌握画笔工具的使用

Photoshop篇

26.1 画笔工具组

在 Photoshop 软件中，存在多种绘画工具。通过这些工具，用户可以更好地绘制与处理图像，接下来将针对画笔工具组进行介绍。

26.1.1 画笔工具

"画笔工具" ✎是 Photoshop 软件中最常用的绘画工具之一，该工具默认使用前景色进行绘制。如图 26-1 所示为"画笔工具" ✎的选项栏。

| ✎ ∨ | ● 50 ∨ | ✎ | 模式: 正常 ∨ | 不透明度: 100% ∨ | ✎ | 流量: 100% ∨ | ✎ | 平滑: 0% ∨ | ✿ | ✎ | ✎ |

图 26-1 "画笔工具"选项栏

其中，重要选项的含义如下。

● "画笔预设"选取器：用于设置画笔的大小和硬度。单击画笔预设右侧的下拉按钮，弹出"画笔预设"选取器，如图 26-2 所示。

● 模式：用于设置绘画颜色与下面现有像素的混合模式。

● 不透明度：用于设置绘画颜色的不透明度。数值越小，透明度越高。

● 流量：用于控制画笔颜色的轻重。数值越大，画笔颜色越重。

● 启用喷枪样式的建立效果✎：启用该按钮，可将画笔转换为喷枪工作状态，在图像编辑窗口中按住鼠标左键不放，将持续绘制笔迹；若停用该按钮，在图像编辑窗口中按住鼠标左键不放，将只有一个笔迹。

图 26-2 "画笔预设"选取器

 知识点拨

若想缩小画笔大小，按"["键即可；若想放大画笔大小，按"]"键即可。

📋 课堂练习 　制作下雨效果

下面将制作下雨效果，这里会通过对画笔的编辑、设置等操作来对"画笔工具" ✎进行介绍。

扫一扫 看视频

Step01 打开本章素材文件"港口.jpg"，如图 26-3 所示。单击工具箱中的"画笔工具" ✎按钮，在选项栏中单击"点按可打开画笔预设选取器" ●按钮，在弹出的"画笔预设"选取器选择柔边圆，如图 26-4 所示。

Step02 单击选项栏中的"切换画笔设置面板" ✎按钮，弹出"画笔设置"面板，在"画笔设置"面板中设置画笔笔尖形状参数，如图 26-5 所示。

图 26-3 素材文件　　　　　　　　图 26-4 "画笔预设"选取器

Step03 单击"画笔设置"面板中的"散布"，设置"散布"参数，如图 26-6 所示。

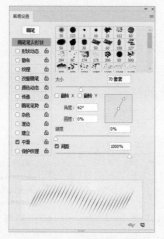

图 26-5 "画笔设置"面板　　　　图 26-6 设置"散布"参数

Step04 设置完成后，调整前景色为白色，单击"图层"面板中的"创建新图层" 按钮，创建新图层。移动鼠标至新图层上方，绘制雨滴，如图 26-7 所示。

Step05 在"图层"面板调整雨滴图层混合模式和透明度，完成后效果如图 26-8 所示。

图 26-7 绘制雨滴　　　　　　　　图 26-8 下雨效果图

至此，下雨效果制作完成。

26.1.2 铅笔工具

与画笔工具类似，但"铅笔工具" ✎ 绘制的图像边缘较硬。如图 26-9 所示为"铅笔工具" ✎ 的选项栏。

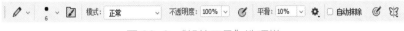

图 26-9 "铅笔工具"选项栏

"铅笔工具" ✎ 的大部分选项和"画笔工具" ✎ 类似，但是"铅笔工具" ✎ 的选项栏中多了"设置绘画的对称选项" ✺ 功能和"自动抹除"功能，接下来将针对这两个功能进行介绍。

（1）设置绘画的对称选项

通过"设置绘画的对称选项" ✺，用户可以很方便地绘制对称图像。单击"设置绘画的对称选项" ✺ 按钮，弹出菜单栏，选择菜单栏中的选项，则图像编辑窗口中出现轴线，如图 26-10 所示。单击工具箱中的"铅笔工具" ✎ 按钮，在图像编辑窗口中单击，即可创建对称图像，如图 26-11 所示。

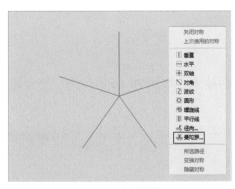

图 26-10 对称轴线

图 26-11 绘制对称图像

（2）自动抹除

勾选"自动抹除"复选框，若光标所在的图像位置是前景色的颜色，则绘制的颜色为背景色；若光标所在的图像位置不是前景色的颜色，则绘制的颜色为前景色，如图 26-12、图 26-13 所示。

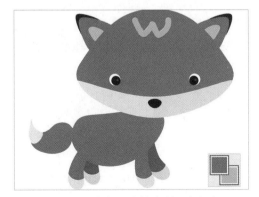

图 26-12 光标所在处为前景色颜色

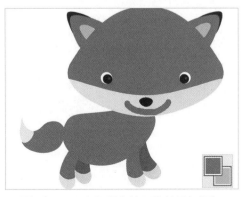

图 26-13 光标所在处不为前景色颜色

26.1.3 颜色替换工具

"颜色替换工具" 可以将图像中的颜色替换为前景色的颜色，且保留图像的原有材质与明暗。

单击工具箱中的"颜色替换工具" 按钮，在选项栏中设置容差为 45%，在花主体上按住鼠标左键并涂抹，完成后如图 26-14、图 26-15 所示。

图 26-14　原始素材图像

图 26-15　颜色替换效果

26.1.4 混合器画笔工具

"混合器画笔工具" 可以模拟真实的绘画技术。如图 26-16 所示为"混合器画笔工具" 的选项栏。

图 26-16　"混合器画笔工具"选项栏

其中，重要选项的含义如下。

- 潮湿：用于控制画笔从画布拾取的油彩量，较高的设置会产生较长的绘画条痕，如图 26-17、图 26-18 所示分别为潮湿度为 0% 和 100% 时的绘画效果。

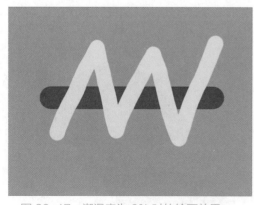

图 26-17　潮湿度为 0% 时的绘画效果

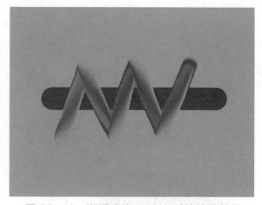

图 26-18　潮湿度为 100% 时的绘画效果

- 载入：指定储槽中载入的油彩量，载入速度较低时，绘画描边干燥的速度会更快。
- 混合：控制画布油彩量同储槽油彩量的比例。比例为 100% 时，所有油彩将从画布中拾取；比例为 0% 时，所有油彩都来自储槽。

- 对所有图层取样：拾取所有可见图层中的画布颜色。

26.1.5 历史记录画笔工具

"历史记录画笔工具" 可以搭配"历史记录"面板，使当前的图像效果返回至之前的效果。

📑 **课堂练习** 制作艺术人像效果

下面将通过还原人物主体效果介绍历史记录画笔工具，会用到"油画"滤镜、"历史记录画笔工具" 等。

Step01 打开本章素材文件"闻 .jpg"，按 **Ctrl+J** 组合键复制，如图 26-19、图 26-20 所示。

图 26-19 打开素材文件

图 26-20 复制背景图层

Step02 选中图层 1，执行"滤镜＞风格化＞油画"命令，在弹出的"油画"对话框中设置"描边样式"为 5，"描边清洁度"为 2，"缩放"为 2.5，"硬毛刷细节"为 1.5，光照"角度"为 −60°，"闪亮"为 1，如图 26-21 所示，效果如图 26-22 所示。

图 26-21 "油画"对话框

图 26-22 油画滤镜效果

Step03 执行"窗口＞历史记录"命令，弹出"历史记录"面板，在"通过拷贝的图层"步骤前的方框单击，标记该步骤，如图 26-23 所示。

Step04 单击工具箱中的"历史记录画笔工具" ，在人物的主体处涂抹，效果如图 26-24 所示。

图 26-23　在"历史记录"面板中标记

图 26-24　涂抹人物主体取消滤镜效果

至此，完成艺术人像效果的制作。

26.1.6　历史记录艺术画笔工具

"历史记录艺术画笔工具" 使用指定历史记录状态或快照中的源数据，以风格化描边进行绘画。可以通过尝试使用不同的绘画样式、大小和容差选项，用不同的色彩和艺术风格模拟绘画的纹理。

课堂练习　制作天空背景

接下来制作天空背景效果。这里会用到"渐变工具" ■、"画笔工具" ✔ 等工具。

Step01 打开 Photoshop 软件，新建一个 800×600 的空白窗口，如图 26-25 所示。

Step02 单击工具箱中的"渐变工具" ■ 按钮，在选项栏中单击"渐变颜色"，在弹出的"渐变编辑器"对话框设置渐变参数，完成后单击"确定"按钮，在图像编辑窗口中单击鼠标左键并拖动绘制渐变，如图 26-26 所示。

扫一扫 看视频

图 26-25　"新建文档"对话框

图 26-26　绘制渐变

Step03 单击工具箱中的"画笔工具" ✐ 按钮，在选项栏中单击"点按可打开画笔预设选取器" ▣ 按钮，在弹出的"画笔预设"选取器选择云笔刷中的 Starry5，如图 26-27 所示。在图像编辑窗口绘制图像，如图 26-28 所示。

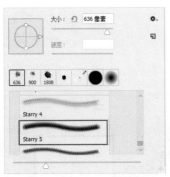

图 26-27 选取笔刷   图 26-28 绘制图像

Step04 重复上述步骤，选用云笔刷中的其他笔刷绘制丰富云层效果，如图 26-29、图 26-30 所示。

图 26-29 绘制云层效果   图 26-30 效果图

至此，天空背景制作完成。

26.2 形状工具组

在 Photoshop 软件中，通过形状工具可以创建出所有类型的简单和复杂的形状。形状工具组包括"矩形工具" ▢、"圆角矩形工具" ▢、"椭圆工具" ◯、"多边形工具" ⬡、"直线工具" ╱、"自定形状工具" ✿ 等工具，如图 26-31 所示。

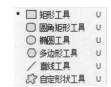

图 26-31 形状工具组

26.2.1 矩形工具

"矩形工具" ▢ 可以在图像窗口中绘制矩形或正方形，如图 26-32 所示为"矩形工具" ▢ 的选项栏。

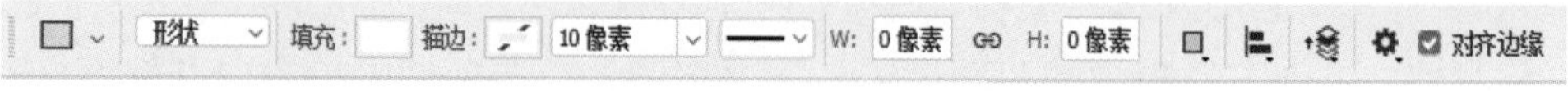

| □ ∨ | 形状 ∨ | 填充: | 描边: ✐ | 10 像素 ∨ | —— ∨ | W: 0 像素 | ⊖⊕ | H: 0 像素 | □ | ⊩ | ﹢⊗ | ✿ | ☑ 对齐边缘 |

图 26-32 "矩形工具"选项栏

工具栏中各选项含义如下。

- 填充：用于设置绘制矩形的填充颜色。
- 描边：用于设置绘制矩形的描边颜色。
- 像素：用于设置绘制矩形的描边宽度。

在选项栏中可以设置矩形的填充、描边等参数，其效果如图 26-33、图 26-34 所示。

图 26-33 绘制矩形

图 26-34 调整矩形参数

操作提示

使用"矩形工具" □ 绘制形状时，若想绘制正方形，按住 Shift 键拖拽鼠标即可；若想从鼠标单击点为中心绘制矩形，按住 Alt 键拖拽鼠标即可。

"圆角矩形工具" ◯ 是对"矩形工具" □ 的补充，使用该工具可以绘制带有圆角的矩形，使用方法与"矩形工具" □ 类似，但是"圆角矩形工具" ◯ 的选项栏会多一个"半径"，用于设置绘制的圆角矩形的圆角大小，如图 26-35 所示。

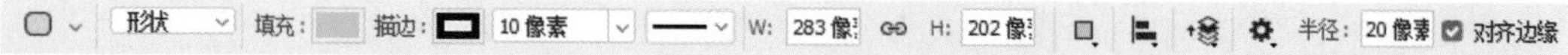

| ◯ ∨ | 形状 ∨ | 填充: | 描边: ■ | 10 像素 ∨ | —— ∨ | W: 283 像 | ⊖⊕ | H: 202 像 | □ | ⊩ | ﹢⊗ | ✿ | 半径: 20 像素 | ☑ 对齐边缘 |

图 26-35 "圆角矩形工具"选项栏

 知识点拨

通过形状工具，也可以绘制路径，单击"选择模式工具"选项，在下拉菜单中选择"路径"即可，如图 26-36 所示。

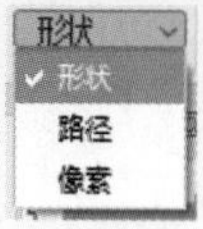

图 26-36 "选择模式工具"选项

26.2.2 椭圆工具

"椭圆工具" ◯ 可以绘制椭圆形和正圆形。如图 26-37 所示为"椭圆工具" ◯ 的选项栏，与"矩形工具" □ 的选项栏相似。

图 26-37 "椭圆工具"选项栏

单击工具箱中的"椭圆工具" ◯，在图像编辑窗口合适位置单击并拖动绘制椭圆即可，如图 26-38 所示。在选项栏中可调整椭圆的描边、填充、大小等参数，如图 26-39 所示。

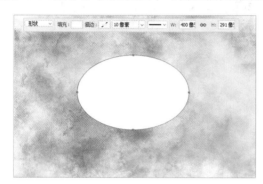

图 26-38 绘制椭圆

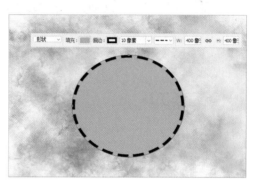

图 26-39 调整椭圆参数

26.2.3 多边形工具

"多边形工具" ⬡ 可以用于绘制多边形和星形。如图 26-40 所示为"多边形工具" ⬡ 的选项栏。

图 26-40 "多边形工具"选项栏

单击"设置其他形状和路径选项" ⚙ 按钮，会弹出一个面板，用户可以设置多边形的粗细、颜色、半径参数等，如图 26-41 所示。面板中常用选项的含义如下。

- 星形：勾选该复选框，可绘制出星形，如图 26-42 所示。

图 26-41 "多边形工具"路径选项菜单栏

图 26-42 绘制星形

- 平滑拐角：勾选该复选框，可以绘制具有平滑拐角效果的多边形或星形，如图 26-43 所示。
- 平滑缩进：勾选该复选框，可以使星形的每条边向中心缩进，如图 26-44 所示。

图 26-43　绘制具有平滑拐角的星形　　　图 26-44　缩进星形的边

26.2.4　直线工具

"直线工具" ╱ 可以绘制直线段和箭头。如图 26-45 所示为"直线工具" ╱ 的选项栏。

图 26-45　"直线工具"选项栏

单击"设置其他形状和路径选项" ✿ 按钮，会弹出直线工具的设置面板，如图 26-46 所示。

该面板中部分重要选项的含义如下。

- 起点：勾选该复选框，可在直线起点创建箭头。
- 终点：勾选该复选框，可在直线终点创建箭头。
- 宽度：用于设置箭头宽度和绘制直线宽度的比例。
- 长度：用于设置箭头长度和绘制直线长度的比例。
- 凹度：用于设置箭头的凹陷程度。

图 26-46　"直线工具"设置面板

26.2.5　自定形状工具

"自定形状工具" ✿ 可以绘制更多丰富的形状效果。如图 26-47 所示为"自定形状工具" ✿ 的选项栏。

图 26-47　"自定形状工具"选项栏

单击"形状"下拉按钮，会打开"自定形状"拾色器，在这里系统提供了多种形状可供用户选择，如图 26-48 所示。

从"自定形状"拾色器中选择合适的形状，在图像编辑窗口中单击鼠标并拖拽，即可绘制出选中的形状，如图 26-49 所示。

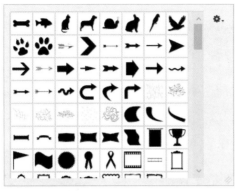

图 26-48　"自定形状"拾色器

图 26-49　绘制出的形状效果

综合实战　为人物添加碎片效果

接下来练习为人物添加碎片效果。这里会用到"多边形套索工具" ✂、"画笔工具" ✎ 等工具。

Step01 打开本章素材文件"女生 .jpg"，如图 26-50 所示。按 Ctrl+J 组合键复制背景图层两次，并分别取名"人物"和"纯背景"。

扫一扫　看视频

Step02 单击工具箱中的"多边形套索工具" ✂，在人物边缘绘制选区，如图 26-51 所示。

图 26-50　打开并复制素材

图 26-51　绘制选区

Step03 选中"纯背景"图层，右键单击选区，在弹出的快捷菜单中执行"填充"命令，在弹出的"填充"对话框中，设置填充内容为"内容识别"，单击"确定"按钮。单击"人物"图层前的"指示图层可见性" ◉ 按钮，隐藏"人物"图层，效果如图 26-52 所示。

Step04 再次单击"人物"图层前的"指示图层可见性" ◉ 按钮，显示"人物"图层，右键单击选区，在弹出的快捷菜单中执行"选择反向"命令，按 Delete 键删除多余图像，如图 26-53 所示。按 Ctrl+D 组合键取消选区。

Step05 打开 Ctrl+N 组合键新建一个 50 像素 ×50 像素的文档，如图 26-54 所示。

Step06 设置前景色为黑色，按 Alt+Delete 组合键将其填充为黑色，如图 26-55 所示。

图 26-52　填充背景图层

图 26-53　删除人物多余图像

图 26-54　"新建文档"对话框

图 26-55　填充颜色

Step07 执行"编辑＞定义画笔预设"命令，在弹出的"画笔名称"对话框中设置名称为"碎片"，完成后单击"确定"按钮，如图 26-56 所示。关闭该文档。

Step08 回到原文档中，选中"人物"图层，单击"图层"面板底部的"添加图层蒙版" ▣ 按钮，为"人物"图层添加图层蒙版，如图 26-57 所示。

图 26-56　定义画笔预设

图 26-57　添加图层蒙版

Step09 单击工具箱中的"画笔工具" ✔ 按钮，在选项栏中单击"点按可打开画笔预设选取器" ● 按钮，在弹出的"画笔预设"选取器选择"碎片"，如图 26-58 所示。

Step10 单击选项栏中的"切换画笔设置面板" ▨ 按钮，弹出"画笔设置"面板，在"画笔设置"面板中设置画笔参数,如图 26-59 所示。

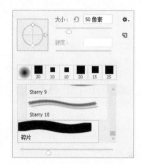

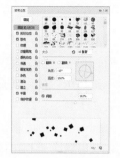

图 26-58　选择画笔　　　　　　　图 26-59　设置画笔参数

Step11 选中"人物"图层的蒙版,设置前景色为黑色,在人物左侧绘制图像碎片,如图 26-60 所示。

Step12 单击"图层"面板底部的"创建新图层" ▫ 按钮,创建新图层,移动新图层位于"人物"图层下面。如图 26-61 所示。

图 26-60　绘制图像碎片　　　　　　图 26-61　创建新图层

Step13 单击工具箱中的"吸管工具" ✐ 按钮,吸取人物身上的颜色。然后单击工具箱中的"画笔工具" ✐ 按钮,在图像编辑窗口绘制图像,如图 26-62 所示。

Step14 重复步骤 13,多绘制几次,创建碎片效果,如图 26-63 所示。

图 26-62　使用画笔绘制图像　　　　图 26-63　效果图

至此,为人物添加碎片效果制作完成。

一、填空题

1. 使用绘图工具时，按____键可暂时切换至吸管工具。

2. _____工具可以使用所选上一状态或快照中的数据进行绘画。

3. 存储后的画笔文件上有_____字样。

4. 绘制矩形时，按住____键拖拽鼠标可以鼠标单击点为中心绘制矩形。

5. 按住_____键，使用椭圆工具可以绘制正圆。

二、选择题

1. 在使用画笔工具绘图时，可以用（　　）组合键控制画笔笔尖的大小。

A. "＜"和"＞"　　　　　　　　　　　B. "－"和"＋"

C. "["和"]"　　　　　　　　　　　　D. "↑"和"↓"

2. 自动抹除选项是（　　）中的功能。

A. 铅笔工具　　　　　　　　　　　　B. 画笔工具

C. 直线工具　　　　　　　　　　　　D. 矩形工具

3. （　　）形成的选区可以被用来定义画笔的形状。

A. 椭圆选框工具　　　　　　　　　　B. 矩形选框工具

C. 套索工具　　　　　　　　　　　　D. 魔棒工具

4. 画笔工具和喷枪工具的用法基本相同，唯一不同的选项是（　　）。

A. 笔触　　　　　　　　　　　　　　B. 模式

C. 湿边　　　　　　　　　　　　　　D. 不透明度

5. 在"画笔淡出设定"对话框中不可以进行（　　）设定。

A. 淡出画笔大小　　　　　　　　　　B. 淡出不透明度

C. 颜色　　　　　　　　　　　　　　D. 样式

三、操作题

1. 制作邮票边框

（1）图像效果，如图 26-64 所示

图 26-64　邮票边框效果图

（2）操作思路

打开素材文件后，调整画布大小，设置画笔工具后绘制即可。

2. 光滑人物面部皮肤

（1）图像效果，如图 26-65 所示

图 26-65　光滑人物面部皮肤效果图

（2）操作思路

打开素材文件后，首先进行高斯模糊处理，使用历史记录画笔工具标记，撤回至打开步骤，使用历史记录画笔工具在面部涂抹绘制即可。

Ps

Photoshop篇

第27章
图像修饰工具

★ 内容导读

本章主要针对图像修饰工具来进行介绍，图像修饰工具可以对图像进行处理，包括修复图像瑕疵、调整图像颜色等。通过本章节的学习，读者可以学会使用修复工具、修饰工具处理图像。

⚙ 学习目标

○ 掌握擦除工具的应用
○ 掌握修复工具的应用
○ 掌握修饰工具的应用

27.1 修复工具

修复工具和图章工具可以修复图像中的瑕疵，包括修复图像上的污点、美白牙齿、修正红眼以及其他缺陷等，并且修复结果非常自然。修复工具主要包括"污点修复画笔工具" 🖊、"修复画笔工具" 🖊、"修补工具" ⊕、"内容感知移动工具" ✕、"红眼工具" ⁺◉、"仿制图章工具" ♣、"图案图章工具" ✲♣等，本节将针对这些工具中的部分常用工具进行介绍。

27.1.1 仿制图章工具

"仿制图章工具" ♣可以将图像的一部分绘制到同一图像的另一部分或绘制到具有相同颜色模式的任何打开文档的另一部分，在复制对象或移去图像中的缺陷方面作用很大。如图27-1所示是"仿制图章工具" ♣的选项栏。

图 27-1 "仿制图章工具"选项栏

其中，部分重要选项含义如下。

- 切换"画笔设置"面板：用于打开或关闭"画笔设置"面板。
- 切换仿制源面板：用于打开或关闭"仿制源"面板。
- 对齐：勾选该复选框，可以连续对像素进行取样，即使松开鼠标按钮，也不会丢失当前取样点。若取消勾选，则会在每次停止并重新开始绘制时使用初始取样点中的样本像素。如图27-2、图27-3所示分别为是否勾选该复选框的效果。

图 27-2 勾选"对齐"复选框　　　　图 27-3 未勾选"对齐"复选框

- 样本：用于从指定的图层中进行数据取样。

"仿制图章工具" ♣的使用步骤可分为取样和复制两步。单击选中工具箱中的"仿制图章工具" ♣按钮，按 Alt 键在源区域单击，对源区域进行取样，然后在目标区域单击并拖动鼠标，即可将取样的内容复制到目标区域中，如图27-4、图27-5所示。

图 27-4　取样源区域

图 27-5　复制

其中，十字光标显示的是取样区域，图章拖过的区域是图章仿制的区域。

27.1.2　图案图章工具

"图案图章工具" ⁎用于复制预设好的图案或自定义的图案，可用于创建特殊效果、背景网纹等。如图 27-6 所示为"图案图章工具" ⁎的选项栏。

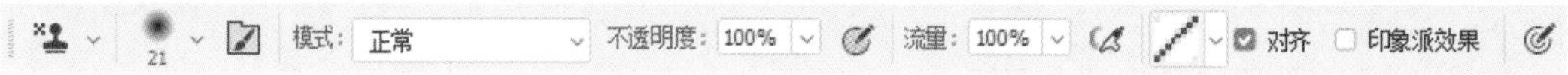

图 27-6　"图案图章工具"选项栏

其中，部分重要选项含义如下。

● 点按可打开"图案拾色器"：用于选择仿制的图案。

● 对齐：勾选该复选框，多次单击图案连续，若取消勾选该复选框，则每次单击都重新应用图案，如图 27-7、图 27-8 所示分别为是否勾选该复选框的效果。

图 27-7　勾选"对齐"复选框

图 27-8　未勾选"对齐"复选框

● 印象派效果：勾选该复选框，可以模拟制作出印象派效果。如图 27-9、图 27-10 所示分别为是否勾选该复选框的效果。

27.1.3　污点修复画笔工具

"污点修复画笔工具" ⁎可以快速移去图像中的污点和其他不理想部分，且不需要进行取样定义样本，只需要确定需要修复的图像位置，调整好画笔大小，移动鼠标就会在确定需

图 27-9 勾选"印象派效果"复选框

图 27-10 未勾选"印象派效果"复选框

要修复的位置自动匹配。如图 27-11 所示为"污点修复画笔工具"  的选项栏。

图 27-11 "污点修复画笔工具"选项栏

其中，部分重要选项含义如下。

- 模式：用于设置修复图像时使用的混合模式。
- 类型：用于设置修复类型。
- 对所有图层取样：勾选该复选框，可扩展取样范围至所有图层。

单击工具箱中的"污点修复画笔工具" ，在图像上需要修复的位置单击，即可修复图像，如图 27-12、图 27-13 所示。

图 27-12 原始图像

图 27-13 修复图像

27.1.4 修复画笔工具

"修复画笔工具" 和"仿制图章工具" 使用方法类似，都需要先取样。但"修复画笔工具" 可将样本像素的纹理、光照、透明度和阴影与所修复的像素进行匹配，从而使修复后的像素不留痕迹地融入图像的其余部分。如图 27-14 所示为该工具的选项栏。

图 27-14 "修复画笔工具"选项栏

其中，部分重要选项含义如下。

- 模式：用于指定混合模式。
- 源：用于指定修复像素的源。
- 对齐：勾选该复选框，将连续对像素进行取样，若取消勾选该复选框，则会在每次停止并重新开始绘制时使用初始取样点中的样本像素。
- 样本：用于从指定的图层中进行数据取样。
- 扩散：用于控制复制的区域以怎样的速度适应周围的图像。

单击工具箱中的"修复画笔工具" 按钮，按 Alt 键在源区域单击，对源区域进行取样，然后在目标区域单击并拖动鼠标，即可将取样的内容复制到目标区域中，如图 27-15、图 27-16 所示。

图 27-15　取样源区域

图 27-16　复制到目标区域

27.1.5　修补工具

"修补工具" 可以用其他区域或图案中的像素来修复选中的区域。与"修复画笔工具" 类似，"修补工具" 也可将样本像素的纹理、光照、透明度和阴影与所修复的像素进行匹配。如图 27-17 所示为"修补工具" 的选项栏。

图 27-17　"修补工具"选项栏

其中，部分常用选项含义如下。

- 从目标修补源 ：创建包含修补部分的选区，单击"源"按钮，拖拽选区至要复制的区域，即可用当前选区内的图像修补原来选中的内容。
- 从源修补目标 ：在要复制的区域创建选区，单击"目标"按钮，拖拽选区至要修补的部分，即可以原来选中的内容修补当前选区内的图像。
- 透明：勾选该复选框，可以使修补的图像与原始图像产生透明的叠加效果。
- 使用图案：创建选区后，单击"使用图案"按钮，可以使用选中图案修补选区内的图像。

单击工具箱中的"修补工具" 按钮，在需要修补的地方单击鼠标左键并拖动绘制选区，选择选项栏中的"从目标修补源" 按钮，将鼠标置于选区上，当鼠标变为 状时，移动选区至要复制的区域，即可修补原来选中的内容，如图 27-18、图 27-19 所示。

图 27-18　绘制选区　　　　　　　　　　　图 27-19　修补图像

27.1.6　红眼工具

"红眼工具"_{+⊙}可用于去除照片中人物的红眼，如图 27-20 所示为"红眼工具"_{+⊙}的选项栏。

其中，部分重要选项含义如下。

图 27-20　"红眼工具"选项栏

- 瞳孔大小：用于设置受红眼工具影响的区域。
- 变暗量：用于设置瞳孔的暗度。

单击工具箱中的"红眼工具"_{+⊙}按钮，在选项栏中设置合适的参数，单击人物眼睛即可，如图 27-21、图 27-22 所示。

图 27-21　红眼素材　　　　　　　　　　　图 27-22　去除红眼效果

📑 课堂练习　修饰人物面部

接下来进行人物面部的修饰操作，这里会用到"污点修复画笔工具"🖌、"修补工具"⚙、"红眼工具"_{+⊙}等工具。

扫一扫　看视频

Step01 打开本章素材"女人 .jpg"，按 Ctrl+J 组合键复制到新图层，如图 27-23 所示。单击工具箱中的"污点修复画笔工具"🖌按钮，在面部斑点处单击，效果如图 27-24 所示。

Step02 单击工具箱中的"修补工具"⚙按钮，修复鼻梁处色块不均效果，如图 27-25 所示。

589

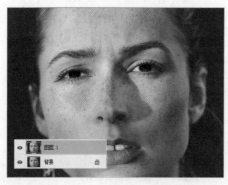

图 27-23　打开并复制素材

图 27-24　清除面部斑点

Step03 按 Ctrl+J 组合键复制图层 1，如图 27-26 所示。

图 27-25　修复鼻梁

图 27-26　复制图层

Step04 选中复制图层，执行"滤镜＞模糊＞高斯模糊"命令，在弹出的"高斯模糊"对话框中设置半径为"3"，如图 27-27 所示，效果如图 27-28 所示。

图 27-27　"高斯模糊"对话框

图 27-28　添加高斯模糊滤镜

Step05 单击工具箱中的"历史记录画笔工具"按钮，打开"历史记录"面板，在最后一步"高斯模糊"前的方框单击，标记该步骤，然后撤回至上一步，单击工具箱中的"历史记录画笔工具"按钮，在人物面部皮肤处涂抹，效果如图 27-29 所示。

Step06 选中背景图层，按 Ctrl+J 组合键复制，并拖拽至图层面板最上方，如图 27-30 所示。

图 27-29　涂抹皮肤至模糊效果　　　　　　　图 27-30　复制图层

Step07 选中复制的背景图层，执行"滤镜>其他>高反差保留"命令，在弹出的"高反差保留"对话框中设置半径为"0.4"，单击"确定"按钮，效果如图 27-31 所示。

Step08 在"图层"面板中设置复制的背景图层混合模式为"线性光"，效果如图27-32 所示。

图 27-31　高反差保留滤镜效果　　　　　　　图 27-32　调整图层混合模式

Step09 选中"图层 1"和"图层 1 拷贝"，按 Ctrl+Alt+E 组合键盖印图层，单击工具箱中的"红眼工具" 按钮，在选项栏中设置合适的参数，单击人物眼睛即可，如图 27-33、图 27-34 所示。

图 27-33　消除红眼　　　　　　　　　　　　图 27-34　效果图

至此，人物面部修饰完成。

接下来进行警示牌污点的翻新处理，这里会用到"仿制图章工具" 🖳、"魔棒工具" 🪄等工具。

Step01 打开本章素材"警示牌.jpg"，如图27-35所示。单击工具箱中的"仿制图章工具" 🖳按钮，按Alt键在红色区域中的平滑处单击，取样颜色，如图27-36所示。

图 27-35 打开素材

图 27-36 取样颜色

Step02 在需要修饰的红色区域单击并拖动鼠标，将取样的内容复制到目标区域中，覆盖红色区域内的污点，如图27-37所示。

Step03 按照上述操作方法，处理黄色区域的污点，如图27-38所示。

图 27-37 修复图像

图 27-38 处理黄色区域污点

Step04 单击工具箱中的"魔棒工具" 🪄，选中上方的文字，如图27-39所示。

Step05 按Ctrl+J组合键在新图层复制文字，移动图层至合适位置，如图27-40所示。

Step06 复制红色图层，将其调整到文字图层上方，如图27-41所示。

Step07 在"图层"面板中设置上层红色图层的不透明度为50%，完成后效果如图27-42所示。

图 27-39　选中文字

图 27-40　复制文字

图 27-41　复制图层

图 27-42　调整不透明度

至此，完成警示牌污点的翻新处理。

27.2　修饰工具

修饰工具可以对图像进行修饰，包括"模糊工具" ◌、"锐化工具" △、"涂抹工具" ◊、"减淡工具" ✎、"加深工具" ✍、"海绵工具" ●六种，接下来将针对这些工具进行介绍。

27.2.1　模糊工具

"模糊工具" ◌可以柔化图像边缘或减少细节，使其模糊，如图 27-43 所示为"模糊工具" ◌的选项栏。

图 27-43　"模糊工具"选项栏

其中，部分选项含义如下。
- 模式：用于设置混合模式。
- 强度：用于控制模糊量。

单击工具箱中的"模糊工具" ◌ 按钮，按住鼠标左键在需要模糊的区域来回拖动即可，如图 27-44、图 27-45 所示。

图 27-44　原始图像　　　　　　　　图 27-45　模糊图像

使用"模糊工具" ◌ 在需要模糊的区域上绘制的次数越多，该区域越模糊。

27.2.2　锐化工具

与"模糊工具" ◌ 的用处相反，"锐化工具" △ 可以锐化图像边缘，使其变清晰，如图 27-46 所示为"锐化工具" △ 的选项栏。

图 27-46　"锐化工具"选项栏

"锐化工具" △ 的选项栏中比"模糊工具" ◌ 的选项栏多了一个"保护细节"的复选框，勾选该复选框，将对图像的细节进行保护。

 知识延伸

　　锐化的原理是通过提高像素的对比度使其看上去清晰，一般用在图像的边缘。锐化程度不能太大，若过分锐化图像，则整个图像将变得失真。

单击工具箱中的"锐化工具" △ 按钮，按住鼠标左键在图像中需要进行锐化的区域来回拖动即可，如图 27-47、图 27-48 所示。

27.2.3　涂抹工具

"涂抹工具" ◌ 可以模拟手指涂抹绘制的效果，制作手绘的质感。如图 27-49 所示为"涂抹工具" ◌ 的选项栏。

其中，部分选项含义如下。

- 模式：用于设置混合模式。
- 强度：用于控制模糊量。

图 27-47　原始素材

图 27-48　锐化素材

图 27-49　"涂抹工具"选项栏

- 手指绘画：勾选该复选框，可使用前景色绘图。

单击工具箱中的"涂抹工具" ≥ 按钮，按住鼠标左键在图像中需要涂抹的区域来回拖动即可，如图 27-50、图 27-51 所示。

图 27-50　原始图像

图 27-51　涂抹效果

27.2.4　减淡工具

"减淡工具" ● 可以通过增加图像区域的曝光度来使图像变亮。如图 27-52 所示为"减淡工具" ● 的选项栏。

图 27-52　"减淡工具"选项栏

其中，部分常用选项含义如下。

- 范围：用于设置要减淡的色调范围。
- 曝光度：用于设置减淡的强度。
- 保护色调：勾选该复选框后，可以保护图像的色调不受影响。

单击工具箱中的"减淡工具" ● 按钮，在需要进行减淡处理的位置单击并涂抹即可，如图 27-53、图 27-54 所示。

595

图 27-53　原始图像　　　　　　　　图 27-54　减淡效果

27.2.5　加深工具

"加深工具" 与"减淡工具" 的作用相反，可以通过降低图像区域的曝光度来使图像变暗。如图 27-55 示为"加深工具" 的选项栏，与"减淡工具" 类似。

图 27-55　"加深工具"选项栏

单击工具箱中的"加深工具" 按钮，在需要进行加深处理的位置单击并涂抹即可，如图 27-56、图 27-57 所示。

图 27-56　原始素材　　　　　　　　图 27-57　加深效果

27.2.6　海绵工具

"海绵工具" 可以增加或减少图像的饱和度。如图 27-58 所示为"海绵工具" 的选项栏。

图 27-58　"海绵工具"选项栏

其中，部分选项的含义如下。

- 模式：用于设置增加或减少饱和度。选择"加色"则增加图像饱和度；选择"去色"则降低图像饱和度。

- 流量：用于指定"海绵工具" ● 流量。
- 自然饱和度：勾选该复选框，可以在增加图像饱和度时避免颜色过度饱和出现溢色现象。

单击工具箱中的"海绵工具" ● 按钮，在选项栏中设置"加色"及其他参数，在图像中的合适位置单击并涂抹即可，如图 27-59、图 27-60 所示。

图 27-59　原始图像

图 27-60　海绵工具涂抹效果

课堂练习　调整照片效果

接下来介绍图片效果的调整。这里会用到"减淡工具" ●、"模糊工具" ○ 等工具。

扫一扫 看视频

Step01　打开素材文件"女生 .jpg"，按 Ctrl+J 组合键复制到新图层，如图 27-61 所示。单击工具箱中的"减淡工具" ● 按钮，在选项栏中设置范围为"中间调"，曝光度为"100%"，在图像上单击，效果如图 27-62 所示。

图 27-61　打开并复制素材

图 27-62　减淡图片

Step02　单击工具箱中的"海绵工具" ● 按钮，在选项栏中设置模式为"加色"，流量为"50%"，在图像上单击，增加图像饱和度，如图 27-63 所示。

Step03　单击工具箱中的"减淡工具" ●，在选项栏中设置范围为"中间调"，曝光度为"50%"，在图像中人物皮肤处上涂抹，效果如图 27-64 所示。

Step04　单击工具箱中的"锐化工具" △ 按钮，在选项栏中设置模式为"正常"，强度为"10%"，在人物面部单击，使五官清晰，效果如图 27-65 所示。

图 27-63　增加图像饱和度

图 27-64　调整皮肤颜色

Step05 单击工具箱中的"加深工具" ◔ 按钮，在选项栏中设置范围为"阴影"，曝光度为"30%"，在斗笠部位单击并涂抹，效果如图 27-66 所示。

图 27-65　锐化五官

图 27-66　加深斗笠阴影

至此，图片调整完成。

27.3　擦除工具组

擦除工具可以擦除部分图像，包括"橡皮擦工具" ◭ 、"背景橡皮擦工具" ◈ 、"魔术橡皮擦工具" ◈ 三种工具，接下来将针对这三种工具进行介绍。

27.3.1　橡皮擦工具

"橡皮擦工具" ◭ 可用于擦除图像颜色，在背景图层或锁定透明度的图层中进行擦除，擦除的区域将变为背景色；若在普通图层中进行擦除，则擦除的区域变为透明。如图 27-67 所示为"橡皮擦工具" ◭ 的选项栏。

图 27-67　"橡皮擦工具"选项栏

其中，部分常用选项含义如下。

- 模式：用于设置橡皮擦样式。包括"画笔""铅笔""块"三种。
- 不透明度：用于设置擦除强度，数值越高，擦除强度越高。但当模式是"块"时，该选项不可用。
- 流量：用于设置橡皮擦工具的流量。

单击工具箱上的"橡皮擦工具"❤按钮，在图像中需要擦涂的区域单击并拖拽鼠标进行擦除即可，如图 27-68、图 27-69 所示。

图 27-68　原始素材　　　　　　　　图 27-69　"橡皮擦工具"擦除效果

27.3.2　背景橡皮擦工具

"背景橡皮擦工具"❤可以擦涂图像上指定颜色的像素，如图 27-70 所示为"背景橡皮擦工具"❤的选项栏。

图 27-70　"背景橡皮擦工具"选项栏

其中，部分常用选项含义如下。
- 取样：用于设置取样方式。"取样：连续"❤可以连续对颜色进行取样；"取样：一次"❤将以第一次单击处颜色的作为取样颜色；"取样：背景色板"❤将以背景色作为取样颜色，只擦除图像中有背景色的区域。
- 限制：用于设置擦除背景的限制类型。"连续"只擦除与取样颜色连续的区域；"不连续"擦除容差范围内所有与取样颜色相同或相似的区域；"查找边缘"选项擦除与取样颜色连续的区域，同时能够较好地保留颜色反差较大的边缘。
- 容差：用于设置颜色的容差范围。
- 保护前景色：勾选该选项，可以防止擦除与前景色颜色相同的区域。

操作提示

在擦除过程中，可修改前景色与背景色颜色以达到更好的擦除效果。

单击工具箱中的"背景橡皮擦工具"❤，设置前景色与背景色分别为保留部分与擦除部分的颜色，在选项栏中设置参数，在要擦除的区域单击鼠标并涂抹即可，如图 27-71、图 27-72 所示。

图 27-71　设置前景色和背景色

图 27-72　擦除背景

27.3.3 魔术橡皮擦工具

"魔术橡皮擦工具" 可以快速擦除与单击处颜色相似的像素从而得到透明区域，如图 27-73 所示为 "魔术橡皮擦工具" 的选项栏。

| ✦ ∨ | 容差: 20 | ☑ 消除锯齿 | ☑ 连续 | □ 对所有图层取样 | 不透明度: 100% ∨ |

图 27-73　"魔术橡皮擦工具" 选项栏

其中，部分常用选项含义如下。

- 容差：用于设置颜色范围。
- 消除锯齿：勾选该复选框，可平滑被擦除区域的边缘。
- 连续：勾选该复选框，仅擦除与单击处相接的像素；若取消勾选该复选框，将擦除图像中所有与单击处相似的像素。
- 对所有图层取样：勾选该复选框，可扩展擦除工具范围至所有可见图层。

单击工具箱中的 "魔术橡皮擦工具" ，在选项栏中设置参数，在要擦除的区域单击鼠标即可，如图 27-74、图 27-75 所示。

图 27-74　原始素材

图 27-75　擦除背景效果

> **操作提示**
>
> 在擦除过程中，可修改容差值等参数以达到更好的擦除效果。

接下来练习后期处理照片。这里会用到"污点修复画笔工具" ✎ 、"模糊工具" ◌ 、"锐化工具" △ 等工具。

Step01 打开 Photoshop 软件，执行"文件＞打开"命令，在弹出的"打开"对话框中选中本章素材文件"照片 .jpg"，如图 27-76 所示。单击"打开"按钮，打开素材文件，如图 27-77 所示。

图 27-76 "打开"对话框

图 27-77 打开素材文件

Step02 按 Ctrl+J 组合键复制一层。单击工具箱中的"仿制图章工具" ♣ 按钮，按 Alt 键在天空处单击，进行取样，然后在人物头发处单击并拖动鼠标，复制取样的内容，如图 27-78、图 27-79 所示。

图 27-78 取样

图 27-79 去除杂乱头发

Step03 单击工具箱中的"修补工具" ⬭ 按钮，在选项栏中选择"从源修补目标" 目标 ，在人物面部光滑处绘制选区，并拖拽至面部不平滑区域，修复图像，前后对比效果如图 27-80、图 27-81 所示。

Step04 单击工具箱中的"仿制图章工具" ♣ 按钮，去除人物手上的纹身，如图 27-82 所示。

Step05 单击工具箱中的"模糊工具" ◌ 按钮，在选项栏中设置"强度"为"10%"，在人物手部位涂抹，效果如图 27-83 所示。

Step06 单击工具箱中的"锐化工具"△按钮，在选项栏中设置"模式"为"正常"，"强度"为"10%"，在人物头发处及五官处涂抹，锐化图像，如图 27-84 所示。

图 27-80　人物面部

图 27-81　平滑人物面部

图 27-82　去除手部纹身

图 27-83　模糊手部细节

Step07 单击工具箱中的"仿制图章工具"♣按钮，去除左侧突出背景，如图 27-85 所示。

图 27-84　锐化图像

图 27-85　去除多余背景

至此，完成后期处理照片操作。

课后作业

一、填空题

1. 模糊工具可降低相邻像素的_____。

2. _____可根据颜色近似程度来确定将图像擦成透明的程度。

3. _____可以模拟手指涂抹绘制的效果，制作手绘的质感。

4. _____可将样本像素的纹理、光照、透明度和阴影与所修复的像素进行匹配，使修复后的像素不留痕迹地融入图像的其余部分。

5. 加深工具可以通过降低图像区域的_____来使图像变暗。

二、选择题

1.（　　）可将图案填充到选区内。

A. 画笔工具 　　　　　　　　　　　　B. 图案图章工具

C. 橡皮图章工具 　　　　　　　　　　D. 喷枪工具

2. 编辑图像时，使用减淡工具可以（　　）。

A. 使图像中的某些区域变暗 　　　　　B. 删除图像中的某些像素

C. 使图像中的某些区域变亮 　　　　　D. 使图像中某些区域的饱和度增加

3.（　　）可减少图像的饱和度。

A. 加深工具 　　　　　　　　　　　　B. 减淡工具

C. 海绵工具 　　　　　　　　　　　　D. 模糊工具

4. 如何使用仿制图章工具在图像中取样？（　　）

A. 在取样的位置单击鼠标并拖拽

B. 按住 Shift 键的同时单击取样位置来选择多个取样像素

C. 按住 Ctrl 键的同时单击取样位置

D. 按住 Alt 键的同时单击取样位置

5. Photoshop 中使用橡皮擦工具不可以设定（　　）擦除选项。

A. 画笔 　　　　　　B. 喷枪 　　　　　　C. 铅笔 　　　　　　D. 块

三、操作题

1. 提亮照片

（1）图像效果，如图 27-86、图 27-87 所示

图 27-86　原素材　　　　　　　　　　　图 27-87　提亮效果

（2）操作思路

复制图层，使用"减淡工具" （此处应为文字内工具图标）、"模糊工具"、"海绵工具" 在图像上涂抹，提亮照片。

2. 换脸

（1）图像效果，如图27-88、图27-89所示

图27-88　原人物素材

图27-89　换脸效果

（2）操作思路

使用"钢笔工具" 绘制选区选取素材面部，反选删除多余图像，使用"红眼工具" 和"污点修复画笔工具" 修复面部瑕疵，使用"减淡工具" 和"海绵工具" 调整图像色调。

小雪花

Ps

桃
天天,
约其华

Ipsum

第28章
文字的应用

★ 内容导读

本章主要针对文字的应用来进行介绍。文字是平面设计中非常重要的
组成部分，在设计中常常起到画龙点睛的作用。通过本章节的学习，
读者可以学会创建文字、编辑文字，对文字的格式、参数等进行设
置，从而创作更为优秀的作品。

⏻ 学习目标

○ 了解文字类型
○ 掌握文字的创建方法
○ 掌握文字的设置技巧
○ 掌握文字图层的编辑处理

Photoshop篇

28.1 创建文字

文字是平面设计中非常重要的组成部分。Photoshop 软件中的文字由基于矢量的文字轮廓组成，放大或者缩小边缘都不会模糊。

28.1.1 创建水平与垂直文字

在 Photoshop 软件中，有两种用于创建文本的工具，即"横排文字工具"**T** 和"直排文字工具"**|T**。"横排文字工具"**T** 可以创建横向排列的文字，"直排文字工具"**|T** 可以创建竖向排列的文字，如图 28-1、图 28-2 所示。

图 28-1　横排文字

图 28-2　直排文字

"横排文字工具"**T** 和"直排文字工具"**|T** 的使用方法相同，接下来以"横排文字工具"**T** 的使用方法为例进行介绍。

单击工具箱中的"横排文字工具"**T** 按钮，如图 28-3 所示为其选项栏。在选项栏中可以设置文本的大小、颜色、字体等属性。

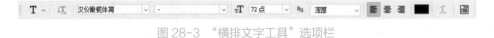
图 28-3　"横排文字工具"选项栏

设置完成后，在图像编辑窗口合适位置单击，在单击处会出现被选中的文字及占位符，图层面板出现文字图层，如图 28-4、图 28-5 所示。

图 28-4　占位符

图 28-5　文字图层

输入需要的文字，效果如图 28-6 所示。在文字输入状态下，单击选项栏中的"切换文本取向" ⏻ 按钮，即可将横排文字切换成直排文字，如图 28-7 所示。再次单击可切换回横排文字。

图 28-6　横排文字　　　　　　　　　　　　　　　　图 28-7　直排文字

选中输入的文字，单击选项栏中的颜色色块，在弹出的"拾色器（文本颜色）"中设置颜色，单击"确定"按钮即可更改选中文字的颜色，如图 28-8、图 28-9 所示。

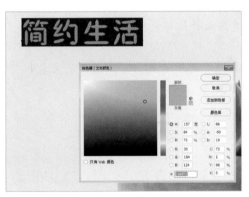

图 28-8　设置颜色　　　　　　　　　　　　　　　　图 28-9　更改文字颜色

在使用"横排文字工具" T 的状态下，移动鼠标至文本以外的区域，此时鼠标变为 ▶⁺ 状，按住鼠标左键并拖动，即可移动文本位置，如图 28-10、图 28-11 所示。

在使用文字工具的情况下，按住 Ctrl 键，文字四周会出现定界框，可以对文字进行移

图 28-10　移动鼠标至文本区域之外　　　　　　　　　图 28-11　移动文字位置

动、旋转、斜切、缩放等操作，如图 28-12、图 28-13 所示。

图 28-12 倾斜文字 　　　　　　　　　　　　图 28-13 斜切文字

至此，"横排文字工具" **T** 的使用介绍完成。

28.1.2 创建段落文字

　　若在使用文字工具时，拖拽鼠标创建文本框，则将创建段落文字。与点文字相比，段落文字会基于文本框的尺寸自动换行且可以调整文字区域大小。接下来以"横排文字工具" **T** 的使用方法为例进行介绍。

　　单击工具箱中的"横排文字工具" **T** 按钮，在图像编辑窗口中的合适位置单击并拖拽绘制文本框，如图 28-14 所示。松开鼠标后，文本框中出现被选中的文字及占位符，如图 28-15 所示。

图 28-14 绘制文本框 　　　　　　　　　　　图 28-15 占位符

在选项栏中设置文字的大小、颜色、字体等，设置完成后输入文字，如图 28-16、图 28-17 所示。

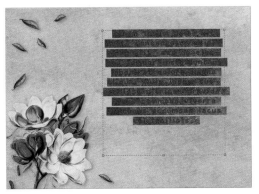

图 28-16　设置文字参数　　　　　　　　　　　图 28-17　输入文字

若对文字效果不满意，还可以将文字全部选中后再次进行设置，如图 28-18、图 28-19 所示。完成后，按 Ctrl+Enter 组合键退出编辑。

图 28-18　选中文字并设置　　　　　　　　　　图 28-19　设置好的文字

28.1.3　创建文字型选区

文字工具组中还包含"直排文字蒙版工具"和"横排文字蒙版工具"两种工具。通过这两种工具，可以创建文字选区。接下来以"横排文字蒙版工具"的使用方法为例进行介绍。

课堂练习　制作透明文字效果

接下来通过制作透明文字效果来介绍文字蒙版工具。

Step01 单击工具箱中的"横排文字蒙版工具"，在选项栏中设置文字大小、字体等参数，在图像编辑窗口中的合适位置单击，出现默认文字及占位符，如图 28-20 所示。此时视图进入蒙版编辑模式。输入需要的文字，并调整至合适的位置，如图 28-21 所示。

扫一扫 看视频

图 28-20　单击出现占位符 　　　　　　　　　图 28-21　输入文字

Step02 单击选项栏中的 ✓ 按钮退出编辑状态，文字蒙版区域转换为文字选区，如图 28-22 所示。

Step03 按 Ctrl+J 复制选区至新图层，在"图层"面板中单击复制图层的空白处，在弹出的"图层样式"对话框中，设置"投影"参数，如图 28-23 所示。

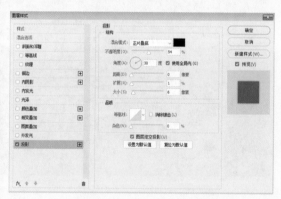

图 28-22　将蒙版转为选区 　　　　　　　　　图 28-23　设置"投影"参数

Step04 在"图层样式"对话框中，设置"浮雕和阴影"参数，如图 28-24 所示，效果如图 28-25 所示。至此，完成透明文字效果的制作。

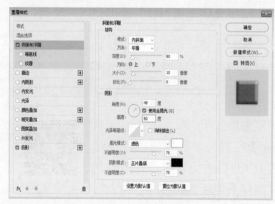

图 28-24　设置"浮雕和阴影"参数 　　　　　　图 28-25　透明效果

28.1.4 创建路径文字

路径文字可以创建沿着路径排列的文字，改变路径形状时，文字的排列方式也随之发生变化。

在此将针对如何创建路径文字进行介绍。

单击工具箱中的"钢笔工具" ⌀ 按钮，在图像编辑窗口中的合适位置绘制路径，如图28-26所示。

单击工具箱中的"横排文字工具" T 按钮，在选项栏中设置文字颜色、大小、字体等参数，将鼠标移动至路径上，待鼠标变为 ↓ 状时，单击鼠标左键，路径上即出现占位符，如图28-27所示。

图 28-26 绘制路径

图 28-27 单击出现占位符

输入文字，即可创建路径文字，如图28-28所示。单击工具箱中的"直接选择工具" ▷ 按钮，选中路径锚点移动，即可看到文字也随之变化，如图28-29所示。

单击工具箱中的"路径选择工具" ▶ 或"直接选择工具" ▷，将鼠标移动至路径文字上，待鼠标变为 ↓ 状时，单击并拖拽鼠标，即可移动文字起始位置，如图28-30所示。

图 28-28 输入文字

图 28-29 更改路径锚点

按住鼠标左键向路径的另一侧拖拽，待鼠标变为 ↓ 状时，文字翻转至路径另一侧，如图28-31所示。

若路径为闭合路径，还可在路径内部创建区域路径文字。单击工具箱中的"钢笔工 **611**

具"⌀按钮，在图像编辑窗口中绘制闭合路径，如图 28-32 所示。

图 28-30　移动文字起始位置

图 28-31　翻转文字

单击工具箱中的"横排文字工具"**T**按钮，在选项栏中设置文字颜色、大小、字体等参数，将鼠标移动至路径内部，待鼠标变为 ① 状时，单击鼠标左键，路径内部即出现占位符，如图 28-33 所示。

图 28-32　绘制闭合路径

图 28-33　单击出现占位符

输入文字，即可创建路径文字，如图 28-34 所示。单击工具箱中的"直接选择工具"按钮，选中路径锚点移动，即可看到文字也随之变化，如图 28-35 所示。

图 28-34　输入文字

图 28-35　移动路径锚点

28.2　设置文字

文字创建后，可以通过"字符"面板和"段落"面板对文字属性进行设置，使其更符合设计需要，本节将针对文字的设置进行介绍。

28.2.1　文字格式

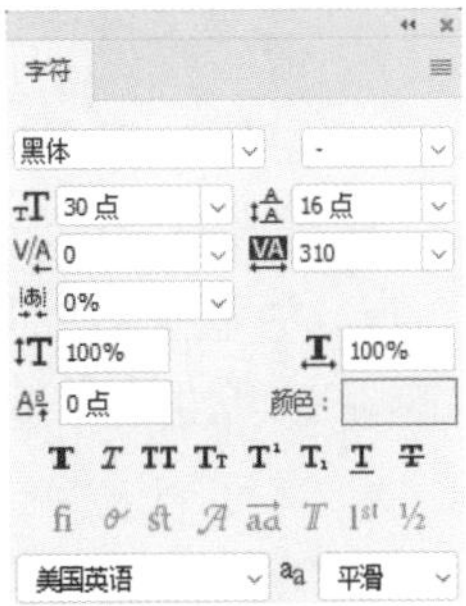

通过"字符"面板，用户可以更精确地控制所选文字的字体、大小、颜色、间距等属性，更好地编辑文字。执行"窗口＞字符"命令，打开"字符"面板，如图 28-36 所示。

接下来，将针对"字符"面板中的部分重要选项进行介绍。

- 搜索和选择字体：用于选择需要的字体。
- 设置字体大小 ⊤：用于设置字体大小。
- 设置行距 ⩜：用于设置文字行之间的间距。
- 设置两个字符间的字距微调 V/A：用于微调字符与字符之间的间距。
- 设置所选字符的字距调整 ⅤⒶ：用于设置文和文字之间的间距。
- 设置所选字符的比例间距 ⟦⟧：按指定的百分比值减少字符周围的空间，字符本身并不会被伸展或挤压。当向字符添加比例间距时，字符两侧的间距按相同的百分比减小，百分比越大，字符间压缩就越紧密。
- 垂直缩放 ⅠⲦ：用于设置文字垂直缩放比例，如图 28-37 所示。
- 水平缩放 Ⲧ：用于设置文字水平缩放比例，如图 28-38 所示。

图 28-36　"字符"面板

图 28-37　设置文字垂直缩放比例

图 28-38　设置文字水平缩放比例

- 设置基线偏移 A⫶：用于设置文字基线的偏移量。
- 颜色：用于设置文字颜色。
- 设置文字样式 T T TT Tᵣ T' T, T T̲：用于设置文字样式。
- 设置消除锯齿的方法 ªa：用于设置消除锯齿的方法，包括"无""锐利""犀利""平滑""浑厚"五种。

28.2.2　段落格式

"段落"面板可对段落属性进行设置。执行"窗口＞段落"命令，打开"段落"面板，如图 28-39 所示。

图 28-39　"段落"面板

接下来，将针对"段落"面板中的部分重要选项进行介绍。

- 左对齐文本 ▤：文字左对齐，段落右端参差不齐。
- 居中对齐文本 ▤：文字居中对齐，段落两端参差不齐。
- 右对齐文本 ▤：文字右对齐，段落左端参差不齐。
- 最后一行左对齐 ▤：最后一行左对齐，其他行左右两端对齐。
- 最后一行居中对齐 ▤：最后一行居中对齐，其他行左右两端对齐。
- 最后一行右对齐 ▤：最后一行右对齐，其他行左右两端对齐。
- 全部对齐 ▤：文本两端全部对齐。
- 左缩进 ▸▤：用于设置段落文本向右（横排文字）或向下（直排文字）的缩进量。
- 右缩进 ▤◂：用于设置段落文本向左（横排文字）或向上（直排文字）的缩进量。
- 首行缩进 ▸▤：用于设置首行缩进量。
- 段前添加空格 ▤ 和段后添加空格 ▤：用于设置段落与段落之间的间隔距离。

课堂练习 制作艺术照片效果

接下来练习制作简约文字版式。这里会用到"横排文字工具" **T** 等工具和"字符"面板、"段落"面板等帮助操作。

扫一扫 看视频

Step01 新建一个 800 像素 × 600 像素的空白文档，在"新建文档"对话框中设置参数，完成后单击"确定"按钮，如图 28-40、图 28-41 所示。

图 28-40 "新建文档"对话框

图 28-41 新建的空白文档

Step02 执行"文件>置入嵌入对象"命令，在弹出的"置入嵌入的对象"对话框中选中本章素材"恋人 .png"，单击"置入"按钮置入，调整素材图片大小，并移动至合适位置，如图 28-42、图 28-43 所示。

Step03 单击工具箱中的"矩形选框工具" ▤ 按钮，在素材图像上绘制选区，如图 28-44 所示。

Step04 按 Ctrl+J 组合键将选区复制到新图层，按住 Ctrl 键单击"图层"面板中的复制图层缩略图，执行"编辑>描边"命令，为复制选区添加描边，在"图层"面板设置素材图层透明度为"60%"，如图 28-45 所示。

图 28-42 置入素材

图 28-43 调整素材大小及位置

图 28-44 绘制选区

图 28-45 描边选区并调整素材图层不透明度

Step05 单击工具箱中的"矩形工具"□按钮，在选项栏中设置填充与描边等参数，在图像编辑窗口中合适位置绘制矩形，如图 28-46 所示。

Step06 单击工具箱中的"横排文字工具" T按钮，在选项栏中设置参数，在图像编辑窗口中的合适位置单击并输入文字，如图 28-47 所示。

图 28-46 绘制矩形

图 28-47 输入横排文字

Step07 选中"子"字，执行"窗口>字符"命令，打开"字符"面板，在"字符"面板中调整"子"字的大小并设置基线偏移，效果如图 28-48 所示。

Step08 重复步骤 07，调整文字，如图 28-49 所示。

图 28-48　设置文字基线偏移　　　　　　　　图 28-49　调整文字

Step09　单击工具箱中的"横排文字工具" **T** 按钮，在图像编辑窗口中的合适位置单击并拖拽绘制文本框，如图 28-50 所示。松开鼠标后，在文本框中输入文字，如图 28-51 所示。

图 28-50　绘制文本框　　　　　　　　　　图 28-51　输入文字

Step10　执行"窗口＞段落"命令，打开"段落"面板。选中段落文字，在"段落"面板中设置段前段后添加空格，效果如图 28-52、图 28-53 所示。

图 28-52　调整段落文字　　　　　　　　　图 28-53　效果图

至此，简约文字版式制作完成。

28.3 编辑文字图层

在 Photoshop 软件中，文字图层是一种非常特殊的图层，若想对其进行普通图层一样的编辑，需要将其栅格化，或者转换为路径、形状等。

28.3.1 将文字转换为工作路径

将文字轮廓转换为工作路径后，可对其进行更多编辑。选中文字图层，执行"文字>创建工作路径"命令即可将文字的轮廓转换为工作路径，如图 28-54、图 28-55 所示。

图 28-54 输入文字　　　　　图 28-55 将文字轮廓转换为工作路径

28.3.2 栅格化文字图层

用户可以将文字图层转换为格栅化文字图层，即可对转换的文字图层应用滤镜、涂抹绘制等操作。但该图层由矢量对象变为像素图像，不再拥有文字所具有的相关属性。

选中文字图层，执行"文字>栅格化文字图层"命令即可将文字图层转换为普通图层，如图 28-56、图 28-57 所示。

图 28-56 文字图层　　　　　图 28-57 栅格化文字图层

28.3.3 变形文字

在 Photoshop 软件中，为用户提供了多种文字变形样式，通过这些变形样式，可以对文字进行变形，制作更丰富的效果。

创建文字，在文字工具的选项栏中单击"创建文字变形" ⼯ 按钮，弹出"变形文字"对话框，如图28-58所示。

其中，"变形文字"对话框中的各选项含义如下。

- 样式：用于设置文字变形样式，共15种。
- 水平/垂直：用于设置扭曲方向。如图28-59、图28-60所示分别为水平和垂直的效果。
- 弯曲：用于设置弯曲程度和方向。如图28-61、图28-62所示分别为"弯曲"是−50%和50%时的效果。

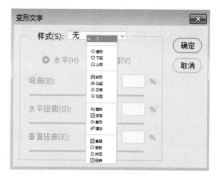

图 28-58　"变形文字"对话框

图 28-59　水平方向扭曲效果

图 28-60　垂直方向扭曲效果

图 28-61　弯曲程度为 −50% 的效果

图 28-62　弯曲程度为 50% 的效果

- 水平扭曲：用于设置文字在水平方向上的扭曲程度。如图28-63、图28-64所示分别为"水平扭曲"是−50%和50%时的效果。

图 28-63　水平扭曲为 −50% 的效果

图 28-64　水平扭曲为 50% 的效果

- 垂直扭曲：用于设置文字在垂直方向上的扭曲程度。如图 28-65、图 28-66 所示分别为"垂直扭曲"是 −50% 和 50% 时的效果。

图 28-65　垂直扭曲为 −50% 的效果　　　　图 28-66　垂直扭曲为 50% 的效果

课堂练习　　制作艺术字效果

接下来制作艺术字效果。这里会用到"横排文字工具" T 等工具和将文字转换为形状等命令。

扫一扫　看视频

Step01 新建一个 800 像素 ×600 像素的空白文档，在"新建文档"对话框中设置参数，完成后单击"确定"按钮，如图 28-67 所示。

Step02 设置前景色颜色，按 Ctrl+Delete 组合键为新图层填充颜色，如图 28-68 所示。

图 28-67　"新建文档"对话框　　　　　　　图 28-68　填充图层

Step03 单击工具箱中的"横排文字工具" T 按钮，在图像编辑窗口中输入文字，如图 28-69 所示。

Step04 复制一次文字图层，选中复制图层，执行"文字>转换为形状"命令，将文字转换为形状，如图 28-70 所示。

Step05 单击工具箱中的"直接选择工具" ▷ 按钮，拖拽锚点，如图 28-71 所示。

Step06 选中复制图层，右键单击图层名称，在弹出的菜单栏中执行"混合选项"命令，弹出"图层样式"对话框，设置"斜面和浮雕""内发光""图案叠加""外发光""投影"等参数，完成后单击"确定"按钮，如图 28-72、图 28-73 所示，效果如图 28-74 所示。

图 28-69　输入文字

图 28-70　将文字转换为形状

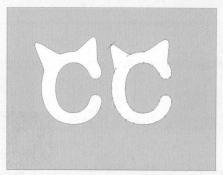

图 28-71　调整形状锚点

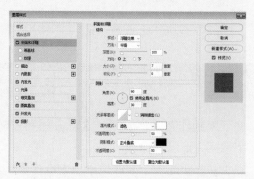

图 28-72　设置图层样式参数

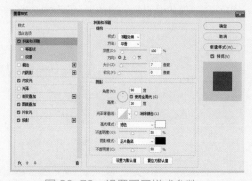

图 28-73　设置图层样式参数

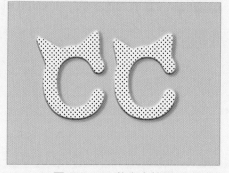

图 28-74　艺术字效果

至此，艺术字效果制作完成。

综合实战　制作宣传册内页

接下来练习制作宣传册内页。这里会用到"矩形工具"▢、"横排文字工具" **T**、"钢笔工具" ✐ 等工具。

Step01 新建一个 285mm × 210mm 的空白文档，在"新建文档"对话框中设置参数，完成后单击"确定"按钮，如图 28-75、图 28-76 所示。

Step02 执行"文件>置入嵌入对象"命令，在弹出的"置入嵌入的对象"对话框

扫一扫　看视频

中选中本章素材"风景 .png"，单击"置入"按钮置入，调整素材图片大小，并移动至合适位置，如图 28-77、图 28-78 所示。

图 28-75 "新建文档"对话框

图 28-76 新建的空白文档

图 28-77 置入素材

图 28-78 调整素材大小和位置

Step03 单击工具箱中的"矩形选框工具"按钮，选中素材多余的部分并按 Delete 键删除，效果如图 28-79 所示。

Step04 单击工具箱中的"矩形工具" □ 按钮，在选项栏中设置填充与描边等参数，在图像编辑窗口中合适位置绘制矩形，如图 28-80 所示。

图 28-79 删除多余素材

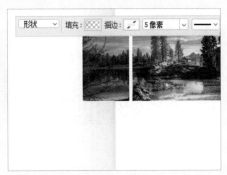

图 28-80 绘制矩形

Step05 继续使用"矩形工具" □ 绘制矩形，并填充颜色，如图 28-81 所示。

Step06 单击工具箱中的"横排文字工具" T 按钮，在图像编辑窗口中单击并输入文字，如图 28-82 所示。

图 28-81 绘制矩形并填充

图 28-82 输入标题文字

Step07 单击工具箱中的"横排文字工具" **T** 按钮，在图像编辑窗口中单击并拖拽绘制文本框，在文本框中输入文字，如图 28-83 所示。

Step08 选中段落文字，执行"窗口>段落"命令，打开"段落"面板，设置段落参数，效果如图 28-84 所示。

图 28-83 输入段落文字

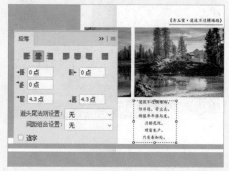

图 28-84 调整段落文字参数

Step09 继续输入段落文字，如图 28-85 所示。

Step10 单击工具箱中的"横排文字工具" **T** 按钮，在图像编辑窗口中单击并输入文字，如图 28-86 所示。

图 28-85 输入段落文字

图 28-86 输入文字

Step11 单击工具箱中的"直排文字工具" **↓T** 按钮，在图像编辑窗口中单击并输入文字，如图 28-87 所示。

Step12 选中"词"字，在"字符"面板中设置"基线偏移数值"为"30"，选中"精"字，在"字符"面板中设置"基线偏移数值"为"−20"，效果如图 28-88 所示。

图 28-87 输入直排文字

图 28-88 设置文字属性

Step13 选中"诗词精选"文字图层，执行"文字>转换为形状"命令，将文字图层转换为形状图层，单击工具箱中的"直接选择工具" ▶ 按钮，选中锚点进行变形，效果如图 28-89 所示。

Step14 单击工具箱中的"横排文字工具" T 按钮，在图像编辑窗口中单击并输入文字，如图 28-90 所示。

图 28-89 变形文字

图 28-90 输入文字

Step15 使用"矩形工具" □ 绘制矩形作为装饰，如图 28-91 所示。

Step16 使用"椭圆工具" ○ 绘制圆形作为装饰，如图 28-92 所示。至此，完成宣传页内页的制作。

图 28-91 绘制矩形装饰

图 28-92 宣传页内页效果图

一、填空题

1. Photoshop 软件中文字的属性可以分为_____、_____两部分。

2. 执行_____命令即可将文字图层转换为普通图层，此时该图层由矢量对象变为像素图像，不再拥有文字所具有的相关属性。

3. 在文字输入状态下，单击选项栏中的_____按钮，即可将横排文字切换成竖排文字。

4. 与点文字相比，_____会基于文本框的尺寸自动换行且可以调整文字区域大小。

5. _____可以创建横向排列的文字

二、选择题

1. 文字图层不可以直接进行（　　）变换。

A. 旋转　　　　　　　　B. 缩放　　　　　　　　C. 扭曲　　　　　　　　D. 斜切

2. 使用"变形文字"对话框中的命令对文字进行变形后，该文字（　　）。

A. 文字图层被栅格化　　　　　　　　B. 文字会失去矢量图像的特性

C. 文字的大小及字体不能修改　　　　D. 文字打印出来还能保持较高清晰度

3. 点文字可以执行（　　）命令转换为段落文字。

A. 文字＞转换为段落文本　　　　　　B. 文字＞转换为形状

C. 图层＞图层样式　　　　　　　　　D. 文字＞创建工作路径

4. 文字图层的特点是（　　）。

A. 放大后会出现马赛克现象

B. 可以直接使用扭曲滤镜

C. 可以直接进行锐化处理

D. 在使用扭曲、模糊、锐化等滤镜前需要栅格化

5. 以下（　　）不是用于设置消除锯齿的方法。

A. 锐利　　　　　　　　B. 圆滑　　　　　　　　C. 犀利　　　　　　　　D. 平滑

三、操作题

1. 制作印章

（1）图像效果，如图28-93所示

图28-93　印章效果图

（2）操作思路

绘制圆弧，创建路径文字与点文字，然后利用选区创建外圆边框及五角星。

2.制作明信片

（1）图像效果，如图28-94所示

图 28-94　明信片效果图

（2）操作思路

在素材图片上输入文字，调整文字字体、字号、颜色等参数，最后绘制装饰线条。

Ps

第29章

图层的应用

Photoshop篇

★ 内容导读

本章主要针对图层的应用来进行介绍。图层是 Photoshop 软件中处理图像时必备的承载载体，接下来将对图层的选择、复制、合并等基本操作进行讲解，同时简单介绍如何编辑图层。

⚙ 学习目标

○ 掌握图层样式的应用
○ 掌握图层的基本操作
○ 了解图层混合模式的应用

29.1 图层面板的基本操作

　　图层是 Photoshop 软件的核心。通过对图层的应用，用户可以创建更丰富的图案效果。图层面板默认位于 Photoshop 右下角，如图 29-1 所示。"窗口＞图层"命令可打开或关闭图层面板。

图 29-1 "图层"面板

29.1.1 选择图层

　　要对图层进行编辑操作，首先要选择图层。在图层列表中，用户可以对图层进行单选、连续选择、间隔选择、全选等操作。

　　在"图层"面板中单击图层，即可选择图层，如图 29-2 所示。按 Alt+] 组合键可切换为相邻的上一个图层，按 Alt+[组合键可切换为相邻的下一个图层。

　　选择一个图层，按住 Shift 键，单击列表中另一端的图层，即可选中这两个图层以及二者之间的图层，如图 29-3 所示。

　　按住 Ctrl 键单击要选择的图层，即可选择如图 29-4 所示的不连续的图层。

图 29-2 选择图层

图 29-3 选择连续图层

图 29-4 选中多个不连续图层

 知识点拨

　　按住 Ctrl 键选择图层时，单击图层名称即可。若单击图层缩略图，将载入该图层选区。

执行"选择＞所有图层"命令，可选中除背景图层以外的所有图层；若要取消图层的选择，可执行"选择＞取消选择图层"命令，或在图像编辑窗口的灰色区域单击。

29.1.2 复制图层

在 Photoshop 软件中，复制图层有多种方式。接下来将针对复制图层的几种方法进行介绍。

（1）执行命令复制图层

在"图层"面板中选中要复制的图层，执行"图层＞复制图层"命令，弹出"复制图层"对话框，如图 29-5 所示。

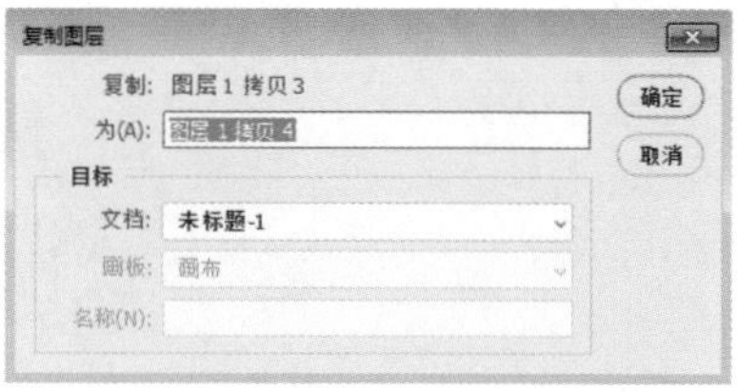

其中，部分常用选项作用如下。

- 为：用于设置复制的新图层的名称。
- 文档：用于确定复制图层的目标文档。选择其他文档可将选中的图层复制在其他文档中。
- 画板：当当前文档中存在多个画板时，可设置复制图层所在的画板。
- 名称：用于设置新建目标文档的名称。

（2）在"图层"面板复制图层

选中要复制的图层，按住鼠标左键拖动至"创建新图层" 🔲 按钮，或按住 Alt 键拖动要复制的图层，即可复制所选图层。

（3）使用快捷键复制图层

选中要复制的图层，按 Ctrl+J 组合键即可在原地复制选中的图层。

操作提示

按 Ctrl+C、Ctrl+V 组合键也可复制图层，但复制的图层与原图层不在同一位置。

（4）在图像编辑窗口拖动复制

在图像编辑窗口中选中要复制的图层，按住 Alt 键拖动鼠标即可复制图层。若要复制图层至其他文档，单击工具箱中的"移动工具" ✛ 按钮，按住鼠标左键拖动要复制的图层至目标文档即可。

29.1.3 创建与删除图层

在 Photoshop 软件中，图层的创建与删除也有多种方式。接下来将分别针对图层的创建与删除进行介绍。

（1）创建图层

单击"图层"面板中的"创建新图层" 🔲 按钮，即可创建新图层，如图 29-6 所示；按住 Ctrl 键单击"图层"面板中的"创建新图层" 🔲 按钮，可在当前图层的下一层创建新图层，如图 29-7 所示。若没有选中的图层，将在"图层"面板列表的最上层创建新图层。

也可以执行"图层＞新建＞图层"命令，弹出"新建图层"对

图 29-6 新建图层

图 29-5 "复制图层"对话框

话框，如图 29-8 所示。在"新建图层"对话框中可以设置新建图层的名称、颜色、模式等，设置完成后单击"确定"按钮即可创建新图层。

图 29-7　在当前图层的下一层创建新图层　　　　图 29-8　"新建图层"对话框

（2）删除图层

对于不需要的图层，可执行"图层＞删除＞图层"命令将其删除。单击"图层"面板上的"删除图层" 🗑 按钮或者按 Delete 键也可以删除图层。

29.1.4　锁定图层

锁定图层，可以保护图层，防止误操作损坏图层内容。Photoshop 软件中提供有"锁定透明像素""锁定图像像素""锁定位置""防止在画板和画框内外自动嵌套""锁定全部"五种锁定方式，如图 29-9 所示。

在此，将针对这五种锁定方式进行介绍。

- 锁定透明像素 🔲：单击该按钮后，可将编辑范围限制为图层的不透明区域，图层中的透明区域将被保护不可编辑。

- 锁定图像像素 🖌：单击该按钮后，将只能对图层进行移动或变换操作，不能进行绘画、擦除或应用滤镜等操作。

- 锁定位置 ✛：单击该按钮后，图层不能被移动。

- 防止在画板和画框内外自动嵌套 🗂：单击该按钮后，将锁定视图中指定的内容，以禁止在画板内部和外部自动嵌套，或指定给画板内的特定图层，以禁止这些特定图层的自动嵌套。

图 29-9　锁定图层方式

- 锁定全部 🔒：单击该按钮后，可锁定以上全部选项。

29.1.5　链接图层

当需要对多个图层进行移动、旋转、缩放等操作时，可将这些图层链接在一起。选中需要链接的图层，单击"图层"面板上的"链接图层" ∞ 按钮即可链接选中的图层。当对其中一个图层进行移动或变换操作时，与之链接的图层也随之变换。

若要取消链接图层，选中要取消链接的图层，单击"图层"面板上的"链接图层" ∞ 按钮即可。

29.1.6　栅格化图层

Photoshop 软件中，若要对文字、形状、矢量蒙版、智能对象等包含矢量数据的图层进　　**629**

行编辑，需要先将其栅格化，才能进行相应的编辑。

选中要栅格化的图层，执行"图层＞栅格化"命令下的子命令，即可将相应的图层栅格化。也可以在"图层"面板中单击鼠标右键，在弹出的快捷菜单中选择"栅格化"命令。

29.1.7 合并图层

合并图层可以将两个或以上的图层合并为一个图层，减少图层数目及文档大小，提高软件运行速度。

（1）合并图层

选中要合并的图层，执行"图层＞合并图层"命令或按 Ctrl+E 组合键，即可合并图层，合并后的图层使用上层图层的名字，如图 29-10、图 29-11 所示。

（2）向下合并图层

向下合并图层可将当前图层合并到与其相连的下一层图层，选中要合并的图层，执行"图层＞向下合并"命令或按 Ctrl+E 组合键，即可合并图层，合并后的图层使用下层图层的名字，如图 29-12、图 29-13 所示。

图 29-10　选中多个图层

图 29-11　合并图层

图 29-12　选中单个图层

（3）合并可见图层

执行"图层＞合并可见图层"命令或按 Shift+Ctrl+E 组合键可以合并"图层"面板中的所有可见图层，合并后的图层使用最下层图层的名字，如图 29-14、图 29-15 所示。

图 29-13　向下合并图层

图 29-14　图层面板中的图层

图 29-15　合并可见图层

（4）拼合图像

执行"图层＞拼合图像"命令可将所有可见图层合并到背景中并扔掉隐藏的图层，使用白色填充其余的任何透明区域。在拼合图像并进行储存操作后，将不能再恢复到未拼合时的状态。

29.1.8 盖印图层

盖印图层是一种特殊的合并图层的方法，可以将多个图层的内容合并到一个新图层中，且保持原始图层不变。接下来将针对盖印图层进行介绍。

（1）向下盖印图层

选中一个图层，按 Ctrl+Alt+E 组合键，可将该图层中的图像盖印到下一图层中，原始图层内容不变。

（2）盖印多个图层

选中多个图层，按 Ctrl+Alt+E 组合键，可将这些图层中的图像盖印到一个新图层中，原始图层内容不变。

（3）盖印可见图层

按 Shift+Ctrl+Alt+E 组合键，可将可见图层中的图像盖印到一个新图层中，原始图层内容不变。

操作提示

按住 Alt 键执行相应的合并命令，即可相应地盖印图层。

29.1.9 填充图层

填充图层是一种特殊的图层，可以使用纯色、渐变或图案填充图层，且不影响下面的图层。

执行"图层＞新建填充图层＞纯色"命令，弹出"新建图层"对话框，设置参数后单击"确定"按钮，弹出"拾色器（纯色）"对话框，设置颜色后单击"确定"按钮即可创建纯色填充图层，如图 29-16、图 29-17 所示。或单击"图层"面板底部的"创建新的填充或调整图层" 按钮，在弹出的菜单栏中选择"纯色"命令，同样可以创建填充图层。

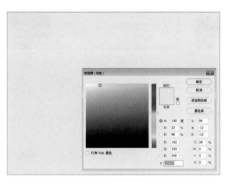
图 29-16　新建填充图层

图 29-17　填充图层

课堂练习　　制作老照片效果

接下来练习制作老照片。这里会用到置入嵌入对象、创建纯色填充图层等操作。

Step01 打开本章素材文件"建筑.jpg"，如图 29-18 所示。按 Ctrl+J 组合键复制一层，如图 29-19 所示。

图 29-18　打开素材文件

图 29-19　复制图层

Step02 选中"图层 1"，执行"图像>调整>去色"命令，去除"图层 1"颜色，如图 29-20 所示。

Step03 单击"图层"面板底部的"创建新的填充或调整图层"

扫一扫 看视频

按钮，在弹出的菜单栏中选择"渐变"命令，打开"渐变填充"对话框，设置参数后单击"确定"按钮，调暗边缘，效果如图 29-21 所示。

图 29-20　去除图层颜色

图 29-21　新建渐变填充图层

Step04 单击"图层"面板底部的"创建新的填充或调整图层" 按钮，在弹出的菜单栏中执行"纯色"命令，弹出"拾色器（纯色）"对话框，设置颜色后单击"确定"按钮，如图 29-22 所示。

Step05 选中纯色填充图层，在"图层"面板设置混合模式和不透明度，效果如图 29-23 所示。

Step06 执行"文件>置入嵌入对象"命令，置入本章素材文件"花纹.jpg"，调整大小后置于合适位置，在"图层"面板设置混合模式和不透明度，效果如图 29-24 所示。

Step07 按 Shift+Ctrl+Alt+E 组合键盖印可见图层，在图层名称上双击修改图层名称为老照片，如图 29-25 所示。

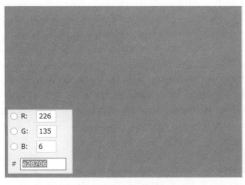

图 29-22 新建颜色填充图层

图 29-23 调整图层参数

图 29-24 置入素材并调整参数

图 29-25 老照片效果图

至此，老照片制作完成。

29.2 编辑图层

除了上述图层的基本操作外，Photoshop 软件中还有很多针对图层编辑的高级操作，本节将针对图层的编辑进行进一步的讲解。

29.2.1 图层不透明度

图层的不透明度用于确定它遮蔽或显示其下方图层的程度。在"图层"面板中，可以通过"不透明度"和"填充"调整图层的不透明度。接下来针对这两种方式进行介绍。

（1）不透明度

图层的不透明度直接影响图层的透明效果，数值越低，图层越透明，如图 29-26、图 29-27 所示分别为"不透明度"数值为 50% 和 100% 的效果。

（2）填充

与"不透明度"相比，"填充"仅影响图层中的像素、形状或文本，而不影响图层样式的不透明度。如图 29-28、图 29-29 所示分别为"填充"数值为 50% 和 100% 的效果。

图 29-26 "不透明度"数值为 50% 效果

图 29-27 "不透明度"数值为 100% 的效果

图 29-28 "填充"数值为 50% 的效果

图 29-29 "填充"数值为 100% 的效果

29.2.2 图层混合模式

图层混合模式可以确定当前图层中的图像如何与其下层图层中的图像进行混合，从而创建各种特殊效果。

在"图层"面板中选中一个图层，单击"设置图层的混合模式"下拉按钮 正常，在弹出的下拉列表中选择混合模式，如图 29-30 所示，即可对图层应用混合模式效果。

图层的混合模式可分为六组，共 27 种。接下来将针对这六组图层混合模式进行介绍。

（1）组合模式组

组合模式组包括"正常"和"溶解"两种混合模式。这两种混合模式需要降低图层的"不透明度"或"填充"数值才能产生作用。

- 正常：Photoshop 软件中默认的混合模式。选择该模式，图层叠加无特殊效果，降低"不透明度"或"填充"数值后才可以与下层图层混合。如图 29-31、图 29-32 所示分别为不透明度为 100% 和 50% 的效果。

- 溶解：编辑或绘制每个像素，使其成为结果色，根据任何像素位置的不透明度，结果色由基色或混合色的像素随机替换。降低"不透明度"或"填充"数值后可以与下层图层混合。如图 29-33、图 29-34 所示分别为填充为 100% 和 50% 的效果。

图 29-30 混合模式列表

图 29-31　不透明度为 100% 的效果

图 29-32　不透明度为 50% 的效果

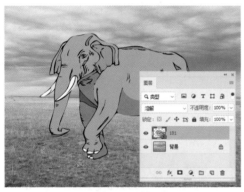

图 29-33　填充为 100% 的效果

图 29-34　填充为 50% 的效果

（2）加深模式组

加深模式组包括"变暗""正片叠底""颜色加深""线性加深"和"深色"五种混合模式。该组中的混合模式可以使图像变暗。在混合过程中，当前图层的白色像素会被下层较暗的像素替代。

● 变暗：选择基色或混合色中较暗的颜色作为结果色，比混合色暗的像素保持不变，比混合色亮的像素将被替换，如图 29-35 所示。

● 正片叠底：查看每个通道中的颜色信息，并将基色与混合色进行正片叠底，结果色总是较暗的颜色。任何颜色与黑色正片叠底产生黑色。任何颜色与白色正片叠底保持不变，如图 29-36 所示。

图 29-35　变暗混合模式效果

图 29-36　正片叠底混合模式效果

- 颜色加深：通过增加图像间的对比度使基色变暗以反映混合色，与白色混合后不产生变化，如图 29-37 所示。
- 线性加深：通过减少亮度使基色变暗以反映混合色，与白色混合后不产生变化，如图 29-38 所示。

图 29-37　颜色加深混合模式效果　　　　　图 29-38　线性加深混合模式效果

- 深色：比较混合色和基色的所有通道的数值总和，然后显示数值较小的颜色，如图 29-39 所示。

（3）减淡模式组

减淡模式组包括"变亮""滤色""颜色减淡""线性减淡（添加）"和"浅色"五种混合模式。该组与加深模式组产生的效果相反，可以使图像变亮。在混合过程中，图像中的黑色像素会被较亮的像素替代，而任何比黑色亮的像素都可能提亮下层像素。

- 变亮：选择基色或混合色中较亮的颜色作为结果色，比混合色暗的像素将被替换，比混合色亮的像素保持不变，如图 29-40 所示。

图 29-39　深色混合模式效果

- 滤色：查看每个通道的颜色信息，并将混合色的互补色与基色进行正片叠底，结果色总是较亮的颜色。用黑色过滤时颜色保持不变；用白色过滤将产生白色，如图 29-41 所示。

 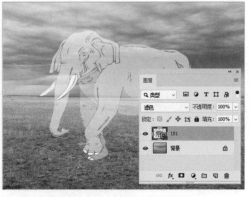

图 29-40　变亮混合模式效果　　　　　图 29-41　滤色混合模式效果

- 颜色减淡：通过减弱图像间的对比度使基色变亮以反映混合色，与黑色混合后不产生变化，如图 29-42 所示。
- 线性减淡（添加）：通过增强亮度使基色变亮以反映混合色，与黑色混合后不产生变化，如图 29-43 所示。

图 29-42　颜色减淡混合模式效果

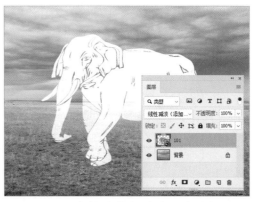

图 29-43　线性减淡（添加）混合模式效果

- 浅色：比较混合色和基色的所有通道的数值总和，然后显示数值较大的颜色，如图 29-44 所示。

（4）对比模式组

对比模式组包括"叠加""柔光""强光""亮光""线性光""点光"和"实色混合"七种混合模式。

该组中的混合模式可以加强图像的差异。在混合时，50% 的灰色会完全消失，任何亮度值高于 50% 灰色的像素都可能提亮下层的图像，亮度值低于 50% 灰色的像素则可能使下层的图像变暗。

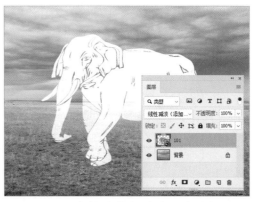

图 29-44　浅色混合模式效果

- 叠加：对颜色进行正片叠底或过滤，具体取决于基色。图案或颜色在现有像素上叠加，同时保留基色的明暗对比，如图 29-45 所示。
- 柔光：使颜色变暗或变亮，具体取决于混合色。若混合色比 50% 灰色亮，则图像变亮；若混合色比 50% 灰色暗，则图像变暗。如图 29-46 所示为柔光模式效果。

图 29-45　叠加混合模式效果

图 29-46　柔光混合模式效果

637

- 强光：对颜色进行正片叠底或过滤，具体取决于混合色。若混合色比 50% 灰色亮，则图像变亮；若混合色比 50% 灰色暗，则图像变暗，如图 29-47 所示。
- 亮光：通过增加或减小对比度来加深或减淡颜色，具体取决于混合色。若混合色比 50% 灰色亮，则通过减小对比度使图像变亮；若混合色比 50% 灰色暗，则通过增加对比度使图像变暗，如图 29-48 所示。

图 29-47　强光混合模式效果

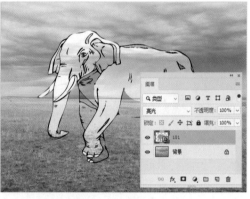

图 29-48　亮光混合模式效果

- 线性光：通过减小或增加亮度来加深或减淡颜色，具体取决于混合色。若混合色比 50% 灰色亮，则通过增加亮度使图像变亮；若混合色比 50% 灰色暗，则通过减小亮度使图像变暗，如图 29-49 所示。
- 点光：根据混合色替换颜色。若混合色比 50% 灰色亮，则替换比混合色暗的像素，而不改变比混合色亮的像素；若混合色比 50% 灰色暗，则替换比混合色亮的像素，而比混合色暗的像素保持不变，如图 29-50 所示。
- 实色混合：将混合颜色的红色、绿色和蓝

图 29-49　线性光混合模式效果

色通道值添加到基色的 RGB 值。此模式会将所有像素更改为主要的加色（红色、绿色或蓝色）、白色或黑色，如图 29-51 所示。

图 29-50　点光混合模式效果

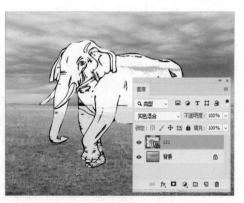

图 29-51　实色混合混合模式效果

操作提示

　　若图像为 CMYK 模式，"实色混合" 会将所有像素更改为主要的减色（青色、黄色或洋红色）、白色或黑色。最大颜色值为 100。

（5）比较模式组

　　比较模式组包括 "差值" "排除" "减去" 和 "划分" 四种混合模式。

　　该组中的混合模式可以比较当前图像与下层图像，将相同的区域显示为黑色，不同的区域显示为灰色或彩色。若当前图层中包含白色，那么白色区域会使下层图像反相，而黑色不会对下层图像产生影响。接下来对这四种混合模式进行详细讲解。

- 差值：比较每个通道中的颜色信息，从基色中减去混合色，或从混合色中减去基色，具体取决于哪一个颜色的亮度值更大。与白色混合将反转基色值；与黑色混合则不产生变化，如图 29-52 所示。

- 排除：创建一种与 "差值" 模式相似但对比度更低的效果。与白色混合将反转基色值；与黑色混合则不发生变化，如图 29-53 所示。

图 29-52　差值混合模式效果

图 29-53　排除混合模式效果

- 减去：比较每个通道中的颜色信息，并从基色中减去混合色，如图 29-54 所示。
- 划分：比较每个通道中的颜色信息，并从基色中划分混合色，如图 29-55 所示。

图 29-54　减去混合模式效果

图 29-55　划分混合模式效果

（6）色彩模式组

色彩模式组包括"色相""饱和度""颜色"和"明度"四种混合模式。使用该组中的混合模式时，Photoshop 会将色彩分为色相、饱和度和亮度三种成分，再将其中一种或两种应用在混合后的图像中。

- 色相：用基色的明亮度和饱和度以及混合色的色相创建结果色，如图 29-56 所示。
- 饱和度：用基色的明亮度和色相以及混合色的饱和度创建结果色，在饱和度为 0 的区域上用此模式绘画不会产生任何变化。如图 29-57 所示。

图 29-56　色相混合模式效果

图 29-57　饱和度混合模式效果

- 颜色：用基色的明亮度以及混合色的色相和饱和度创建结果色。这样可以保留图像中的灰阶，并且对于给单色图像上色和给彩色图像着色都会非常有用，如图 29-58 所示。
- 明度：用基色的色相和饱和度以及混合色的明亮度创建结果色，如图 29-59 所示。

图 29-58　颜色混合模式效果

图 29-59　明度混合模式效果

29.2.3　图层样式

图层样式可以快速地改变图层外观，制作多种多样的效果。双击图层名称右侧的空白区域，可以打开"图层样式"对话框，如图 29-60 所示。Photoshop 为用户提供了斜面和浮雕、描边、内阴影、内发光、光泽、渐变叠加、图案叠加、外发光、投影共 9 种样式。

- 斜面和浮雕：该样式用于增加图像边缘的明暗度，为图层增加高光和阴影，使图像产生立体感。
- 描边：该样式可以使用颜色、渐变或图案描绘图像的轮廓。

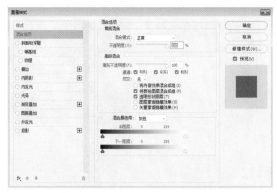

图 29-60 "图层样式"对话框

- 内阴影：该样式可以在紧靠图层内容的边缘内添加阴影，使图层产生凹陷效果。
- 内发光：该样式可以创建图层内边缘向内的发光效果。
- 光泽：该样式可以创建光滑光泽的内部阴影。
- 渐变叠加：该样式可以在当前图层上叠加渐变色。
- 图案叠加：该样式可以在当前图层上叠加图案。
- 外发光：该样式可以创建图层边缘向外的发光效果。
- 投影：该样式可模拟出图层向后投影的效果，从而产生立体感。

课堂练习 为 T 恤添加图案

接下来练习为 T 恤添加图案。这里会用到置入图片等操作和图层混合模式等。

Step01 打开本章素材文件"人 .jpg"，如图 29-61 所示。按 Ctrl+J 组合键复制一层，在"图层"面板中设置混合模式为"滤色"，效果如图 29-62 所示。

图 29-61 打开素材文件

图 29-62 设置"滤色"混合模式

Step02 单击工具箱中的"钢笔工具" 按钮，在图像中的合适位置绘制路径，如图 29-63 所示。

Step03 按 Ctrl+Enter 组合键将路径转换为选区，如图 29-64 所示。

Step04 按 Ctrl+J 组合键将选区复制在新图层中，在"图层"面板中设置混合模式为"正常"，如图 29-65 所示。

扫一扫 看视频

641

图 29-63　绘制路径

图 29-64　将路径转换为选区

Step05 执行"文件>置入嵌入对象"命令，置入本章素材文件"图案 .png"，调整素材文件至合适大小，如图 29-66 所示。

图 29-65　设置"正常"混合模式

图 29-66　置入素材文件

Step06 选中置入的素材文件"图案 .png"，按住 Alt 键，在"图层"面板中将鼠标置于素材文件与下一层之间，带鼠标变为 ↓□ 状时，单击鼠标左键，建立剪贴蒙版，如图 29-67 所示。

Step07 选中独角兽图层，在"图层"面板中设置混合模式为"正片叠底"，效果如图 29-68 所示。

图 29-67　创建剪贴蒙版

图 29-68　调整"正片叠底"混合模式效果

至此，为 T 恤添加图案制作完成。

接下来制作街舞大赛海报。这里会综合应用图层的混合模式和图层样式，以及Photoshop 软件中的一些工具来制作效果。

Step01 打开 Photoshop 软件，新建 A4 大小的空白文档，如图 29-69 所示。

Step02 执行"文件＞置入嵌入对象"命令，置入本章素材文件"背景 .jpg"，并调整至合适大小，如图 29-70 所示。

图 29-69 "新建文档"对话框

图 29-70 置入素材文件

扫一扫 看视频

Step03 单击"图层"面板中的"创建新图层" 按钮，新建图层，使用"渐变工具" 为新建图层填充渐变，如图 29-71 所示。在"图层"面板中设置该图层"混合模式"为"滤色"，"不透明度"为"50%"，效果如图 29-72 所示。

Step04 按 Shift+Ctrl+Alt+E 组合键盖印图层，隐藏"图层 1"。单击工具箱中的"矩形选框工具" 按钮，在图像中绘制矩形选区，单击鼠标右键，在弹出的菜单栏中选择"选择反向"选项，并删除多余部分，按 Ctrl+D 组合键取消选区，如图 29-73 所示。

图 29-71 添加渐变图层

图 29-72 调整图层样式

图 29-73 删除多余内容

Step05 选中盖印的图层，在"图层"面板中双击名称空白处，在弹出的"图层样式"对话框中设置"投影"参数，如图 29-74 所示。

Step06 执行"文件＞置入嵌入对象"命令，置入本章素材文件"人 .png"，并调整至合适位置，如图 29-75 所示。

Step07 按 Ctrl+J 组合键复制一层，执行"滤镜＞模糊＞高斯模糊"命令，在弹出的"高斯模糊"对话框中设置"半径"为"37.4"，单击"确定"按钮，效果如图 29-76 所示。

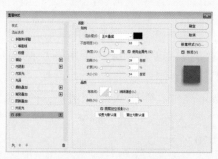

图 29-74　添加投影

Step08　在"图层"面板中选中图层"2"，按住 Alt 键向上拖拽，复制图层至模糊图层之上，效果如图 29-77 所示。

图 29-75　置入素材文件

图 29-76　添加高斯模糊效果

图 29-77　复制图层

Step09　在"图层"面板中选中图层"2 拷贝 2"，按住 Alt 键向上拖拽复制，选中新复制的图层，执行"滤镜＞滤镜库"命令，在弹出的"滤镜库"对话框中选中"照亮边缘"滤镜，单击"确定"按钮，在"图层"面板中设置"混合模式"为"点光"，效果如图 29-78 所示。

Step10　单击工具箱中的"文字工具" T 按钮，在图像编辑窗口中单击并输入文字，如图 29-79 所示。

图 29-78　调整混合模式

图 29-79　输入文字

Step11 选中输入的文字，在"图层"面板中双击名称空白处，在弹出的"图层样式"对话框中设置"斜面和浮雕"参数和"描边"参数，如图 29-80、图 29-81 所示。

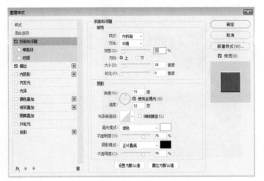

图 29-80 设置"斜面和浮雕"参数

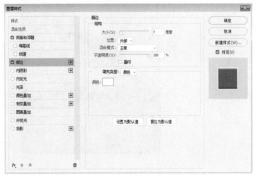

图 29-81 设置"描边"参数

Step12 选中文字图层，按 **Ctrl+J** 组合键复制，在"图层"面板中单击鼠标右键，在弹出的菜单栏中选择"栅格化文字"选项，双击文字图层名称空白处，在弹出的"图层样式"对话框中设置"斜面和浮雕"参数和"描边"参数，如图 29-82、图 29-83 所示。

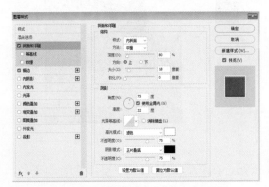

图 29-82 设置"斜面和浮雕"参数

图 29-83 设置"描边"参数

Step13 选中复制的文字图层，按 **Alt** 键向下拖拽复制，在"图层"面板中隐藏效果，执行"滤镜＞模糊＞高斯模糊"命令，在弹出的"高斯模糊"对话框中设置"半径"为"37.4"，单击"确定"按钮，效果如图 29-84 所示。

Step14 单击工具箱中的"矩形工具" □ 按钮，在图形编辑窗口中绘制矩形，并调整颜色，如图 29-85 所示。

Step15 在"图层"面板中选中"街舞大赛 拷贝 1"图层的效果，按住 **Alt** 键拖拽至矩形上，效果如图 29-86 所示。

Step16 选中矩形图层，在图形编辑窗口中按住 **Alt** 键拖拽至合适位置，在"图层"面板中双击名称空白处，在弹出的"图层样式"对话框中设置"颜色叠加"参数，如图 29-87 所示，效果如图 29-88 所示。

图 29-84 添加高斯模糊效果

645

图 29-85 绘制矩形

图 29-86 复制图层样式效果

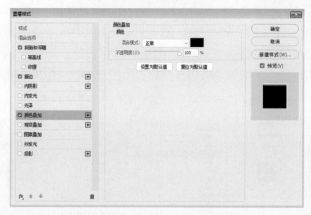
图 29-87 设置颜色叠加效果

图 29-88 效果展示

Step17 单击工具箱中的"文字工具"**T**按钮,在图像编辑窗口中单击并输入文字,如图 29-89 所示。

Step18 选中输入的文字,在"图层"面板中双击名称空白处,在弹出的"图层样式"对话框中设置"斜面和浮雕"参数,如图 29-90 所示。

图 29-89 输入文字

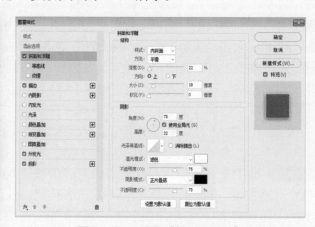
图 29-90 设置"斜面和浮雕"参数

Step19 继续设置文字图层的"描边"参数和"外发光"参数，如图 29-91、图 29-92 所示。

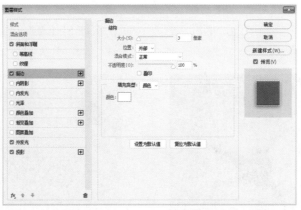

图 29-91 设置"描边"参数

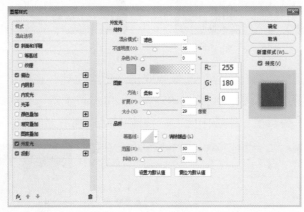

图 29-92 设置"外发光"参数

Step20 设置文字图层的"投影"参数，如图 29-93 所示，完成后单击"确定"按钮，效果如图 29-94 所示。

图 29-93 设置"投影"参数

图 29-94 添加图层样式效果

647

Step21 在"图层"面板中选中文字图层，按住 Alt 键向下拖拽复制一层，取消其图层样式效果，执行"滤镜＞模糊＞高斯模糊"命令，在弹出的"高斯模糊"对话框中设置"半径"为"37.4"，单击"确定"按钮，效果如图 29-95 所示。

Step22 单击工具箱中的"椭圆工具"按钮，按住 Shift 键在图像编辑窗口中绘制正圆，如图 29-96 所示。

图 29-95 添加模糊效果　　　　　　图 29-96 绘制圆形

Step23 选中圆形，在"图层"面板中双击名称空白处，在弹出的"图层样式"对话框中设置"渐变叠加"参数，如图 29-97 所示。单击"确定"按钮。

Step24 在图像编辑窗口中选中圆形，按住 Alt 键复制，如图 29-98 所示。

图 29-97 设置"渐变叠加"参数　　　　　图 29-98 复制圆形

Step25 选中所有复制的圆形，按 Ctrl+G 组合键成组，在"图层"面板中双击组名称空白处，在弹出的"图层样式"对话框中设置"投影"参数，如图 29-99 所示。单击"确定"按钮。

Step26 单击工具箱中的"矩形工具" □ 按钮，在图形编辑窗口中绘制矩形，并复制对应文字的图层样式效果，效果如图 29-100 所示。

Step27 单击工具箱中的"文字工具" T 按钮，在图像编辑窗口中单击并输入文字，如图 29-101 所示。

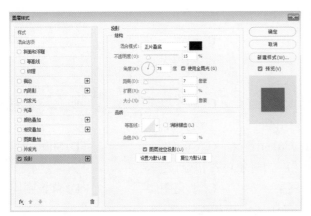

图 29-99　设置"投影"参数

图 29-100　复制图层样式

Step28 分别选中文字，通过图层样式添加描边效果，如图 29-102 所示。

Step29 使用矩形工具和椭圆工具绘制装饰，如图 29-103 所示。至此，完成街舞大赛海报最终效果。

图 29-101　输入文字

图 29-102　添加描边效果

图 29-103　最终效果

📖 课后作业

一、填空题

1. 选中要复制的图层，按_____组合键即可在原地复制选中的图层。

2. 按_____组合键，可将可见图层中的图像盖印到一个新图层中，原始图层内容不变。

3. Photoshop 软件中有_____锁定图层的方式。

4. _____是一种特殊的图层，永远位于"图层"面板最底层，不能调整堆叠顺序，且处于锁定状态。

5. 选中图层后，按_____组合键可切换为相邻的上一个图层，按_____组合键可切换为相邻的下一个图层。

二、选择题

1. （　　）不属于在图层面板中可以调节的参数。

A. 不透明度 　　　　　　　　　　　　B. 锁定

C. 显示隐藏当前图层 　　　　　　　　D. 图层大小

2. （　　）不是填充图层。

A. 纯色填充图层　　　B. 快照填充图层　　　C. 渐变填充图层　　　D. 图案填充图层

3. 要使某图层与其下面的图层合并可按（　　）组合键。

A. Ctrl+E　　　　　　B. Shift+Ctrl+E　　　C. Ctrl+K　　　　　　D. Shift+E

4. （　　）类型的图层可以将图层中的对象对齐和分布。

A. 调节图层　　　　　B. 链接图层　　　　　C. 填充图层　　　　　D. 背景图层

5. （　　）不是 Photoshop 软件中的图层合并方式。

A. 向下合并　　　　　B. 盖印图层　　　　　C. 向上合并　　　　　D. 合并可见图层

三、操作题

1. 制作灯管文字

（1）图像效果，如图 29-104 所示

图 29-104　灯管文字效果

（2）操作思路

打开"墙 .jpg"素材后复制一层去色并添加渐变，输入文字后设置其图层样式，即可。

2. 绘制水杯

（1）图像效果，如图 29-105 所示

图 29-105　绘制水杯效果

（2）操作思路

使用钢笔工具绘制形状、高光，通过图层样式稍作调整后，利用混合模式贴图即可。

Ps

Photoshop篇

第30章
通道与蒙版

内容导读

本章主要针对 Photoshop 软件中的通道和蒙版来进行介绍。蒙版主要用于图像的合成，可以显示或隐藏图像中的内容；通道则可以帮助用户调色、抠图。通过学习通道和蒙版，用户可以创建更为复杂的图像。

学习目标

○ 了解通道类型
○ 了解蒙版类型
○ 掌握通道的应用
○ 掌握蒙版的应用

通道是存储不同类型信息的灰度图像，在辅助作图方面作用很大。通过通道，可以帮助用户编辑设计更复杂的图像。下面将针对"通道"进行介绍。

（1）"通道"面板

打开一个图像文件，执行"窗口>通道"命令，会打开"通道"面板，如图30-1所示。当前图像颜色模式为"RGB颜色"模式。

接下来，将针对"通道"面板中的部分选项进行介绍。

- 指示通道可见性 👁：用于显示或隐藏通道。
- 将通道作为选区载入 ⊙：用于将当前通道转换为选区。白色部分表示选区之内，黑色部分表示选区之外，灰色部分则是半透明效果。
- 将选区存储为通道 ▢：用于将选区保存到新建的 Alpha 通道中，方便后续使用。如图 30-2、图 30-3 所示为选区及存储的通道。

图 30-1 "通道"面板

图 30-2 选区

图 30-3 将选区存储为通道

- 创建新通道 ▢：用于创建一个空白的 Alpha 通道，通道显示为全黑色。
- 删除当前通道 🗑：用于删除当前选中的通道。

（2）选择通道

在"通道"面板中单击某一通道即可选中该通道，其他通道自动隐藏，如图 30-4、图 30-5 所示。

图 30-4 "通道"面板

图 30-5 选择通道

若单击选择最顶端通道，则会选择全部通道。

（3）显示或隐藏通道

在"通道"面板中单击通道名称前的"指示通道可见性" ◎按钮，即可隐藏或显示通道，如图 30-6、图 30-7 所示为原图和隐藏红通道的效果。

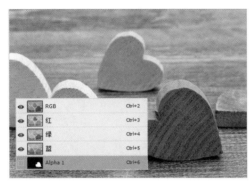

图 30-6　显示 RGB 通道

图 30-7　隐藏红通道

若仅显示 Alpha 通道，效果如图 30-8 所示。若在显示原通道的基础上显示 Alpha 通道，则 Alpha 通道缩略图中的黑色区域将被 50% 透明的红色遮盖，如图 30-9 所示。

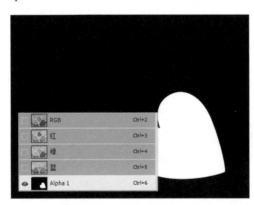

图 30-8　仅显示 Alpha 通道

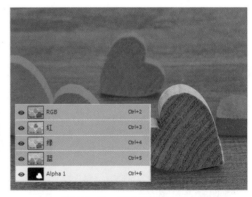

图 30-9　显示所有通道

（4）复制或删除通道

若想复制某个通道，选中该通道，单击鼠标右键，在弹出的菜单中执行"复制通道"命令，弹出"复制通道"对话框，如图 30-10 所示。在"复制通道"对话框中可对复制通道的名称等进行设置。

图 30-10　"复制通道"对话框

653

若想删除通道，选中要删除的通道，单击"通道"面板中的"删除当前通道" ⬚ 按钮或单击鼠标右键，在弹出的菜单中执行"删除通道"命令即可。

知识点拨

若删除图像原有的通道，则图像的颜色模式将发生变化，如图 30-11、图 30-12 所示为原图与删除蓝通道的效果。

图 30-11 RGB 通道效果　　　　　　图 30-12 删除蓝通道效果

（5）分离与合并通道

打开"RGB 颜色"模式图像，单击"通道"面板中的"菜单" ≡ 按钮，在弹出的菜单中执行"分离通道"命令，即可将图像分离成 3 个灰度图像，如图 30-13、图 30-14 所示。

图 30-13 "RGB 颜色"模式图像　　　　　图 30-14 分离通道效果

分离后的图像可以通过"合并通道"命令重新合并在一起。单击"通道"面板中的"菜单" ≡ 按钮，在弹出的菜单中执行"合并通道"命令，弹出"合并通道"对话框，如图 30-15 所示。在"合并通道"对话框中设置参数后单击"确定"按钮，弹出"合并 RGB 通道"对话框，单击"确定"按钮，即可合并通道，如图 30-16 所示。

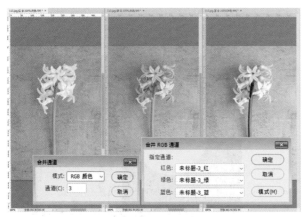

图 30-15　合并通道　　　　图 30-16　合并通道效果

30.2　通道类型

　　Photoshop 软件中包括颜色通道、Alpha 通道、专色通道三种类型的通道。本节将针对这三种类型的通道进行介绍。

30.2.1　颜色通道

　　颜色通道是用于保存图像颜色信息的通道。图像的颜色模式决定了颜色通道的数量。

　　若图像为 "RGB 颜色" 模式，则 "通道" 面板中显示 RGB、红、绿、蓝四个通道，如图 30-17 所示；若图像为 "CMYK 颜色" 模式，则 "通道" 面板中显示 CMYK、青色、洋红、黄色、黑色五个通道，如图 30-18 所示。

图 30-17　"RGB 颜色"
模式通道

　　若图像为 "Lab 颜色" 模式，则 "通道" 面板中显示 Lab、明度、a、b 四个通道，如图 30-19 所示；若图像为 "灰度" 模式，则 "通道" 面板中仅显示灰色通道，如图 30-20 所示。

图 30-18　"CMYK 颜色"模式通道　　图 30-19　"Lab 颜色"模式通道　　图 30-20　"灰度"模式通道

30.2.2　Alpha 通道

　　Alpha 通道主要用于存储选区。单击 "通道" 面板中的 "创建新通道" 按钮即可创建　**655**

一个空白的 Alpha 通道，如图 30-21 所示。若图像中存在选区，单击"通道"面板中的"将选区存储为通道"  按钮可将选区保存到 Alpha 通道中，如图 30-22 所示。

图 30-21　新建 Alpha 通道

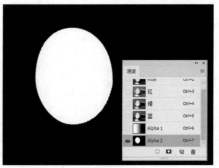

图 30-22　将选区存储为通道

Alpha 通道缩略图中的白色部分表示选区之内，黑色部分表示选区之外，灰色部分则是半透明效果。按 Ctrl 键单击 Alpha 通道缩略图，按 Delete 键删除，可以看到白色部分被删除，灰色部分被删除，如图 30-23、图 30-24 所示。

图 30-23　创建选区

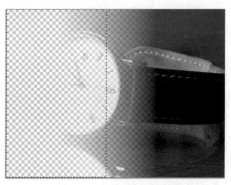

图 30-24　删除选区内容

30.2.3　专色通道

专色通道用于存储专色，是一种特殊的通道。专色是特殊的预混油墨，用来替代或者补充印刷色油墨，以便更好地体现图像效果。

单击"通道"面板中的"菜单" 按钮，在弹出的菜单中执行"新建专色通道"命令，弹出"新建专色通道"对话框，如图 30-25 所示。在"新建专色通道"对话框中设置专色通道的名称、颜色等参数，单击"确定"按钮，即可创建专色通道。

图 30-25　"新建专色通道"对话框

📑 **课堂练习** 利用通道抠选人物素材

接下来利用通道抠选人物素材，这里会用到"画笔工具" 等工具以及"将通道作为选区载入" 、复制通道等操作。

Step01 打开本章素材文件"女生.jpg",如图 30-26、图 30-27 所示。按 Ctrl+J 组合键复制图层。

图 30-26 打开素材文件

图 30-27 复制素材文件

Step02 选中复制图层,执行"窗口>通道"命令,弹出"通道"面板,如图 30-28 所示。选中绿通道,按住鼠标左键拖拽至"创建新通道" ▫ 按钮上,复制通道,如图 30-29 所示。

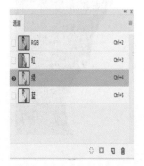

图 30-28 选中绿通道

图 30-29 复制绿通道

扫一扫 看视频

Step03 选中复制通道,执行"图像>调整>色阶"命令,在弹出的"色阶"对话框中调整色阶,如图 30-30、图 30-31 所示。

图 30-30 图像色阶

图 30-31 调整色阶

Step04 执行"图像>调整>反相"命令,效果如图 30-32 所示。

Step05 单击工具箱中的"画笔工具" ✏ 按钮，设置前景色为白色，将人物黑色部分涂抹成白色，如图 30-33 所示。

图 30-32 反相图像　　　　　　　图 30-33 在通道中涂抹图像

Step06 再次执行"图像＞调整＞色阶"命令，在弹出的"色阶"对话框中调整色阶，如图 30-34、图 30-35 所示。

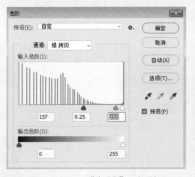

图 30-34 "色阶"对话框　　　　　　图 30-35 调整色阶效果

Step07 单击"通道"面板底部的"将通道作为选区载入" ○ 按钮，将通道转换为选区，如图 30-36 所示。

Step08 单击选中"通道"面板中的 RGB 通道，按 Ctrl+J 组合键复制选区，如图 30-37 所示。

图 30-36 将通道转换为选区　　　　　图 30-37 复制选区

至此，利用通道抠选人物素材制作完成。

30.3 认识蒙版

蒙版是 Photoshop 软件中处理图像的一种特殊方式。它可以遮盖住部分图像，使其避免受到操作的影响，因此，蒙版是一种非破坏性的编辑方式。Photoshop 软件中的蒙版包括快速蒙版、剪贴蒙版、图层蒙版、矢量蒙版等。

30.4 蒙版类型

在 Photoshop 软件中，常用的蒙版有剪贴蒙版、图层蒙版和矢量蒙版三种。剪贴蒙版通过一个对象的形状来控制其他图层的显示区域；图层蒙版通过蒙版中的灰度信息来控制图像的显示区域；矢量蒙版通过路径和矢量形状控制图像的显示区域。

本节将针对这三种蒙版类型进行介绍。

30.4.1 剪贴蒙版

剪贴蒙版可以以下方图层的图像轮廓来控制上方图层图像的显示区域，由基底图层和内容图层两部分构成，即基底图层用于定义最终图像的形状及范围，内容图层用于定义最终图像的显示的颜色图案。

（1）创建剪贴蒙版

剪贴蒙版创建后，基底图层名称下会有一条下划线，上方的内容图层缩略图前方会出现 ↓图标。在 Photoshop 软件中，创建剪贴蒙版有多种方式。

选中要被剪贴的图层，执行"图层＞创建剪贴蒙版"命令或按 Alt+Ctrl+G 组合键，即可以相邻的下层图层为基底图层创建剪贴蒙版，如图 30-38、图 30-39 所示。

图 30-38 选中图层

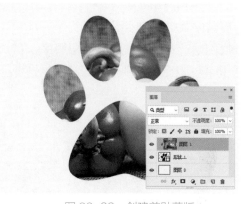

图 30-39 创建剪贴蒙版

或者在"图层"面板中选中要被剪贴的图层，单击鼠标右键，在弹出的菜单中执行"创建剪贴蒙版"命令，即可以相邻的下层图层为基底图层创建剪贴蒙版，如图 30-40、图 30-41 所示。

图 30-40　图层菜单栏 　　　　　图 30-41　创建剪贴蒙版

　　或者在"图层"面板中选中要被剪贴的图层，按住 Alt 键，移动鼠标至要被剪贴的图层与其相邻的下层图层之间，待鼠标变为 ↓□ 状时，单击鼠标左键，即可创建剪贴蒙版，如图 30-42、图 30-43 所示。

图 30-42　选中图层 　　　　　图 30-43　创建剪贴蒙版

（2）编辑剪贴蒙版

　　剪贴蒙版中的内容图层可以有多个，但是必须是相邻的图层。对内容图层的操作不会影响基底图层。若想移动内容图层顺序，在"图层"面板单击并拖动要移动的内容图层即可，如图 30-44、图 30-45 所示。

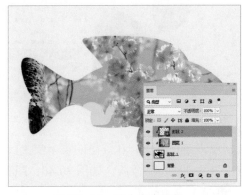

图 30-44　选中内容图层 　　　　　图 30-45　移动内容图层顺序

若移动内容图层至基底图层下方，即释放剪贴蒙版。

在"图层"面板中选中内容图层，调整其不透明度，则仅影响该图层的透明度，如图 30-46 所示。若调整基底图层的不透明度，则整个剪贴蒙版组中图层的透明度都会改变，如图 30-47 所示。

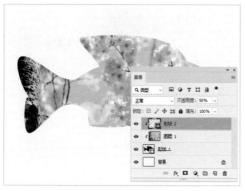

图 30-46　调整内容图层不透明度

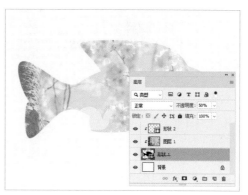

图 30-47　调整基底图层不透明度

（3）释放剪贴蒙版

剪贴蒙版创建后，若需使图像效果恢复原始状态，可以释放剪贴蒙版。

选中内容图层，执行"图层＞释放剪贴蒙版"命令或按 Alt+Ctrl+G 组合键或在"图层"面板中选中内容图层，单击鼠标右键，在弹出的菜单中执行"释放剪贴蒙版"命令，即可释放剪贴蒙版。

也可以按住 Alt 键，移动鼠标至内容图层与基底图层之间，待鼠标变为 状时，单击鼠标左键，即可释放剪贴蒙版。

30.4.2　图层蒙版

图层蒙版是 Photoshop 软件中最常用的蒙版。它可以在不损坏图像的前提下，将部分图像隐藏，并可根据需要修改隐藏的部分。在图层蒙版中，纯白色区域为可见的，纯黑色为不可见的，灰色区域则显示透明效果，如图 30-48、图 30-49 所示。

图 30-48　图层蒙版效果

图 30-49　图层面板中的图层蒙版

661

（1）编辑图层蒙版

创建蒙版后，可以使用绘画工具在蒙版上进行编辑，创造更丰富的效果，如图 30-50、图 30-51 所示。

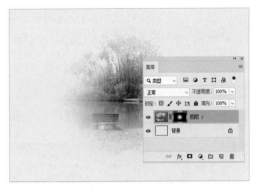

图 30-50　图层蒙版效果　　　　　　　图 30-51　编辑图层蒙版效果

若想移动图层蒙版，可在"图层"面板中选中蒙版缩略图，按住鼠标左键拖动至要移动的图层即可，如图 30-52、图 30-53 所示。

图 30-52　选中图层蒙版缩略图　　　　图 30-53　移动图层蒙版

若想复制图层蒙版，在"图层"面板中选中蒙版缩略图，按住 Alt 键拖动至要复制的图层即可，如图 30-54、图 30-55 所示。

图 30-54　选中图层蒙版缩略图　　　　图 30-55　复制图层蒙版

选中图层蒙版缩略图，单击鼠标右键，在弹出的菜单栏中执行"停用图层蒙版"命令或按 Shift 键单击图层蒙版缩略图，即可停用图层蒙版，此时缩略图中出现红色的"×"，被蒙版隐藏的区域即可显示出来，如图 30-56、图 30-57 所示。

图 30-56　停用图层蒙版

图 30-57　停用图层蒙版效果

选中被停用的图层蒙版缩略图，单击鼠标右键，在弹出的菜单栏中执行"启用图层蒙版"命令或按 Shift 键单击图层蒙版缩略图，即可启用图层蒙版，如图 30-58、图 30-59 所示。

图 30-58　启用图层蒙版

图 30-59　启用图层蒙版效果

选中图层蒙版缩略图，单击鼠标右键，在弹出的菜单栏中执行"应用图层蒙版"命令，可以将蒙版与原图像合并成一个图像，其中白色区域对应的图像保留，黑色区域对应的图像被删除，灰色区域对应的图像部分被删除，如图 30-60、图 30-61 所示。

图 30-60　应用图层蒙版

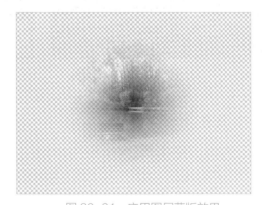

图 30-61　应用图层蒙版效果

（2）删除图层蒙版

若想删除创建的图层蒙版，选中图层蒙版缩略图，单击"图层"面板底部的"删除图层" 🗑 按钮或者选中图层，执行"图层＞图层蒙版＞删除"命令，即可删除图层蒙版。

663

下面利用图层蒙版制作花墙效果，操作步骤如下。

Step01 打开本章素材文件"心形 .jpg"，如图 30-62 所示。

Step02 执行"文件＞置入嵌入对象"命令，置入本章素材文件"建筑 .jpg"，如图 30-63 所示。

图 30-62　原始图像

图 30-63　置入嵌入对象

Step03 选中背景图层，单击工具箱中的"魔棒工具"创建选区，如图 30-64 所示。

Step04 在"图层"面板中选中"建筑"图层，单击"图层"面板底部的"添加图层蒙版" ▢ 按钮，即从选区创建蒙版，花墙效果如图 30-65 所示。

图 30-64　图像中的选区

图 30-65　图层蒙版效果

30.4.3　矢量蒙版

矢量蒙版是通过路径制作蒙版，显示路径覆盖的区域，隐藏路径以外的区域，且创建矢量蒙版后，依然可以通过"直接选择工具" ▷ 对路径进行调整，从而使蒙版区域更精确。

接下来，将针对矢量蒙版进行详细介绍。

（1）创建矢量蒙版

选中要创建矢量蒙版的图层，单击工具箱中的"钢笔工具"按钮，在图像中合适位置绘制路径，执行"图层＞矢量蒙版＞当前路径"命令，即可以当前绘制的路径创建一个矢量蒙版，如图 30-66、图 30-67 所示。

图 30-66　创建矢量蒙版

图 30-67　创建矢量蒙版效果

也可以在绘制完路径后，按住 Ctrl 键单击"图层"面板底部的"添加图层蒙版"按钮，即可以当前绘制的路径创建矢量蒙版。

（2）编辑矢量蒙版

矢量蒙版创建后，选中矢量蒙版缩略图，可以使用钢笔工具或形状工具在矢量蒙版中绘制路径，如图 30-68、图 30-69 所示。

图 30-68　选中矢量蒙版缩略图

图 30-69　编辑矢量蒙版

单击工具箱中的"直接选择工具" ↖ 按钮，选中路径，可以调整路径范围，从而调整矢量蒙版，如图 30-70、图 30-71 所示。

图 30-70　选中路径

图 30-71　调整矢量蒙版

（3）将矢量蒙版转换为图层蒙版

矢量蒙版还可以转换为图层蒙版，在矢量蒙版缩略图上单击鼠标右键，在弹出的菜单中执行"栅格化矢量蒙版"命令，或执行"图层＞栅格化＞矢量蒙版"命令，即可将矢量蒙版转换为图层蒙版，此时，蒙版缩略图由灰色调转换为黑白调。

（4）删除矢量蒙版

在矢量蒙版缩略图上单击鼠标右键，在弹出的菜单中执行"删除矢量蒙版"命令，或执行"图层＞矢量蒙版＞删除"命令，即可将矢量蒙版转换为图层蒙版。

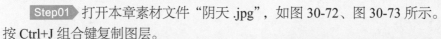 **课堂练习** 将阴天转换为晴天

接下来练习将阴天转换为晴天。这里会用到"画笔工具" 、"渐变工具" 等工具以及创建图层蒙版等操作。

扫一扫 看视频

Step01 打开本章素材文件"阴天.jpg"，如图 30-72、图 30-73 所示。按 Ctrl+J 组合键复制图层。

图 30-72 "打开"对话框

图 30-73 打开素材文件

Step02 执行"文件＞置入嵌入对象"命令，置入素材文件"晴天.jpg"，调整大小和位置，如图 30-74 所示。

Step03 选中"晴天"图层，单击"图层"面板底部的"添加图层蒙版" 按钮，创建图层蒙版，如图 30-75 所示。

图 30-74 置入素材文件

图 30-75 创建图层蒙版

Step04 选中蒙版缩略图，单击工具箱中的"画笔工具" ✐按钮，在蒙版上涂抹使下层图像显示，如图 30-76、图 30-77 所示。

图 30-76 编辑图层蒙版 　　图 30-77 编辑图层蒙版效果

Step05 单击"图层"面板中的"背景 拷贝"图层，单击工具箱面板中的"锐化工具" △按钮，在山的位置涂抹，效果如图 30-78 所示。

Step06 执行"图像＞调整＞亮度／对比度"命令，在弹出的"亮度／对比度"对话框中设置亮度为 30，效果如图 30-79 所示。

图 30-78 锐化图像 　　　　　图 30-79 效果图

至此，将阴天转换为晴天制作完成。

📑 **综合实战** 制作可爱泡泡效果

接下来制作可爱的泡泡效果，这里会用到"画笔工具" ✐等工具以及复制通道、创建图层蒙版等操作。

扫一扫 看视频

Step01 打开素材文件"泡泡 .jpg"，如图 30-80、图 30-81 所示。按 Ctrl+J 组合键复制图层。

Step02 执行"窗口＞通道"命令，弹出"通道"面板，如图 30-82 所示。选中红通道，按住鼠标左键拖拽至"创建新通道" ▫按钮上，复制通道，如图 30-83 所示。

图 30-80 "打开"对话框

图 30-81 打开素材文件

图 30-82 选中红通道

图 30-83 复制红通道

Step03 选中复制通道，执行"图像＞调整＞色阶"命令，在弹出的"色阶"对话框中调整色阶，如图 30-84、图 30-85 所示。

图 30-84 图像原色阶

图 30-85 调整图像色阶

Step04 选中复制通道，单击工具箱中的"画笔工具" ✎ 按钮，将背景涂抹成黑色，如图 30-86 所示。

Step05 选中复制通道，执行"图像＞调整＞色阶"命令，在弹出的"色阶"对话框中调整色阶，如图 30-87 所示。

Step06 选中复制通道，按 Ctrl+A 组合键全选，如图 30-88 所示。按 Ctrl+C 组合键复制。

Step07 单击选中"通道"面板中的 RGB 通道，按 Ctrl+D 组合键取消选区，如图 30-89 所示。

图 30-86　在通道中涂抹图像

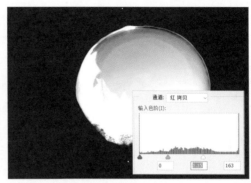

图 30-87　调整色阶

图 30-88　复制通道内容

图 30-89　选中 RGB 通道

Step08 执行"文件＞置入嵌入对象"命令，置入素材文件"儿童 .jpg"，调整至合适大小，如图 30-90 所示。

Step09 选中新置入的素材文件，单击"图层"面板底部的"添加图层蒙版" ◘ 按钮，添加图层蒙版，如图 30-91 所示。

图 30-90　置入素材文件

图 30-91　添加图层蒙版

Step10 按住 Alt 键单击蒙版缩略图，图像编辑窗口中显示图层蒙版，如图 30-92 所示。

Step11 按 Ctrl+V 组合键将复制的通道拷贝到蒙版中，如图 30-93 所示。

图 30-92　显示图层蒙版

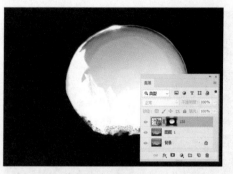

图 30-93　将复制的通道拷贝到蒙版中

Step12　单击图像缩略图重新显示图像内容，如图 30-94 所示。

Step13　选中蒙版缩略图，单击工具箱中的"画笔工具" ✒ 按钮，在蒙版边缘处涂抹，最终效果如图 30-95 所示。

图 30-94　显示图像内容

图 30-95　人在泡泡里效果图

至此，人在泡泡里的效果制作完成。

📖 课后作业

一、填空题

1. _____ 可以以下方图层的图像轮廓来控制上方图层图像的显示区域，由基底图层和内容图层两部分构成。

2. 按 _____ 组合键，可以以相邻的下层图层为基底图层创建剪贴蒙版。

3. Alpha 通道缩略图中的 _____ 表示选区之内，_____ 表示选区之外，灰色部分则是半透明效果。

4. 图像的 _____ 决定了颜色通道的数量。

5. 选中图层蒙版缩略图，按 _____ 键单击图层蒙版缩略图，可停用图层蒙版。

二、选择题

1. 在"通道"面板中按住（　　）键可以加选或减选通道。

A. Alt　　　　　　　　B. Shift　　　　　　　　C. Ctrl　　　　　　　　D. Tab

2. Alpha 通道最主要的用途是（　　）。

A. 保存图像色彩信息　　B. 创建新通道　　　　C. 存储选区　　　　　D. 存储专色

3. Photoshop 软件中没有（　　）。

A. 彩色通道　　　　　　　B. Alpha 通道　　　　　C. 颜色通道　　　　　　D. 专色通道

4. 若想使各颜色通道以彩色显示，应选择（　　）命令。

A. 编辑＞首选项＞常规　　　　　　　　B. 编辑＞首选项＞界面＞用彩色显示通道

C. 编辑＞填充　　　　　　　　　　　　D. 图像＞应用图像

5. 按住（　　）键并单击 Alpha 通道，可载入 Alpha 通道中的选区。

A. Tab　　　　　　　　B. Alt　　　　　　　　C. Shift　　　　　　　　D. Ctrl

三、操作题

1. 替换服装

（1）图像效果，如图 30-96 所示

图 30-96　替换服装效果

（2）操作思路

复制图层，设置混合模式为滤色，通过通道选择服装部分并创建图层蒙版，插入素材文件，创建剪贴蒙版即可。

2. 行走的人

（1）图像效果，如图 30-97 所示

图 30-97　行走的人效果

（2）操作思路

复制图层，通过通道创建图层蒙版，勾选出人物轮廓，原背景图层复制一层，选中人物使用内容填充，置入瓶子素材文件作为台阶，调整大小及位置即可。

Ps

第31章
色彩与色调的调整

⭐ **内容导读**

本章主要针对色彩和色调的调整进行讲解。调色是 Photoshop 软件处理图像的重要功能，包括曲线、色阶、色彩平衡、曝光度、渐变映射等多种调色命令，接下来将针对这些调色命令——进行讲解。

🔆 **学习目标**

○ 掌握基本调色命令的应用
○ 掌握高级调色命令的应用
○ 掌握特殊调色命令的应用

Photoshop篇

31.1　基本调色命令

色彩是设计中非常重要的组成部分，在 Photoshop 软件中，有多种调整图像色彩的操作命令，本节将针对其中比较基础的调色命令进行讲解。

31.1.1　曲线

"曲线"命令可以通过曲线调整图像的明暗，同时可以调整图像亮度、对比度等。如图 31-1、图 31-2 所示为通过"曲线"命令调整前后效果。

图 31-1　原始素材

图 31-2　"曲线"调整后效果

执行"图像>调整>曲线"命令或按 Ctrl+M 组合键，打开"曲线"对话框，如图 31-3 所示。

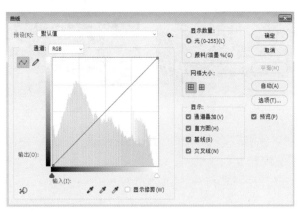

图 31-3　"曲线"对话框

其中，部分常用选项含义如下。

- 预设：用于选择预设的曲线效果来对图像进行调整。
- 通道：用于选择通道来调整图像，可以校正图像颜色。
- 编辑点以修改曲线 ～：单击该按钮后，移动鼠标至曲线上单击，可以添加新的控制点，拖动控制点即可改变曲线形状。
- 通过绘制来修改曲线 ✎：单击该按钮后，移动鼠标至曲线上，按住鼠标左键可以自由地绘制曲线。绘制完成后，单击"编辑点以修改曲线"～按钮可以显示控制点。

673

- 通道叠加：勾选该复选框可在复合曲线上显示颜色通道。
- 直方图：勾选该复选框后，可在曲线上显示直方图。
- 基线：勾选该复选框后，可显示基线，以 45° 角的线条作为参考，显示原始图像的颜色和色调。
- 交叉线：勾选该复选框后，移动曲线上控制点时可显示交叉线。

 知识延伸

除了通过执行"图像＞调整"命令对图像进行调整，还可以执行"图层＞新建调整图层"命令新建调整图层或执行"窗口＞调整"命令，在弹出的"调整"面板上单击对应的调整按钮新建调整图层。

与直接执行"图像＞调整"命令对图像进行调整相比，后面两种建立调整图层的方式不会破坏原图。

31.1.2 色阶

"色阶"命令可以调整图像的阴影、中间调和高光的强度级别，以校正图像的色调范围和色彩平衡。如图 31-4、图 31-5 所示为通过"色阶"命令调整前后效果。

图 31-4 原始图像

图 31-5 调整色阶后效果

执行"图像＞调整＞色阶"命令或按 Ctrl+L 组合键，打开"色阶"对话框，如图 31-6 所示。其中，部分常用选项含义如下。

- 预设：用于选择预设的色阶调整选项来对图像进行调整。

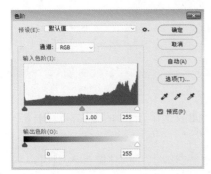

图 31-6 "色阶"对话框

- 通道：用于选择通道来调整图像；可以校正图像颜色。
- 输入色阶：用于调整图像阴影、中间调和高光。将滑块向左拖动，可变亮图像，向右拖动滑块，可变暗图像。
- 输出色阶：用于设置图像亮度，从而更改对比度。
- 自动：单击该按钮，会自动调整色阶。
- 选项：单击可打开"自动颜色校正选项"对话框，可以设置自动调整参数。

AutoCAD+3ds Max+Photoshop 丨一站式高效学习丨一本通

"亮度 / 对比度"命令可以对图像的色调范围进行简单的调整。如图 31-7、图 31-8 所示为通过"亮度 / 对比度"命令调整前后效果。

图 31-7　原始图像

图 31-8　调整亮度 / 对比度后效果

执行"图像＞调整＞亮度 / 对比度"命令，可打开"亮度 / 对比度"对话框，如图 31-9 所示。其中，部分常用选项含义如下。

- 亮度：用于设置图像的整体亮度。值越大亮度越高。
- 对比度：用于设置图像的对比度。值越大对比度越大。
- 自动：单击该按钮，会自动调整亮度 / 对比度。

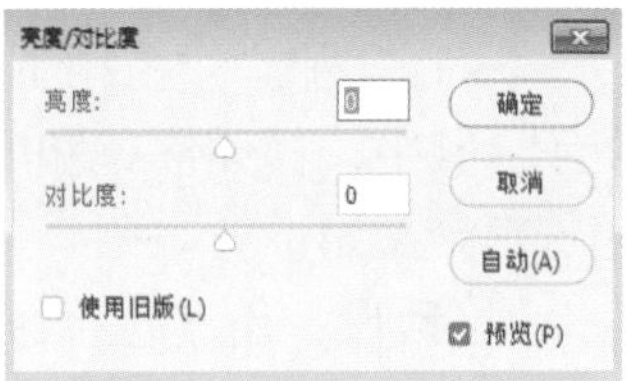

31.1.4 自然饱和度

"自然饱和度"命令可以调整饱和度以便在颜色接近最大饱和度时最大限度地减少修剪，可以有效地防止颜色过于饱和而出现溢色现象。如图 31-10、图 31-11 所示为通过"自然饱和度"命令调整前后效果。

图 31-9　"亮度 / 对比度"
对话框

图 31-10　原始图像

图 31-11　调整自然饱和度后效果

执行"图像＞调整＞自然饱和度"命令，打开"自然饱和度"对话框，如图 31-12 所示。其中，部分常用选项含义如下。

- 自然饱和度：用于调整颜色饱和度。滑块拖动至右侧时可将更多调整应用于不饱和的颜色并在颜色接近完

图 31-12　"自然饱和度"对话框

675

全饱和时避免颜色修剪。

- 饱和度：用于调整所有颜色的饱和度。

31.1.5 色相 / 饱和度

"色相 / 饱和度"命令可以对图像的色相、饱和度和明度进行调整，以实现图像色彩的改变。为通过"色相 / 饱和度"命令调整前后效果，如图 31-13、图 31-14 所示。

图 31-13　原始图像

图 31-14　调整色相 / 饱和度后效果

执行"图像＞调整＞色相 / 饱和度"命令，可打开"色相 / 饱和度"对话框，如图 31-15所示。其中，"色相 / 饱和度"对话框中的部分常用选项含义如下。

- 预设：用于选择预设的色相 / 饱和度调整选项来对图像进行调整。
- 色相：用于设置图像色相。
- 饱和度：用于设置图像饱和度。
- 明度：用于设置图像明度。
- 着色：用于将图像设置为单色模式。

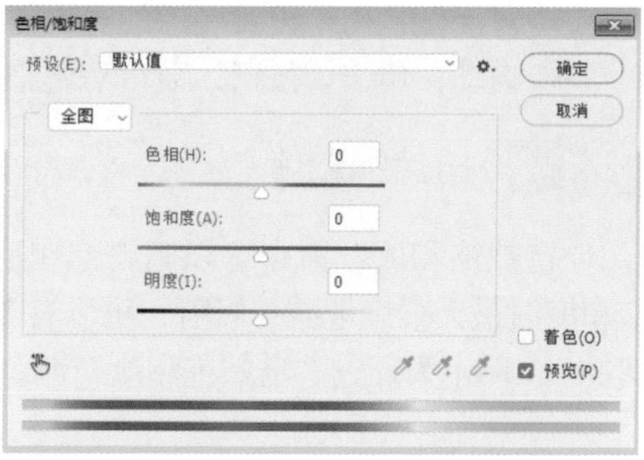

31.1.6 色彩平衡

图 31-15　"色相 / 饱和度"对话框

"色彩平衡"命令可以根据颜色的补色原理，增加或减少颜色，改变图像色调，使整体色调更平衡。如图 31-16、图 31-17 所示为通过"色彩平衡"命令调整前后效果。

图 31-16　原始图像

图 31-17　调整色彩平衡后效果

AutoCAD+3ds Max+Photoshop ｜ 站式高效学习一本通

执行"图像>调整>色彩平衡"命令或按 Ctrl+B 组合键，可打开"色彩平衡"对话框，如图 31-18 所示。

其中，部分常用选项含义如下。

● 色彩平衡：用于调整图像色彩，滑块向哪方拖动，即可增加该方向对应的颜色，同时减少其补色。

● 色调平衡：用于选择色彩平衡的范围，包括"阴影""中间调""高光"三个选项。勾选"保持明度"复选框可以保持图像明度不变。

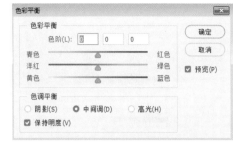

图 31-18 "色彩平衡"对话框

课堂练习　调整照片效果

下面利用"色阶""曲线""自然饱和度"等命令调整照片亮度。

Step01 打开本章素材文件"山景 .jpg"，如图 31-19、图 31-20 所示。

扫一扫 看视频

图 31-19 "打开"对话框

图 31-20 打开素材文件

Step02 按 Ctrl+J 组合键复制图层。执行"图层>调整>曲线"命令，在弹出的"曲线"对话框中设置参数，如图 31-21 所示，效果如图 31-22 所示。

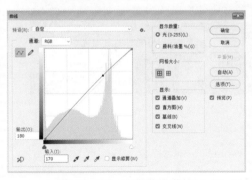

图 31-21 调整曲线参数

图 31-22 调整曲线后效果

Step03 执行"图层>调整>色阶"命令，在弹出的"色阶"对话框中设置参数如图 31-23 所示，效果如图 31-24 所示。

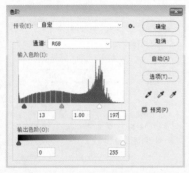

图 31-23　调整色阶参数　　　　　　图 31-24　调整色阶后效果

Step04 执行"图层>调整>自然饱和度"命令，在弹出的"自然饱和度"对话框中设置参数如图 31-25 所示，效果如图 31-26 所示。

Step05 执行"图层>调整>色彩平衡"命令，在弹出的"色彩平衡"对话框中设置参数如图 31-27 所示，图片最终效果如图 31-28 所示。

图 31-25　调整自然饱和度参数　　　　图 31-26　调整自然饱和度后效果

图 31-27　调整色彩平衡参数　　　　　图 31-28　效果图

31.2 高级调色命令

除了上面讲解的基本调色命令，Photoshop 软件中还包含有一些比较高级的调色命令，本节将针对这些命令进行介绍。

31.2.1 去色

"去色"命令可以去掉图像的颜色，将彩色图像转换为灰度图像，但不改变图像的颜色模式。若正在处理多层图像，则"去色"命令仅转换所选图层。执行"图像＞调整＞去色"命令或按 Shift+Ctrl+U 组合键，即可去掉图像颜色，如图 31-29、图 31-30 所示。

图 31-29 原始素材   图 31-30 去除图像颜色

31.2.2 匹配颜色

"匹配颜色"命令可以将一个图像中的颜色与另一个图像的颜色进行匹配，仅适用于 RGB 模式。

选中一张图像，执行"图像＞调整＞匹配颜色"命令，打开"匹配颜色"对话框，如图 31-31 所示。其中，部分常用选项含义如下。

- 目标：用于显示图像的名称及颜色模式。
- 明亮度：用于设置图像的亮度。
- 颜色强度：用于设置图像的饱和度。
- 渐隐：用于设置调整的明亮度和颜色强度应用于图层的量。

图 31-31 "匹配颜色"对话框

- 中和：用于移去目标图像中的色痕。
- 源：用于设置源图像，即可使当前图像应用该图像后产生匹配颜色。
- 图层：用于设置用于匹配颜色的图层。
- 载入统计数据：用于载入已存储的"匹配颜色"参数。
- 存储统计数据：用于存储当前的"匹配颜色"参数。

打开素材文件"08.jpg"和"09.jpg"，选中"08.jpg"，执行"图像＞调整＞匹配颜色"命令，打开"匹配颜色"对话框，选择"09.jpg"作为源图像，图层选择"09.jpg"中的"背景"图层，即可为素材文件"08.jpg"匹配颜色，如图 31-32 ～图 31-34 所示。

图 31-32 原始素材

679

图 31-33 "匹配颜色"对话框　　　图 31-34　匹配颜色后效果

31.2.3 替换颜色

"替换颜色"命令可以用其他颜色替换选定颜色，并设置替换颜色的色相、饱和度和明度。执行"图像＞调整＞替换颜色"命令，打开"替换颜色"对话框，如图 31-35 所示。

　　其中，部分常用选项含义如下。
- 吸管工具组 ✐ ✐ ✐：用于选择图像中的颜色。
- 本地化颜色簇：用于在图像中选择相似且连续的颜色。
- 颜色：显示选中的颜色。
- 颜色容差：用于设置选取颜色的范围。
- 选区/图像：用于设置预览方式，有"选区"和"图像"两种。
- 色相：用于调整选定颜色的色相。
- 饱和度：用于调整选定颜色的饱和度。
- 明度：用于调整选定颜色的明度。

图 31-35　"替换颜色"对话框

📑 课堂练习　**替换图片背景颜色**

　　下面练习通过"替换颜色"命令替换图片背景。
　　Step01 打开 Photoshop 软件，执行"文件＞打开"命令，在弹出的"打开"对话框中打开本章素材文件"山 .jpg"，如图 31-36、图 31-37 所示。
　　Step02 执行"图像＞调整＞替换颜色"命令，打开"替换颜色"对话框，单击"吸管工具" ✐ 按钮，在图像编辑窗口中吸取天空的颜色，调整色相、饱和度和明度数值，如图 31-38 所示。完成后单击"确定"按钮，即可替换选定的颜色，如图 31-39 所示。

图 31-36 "打开"对话框

图 31-37 原始素材

图 31-38 "替换颜色"对话框

图 31-39 替换颜色后效果

至此，完成图片背景颜色的替换。

31.2.4 可选颜色

"可选颜色"命令可以对印刷色的数量进行调整，以校正颜色的平衡。执行"图像＞调整＞可选颜色"命令，打开"可选颜色"对话框，如图 31-40 所示。

其中，部分常用选项含义如下。

● 颜色：用于选择要修改的颜色，并进行调整。

● 方法：用于设置调整颜色的方式，包括"相对"和"绝对"两种。"相对"是根据颜色总量的百分比来调整该颜色中印刷色的数量；"绝对"是按照绝对值调整颜色。

打开素材文件，执行"图像＞调整＞可选颜色"命令，打开"可选颜色"对话框，在颜色下拉列表中选中青色，调整青色、洋红、黄色和黑色的百分比，完成后单击"确定"按钮，如图 31-41、图 31-42 所示。

图 31-40 "可选颜色"对话框

681

图 31-41 "可选颜色"设置

图 31-42 调整后效果

31.2.5 通道混合器

"通道混合器"命令可通过对图像中通道的颜色的调整，来调整图像色彩，创建高品质的灰度图像、棕褐色调图像或其他色调图像。执行"图像＞调整＞通道混合器"命令，打开"通道混合器"对话框，如图 31-43 所示。

其中，部分常用选项含义如下。

● 预设：用于选择预设的通道混合器调整选项来对图像进行调整。

● 输出通道：用于选择某一通道进行调整。

● 源通道：用于设置源通道在输出通道中占的百分比。

● 常数：用于设置输出通道的灰度。若为负值则增加黑色，正值则增加白色。

图 31-43 "通道混合器"对话框

● 单色：勾选该复选框，图像将变成灰度图。

如图 31-44、图 31-45 所示为通过"通道混合器"命令调整前后效果。

图 31-44 原始素材

图 31-45 调整后效果

31.2.6 照片滤镜

"照片滤镜"命令可以模拟相机镜头前的滤镜效果调整图像色彩。如图 31-46、图 31-47 所示为通过"照片滤镜"命令调整前后效果。

图 31-46 原始图像

图 31-47 调整后效果

执行"图像＞调整＞照片滤镜"命令，打开"照片滤镜"对话框，如图 **31-48** 所示。其中，部分常用选项含义如下。

- 滤镜：用于选择预设的效果应用到图像。
- 颜色：用于自主设置颜色。
- 浓度：用于设置滤镜颜色应用到图像中的量。
- 保留明度：勾选该复选框，可以保留图像明度。

图 31-48 "照片滤镜"对话框

31.2.7 阴影 / 高光

"阴影 / 高光"命令可以基于阴影或高光中的周围像素变亮或变暗。如图 **31-49**、图 **31-50** 所示为通过"阴影 / 高光"命令调整前后效果。

图 31-49 原始图像

图 31-50 调整后效果

执行"图像＞调整＞阴影 / 高光"命令，打开"阴影 / 高光"对话框，勾选"显示更多选项"复选框，如图 **31-51** 所示。

其中，部分常用选项含义如下。

- 阴影：用于调整阴影的亮度，数值越大，阴影区域越亮。
- 高光：用于调整高光的亮度，数值越大，高光区域越暗。
- 调整："颜色"用于调整图像颜色；"中间调"用于调整中间调中的对比度；"修剪黑色"和"修剪白色"

图 31-51 "阴影 / 高光"对话框

则指定在图像中会将多少阴影和高光剪切到新的阴影和高光中，值越大，生成的图像的对比度越大。

31.2.8 曝光度

"曝光度"命令可以调整图像的色调，修复图像曝光过度或曝光不足等问题。如图 31-52、图 31-53 所示为通过"曝光度"命令调整前后效果。

图 31-52　原始图像

图 31-53　调整后效果

执行"图像＞调整＞曝光度"命令，打开"曝光度"对话框，如图 31-54 所示。

其中，部分常用选项含义如下。

● 预设：用于选择预设的曝光效果来对图像进行调整。

● 曝光度：用于调整色调范围的高光端。

● 位移：用于调整图像的阴影和中间调，基本不影响图像的高光。

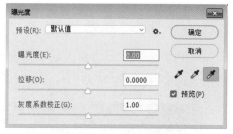

图 31-54　"曝光度"对话框

● 灰度系数校正：通过简单的乘方函数调整图像灰度系数。

课堂练习　制作黄昏效果

接下来制作黄昏效果。这里会用到"照片滤镜""阴影 / 高光"等命令。

Step01　打开素材文件"日出 .jpg"，如图 31-55、图 31-56 所示。

图 31-55　"打开"对话框

图 31-56　打开素材文件

Step02 按 Ctrl+J 组合键复制图层。执行"图像＞调整＞阴影 / 高光"命令，在弹出的"阴影 / 高光"对话框中设置参数，如图 31-57 所示，完成后单击"确定"按钮，效果如图 31-58 所示。

图 31-57 "阴影 / 高光"对话框

图 31-58 调整阴影 / 高光后效果

Step03 执行"图层＞调整＞照片滤镜"命令，在弹出的"照片滤镜"对话框中设置参数如图 31-59 所示，效果如图 31-60 所示。

图 31-59 在"照片滤镜"对话框中设置参数

图 31-60 调整照片滤镜后效果

Step04 执行"图层＞调整＞曲线"命令，在弹出的"曲线"对话框中设置参数如图 31-61，效果如图如 35-62 所示。至此，黄昏效果制作完成。

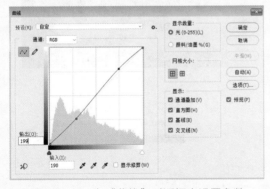

图 31-61 在"曲线"对话框中设置参数

图 31-62 黄昏效果

685

31.3 特殊调色命令

Photoshop 软件中还包含一些比较特殊的调色命令，如"反相""色调均化""阈值"等，本节将针对这些命令进行讲解。

31.3.1 反相

"反相"命令可以翻转图像中的颜色，将图像中的颜色替换为相应的补色。执行"图像＞调整＞反相"命令或按 Ctrl+I 组合键，即可翻转图像的颜色，如图 31-63、图 31-64 所示。

图 31-63 原始图像　　　　　　　　　　　　　图 31-64 反相图像

31.3.2 渐变映射

"渐变映射"命令可以将相等的图像灰度范围映射到指定的渐变填充色。如图 31-65、图 31-66 所示为通过"渐变映射"命令调整前后效果。

图 31-65 原始素材　　　　　　　　　　　　　图 31-66 添加渐变映射

执行"图像＞调整＞渐变映射"命令，打开"渐变映射"对话框，如图 31-67 所示。

其中，部分常用选项含义如下。

- 灰度映射所用的渐变：用于设置渐变映射的渐变效果。单击色块或色块右侧的下拉按钮，可以打开"渐变编辑器"对话框，设置渐变效果。

图 31-67 "渐变映射"对话框

- 仿色：勾选该复选框后，将添加随机杂色以平滑渐变填充的外观并减少带宽效应。
- 反向：勾选该复选框后，将通过切换渐变填充的方向，反向渐变映射。

31.3.3 色调均化

"色调均化"命令可以将图像中像素的亮度值进行重新分布，平均整个图像的亮度色调。执行"图像＞调整＞色调均化"命令，即可对图像进行色调均化，如图31-68、图31-69所示。

图 31-68　原始图像

图 31-69　色调均化效果

若图像中存在选区，执行"图像＞调整＞色调均化"命令后，弹出"色调均化"对话框，如图31-70所示。在该对话框中，若勾选"仅色调均化所选区域"选项，则仅均化选区内的像素；若勾选"基于所选区域色调均化整个图像"选项，则基于选区中的图层均匀分布所有图像图层。

图 31-70　"色调均化"对话框

31.3.4 阈值

"阈值"命令可以将灰度或彩色图像转换为高对比度的黑白图像。所有比阈值亮的像素转换为白色；而所有比阈值暗的像素转换为黑色。执行"图像＞调整＞阈值"命令，打开"阈值"对话框，如图31-71所示。

在"阈值色阶"文本框中输入数字或移动滑块位置即可设置阈值色阶，如图31-72、图31-73所示为通过"阈值"命令调整前后效果。

图 31-71　"阈值"对话框

图 31-72　原始素材

图 31-73　添加阈值效果

687

31.3.5 色调分离

"色调分离"命令可以指定图像中每个通道的色调级数目或亮度值，然后将像素映射到最接近的匹配级别。色阶值越小，图像色彩变化越强烈；色阶值越大，色彩变化越轻微。执行"图像＞调整＞色调分离"命令，打开"色调分离"对话框，如图 31-74 所示。

图 31-74 "色调分离"对话框

在"色调分离"文本框中输入数字或移动滑块位置即可设置色阶，如图 31-75、图 31-76 所示为通过"色调分离"命令调整前后效果。

图 31-75 原始图像

图 31-76 色调分离效果

课堂练习 日景转换夜景

接下来练习日景转换夜景。这里会用到"渐变映射"等命令和"画笔工具" ✏ 等工具。

Step01 打开本章素材文件"桥 .jpg"，如图 31-77、图 31-78 所示。

图 31-77 "打开"对话框

图 31-78 打开素材文件

Step02 执行"文件＞置入嵌入对象"命令，置入素材文件"夜空 .jpg"，如图 31-79、图 31-80 所示。

图 31-79 "置入嵌入的对象"对话框　　　　　　　图 31-80　置入素材文件

Step03 在"图层"面板中选中夜空图层,单击"图层"面板底部的"添加图层蒙版" □ 按钮,为夜空图层添加图层蒙版,如图 31-81 所示。

Step04 选中夜空图层蒙版缩略图,设置前景色为黑色,按 Alt+Delete 组合键填充蒙版,如图 31-82 所示。

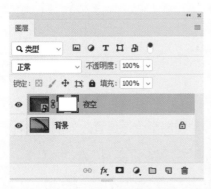

图 31-81　添加图层蒙版　　　　　　　　　图 31-82　填充图层蒙版

Step05 选中夜空图层蒙版缩略图,设置前景色为白色,单击工具箱中的"画笔工具" ✔ 按钮,在图像编辑窗口中涂抹出背景图层主体,完成后的最终效果如图 31-83、图 31-84 所示。

图 31-83　"图层"面板　　　　　　　　　图 31-84　效果展示

接下来练习制作水面倒影。这里会用到"渐变映射"等命令和"矩形选框工具" ⊡、"模糊工具" ◌ 等工具。

Step01 打开素材文件"树林 .jpg",如图 31-85、图 31-86 所示。按 Ctrl+J 组合键复制图层。

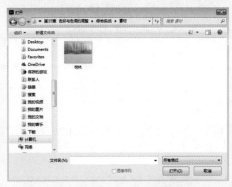

图 31-85 "打开"对话框

图 31-86 打开素材文件

Step02 选中复制图层,单击工具箱中的"矩形选框工具" ⊡按钮,在图像编辑窗口中合适位置绘制矩形选框,如图 31-87 所示。

Step03 按 Ctrl+J 组合键复制选区内容,按 Ctrl+T 组合键自由变换,单击鼠标右键,在弹出的菜单中执行"垂直翻转"命令,并移动图层至合适位置,如图 31-88 所示。

图 31-87 绘制矩形选框

图 31-88 复制并翻转图层

Step04 新建图层,单击工具箱中的"矩形工具" □按钮,在选项栏中设置填充颜色为白色,描边无,在图像编辑窗口底部绘制矩形,如图 31-89 所示。

Step05 在"图层"面板中选中矩形图层,单击鼠标右键,在弹出的菜单中执行"栅格化图层"命令。执行"滤镜>杂色>添加杂色"命令,在弹出的"添加杂色"对话框中设置参数,完成后单击"确定"按钮,效果如图 31-90 所示。

Step06 选中矩形图层,执行"滤镜>风格化>浮雕效果"命令,在弹出的"浮雕效果"对话框中设置参数,完成后单击"确定"按钮,效果如图 31-91 所示。

图 31-89 绘制矩形

图 31-90 添加杂色滤镜

Step07 按 Ctrl+T 组合键自由变换矩形图层，单击鼠标右键，在弹出的菜单中执行"扭曲"命令，调整自由变形调整框，如图 31-92 所示。按 Enter 键应用变换。

图 31-91 添加浮雕效果滤镜

图 31-92 自由变换矩形

Step08 在"图层"面板中设置矩形图层的混合模式为"柔光"，不透明度为"50%"，效果如图 31-93 所示。

Step09 执行"图像＞调整＞渐变映射"命令，在弹出的"渐变映射"对话框中设置参数，完成后单击"确定"按钮，效果如图 31-94 所示。

图 31-93 设置柔光混合模式

图 31-94 添加渐变映射

Step10 选中矩形图层，执行"滤镜＞模糊＞动感模糊"命令，在弹出的"动感模糊"对话框中设置参数，完成后单击"确定"按钮，效果如图 31-95 所示。

691

Step11 按 Shift+Ctrl+Alt+E 组合键盖印图层，单击工具箱中的"模糊工具" ，在合适位置按住鼠标左键涂抹，效果如图 31-96 所示。至此，水面倒影效果制作完成。

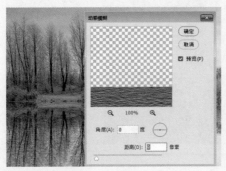

图 31-95　添加动感模糊滤镜

图 31-96　水面倒影效果

课后作业

一、填空题

1. ＿＿＿＿＿命令相当于使用颜色范围和色相、饱和度、明度来改变图像中局部的颜色变化。

2. ＿＿＿＿＿命令可以根据颜色的补色原理，增加或减少颜色，改变图像色调，使整体色调更平衡。

3. "色阶"对话框中的＿＿＿＿＿用于显示当前的数值。

4. 按＿＿＿＿组合键可打开"色阶"对话框。

5. 使用"色阶"命令调整图层时，选择＿＿＿＿通道是调整图像的明暗，选择＿＿＿＿通道是调整图像的色彩。

二、选择题

1.（　）的图像可以执行可选颜色命令。

A. Lab 模式　　　　　　B. RGB 模式　　　　　C. 多通道模式　　　　　D. 索引模式

2. 当图像偏蓝时，使用色彩平衡命令应该给图像增加（　）。

A. 蓝色　　　　　　　　B. 绿色　　　　　　　C. 黄色　　　　　　　　D. 洋红

3.（　）命令可以用来调整色偏。

A. 色调均化　　　　　　B. 阈值　　　　　　　C. 色彩平衡　　　　　　D. 阴影 / 高光

4. 打开"曲线"对话框的组合键是（　）。

A. Ctrl+M　　　　　　　B. Ctrl+U　　　　　　C. Ctrl+B　　　　　　　D. Ctrl+I

5.（　）色彩调整命令可以提供最准确的调整。

A. 色阶　　　　　　　　B. 亮度 / 对比度　　　C. 色彩平衡　　　　　　D. 曲线

三、操作题

1. 制作小清新风格照片

（1）图像效果，如图 31-97 所示

AutoCAD+3ds Max+Photoshop 一站式高效学习一本通

图 31-97　小清新风格照片效果

（2）操作思路

打开照片后分别调整单色通道曲线，完成后添加色彩平衡效果即可。

2. 调整肤色

（1）图像效果，如图 31-98 所示

图 31-98　调整肤色效果

（2）操作思路

打开素材文件后复制图层，选中人物皮肤添加蒙版，为图片添加照片滤镜，通过色相 /
饱和度、色彩平衡、色阶等命令，调整皮肤颜色，并复制蒙版即可。

Ps

Photoshop篇

第32章
滤镜的应用

★ 内容导读

本章主要针对滤镜来进行讲解。滤镜的功能非常强大，种类也较为丰
富，包括模糊滤镜组、风格化滤镜组等多种滤镜。通过本章的学习，
读者可以学会使用滤镜，创作更具有特色的设计作品。

⚙ 学习目标

○ 了解滤镜的种类
○ 了解滤镜库
○ 掌握独立滤镜的应用
○ 掌握各种滤镜组的使用

32.1 认识滤镜

在 Photoshop 软件中，使用滤镜可以制作特殊的图像效果，创作更为绚烂的艺术作品。本节将针对 Photoshop 软件中的滤镜进行讲解。

32.1.1 滤镜的种类和用途

滤镜分为内置滤镜和外挂滤镜两类。内置滤镜是 Photoshop 软件中自带的滤镜，外挂滤镜则是其他公司开发的需要手动安装的滤镜，外挂滤镜补充了 Photoshop 内置滤镜的不足，增加了 Photoshop 软件的功能。

图 32-1 "滤镜"菜单

Photoshop 软件中有一个"滤镜"菜单，如图 32-1 所示。所有滤镜都包含在这个"滤镜"菜单中。其中，第一项命令为上次操作滤镜的命令，"滤镜库""液化""消失点"等作为特殊滤镜被单独列出，其他滤镜归置在不同类别的滤镜组中，外挂滤镜置于菜单底部。

"滤镜"菜单中的"风格化""扭曲""渲染"等滤镜组可以创建具体的图像特效，"模糊""锐化""杂色"等滤镜组则可以编辑图像效果。

32.1.2 滤镜库

滤镜库中包含了常用的六组滤镜。在执行滤镜命令时，可以通过"滤镜库"对话框设置不同的滤镜效果并预览。

执行"滤镜>滤镜库"命令，打开"滤镜库"对话框，如图 32-2 所示。

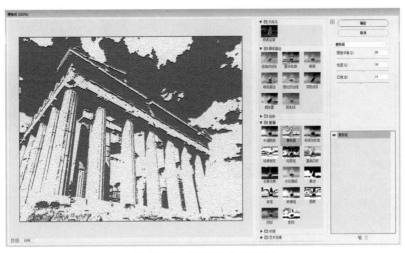

图 32-2 "滤镜库"对话框

接下来，将针对"滤镜库"对话框中的部分常用选项的含义进行介绍。

- 预览窗口：用于预览滤镜效果。
- 缩放按钮▢▢：用于缩放预览窗口图像缩放比例。

- 滤镜列表：用于选择滤镜。单击需要的滤镜即可在预览窗口中观看相应的效果。
- 滤镜参数选项组：用于设置当前选中滤镜的参数，如图 32-3 所示。
- 滤镜效果图层组：用于新建、删除、显示或隐藏滤镜效果等，如图 32-4 所示。默认情况下，只有一个效果图层，单击右下角的"新建效果图层" ☐ 按钮，创建新图层，单击滤镜列表中的其他滤镜即可同时应用其他滤镜效果。

图 32-3　滤镜参数选项组

图 32-4　滤镜效果图层组

32.2 独立滤镜

除去滤镜库与滤镜组中的滤镜外，Photoshop 软件还包括"自适应广角""镜头校正""液化""消失点"等几款功能强大的独立滤镜，下面将对其中比较常用的几款进行讲解。

32.2.1 自适应广角

"自适应广角"滤镜可以校正由于使用广角镜头而造成的镜头扭曲。执行"滤镜＞自适应广角"命令，打开"自适应广角"对话框，如图 32-5 所示。

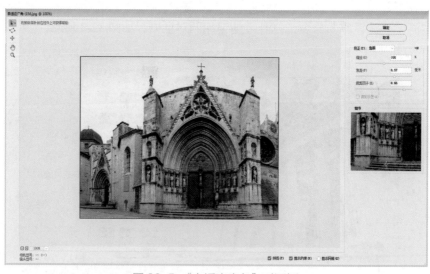

图 32-5　"自适应广角"对话框

其中，部分重要选项含义如下。
- 约束工具 ：用于绘制线条拉直图像。
- 多边形约束工具 ：用于绘制多边形拉直图像。
- 移动工具 ：用于移动图像位置。

- 抓手工具 ：用于移动画面以显示需要的区域。
- 缩放工具 ：用于缩放窗口的显示比例。单击可放大，按住 Alt 键单击可缩小。
- 校正：用于选择校正的类型，包括鱼眼、透视、自动、完整球面等。
- 缩放：用于设置缩放比例。
- 焦距：用于指定镜头的焦距。
- 裁剪因子：用于设定参数值以确定如何裁剪最终图像。

32.2.2 镜头校正

"镜头校正"滤镜可以修复常见的镜头瑕疵。执行"滤镜＞镜头校正"命令，打开"镜头校正"对话框，如图 32-6 所示。

其中，部分常用选项含义如下。

- 移去扭曲工具 ：向中心拖动或脱离中心以校正失真，如桶形失真、枕形失真等。
- 拉直工具 ：绘制一条线以将图形拉直到新的横轴或纵轴。
- 移动网格工具 ：拖动以移动对齐网络。
- 抓手工具 ：拖动以在窗口中移动图像。
- 缩放工具 ：用于缩放图像大小。
- 几何扭曲：用于校正镜头桶形失真或枕形失真等，即校正图像的凸起或凹陷。
- 色差：用于校正色边。
- 晕影：用于校正由于镜头缺陷或镜头遮光处理不当而导致的边缘较暗的图像。
- 变换：用于校正图像透视错误。

图 32-6 "镜头校正"对话框

32.2.3 液化

"液化"滤镜可以对图像做出推、拉、旋转等变形操作，创建艺术效果。执行"滤镜＞液化"命令，打开"液化"对话框，如图 32-7 所示。选中左侧工具后，可在右侧属性栏中对工具进行设置。

697

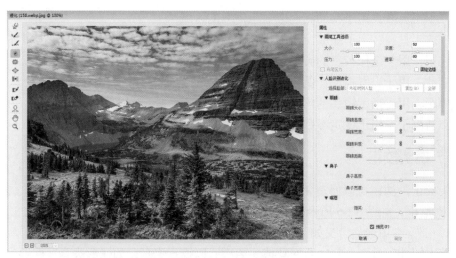

图 32-7 "液化"对话框

其中，部分常用选项含义如下。

- 向前变形工具 ：用于移动图像像素。
- 重建工具 ：用于恢复图像原始状态。
- 平滑工具 ：用于平滑变形图像边缘。
- 顺时针旋转扭曲工具 ：选中该工具，在图像中单击或移动鼠标可以顺时针旋转像素，按住 Alt 键单击或移动鼠标可以逆时针旋转像素。
- 脸部工具 ：用于对图像中的人物面部进行调整。

32.2.4 消失点

"消失点"滤镜可以校正包含透视平面中的图像的透视。执行"滤镜＞消失点"命令，打开"消失点"对话框，如图 32-8 所示。

图 32-8 "消失点"对话框

其中，部分常用选项含义如下。

- 编辑平面工具 ▶：用于选择、编辑、移动平面和调整平面的大小。
- 创建平面工具 ▦：用于定义平面的四个角点以创建透视平面。
- 选框工具 ⬚：用于在透视平面中绘制选区，同时移动或仿制选区。
- 图章工具 ♠：单击该工具按钮，按住 Alt 键在透视平面内单击设置取样点，在其他区域拖拽复制即可仿制图像。如图 32-9、图 32-10 所示。

图 32-9　在透视平面中设置取样点　　　　图 32-10　仿制图像

- 画笔工具 ✎：用于在平面中绘制选定的颜色。
- 变换工具 ▦：用于变换选区。
- 吸管工具 ✐：用于拾取图像中的颜色用于画笔工具。
- 测量工具 ▭：用于测量平面中项目的距离和角度。
- 抓手工具 ✋：用于移动预览窗口中的图像。
- 缩放工具 🔍：用于放大或缩小预览窗口中图像的大小。

📑 课堂练习　**人物面部瘦脸**

接下来练习调整人物面部。这里会用到"液化"滤镜等滤镜。

Step01 打开本章素材文件"脸.jpg"，如图 32-11、图 32-12 所示。

扫一扫 看视频

图 32-11　"打开"对话框　　　　　　图 32-12　打开素材

Step02 执行"滤镜>液化"命令，打开"液化"对话框，单击对话框中的"脸部工具" 👤 按钮，在图像预览窗口中调整"眼睛"参数数值，如图 32-13 所示，效果如图 32-14 所示。

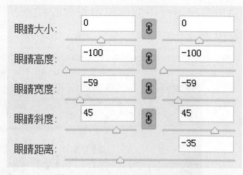

图 32-13 调整眼睛参数

图 32-14 调整效果

Step03 在"液化"对话框中调整"鼻子"参数数值，效果如图 32-15 所示。

Step04 继续在"液化"对话框中调整"嘴唇"参数数值，效果如图 32-16 所示。

图 32-15 调整鼻子效果

图 32-16 调整嘴唇效果

Step05 继续在"液化"对话框中调整"脸部形状"参数数值，效果如图 32-17 所示，完成后单击"确定"按钮，最终效果如图 32-18 所示。

图 32-17 调整脸部形状效果

图 32-18 最终效果

至此，完成调整人物面部操作。

32.3　校正类滤镜

校正类滤镜可以编辑图像效果，包括"模糊""锐化""杂色"三组滤镜，本节将针对这三组滤镜进行讲解。

32.3.1　模糊滤镜组

"模糊"滤镜组可以柔化图像，常用于修饰图像。执行"滤镜>模糊"命令，在弹出的菜单中选择需要的滤镜命令即可，如图 32-19 所示。其中，"模糊"滤镜组中的各个滤镜作用如下。

图 32-19　"模糊"滤镜组

- 表面模糊：在保留边缘的同时模糊图像，常用于创建特殊效果并消除杂色或颗粒。
- 动感模糊：沿指定方向以指定强度进行模糊。
- 方框模糊：基于相邻像素的平均颜色值来模糊图像，生成类似方块状的特殊模糊效果。
- 高斯模糊：快速模糊图像，添加低频细节，并产生一种朦胧效果。
- 进一步模糊：通过平衡已定义的线条和遮蔽区域的清晰边缘旁边的像素，使变化显得柔和。效果比"模糊"滤镜强 3 ~ 4 倍。
- 径向模糊：模拟相机缩放或旋转产生的模糊效果。
- 镜头模糊：模仿镜头景深效果，模糊图像区域。
- 模糊：在图像中有显著颜色变化的地方消除杂色。通过平衡已定义的线条和遮蔽区域的清晰边缘旁边的像素，使变化显得柔和。
- 平均：找出图像或选区的平均颜色，然后用该颜色填充图像或选区以创建平滑的外观。
- 特殊模糊：精确地模糊图像，在模糊图像的同时仍具有清晰的边界。
- 形状模糊：以指定的形状作为模糊中心创建特殊的模糊。

32.3.2　锐化滤镜组

"锐化"滤镜组可以通过增强图像相邻像素间的对比度，校正模糊图像。执行"滤镜>锐化"命令，在弹出的菜单中选择需要的滤镜命令即可，如图 32-20 所示。其中，各个滤镜作用如下。

- USM 锐化：通过增加图像像素的对比度来锐化图像。
- 防抖：用于弥补相机运动导致的图像模糊问题。
- 进一步锐化：通过增加图像像素间的对比度使图像清晰。锐化效果较"锐化"滤镜更为强烈。
- 锐化：通过增加图像像素间的对比度使图像清晰。
- 锐化边缘：对图像中具有明显反差的边缘进行锐化处理，保留图像整体的平滑度。
- 智能锐化：可以设置锐化算法或控制在阴影和高光区域中进行的锐化量。

32.3.3 杂色滤镜组

"杂色"滤镜组可以添加或移去杂色，将选区混合到周围的像素中。执行"滤镜>杂色"命令，在弹出的菜单中选择需要的滤镜命令即可，如图 32-21 所示。

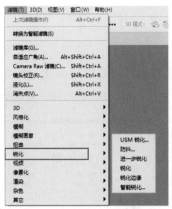

图 32-20 "锐化"滤镜组

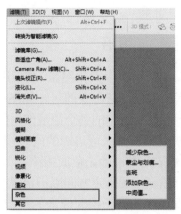

图 32-21 "杂色"滤镜组

其中，各个滤镜作用如下。

- 减少杂色：用于去除图像中的杂色。
- 蒙尘与划痕：通过更改相异的像素减少杂色。
- 去斑：检测图像的边缘（发生显著颜色变化的区域）并模糊除边缘外的所有选区。"去斑"滤镜可以在去除杂色的同时保留细节。
- 添加杂色：用于添加图像中的杂色，常用于添加纹理效果。
- 中间值：通过混合选区中像素的亮度来减少图像的杂色，在消除或减少图像的动感效果时非常有用。

📑 **课堂练习** 制作下雪场景

接下来制作下雪场景，这里会用到"模糊"滤镜组、"杂色"滤镜组等。

Step01 打开本章素材文件"雪景 .jpg"，如图 32-22、图 32-23 所示。

Step02 按 Ctrl+J 组合键复制图层，选中复制图层，执行"图像>调整>自然饱

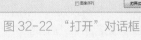

图 32-22 "打开"对话框

图 32-23 打开素材文件

扫一扫 看视频

和度"命令，在弹出的"自然饱和度"对话框中设置参数，如图 32-24 所示，效果如图 32-25 所示。

图 32-24 "自然饱和度"对话框　　　　图 32-25 调整效果

Step03 单击"图层"面板底部的"创建新图层" 按钮，创建新图层并填充黑色，如图 32-26 所示。

Step04 选中黑色图层，执行"滤镜>杂色>添加杂色"命令，在弹出的"添加杂色"对话框中设置参数后，单击"确定"按钮，效果如图 32-27 所示。

图 32-26 新建图层并填色　　　　图 32-27 添加杂色滤镜

Step05 选中该图层，执行"滤镜>模糊>高斯模糊"命令，在弹出的"高斯模糊"对话框中设置参数后，单击"确定"按钮，效果如图 32-28 所示。

Step06 在"图层"面板中设置混合模式为滤色，调整下图层大小，效果如图 32-29 所示。

图 32-28 添加高斯模糊滤镜　　　　图 32-29 效果图

至此，下雪场景制作完成。

32.4 特效类滤镜

特效类滤镜可以为图像添加特殊的效果，包括"风格化""画笔描边""素描""纹理""艺术效果"等滤镜组。本节将针对这些滤镜组进行讲解。

32.4.1 风格化滤镜组

风格化滤镜组通过置换像素和查找并增加图像的对比度，创建绘画或印象派的效果。执行"滤镜>风格化"命令，在弹出的菜单中选择需要的滤镜命令即可，如图 32-30 所示。其中，各个滤镜作用如下。

- 查找边缘：查找图像对比度强烈的边界并对其描边，突出边缘。
- 等高线：查找图像的主要亮度区域，并为每个颜色通道勾勒主要亮度区域的转换，以获得与等高线图中的线条类似的效果。
- 风：通过添加细小水平线的方式模拟风吹的效果。
- 浮雕效果：通过勾勒图像轮廓、降低周围色值的方式使选区凸起或压低。
- 扩散：通过移动像素模拟通过磨砂玻璃观察物体的效果。
- 拼贴：将图像分解为小块并使其偏离原位置。
- 曝光过度：混合正片和负片图像，模拟显影过程中短暂曝光照片的效果。
- 凸出：通过将图像分解为多个大小相同且重叠排列的立方体，创建特殊的 3D 纹理效果。
- 油画：创建具有油画效果的图像。

32.4.2 画笔描边滤镜组

画笔描边滤镜组可以模拟不同画笔或油墨的描边效果以创建各种绘画效果。执行"滤镜>滤镜库"命令，打开"滤镜库"对话框，在滤镜列表中可选择相应的"画笔描边"滤镜，如图 32-31 所示。

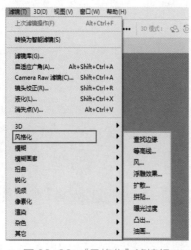

图 32-30 "风格化"滤镜组

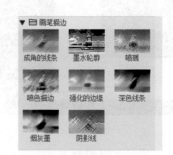

图 32-31 "画笔描边"滤镜组

AutoCAD+3ds Max+Photoshop 一站式高效学习一本通

其中，各个滤镜作用如下。

- 成角的线条：使用倾斜的线条重新绘制图像，产生斜画笔风格的图像。
- 墨水轮廓：以钢笔画的风格在图像颜色边界处模拟油墨绘制图像轮廓。
- 喷溅：模拟喷溅效果。
- 喷色描边：模拟喷溅与成角的混合效果。
- 强化的边缘：用于强化图像边缘。
- 深色线条：用短而密的线条绘制暗部，长而白的线条绘制亮部。
- 烟灰墨：模拟蘸满油墨的画笔在宣纸上绘画的效果。
- 阴影线：保留原始图像的细节和特征，同时使用模拟的铅笔阴影线添加纹理，并使彩色区域的边缘变粗糙。

32.4.3　素描滤镜组

素描滤镜组可以将纹理添加到图像上，使图像产生素描、速写、3D 等效果。执行"滤镜＞滤镜库"命令，打开"滤镜库"对话框，在滤镜列表中可选择相应的"素描"滤镜，如图 32-32 所示。

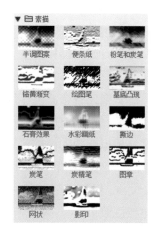

图 32-32　"素描"滤镜组

其中，各个滤镜作用如下。

- 半调图案：保持连续的色调范围的同时，模拟半调网屏的效果。
- 便条纸：模拟手工制作的纸张构建图像的效果，使图像简单化。
- 粉笔和炭笔：重绘高光和中间调，并使用粗糙粉笔绘制纯中间调的灰色背景。阴影区域用黑色对角炭笔线条替换。炭笔用前景色绘制，粉笔用背景色绘制。
- 铬黄渐变：模拟擦亮的铬黄表面效果，高光在反射表面上是高点，阴影是低点。
- 绘图笔：使用细的线状的油墨描边捕捉原图像的细节，模拟钢笔画素描效果。
- 基底凸现：使用光照强调表面变化的效果，模拟粗糙的浮雕效果。
- 石膏效果：模拟石膏效果复制图像。
- 水彩画纸：利用有污点的、像画在潮湿的纤维纸上的涂抹，使颜色流动并混合。
- 撕边：模拟粗糙、撕破的纸片效果。
- 炭笔：创建色调分离的图像效果。
- 炭精笔：在图像上模拟浓黑和纯白的炭精笔纹理。
- 图章：简化图像，模拟橡皮或木质图章创建的效果。
- 网状：模拟胶片乳胶的可控收缩和扭曲的效果，使图像在阴影呈结块状，在高光呈轻微颗粒化。
- 影印：模拟影印的效果。

32.4.4　纹理滤镜组

纹理滤镜组可以生成具有纹理的图案添加到图像上，使图像更有质感。执行"滤镜＞　　　　705

滤镜库"命令,打开"滤镜库"对话框,在滤镜列表中可选择相应的"纹理"滤镜,如图32-33所示。其中,各个滤镜作用如下。

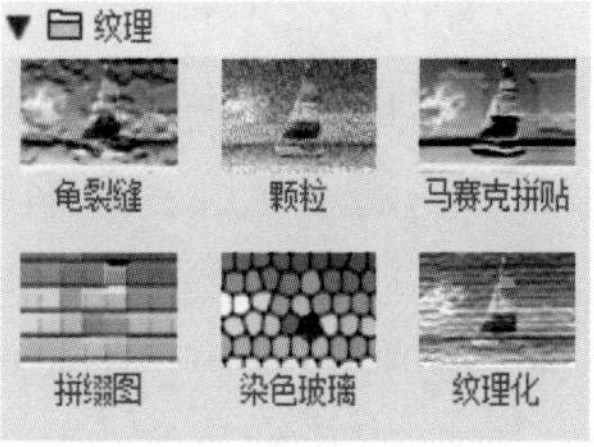

图 32-33　"纹理"滤镜组

- 龟裂缝:将图像绘制在一个高凸现的石膏表面上,以循着图像等高线生成精细的网状裂缝。
- 颗粒:在图像中添加不同种类的颗粒来创建颗粒效果。
- 马赛克拼贴:模拟马赛克拼成图像的效果。
- 拼缀图:将图像分解为正方形拼贴的图案效果,并具有立体感。
- 染色玻璃:将图像分割成不规则的多边形色块,产生彩色玻璃的效果。
- 纹理化:在图像上添加纹理效果。

32.4.5　艺术效果滤镜组

艺术效果滤镜组可以为图像添加风格不一的艺术图像效果。执行"滤镜>滤镜库"命令,打开"滤镜库"对话框,在滤镜列表中可选择相应的"艺术效果"滤镜,如图32-34所示。

其中,各个滤镜作用如下。

- 壁画:使用短而圆的、粗略涂抹的小块颜料,绘制图像,模拟壁画的粗犷效果。
- 彩色铅笔:使用彩色铅笔在纯色背景上绘制图像。
- 粗糙蜡笔:在带纹理的背景上应用粉笔描边,模拟蜡笔绘图效果。
- 底纹效果:在带纹理的背景上绘制图像,然后将最终图像绘制在该图像上。
- 干画笔:使用干画笔技术(介于油彩和水彩之间)绘制图像边缘,模拟干画笔绘图效果。
- 海报边缘:根据设置的选项对图像进行色调分离,减少图像中的颜色数量。

图 32-34　"艺术效果"滤镜组

- 海绵:使用颜色对比强烈、纹理较重的区域创建图像,模拟海绵绘画效果。
- 绘画涂抹:模拟手指在不同类型的画笔绘制的画纸上涂抹的效果。
- 胶片颗粒:将平滑图案应用于阴影和中间色调,平滑图像效果。
- 木刻:使图像好像由边缘粗糙的剪纸片组成,高对比度的图像看起来呈剪影状,而彩色图像看上去是由几层彩纸组成的。
- 霓虹灯光:模拟灯光照射的效果。
- 水彩:以水彩的风格绘制图像,使用蘸了水和颜料的中号画笔绘制以简化细节。
- 塑料包装:模拟塑料光泽效果,强调表面细节。
- 调色刀:减少图像细节,生成很淡的画布效果。
- 涂抹棒:使用短的对角描边涂抹暗区以柔化图像。亮区变得更亮,但会失去细节。

32.4.6 像素化滤镜组

像素化滤镜组可以通过将相似颜色值的像素转换为单元格的方法，使图像分块或平面化。执行"滤镜>像素化"命令，在弹出的菜单中选择需要的滤镜命令即可，如图 32-35 所示。

其中，各个滤镜作用如下。

- 彩块化：使纯色或相近颜色的像素结成相近颜色的像素块。
- 彩色半调：模拟在图像的每个通道上使用放大的半调网屏的效果。对于每个通道，滤镜将图像划分为矩形，并用圆形替换每个矩形。
- 点状化：分解图像中的颜色为随机分布的网点
- 晶格化：使图像中颜色相近的像素结块成多边形纯色。
- 马赛克：使图像中的像素结块成方块，模拟马赛克效果。
- 碎片：将图像中的像素复制四遍，然后将它们平均，并使其相互偏移。
- 铜板雕刻：将图像转换为黑白区域的随机图案或彩色图像中完全饱和颜色的随机图案。

32.4.7 渲染滤镜组

渲染滤镜组可以创建具有三维造型或光线照射的效果，使图像具备特殊的三维效果。执行"滤镜>渲染"命令，在弹出的菜单中选择需要的滤镜命令即可，如图 32-36 所示。

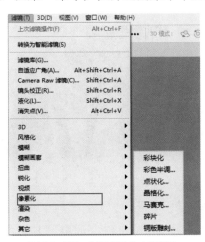

图 32-35 "像素化"滤镜组

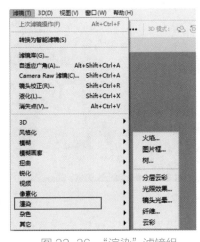

图 32-36 "渲染"滤镜组

其中，各个滤镜作用如下。

- 火焰：为选定的路径添加火焰效果。
- 图片框：为图像添加边框。
- 树：在图像上添加树。
- 分层云彩：使用介于前景色和背景色之间的值生成云彩图案。
- 光照效果：在图像上创建各种光照效果，或加入纹理浮雕效果，创建三维效果。
- 镜头光晕：模拟亮光照射到相机镜头产生的折射。
- 纤维：模拟编织纤维效果。
- 云彩：使用前景色和背景色之间的随机值生成云彩效果。

接下来练习制作素描效果。这里会用到"杂色"滤镜组、"模糊"滤镜组等。

Step01 打开本章素材文件"女生 .jpg",如图 32-37、图 32-38 所示。

图 32-37 "打开"对话框　　　　　　　图 32-38 打开素材文件

Step02 按 Ctrl+J 组合键复制背景,执行"图像>调整>去色"命令,去除图像颜色,如图 32-39 所示。

Step03 按 Ctrl+J 组合键复制去色图层,执行"图像>调整>反相"命令,效果如图 32-40 所示。

扫一扫 看视频

图 32-39 去除图像颜色　　　　　　　图 32-40 反相图像

Step04 设置反相图层混合模式为"颜色减淡",执行"滤镜>其它>最小值"命令,在弹出的"最小值"对话框中设置参数后单击"确定"按钮,效果如图 32-41 所示。

Step05 单击"图层"面板底部的"创建新图层" ▫ 按钮,创建新图层并填充黑色,执行"滤镜>杂色>添加杂色"命令,在弹出的"添加杂色"对话框中设置参数后,单击"确定"按钮,效果如图 32-42 所示。

Step06 选中该图层,执行"滤镜>模糊>动感模糊"命令,在弹出的"动感模糊"对话框中设置参数后,单击"确定"按钮,效果如图 32-43 所示。

Step07 在"图层"面板中设置混合模式为滤色,调整下图层大小,效果如图 32-44 所示。

图 32-41　添加最小值滤镜

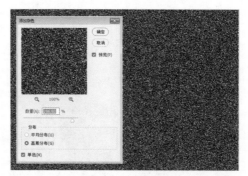

图 32-42　添加杂色滤镜

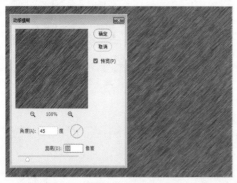

图 32-43　添加动感模糊滤镜

图 32-44　素描效果

至此，素描效果制作完成。

综合实战　制作人像海报

扫一扫　看视频

接下来制作人像海报，这里会用到"海报边缘"滤镜等滤镜以及"横排文字工具" **T**、"磁性套索工具" 等工具。

Step01 打开本章素材文件"女生 2.jpg"，如图 32-45、图 32-46 所示。按 Ctrl+J 组合键复制图层。

Step02 选中"图层 1"，单击工具箱中的"磁性套索工具" 按钮，绘制人物选区，

图 32-45　"打开"对话框

图 32-46　打开素材文件

如图 32-47 所示。按 Ctrl+J 组合键复制选区到图层 2。

Step03 按住 Ctrl 键单击 "图层" 面板中的图层 2 缩略图，选中任意选区工具，在图像编辑窗口中单击鼠标右键，在弹出的菜单栏中执行 "描边" 命令，在弹出的 "描边" 对话框中设置参数后单击 "确定" 按钮，如图 32-48 所示。

图 32-47　绘制选区

图 32-48　描边选区

Step04 在 "图层" 面板中选中 "图层 1"，执行 "滤镜＞滤镜库" 命令，打开 "滤镜库" 对话框，选择 "海报边缘" 滤镜，如图 32-49 所示。

Step05 选中 "图层 1"，按 Ctrl+J 组合键复制图层，在 "图层" 面板中设置混合模式为 "滤色"，效果如图 32-50 所示。

图 32-49　添加海报边缘滤镜

图 32-50　滤色混合模式效果

Step06 单击工具箱中的 "横排文字工具" T 按钮，在图像中的合适位置单击并输入文字，如图 32-51 所示。在 "图层" 面板中选中文字图层，按住 Alt 键向下拖拽复制一层，移动至合适位置，效果如图 32-52 所示。

图 32-51　输入文字

图 32-52　复制文字

Step07 重复步骤 06 输入文字，如图 32-53、图 32-54 所示。至此完成人像海报的制作。

图 32-53　输入文字

图 32-54　人像海报效果

课后作业

一、填空题

1. Photoshop 软件中，光照滤镜效果只能在_____模式中应用。

2. _____滤镜可以校正包含透视平面中的图像的透视。

3. 风格化滤镜组中的_____滤镜可以通过将图像分解为多个大小相同且重叠排列的立方体，创建特殊的 3D 纹理效果。

4. 素描滤镜组中的_____滤镜可以保留原始图像的颜色。

5. 若想校正图像的凸起或凹陷可以使用_____滤镜。

二、选择题

1. 若图像不够清晰，可使用（　　）滤镜弥补。

A. 杂色　　　　　　　B. 风格化　　　　　　C. 锐化　　　　　　　D. 扭曲

2. （　　）滤镜可以使图像产生立体光照效果。

A. 风　　　　　　　　B. 等高线　　　　　　C. 浮雕效果　　　　　D. 照亮边缘

3. （　　）滤镜可以精确控制图像模糊度。

A. 高斯模糊　　　　　B. 模糊　　　　　　　C. 进一步模糊　　　　D. 平均

4. （　　）滤镜可以模拟塑料光泽效果，强调表面细节。

A. 底纹效果　　　　　B. 海报边缘　　　　　C. 晶格化　　　　　　D. 塑料包装

5. 像素化滤镜组中包括以下（　　）滤镜。

A. 颗粒　　　　　　　B. 彩色半调　　　　　C. 染色玻璃　　　　　D. 纹理化

三、操作题

1. 制作阳光穿透树林的效果

（1）图像效果，如图 32-55 所示

图 32-55　阳光穿透树林的效果图

（2）操作思路

打开本章素材文件后，选取高光区域并复制，利用"径向模糊"滤镜制作阳光射线的效果，绘制椭圆，利用"高斯模糊"滤镜添加色彩，然后利用图层蒙版修饰即可。

2. 制作油画效果

（1）图像效果，如图 32-56 所示

图 32-56　油画效果图

（2）操作思路

提亮图片后，添加玻璃滤镜、绘画涂抹滤镜、成角的线条滤镜即可。

Photoshop 篇

第33章
综合实战案例

内容导读

本章通过两个设计案例对 Photoshop 的知识进行综合应用。通过本章的学习，读者可以对前面章节学过的内容进行复习和巩固。多多练习并付诸实践，才能更好地掌握 Photoshop 软件。

学习目标

○ 综合使用 Photoshop 软件中的工具与操作
○ 综合使用 Photoshop 软件中的图层蒙版与混合模式

本案例将介绍霓虹灯效果的制作，这里会用到"钢笔工具" ✎ 、"文字工具" **T** 等工具以及添加图层样式等操作。

Step01 启动 Photoshop 应用程序，执行"文件>打开"命令，打开本章素材"红砖墙 jpg"，如图 33-1 所示。

Step02 选中背景图层，按 Ctrl+J 组合键复制图层，选中复制的图层，执行"滤镜>渲染>光照效果"命令，打开设置光照效果的界面，设置光照效果，单击属性栏中"确定"按钮，完成设置，如图 33-2 所示。

图 33-1 打开素材文件

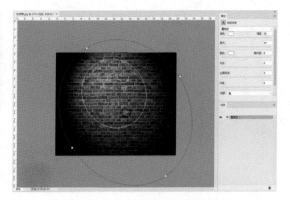

图 33-2 添加光照效果滤镜

Step03 单击"图层"面板底部的"创建新的填充或调整" ◑ 按钮，在弹出的菜单栏中选择"色相/饱和度"选项，创建调整图层，然后在"属性"面板中设置参数，调整画面，如图 33-3、图 33-4 所示。

图 33-3 调整图层色相/饱和度

图 33-4 调整效果

Step04 单击"图层"面板底部的"创建新图层" 🗐 按钮，新建图层，单击工具箱中的"钢笔工具" ✎ 按钮，在图像编辑窗口中绘制路径并描边，按 Esc 键取消钢笔路径，如图 33-5、图 33-6 所示。

Step05 重复步骤 04，在同一图层中绘制钢笔路径并描边，如图 33-7 所示。

图 33-5　绘制路径

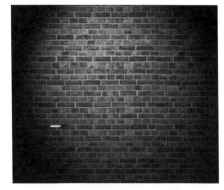

图 33-6　描边路径

Step06 单击"图层"面板底部的"创建新图层" 🖳 按钮，新建图层，使用"钢笔工具" ✍.绘制路径并描边，重复绘制完成所有路径，如图 33-8 所示。

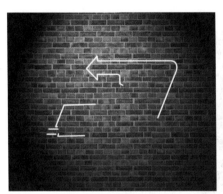

图 33-7　绘制路径并描边

图 33-8　重复绘制完成所有路径

Step07 选中箭头的图层，单击"图层"面板底部"添加图层样式" fx 按钮，打开"图层样式"对话框，在对话框中设置内发光参数，如图 33-9 所示。

Step08 在"图层样式"对话框中选择"外发光"选项，设置外发光的参数，如图 33-10 所示。

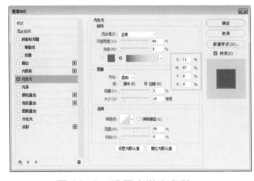

图 33-9　设置内发光参数

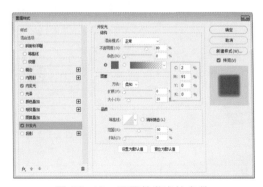

图 33-10　设置外发光的参数

Step09 在"图层样式"对话框中选择"投影"选项，设置投影的参数，单击"确定"按钮，应用图层样式效果，如图 33-11、图 33-12 所示。

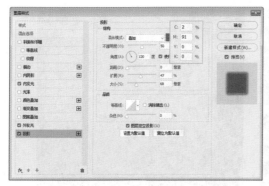

图 33-11 设置投影的参数

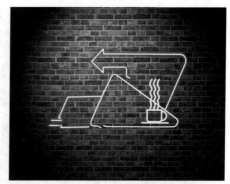

图 33-12 图层效果展示

Step10 选中箭头图层，在图层的右侧右击鼠标，在菜单中选择"拷贝图层样式"选项，选中三角形图层和咖啡杯图层，右击鼠标，在弹出的菜单中选择"粘贴图层样式的选项"，如图 33-13、图 33-14 所示。

图 33-13 复制图层样式效果

图 33-14 复制图层样式

Step11 双击三角形图层下的"内发光"样式，打开"图层样式"对话框，如图 33-15 所示。

Step12 在"图层样式"对话框中修改"外发光"样式，如图 33-16 所示。

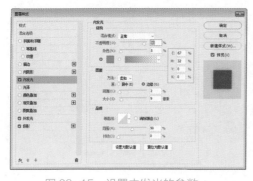

图 33-15 设置内发光的参数

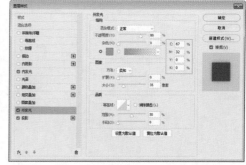

图 33-16 设置外发光的参数

Step13 修改投影样式的颜色，单击"确定"按钮，应用修改效果，如图 33-17、图 33-18 所示。

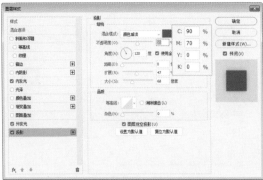

<table>
<tr><td>图 33-17　设置投影的参数</td><td>图 33-18　应用修改效果</td></tr>
</table>

图 33-17　设置投影的参数　　　　　　　图 33-18　应用修改效果

Step14 使用上述方法修改咖啡杯图像图层的图层样式，取消投影，如图 33-19、图 33-20 所示。

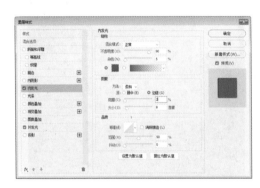

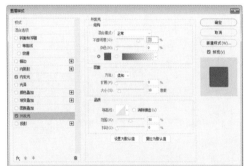

图 33-19　设置内发光的参数　　　　　　　图 33-20　设置外发光的参数

Step15 步骤 14 操作效果如图 33-21 所示。使用"横排文字工具" **T.** 添加文字信息，设置文字的字体、字号、颜色，如图 33-22 所示。

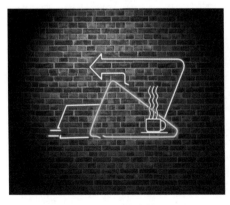

图 33-21　图层样式效果展示　　　　　　　图 33-22　添加文字

Step16 使用上述方法，为"Coffee"粘贴箭头图层的图层样式，并修改设置，如图 33-23、图 33-24 所示。

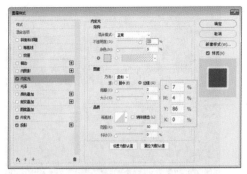

图 33-23 设置文字内发光参数

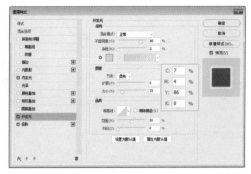

图 33-24 设置文字外发光参数

Step17 继续修改图层样式，单击"确定"按钮，修改的图层样式如图 33-25 所示。

Step18 将"Coffee"图层样式拷贝，粘贴至"Shop"图层上，如图 33-26 所示。

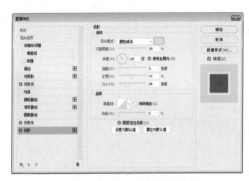

图 33-25 设置文字投影参数

图 33-26 复制图层样式

Step19 选中"24 hours"图层，添加图层样式，如图 33-27、图 33-28 所示。

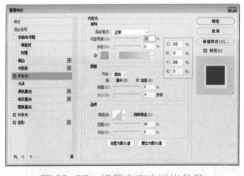

图 33-27 设置文字内发光参数

图 33-28 设置文字外发光参数

Step20 在"图层样式"对话框中设置投影的参数，单击"确定"按钮，应用图层样式效果，如图 33-29、图 33-30 所示。

Step21 使用"椭圆形工具" ○.绘制圆形，设置填充色为黑色，描边为无，完成霓虹灯效果的制作，如图 33-31 所示。

Step22 将绘制黑色圆形全部的选中按Ctrl+[组合键调整图层顺序，调整黑色圆的位置，然后将其全部的选中，按 Ctrl+E 组合键将图像合并，如图 33-32 所示。

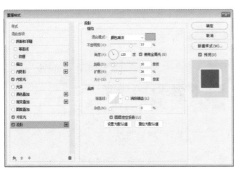

图 33-29 设置文字投影参数

图 33-30 应用图层样式效果

图 33-31 绘制圆形

图 33-32 霓虹灯效果展示

33.2 制作茶艺海报

本案例中将介绍茶艺海报的制作，这里会用到"渐变工具""文字工具" **T**、"矩形工具" □等工具以及图层蒙版等操作。

Step01 启动 Photoshop，执行"文件 > 新建"命令，新建一张570mm × 840mm 的空白文档，如图 33-33、图 33-34 所示。

扫一扫 看视频

图 33-33 "新建文档"对话框

图 33-34 新建的空白文档

719

第33章 综合实战案例

Step02 单击"图层"面板底部的"创建新的填充或调整图层" ❷按钮,在弹出的菜单中选择"渐变"命令,弹出"渐变填充"对话框,如图 33-35 所示,单击对话框中的渐变条,在弹出的"渐变编辑器"对话框设置渐变,如图 33-36 所示。

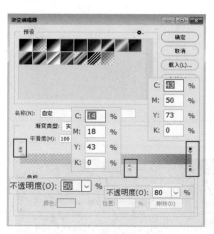

图 33-35　"渐变填充"对话框　　　　图 33-36　设置渐变参数

Step03 完成后单击"确定"按钮,在"渐变填充"对话框中设置"样式"为"径向",如图 33-37 所示,效果如图 33-38 所示。

图 33-37　"渐变填充"对话框　　　　图 33-38　渐变效果

Step04 执行"文件>置入嵌入对象"命令,置入本章素材文件"山川 .jpg",如图 33-39 所示。按住 Shift+Alt 键从中心放大图像,变换图像至合适大小,如图 33-40 所示。

Step05 在"图层"面板中选中置入的素材,单击鼠标右键,在弹出的菜单栏中选择"栅格化图层"命令,将图层栅格化,执行"图像>调整>去色"命令,去除图像颜色,如图 33-41 所示。

Step06 选中置入的素材,执行"图像>调整>色阶"命令,在弹出的"色阶"对话框中调整参数,如图 33-42 所示,效果如图 33-43 所示。

Step07 选中置入的素材,单击"图层"面板底部的"添加图层蒙版" ▢按钮,添加图层蒙版,如图 33-44 所示。

Step08 选中图层蒙版缩略图,单击工具箱中的"渐变工具" ▣按钮,按住 Shift 键在图像编辑窗口中单击并向下拖动鼠标,制作渐隐效果,如图 33-45 所示。

图 33-39　置入素材

图 33-40　变换图像大小

图 33-41　去色

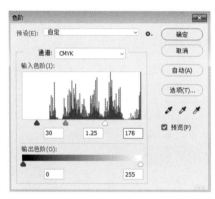
图 33-42　"色阶"对话框

图 33-43　调整色阶效果

Step09　在"图层"面板中设置"山川"图层的"混合模式"为"正片叠底"，效果如图 33-46 所示。

图 33-44　添加图层蒙版

图 33-45　绘制渐变效果

图 33-46　正片叠底效果

Step10　执行"文件＞置入嵌入对象"命令，置入本章素材文件"鸟 .jpg"，如图 33-47 所示。调整至合适大小并移动位置，如图 33-48 所示。

Step11　在"图层"面板中选中"鸟"图层，单击鼠标右键，在弹出的菜单栏中选择"栅格化图层"命令，将图层栅格化，执行"图像＞调整＞色阶"命令，在弹出的"色阶"对话框中调整参数，如图 33-49 所示。

图 33-47　置入素材

图 33-48　变换图像

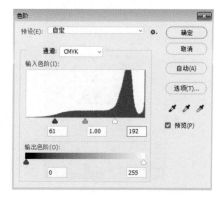
图 33-49　调整色阶

Step12 此时，图片效果如图 33-50 所示。选中"鸟"图层，在"图层"面板中设置"混合模式"和"不透明度"参数，如图 33-51、图 33-52 所示。

图 33-50　调整色阶效果　　　图 33-51　设置混合模式和不透明度参数　　　图 33-52　效果

Step13 执行"文件＞置入嵌入对象"命令，置入本章素材文件"香炉 .jpg"，如图 33-53 所示。在"图层"面板中选中"香炉"图层，单击鼠标右键，在弹出的菜单栏中选择"栅格化图层"命令，将图层栅格化。

Step14 单击工具箱中的"魔棒工具" ✐ 按钮，在选项栏中单击"添加到选区" ◱ 按钮，在图像背景上单击创建选区，如图 33-54 所示。

Step15 按 Delete 键删除选区，按 Ctrl+D 组合键取消选区，效果如图 33-55 所示。

Step16 选中"香炉"图层，按 Ctrl+T 组合键变换图像大小并移动至合适位置，如图 33-56 所示。

Step17 单击"图层"面板底部的"添加图层蒙版" ◱ 按钮，为"香炉"图层添加图层蒙版，并使用"渐变工具" ▇ 在蒙版中绘制渐变效果，效果如图 33-57 所示。

Step18 执行"文件＞置入嵌入对象"命令，置入本章素材文件"茶壶 .jpg"，如图 33-58 所示。在"图层"面板中选中"茶壶"图层，单击鼠标右键，在弹出的菜单栏中选择"栅格化图层"命令，将图层栅格化。

图 33-53　置入素材文件

图 33-54　创建选区

图 33-55　删除选区效果

图 33-56　变换素材大小及位置

图 33-57　渐隐效果

图 33-58　置入素材文件

Step19 单击工具箱中的"钢笔工具" ⊘按钮，在茶壶轮廓上单击创建锚点，在另一处单击并拖动鼠标，创建曲线路径，如图 33-59 所示。

Step20 按住 Alt 键，单击第 2 个锚点，裁切掉锚点右侧的控制柄，如图 33-60 所示。

图 33-59　绘制曲线路径

图 33-60　裁切掉控制柄

Step21 继续沿茶壶轮廓绘制路径并闭合路径，如图 33-61 所示。

Step22 重复步骤 21，继续绘制路径，如图 33-62 所示。

723

图 33-61　绘制闭合路径

图 33-62　继续绘制闭合路径

Step23 单击工具箱中的"路径选择工具" ▶按钮，在选项栏中设置"路径操作"为"减去顶层形状" ⬚，选中全部路径，单击"路径"面板底部的"将路径作为选区载入" ⬡按钮，将路径转换为选区，如图 33-63 所示。

Step24 执行"选择＞反选"命令，反向选区，然后按 Delete 键删除选区中的图像，按 Ctrl+D 组合键取消选区，如图 33-64 所示。

图 33-63　将路径转换为选区

图 33-64　删除选区内容

Step25 选中"茶壶"图层，按 Ctrl+T 组合键变换图像大小并移动至合适位置，如图 33-65 所示。

Step26 单击"图层"面板底部的"添加图层蒙版" ▢按钮，为"茶壶"图层添加图层蒙版，并使用"渐变工具" ▬在蒙版中绘制渐变效果，效果如图 33-66 所示。

Step27 单击工具箱中的"画笔工具" ✐按钮，在选项栏中打开"画笔预设"选取器，单击"设置"按钮，在弹出的菜单栏中执行"导入画笔"命令，打开"载入"对话框，如图 33-67 所示，选择画笔，单击"载入"按钮，载入画笔。

Step28 单击"图层"面板底部的"创建新图层" ▤按钮，新建图层，在工具箱中设置前景色为白色，单击工具箱中的"画笔工具" ✐按钮，在选项栏中打开"画笔预设"选取器，选择刚刚载入的画笔，如图 33-68 所示。

Step29 移动鼠标至图像编辑窗口中的合适位置，单击绘制烟雾图形，如图 33-69 所示。按 Ctrl+T 组合键，自由变换烟雾图形角度、大小等，按 Enter 键应用变换，效果如图 33-70 所示。

图 33-65　变换素材大小及位置　　　　图 33-66　渐隐效果　　　　　　图 33-67　载入画笔文件

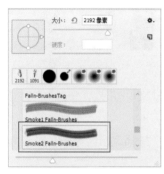

图 33-68　选中画笔笔刷　　　　　图 33-69　绘制烟雾图形　　　　　图 33-70　变换烟雾图形

Step30　单击"图层"面板底部的"添加图层蒙版" 按钮，为"图层 1"图层添加图层蒙版，并使用"渐变工具" 在蒙版中绘制渐变效果，效果如图 33-71 所示。

Step31　单击"图层"面板底部的"创建新图层" 按钮，新建图层，单击工具箱中的"画笔工具" 按钮，在选项栏中打开"画笔预设"选取器，选择刚刚载入的画笔，如图 33-72 所示。

Step32　移动鼠标至图像编辑窗口中的合适位置，单击绘制烟雾图形，如图 33-73 所示。

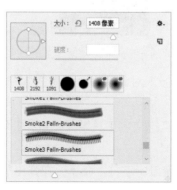

图 33-71　添加图层蒙版效果　　　　图 33-72　选中画笔笔刷　　　　　图 33-73　绘制烟雾图形

725

Step33 执行"文件＞置入嵌入对象"命令，置入本章素材文件"国画.jpg"，如图 33-74 所示。在"图层"面板中选中"国画"图层，单击鼠标右键，在弹出的菜单栏中选择"栅格化图层"命令，将图层栅格化。

Step34 按 Ctrl+T 组合键自由变换置入的素材文件，效果如图 33-75 所示。

Step35 选中"国画"图层，在"图层"面板中设置"混合模式"为"正片叠底"，效果如图 33-76 所示。

　　图 33-74　置入素材文件　　　图 33-75　自由变换素材图像　　　图 33-76　设置混合模式效果

Step36 执行"文件＞置入嵌入对象"命令，置入本章素材文件"墨痕.png"，并移动至合适位置，如图 33-77 所示。

Step37 重复步骤 35，置入本章素材文件"叶子.png"，并移动至合适位置，如图 33-78 所示。

Step38 选中"叶子"图层，在图像编辑窗口中按住 Alt 键拖拽复制，如图 33-79 所示。

　　图 33-77　置入素材文件　　　图 33-78　置入素材文件　　　图 33-79　复制图像

Step39 执行"文件＞置入嵌入对象"命令，置入本章素材文件"茶韵.png"，并移动至合适位置，如图 33-80 所示。

Step40 单击工具箱中的"直排文字工具"**lT**按钮，在图像编辑窗口中的合适位置单击并输入文字，如图 33-81 所示。

Step41 选中文字，执行"窗口＞字符"命令，在弹出的"字符"面板中调整文字参数，如图 33-82 所示。

AutoCAD+3ds Max+Photoshop 一站式高效学习一本通

图 33-80　置入素材文件

图 33-81　输入文字

图 33-82　调整文字参数

Step42 单击工具箱中的"直排文字工具" **iT** 按钮，在图像编辑窗口中的合适位置单击并输入文字，如图 33-83 所示。

Step43 选中文字，在"字符"面板中调整文字参数，如图 33-84 所示，效果如图 33-85 所示。

图 33-83　输入文字

图 33-84　调整文字参数

图 33-85　最终效果

至此，完成茶艺海报制作。